周 期 表

10	11	12	13	14	15	16	17	18
								2 He 4.003 ヘリウム
			5 B 10.81 ホウ素	6 C 12.01 炭素	7 N 14.01 窒素	8 O 16.00 酸素	9 F 19.00 フッ素	10 Ne 20.18 ネオン
			13 Al 26.98 アルミニウム	14 Si 28.09 ケイ素	15 P 30.97 リン	16 S 32.06 硫黄	17 Cl 35.45 塩素	18 Ar 39.95 アルゴン
28 Ni 58.69 ニッケル	29 Cu 63.55 銅	30 Zn 65.38 亜鉛	31 Ga 69.72 ガリウム	32 Ge 72.63 ゲルマニウム	33 As 74.92 ヒ素	34 Se 78.96 セレン	35 Br 79.90 臭素	36 Kr 83.80 クリプトン
46 Pd 106.4 パラジウム	47 Ag 107.9 銀	48 Cd 112.4 カドミウム	49 In 114.8 インジウム	50 Sn 118.7 スズ	51 Sb 121.8 アンチモン	52 Te 127.6 テルル	53 I 126.9 ヨウ素	54 Xe 131.3 キセノン
78 Pt 195.1 白金	79 Au 197.0 金	80 Hg 200.6 水銀	81 Tl 204.4 タリウム	82 Pb 207.2 鉛	83 Bi 209.0 ビスマス	84 Po ポロニウム	85 At アスタチン	86 Rn ラドン
110 Ds ダームスタチウム	111 Rg レントゲニウム	112 Cn コペルニシウム	113 Uut ウンウントリウム	114 Fl フレロビウム	115 Uup ウンウンペンチウム	116 Lv リバモリウム	117 Uus ウンウンセプチウム	118 Uuo ウンウンオクチウム
64 Gd 157.3 ガドリニウム	65 Tb 158.9 テルビウム	66 Dy 162.5 ジスプロシウム	67 Ho 164.9 ホルミウム	68 Er 167.3 エルビウム	69 Tm 168.9 ツリウム	70 Yb 173.1 イッテルビウム	71 Lu 175.0 ルテチウム	
96 Cm キュリウム	97 Bk バークリウム	98 Cf カリホルニウム	99 Es アインスタイニウム	100 Fm フェルミウム	101 Md メンデレビウム	102 No ノーベリウム	103 Lr ローレンシウム	

原子量が空欄になっている元素は，安定同位体のない元素である。

放射線概論

柴田徳思編

通商産業研究社

編者のことば

本書は，1970 年に当時，放射線医学総合研究所に在職されていた故石川友清氏が放射線取扱主任者試験の受験用テキストとして編集されたのが，その始まりであり，初版発行以来 45 年あまり，同試験の発展と歩みをともにしてきた．

1988 年に初代編者石川友清氏のご逝去に伴い，放射線医学総合研究所に在職されていた飯田博美氏が編者を務めてこられたが，2009 年に飯田博美氏のご逝去に伴い物理学の担当執筆者である私が編者を務めることとなった．

初版発行以来，編者及び各執筆者は，放射線に関する科学技術の進歩と放射線利用の発展及び国際放射線防護委員会の勧告に基づく法令改定などに伴う試験の出題傾向の変化に則して，随時，内容の増補改訂を行い，常に本書が放射線取扱主任者試験受験者にとって過不足なく安心して依拠できるテキストであるべく務めてこられた．このような方針を変更することなく，引き続き読者のご支持を得るように努力していく所存である．

本書は試験用テキストとしての目的のほかに，放射線の取り扱い・管理に従事する方々が知っておくべきことにも配慮して編集してあるので，試験合格後も常に座右に置き，放射線基礎知識のハンドブックとして活用されることを切に希望するものである．

今回の主な改訂は以下の通りである．物理学では，「2.3.3 X 線の放射エネルギー」を加えた他，表の追加や用語の斉一化を図るなどの変更が加えられた．化学では「1.1 元素の周期表」，「1.4 半減期と原子数」，「1.5 部分半減期」，「1.6 単核種元素」，「2.3 放射平衡が成立しない場合」，「2.5 分岐壊変する核種での放射平衡」，「7.4 アクチバブルトレーサー」，「7.6 PIXE 法」，「11.5.3 アラニン線量計」を加えた他，問題の見直しを含め多くの手が入れられた．生物学では，これまでの執筆方針を見直し，本書が試験対策を念頭に置いたものであるため，頻回に問われる選択肢に関する点について，近年の出題傾向も検討し，可能な範

編者のことば

囲で書き込みがなされた．測定技術では，問題の全面的見直しが行われた．また，「3.3 半導体検出器」，「6.3.1 表面汚染の測定」に改訂が加えられた．管理技術では，記述部分を全面的に見直し，1) より理解し易いように管理する対象に基づいた整理，2) 生物学，測定技術，法令等，他の記載内容と重複していた部分については，該当する章や節を参照だけとし，管理技術として説明するべき内容への整理，3) 章末の問題を実際の試験に出る形式への改訂などがなされた．法令では，「6.11.2 測定及び評価方法の認可の申請」，「6.11.3 濃度確認の申請」が加えられた．このように大幅な記述の変更を行っているので，ここに新版として発行することとした．

平成 27 年 11 月　第 9 版発行に際して

柴　田　徳　思

目　　次

〔物　理　学〕

1. 予 備 知 識 ･･･21

　1. 1　粒子の運動量とエネルギー ･････････････････････････21

　1. 2　光子のエネルギーと運動量 ･････････････････････････22

　1. 3　粒子のドブロイ波 ･････････････････････････････････22

　1. 4　クーロンエネルギー ･･･････････････････････････････22

　1. 5　エネルギーの単位 ･････････････････････････････････23

2. 原子の構造 ･･･27

　2. 1　原 子 模 型 ･･･････････････････････････････････････27

　2. 2　励 起 と 電 離 ･････････････････････････････････････29

　2. 3　X　　　線 ･･･30

　2. 4　オージェ効果 ･････････････････････････････････････33

3. 原子核の構造 ･･･38

　3. 1　原子質量単位 ･････････････････････････････････････38

　3. 2　結合エネルギーと原子核の大きさ ･･･････････････････39

4. 放射性壊変 ･･･46

　4. 1　α 壊 変 ･･･46

　4. 2　β 壊 変 ･･･48

　4. 3　γ線の放出と原子核のエネルギー準位 ･･･････････････51

　4. 4　自 発 核 分 裂 ･････････････････････････････････････53

5

目　　次

　4. 5　壊 変 の 法 則 ································· 53

　4. 6　壊 変 図 式 ································· 55

5. 核　反　応 ································· 63

　5. 1　核反応の表式 ································· 63

　5. 2　核反応断面積 ································· 64

　5. 3　放射性核種の生成 ································· 66

　5. 4　核反応の種類 ································· 66

　5. 5　放　射　化 ································· 72

6. 加　速　器 ································· 81

　6. 1　加速器の原理 ································· 81

　6. 2　加速器の種類 ································· 82

7. 荷電粒子と物質の相互作用 ································· 90

　7. 1　電離と励起 ································· 90

　7. 2　阻止能と飛程 ································· 91

　7. 3　電子と物質の相互作用 ································· 93

　7. 4　重荷電粒子と物質の相互作用 ································· 95

8. 光子と物質の相互作用 ································· 106

　8. 1　光 電 効 果 ································· 106

　8. 2　コンプトン効果 ································· 108

　8. 3　電 子 対 生 成 ································· 110

　8. 4　光子の減衰と物質へのエネルギー伝達 ································· 110

　8. 5　衝突カーマ，吸収線量，照射線量 ································· 114

9. 中性子と物質の相互作用 ································· 123

　9. 1　中性子捕獲反応 ································· 123

　9. 2　弾 性 散 乱 ································· 124

　9. 3　その他の中性子核反応 ································· 125

目　　次

〔化　　学〕

1. 放射性壊変と放射能 ････････････････････････････････････ 133
  1. 1　元素の周期表 ･･････････････････････････････････････ 133
  1. 2　放射能とその単位 ･･････････････････････････････････ 135
  1. 3　放射性核種の質量と放射能(Bq)の関係式 ･･････････････ 136
  1. 4　半減期と原子数 ････････････････････････････････････ 138
  1. 5　部分半減期 ･･ 139
  1. 6　単核種元素 ･･ 140
2. 放　射　平　衡 ･･ 143
  2. 1　過　渡　平　衡 ････････････････････････････････････ 143
  2. 2　永　続　平　衡 ････････････････････････････････････ 146
  2. 3　放射平衡が成立しない場合 ･･････････････････････････ 148
  2. 4　ミルキング ･･ 149
  2. 5　分岐壊変する核種での放射平衡 ･･････････････････････ 150
3. 天然放射性核種 ･･ 159
  3. 1　壊変系列を作る天然の放射性核種 ････････････････････ 159
  3. 2　壊変系列を作らない天然放射性核種 ･･････････････････ 162
  3. 3　天然誘導放射性核種 ････････････････････････････････ 163
4. 核反応と RI の製造 ････････････････････････････････････ 169
  4. 1　核反応の種類 ･･････････････････････････････････････ 171
  4. 2　主な核反応の原子番号，質量数の関係 ････････････････ 171
  4. 3　励　起　関　数 ････････････････････････････････････ 174
  4. 4　1／v 法　則 ･･････････････････････････････････････ 175
  4. 5　原子断面積と同位体断面積 ･･････････････････････････ 176

7

目　　　次

　　4. 6　無担体 RI の調製法 -- 176

5. 核　分　裂 -- 182

　　5. 1　自 発 核 分 裂 -- 183

　　5. 2　誘 導 核 分 裂 -- 183

　　5. 3　核分裂生成物 --- 185

6. 放射性核種の分離法 -- 190

　　6. 1　分離法の特徴 --- 190

　　6. 2　共沈による分離法 -- 191

　　6. 3　溶媒抽出による分離法 -- 194

　　6. 4　イオン交換樹脂による分離法 --- 197

　　6. 5　ラジオコロイド --- 204

　　6. 6　イオン化傾向 --- 205

　　6. 7　イオンの沈殿生成と系統分離 --- 207

7. 放射化分析 -- 215

　　7. 1　概　　要 -- 215

　　7. 2　生成放射能の計算 -- 215

　　7. 3　放射化分析の利点と欠点 -- 217

　　7. 4　アクチバブルトレーサー -- 222

　　7. 5　PIXE 法 --- 222

8. ホットアトムの化学 -- 227

　　8. 1　概　　要 -- 227

　　8. 2　比放射能の高い RI の製造 -- 229

　　8. 3　ホットアトム効果を利用する比放射能の高い RI の製造例 ------------------- 230

9. RI の化学分析への利用 --- 235

　　9. 1　放射化学分析 --- 235

　　9. 2　放 射 分 析 --- 235

　　9. 3　同位体希釈分析法 -- 236

目　　次

10.　トレーサーとしての化学的利用 --- 245

　　10.　1　利用上の留意点 --- 245

　　10.　2　年代決定への利用 --- 247

　　10.　3　有機標識化合物 --- 249

11.　放 射 線 化 学 --- 261

　　11.　1　放射線化学反応の基礎過程 --- 261

　　11.　2　一次過程の概要 --- 262

　　11.　3　二次過程の概要 --- 264

　　11.　4　二次過程の素反応 --- 265

　　11.　5　化 学 線 量 計 --- 267

　　11.　6　放射線と高分子化合物 --- 269

〔生　物　学〕

は　じ　め　に --- 277

1.　放射線の人体に対する影響の概観 --- 279

2.　放射線影響の分類 --- 282

　　2.　1　確率的影響と確定的影響 --- 282

　　2.　2　身体的影響と遺伝性影響 --- 284

3.　分子レベルの影響 --- 287

　　3.　1　直接作用と間接作用 --- 287

　　3.　2　フリーラジカルの生成と消長 --- 288

　　3.　3　間接作用の修飾要因 --- 290

　　3.　4　DNA 損傷と修復 --- 292

4.　細胞レベルの影響 --- 298

　　4.　1　細胞周期による放射線感受性の変化 ----------------------------------- 298

9

目　　次

 4. 2　分裂遅延と細胞死 299

 4. 3　細胞の生存率曲線 301

 4. 4　SLD 回復と PLD 回復 304

 4. 5　突 然 変 異 305

5.　臓器・組織レベルの影響 311

 5. 1　ベルゴニー・トリボンドーの法則 311

 5. 2　臓器・組織の放射線感受性 312

 5. 3　臓器・組織の確定的影響 312

6.　個体レベルの影響 322

 6. 1　個体レベルの確定的影響 322

 6. 2　確 率 的 影 響 325

7.　胎 児 影 響 333

8.　放射線影響の修飾要因 336

 8. 1　物理学的要因 336

 8. 2　化 学 的 要 因 338

 8. 3　生物学的要因 338

 8. 4　高 LET 放射線と低 LET 放射線の影響の比較 338

9.　生物領域における放射線の利用 341

 9. 1　生化学領域における標識化合物を用いたトレーサ実験 341

 9. 2　骨 髄 移 植 344

 9. 3　が ん 治 療 344

 9. 4　核 医 学 診 療 347

10.　体内被ばく 351

 10. 1　放射性物質の体内への摂取経路 351

 10. 2　臓 器 親 和 性 352

 10. 3　放射性物質の体内動態 353

 10. 4　体内放射能の測定方法 354

目　　次

10. 5　サブマージョン・・・ 354

〔測 定 技 術〕

1. は　じ　め　に・・ 359

　1. 1　どのような量を測定するのか・・・・・・・・・・・・・・・・・・・・・・・・・・・・・・ 359

　1. 2　どのようにして測定するのか・・・・・・・・・・・・・・・・・・・・・・・・・・・・・・ 362

2. 気体の検出器・・ 363

　2. 1　電　離　箱・・・ 363

　2. 2　比例計数管・・・ 369

　2. 3　ガイガー・ミュラー（GM）計数管・・・・・・・・・・・・・・・・・・・・・・・ 373

3. 固体・液体の検出器・・・ 391

　3. 1　NaI(Tl)シンチレーション・カウンタ・・・・・・・・・・・・・・・・・・・ 391

　3. 2　その他のシンチレーション・カウンタ・・・・・・・・・・・・・・・・・・ 397

　3. 3　半導体検出器・・・ 399

　3. 4　液体シンチレーション・カウンタ・・・・・・・・・・・・・・・・・・・・・・・ 410

　3. 5　イメージングプレート・・・・・・・・・・・・・・・・・・・・・・・・・・・・・・・・・・・ 415

4. 個人被ばく線量の測定器・・・・・・・・・・・・・・・・・・・・・・・・・・・・・・・・・・・・・・・ 437

　4. 1　蛍光ガラス線量計・・ 437

　4. 2　OSL 線量計・・・ 438

　4. 3　熱蛍光線量計（TLD, Thermoluminescent Dosimeter）・・・・・・・・・・・・・・・・・・・・・ 440

　4. 4　フィルム線量計（フィルムバッジ）・・・・・・・・・・・・・・・・・・・・・ 441

　4. 5　固体飛跡検出器・・ 442

　4. 6　電子式個人線量計・・ 443

5. その他の測定器・・ 449

　5. 1　中性子検出器・・・ 449

目　　次

5. 2　化学線量計 ··· 453

5. 3　β－γ同時計数法 ·· 453

6.　放射線測定の実際 ··· 463

6. 1　計数値の統計 ··· 463

6. 2　空間線量の測定 ··· 466

6. 3　放射能の測定 ··· 469

6. 4　個人被ばく線量の測定 ································· 472

〔管　理　技　術〕

は　じ　め　に ··· 493

1.　予　備　知　識 ··· 495

1. 1　放射線管理のあり方 ···································· 495

1. 2　放射線の利用とそれに伴う被ばく ················ 496

1. 3　自然界の放射線からの被ばく ······················ 497

2.　放射線の障害防止に係る体系 ······························· 503

2. 1　1990年勧告（Publ. 60） ······························ 503

2. 2　2007年勧告（Publ. 103） ···························· 508

3.　被ばく管理に用いる量と基準 ······························· 516

3. 1　防　護　量 ··· 516

3. 2　実　用　量 ··· 519

3. 3　防護の基準 ··· 521

4.　個人被ばくの管理 ··· 528

4. 1　個人被ばく管理の概要 ································· 528

4. 2　個人被ばく管理の目的 ································· 528

4. 3　外部被ばく線量の管理 ································· 529

目　　次

4．4　内部被ばく線量の管理 ································· 530

4．5　測定の頻度 ··· 531

4．6　健 康 診 断 ··· 531

5．体外からの放射線に対する防護 ·························· 537

5．1　外部被ばく線量の評価方法 ··························· 537

5．2　外部被ばくに対する防護 ···························· 539

6．体内に取り込まれた放射性物質に対する防護 ·············· 548

6．1　内部被ばく線量の評価方法 ··························· 548

6．2　体内取り込みの経路 ································· 550

6．3　体内の放射性核種量の減少 ··························· 552

6．4　内部被ばくに対する防護 ···························· 552

7．場 所 の 管 理 ··· 562

7．1　放射線施設における管理 ···························· 562

7．2　規制対象となる放射性同位元素 ······················· 562

7．3　密封放射性同位元素の取扱い施設 ····················· 563

7．4　非密封放射性同位元素の取扱い施設 ···················· 565

7．5　環境放射線の管理 ··································· 571

8．管理上重要な放射性核種 ································ 581

8．1　核分裂生成物 ······································ 581

8．2　天然放射性核種 ···································· 587

8．3　中 性 子 源 ······································· 591

8．4　種々の放射性核種 ··································· 592

9．放射性同位元素の使用 ································· 598

9．1　密封放射性同位元素の使用 ··························· 598

9．2　非密封放射性同位元素の使用 ························· 605

10．放射性同位元素の保管および運搬 ······················ 616

10．1　放射性同位元素の保管 ····························· 616

13

目　　次

10. 2　放射性同位元素等の運搬 ···································· 619

11.　放射性廃棄物の処理 ·· 624

11. 1　気 体 廃 棄 物 ·· 625

11. 2　液 体 廃 棄 物 ·· 625

11. 3　固 体 廃 棄 物 ·· 628

12.　事 故 対 策 ·· 633

12. 1　事故の予防措置 ·· 633

12. 2　緊急措置の原則 ·· 633

12. 3　緊急措置の手順 ·· 634

12. 4　火災に対する注意事項 ······································ 635

〔法　　令〕

は じ め に

1.　本書を用いて法令の勉強を始めるにあたって ·················· 641

2.　法令についてのあらまし ···································· 643

3.　平成 13 年以降の放射線障害防止法関係の法規制の変更 ·········· 652

1.　法 の 目 的 ·· 655

1. 1　原子力基本法の精神 ·· 655

1. 2　放射線障害防止法の目的 ······································ 656

1. 3　放射線障害防止法の規制の概要 ································ 656

2.　定　　　義 ·· 661

2. 1　放　射　線 ·· 661

2. 2　放射性同位元素，放射性同位元素装備機器，放射線発生装置等 ············ 662

2. 3　放射性同位元素等，取扱等業務，放射線業務従事者及び埋設廃棄物 ······· 666

2. 4　実効線量限度，等価線量限度，表面密度限度，空気中濃度限度等 ·········· 667

14

目　　次

2. 5　線量の計算，濃度との複合等 -- 669

3. 使用の許可及び届出，販売及び賃貸の業の届出

　　　　　　　　　　並びに廃棄の業の許可 ---------------------------- 675

3. 1　使用の許可 -- 675

3. 2　使用の届出 -- 676

3. 3　販売，賃貸の業の届出及び廃棄の業の許可 ------------------------------- 678

3. 4　欠格条項 --- 681

3. 5　許可の基準及び許可の条件 --- 684

3. 6　許可証 -- 684

3. 7　事務的内容等の変更 -- 685

3. 8　技術的内容の変更 --- 686

3. 9　許可使用者の変更の許可を要しない技術的内容の変更 ------------------ 688

4. 表示付認証機器等 -- 695

4. 1　放射性同位元素装備機器の設計認証等 ------------------------------------- 695

4. 2　認証の基準 -- 697

4. 3　設計合致義務等 -- 700

4. 4　認証機器の表示等 --- 701

4. 5　認証の取消し等 -- 702

4. 6　みなし表示付認証機器 --- 702

5. 放射線施設の基準 -- 707

5. 1　管理区域等の定義 --- 707

5. 2　使用施設等の基準 --- 708

5. 3　貯蔵施設等の基準 --- 714

5. 4　廃棄施設の基準 -- 716

5. 5　標識と表示 -- 722

6. 許可届出使用者，届出販売業者，届出賃貸業者，

　　　　　　　　許可廃棄業者等の義務等 ---------------------------- 732

目　　次

6. 1　施設検査，定期検査及び定期確認 -- 732

6. 2　使用施設等の基準適合義務及び基準適合命令 ----------------------------- 735

6. 3　使用及び保管の基準 --- 736

6. 4　運搬の基準，運搬に関する確認等 --- 741

6. 5　廃棄の基準等 --- 756

6. 6　測定，放射線障害予防規程，教育訓練，健康診断，記帳等 ------------- 764

6. 7　許可の取消し，合併，使用の廃止等 --------------------------------------- 780

6. 8　譲渡し，譲受け，所持，海洋投棄等の制限 -------------------------------- 786

6. 9　取扱いの制限 --- 788

6. 10　事故及び危険時の措置 -- 789

6. 11　放射性汚染物でないことの濃度確認 -------------------------------------- 791

7.　放射線取扱主任者 --- 801

7. 1　放射線取扱主任者の選任 -- 801

7. 2　放射線取扱主任者試験 --- 803

7. 3　合格証，資格講習，免状の交付等 -- 804

7. 4　放射線取扱主任者免状 --- 806

7. 5　放射線取扱主任者の義務等 --- 807

7. 6　定　期　講　習 --- 808

7. 7　研　修　の　指　示 --- 809

7. 8　放射線取扱主任者の代理者 --- 810

7. 9　解　任　命　令 --- 811

8.　登録認証機関等 -- 815

9.　報告の徴収，その他 -- 817

9. 1　報　告　の　徴　収 --- 817

9. 2　そ　　の　　他 --- 821

10.　定義，略語及び主要な数値 --- 824

10. 1　おもな定義及び略語 -- 824

目　　　次

10. 2　記憶すべきおもな数値 ……………………………………………… 835

11.　試験における法令の重要ポイント ……………………………………… 843

参　考　告示別表 …………………………………………………………… 845

演習問題の解答 ……………………………………………………………… 851

付　　録

1. 基 本 定 数 …………………………………………………………… 871

2. 粒 子 の 質 量 ………………………………………………………… 871

3. 時　　　間 …………………………………………………………… 872

4. 質量とエネルギー各々の単位の関係 ………………………………… 872

5. 接頭語とその記号 …………………………………………………… 872

6. 放射能（数量）に対する BSS 免除レベル ………………………… 873

7. 放射能濃度に対する BSS 免除レベル ……………………………… 874

索　　引 ……………………………………………………………………… 877

物　理　学

柴　田　徳　思

1. 予 備 知 識

1.1 粒子の運動量とエネルギー

粒子の質量を m とし，速度を v とすると，古典力学では運動量 p と運動エネルギー T は

$$p = mv \tag{1.1}$$

$$T = \frac{1}{2} mv^2 \tag{1.2}$$

で与えられる．一方，速度が光速に近づくと相対論的力学にしたがう，光速度を c として，静止エネルギー mc^2 と運動エネルギー T を加えた全エネルギーを E とすると

$$p = \frac{mv}{\sqrt{1 - \dfrac{v^2}{c^2}}} \tag{1.3}$$

$$E = T + mc^2 = \sqrt{p^2 c^2 + m^2 c^4} \tag{1.4}$$

で与えられる．(1.3)式は質量が速度とともに

$$m' = \frac{m}{\sqrt{1 - \dfrac{v^2}{c^2}}} \tag{1.5}$$

と増加すると見ることができる．放射線の中で電子は質量が小さいために，エネルギーがそれほど大きくない場合でも光速に近づくので相対論的な運動量やエネルギーの式を用いる必要がある．

21

物　理　学

1.2　光子のエネルギーと運動量

光子のエネルギーEと運動量pは振動数νを用いて

$$E = h\nu \tag{1.6}$$

$$p = \frac{E}{c} = \frac{h\nu}{c} \tag{1.7}$$

で与えられる．ここで，hはプランク定数（6.62607×10^{-34}J・s ）でνは光の振動数である．音波や水面の波のエネルギーは波高の二乗に比例するが，光のエネルギーは振動数に比例するので基本的に異なっている．明るい光あるいは強い光というのは光子の数が多いことに対応し，粒子の性質を持っている．光は，干渉や回折および屈折現象を起こし，波の性質も持っているが同時に，光は粒子の性質を持っているので光子という．このように光は，波動性と粒子性の二重の性質を持つ．

1.3　粒子のドブロイ波

量子力学では，電子や陽子などの粒子が粒子性と波動性の二重の性質を持つ．このため波動でみられる干渉や屈折が見られる．粒子の運動量を p とすると，ドブロイ波の波長λは

$$\lambda = \frac{h}{p} \tag{1.8}$$

で表される．hはプランク定数である．

1.4　クーロンエネルギー

電荷を持つ物体の間には電気的な力Fがはたらく．物体1の電荷をQ_1，物体2の電荷をQ_2とし，物体1と物体2の間の距離をrとすると，Fは

$$F = \frac{1}{4\pi\varepsilon_0}\frac{Q_1 Q_2}{r^2} \tag{1.9}$$

22

1. 予 備 知 識

で表される．この電気的な力による位置エネルギーEは

$$E = \frac{1}{4\pi\varepsilon_0} \frac{Q_1 Q_2}{r} \tag{1.10}$$

で与えられる．なお，電子や陽子の電荷である素電荷をeとすると便利な公式

$$\frac{e^2}{4\pi\varepsilon_0 \hbar c} = \frac{1}{137} \tag{1.11}$$

及び

$$\hbar c = 197.3 \,\text{MeV} \cdot \text{fm} \tag{1.12}$$

を得る．ここでfmは10^{-15} mであり，$\hbar = h/2\pi$である．

1.5 エネルギーの単位

エネルギーの単位はジュール（J）で表される．1Jは1ニュートン（N）の力で1 mの仕事をしたときのエネルギーである．また，電気的な位置エネルギーを考えると，1ボルト（V）の電位に1クーロン（C）の電荷が置かれるとそのときの位置エネルギーは1 Jである．原子や原子核あるいは放射線を扱う領域では1 Jの単位は大きすぎるので，電子や陽子の電荷である素電荷（e）を基にしたエレクトロンボルト（eV）を用いる．素電荷eは1.6×10^{-19} Cであるので1 eVは

$$1 \text{ eV} = 1.6 \times 10^{-19} \text{ J} \tag{1.13}$$

である．

物　理　学

〔演　習　問　題〕

問 1　質点（静止質量 m）の速度 v が光速 c に比べて小さいとき，その質点の運動エネルギーは古典力学で与えられる運動エネルギーに等しいことを示せ.

〔答〕　速度 v の質点の運動量 p は（1.3）式で与えられ，全エネルギー E は（1.4）式で与えられるので，運動エネルギー T は

$$T = E - mc^2 = \sqrt{p^2c^2 + m^2c^4} - mc^2 = mc^2\left(\sqrt{\frac{c^2}{c^2-v^2}} - 1\right) = mc^2\left(\frac{1}{\sqrt{1-\dfrac{v^2}{c^2}}} - 1\right)$$

ここで，近似式 $\dfrac{1}{\sqrt{1-x}} = 1 + \dfrac{1}{2}x + \dfrac{3}{8}x^2 + \cdots$ を用いて $T = \dfrac{1}{2}mv^2 + \dfrac{3}{8}m\dfrac{v^4}{c^2}$

より，速度 v が小さいときは $T = \dfrac{1}{2}mv^2$ を得る.

問 2　電子の静止エネルギーの値（MeV）として正しいものは，次のうちどれか.

1　0.47　　　　2　0.51　　　　3　0.66　　　　4　1.02　　　　5　2.22

〔答〕　2

$E = mc^2$ から計算できるが，覚えておくべき数値である.

問 3　1 eV の光子の振動数，波長および波数を求めよ.

〔答〕　$\nu = \dfrac{1.602176 \times 10^{-19}\,\mathrm{J}}{6.62607 \times 10^{-34}\,\mathrm{J \cdot s}} = 2.41799 \times 10^{14}\ (\mathrm{s}^{-1})$

$\lambda = \dfrac{c}{\nu} = 1239.8\ \mathrm{nm} = 12398\ (\mathrm{\AA})$

$\sigma = \dfrac{1}{\lambda} = 8.0657 \times 10^5\ (\mathrm{m}^{-1}) = 8065.7\ (\mathrm{cm}^{-1})$

問 4　1 g の物質が完全にエネルギー化したとき，どれだけのエネルギーとなるか，また，このエネルギーは石炭何 t の燃焼に相当するか.

24

1. 予 備 知 識

ただし，石炭 1g の燃焼によって 7,000 cal の熱量を発生するものとする.

〔答〕 $E = 0.001 \text{ kg} \times (3.0 \times 10^8 \text{ m/s})^2 = 9.0 \times 10^{13} \text{ J} = 2.1 \times 10^{13} \text{ cal}$

石炭量になおすと，

$$\frac{2.1 \times 10^{13}}{7,000} \text{ g} = 0.3 \times 10^{10} \text{ g} = 3,000 \text{ t}$$

問5 エネルギーの単位を大きいものの順に並べてみた. 正しいものは次のうちどれか.

1 $1 \text{ cal} > 1 \text{ eV} > 1 \text{ J}$ 2 $1 \text{ cal} > 1 \text{ J} > 1 \text{ eV}$

3 $1 \text{ J} > 1 \text{ eV} > 1 \text{ cal}$ 4 $1 \text{ J} > 1 \text{ cal} > 1 \text{ eV}$

5 $1 \text{ eV} > 1 \text{ cal} > 1 \text{ J}$ 6 $1 \text{ eV} > 1 \text{ J} > 1 \text{ cal}$

〔答〕 2

各エネルギー単位を J 単位で表すと，

$1 \text{ cal} = 4.1855 \text{ J}, \ 1 \text{ eV} = 1.6022 \times 10^{-19} \text{ J}$ である.

問6 次のうち，エネルギーの単位でないものはどれか.

1 erg   2 J   3 eV   4 N   5 W・s

〔答〕 4

N は力の単位

問7 粒子のエネルギーE，速度v，運動量p，静止質量m_0，光速度c として，次の式のうち，誤っているものはどれか.

1 $E = \dfrac{m_0 c^2}{\left\{ 1 - \left(\dfrac{v}{c} \right)^2 \right\}^{\frac{1}{2}}}$ 2 $E = (p^2 c^2 - m_0{}^2 c^4)^{\frac{1}{2}}$ 3 $E^2 = p^2 c^2 + m_0{}^2 c^4$

4 $p = \dfrac{m_0 v}{\left\{ 1 - \left(\dfrac{v}{c} \right)^2 \right\}^{\frac{1}{2}}}$ 5 $p = \left(\dfrac{E^2}{c^2} - m_0{}^2 c^2 \right)^{\frac{1}{2}}$

〔答〕 2

1 正 E は全エネルギーである.

2 誤 $v = 0$ のとき $\sqrt{}$ 内が負になる.

25

物　理　学

3　正　$p^2c^2 + m_0{}^2c^4 = \dfrac{m_0{}^2v^2c^2}{1-\dfrac{v^2}{c^2}} + m_0{}^2c^4 = \dfrac{m_0{}^2v^2c^2 + m_0{}^2c^4 - m_0{}^2c^4\dfrac{v^2}{c^2}}{1-\dfrac{v^2}{c^2}}$

$\qquad\qquad = \dfrac{m_0{}^2c^4}{1-\dfrac{v^2}{c^2}} = E^2$

4　正

5　正　3 より

$\qquad p^2c^2 = E^2 - m_0{}^2c^4$

$\qquad p = \left(\dfrac{E^2}{c^2} - m_0{}^2c^2\right)^{\frac{1}{2}}$

問8　荷電粒子が静電場で加速されたとき，その速度が最も大きいものは，次のうちどれか.

1　電位差　1 MV で加速された陽子

2　電位差　2 MV で加速された重陽子

3　電位差　4 MV で加速されたヘリウムの原子核

4　電位差　8 MV で加速された三重水素の原子核

5　電位差　12 MV で加速された $^{12}C^{2+}$ イオン

〔答〕　4

荷電粒子は静電場で加速されると電位差と電荷の積に相当する運動エネルギーを得る. 核子あたりのエネルギーが最も大きい粒子が速度も最大である. 粒子，全エネルギー，核子あたりのエネルギーは以下のようである.

問題	粒子	全エネルギー	核子あたりエネルギー
1	$^1H^+$	1 MeV	1　　MeV
2	$^2H^+$	2 MeV	1　　MeV
3	$^4He^{2+}$	8 MeV	2　　MeV
4	$^3H^+$	8 MeV	2. 67　MeV
5	$^{12}C^{2+}$	24 MeV	2　　MeV

2. 原 子 の 構 造

2.1 原子模型

2.1.1 原子構造の概要

ラザフォードはα線が金の薄箔を通過する際に，大きく後方へ散乱される事象のあることを発見し，中心に正の電荷を持つ質量が集まっている原子核があり，その周りに電子が存在する模型を提唱した．それより少し前に，日本において長岡半太郎が同じ模型を提唱している．

原子は中心に正の電荷を持った原子核が存在し，原子核の周りを電子が運動している．原子核の半径は非常に小さくおよそ10^{-15}〜10^{-14} m 程度であり，原子核の回りの電子の広がりはおよそ10^{-10} m である．原子は正の電荷と電子の持つ負の電荷が中和して電気的に中性である．陽子数Zの中性原子はZ個の電子を持つ．陽子数Zの原子の原子番号をZで表す．原子の大きさは電子の広がりで表され，この広がりは，原子核の正電荷と電子の負電荷の間に働くクーロン力で決まる．最外周の電子が感じる電荷は，陽子の数をZとすると正の電荷が$+Ze$であり，負の電荷は最外周の電子を除く電子の電荷で$-(Z-1)e$の負の電荷となり，合わせて$+e$の電荷となる．つまり，$Z-1$個の電子により電荷が遮蔽されている．この状態は陽子と電子からなる水素と同じ状況であり，原子の大きさ（電子の広がり）は種類によらずほぼ水素と同じ大きさであるといえる．

原子核は，陽子と中性子から構成される．陽子および中性子を核子という．陽子数をZ，中性子数をNとすると，両者の和を質量数Aといい，$A=Z+N$である．陽子数および中性子数で指定される原子を核種という．同じ陽子数を持ち異

27

なる中性子数を持つ核種を同位体（isotope）という．同位体は同じ電子数を持ち，物質の化学的性質は最外周の電子で決まるので，その化学的性質はほぼ同じである．中性子数が同じで陽子数の異なる核種を同中性子体（isotone）といい，陽子数と中性子数が異なり，同じ質量数を持つ核種を同重体（isobar）という．結合エネルギー（3.2参照）に差があるため同重体の原子核でも静止質量は若干異なる．原子核の表記は元素記号 X を用いて $_Z^A X_N$ と表す．原子番号が大きくなると原子核中の陽子数が大きくなり，クーロン力による反発力のために原子核が不安定となる．このために安定な重い原子核では，陽子より中性子の方が多い．

2.1.2　ボーアの原子模型とスペクトル

中心に正の電荷がありその周りを負の電荷を持つ電子が運動している場合，電子は原子核の外を周回するのでその運動は加速度運動である．古典電磁気学によれば荷電粒子が加速度運動をすると電波を発生する．このために周回する電子はエネルギーを失い原子核へ落ち込んでしまう．ボーアは電子が安定に運動するための条件として，1）電子が定常状態にあるときにはエネルギーを吸収したり放出したりしない．2）定常状態 E_m と E_n の間を転移するとき定まった振動数の光を放出すると仮定した．2）の条件は円運動とすると，電子のドブロイ波長を $\lambda = h/p$（p は電子の運動量で h はプランク定数）として円周の長さが λ の整数倍ということに対応する．円運動で遠心力とクーロン力が釣り合う条件と，この条件から定常状態のエネルギー E_n は

$$E_n = -\frac{Z^2 e^4 m}{8\,\varepsilon_0^{\,2} h^2 n^2} \tag{2.1}$$

と求めることができる．ここで，Z は原子番号，m は電子の質量，ε_0 は真空の誘電率，n は整数である．エネルギーが負であることは，電子がクーロン力で束縛されていることを示す．つまり，軌道電子は自由電子よりも低いエネルギー状態にあるといえる．また，軌道電子はクーロン力により束縛されていることから束縛電子ともいう．電子は（2.1）式で与えられる軌道に存在する．$n = 1, 2, 3\cdots$ に対応するエネルギーには電子軌道が存在し，$n=1$ を除いてそれぞれの n にエネル

ギーの僅かに異なる複数の軌道が存在する．これらの軌道群を K 殻, L 殻, M 殻‥と名づける．各殻に入る電子数は決まっていて，エネルギーの低い殻から順に詰まっていく．この様子を図 2.1 に示した．

図 2.1 は電子のエネルギー状態を表していて，空間的な形を表しているのではない．電子の空間的な広がりはそれぞれの殻内の軌道により様々な形をしている．

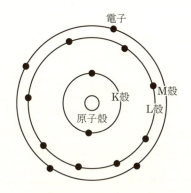

図 2.1　原子模型の概念図

2.2　励起と電離

電子がエネルギーの低い軌道から順に詰まった状態を基底状態（ground state）という．通常原子は基底状態にある．散乱や光子の吸収などで軌道電子がエネルギーを得ると高いエネルギーの状態へ転移したり，原子の外へ飛び出したりする．軌道電子が高いエネルギーの状態へ転移した状態を励起状態（excited state）という．また，軌道電子が原子の外へ飛び出すことを電離（ionization）という．励起や電離により軌道に空席ができると，そこへエネルギーの高い軌道の電子が落ちてきて空席を埋める．このときに軌道間のエネルギー差に等しい光子を放出する．

軌道電子が原子の外へ飛び出す最小のエネルギーを電離エネルギーという．軌道電子が電離エネルギーより大きなエネルギーを得て原子外へ飛び出すと，原子は正の電荷を持つ．これを正イオンあるいは陽イオンという．電子を 1 個失うと 1 価，2 個失うと 2 価の正イオンとなる．ハロゲン原子などでは電子を取り込んで負イオン（陰イオン）になりやすい．軌道電子は自由電子に対して束縛電子といわれ，(2.1) 式で表されるエネルギー状態にあり，この式の絶対値を結合エネルギーあるいは束縛エネルギーという．(2.1) 式より水素の K 軌道のエネルギーを求めると 13.6 eV となる．電離エネルギーは最外周の電子軌道のエネルギーで決ま

物 理 学

るので，水素原子の結合エネルギーと同程度で元素によりあまり変わらない．

2.3 X線

2.3.1 X線の発生

X線は，1895年にRöntgenにより発見され，レントゲン線とも呼ばれる．X線やγ線は，電波や光と同じように電磁波の一種類である．X線は電子の運動に伴って発生する光子をいい，原子核の外側で発生する．γ線は原子核の核子の運動に伴って発生する光子をいい，原子核内で発生する．

高速の電子が物質に衝突したとき，電子が制動を受けたり，原子を励起や電離をさせたりしたときにX線が発生する．X線管では，フィラメントで熱電子を発生させフィラメントとターゲットの間にかけた高電圧で加速し，高速の電子をターゲットに当ててX線を発生させる．X線管の概要を図2.2に示す．フィラメント（陰極）から出た熱電子は，管電圧Vによりターゲット（陽極）に向かって加速される．加速された電子のエネルギーは加速電圧で決まる．

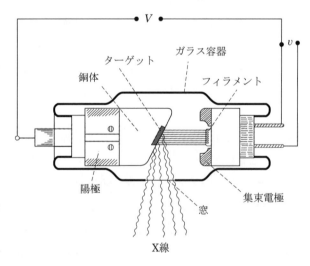

図 2.2　X線管

2. 原子の構造

ターゲットに達した高速電子が，原子核の周りの電場により強く曲げられて制動を受けると，失ったエネルギーを X 線として放出する．あるいは高速電子が原子を励起したり電離したりして X 線を発生させる．

2.3.2 X 線スペクトル

エネルギー E で運動する電子がクーロン力により制動を受け，エネルギー E の一部が振動数 ν の光子に変換するので，

$$h\nu \leq E$$

である．電子の運動エネルギーが完全に光子に変換したときに最もエネルギーの高い光子が得られる．このときの振動数を最大振動数 ν_{max}，波長を最短波長 λ_{min} という．λ_{min} は $E = h\nu$，$\lambda = c/\nu$ の関係より得られて，加速電圧が E のときの最短波長 λ_{min} は電子の得るエネルギーが eE であることから，

$$\lambda_{min} = \frac{hc}{eE} \tag{2.2}$$

となる．E をキロボルト単位で表せば

$$\lambda_{min} = \frac{hc}{eE} = \frac{2\pi\hbar c}{eE} = \frac{2\pi \times 197.3 \text{ (MeV fm)}}{E \text{ (keV)}} = \frac{1.24}{E \text{ (kV)}} \text{ (nm)} \tag{2.3}$$

となる．これをデュエヌ・フント（Duane-Hunt）の法則という．X 線管から発生した X 線の波長分布は，図 2.3 に示すような，(2.3) 式で求めた最短波長を端とする山型の連続スペクトル部を形成する．この X 線を制動 X 線（bremsstrahlung），阻止 X 線，白色 X 線などという．最も強度の大きい波長は最短波長の約 1.5 倍である．

図 2.3 に見られる鋭いピークは特性 X 線を示す．特性 X 線は，入射し

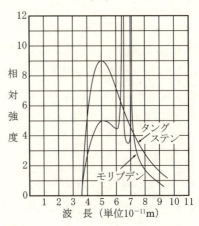

図 2.3 タングステン及びモリブデンをターゲットとして 35kV の電圧をかけたときの X 線スペクトル

物 理 学

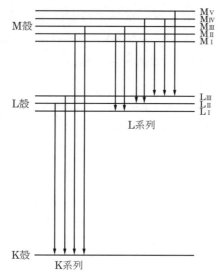

図 2.4 原子の励起準位とX線の転移

た電子によるターゲット中の原子の軌道電子の散乱などにより軌道に空席ができ，そこへエネルギーの高い軌道の電子が転移する場合に軌道間のエネルギー差に等しいX線を発生する．これを特性X線（characteristic X-ray）という．特性X線は，X線管にかかる電圧に無関係な線スペクトルを示す．軌道電子が転移するときに発生するX線を図2.4に示した．軌道電子がK殻へ転移するときのX線をK系列又はKX線，L殻へ転移するときのX線をL系列又はLX線などと呼ぶ．K系列の中で，L殻からの転移をK_α線，M殻からの転移をK_β線という．水素の場合は，K系列がライマン系列，L系列がバルマー系列，M系列がパッション系列と呼ばれている．

2.3.3 X線の放射エネルギー

X線の放射エネルギー（radiation energy）は，X線の運ぶエネルギーで，伝播する電磁波のエネルギーのことをさし，輻射エネルギーともいう．電磁波の単位体積あたりのエネルギーUは，$U=\dfrac{1}{2}(\varepsilon|E|^2+\mu|H|^2)$で与えられる．ここで$E$は電

2. 原 子 の 構 造

磁波の持つ電場，H は磁場，ε と μ はそれぞれ媒質の誘電率と透磁率である．単位面積当たりのエネルギー流束は，ポインティングベクトル $S=E\times H$ で与えられる．荷電粒子が加速度運動をすると電磁波が放出される．電子が物質中を進むとき，電子は物質中の電子や原子核とのクーロン力により減速される．このときに放出されるのが制動 X 線である．物質中を進む電子は時間的に変化する電流 $i=ev(t)$ で表され，これによって生じる電磁波の電場と磁場は電流の時間変化に比例するので，加速度（速度の時間変化）に比例する．このことから単位面積当たりの放射エネルギーは加速度の二乗に比例する．質量 M の荷電粒子の場合，同じ制動を受けたときの加速度は質量 M に反比例するので，放射エネルギーは M の二乗に反比例する．

連続 X 線の全強度 I は，ターゲットに衝突する電子の量できまる．X 線管の管電流を i，管電圧を V，ターゲット元素の原子番号を Z とし，比例定数を k として

$$I=kiV^2Z \tag{2.4}$$

の関係のあることが，実験的に確かめられている．X 線管に加わる電力は iV であるので，X 線の発生効率は，kVZ で表され，管電圧と原子番号の積に比例する．X 線管による発生効率はおよそ 1%である．

2.4　オージェ効果

励起状態の原子は，励起エネルギーを X 線として放出するが，そのエネルギーを軌道電子に与えて，軌道電子が放出され電離が起こる場合がある．この現象を，オージェ効果（Auger effect）といい，放出された電子をオージェ電子（Auger electron）という．オージェ電子のエネルギーは，軌道電子が放出されることから，X 線のエネルギーより軌道電子の結合エネルギーだけ小さい．

特性 X 線放射とオージェ電子放出は競合過程である．電子軌道の空席当たりに放射される特性 X 線の割合を蛍光収率という．K 軌道に対する蛍光収率は図 2.5 に示すように原子番号の大きい原子ほど蛍光収率は大きい．

オージェ電子は X 線の放出と競合して放出されるので軌道電子が何らかの作用

33

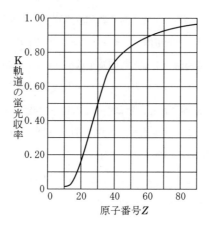

図 2.5　原子番号に対する K 軌道の蛍光収率

で軌道から離れて軌道に空席ができると発生する．このために後述する光電効果や内部転換に伴って引き起される．

2. 原 子 の 構 造

〔演 習 問 題〕

問1 次の文章の（　）の中に適当な語句または数値を入れよ.

(1)　（　1　）の数が等しく，（　2　）の数を異にする原子核または原子を互いに同位体という.

(2)　（　3　）の数は（　4　）番号と等しく，その原子の化学的性質を定め，それぞれ異なった元素に対応するものである.

(3)　現在発見されている元素の数はおよそ（　5　）で，またその同位体全部をかぞえると，約（　6　）に達する.

(4)　原子核の大きさはおよそ（　7　）センチメートル程度，またその周囲の電子軌道のひろがりすなわち原子の大きさは（　8　）センチメートル程度である.

〔答〕　1.　陽子　　　　2.　中性子　　　3.　軌道電子　　　4.　原子

5.　100　　　　6.　2,900　　　7.　$10^{-13}\sim10^{-12}$　　8.　10^{-8}

問2　鉛の原子核とK電子の結合エネルギーを計算せよ.

〔答〕　結合エネルギーは

$$\frac{me^4Z^2}{8\varepsilon_0{}^2n^2h^2}$$

で与えられる．$n=1$，$Z=82$，その他の定数を代入する．あるいは，水素原子ではK電子の結合エネルギーが 13.60 eV であるから(2.2),

13.60 eV×82^2=91.4 keV

と計算できる.

問3　次の文章の（　）の部分に入る適当な語句または数値を番号とともにしるせ.

${}^{20}_{10}$Ne 原子の K，L殻の結合エネルギーは，それぞれ 867 eV と 19 eV である．いま1個の K殻原子が電離を受けたとき，つづいて非常に短時間に（　1　）又は（　2　）が放出されるが，（　1　）の放出確率の方がはるかに大きい．その場合，（　1　）のエネルギーは，（　3　）eV である.

35

物　理　学

〔答〕　1．オージェ電子　　　2．特性X線　　　3．829

（注）　原子番号の増加とともに特性X線の放出確率が増加し，オージェ電子の放射確率
　　　が減少する．原子番号が30を超えると特性X線の放出確率が，オージェ電子の放射
　　　確率より大きくなる．オージェ電子のエネルギーは特性X線のエネルギーから放出
　　　される軌道電子の結合エネルギーを引いたエネルギーである．

問4　次の制動放射に関する記述のうち，正しいものの組合せはどれか．

　　A　放射エネルギーは物質の原子番号が高いほど大きい．

　　B　放射エネルギーは入射荷電粒子質量の2乗に比例する．

　　C　発生する光子のエネルギースペクトルは入射荷電粒子のエネルギーに依存しな
　　　　い．

　　D　発生する光子のエネルギーは連続スペクトルを示す．

　　　　1　AとB　　　2　AとC　　　3　AとD　　　4　BとC　　　5　BとD

〔答〕　3

　　A　正

　　B　誤　質量の2乗に反比例するため，電子以外の重荷電粒子での放出確率は小さ
　　　　い．

　　C　誤　光子の最大エネルギーは入射荷電粒子のエネルギーに等しい．

　　D　正

問5　次の文章の（　　）の部分に入る最も適切な語句又は数値を，解答群より1つだ
　　け選べ．

　　　高速の電子は，原子核の近傍を通過するとき，原子核の（　A　）によって進行方
　　向を変えられるとともに（　B　）され，それに相当するエネルギーを電磁波として
　　放射する．この現象を（　C　）といい，放射された電磁波を（　D　）という．こ
　　の（　C　）において，電子が単位距離進む間に失うエネルギーは，電子のエネルギ
　　ーの（　E　）乗に比例し，媒質の原子番号の（　F　）乗に比例する．高速電子や
　　高エネルギーβ線の（　G　）には原子番号の（　H　）材料を用いて（　D　）の
　　発生を少なくし，原子番号の（　I　）材料を用いて（　D　）を（　G　）する．

2. 原 子 の 構 造

＜解答群＞

1 加速	2 吸収	3 減速	4 電場	5 電離
6 励起	7 制動放射	8 特性X線	9 制動放射線	10 1
11 2	12 3	13 遮蔽	14 大きい	15 小さい

〔答〕

A── 4（電場）　　　　B── 3（減速）　　　　C── 7（制動放射）

D── 9（制動放射線）　　E── 10（1）　　　　F── 10（1）

G── 13（遮蔽）　　　　H── 15（小さい）　　I── 14（大きい）

　　F について：質量制動阻止能は原子番号 z の2乗に比例するが，質量数 A に反比例する．水素を除くと $z \doteqdot A/2$ の関係があるので，これを考慮に入れると，比例関係は z のほぼ1乗になる．

問6 次の文章の（　　）の部分に入る最も適切な語句，数値又は式を解答群より1つだけ選べ．ただし，各選択肢は必要に応じて2回以上使ってもよい．

　　原子核の（　A　）が軌道電子と結合して中性子となり，（　B　）を放出する現象を（　C　）という．これにより，K 軌道電子の空孔が生じ，L 軌道電子が遷移した場合は，一定波長の（　D　）または一定エネルギーの（　E　）電子が放出される．K 軌道電子と L 軌道電子の結合エネルギーをそれぞれ E_K，E_L とすると，（　D　）のエネルギーは（　F　），（　E　）電子のエネルギーは（　G　）となる．

＜解答群＞

1 α粒子	2 陽子	3 内部転換	4 ニュートリノ	5 オージェ
6 特性X線	7 連続X線	8 反跳	9 電子捕獲	10 β^+壊変
11 β^-壊変	12 E_K-E_L	13 E_K+E_L	14 E_K-2E_L	15 E_K+2E_L

〔答〕

A── 2（陽子）　　　　B── 4（ニュートリノ）　　C── 9（電子捕獲）

D── 6（特性X線）　　　E── 5（オージェ）　　　　F── 12（E_K-E_L）

G── 14（E_K-2E_L）

3. 原子核の構造

3.1 原子質量単位

原子番号が 83 までの安定元素について，天然に存在する同位体をみると，Tc，Pm のように安定同位体が存在しないもの，Be，Na，Al のように安定同位体がただ 1 つの元素，同位体が複数存在する元素がある．天然に存在する元素中の各同位体の原子数を百分率で表したものを同位体存在度という．安定同位体の総数は約 260 である．

原子，原子核の質量を表すのに原子質量単位（atomic mass unit，記号 u）が用いられる．これは ^{12}C の中性原子 1 個を 12 u と定めたもので

$$1\,u \ = \ 1.6605 \times 10^{-27}\,kg \tag{3.1}$$

となる．

1 u を静止エネルギーに換算すると

$$1.4924 \times 10^{-10}\,J \ = \ 931.5\,MeV \tag{3.2}$$

である．1 u はほぼ核子（陽子または中性子）の質量に等しい．陽子，中性子，電子の質量と静止エネルギーは

$$\begin{aligned}
\text{陽子：} \qquad & m_p \ = \ 1.0072765\,u, \quad m_p c^2 \ = \ 938.3\,MeV \\
\text{中性子：} \qquad & m_n \ = \ 1.0086650\,u, \quad m_n c^2 \ = \ 939.6\,MeV \\
\text{電子：} \qquad & m_e \ = \ 0.000548580\,u, \quad m_e c^2 \ = \ 0.511\,MeV
\end{aligned} \tag{3.3}$$

である．原子質量単位で表された元素 1 個の質量（同位体からなるときは算術平均）を原子量という（無次元）．

原子量が A である元素 A g の物質を 1 グラム原子という．また，分子量が M

3. 原子核の構造

である化合物の M g をその化合物の 1 グラム分子，または 1 モルという．1 モルに含まれる原子（分子）の数はすべての物質に共通でアボガドロ数 N_A で表される．

$$N_A = 6.022142 \times 10^{23} \, \text{mol}^{-1} \tag{3.4}$$

であり，標準状態の気体の場合，その体積 V_0 は

$$V_0 = 22.4140 \times 10^{-3} \, \text{m}^3 \, \text{mol}^{-1} \tag{3.5}$$

である．

3.2　結合エネルギーと原子核の大きさ

原子番号 Z，中性子数 N の中性原子の質量 W は，u 単位で $1.007276 Z + 1.008665 N + 0.000549 Z$ にはならず，これより小さい．質量差 ΔM は次式で表される．

$$\Delta M = m_p Z + m_n N + m_e Z - W \tag{3.6}$$

原子核は，陽子と中性子で構成されているので，電気的には正の電荷を持っている．原子核の大きさが小さいことから，電気的反発力は大きい．核子が小さい空間に閉じ込められるには，電気的力より大きな力が働いている必要がある．核子を閉じ込めている力を核力という．核力は強い力でありその到達距離は短い．この核力による強い引力で束縛されているので，原子核内の核子は位置エネルギーが低くなっている，あるいは質量が軽くなっているともいえる．このように，質量差は核力の強い引力により生じている．(3.6)式の質量差は核子の核力による束縛と電子のクーロン力による束縛の寄与が含まれている．クーロン力による質量差は，核力による質量差に比べて無視できる．原子核の質量差は

$$\Delta M = m_p Z + m_n N - M_{nucl} \tag{3.7}$$

で与えられ，質量欠損（mass defect）という．ここで M_{nucl} は原子核の質量である．

中性原子の質量 W を原子質量単位で表し，質量数を A で表すときその差を質量超過（mass excess）ΔA という．

$$\Delta A = W - A \tag{3.8}$$

原子核の核子は到達距離の短い核力で結びつけられている．核力は隣同士の核子にしか力をおよぼさないので，核子がくっついて作られる原子核の体積 V は核子数に比例する．つまり $V \propto A$. これより原子核の半径 R は，

$$R = r_0 A^{1/3} \tag{3.9}$$

で与えられる．r_0 は $1.2 \sim 1.4 \times 10^{-15}$ m である．

質量欠損をエネルギーに換算したものを結合エネルギー（binding energy）という．結合エネルギーを質量数で割った核子1個当たりの結合エネルギーを平均結合エネルギーという．平均結合エネルギーの質量依存性を図3.1 に示した．こ

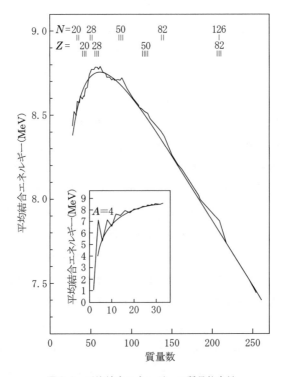

図 3.1 平均結合エネルギーの質量依存性
図上部にある N 及び Z の値は，平均結合エネルギーが全体の傾向より大きくなっているところで，マジックナンバーという．

3. 原子核の構造

れから核子 1 個当たりの結合エネルギーはおよそ 8 MeV であることが分かる.
平均結合エネルギーの特徴として(1)^{2}H の結合エネルギーは約 2.2 MeV, (2)^{59}Fe
のあたりの結合エネルギーが最も高く,約 8.75 MeV である. これは最も安定な
領域を表しており,質量数 60 あたりと思ってよい. (3)^{238}U の結合エネルギーは
約 7.5 MeV 等である. このように最も安定な領域は質量数が 60 付近である. こ
れを外れると結合エネルギーは小さくなる. このことから,質量数が 60 より小さ
い核種は 2 個の核が融合する(核融合)ことによりエネルギーを放出し,60 より
大きい核種は核が 2 個に分裂することによりエネルギーを放出することができる
ことが分かる. このような平均結合エネルギーの性質が,核融合エネルギーや核
分裂エネルギーの利用の元となっている. また,星が生成され進化するにしたが
い,星の内部で水素やヘリウムから核反応でより重い元素が順次合成され,中心
部に鉄のコアを持つことの起源となっている. 安定な核種が結合エネルギーの大
きさからは融合や分裂が可能であるのに,安定であるのは,核融合や核分裂の際
のクーロンエネルギーによる反発力や核の表面張力によるエネルギーの増加が融
合や分裂を妨げているからである.

物　理　学

〔演 習 問 題〕

問 1　$1\,u = 1.66 \times 10^{-24}\,g$ であることを概算せよ.

〔答〕　$^{12}_{\ 6}C$ の 12 g 中に含まれる原子数は 6.02×10^{23} 個である. したがって,

$$炭素 1 個の質量 = 12u = \frac{12}{6.02 \times 10^{23}}\ g$$

$$1\,u = \frac{1}{6.02 \times 10^{23}}\ g = 1.66 \times 10^{-24}\,g$$

が得られる.

問 2　$^{12}_{\ 6}C$ 原子を構成する中性子, 陽子, および電子がばらばらに離れるとどれだけ質量が増加するか. また, エネルギーの増加はどれほどか.

〔答〕　原子質量単位で　$6(1.008665 + 1.007276 + 0.000549) - 12.000000 = 0.09894\,u$

エネルギーの増加は $0.09894 \times 931.5\,MeV = 92.2\,MeV$

問 3　原子核の密度を計算せよ.

〔答〕　質量数 A の原子核の体積は (3.9) 式より

$$\frac{4}{3}\,\pi \times (1.4 \times 10^{-13} \times A^{1/3})^3\ \ cm^3$$

であるから

$$\rho = \frac{1.66 \times 10^{-24}\,A}{\dfrac{4}{3}\pi \times 1.4^3 \times 10^{-39}\,A}$$

$$= 1.45 \times 10^{14}\ [g/cm^3]$$

問 4　原子質量単位 u に関する次の記述のうち, 正しいものの組合せはどれか.

　　A　$1\,u$ は 1 g をアボガドロ数で割ったものに等しい.

　　B　$1\,u$ は 931.5 MeV に等価である.

　　C　トリチウム原子の質量はほぼ 2 u である.

42

3. 原子核の構造

D　原子質量単位は炭素の同位体 $^{12}_{6}C$ の原子核の質量を 12u として定義する.

　1　A と B　　　2　A と C　　　3　A と D　　　4　B と C　　　5　C と D

〔答〕　1

A　$^{12}_{6}C$ 原子 1 個の質量は 12u で，1 モル（12g）中の原子数はアボガドロ数 N_A であるから，　$12u \times N_A = 12$ g　　　$1u = 1/N_A = 1.66 \times 10^{-24}$ g

B　$E = uc^2$

C　3 u

D　原子核でなく（中性）原子

問 5　水素原子（$^{1}_{1}H$）の静止質量に等価なエネルギーとして正しいものは，次のうちどれか.

　1　1862 MeV　　　　2　939 MeV　　　　3　93.9 MeV

　4　9.39 MeV　　　　5　1.862 MeV

〔答〕　2

問 6　次の文章中の（　）の部分に入る適当な語句又は数値を番号とともに記せ.

　^{27}Al の核半径が 3.6×10^{-13} cm のとき，^{64}Zn の核半径は（　1　）cm である．アルミニウム 1 cm^3 中の ^{27}Al 原子数が 6×10^{22} 個であるとき，^{64}Zn だけからなる亜鉛 1 cm^3 中の亜鉛原子数は（　2　）個である．ただし，アルミニウム，亜鉛の比重をそれぞれ 2.7，7.14 とする．更にこれらの核自身の密度は（　3　）g/cm^3 のオーダーである.

〔答〕　1　4.8×10^{-13}　　　　2　6.7×10^{22}　　　　3　10^{14}

問 7　次の記述のうち，正しいものはどれか.

　1　中性原子の質量と原子核の質量との差は，Z 個の軌道電子の質量である.

　2　陽子と中性子の質量はほぼ等しいが，電荷の有無とスピンの大きさの違いがある.

　3　原子核の質量は，構成粒子の質量の総和より結合エネルギー分だけ大きい.

　4　原子核の核子当たりの結合エネルギーは A（質量数）= 4 に対して最大となるの

43

物　理　学

で，この性質が核融合反応に利用される．

　5　原子核の核子当たりの結合エネルギーは，A（質量数）＝60近くで最大となり，
　　Aが更に大きくなると徐々に小さくなる．

〔答〕　5

　1　「Z個の軌道電子の質量」ではなく，「Z個の軌道電子の質量から核と電子との結
　　合エネルギーに相当する質量を引いたもの．」

　2　陽子と中性子のスピンは共に1/2で等しい．

　3　結合エネルギー分だけ「小さい」．

　4　A＝4に対して「極大」となるが「最大」ではない（図3.1）．

問8　次の記述のうち，正しいものの組合せはどれか．

　A　原子核の半径は質量数の3乗根に比例する．

　B　原子の半径は原子番号の平方根に比例する．

　C　原子核のエネルギー準位は核子の結合状態によって決まる．

　D　原子のエネルギー準位は軌道電子の状態によって決まる．

　1　ABCのみ　　　　2　ABDのみ　　　　3　ACDのみ　　　　4　BCDのみ

　5　ABCDすべて

〔答〕　3

　A, C, D　正

　B　誤　原子半径は，原子の存在状態によって金属結合半径，共有結合半径，ファン
　　デルワールス半径で定義されるため，一般的な大きさの議論はしにくい．ただし金
　　属の場合を見ても，Liで1.3×10^{-10} m，Pbで1.6×10^{-10} mと，元素による違い
　　は小さい．

問9　Ni, Ba, Uについて，核子の平均結合エネルギーを大きい順に並べた場合，正し
　いものは次のうちどれか．

　1　U＞Ba＞Ni　　　2　U＞Ni＞Ba　　　3　Ba＞Ni＞U　　　4　Ni＞U＞Ba

　5　Ni＞Ba＞U

〔答〕　5

3. 原子核の構造

問10 次の記述のうち，誤っているものはどれか．

1 質量欠損をエネルギーに換算したものを結合エネルギーという．

2 1原子質量単位は，水素原子1個の質量である．

3 原子核の半径は，核子数の $\frac{1}{3}$ 乗に比例する．

4 天然同位体存在度は天然に存在する元素に関する各同位体の原子数百分率である．

5 核力は引力である．

〔答〕 2

1, 3, 4, 5 正

2 誤 ^{12}C 原子1個の質量が 12 u〔u：原子質量単位〕である．

4. 放 射 性 壊 変

　レントゲンによる X 線の発見（1895）にすぐ引き続き，ベクレルは，ウランの塩類から透過力のある放射線の出ていることを（1）黒い紙を通して写真乾板が感光する，（2）蛍光物質を光らせる，（3）空気をイオン化する，の 3 つの現象を通して確認した．その後，ラザフォード等が放射線の中に磁場により曲がり難いもの，曲がり易いもの，曲がらないもののあることを発見した．これらは α 線，β 線，γ 線と名づけられた．これらの放射線は原子核が壊変により転移する際に放出される．

4.1　α 壊 変

4.1.1　α壊変の表式

　α 壊変は，質量数の大きな原子核がヘリウムの原子核を放出する壊変である．α 粒子の平均結合エネルギーは，質量数の小さい核の中では特に大きく，質量数の大きな核種のいくつかは，ヘリウムの原子核を放出することにより，エネルギー的により安定な状態に転移する．原子核内の α 粒子が原子核から放出されるためにはクーロンエネルギー障壁を超える必要があるが，α 壊変で放出されるα線のエネルギーはこれより小さく，古典物理学ではエネルギー保存則を破ることになり，α 粒子が放出されることはなない．α 粒子は，量子力学のトンネル効果によりクーロン障壁を通り抜けて放出される（図 4.1 参照）．

　α 壊変核種としてよく知られているものに，キュリー夫人により発見された ^{226}Ra がある．この場合の壊変の表式は

$$\alpha \text{ 壊変 } \quad ^{226}\text{Ra} \rightarrow {}^{222}\text{Rn} + {}^{4}\text{He} \quad \text{あるいは } {}^{226}\text{Ra} \rightarrow {}^{222}\text{Rn} + \alpha \qquad (4.1)$$

4. 放射性壊変

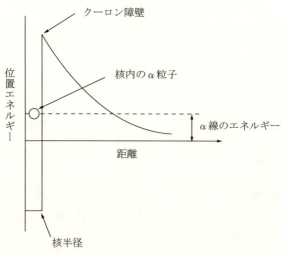

図 4.1　α壊変におけるα粒子とクーロン障壁のエネルギー

と表される．ここで壊変前の原子核（^{226}Ra）を親核（parent nucleus），壊変後の原子核（^{222}Rn）を娘核（daughter nucleus）という．

α壊変では壊変の前後で質量数と原子番号は，$(A, Z) = (A-4, Z-2) + (4, 2)$ と変化する．このように，娘核は質量数が 4 減り，原子番号は 2 減る．ただし，α粒子を含めて考えると壊変の前後で陽子数と中性子数のそれぞれの和は変化しない．

4.1.2　α壊変の Q 値

α壊変に伴う壊変のエネルギー E は，壊変前後の原子核の質量差できまる．

$$E = M(親)_{核}c^2 - (M(娘)_{核}c^2 + M(\alpha)c^2) \tag{4.2}$$

質量欠損は原子核の質量を基にしているので，質量欠損 ΔM を用いて表すと，

$$E = \Delta M(娘)c^2 + \Delta M(\alpha)c^2 - \Delta M(親)c^2 \tag{4.3}$$

で与えられる．この値を α壊変の Q 値という．

このエネルギーは壊変後の娘原子と α粒子に分配される．また，壊変後の娘核は基底状態になるとは限らず励起状態にある場合もある．このため，α粒子の運

物 理 学

動エネルギーは E 以下となる. 娘核が基底状態になる場合の α 粒子のエネルギー E_α は,運動量とエネルギーの保存則より

$$E_\alpha = \frac{M(^{222}\mathrm{Rn})}{M(^{222}\mathrm{Rn}) + M(\alpha)} E \tag{4.4}$$

で与えられる. このように α 粒子のエネルギーは親原子と娘原子の質量差(励起状態にあるときは $E-$ 励起エネルギー)で決まるので線スペクトルを示す.

4.2 β 壊 変

4.2.1 壊変の表式

原子核外の中性子は単独では不安定で半減期 615 秒で陽子に壊変する. このとき電子と反ニュートリノが放出される.

$$\beta^-壊変 \quad \mathrm{n} \to \mathrm{p} + \beta^- + \bar{\nu} \tag{4.5}$$

例えば $^{32}\mathrm{P}$ の壊変は

$$^{32}\mathrm{P} \to {}^{32}\mathrm{S} + \beta^- + \bar{\nu}$$

と表され,親核が質量数 A で原子番号 Z のとき $(A, Z) \to (A, Z+1)$ と変化する.

陽子の質量は中性子の質量よりわずかに小さいので,単独の陽子が中性子に壊変する事はない. しかし,原子核の中では陽子数が中性子数に比べて多い場合,クーロン力による反発のエネルギーが高くなり,陽子が中性子に壊変した方がエネルギー的に安定になる場合がある. このとき陽子は中性子に変わり,陽電子とニュートリノが放出される. 陽電子は電子の反粒子である.

$$\beta^+壊変 \quad \mathrm{p} \to \mathrm{n} + \beta^+ + \nu \tag{4.6}$$

例えば $^{22}\mathrm{Na}$ の壊変では

$$^{22}\mathrm{Na} \to {}^{22}\mathrm{Ne} + \beta^+ + \nu$$

と表され,親核が質量数 A で原子番号 Z のとき $(A, Z) \to (A, Z-1)$ と変化する.

β 壊変では壊変の前後で陽子と中性子の数は変わるが,質量数は変化しない. β^+ 壊変では原子核内の陽子が中性子に壊変するとき,陽子が軌道電子を捕獲して中性子に壊変する場合がある. これを電子捕獲あるいは EC 壊変という. つまり

4. 放 射 性 壊 変

電子捕獲　$p+e^- \to n+\nu$　　　　　　　　　　　　　　(4.7)

このとき軌道電子が捕獲されるために空席が生じるので，エネルギーの高い電子
軌道の電子により空席が埋められる．このときに特性 X 線あるいはオージェ電子
が発生する．電子捕獲の場合も壊変前後で質量数は変わらない．β^+壊変が起こり
得る場合には β^+壊変と電子捕獲は競合過程であり，どちらかが起こる．次節で述
べるように β^+壊変の Q 値が $2\,m_e c^2$ より小さい場合には電子捕獲のみが起こる．

4.2.2　β 壊変の Q 値

β 壊変の Q 値も α 壊変と同様に，壊変前後の全粒子の質量差で決まる．

β^-壊変の場合は，壊変後は娘核種，β^-線，ニュートリノになり，娘核種は原子
番号が 1 だけ増えるので，β 線として放出された電子を考えると，壊変後の質量
は娘核種とニュートリノとなる．β^+壊変では娘核種，β^+線，ニュートリノになり，
娘核種の原子番号が 1 だけ減るので，軌道電子が 1 個あまり壊変後の質量は娘核
種，電子 2 個，ニュートリノとなる．電子捕獲では壊変後の質量は娘核種とニュ
ートリノになる．したがって Q 値はニュートリノの質量を 0 として，

$$
\left.
\begin{aligned}
&\beta^-壊変：(M_親-M_娘)c^2 \\
&\beta^+壊変：(M_親-M_娘-2\,m_e)c^2 \\
&電子捕獲：(M_親-M_娘)c^2
\end{aligned}
\right\}
\qquad (4.8)
$$

となる．

β 壊変では壊変のエネルギーが娘原子と β 線とニュートリノの 3 体に分配され
るので，放出される β 線とニュートリノの角度により β 線のエネルギーが異な
る．このため β 線のエネルギー分布は連続になり連続スペクトルを示す．図 4.2
に ^{32}P の β 線スペクトルを示す．β 線の最大エネルギーはニュートリノのエネル
ギーがゼロのときで Q 値によって決まる．平均のエネルギーは最大エネルギーの
約 1/3 である．

β 壊変では β 線とニュートリノが発生する．ニュートリノの質量はほとんどゼ
ロであるので，親核と娘核の質量差が電子（β 線）の質量より大きくないと起こ
らない．つまり，電子の質量を m_e として

49

物 理 学

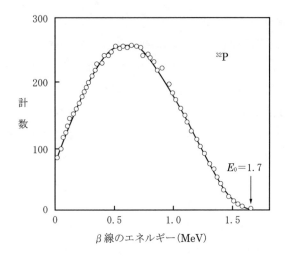

図 4.2 ^{32}P の β 線スペクトル

$$M(親核) - M(娘核) > m_e \tag{4.9}$$

ここで，中性原子の質量 M は $M = M(核) + Z m_e$ で与えられるので，(4.9)式を β$^-$壊変と β$^+$壊変について中性原子の質量で表すと，

β$^-$壊変　$\{M(親) - Z m_e\} - \{M(娘) - (Z+1) m_e\} > m_e$

より

β$^-$壊変　$M(親) - M(娘) > 0 \tag{4.10}$

であり，

β$^+$壊変　$\{M(親) - Z m_e\} - \{M(娘) - (Z-1) m_e\} > m_e$

より

β$^+$壊変　$M(親) - M(娘) > 2 m_e \tag{4.11}$

となる．つまり，β$^-$壊変の場合は壊変の前後で親原子の質量が娘原子の質量より大きければ起こるが，β$^+$壊変の場合は壊変前後の質量差が電子質量の 2 倍より大きくないと起こらない．電子捕獲の場合はニュートリノが発生するだけなので親原子の質量が娘原子の質量より大きければ起こる．

(4.10)式と(4.11)式より β$^-$壊変と β$^+$壊変における β 線の最大エネルギー

$E_{\beta\max}$ は β^- 壊変に対し,

$$\beta^-壊変 \quad E_{\beta\max}=M(親)c^2-M(娘)c^2 \tag{4.12}$$

図 4.2 の β 線の最大エネルギーはこのエネルギーに対応する. また, β^+ 壊変に対し,

$$\beta^+壊変 \quad E_{\beta\max}=M(親)c^2-M(娘)c^2-2m_ec^2 \tag{4.13}$$

で与えられる. β^+ 壊変で壊変前後の質量差が電子質量の 2 倍より小さいときには, 陽電子放出は起こらず電子捕獲のみが起こる.

4.3　γ 線の放出と原子核のエネルギー準位

α 壊変や β 壊変で娘核が生じたとき, 娘核は基底状態になるとは限らず, 励起状態になる場合もある. この場合は γ 線が放出される. 原子核の励起状態は軌道電子のエネルギーと同じように離散的な値をとる. 基底状態からエネルギー順に励起状態を表した図をエネルギー準位という. 例を図 4.3 に示した.

エネルギーの高い準位はエネルギーの低い準位へ γ 線を放出して転移する. エネルギーの高い準位と低い準位のエネルギーをそれぞれ E_i, E_j とすると γ 線のエ

図 4.3　エネルギー準位

準位の左側の数字はスピンを, 記号はパリティを示す. 縦線は γ 線を表し, 数字は γ 線のエネルギーを示す. 準位の右側の数字は励起エネルギーを示す.

物 理 学

ネルギーE_γ は

$$E_\gamma = E_i - E_j \qquad (4.14)$$

で与えられる.

励起状態の寿命は通常非常に短く瞬間的に γ 線が放出されるが,励起状態によっては寿命の長い状態もある.このような状態を核異性体(isomer)という.このような励起状態からの転移を核異性体転移(isomer transition 略称 IT)という.どの程度に寿命が長ければ核異性体転移というかについての決まりはない.

励起状態が転移するとき,γ 線を放出せずにそのエネルギーを軌道電子に与えて転移する場合がある.これを内部転換(internal conversion)といい,放出される軌道電子を内部転換電子という.軌道電子は K 殻,L 殻,M 殻等の軌道上に存在する.量子力学的には存在確立の時間平均的な値がこれらの軌道の所で大きくなるが,この軌道よりかなり大きくはずれた位置に存在する場合がある.このため,軌道電子が原子核内に存在する場合に内部転換が生じる.内部転換電子が放出されるとき,軌道電子は束縛されているので放出される内部転換電子のエネルギーE_I は γ 線のエネルギーE_γ より軌道電子の結合エネルギーE_b だけ低くなる.E_I は次式で与えられる.

$$E_I = E_\gamma - E_b \qquad (4.15)$$

励起状態が転移するとき γ 線放出と内部転換電子の放出は競合過程であり,どちらかの放出が起こる.γ 線の放出に対する内部転換電子の放出割合を内部転換係数という.

これらのことから(1)内部転換は内殻軌道ほど起こりやすい.(2)軌道電子の結合エネルギーは外殻軌道の方が小さいため,外殻軌道による内部転換電子のエネルギーの方が大きい.(3)内部転換電子は β 線検出器のエネルギー校正に用いられる.(4)γ 線を放出する割合をI_γ,内部転換電子を放出する割合をI_e とすると内部転換係数はI_e/I_γ で与えられるので 1.0 を超えることもある.

α 壊変,β⁻ 壊変,β⁺ 壊変,γ 転移,電子捕獲による原子番号と質量数の変化をまとめると表 4.1 となる.

52

4. 放 射 性 壊 変

表 4.1 α壊変，β⁻壊変，β⁺壊変，γ転移，電子捕獲による原子番号と質量数の変化

壊変形式	原子番号の変化	質量数の変化
α壊変	-2	-4
β⁻壊変	$+1$	0
β⁺壊変	-1	0
γ遷移	0	0
電子捕獲	-1	0

4.4 自発核分裂

　質量数の大きな原子核では陽子数が大きくなり，クーロン力による反発エネルギーが大きくなる．この反発エネルギーのために核分裂が起こる．これを自発核分裂という．自然に存在する核種ではウランの自発核分裂が観測される．ただし，ウランは主に α 壊変で転移し，自発核分裂の割合は非常に小さい．自発核分裂の際には 3 個程度の中性子が同時に放出される．中性子線源として利用される ^{252}Cf は自発核分裂の割合が約 3 ％と大きい．

4.5 壊変の法則

　放射性壊変により転移する核種について，1 個の原子核を観察したとき，いつ壊変するかは分からない．一方，ある量の原子核を観察すると，単位時間に一定の数の放射性壊変が観測されるが，この量を増加させると放射性壊変の数も増加すると考えられる．つまり，単位時間当たりの壊変数は元の原子核の数に比例する．このときの比例定数を壊変定数という．単位時間当たりの壊変数を壊変率という．壊変率を I とし，壊変定数を λ とすると

$$I = -\frac{\mathrm{d}N}{\mathrm{d}t} = \lambda N \tag{4.16}$$

と表せる．2 項目の負記号は壊変により原子数の減ることを表している．この微分方程式の解を求めると，時刻 t における原子数 N は，初め $(t=0)$ の原子数を N_0

53

物 理 学

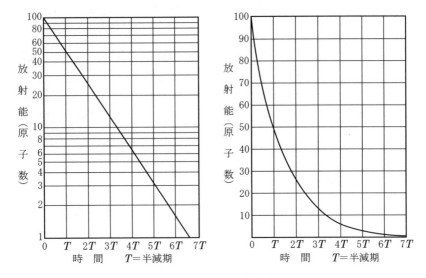

図 4.4　壊変率の時間経過

とすると

$$N(t) = N_0 e^{-\lambda t} \tag{4.17}$$

として求まる. これより壊変率 I は

$$I = \lambda N = \lambda N_0 e^{-\lambda t} \tag{4.18}$$

で与えられる. 壊変率の時間的経過を図 4.4 に示した. (4.17)および(4.18)を壊変の指数法則という.

　原子数が初めの原子数の $1/e$ にまで減る時間を平均寿命(mean life)といい, 半分の原子数になるまでの時間を半減期(half life)という. 平均寿命 τ は(4.17)式より

$$\frac{N_0}{e} = N_0 e^{-\lambda \tau}$$

となり, 半減期 $T_{1/2}$ は

$$\frac{N_0}{2} = N_0 e^{-\lambda T_{1/2}}$$

より, τ 及び $T_{1/2}$ は

4. 放 射 性 壊 変

$$\tau = \frac{1}{\lambda}, \quad T_{1/2} = \frac{\ln 2}{\lambda} = \frac{0.693}{\lambda} \tag{4.19}$$

で与えられる．毎秒あたりの壊変数を放射能（activity）という．放射能の単位として，毎秒 1 壊変を 1 Bq（ベクレル）が用いられる．

$$1 \text{ Bq} = 1 \text{ 秒あたり } 1 \text{ 壊変} \tag{4.20}$$

壊変して生じた娘核種がさらに放射性壊変をするとき逐次壊変といい，親原子の数を N_1，壊変定数を λ_1 とし，娘原子の数を N_2，壊変定数を λ_2 とすると

$$- \frac{dN_1}{dt} = \lambda_1 N_1$$

$$\frac{dN_2}{dt} = - \lambda_2 N_2 + \lambda_1 N_1$$

と表され，親原子が初めに N_0 個で，娘原子が 0 個であるとき，これらの微分方程式の解として娘原子数 N は

$$N = \frac{\lambda_1}{\lambda_2 - \lambda_1} N_0 (e^{-\lambda_1 t} - e^{-\lambda_2 t}) \tag{4.21}$$

で与えられる．親原子核の半減期が長く，娘原子核の半減期が短いとき，つまり $\lambda_1 \ll \lambda_2$ のとき，娘原子の数 N は

$$N = \frac{\lambda_1}{\lambda_2} N_0 e^{-\lambda_1 t} \tag{4.22}$$

で与えられ，娘原子の数は親原子の半減期で減衰する．これを放射平衡という．

4.6 壊 変 図 式

原子核の励起エネルギー，壊変モード，γ 線の強度比などを表した図を壊変図（decay scheme）という．β^+ 壊変や α 壊変は左へ進む斜めの矢印，β^- 壊変は右へ進む斜めの矢印，γ 壊変は垂直の矢印で示す．エネルギー準位には励起エネルギーを数字で示し，各放射線の強度比をそれぞれの矢印に示す．励起準位の半減期が基底状態および核異性体転移に示され，核異性体転移は IT で示す．エネルギー準位には原子核

の性質を示すスピンとパリティを表示してある．壊変図の例を図4.5に示した．

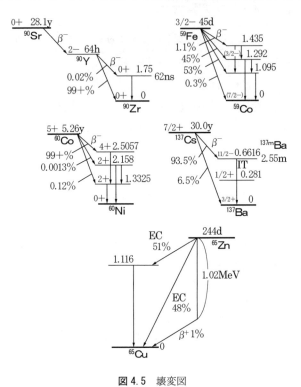

図4.5　壊変図

4. 放射性壊変

〔演習問題〕

問1 半減期5.2年の ^{60}Co 1 mg の1年後の放射能を求めよ．

〔答〕 ^{60}Co 1 mg の放射能 A_0 は

$$A_0 = \lambda N = \frac{0.693 \times 6.02 \times 10^{23} \times 10^{-3}}{5.2 \times 365 \times 24 \times 60 \times 60 \times 60} \text{ Bq} = 4.24 \times 10^{10} \text{ Bq}$$

$$A = A_0 e^{-\frac{0.693}{T}t}$$

に $t=1$ y, $T=5.2$ y を入れて

$$A = 4.24 \times 10^{10} \text{ Bq} \times e^{-\frac{0.693}{5.2}} = 4.24 \times 10^{10} \text{ Bq} \times e^{-0.133}$$

$$= 4.24 \times 10^{10} \left\{ 1 - 0.133 + \frac{1}{2!}(0.133)^2 - \frac{1}{3!}(0.133)^3 + \cdots \right\} \text{Bq}$$

$$\fallingdotseq 4.24 \times 10^{10} \times (1 - 0.133 + 0.0088 - 0.0004) \text{ Bq}$$

$$= 4.24 \times 10^{10} \times 0.8754 \text{ Bq} = 3.71 \times 10^{10} \text{ Bq}$$

答 3.71×10^{10} Bq

問2 下の壊変図に相当する壊変は，次のうちどれか．

1　β^-　　2　β^+　　3　β^+, EC　　4　EC　　5　α

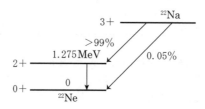

〔答〕 3

　　β^+ 壊変には常にEC(電子捕獲)を伴うから，4．EC か　3．β^+, EC かということになる．^{22}Na から ^{22}Ne への放出エネルギーが 1.275 MeV 以上で，$2m_e = 1.02$ MeV を超えているから β^+ 壊変が可能．

物　理　学

問 3　質量数 200 の原子核が 5 MeV の α 線を放出すると，生成核の反跳エネルギーは
およそ何 MeV となるか.

　　1　0.05　　　2　0.1　　　3　0.2　　　4　0.5　　　5　1.0

〔答〕　2

　　生成核の質量を M，α 粒子の質量を m また生成核の速度を V，α 粒子の速度を v
とすると，運動量保存則により，

　　　$MV = mv$

両粒子の運動エネルギーE_M と $E_α$ は，

　　　$E_M = \dfrac{1}{2} MV^2$　　　$E_α = \dfrac{1}{2} mv^2$

以上 3 式より，$E_M = (m/M) \cdot E_α = (4/196) \cdot 5 = 0.1$〔MeV〕

問 4　$^{147}_{62}\mathrm{Sm}$ は，α 線を放射し半減期 1.05×10^{11} 年で壊変する．1 g の $^{147}_{62}\mathrm{Sm}$ 原子は 1
年間で何個壊変するか．計算の過程を示して答えよ．ただし，アボガドロ数は 6.0
$\times 10^{23}\,\mathrm{mol}^{-1}$ とする．

〔答〕　壊変率$-\dfrac{\mathrm{d}N}{\mathrm{d}t}$ は原子数 N と壊変定数 λ の積である.

　　　$-\dfrac{\mathrm{d}N}{\mathrm{d}t} = λN$　••(1)

半減期を T とすれば，式(1)は

　　　$-\dfrac{\mathrm{d}N}{\mathrm{d}t} = \dfrac{0.693}{T} N$　••••••••••••••••••••••••••••••••(2)

半減期が非常に長いので，式(2)の dt は年単位で適用できる.

　　$N = \dfrac{6.0 \times 10^{23}}{147}$ であるから

　　　$-\dfrac{\mathrm{d}N}{\mathrm{d}t} = \dfrac{0.693}{1.05 \times 10^{11}} \cdot \dfrac{6.0 \times 10^{23}}{147}$〔$\mathrm{y}^{-1}$〕

　　　　　　　$= 2.69 \times 10^{10}$〔y^{-1}〕

　　　　答　2.69×10^{10} 個

問 5　β 壊変に関する次の記述のうち，正しいものの組合せはどれか.

58

4. 放射性壊変

A β⁺壊変の場合，親核種の質量と娘核種の質量は変わらない．
B β⁻壊変する核種は，安定な同位体に対して中性子が過剰である．
C β⁻壊変と電子捕獲は競合過程である．
D 電子捕獲では，ニュートリノが放出される．

　　1 AとB　　2 AとC　　3 BとC　　4 BとD　　5 CとD

〔答〕 4

A 誤　質量数は変化しないが，陽電子，ニュートリノ（ともに運動エネルギーを含む），電子（原子番号が1つ減り，軌道電子も1つ減ることによる．結合エネルギーを含む．）の合計に相当する質量が減る．

B, D 正

C 誤　電子捕獲は β⁺ 壊変と競合する．

問6 $^{7}_{4}Be$ は図のような壊変をする．37 kBq の $^{7}_{4}Be$ から毎秒放出される γ 線光子の数は，次のどの値か．なお，この壊変では内部転換はない．

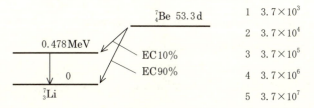

1　3.7×10^3
2　3.7×10^4
3　3.7×10^5
4　3.7×10^6
5　3.7×10^7

〔答〕 1

壊変図から ^7Be は壊変して 10 % が ^7Li の 0.478 MeV の準位に，90 % が 0 準位に移る．従って γ 光子を放出するのは 10 % だけであるから，その放出数は

　　37 kBq × 0.1 = 3.7×10^4 × 0.1

問7 内部転換に関する次の記述のうち，誤っているものはどれか．

1　内部転換に伴って特性X線が放射されることがある．
2　原子核に近い電子ほど内部転換電子になりやすい．
3　内部転換は重い原子に多くみられる．
4　内部転換は γ 線放射と競合する過程である．

物　理　学

5　内部転換の際にはニュートリノが放出される.

〔答〕　5

1.内部転換電子が放出されたあとに外の軌道電子が入り, 特性 X 線が放射される.

2, 3.電子と原子核の結合エネルギーが大きいほど内部転換電子が放出されやすい.

5.ニュートリノは内部転換には介在しない.

問8　オージェ効果に関する次の記述のうち, 正しいものの組合せはどれか.

A　オージェ効果は, 励起状態の原子が電磁波（X 線）を放射する代わりに, 軌道電子を放出してより低い状態へ遷移する現象である.

B　重い原子ではオージェ効果は X 線放射より起こりやすい.

C　電子捕獲に伴ってオージェ電子が放出されることがある.

D　内部転換に伴ってオージェ電子が放出されることはない.

　　1　AとB　　　2　AとC　　　3　BとC　　　4　BとD　　　5　CとD

〔答〕　2

D.内部転換では主として K 軌道に空席ができ原子は励起状態になる. したがって, 特性 X 線あるいはオージェ電子が放出される.

問9　次の文章の（　　）の部分に入る最も適切な語句又は数値を, それぞれの解答群より1つだけ選べ.

　　励起状態にある原子核が（　A　）を放出するかわりに, そのエネルギーを軌道電子に与え, これを放出する現象を（　B　）といい, 放出された電子を（　C　）という.（　C　）のエネルギー分布は（　D　）であり, β 線検出器の（　E　）に用いられる.（　C　）が放出される確率と（　A　）が放出される確率の比を（　F　）といい,（　F　）は原子番号のほぼ（　G　）乗に比例し, 原子核から放出されるエネルギーが（　H　）ほど大きい.

＜A～E の解答群＞

1　捕獲電子　　　　　2　電子捕獲　　　　3　電子放射　　　4　内部転換

5　放射電子　　　　　6　α 線　　　7　β 線　　　8　γ 線　　　9　検出効率補正

60

4. 放射性壊変

10　内部転換電子　　11　連続スペクトル　　12　線スペクトル

13　エネルギー校正

＜F～H の解答群＞

1　電子捕獲係数　　2　内部転換係数　　3　電子放射係数　　4　小さい

5　大きい　　　　　6　1　　　　　　　7　3　　　　　　　8　5

〔答〕

A—— 8　（γ 線）　　　B—— 4　（内部転換）　　　C—— 10　（内部転換電子）

D—— 12　（線スペクトル）　　　　E—— 13　（エネルギー校正）

F—— 2　（内部転換係数）　　　G—— 7（3）　　　H—— 4　（小さい）

問 10　次の文章の（　　）の部分に入る最も適切な語句，記号又は数値を，解答群から 1 つだけ選べ．ただし，各選択肢は必要に応じて 2 回以上使ってもよい．

　　ある核種の壊変において，中性原子の質量 M, 原子番号 Z, 中性子数 N, 電子の静止質量 m_e とするとき，壊変の前後での質量差，すなわち $[M(Z, N) - M(Z-1, N+1)]$ が $2m_e$ より（　A　）場合は（　B　）線と（　C　）を放出する（　D　）と，（　E　）を捕獲して（　C　）を放出する（　F　）とが（　G　）生ずる．

＜解答群＞

1　β^-　　　　　　2　β^+　　　　　　3　ニュートリノ　　　4　競合して

5　同じ割合で　　　6　電子捕獲　　　7　軌道電子　　　8　β^+ 壊変

9　β^- 壊変　　　10　大きい　　　11　小さい　　　12　内部転換

〔答〕

A—— 10　（大きい）　　　B—— 2　（β^+）　　　C—— 3　（ニュートリノ）

D—— 8　（β^+ 壊変）　　　E—— 7　（軌道電子）　　　F—— 6　（電子捕獲）

G—— 4　（競合して）

問 11　次の文章の（　　）に入る最も適切な語句又は数値を，解答群から 1 つだけ選べ．ただし，各選択肢は必要に応じて 2 回以上使ってもよい．

　　β壊変には（　A　），（　B　），（　C　）の 3 つの壊変形式がある．このうち，（　A　）は原子核内の陽子が（　D　）と（　E　）を放出して中性子に変わる過

61

物　理　学

程で，この例には ^{22}Na があり，壊変後 ^{22}Ne となる．また ^{22}Na が壊変するときに
（　D　）を放出せず（　F　）だけを放出して ^{22}Ne となる過程が存在する．この
壊変形式が（　B　）であり，壊変後の原子は励起状態にあるため（　G　）あるい
はオージェ電子が放出される．これら2つの壊変過程は互いに競合し，^{22}Na の場合
の分岐比は前者が約 90 ％，後者が約 10 ％である．

＜解答群＞

1　β^-壊変　　　　2　内部転換　　　3　β^+壊変　　　4　電子捕獲

5　電子　　　　　　6　陽電子　　　　7　中性子　　　　8　陽子

9　ニュートリノ　　10　反ニュートリノ　　　　　　11　制動X線

12　特性X線　　　13　光電子　　　14　消滅放射線

〔答〕

A── 3（β^+壊変）　　B── 4（電子捕獲）　　C── 1（β^-壊変）

D── 6（陽電子）　　E── 9（ニュートリノ）　　F── 9（ニュートリノ）

G──12（特性X線）

62

5. 核 反 応

5.1 核反応の表式

原子核（標的核）A を入射粒子 a で照射すると核反応が起き，出射粒子 b が放出され，生成核 B を生じる．つまり，

a＋A→b＋B

で表される核反応を，入射粒子を a，標的核を A，出射粒子を b，生成核を B としたとき

$$A(a, b)B \qquad (5.1)$$

で表す．反応の前後の質量差をエネルギーに換算した値を核反応の Q 値といい，

$$Q値＝\{M(A)＋M(a)－M(B)－M(b)\}c^2 \qquad (5.2)$$

で与えられる．Q 値が正の場合を発熱反応といい，Q 値が負の場合を吸熱反応という．吸熱反応の場合には入射粒子のエネルギーが Q 値を超えないと反応は起こらない．発熱反応の場合でも入射粒子が荷電粒子の場合には，標的核と入射粒子の間のクーロン力による反発力が働くので，これを超えるエネルギーが必要となる．

入射粒子のエネルギーは，反応前の重心のエネルギーと入射粒子と標的核の相対運動のエネルギーに分けられるが，核反応に寄与するエネルギーは相対運動のエネルギーであるので，相対運動のエネルギーと Q 値の関係を調べる必要がある．原子核反応を引き起こすに必要な最低エネルギーを核反応のしきい値という．

核反応の Q 値は，それぞれの結合エネルギー$BE(A)$などを用いて，

$$Q値＝BE(B)＋BE(b)－BE(A)－BE(a) \qquad (5.3)$$

と表すことができる.

5.2 核反応断面積

入射粒子が物質を照射したとき標的核と衝突する確率を考える. 入射粒子が毎秒 $S\,\mathrm{cm}^2$ に 1 個の割合で照射されるとする. 標的核の原子密度を $N\,\mathrm{cm}^{-3}$ とし, 物質の厚さを $l\,\mathrm{cm}$ とすると, $S\,\mathrm{cm}^2$ 中の原子数は SlN 個である. 原子核の断面積

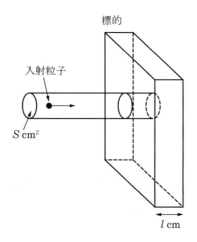

図 5.1 核反応断面積

(cross section) を $\sigma\,\mathrm{cm}^2$ とすると $S\,\mathrm{cm}^2$ 中で原子核の占める面積は $\sigma SlN\,\mathrm{cm}^2$ となる. 入射粒子がこの面積中に入れば原子核反応が起きるとすると, 毎秒当たりの原子核反応の起こる確率 P は

$$P = \frac{\sigma SlN}{S} = \sigma lN (\mathrm{s}^{-1}) \tag{5.4}$$

で与えられる. ここで, lN は入射粒子の方向 $1\,\mathrm{cm}^2$ 中に存在する原子数である (図 5.1 参照). (5.4) 式の σ を核反応断面積という. 核反応断面積を表す単位として b (バーン) が用いられ, $1\,\mathrm{b} = 10^{-24}\,\mathrm{cm}^2$ である.

5. 核 反 応

入射粒子が毎秒 n 個照射されるときの原子核反応率 y は

$$y = n\sigma lN (\mathrm{s}^{-1}) \tag{5.5}$$

であたえられる．入射粒子が原子炉内の中性子のように一定方向でなく，いろいろな方向から来る場合は，粒子フルエンス (particle fluence) を用いて表すことができる．粒子フルエンス ϕ は大円の面積 $\mathrm{d}a$ の球に入る粒子の数 $\mathrm{d}N$ を $\mathrm{d}a$ で割った値

$$\phi = \frac{\mathrm{d}N}{\mathrm{d}a} \tag{5.6}$$

で表される（図 5.2 参照）．

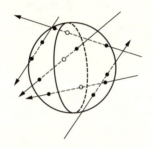

図 5.2　粒子フルエンス

毎秒当たりの粒子フルエンスを粒子フルエンス率という．(5.5) 式を以下のように変形すると

$$y = \sigma \frac{n}{S} SlN \tag{5.7}$$

n/S はフルエンス率に対応し，SlN は粒子に照射される原子の全数となるので，粒子フルエンス率を φ とし，原子の全数を $N_0 (= SlN)$ とすると，原子核反応率 y は

$$y = \sigma \varphi N_0 \tag{5.8}$$

と表される．

物　理　学

　核反応 a＋A → b＋B で粒子 b が放出される場合，粒子 b の強度は入射粒子の方向に対して角度依存性を持つ．ある方向に放出される強度を表すのに微分断面積が用いられる．入射粒子の方向に対して角度 θ 方向の微小立体角 $d\Omega$ に放出される微分断面積を

$$微分断面積 = \frac{d\sigma(\theta)}{d\Omega} \tag{5.9}$$

で表す．

5.3　放射性核種の生成

　核反応で生成される生成核が放射性元素である場合には，単位時間に生成される核の数は，生成された核が壊変定数 λ で壊変するので

$$\frac{dN}{dt} = y - \lambda N \tag{5.10}$$

で与えられる．この微分方程式をとくと，$t=0$ で $N=0$ として

$$N = \frac{1}{\lambda} y(1 - e^{-\lambda t}) \tag{5.11}$$

を得る．したがって生成核の放射能 A は

$$A = \lambda N = y(1 - e^{-\lambda t}) \tag{5.12}$$

で与えられる．これより，照射の初め $t \ll 1/\lambda$ では $e^{-\lambda t} \fallingdotseq 1 - \lambda t$ より $A = y\lambda t$ と照射時間に比例して放射能が増加するが，十分時間が経った後 $t \gg 1/\lambda$ では $A = y$ となり放射能は生成率と同じになる．これを飽和放射能という．生成される放射能 A の y に対する割合を図5.3に示した．

5.4　核反応の種類

5.4.1　陽子入射反応

　陽子が標的核へ入射したとき，陽子のエネルギーによりいろいろな種類の核反応が起こる．エネルギーが陽子と標的核のクーロン障壁より小さいときには弾性

5. 核 反 応

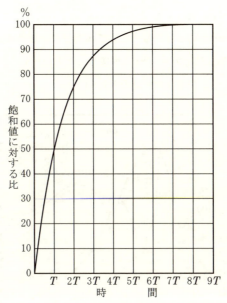

図 5.3 生成される放射能の飽和値に対する割合
T は半減期を示す

散乱あるいは標的核を励起する反応が起こる．

　エネルギーがクーロン障壁を越えると陽子は標的核内へ入り，複合核を形成する．入射した陽子の相対運動のエネルギーおよび陽子の結合エネルギーにより生じる高い励起エネルギーを持つ複合核が形成される．この励起エネルギーは熱平衡状態を形成すると考えられる．この複合核の熱平衡の状態から蒸発により核子が蒸発する．このような核反応を複合核反応という．蒸発する核子のエネルギーは熱平衡状態の温度に依存し，その角分布は等方的である．蒸発核子のエネルギーは数 MeV で，核子の結合エネルギーがおよそ 8 MeV なので，1 個の核子が放出されるのにおよそ 10 MeV 程度が必要となる．入射エネルギーが高くなると蒸発する粒子数は増える．蒸発する際に陽子は複合核との間のクーロン障壁で放出を妨げられるので，主として中性子の蒸発が起こる．質量の小さい原子核ではク

ーロン障壁が低いので (p, pxn) あるいは (p, xn) 反応が起こり，質量が少し大きくなると (p, xn) 反応が起こる．ここで xn は x 個の中性子が放出されることを表す．核反応の断面積をエネルギーの関数として表したものを励起関数 (excitation function) という．励起関数の例を図 5.4 に示す．

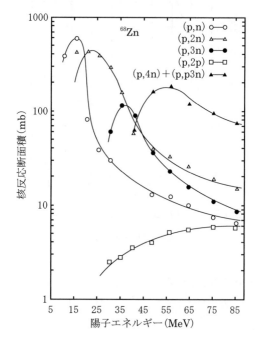

図 5.4 陽子入射に対する励起関数

入射エネルギーがさらに高くなると，熱平衡状態に至るまでに高エネルギー核子が放出される．このような核反応を前平衡核反応という．前平衡核反応で放出される核子の数は入射エネルギーに依存する．また，放出される粒子は前方向へ放出される割合が大きい．前平衡核反応で高エネルギー粒子が放出されたあと，残ったエネルギーで平衡状態を形成し，核子蒸発が起こる．前平衡核反応で放出される粒子は陽子および中性子であり，前平衡核反応に引き続き平衡状態からの

5. 核 反 応

蒸発粒子が放出される．したがって，入射粒子を a, 標的核を A とすると核反応は A(a, $xpyn$)B と表せる．ここで $xpyn$ は x 個の陽子と y 個の中性子の放出を表す．

さらに高いエネルギーでは，原子核の結合エネルギーは無視できるので，陽子は核内の個々の核子との衝突の繰り返しと考えてよい．エネルギーの高い核子－核子反応となるので，π中間子などの生成も起こってくる．各衝突は核子－核子反応の実験値を用いて表す．このような核反応モデルを核内カスケードモデルという．このような高エネルギー領域では多くの核子放出が起こるので，標的核より小さい質量の核種が生成される．このような反応を核破砕反応という．

5.4.2 軽，重イオン入射反応

入射イオンが陽子，重陽子，ヘリウムの場合に軽イオン反応といい，それより重い粒子を重イオン反応と呼ぶ．入射粒子が陽子以外のイオンの場合，陽子反応とは異なった核反応も起こる．エネルギーが比較的低い場合には陽子反応と同様に，複合核が形成され，熱平衡状態からの蒸発粒子放出が起こる．形成される熱平衡状態は，入射粒子にはよらず複合核を形成するエネルギーで性質が決まるので，放出される粒子や強度は陽子入射反応と同様である．重陽子や α 粒子反応で質量の軽い核では（d, pxn）反応や（α, pxn）反応が起こり，質量が大きくなると（d, xn）反応や（α, xn）反応がおこる．α 粒子反応の励起関数を図 5.5 に示した．

入射エネルギーが高くなると，熱平衡状態に至るまでに粒子が放出される前平衡核反応が起こる．さらにエネルギーが高くなると入射粒子の一部が標的原子核と衝突し，残りが前方へ放出されるような核反応も起こる．

5.4.3 電子入射反応

電子で物質を照射した場合，電子が直接原子核と反応する場合と物質内で制動放射により光子を発生し，光子が原子核反応を起こす場合がある．電子と標的核の反応では，電子と原子核の間の相互作用は電磁相互作用であるので，主な部分は電子により光子が生成され，その光子が原子核に吸収され原子核が励起される

物 理 学

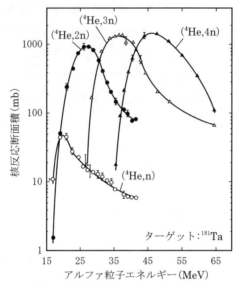

図5.5　α粒子入射に対する励起関数

と考えてよい．光子を吸収する場合の特徴的な過程は巨大共鳴といわれる状態の励起である（図5.6参照）．これは原子核内の陽子と中性子がそれぞれ集団で互いに振動する状態である．巨大共鳴状態のエネルギーは 20～30 MeV であり，この状態が励起されるとこの励起状態から核子の蒸発が起こる．さらにエネルギーが高くなると核内の陽子と中性子の対によって光子を吸収する過程が増えてくる．この場合にはエネルギーの高い中性子と陽子が原子核に入射したときの反応モデルで記述できる．

5.4.4　核融合反応と核分裂反応

3章で述べたように，平均の結合エネルギーの質量依存性から，質量の小さい核では核が融合することにより安定な状態になり，質量の大きい核は分裂することにより安定な状態になる．核が融合するためにはクーロン力による反発を超えて核が近づく必要がある．太陽や星の内部では重力エネルギーにより温度が上がり，融合する核が熱エネルギーによりクーロン障壁を越えて核融合反応が起こってい

5. 核反応

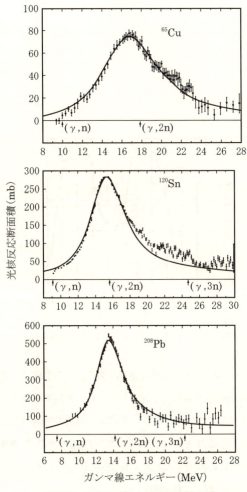

図 5.6 光核反応における吸収断面積

る．核融合エネルギーを地上で利用するのが熱核融合反応である．これは，高温高密度のプラズマを作って，核融合反応を利用するものである．

質量が非常に大きな核ではクーロンエネルギーが高くなり分裂しやすくなる．このため，質量の大きな核に粒子が入射すると核を励起し，分裂する 2 個の核間

のクーロン障壁を,励起エネルギーが越えると分裂する.エネルギー利用で重要な核分裂は,熱中性子の吸収で分裂を起こす ^{235}U である. ^{235}U に熱中性子が吸収されると複合核が形成され,その励起エネルギーにより 2 つの核に分裂する.同時に 2〜3 個の中性子が放出される.核反応の表式として ^{235}U(n, f)と表す.2 つの核への割れ方は一定ではなくある分布を持つ.この分布曲線を図 5.7 に示す.

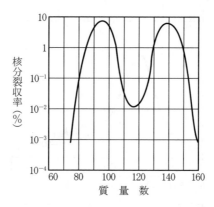

図 5.7 熱中性子による ^{235}U の核分裂の収量

核分裂の際に 2〜3 個の中性子が放出されるので,この中性子が体系の中で熱中性子となり ^{235}U に吸収され核分裂を起こし,さらに中性子を発生する.このように連鎖反応を引き起こすことができる.連鎖反応の速さを制御して一定の出力を出すようにしたのが原子力発電である.自然に存在する核で熱中性子の吸収で核分裂を起こすのは ^{235}U のみである.人工的に作られる ^{233}U や原子炉内で生成される ^{239}Pu も熱中性子を吸収して核分裂を起こす.

5.5 放 射 化

加速器施設では,加速粒子のエネルギーがクーロン障壁を越えて原子核反応を起こす場合には,加速粒子による原子核反応や原子核反応により生じた中性子による核反応などで,放射性同位元素が生成される.多くの生成核種は短半減期核

5. 核 反 応

種であるが長半減期核種も生成されるので，加速器停止後も加速器機器や遮蔽体および加速器室内のコンクリート壁などに残留放射能を生じる．このように残留放射能を生じることを放射化といい，生じた放射性同位元素を含むものを放射化物という．生じる放射性同位元素は，加速粒子や放射化される材料により異なる．加速器施設を管理する上で，どのような放射化物を生じるかを評価することは重要である．

5.5.1 加速粒子による放射化

加速器で加速された粒子が加速器本体やビームパイプ，ビームコリメータ，ビームストッパーなどの機器を照射しこれらを放射化する．加速器機器に用いられる材料は，アルミニウム，ステンレス，鉄，銅が主要なものである．軽イオン加速の場合にはこれらの材料から複合核反応や (p, $x$nyp) 反応，(d, $x$nyp) 反応，(α, $x$nyp) 反応などで生成される放射性同位元素が主で，その中の半減期の長い放射性同位元素が残留放射能として残る．重イオン加速の場合にも，複合核を形成し核子が蒸発する複合核反応や前平衡核反応が放射化に寄与するので軽イオン反応で生成される放射性同位元素と大差は無い．電子加速器の場合には制動放射で高エネルギーガンマ線が生成される．このため (γ, n) 反応により生成される放射性同位元素が放射化の主要な部分となる．

5.5.2 2次粒子による放射化

加速器本体やビームライン機器が加速粒子により照射されると，原子核反応により各種の粒子が放出される．2次粒子の中で中性子は透過力が高いので，加速器機器の周辺の物体や建物の壁を照射して放射化を起こす．このように核反応によって生成された2次粒子により加速器周辺の遮蔽体や建物が放射化される．厚い標的を加速粒子が照射して発生される中性子は蒸発中性子，前平衡課程で放出される高エネルギー中性子，さらに核子－核子衝突で放出される高エネルギー中性子などがあるが，発生量は蒸発中性子が多いので放射化に寄与する中性子エネルギーの平均値はそれほど高くないといえる．熱中性子捕獲反応の中には，非常に大きな反応断面積を示すものがある．このため，材料中の微量な核種が放射化

物　理　学

に大きく寄与する場合がある.

5.5.3　放射化により生成される放射性同位元素

　加速エネルギーが非常に大きい場合には核破砕反応が起こり，標的核より質量
の小さい核種が多く生成される．わが国の加速器でこのような高エネルギー加速
器は少ないので，ここでは核破砕反応は起こらない比較的エネルギーの低い領域
について述べる．放射化に寄与する元素として加速器機器の材料の，アルミニウ
ム，鉄，ステンレス（クロム，マンガン，鉄，ニッケル），遮蔽体や建物として
コンクリート（リチウム，酸素，ユウロピウム）および土（リチウム，酸素，ユ
ウロピウム）に含まれる元素を考える．この中のリチウムやユウロピウムはコン
クリートや土に含まれる微量元素であるが，（n, γ）反応の断面積が非常に大き

表 5.1　加速器による放射化で生成される放射性同位元素（半減期 10 時間以上 100 年
　　　以下の核種）

標的核	放射性同位元素（半減期）	備　考
アルミニウム	^{22}Na (2.6y), ^{24}Na (15.0h)	
鉄	^{54}Mn (312.1d), ^{55}Fe (2.7y) ^{56}Co (77.2d), ^{57}Co (271.7d) ^{58}Co (70.9d), ^{60}Co (5.3y)	^{60}Co は不純物の Co より生成される
ステンレス	^{44}Ti (63y), ^{46}Sc (83.8d), ^{54}Mn (312.1d), ^{55}Fe (2.7y) ^{56}Co (77.2d), ^{57}Co (271.7d) ^{58}Co (70.9d), ^{60}Co (5.3y) ^{63}Ni (100.1y)	ステンレスの成分は Cr, Mn, Fe, Ni とした
銅	^{57}Co (271.8d), ^{58}Co (70.8d) ^{60}Co (5.3y), ^{63}Ni (100.1y) ^{64}Cu (12.7h), ^{65}Zn (244.3d)	
コンクリート	^{3}H (12.3y), ^{134}Cs (2.1y), ^{152}Eu (13.5y), ^{154}Eu (8.6y)	
土	^{3}H (12.3y), ^{152}Eu (13.5y) ^{154}Eu (8.6y)	

5. 核 反 応

表5.2 放射化により生成される放射性同位元素と核反応（半減期10時間以上100年以下の核種）

生成核種	半減期	核反応 [ ] 内の値は核反応の Q 値（MeV）
^{3}H	12. 3y	^{6}Li(n, α) [+4.8]
^{22}Na	2. 6y	^{27}Al(n, α2n) [−22.5], ^{27}Al(p, pαn) [−22.5]
^{24}Na	15. 0h	^{27}Al(n, α) [−3.1], ^{27}Al(p, p^{3}He) [−23.7]
^{44}Ti	63y	^{50}Cr(p, tα) [−22.8]
^{46}Sc	83. 8d	^{50}Cr(n, pα) [−10.1], ^{52}Cr(n, tα) [−23.0]
^{54}Mn	312. 1d	^{55}Mn(γ, n) [−10.2], ^{55}Mn(n, 2n) [−10.2] ^{54}Fe(n, p) [+0.1], ^{56}Fe(n, t) [−11.9] ^{56}Mn(p, d) [−8.0], ^{56}Fe(p, ^{3}He) [−12.7]
^{55}Fe	2. 7y	^{56}Fe(γ, n) [−11.2], ^{54}Fe(n, γ) [+0.1] ^{56}Fe(n, 2n) [−11.2], ^{55}Mn(n, p) [−1.0] ^{56}Fe(p, d) [−9.0]
^{56}Co	77. 2d	^{58}Ni(γ, d) [−17.3], ^{58}Ni(n, t) [−11.1] ^{56}Fe(p, n) [−5.4], ^{58}Ni(p, ^{3}He) [−11.8]
^{57}Co	271. 7d	^{58}Ni(γ, p) [−8.1], ^{58}Ni(n, d) [−5.9] ^{56}Fe(p, γ) [+6.0], ^{58}Ni(p, 2p) [−8.1] ^{63}Cu(p, dαn) [−21.0]
^{58}Co	70. 9d	^{59}Co(γ, n) [−10.5], ^{60}Ni(γ, d) [−17.8] ^{58}Ni(n, p) [+0.4], ^{63}Cu(n, α2n) [−16.2] ^{57}Fe(p, γ) [+7.0], ^{63}Cu(p, dα) [−14.0]
^{60}Co	5. 3y	^{61}Ni(γ, p) [−9.9], ^{62}Ni(γ, d) [−18.2] ^{59}Co(n, γ) [+7.5], ^{60}Ni(n, p) [−20.4] ^{62}Ni(n, p2n) [−20.5], ^{63}Cu(n, α) [+1.7], ^{65}Cu(n, α2n) [−16.1], ^{62}Ni(p, ^{3}He) [−12.7], ^{64}Ni(p, ^{3}He2n) [−29.2], ^{63}Cu(p, p^{3}He) [−18.9]
^{63}Ni	100. 1y	^{64}Ni(γ, n) [+9.7], ^{62}Ni(n, γ) [+6.8] ^{63}Cu(n, p) [+0.7], ^{65}Cu(n, p2n) [−17.1]
^{64}Cu	12. 7h	^{65}Cu(γ, n) [−9.9], ^{63}Cu(n, γ) [+7.9]
^{65}Zn	244. 3d	^{65}Cu(p, n) [−2.1]
^{134}Cs	2. 1y	^{133}Cs(n, γ) [+6.9]
^{152}Eu	13. 5y	^{151}Eu(n, γ) [+6.3]
^{154}Eu	8. 6y	^{153}Eu(n, γ) [+6.4]

物 理 学

いので含めてある．これまでに加速器施設における放射化物から観測された主な
放射性同位元素（半減期 10 時間以上 100 年以下）を表 5.1 に示す．

　これらを生成する 1 次粒子や 2 次粒子による複合核反応や前平衡核反応につい
て，入射粒子は陽子，中性子，γ 線とし，放射性同位元素を生成する Q 値が－30
MeV 以上の核反応を考える．放射性同位元素を生成する核反応と核反応のしき
いエネルギーを表 5.2 にあげた．ここで示した核反応は，標的核から生成核を生
じる反応の中で Q 値の大きな反応をそれぞれ示した．

　半減期が比較的短い核種は長期の冷却期間で消滅するので放射化物の管理とい
う点からは重要でないが，加速器の維持や保守作業ではこれらの放射性同位元素
からの放射線による被ばくが管理の上で重要となる．

76

5. 核 反 応

〔演 習 問 題〕

問1 次の文章の（　）の中に下の語の中から適当なものを選べ．

核反応 ${}_{29}^{63}\mathrm{Cu}\,(\mathrm{p},\,\mathrm{n})\,{}_{30}^{63}\mathrm{Zn}$ によって ${}_{30}^{63}\mathrm{Zn}$ がつくられる．この ${}_{30}^{63}\mathrm{Zn}$ は陽電子崩壊し，放出される陽電子の最大エネルギーは 2.36 MeV である．したがって，${}_{29}^{63}\mathrm{Cu}\,(\mathrm{p},\,\mathrm{n})\,{}_{30}^{63}\mathrm{Zn}$ という核反応の反応エネルギーQ は（　1　）MeV となり，これはいわゆる（　2　）反応である．この反応をひき起こすための装置としては，（　3　）または（　4　）を用いるのが適当である．

ただし，水素原子の質量は 1.007825 u，中性子の質量は 1.008665 u，電子の質量は 0.00055 u であって，1 u は 931.5 MeV に相当する．

(イ) 2.36	(ロ) 3.38	(ハ) −2.87
(ニ) 3.65	(ホ) −4.16	(ヘ) 6.18
(ト) −5.67	(チ) 陽子捕獲	(リ) 光　核
(ヌ) 吸　熱	(ル) 発　熱	(オ) 蒸　発
(ワ) ストリッピング	(カ) 核融合	(ヨ) ベータトロン
(タ) コッククロフト・ワルトン加速装置		(レ) サイクロトロン
(ソ) シンクロトロン	(ツ) ファン・ド・グラーフ加速装置	
(ネ) 電子直線加速装置		

〔答〕

1.　(ホ) −4.16　　　2.　(ヌ) 吸熱　　　3.　(レ) サイクロトロン

4.　(ツ) ファン・ド・グラーフ加速装置

問2 核反応　${}_{5}^{10}\mathrm{B} + {}_{2}^{4}\mathrm{He} \longrightarrow {}_{7}^{14}\mathrm{N} \longrightarrow {}_{1}^{1}\mathrm{H} + {}_{6}^{13}\mathrm{C}$　に関する次の記述のうち，正しいものはどれか．

1　反応前後で質量が保存されている．

2　反応前後で運動エネルギーが保存される．

3　反応前後で質量と運動エネルギーの和が保存される．

4　${}_{2}^{4}\mathrm{He}$ が入射し，${}_{1}^{1}\mathrm{H}$ が放出されるもので，電荷保存則は成立しない．

物 理 学

　　5　この反応は複合反応であるから，吸熱反応である.

〔答〕　3

　　1. 質量は変わる.

　　2. 質量と運動エネルギーの合計が保存される.

　　4. 電荷保存則はいつでも成立する．5＋2＝7＝1＋6.

　　5. 複合反応でも吸熱反応とは限らない.

問3　核反応の起こる断面積は，原子衝突の起こる断面積のほぼ何分の1か．その数値として適切なものは，次のうちどれか.

　　1　$\dfrac{1}{10^{2}}$　　　2　$\dfrac{1}{10^{4}}$　　　3　$\dfrac{1}{10^{8}}$　　　4　$\dfrac{1}{10^{12}}$　　　5　$\dfrac{1}{10^{15}}$

〔答〕　3

　　核反応または原子衝突の起こる断面積はおよそ核または原子の大きさから判断できる．原子核の大きさは10^{-15}～10^{-14}m程度，原子の大きさは10^{-10}m程度というところから面積の比は$1/10^{10}$～$1/10^{8}$となる.

問4　次の核融合反応式のうち，誤っているものはどれか.

　　1　d＋d＝p＋t　　　　　　　2　d＋d＝n＋^{3}He

　　3　d＋t＝n＋^{3}He　　　　　　4　d＋^{3}He＝p＋^{4}He

　　5　^{6}Li＋d＝2 ^{4}He

〔答〕　3

　　反応の前後の質量数（A）および陽子数（Z）の和を調べればよい．d＝$^{2}_{1}$H，p＝$^{1}_{1}$H，t＝$^{3}_{1}$H，$^{1}_{0}$n，$^{3}_{2}$He，$^{4}_{2}$He，$^{6}_{3}$Liであるから3の質量数の和が合っていない.

問5　入射粒子aの標的核Xが核反応し，残留核Yと放出粒子bになるとする．この核反応に関する次の記述のうち，誤っているものはどれか.

　　ただし，a，X，Y，bの質量をそれぞれM_a，M_x，M_Y，M_bとし a，Y，b の運動エネルギーをE_a，E_Y，E_bとする．また，光速度をcとする.

　　1　核反応のQ値は，〔$M_a＋M_x－M_b－M_Y$〕c^{2}に等しい.

78

5. 核 反 応

2 核反応の Q 値は, $E_b + E_Y - E_a$ に等しい.

3 Q 値が正となる核反応を発熱反応という.

4 Q 値が負になる核反応もある.

5 核反応では, $[M_a + M_x] c^2 - E_a = [M_b + M_Y] c^2 - E_b - E_Y$ の関係が成立する.

〔答〕 5

問6 次の文の（　）に入る適当な語句, 記号または数値をしるせ.

放射能 A_0 の放射性核種を用いているとき, その半減期を T とすると経過時間 t における放射能 A は $A =$（　1　）となる. また, この式は $A = A_0 \left(\dfrac{1}{2} \right)$（　2　）と書き直せる. したがって半減期の半分時間を経過したときは（　3　）A_0 となる. たとえば, 370 GBq の ^{192}Ir（半減期 74 日）線源は, 111 日経過すると（　4　）GBq となる. したがって, 111 日経過後の線源をラジオグラフィに用いるときその所要露出時間は, 370 GBq の場合に比べて（　5　）倍となる.

^{192}Ir は, イリジウム金属の（　6　）反応でつくったものであり, 同時に ^{194}Ir もできている.（　7　）の存在比は（　8　）いが, 核反応の（　9　）が小さく, また, その半減期は 19 時間であるので, 生成後（　10　）時間もたてば, これより出る γ 線は 1/1000 程度になる.

〔答〕

1. $A_0 e^{-\frac{0.693t}{T}}$　　2. $\dfrac{t}{T}$　　3. 0.707　　4. 131　　5. 2.8

6. (n, γ)　　7. ^{193}Ir　　8. 大き　　9. 断面積　　10. 190

問7 次の文章の（　）に入る最も適切な語句又は数値を, 解答群から 1 つだけ選べ. ただし, 各選択肢は必要に応じて 2 回以上使ってもよい.

低速中性子の検出に ^{6}Li の (n, α) 反応が用いられる. この反応の Q 値を 4.8 MeV とすると, 生成する α 粒子及び（　A　）に与えられるエネルギーは, それぞれ約（　B　）MeV, 及び約（　C　）MeV となる.

＜解答群＞

物　理　学

1　^{2}H　　2　^{3}H　　3　^{3}He　　4　^{4}He　　5　1.5　　6　1.8　　7　2.1

8　2.4　　9　2.7　　10　3.0

〔答〕

A――2（^{3}H）　　　　B――7（2.1）　　　C――9（2.7）

^{6}Li(n, α)^{3}H 反応である．α粒子の質量を m，速度を v，エネルギーを E_α，^{3}H

の質量を M，速度を V，エネルギーを E_H とおく．$\dfrac{M}{m}=\dfrac{3}{4}$ である．運動量保存則

より $mv=MV$，したがって $\dfrac{v}{V}=\dfrac{M}{m}=\dfrac{3}{4}$ である．エネルギーの比は次のようで

ある．

$$\frac{E_\alpha}{E_H}=\frac{\dfrac{1}{2}mv^2}{\dfrac{1}{2}MV^2}=\frac{m}{M}\times\left(\frac{v}{V}\right)^2=\frac{4}{3}\times\left(\frac{3}{4}\right)^2=\frac{3}{4}$$

すなわちエネルギーは質量に反比例して配分される．したがって，

$$E_\alpha=4.8\times\frac{3}{3+4}=2.06\,(\mathrm{MeV})$$

$$E_H=4.8\times\frac{4}{3+4}=2.74\,(\mathrm{MeV})$$

6. 加 速 器

6.1 加速器の原理

　荷電粒了が標的核と衝突して原了核反応を引き起こすには，発熱反応の場合でも，入射粒子と標的核に働くクーロン障壁を越えるエネルギーを荷電粒子が持たなければならない．吸熱反応では入射粒子のエネルギーが反応のしきいエネルギーを超える必要がある．このために荷電粒子を加速する装置が考案され発展してきた．

　荷電粒子を加速するには，中性原子をイオン化し，電場により加速する．イオン化する装置をイオン源という．イオン源では，元素が気体であれば放電によりイオン化し，固体の元素ではスパッタリングにより表面から飛び出た原子をイオン源内のプラズマ領域に導いてイオン化する．加速する電場は直流電場を用いる場合と高周波電場を用いる場合がある．また，ベータトロンでは加速電極は無く，磁場の時間的変化により生じる誘導電場で加速する．

　直流電場を用いる場合の加速エネルギーは，加速電極の両端の電場を V とし，イオンの電荷を ze とすると，得られるエネルギー E は

$$E = zeV \tag{6.1}$$

で与えられる．

　高周波を用いて加速する装置には，磁場を用いて荷電粒子を周回させる装置と直線的に加速する装置がある．荷電粒子の周回は，磁場中で運動する荷電粒子に働くローレンツ力を利用して行う．電子の加速の場合，偏向磁石で方向を変えると，加速度運動に伴う制動放射線を発生する．高エネルギーに加速した電子を周回

81

物 理 学

磁場中に蓄積すると，偏向磁石の部分で偏向軌道の接線方向に制動放射線を発生する．この制動放射を軌道放射光あるいは放射光という．放射光を発生させる装置は，高エネルギーに電子を加速する加速器と電子を蓄積する蓄積リングで構成される．

6.2 加速器の種類

6.2.1 コッククロフト・ウォルトン加速装置

コッククロフトとウォルトンは整流器とコンデンサを積み重ねて高電圧を発生する装置を作り，原子核変換実験を行った．コンデンサと整流器の耐電圧の制限から 2 MV 程度までの加速に用いられる．また，複合加速器の初段の加速器としても用いられる．高電圧を発生する原理図を図 6.1 に示した．

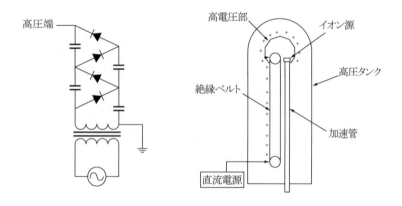

図 6.1 コッククロフト・ウォルトン　　図 6.2 ファン・デ・グラーフ加速装置
　　　　加速装置

6.2.2 ファン・デ・グラーフ加速装置

ファン・デ・グラーフ加速装置の原理図を図 6.2 に示した．絶縁ベルトに電荷を載せ高電圧部に電荷を運び高電圧を出す装置である．高電圧を出すために高圧の絶縁ガスを詰めた高圧タンク内に入れられている．電圧として 2 MV〜10 MV 程

82

6. 加 速 器

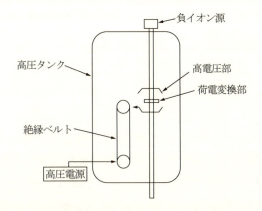

図 6.3　タンデム・ファン・デ・グラーフ

度の電圧で用いられる．電圧を精密にコントロールできるので，細かいエネルギーステップで原子核反応を測定することができるため，原子核構造などの精密実験に用いられる．負イオンを生成し高電圧に向かって加速し，高電圧部分の荷電変換部で電子を剥ぎ取り正イオンに変換し，再び加速する装置をタンデム・ファン・デ・グラーフという．ファン・デ・グラーフに比較し，高いエネルギーを得ることができる．またイオン源が外部にあるので，種々のイオンを用いるときに利用しやすく，近年では加速器質量分析に用いられている．

6.2.3　直線加速装置

荷電粒子を加速するための円筒状の電極を直線状に並べた形の加速器で線形加速器とも言う．ある程度の入射エネルギーが必要なので，コッククロフト・ウォルトン型加速器などの前段加速器と組み合わせて用いられる．電極の構造によりいくつかの型がある．図 6.4 に示すのがウィデレー型加速器で，円筒型の電極に交互に正負の一定周波数の高周波電圧をかける．電極間に生ずる電場が加速位相にある場合に加速される．逆位相の時には粒子は円筒電極の中を進む．電極間の電場を通るたびに加速されるため電極は徐々に長くなる．図 6.5 に示すのはアルバレ型（ドリフトチューブリニアックともいう）で高周波電場を用い，軸方向に前後方向の電場が時間的に交互に発生する．逆方向の時には加速粒子は円

物 理 学

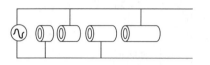

図 6.4 ウィデレー型加速装置

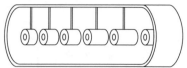

図 6.5 アルバレ型加速装置

筒電極の中を進むようにするため，電極の長さは徐々に長くなる．電子の加速の場合は，すぐに光速に近くなるので，進行波を加速管内に発生させ，波乗りのように電子を加速する方法が用いられる．このような電場を形成するために図 6.6 に示す円筒空洞を多数結合した形の加速器が用いられる．

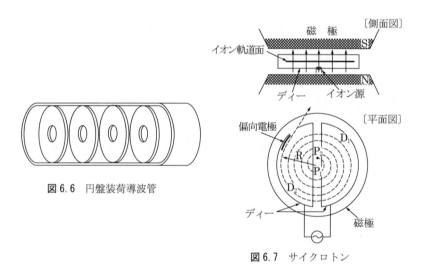

図 6.6 円盤装荷導波管

図 6.7 サイクロトン

6.2.4 サイクロトロン

荷電粒子が一様磁場中で運動すると円を描く．一様磁場中に D 型の電極を対向させ電極間で加速すると加速されるたびに軌道半径は大きくなる．このとき，荷電粒子の回転周波数は一定に保つことができ，D 電極に一定周波数の高周波を加え定常的に加速することが可能となる．この様子を図 6.7 に示した．イオンの速

84

6. 加 速 器

度が大きくなると相対論的効果で見かけの質量が大きくなるため，一定の電場で加速されている場合に得られる加速度が小さくなり，電極を通過する周期がずれてくる．このために，加速できるエネルギーは陽子で 20 MeV 程度までである．これを解決するために，AVF 型サイクロトロン，リングサイクロトロンが開発された．これらのサイクロトロンは磁場が一様でなく動径方向に強くなる磁場を持ち，イオンの収束のために回転方向にも大きな磁場の変化をもつ構造をしている．このようなサイクロトロンでは 500 MeV 程度まで加速する装置が作られている．また，回転周波数がずれてくるのを補うように高周波の周波数を変化させて，高エネルギーまで加速するようにしたものにシンクロサイクロトロンがある．

6.2.5 マイクロトロン

一様磁場中で荷電粒子が回転することを利用して，1 箇所に加速電極を置き加速電極を通るたびに回転半径を大きくするタイプの加速器をマイクロトロンという．電子の加速に用いられる．磁場を分割したレーストラック型の加速器も作られている．

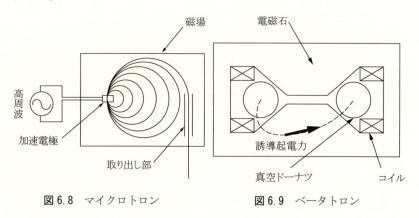

図 6.8 マイクロトロン　　　図 6.9 ベータトロン

6.2.6 ベータトロン

コイルの内部の磁場を変化させると，磁場の変化を打ち消す磁場が生成されるように，コイル内に起電力が発生し電流が流れる．この原理を用いた加速器をベ

85

ータトロンという．ベータトロンは加速電極を持たず，磁場を変化させることにより生じる誘導起電力により加速する．電磁石を商業周波数で作動させ磁場を変化させる型の加速器が用いられている．電子の加速に使用され20 MeV程度のものが用いられる．

6.2.7 シンクロトロン

エネルギーが高くなると相対論的効果でサイクロトロンによる加速ができなくなる．これを解決するために，加速とともに磁場を変化させ，同一軌道を周回させる型の加速器がシンクロトロンである．図6.10に示すように前段加速器としてコッククロフトウォルトンおよび線型加速器を用いて加速した粒子をシンクロトロンに入射してさらに加速する．イオンや電子の高エネルギー加速器としてシンクロトロンが用いられる．

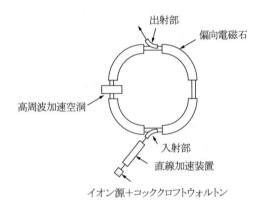

図6.10 シンクロトロン

6.2.8 蓄積リング

荷電粒子を加速度運動させると電磁波を発生する．これは制動放射の一種である．高エネルギーの電子を偏向磁石で曲げると接線方向に制動放射を発生する．これを放射光という．高エネルギーの電子をリングに蓄積することにより偏向電磁石の部分から放射光を取り出すことができる．蓄積リングの構造はシンクロト

6. 加 速 器

ロンのリングと同様である．電子ビームが周回するときに放射光を放出してエネルギーが下がるのを補償するための加速空洞と偏向電磁石などで構成される．また，蓄積リングに直線部を設け電子の軌道を振動させ，より強い加速度を加えてエネルギーの高い放射光を発生させるために挿入光源が用いられる．これらの加速器で用いている電場，磁場及び加速粒子を表 6.1 にまとめる．

表 6.1 　加速器のまとめ

加速器	電場	磁場	加速粒子
コッククロフトウォルトン	直流電場	—	電子・イオン
ファン・デ・グラーフ	直流電場	—	電子・イオン
直線加速装置	交流電場	—	電子・イオン
サイクロトロン	交流電場	直流磁場	イオン
ベータトロン	誘導起電場*	交流磁場	電子
シンクロトロン	交流電場	交流磁場	電子・イオン
蓄積リング	交流電場	交流磁場	電子・イオン

＊交流磁場により誘導される電場で外部から加える電場ではない．

物　理　学

〔演　習　問　題〕

問1　次の加速器のうち，原理的に電子と陽子の双方の加速に適しているものの組合せ
　　はどれか.

　　A　サイクロトロン　　B　シンクロトロン　　C　ベータトロン

　　D　直線加速器

　　　1　AとB　　　2　AとD　　　3　BとC　　　4　BとD　　　5　CとD

〔答〕　4

　　サイクロトロンで電子を，ベータトロンで陽子を加速することはない.

問2　次の加速器のうち，最も高いエネルギーの陽子を作り出しているものはどれか.

　　1　ファン・デ・グラーフ　　　2　直線型加速器

　　3　サイクロトロン　　　　　　4　シンクロ・サイクロトロン

　　5　シンクロトロン

〔答〕　5

　　陽子のエネルギーのおよその上限は，1が5 MeV，3が25 MeV，4が数100 MeV
　で，2は理論的にはエネルギーの限界がなく，最近では数10 GeV級のものもある
　が，エネルギーが大きくなるほど長大なものとなる欠点がある. 5は米国のテバトロ
　ンが0.5 TeVのエネルギーの陽子を作っている.

問3　ヘリウムの原子核を200万ボルトの電圧で加速するとき，その得るエネルギーは
　　いくらか.

〔答〕　200万ボルト×2e＝400万電子ボルト

問4　陽子と$_2^4$He^{2+}を1 MVの電位差で加速した. この2つの粒子の運動エネルギー
　　E_p, E_aの関係及び速度v_p, v_aの関係を求めよ.

88

6. 加 速 器

〔答〕 陽子および $^4_2\text{He}^{2+}$ の質量を M_p, M_α とすると

$$E_p = (1/2)\ M_p \cdot v_p{}^2 = 1\,\text{MeV} \quad\cdots\cdots\cdots\cdots\cdots\cdots\cdots\cdots (1)$$

$$E_\alpha = (1/2)\ M_\alpha \cdot v_\alpha{}^2 = 2\,\text{MeV} \quad\cdots\cdots\cdots\cdots\cdots\cdots\cdots (2)$$

$$M_\alpha = 4\ M_p \quad\cdots\cdots\cdots\cdots\cdots\cdots\cdots\cdots\cdots\cdots\cdots\cdots (3)$$

(1) (2) (3) から $\quad E_p = (1/2)\ E_\alpha \qquad v_p = \sqrt{2}\ v_\alpha$

7. 荷電粒子と物質の相互作用

7.1 電離と励起

荷電粒子が物質中を進むとき，荷電粒子は物質中の電子とクーロン相互作用によりエネルギーのやり取りが起こる(図 7.1 参照)．この相互作用により物質中の

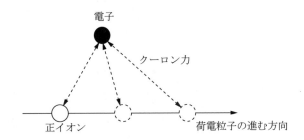

図 7.1 荷電粒子と電子に働くクーロン力

原子を電離したり励起したりする．荷電粒子が直接原子を電離する過程を 1 次電離といい，電離により放出された電子のエネルギーが高く，さらに他の原子を電離する過程を 2 次電離という．1 次電離で発生した電子のうち 2 次電離できるエネルギーを持っている電子を δ 線という．

気体が荷電粒子により電離されるとき，イオンと自由電子の対が生じる．このイオン対を作る平均エネルギーを W 値という．エネルギー E の荷電粒子が気体中で全エネルギーを失ったときに作られるイオン対の数を N とすると W 値 (W) は

$$W = \frac{E}{N}$$

で与えられる．W 値は電子や陽子では入射エネルギーによらずほとんど一定の値を持つ．W 値は電離エネルギーの 2 倍程度である．電離エネルギーは元素によりあまり変わらず水素の電離エネルギーで 13.6 eV 程度なので W 値はおよそ 30 eV 程度である．空気の W 値は 33.97 eV である．

7.2　阻止能と飛程

　荷電粒子が物質中を進むとき，物質中の電子は荷電粒子によるクーロン力を受ける．この作用は，荷電粒子が速い速度で移動するので撃力で表すことができる．撃力は，力の大きさと受けた時間の積で表され，運動量の変化に等しいので，電子の受ける運動量の変化はクーロン力を f とすると $\Delta p = \int f \mathrm{d}t$ で与えられる．クーロン力は荷電粒子の電荷 z に比例し，撃力を受ける時間は荷電粒子の速度 v に反比例するので，荷電粒子の受ける運動量の変化は $\Delta p \propto ze^2/v$ となり，電子の受けるエネルギー $\Delta \varepsilon$ は

$$\Delta \varepsilon \propto \frac{\Delta p^2}{2m} \propto \frac{z^2 e^4}{2mv^2} \tag{7.1}$$

で表される．単位長さを通過するときに荷電粒子の失うエネルギーは，単位長さの中に存在する電子にエネルギーを与えるので，物質の原子密度を n とし，原子番号を Z とすると，荷電粒子が単位長さ当たりに失うエネルギー損失 $\mathrm{d}E/\mathrm{d}x$ あるいは阻止能 S は

$$-\frac{\mathrm{d}E}{\mathrm{d}x} = S \propto \frac{z^2 e^4}{mv^2} nZ \tag{7.2}$$

と表される．これを阻止能（stopping power）あるいはエネルギー損失という．このように電子との衝突による阻止能を衝突阻止能（S_{col}）という．荷電粒子が原子核の電場により強く曲げられて制動を受ける場合に制動放射を発生しエネルギーを失う．制動放射による阻止能を放射阻止能（S_{rad}）という．衝突阻止能と放射阻止能の和を全阻止能という．全阻止能 S は

$$S = S_{col} + S_{rad} \tag{7.3}$$

で表され，単位は MeV/cm がよく用いられる．阻止能を密度（ρ）で割った量を質量阻止能という．質量阻止能は，質量衝突阻止能と質量放射阻止能の和で表される．

$$S_{\mathrm{m}}=S/\rho, \ S_{\mathrm{m.col}}=S_{\mathrm{col}}/\rho, \ S_{\mathrm{m.rad}}=S_{\mathrm{rad}}/\rho \tag{7.4}$$

単位は $\mathrm{MeVg^{-1}cm^2}$ がよく用いられる．衝突阻止能は，電子との相互作用であり単位体積当たりの電子数に比例する．原子密度を n とすると単位体積当たりの電子数 nZ は，物質の密度を ρ，質量数を A，アボガドロ数を N_{A} として

$$nZ=\frac{\rho}{A}N_{\mathrm{A}}Z$$

で与えられる．質量阻止能 $S_{\mathrm{m.col}}$ は

$$S_{\mathrm{m.col}} \propto \frac{z^2e^4}{v^2} \frac{nZ}{\rho} \propto \frac{z^2e^4}{v^2} \frac{Z}{A} N_{\mathrm{A}} \tag{7.5}$$

であり，Z/A は元素によらずおよそ 0.5 であるので質量衝突阻止能は物質にあまりよらない値となる．

　生体に対する放射線の影響を調べる場合には細胞内に与えられるエネルギーが問題になる．このため電離された電子のエネルギーが Δ 以下の電子によるエネルギー損失を線エネルギー付与（LET Linear Energy Transfer）といい L_{Δ} で表し，単位は $\mathrm{keV}\mu\mathrm{m}^{-1}$ が用いられる．Δ の単位としては eV が用いられる．Δ＝∞のとき L_{Δ} は衝突阻止能に等しい．

　物質中に照射された荷電粒子は，電離，励起．制動放射によりエネルギーを失い物質中で止まる．止まるまでに進んだ距離を飛程（range）という．飛程 R はエネルギー損失より求められる．

$$R=\int \frac{\mathrm{d}E}{\left(\dfrac{\mathrm{d}E}{\mathrm{d}x}\right)} \tag{7.6}$$

飛程に密度 ρ を掛けた値は，質量衝突阻止能と同様にあまり物質に依存しない．

7.3 電子と物質の相互作用

電子が物質中を進むとき,衝突阻止能は次式で表される.

$$S_{col} = \frac{e^4}{8\pi\varepsilon_0^2 mv^2} nZF(I, v) \tag{7.7}$$

ここで,ε_0 は真空の誘電率,m は電子の質量,v は電子の速度,n は原子密度,Z は物質の原子番号である.$F(I, v)$ は原子の平均励起エネルギー(I)と電子の速度(v)の関数で,v に対して変化の少ない関数である.電子の質量阻止能を図7.2に示した.

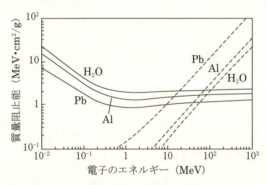

図7.2 電子の質量阻止能
実線は衝突阻止能,点線は放射阻止能

電子は,物質中で電子あるいは原子核の電場で散乱される.原子核との散乱では大きな角度で後方へ散乱される場合がある.また,小さい角度の散乱を複数回繰り返しても後方へ散乱される.このような入射方向と反対の方向への散乱を後方散乱という.β線の測定などの際に線源支持板からの後方散乱で影響を受けることがある.

電子は,質量が小さいので原子核の電場により制動を受けると,大きな加速度による制動放射でエネルギーを失う.エネルギーの高い電子ほど制動放射による

エネルギーの損失の割合は大きくなる．放射阻止能と衝突阻止能の比はエネルギー E (MeV) の電子に対しておよそ

$$\frac{S_{rad}}{S_{col}} = \frac{(E+mc^2)Z}{1600mc^2} \approx \frac{EZ}{800} \tag{7.8}$$

で表される．ここで，m は電子の質量，Z は物質の原子番号である．物質が鉛の場合 $Z=82$ であり，衝突阻止能と放射阻止能が等しくなるエネルギーは 10 MeV 程度となり，放射性同位元素から放出される電子（最大で 3 MeV 程度）では放射阻止能の割合は小さい．

電子が物質中を進むとき，散乱により方向を変える．このため，同じエネルギーの電子でも物質中で到達する深さは異なる．最も深く到達する距離を最大飛程という．アルミニウム中の最大飛程のエネルギー依存性を図 7.3 に示した．

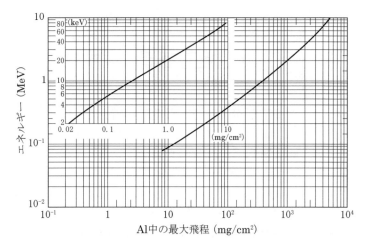

図 7.3　アルミニウム中の電子の最大飛程
出典）アイソトープ便覧改訂 3 版

電子の飛程を $g\,cm^{-2}$ の単位で表した飛程は物質にあまり依存せず，エネルギー E (MeV) の電子に対して次式で表される．

$$R = 0.542\,E - 0.133 \text{ (g cm}^{-2}\text{)} \qquad 0.8 \text{ MeV} < E \tag{7.9}$$

7. 荷電粒子と物質の相互作用

$$R = 0.407\, E^{1.38}\ (\mathrm{gcm}^{-2}) \qquad\qquad 0.15\,\mathrm{MeV} < E < 0.8\,\mathrm{MeV}$$

遮蔽を見積もる場合にはより粗い近似式

$$R = 0.5\, E$$

としてよい．R の単位は gcm^{-2} でエネルギーの単位は MeV である．

陽電子の阻止能や飛程は電子と同じである．但し，陽電子が物質中でエネルギーを失い，とまるときに，物質中の電子と結合し，ポジトロニウムを形成する．このポジトロニウムは短い時間で消滅し，エネルギー511 keV の 2 本の光子を反対方向に放出する．これを電子対消滅といい，この光子を消滅放射線という．このために陽電子放出核に対する遮蔽は，この消滅放射線を考慮に入れる必要がある．

7.4 重荷電粒子と物質の相互作用

重荷電粒子と物質の相互作用は電子の場合と同様である．ただし，重荷電粒子は質量が大きいので放射阻止能は通常無視できる．衝突阻止能 S_{col} は

$$S_{\mathrm{col}} = \frac{z^2 e^4}{4\pi \varepsilon_0^{\,2} m v^2}\, nZ \left\{ \ln \frac{2mv^2}{I(1-\beta^2)} - \beta^2 \right\} \tag{7.10}$$

で表される．ここで，ε_0 は真空の誘電率，z は荷電粒子の原子番号，m 電子の質量，v は荷電粒子の速度，n は 1 cm^3 中の原子数，Z は物質の原子番号，I は原子の平均電離エネルギー，$\beta = v/c$ である．荷電粒子の質量を M とすると

$$S_{\mathrm{col}} = \frac{\mathrm{d}E}{\mathrm{d}x} \propto \frac{z^2}{v^2} \propto \frac{z^2 M}{E} \tag{7.11}$$

と表すことができる．

重荷電粒子は質量が大きく原子の電離や励起をしても方向はほとんど変わらず直線的に進み，飛程の最後のところで速度が小さくなる．阻止能が速度の二乗に反比例することから，重荷電粒子が止まる付近で阻止能が非常に大きくなる．飛跡に沿った単位長さ当たりの電離数を比電離というが，比電離は飛程の最後のところで大きくなる．これをブラッグ曲線という．重陽子線のブラッグ曲線を図7.4に示した．

95

物 理 学

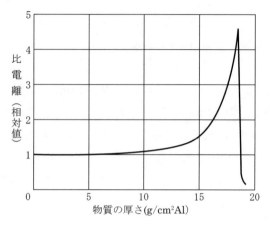

図 7.4 重陽子線のブラッグ曲線
190MeV の重陽子線のアルミニウム中での比電離を表す.

重荷電粒子の飛程 R は (7.11) 式より

$$R \propto \int \frac{dE}{\left(\dfrac{dE}{dx}\right)} \propto \frac{1}{M}\left(\frac{E}{z}\right)^2 \propto \frac{M}{z^2}v^4 \tag{7.12}$$

と与えられる. この式より同じ速度の陽子線と α 線の飛程が同じであることが分かる. あるいは, エネルギー E の α 線とエネルギー $E/4$ の陽子線の飛程が同じであるといえる. α 線の飛程を図 7.5 に示した.

透明な絶縁体の中を荷電粒子が通過すると, 分子は荷電粒子の電場を感じて振動し, この振動により電磁波が発生する. 真空中の光速度と物質中の光速度の比である屈折率を n とする. 物質中の荷電粒子の速度が物質中の光速度 c/n を超えると飛跡の各点から発生した電磁波は波面が揃い (図 7.6 参照) 光として観測される. これをチェレンコフ光 (Cerenkov light) という. チェレンコフ光の発生は物質中の光の速度 $\dfrac{c}{n}$ より電子の速度 v が大きい時に発生するので $v > \dfrac{c}{n}$ がチェレンコフ光の発生する条件となる.

7. 荷電粒子と物質の相互作用

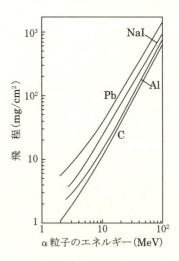

図 7.5　α線の飛程

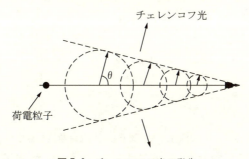

図 7.6　チェレンコフ光の発生

荷電粒子の軌跡に沿って光が発生し円錐状の光が放出される．単位時間に物質中を光が進む距離は $\dfrac{c}{n}$ でありこの間に荷電粒子の進む距離は v であるからチェレンコフ光の進む方向 θ は $\cos\theta = \dfrac{c}{nv}$ で与えられる．

物　理　学

〔演 習 問 題〕

問 1　同一速度の陽子，重陽子及び α 粒子の物質中での飛程をそれぞれ R_p, R_d, R_α とするとき，飛程の大小関係として正しいものは，次のうちどれか.

　1　$R_d > R_p \simeq R_\alpha$　　　　　2　$R_p \simeq R_d > R_\alpha$　　　　　3　$R_p > R_d \simeq R_\alpha$

　4　$R_p > R_d > R_\alpha$　　　　　5　$R_d > R_p > R_\alpha$

〔答〕　1

　　同一速度の 2 つの重荷電粒子(1, 2)の飛程 R_1, R_2 の間には次式が近似的に成立する（7.12 式参照）.

$$R_2 \simeq \frac{m_2}{m_1}\left(\frac{z_1}{z_2}\right)^2 R_1$$

ここで m は 2 つの粒子の質量，Z は電荷（原子番号）である. これより，

$$R_d \simeq \frac{m_d}{m_p}\left(\frac{z_p}{z_d}\right)^2 R_p \simeq \frac{2}{1} \times \left(\frac{1}{1}\right)^2 R_p \simeq 2R_p$$

$$R_d \simeq \frac{m_p}{m_\alpha}\left(\frac{z_\alpha}{z_p}\right)^2 R_\alpha \simeq \frac{1}{4} \times \left(\frac{2}{1}\right)^2 R_\alpha \simeq R_\alpha$$

$$\therefore R_d > R_p \simeq R_\alpha$$

問 2　次の文章の（　　）の部分に入る適当な語句又は数値を番号とともにしるせ.

　　α 粒子は媒質中で主に原子・分子を電離又は（　1　）しながら減速し，その飛跡はほぼ直線的である. 飛跡に沿っての比電離の変化を示す曲線を（　2　）という.

　　しかし，まれに飛跡が大きな偏向を受けることがある. これは α 粒子と（　3　）との（　4　）衝突に基づく.

〔答〕　1.　励起　　2.　ブラッグ曲線　　3.　原子核　　4.　弾性

問 3　エネルギー E（MeV）の電子の原子番号 Z の物質中におけるエネルギー損失に関して，制動放射によるエネルギー損失と衝突（電離，励起）によるエネルギー損失とがほぼ等しくなる条件を示す次の近似式のうち，正しいものはどれか.

98

7. 荷電粒子と物質の相互作用

1	$EZ \approx 800$	2	$EZ \approx 1600$	3	$EZ \approx 400$
4	$EZ \approx 1200$	5	$EZ \approx 200$		

〔答〕 1

衝突によるエネルギー損失 S_{col} と制動放射によるエネルギー損失 S_{rad} の比はほぼ

$$\frac{S_{col}}{S_{rad}} = \frac{1600mc^2}{EZ} \quad である.$$

問4 放射性核種からの放射線のうち，次の(イ)～(ヘ)に示すもののエネルギースペクトルを線スペクトルと連続スペクトルの2つに分類せよ.

(イ) α 線　　(ロ) β 線　　(ハ) γ 線　　(ニ) 内部転換電子

(ホ) 制動放射線　　(ヘ) 陽電子消滅放射線

〔答〕 線スペクトル (イ), (ハ), (ニ), (ヘ)　　連続スペクトル (ロ), (ホ)

問5 次のうち，LET の最も大きい放射線はどれか.

1	10 MeV の α 線	2	1 MeV の α 線	3	10 MeV の電子線
4	1 MeV の電子線	5	1 MeV の陽子線		

〔答〕 2

まず，線阻止能が大きいほど LET が大きいと考えてよい. そこで，LET を同じ粒子について比較すればエネルギーが小さいほど LET は大，同じエネルギーの粒子については質量の大きい粒子ほど LET は大である. このことからこの問題の LET 最大の粒子を判定できる.

LET の大きさは，1 MeV の α 線 > 10 MeV の α 線 > 1 MeV の陽子線 > 1 MeV の電子線 > 10 MeV の電子線である. 順序を付ける場合には，10 MeV の α 線と 1 MeV の陽子線のどちらが大きいかの計算を必要とする. 10 MeV の α 線の阻止能 S_α と 1 MeV の陽子線の阻止能 S_p を比較する. 線阻止能は粒子の電荷の自乗に比例し，速度の自乗に反比例する. α 線の速度を v_α，電荷を z_α，陽子線の速度を v_p，電荷を z_p とすれば，

物　理　学

$$\left.\begin{array}{l}\dfrac{1}{2}\cdot 4\mathrm{u}\cdot v_\alpha{}^2 = 10\mathrm{MeV} \\[2mm] \dfrac{1}{2}\cdot 1\mathrm{u}\cdot v_\mathrm{p}{}^2 = 1\mathrm{MeV}\end{array}\right\} \text{から} \dfrac{v_\alpha{}^2}{v_\mathrm{p}{}^2} = 2.5$$

$$\frac{S_\alpha}{S_\mathrm{p}} = \frac{\left(\dfrac{z_\alpha{}^2}{v_\alpha{}^2}\right)}{\left(\dfrac{z_\mathrm{p}{}^2}{v_\mathrm{p}{}^2}\right)} = \left(\frac{z_\alpha}{z_\mathrm{p}}\right)^2\left(\frac{v_\mathrm{p}}{v_\alpha}\right)^2 = 2^2\times(1/2.5) = 1.6$$

従って，LET について，10 MeV の α 線＞1 MeV の陽子線となる．

問 6　10 MeV の $^4_2\mathrm{He}^{2+}$ に対するある物質の阻止能と，2.5 MeV の $^1_1\mathrm{He}^+$ に対する阻止能との比として正しい値は，次のうちどれか．

　　1　0.25　　　2　0.5　　　3　1.0　　　4　2.0　　　5　4.0

〔答〕　5

　　ベーテの式から同一物質中での重荷電粒子の阻止能は核電荷の自乗に比例する．また，重荷電粒子の速度の自乗に反比例，したがって重荷電粒子の質量に比例し，エネルギーに反比例する．

　　$^4_2\mathrm{He}^{2+}$ 及び $^1_1\mathrm{He}^+$ の阻止能，核電荷，質量及び運動エネルギーをそれぞれ S_1, S_2；z_1, z_2；M_1, M_2 及び E_1, E_2 とすれば，次の近似式となる．

$$\frac{S_1}{S_2} \fallingdotseq \left(\frac{z_1{}^2}{z_2{}^2}\right)\cdot\left(\frac{M_1}{M_2}\right)\cdot\left(\frac{E_2}{E_1}\right) = \left(\frac{2^2}{1^2}\right)\cdot\left(\frac{4}{1}\right)\cdot\left(\frac{2.5}{10}\right) = 4$$

問 7　次の文章中の（　　）の部分に入る適当な語句，記号，数値または数式を記せ．

　　一種類の β 壊変をする β 線源から放出される β 線を，厚さ x 吸収板を通して観測したときの粒子束密度を I とすると，I は近似的に次式で表される．

　　　　　　$I=$　（　1　）

　　ここに，I_0 は吸収板のないときの粒子束密度で，μ は（　2　）である．

　　x を（　3　）の単位で表すと，μ の値は吸収板の物質の種類にはあまり関係しない．上式は β 線が（　4　）スペクトルであるため成立する経験的なもので，（　5　）電子のような（　6　）スペクトルの電子線では成立しない．

7. 荷電粒子と物質の相互作用

試料板上のβ線源に対して得られる粒子束密度は，試料板のないときに比して増加する．この場合の割合 f を（ 7 ）係数という．f の値は試料板の厚さとともに増加するが，（ 8 ）の $\frac{1}{4} \sim \frac{1}{3}$ の厚さでほぼ一定値に達し，それ以後は増加しない．この一定値 f_s を（ 9 ）という．

f_s の値は同一の試料板に対しては一般にβ線の最大エネルギーが高いほど（ 10 ）が，約（ 11 ）MeV 以上ではほぼ一定である．また，同一核種のβ線に対する f_s の値は試料板の（ 12 ）が大きいほど（ 13 ）い．

〔答〕

1. $I_0 e^{-\mu x}$ 2. 吸収係数   3. mg/cm^2 4. 連続
5. 内部転換（またはオージェ）   6. 線（または不連続，単一）
7. 後方散乱   8. β線の最大飛程   9. 飽和後方散乱係数
10. 大き   11. 0.6   12. 原子番号   13. 大き

問8 チェレンコフ放射についての次の記述のうち，正しいものはどれか．

1 電磁波が誘電物質中に入射したときに二次的に放射される光
2 荷電粒子が物質中を光速よりも速く進むときに放射される光
3 荷電粒子が結晶の格子面に沿って入射したときに放射される光
4 中性子が物質中の原子核と作用して放射される光
5 中性子が物質中の原子と作用して放射される光

〔答〕 2

荷電粒子が誘電体の中を一定の速さ v で直進するとそのまわりにできた電場によって媒質は分極（polarization）を起こす．荷電粒子が通り過ぎれば，この分極がもとに戻って電磁波が放射される．電磁波の媒質中での速度 v が c/n（n はその物質の屈折率）以上の場合には，通路上の近接した点から出た波はある方向に対しては同じ位相で重なって遠くまで放射される．この方向 θ は，Huygens の原理を使って $\cos\theta = c/nv$ となる．

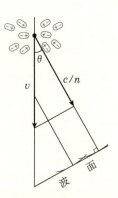

101

物　理　学

問9　次の文章中（　　）の部分に入る適当な語句又は数値を番号と共に記せ.

　　2×10^9 cm /s の速度のα粒子の運動エネルギーは 8.34 MeV であり，同じ速度の ^{3}He 粒子の運動エネルギーは（　1　）MeV である. そのときのα粒子と ^{3}He 粒子の阻止能の比は（　2　）であり，比電離の比は（　3　）である.

〔答〕　(1)──6.25

　　　　(2)──1

　　　　(3)──1

(1)　α粒子の質量を $4\,m$ で表せば，^{3}He 粒子の質量は $3\,m$ で表される.

　　その速度を v とすれば

$$\frac{1}{2} \cdot 4\,m \cdot v^2 = 8.34 \text{ MeV}$$

$$\frac{1}{2} \cdot 3\,m \cdot v^2 = \frac{3}{4} \times 8.34 \text{ MeV} = 6.25 \text{ MeV}$$

(2)　電荷の自乗に比例し，速度の自乗に逆比例することから1

(3)　(2)によって単位長さで失うエネルギーが等しいから電離される原子数も等しい.

問10　4.8MeV のα線が空気中で停止するまでの間に生成するイオン対数として，最も近い値は次のうちどれか.

　1　1.4×10^3　　　2　7.2×10^3　　　3　1.4×10^4　　　4　7.2×10^4

　5　1.4×10^5

〔答〕　5

　　空気の W 値は約 34 eV であるので，イオン対数＝$4.8 \times 10^6/34 = 1.4 \times 10^5$

問11　それぞれ 3 MeV のエネルギーを持つα粒子（α），陽子(p)，重陽子(d)の物質中の飛程 R の大きさの関係を示す次の式のうち，正しいものはどれか.

　1　$R(\text{p}) > R(\text{d}) > R(\alpha)$　　　　　　2　$R(\text{d}) > R(\text{p}) > R(\alpha)$

　3　$R(\text{d}) > R(\text{p}) \approx R(\alpha)$　　　　　　4　$R(\text{p}) \approx R(\alpha) > R(\text{d})$

　5　$R(\text{p}) \approx R(\text{d}) \approx R(\alpha)$

〔答〕　1

7. 荷電粒子と物質の相互作用

同一エネルギーの荷電粒子の飛程はだいたい粒子の質量及び電荷の 2 乗に逆比例する. α, p, d の質量（単位 u）と電荷（単位 e）の 2 乗の積は

$\alpha : 4 \times 2^2 = 16$　　p : $1 \times 1^2 = 1$　　d : $2 \times 1^2 = 2$

問 12　エネルギー E_p の陽子の飛程と等しい飛程を持つ α 線のエネルギーを求めよ.

〔答〕　ベーテの式から重荷電粒子の線阻止能は電荷の自乗に比例し, 速度の自乗に逆比例する. 速度の自乗に逆比例するということは運動エネルギーに反比例し, 質量に比例することである.

求める α 線のエネルギーを xE_p とすれば, α 線と陽子の飛程が等しいためには, α 線の線阻止能が陽子の線阻止能のほぼ x 倍でなければならない.

$$x = \frac{\alpha \text{ 線の阻止能}}{\text{陽子の線阻止能}} = \frac{\dfrac{2^2 \cdot 4}{xE_p}}{\dfrac{1^2 \cdot 1}{E_p}} \quad \text{したがって, } x = 4$$

問 13　速度の等しい重荷電粒子の物質中での飛程と, 粒子の核電荷 Z・質量 M との間の関係として正しいものは, 次のうちどれか.

1　Z^2 にも M にも反比例する.

2　Z^2 に反比例し, M に比例する.

3　Z^2 に反比例し, M に無関係である.

4　Z^2 に比例し, M に反比例する.

5　Z^2 にも M にも比例する.

〔答〕　2

速度が等しい両荷電粒子のそれぞれの阻止能 S_1, S_2 はベーテの式から

$$S_1 / S_2 = Z_1^2 / Z_2^2$$

となる. 両荷電粒子のエネルギーをそれぞれ E_1, E_2 とすれば飛程 R はだいたい E/S に比例するので

$$R_1 / R_2 = (E_1 / S_1) / (E_2 / S_2) = (E_1 / E_2) \cdot (S_2 / S_1) = (M_1 / M_2) \cdot (Z_2^2 / Z_1^2)$$

となる.

103

物　理　学

問 14　次の文章の （　　），｛　　｝の部分に入る最も適切な語句，記号，数値又は
数式をそれぞれの解答群から <u>1 つだけ選べ</u>．ただし，各選択肢は必要に応じて 2 回以
上使ってもよい．

　物質中を進む荷電粒子は，物質中の原子核と核反応を起こすことを除くと，主とし
て次の 3 つの過程によりそのエネルギーを失う．

1.　（　A　）及び原子核とのクーロン相互作用

2.　（　B　）

3.　（　C　）

　1. の過程では，（　A　）との相互作用の確率が圧倒的に大きい．これは，相互作
用を起こす確率は，原子の断面積と原子核の断面積との比が ｛　イ　｝であることを
考えると，容易に理解される．この過程の最も重要な現象に電離と励起がある．電離
ではエネルギーを持った （　D　）が発生し，励起では （　A　）がより高いエネル
ギー準位に移る．これらをもたらす相互作用は，（　E　）散乱と呼ばれる．

　2.　（　B　）の過程は，荷電粒子が原子核との相互作用により方向を変える，ある
いは減速される場合に，電磁放射線を放出してエネルギーを失う現象をいう．放出さ
れる電磁放射線の強度は，物質の （　F　）が大きいほど，また，入射粒子の質量が
小さいほど大きい．

　3.　（　C　）の過程は，荷電粒子が屈折率 n の物質中をその物質中における光の速
度 $c_m (= c/n,\ c$ は真空中の光速度)よりも （　G　）速度で通過するとき，荷電粒子の
速度方向に沿って （　H　）が放出される現象をいう．荷電粒子の速度を v とすると，
（　H　）が放出される角度は ｛　ロ　｝となる．

＜A〜E の解答群＞

1　自由電子	2　軌道電子	3　内部転換電子	4　中性子
5　陽子	6　ラザフォード	7　弾性	8　非弾性
9　チェレンコフ放射	10　制動放射	11　γ 線放射	12　黒体放射

＜F〜H の解答群＞

1　密度	2　原子番号	3　質量数	4　光子
5　光電子	6　自由電子	7　中性子	8　ニュートリノ
9　小さい	10　大きい	11　等しい	

104

7. 荷電粒子と物質の相互作用

<イ～ロの解答群>

1 10^2	2 10^3	3 10^4	4 10^5
5 10^6	6 10^8	7 $\cos^{-1}(c_m/v)$	8 $\sin^{-1}(c_m/v)$
9 $\cos^{-1}(v/c_m)$	10 $\sin^{-1}(v/c_m)$	11 $\sin^{-1}(n \cdot c_m/v)$	

〔答〕

A――2（軌道電子）　　B――10（制動放射）　　C――9（チェレンコフ放射）
D――1（自由電子）　　E――8（非弾性）　　F――2（原子番号）
G――10（大きい）　　H――4（光子）
イ――6（10^8）　　ロ――7（$\cos^{-1}(c_m/v)$）

［イ］
　原子の直径はおよそ 10^{-10}m，原子核の直径はおよそ 10^{-15} から 10^{-14}m であるから，断面積の比は，

$$\pi\left(\frac{10^{-10}}{2}\right)^2 \Big/ \pi\left(\frac{10^{-14}}{2}\right)^2 \sim \pi\left(\frac{10^{-10}}{2}\right)^2 \Big/ \pi\left(\frac{10^{-15}}{2}\right)^2 = 10^8 \sim 10^{10}$$

［ロ］
　角度を θ とすれば，v，c_m の関係は下図で表される．

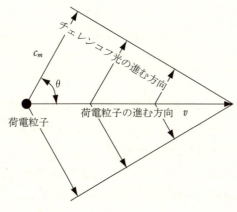

$$\cos\theta = \frac{c_m}{v} \text{ すなわち，} \theta = \cos^{-1}\frac{c_m}{v}$$

8. 光子と物質の相互作用

　光子のうち電離放射線は X 線と γ 線がある．X 線は軌道電子や自由電子の運動に伴い放出される光子で，γ 線は原子核が励起状態から転移する際に放出される．X 線も γ 線もどちらも電磁波で物理的には同じものである．光子は電荷を持たないので，荷電粒子のように物質中を進むにつれてエネルギー損失を起こすことはなく，光電効果，コンプトン散乱，電子対生成という過程によりエネルギーを電子に与える．

8.1　光電効果

　光子が軌道電子にエネルギーを与え，軌道電子が原子から飛び出す現象を光電効果(photoelectric effect)という．飛び出す電子を光電子という．光子のエネルギーを E_γ とし，軌道電子の結合エネルギーを E_b とすると光電子のエネルギーE_e は

$$E_e = E_\gamma - E_b \tag{8.1}$$

で与えられる．光子のエネルギーが結合エネルギーより低いと軌道電子を飛び出させることはできない．このため K 軌道，L 軌道などの軌道電子の結合エネルギーのところで光電効果の断面積がジャンプする．これらを K 吸収端，L 吸収端などという．光子の断面積に相当する質量減弱係数を図 8.1 に示した．

　光電効果では，γ 線が軌道電子に吸収されるが，γ 線と自由電子の衝突で γ 線が電子に吸収される現象は起こらない．このような現象は運動量とエネルギー保存則を同時に満足しない．光電効果では，軌道電子と原子核がクーロン力で結びついているので運動量の一部が原子核に与えられて運動量が保存する．このため，原子核との結びつきの強い K 軌道電子による光電効果の断面積が大きく，L 軌道，

8. 光子と物質の相互作用

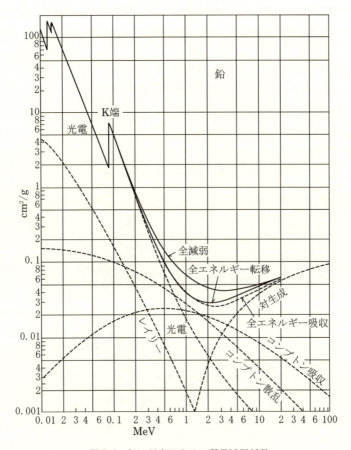

図 8.1 鉛に対する光子の質量減弱係数

M軌道となるに従い断面積は小さくなる．光電効果の原子断面積 τ は原子番号 Z と γ 線のエネルギー E_γ に依存し，およそ $\tau \propto Z^5 E_\gamma^{-3.5}$ という関係がある．このため，原子番号の大きな物質へエネルギーの低い光子が入射したとき光電効果の寄与が大きくなる．光電効果を軌道電子と光子の衝突と考えると衝突後の光電子のエネルギーは光子のエネルギーから軌道電子の結合エネルギーを引いた値なので，弾性散乱ではない．

107

8.2 コンプトン効果

光子と電子の衝突で電子と散乱光子が生じる現象をコンプトン効果(Compton effect)あるいはコンプトン散乱という．衝突前後の光子のエネルギーを E_γ, $E_\gamma{}'$，電子の質量を m，衝突後の電子の運動量を p，速度を v とすると，衝突の前後で運動量とエネルギーの保存則を満たすことから

エネルギー保存則　　$E_\gamma + mc^2 = E_\gamma{}' + \sqrt{p^2c^2 + m^2c^4}$

運動量保存則　　　　$\dfrac{E_\gamma}{c} = \dfrac{E_\gamma{}'}{c}\cos\phi + p\cos\Psi$ 　　　　(8.2)

$0 = \dfrac{E_\gamma{}'}{c}\sin\phi + p\sin\Psi$

ここで，$p = mv/\sqrt{1-\beta^2}$，$\beta = v/c$ である．散乱後の角度 ϕ, Ψ は図 8.2 に示した．

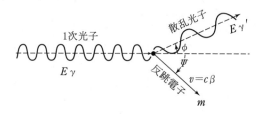

図 8.2　コンプトン効果

散乱された γ 線のエネルギー $E_\gamma{}'$ は

$$E_\gamma{}' = \dfrac{E_\gamma}{1 + E_\gamma(1-\cos\phi)/mc^2} \tag{8.3}$$

で与えられる．

散乱前後の波長の差 $\Delta\lambda$ ($=\lambda'-\lambda$) は

$$\Delta\lambda = \lambda' - \lambda = \dfrac{h}{mc}(1-\cos\theta) = \lambda_c(1-\cos\theta)$$

ここで $\lambda_c(=\dfrac{h}{mc})$ は 90°方向へ散乱された場合の波長の差を表す．

また，散乱されたコンプトン電子のエネルギーE_e は

$$E_e = E_\gamma - E_{\gamma}{'} = \dfrac{E_\gamma}{1 + mc^2/E_\gamma(1-\cos\phi)} \tag{8.4}$$

で与えられる．これよりコンプトン電子のエネルギーは光子が 180°後方へ散乱されたときに最大となる．また，このとき光子のエネルギーが十分大きい場合，散乱光子のエネルギー$E_{\gamma}{'}$ は，ほぼ 250 keV となる．エネルギーの低い光子は，原子核と強く結合している電子を振動させ，その振動が同じ振動数の光子を作り出すので，光子はエネルギーを失うことなく散乱する．これをレーリー散乱という．エネルギーが高くなると電子をはじき飛ばすので，コンプトン散乱となる．光子のエネルギーが高くなると散乱光子は前方へ強く散乱される．散乱光子の角分布を図 8.3 に示す．

コンプトン散乱の断面積は光子と電子の散乱なので電子数に比例する．このため，コンプトン散乱の原子断面積 σ は原子番号 Z に比例し，$\sigma \propto Z$ である．

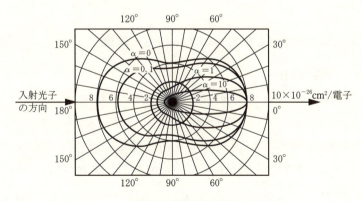

図 8.3　散乱光子の図

α は $m_e c^2$ （$=0.511$ MeV）を単位とした入射光子のエネルギー．横軸の数値は単位立体角あたりの微分散乱断面積を示す．

物　理　学

光子と実際の物質中の電子との衝突の場合，自然に存在する電子はほとんどが原子に束縛されているので正確にはコンプトン効果ではないが，通常光子のエネルギーが大きく軌道電子の結合エネルギーを無視できるので，コンプトン散乱として扱う場合が多い．

8.3　電子対生成

光子が原子核の強い電場に吸収され，電子と陽電子を生み出す反応を電子対生成という．電子と陽電子の質量を生成するために，光子のエネルギーは電子の静止エネルギーの 2 倍の 1.022 MeV 以上でないと起こらない．生成された陽電子は，電子の反粒子で，物質中で減速して物質中の電子と結合して 2 本の 0.511 MeV の消滅ガンマ線を反対方向に出して消滅する．電子対生成で生じる電子と陽電子のエネルギーの和は，光子のエネルギーを E_γ とすると

$$E_{e+} + E_{e-} = E_\gamma - 2\,m_e c^2 \tag{8.5}$$

で与えられる．この電子と陽電子のエネルギーは，$0 \sim (E_\gamma - 2m_e c^2)$ の間に分布する．電子対生成の原子断面積 κ は，エネルギーが高くなると増加し，ほぼ Z^2 に比例する．

8.4　光子の減衰と物質へのエネルギー伝達

8.4.1　光子の減衰

光子が物質に照射されると，光電効果，コンプトン散乱，電子対生成の 3 つの過程をおこす．図 8.4 のようにコリメータで作られた細い光子束（光子フルエンス，単位面積を通過する光子数）ϕ の減衰は，光電効果，コンプトン散乱，電子対生成の原子断面積を τ，σ，κ とすると，$\rho_{tot} = \tau + \sigma + \kappa$ として

$$-\frac{d\phi}{dx} = \rho_{tot} N\phi = (\tau + \sigma + \kappa)N\phi = \mu\,\phi \tag{8.6}$$

であらわされる．ここで，N は $1\,\mathrm{cm}^3$ 中の原子数で，μ を線減弱係数という．線減弱係数を密度で割ったものを質量減弱係数 $\mu_m (= \mu / \rho)$ という．

110

8. 光子と物質の相互作用

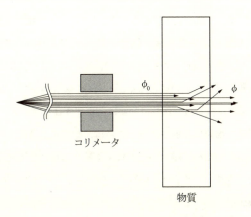

図8.4 コリメートされた光子束が物質中で減衰する様子

式 (8.6) より光子束 φ の減弱は

$$\phi = \phi_0 e^{-\mu x} \tag{8.7}$$

で表される．ϕ_0 が物質へ入るときの光子束であるとして，$\phi = \phi_0/2$ となる厚さを半価層 $x_{1/2}$ という．半価層と線減弱係数の関係は

$$x_{1/2} = \frac{\ln 2}{\mu} = \frac{0.693}{\mu} \tag{8.8}$$

で表される．また 1/10 価層 $x_{1/10}$ は

$$x_{1/10} = \frac{\ln 10}{\mu} = \frac{2.30}{\mu} \tag{8.9}$$

となる．光子束が $\frac{1}{e}$ になる距離を平均自由行程という．つまり平均自由行程 $= \frac{1}{\mu}$ である．

　コンプトン散乱による線減弱係数 μ_σ は，単位体積当たりの原子数 N とコンプトン散乱の原子断面積 σ の積で表される．コンプトン散乱の原子断面積は Z に比例するので，コンプトン散乱による質量減弱係数 $\mu_{m\sigma}$ は

$$\mu_{m\sigma} = \frac{\mu_\sigma}{\rho} \propto \frac{ZN}{\rho} = \frac{Z\frac{\rho}{A}N_A}{\rho} \propto \frac{Z}{A}N_A \tag{8.10}$$

物　理　学

と表される．ここで，A は物質の質量数で N_A はアボガドロ数である．式 (8.10)
よりコンプトン散乱による質量減弱係数は Z/A に比例する．Z/A（〜1/2）は
原子番号によってあまり変化しない値なので，コンプトン散乱による質量減弱係
数は，あまり物質に依存しない値となる．したがって，コンプトン散乱が主であ
るエネルギー領域では質量減弱係数は物質にあまり依存しない値となる．

　光子が広い面積で物資に照射されるときには，物質中で散乱された光子が測定
点へ入ってくる．このために細いビームによる減衰に加えて散乱光子の寄与を加
えたものが物質を透過した光子束となる．この寄与を入れた光子束の減弱は

$$\phi = \phi_0 B e^{-\mu x} \tag{8.11}$$

で表され，B をビルドアップ係数という．遮蔽が薄い場合や，光子束が細い場合に
は $B \fallingdotseq 1$ であり，B は，遮蔽の厚さや光子束の太さとともに大きくなる．

8.4.2　エネルギーの伝達

　光子が光電効果，コンプトン散乱，電子対生成などにより電子にエネルギーを
与えると，電子は物質中で電離や励起を通して物質にエネルギーを与える．この
電子が物質中を進むときに原子核の電場などで制動を受けると制動放射を発生す
る．制動放射は物質外へ放射されるので，物質に伝達されるエネルギーは，電子
に与えられたエネルギーの総和から制動放射で逃げる部分を引いたエネルギーと
なる．

　光電効果で電子に与えられるエネルギーは電子の結合エネルギーを差し引いた
量であるので光子のエネルギーを E_γ として，電子の結合エネルギーを δ とする
と，光電子のエネルギー E_e は

$$E_e = E_\gamma \left(1 - \frac{\delta}{E_\gamma} \right)$$

である．コンプトン効果により反跳される電子のエネルギーは散乱角度により異
なる．反跳電子のエネルギーは電子の平均エネルギー $\overline{E}$ を用いて

$$E_e = E_\gamma \frac{\overline{E}}{E_\gamma}$$

112

8. 光子と物質の相互作用

となる．電子対生成では電子と陽電子のエネルギーの和が光子エネルギーから電子の静止エネルギーの2倍を引いたものであるから，

$$E_{e-}+E_{e+}=E_\gamma\left(1-\frac{2mc^2}{E_\gamma}\right)$$

で与えられる．光子束はエネルギー E_γ の光子がフルエンス ϕ で流れるエネルギーフルエンス φ と考えることができる．つまり，

$$\varphi=E_\gamma\phi$$

であり単位は Jm^{-2} が用いられる．光子は，物質との相互作用でエネルギーを電子に転移するので，エネルギーフルエンス φ の減衰は

$$-\frac{\mathrm{d}\varphi}{\mathrm{d}x}=\left[E_\gamma\left(1-\frac{\delta}{E_\gamma}\right)\tau+E_\gamma\frac{\overline{E}}{E_\gamma}\sigma+E_\gamma\left(1-\frac{2mc^2}{E_\gamma}\right)\kappa\right]N\phi$$

$$=\left[\left(1-\frac{\delta}{E_\gamma}\right)\tau+\frac{\overline{E}}{E_\gamma}\sigma+\left(1-\frac{2mc^2}{E_\gamma}\right)\kappa\right]NE_\gamma\phi$$

$$=\left[\left(1-\frac{\delta}{E_\gamma}\right)\tau+\frac{\overline{E}}{E_\gamma}\sigma+\left(1-\frac{2mc^2}{E_\gamma}\right)\kappa\right]N\varphi$$

$$=\mu_{\mathrm{TR}}\varphi$$

ここで μ_{TR} はエネルギー転移係数で

$$\mu_{\mathrm{TR}}=\left[\left(1-\frac{\delta}{E_\gamma}\right)\tau+\frac{\overline{E}}{E_\gamma}\sigma+\left(1-\frac{2mc^2}{E_\gamma}\right)\kappa\right]N \tag{8.12}$$

である．ここで，N は単位体積中の原子数である．エネルギー転移係数を密度で割った値を質量転移係数という．

　光子や中性子などの非荷電粒子が物質との相互作用で，単位質量当たり荷電粒子に与えたエネルギーの総和 E_{TR} をカーマ（kerma）K という．

$$K=\frac{\mathrm{d}E_{\mathrm{TR}}}{\mathrm{d}m} \tag{8.13}$$

光子の場合は光子束を ϕ，エネルギーフルエンスを φ とすると

113

物 理 学

$$K = \frac{\mu_{TR}}{\rho} E_\gamma \phi = \frac{\mu_{TR}}{\rho} \varphi$$

で与えられる.

　物質中の電子が光子との相互作用でエネルギーを得て物質中を走るとき，物質中で制動放射を発生する．制動放射は物質から外部へ放射されるので，物質のエネルギー吸収から差し引く必要がある．つまり，エネルギー吸収係数 μ_{en} は制動放射で逃げる割合を G とすると

$$\mu_{en} = \mu_{TR}(1-G) \tag{8.14}$$

と表すことができる．エネルギー吸収係数を密度で割った値を質量エネルギー吸収係数という．光子のエネルギーが低い場合は制動放射で逃げるエネルギーは小さいのでエネルギー転移係数とエネルギー吸収係数はほぼ等しい．空気に対して 1 MeV までの光子では両者は等しいと考えてよい.

8.5　衝突カーマ，吸収線量，照射線量

8.5.1　衝突カーマ

　光子や非荷電粒子により物質中で荷電粒子に与えたエネルギーの総和がカーマである．荷電粒子が物質中で制動放射を発生する割合を G として，このカーマから差し引いた値を衝突カーマ K_c という.

$$K_c = K(1-G) \tag{8.15}$$

光子の場合，衝突カーマはエネルギー吸収係数を用いて

$$K_c = \frac{\mu_{en}}{\rho} E_\gamma \phi = \frac{\mu_{en}}{\rho} \varphi \tag{8.16}$$

と表される.

8.5.2　吸収線量

　吸収線量 D は単位質量の物質に放射線を照射して吸収されるエネルギーで表される.

$$D = \frac{dE}{dm} \tag{8.17}$$

114

8. 光子と物質の相互作用

吸収線量の単位は Gy（グレイ）で，1 kg の物質が 1 J のエネルギーを吸収したとき 1 Gy という.

　放射線による物質内の小領域に与えられるエネルギーを考えるとき，放射線によりエネルギーを与えられた荷電粒子がその小領域へ外から入りエネルギーを与える場合と小領域で生成された荷電粒子が外へエネルギーを持って出る場合がある. 均質な物質内でその小領域へ入る荷電粒子のエネルギーと小領域内で生成された荷電粒子が持ち出すエネルギーが等しいとき，荷電粒子平衡が成り立つという. 荷電粒子平衡が成り立つとき，衝突カーマと吸収線量は等しい.

8.5.3　照射線量

　X線あるいは γ 線が単位質量の空気を照射して，電離により生じた電荷量を照射線量という. 標準空気 1 kg を照射して 1 C（クーロン）の電荷を生じたとき照射線量は 1 C/kg で表される. 荷電粒子平衡が成り立っているときには，領域外で生成された電子により領域内で発生する電荷量と領域内で生成された電子により領域外で発生する電荷量が等しいので，領域内の電荷を測定することにより照射線量を測定することができる. 電荷は，電離により生成されたイオン対の電荷であるので，照射線量を，イオン対を作る平均エネルギーW 値を用いて吸収線量に変換することができる.

115

物 理 学

〔演 習 問 題〕

問1 コンプトン効果が主として起こるエネルギー範囲の X, γ 線に対しては, ほとんど
すべての物質の質量減弱係数がほぼ等しい. この理由を述べよ.

〔答〕 コンプトン効果が主として起こるエネルギー範囲の X, γ 線においてはコンプト
ン効果の起こる確率のみを検討すればよい. コンプトン効果による線減弱係数 σ は, 単
位体積中の原子数 N および原子番号 Z に比例する.

$$\sigma \propto N \cdot Z$$

したがって, 質量減弱係数 μ_m は, 物質の密度を ρ, アボガドロ数を N_A とすれば

$$\mu_m \fallingdotseq \frac{\mu}{\rho} \propto \frac{N_A \cdot \rho \cdot Z}{A \rho} = N_A \frac{Z}{A}$$

$\dfrac{Z}{A}$ はあらゆる物質について約 $\dfrac{1}{2}$ であるから質量減弱係数はほとんどすべての物
質について, ほぼ一定である.

注) この結果, 質量エネルギー吸収係数も, ほぼ等しいことが分る.

問2 次の文章の (　　) の部分に入る適当な語句又は数値を番号とともにしるせ.

高エネルギー光子のある物質に対する光電効果, コンプトン効果, 電子対生成に
よる線減弱係数をそれぞれ τ, σ, κ, また, 線エネルギー転移係数をそれぞれ
τ_k, σ_k, κ_k とする. いま 1.6 MeV 光子に対し, 蛍光 X 線として放出される平均エ
ネルギーを 80 keV, コンプトン電子の平均運動エネルギーを 0.8 MeV とするとき,
$\tau_k =$ (　1　) τ, $\sigma_k =$ (　2　) σ, $\kappa_k =$ (　3　) κ となる.

ただし, 有効数字 2 桁までを記入のこと.

〔答〕 (1)　0.95, 計算式 : $1 - (0.08/1.6) = 1 - 0.05 = 0.95$

(2)　0.50, 計算式 : $1 - (0.8/1.6) = 0.5$

(3)　0.36, 計算式 : $1 - (1.02/1.6) = 1 - 0.64 = 0.36$

問3 次の記述のうち, 誤っているものはどれか.

8. 光子と物質の相互作用

1 0.1 MeV γ線と水の相互作用は主に光電効果である.
2 0.1 MeV γ線と鉛の相互作用は主に光電効果である.
3 2 MeV γ線と鉛の相互作用は主にコンプトン効果である.
4 10 MeV γ線と水の相互作用は主にコンプトン効果である.
5 10 MeV γ線と鉛の相互作用は主に電子対生成である.

〔答〕 1

図参照. 水の実効原子番号は 7.5, 鉛の原子番号は 82.

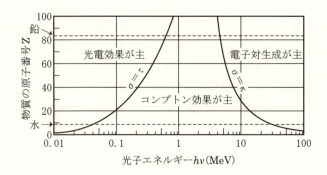

問 4 1 GBq の ^{137}Cs 線源から 1 m の点における空気の吸収線量率を求めよ. ^{137m}Ba の内部転換係数を 0.11 とし, 空気の線エネルギー吸収係数と密度をそれぞれ 3.8×10^{-3} m^{-1}, 1.3 kg m^{-3} とする.

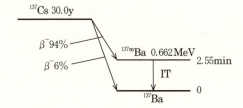

〔答〕 毎秒放出されるエネルギー 0.662 MeV の光子数

$$= 10^9 \times 0.94 \frac{1.00}{1.00 + 0.11} = 8.47 \times 10^8 \text{ s}^{-1}$$

物　理　学

線源から 1 m の点におけるエネルギーフルエンス率

$$= \frac{8.47 \times 10^8}{4\pi \cdot 1^2} \times 0.662 \, \text{MeV} \cdot \text{m}^{-2} \cdot \text{s}^{-1}$$

線源から 1 m の点において 1 m³ の空気に毎秒吸収されるエネルギー

$$= \frac{8.47 \times 10^8}{4\pi \cdot 1^2} \times 0.662 \times 3.8 \times 10^{-3} \, \text{MeV} \cdot \text{m}^{-3} \cdot \text{s}^{-1}$$

$$\therefore 空気の吸収線量率 = \frac{8.47 \times 10^8 \times 0.662 \times 3.8 \times 10^{-3}}{4\pi \cdot 1^2 \times 1.3} \, \text{MeV} \cdot \text{kg}^{-1} \cdot \text{s}^{-1}$$

$$= 2.09 \times 10^{-8} \, \text{Gy s}^{-1} = 7.52 \times 10^{-5} \, \text{Gy h}^{-1}$$

問 5　次の文章の（　　）の部分に入る適当な語句または数値を番号とともにしるせ.

水中のある場所での 0.5 MeV γ 線フルエンスが 10^6 光子/cm² であった. そのとき光子と水との相互作用の大部分は（　1　）効果であり, その結果, 水の単位体横当たり生成するイオン対の数は平均（　2　）個である.

ただし, 水の質量エネルギー吸収係数は 0.04 cm²/g, 水の中で 1 イオン対を生成するのに必要な平均エネルギーは 25 eV とし, 水の中での入射光子の減衰は無視するものとする.

この場合, 2 次電子の（　3　）損失が無視できるので, 質量エネルギー吸収係数は, 質量エネルギー転移係数に等しくなる.

〔答〕　1. コンプトン,　　2. 8×10^8, 計算式 : $(0.5 \times 10^6 \times 10^6 \times 0.04) \div 25 = 8 \times 10^8$

　　　3. 制動放射

問 6　次の文章の（　　）の部分に入る適当な語句または数値を番号とともにしるせ.

ある元素の光子との相互作用に関する線減弱係数は, その相互作用に対する原子当たり断面積に物質（　1　）当たりの原子数を乗じたものであり, 質量減弱係数は, 原子当たり断面積に物質（　2　）当たりの原子数を乗じたものである.

〔答〕　1. 単位体積　　2. 単位質量

問 7　次の文章の（　　）の部分に入る適当な語句または数値を番号とともにしるせ.

断面積 2 cm² のよくコリメートされた 1 MeV 光子ビームが, 10^6 光子/cm² のフルエンスで厚さ 1 μg/cm² のアルミニウム薄膜に垂直に入射した. そのとき, 光子とア

8. 光子と物質の相互作用

ルミニウムとの相互作用の大部分は（ 1 ）効果であり，その相互作用のみによって光子の減弱が起こるとした場合に発生する（ 1 ）電子の平均総数は（ 2 ）個である．ただし，1 MeV 光子に対するアルミニウムの質量減弱係数は $0.06\,\mathrm{cm^2/g}$ である．

〔答〕 1. コンプトン　　2. 0.12

2. コンプトン効果なので，光子1個当たり電子も1個生じるので，光子フルエンスの減弱を求めればよい．光子のフルエンスを ϕ とし，線減弱係数を μ とすると，$-\mathrm{d}\phi/\mathrm{d}x=\mu\phi$ であるので，密度を ρ とすると

$$-\mathrm{d}\phi=-\mu\phi\,\mathrm{d}x=\mu/\rho\cdot\phi\,\mathrm{d}x\cdot\rho=-\mu_{\mathrm{m}}\cdot\phi\cdot\mathrm{d}x\cdot\rho$$

ここで，負号は減弱を表す．$\mathrm{d}\phi$ は $1\,\mathrm{cm^2}$ 当たりの減弱なので，光子ビームの断面積が $2\,\mathrm{cm^2}$ だから $2\mu_{\mathrm{m}}\cdot\phi\cdot\mathrm{d}x\cdot\rho$ が電子数となる．これより，$2\times0.06\times10^6\times10^{-6}=0.12$ 個となる．

問 8　次の文章の（　　）の部分に入る適当な語句または数値を番号とともにしるせ．ただし，同じ語句を2回用いる場合もある．

　鉄（^{56}Fe）とエネルギー2 MeV の光子とのおもな相互作用は（ 1 ）効果であり，その効果に対する原子当たりの断面積 σ は電子当たりの断面積 $_e\sigma$ の（ 2 ）倍である．（ 1 ）効果により生ずる（ 3 ）電子の平均エネルギーを E MeV とすると，（ 1 ）効果に対する質量エネルギー付与（転移）係数 μ_{tr}/ρ は σ_c/ρ に（ 4 ）を乗じたものである．ただし，ρ は鉄の密度，σ_c/ρ は（ 1 ）効果に対する質量減弱（減衰）係数である．

〔答〕 1. コンプトン　　2. 26　　3. コンプトン（または反跳，散乱）　　4. $E/2$

4. 光子エネルギーを $h\nu$ とすると，入射光子1個について反跳電子に与えられる運動のエネルギーの割合は $E/h\nu$ である．いま，光子エネルギー $h\nu=2$（MeV）であるから $E/2$ となる．

問 9　次の記述のうち，誤っているものはどれか．

1　吸収線量はあらゆる電離放射線に適用できる物理量である．

2　照射線量はX線，γ 線のみに適用できる物理量である．

3　カーマは間接電離放射線のみに用いられる物理量である．

119

物　理　学

　　4　物質が異なれば同じ照射線量を照射されても，物質の吸収線量は異なる.

　　5　W 値は気体の原子または分子の電離ポテンシャルに等しい.

〔答〕　5

　　エネルギーE の荷電粒子が気体中で完全に止められたときに形成されるイオン対の平均長NでE を除した商が W 値である. したがって，W 値は気体の原子または分子の1個を電離するだけのエネルギーではなく，それに荷電粒子が気体中で原子または分子を励起するのに費したエネルギーおよび制動放射に費したエネルギーが加算されている. W 値は気体の原子または分子の電離ポテンシャルのほぼ2倍である.

問 10　コンクリート（密度 $2.3\,\mathrm{g/cm^3}$）の ^{60}Coγ線に対する半価層は，5 cm である. 鉛（密度 $11.3\,\mathrm{g/cm^3}$）の ^{60}Coγ線に対する $\frac{1}{10}$ 価層を求めよ. ただし，$\log_{10}2 = 0.30$ とする.

〔答〕　^{60}Coγ線に対する質量減弱係数は物質によってほとんど変わらない. そこで，鉛に対する半価層 $x_{1/2}$ は

$$\frac{0.693}{x_{1/2} \times 11.3} = \frac{0.693}{5 \times 2.3} \quad \text{から} \quad x_{1/2} = 1.02\ \mathrm{cm} \fallingdotseq 1.0\,\mathrm{cm}\ \text{となる.}$$

次に鉛に対する $\frac{1}{10}$ 価層 $x_{1/10}$ は $\quad \dfrac{1}{10}I_0 = I_0\left(\dfrac{1}{2}\right)^{\frac{x_{1/10}}{1.0}} \quad$ から

$$-\log_{10}10 = -x_{1/10}\log_{10}2 \qquad x_{1/10} = \frac{1}{0.30} = 3.3\,\mathrm{cm} \quad \text{である.}$$

問 11　照射線量が 1 C/kg のとき，空気 1 kg が吸収するエネルギーを求めよ.

　　ただし，電子の電荷は 1.6022×10^{-19} C，電子が空気中 1 個のイオン対を作るために消費される平均エネルギーを 33.97 eV とし，$1\,\mathrm{eV} = 1.6022 \times 10^{-19}$ J とする.

〔答〕1 C/kg で生ずるイオン対の数は

$$\frac{1\mathrm{C/kg}}{1.6022 \times 10^{-19}\mathrm{C}} = \frac{1}{1.6022 \times 10^{-19}}\ /\mathrm{kg}$$

となる. したがって，空気 1 kg が吸収するエネルギーは

$$\frac{33.97}{1.6022 \times 10^{-19}\mathrm{C}}\ \mathrm{eV/kg} = \frac{33.97 \times 1.6022 \times 10^{-19}}{1.6022 \times 10^{-19}}\ \mathrm{J/kg}$$

120

8. 光子と物質の相互作用

$=33.97\,\mathrm{J/kg}=33.97\,\mathrm{Gy}$

問 12 次の文章の（　）の部分に入る適当な語句または数値を番号とともにしるせ．ただし，同じ語句を 2 回用うる場合もある．

人体軟組織中のある場所に 1 MeV 光子が照射されるとき：

イ　1 MeV 光子と軟組織との相互作用の大部分は（　1　）効果であり，その結果生ずる（　2　）が軟組織中の原子，分子に与える励起過程ないしは（　3　）過程により軟組織にエネルギーを付与する．一般に，このような高エネルギー光子によって生ずる（　4　）の平均 LET（線エネルギー付与）の大きさは，α 線のような重荷電粒子のそれに比べて（　5　）いので，このような光子は荷電粒子ではないにもかかわらず（　6　）LET 放射線とよばれ，それに対する線質係数 Q の値は放射線防護の立場では（　7　）と定められている．

ロ　その場所における軟組織の吸収線量が 0.24 Gy であるとき，1 MeV 光子のエネルギーフルエンスは（　8　）J・m^{-2}，光子フルエンスは（　9　）m^{-2}，軟組織の単位体積中に生成するイオン対の平均数は（　10　）個である．

ただし，1 MeV 光子に対する軟組織の質量エネルギー吸収係数を $0.003\ \mathrm{m^2 \cdot kg^{-1}}$，軟組織の比重を 1，軟組織中で 1 イオン対を生成するに必要な平均エネルギーを 25 eV，$1\,\mathrm{eV}=1.6\times10^{-19}\,\mathrm{J}$ とする．

〔答〕

1.	コンプトン	2.	2 次電子	3.	電離	4.	2 次電子
5.	小さ	6.	低	7.	1	8.	80
9.	5×10^{10}	10.	6×10^{13}				

注）8.　$0.24\ [\mathrm{Gy}]\ /\ 0.003\ [\mathrm{m^2 \cdot kg^{-1}}]\ =\ 0.24\ [\mathrm{J \cdot kg^{-1}}]\ /\ 0.003\ [\mathrm{m^2 \cdot kg^{-1}}]$
$=\ 80\ [\mathrm{J \cdot m^{-2}}]$

9.　$80\ [\mathrm{J \cdot m^{-2}}]\ /\ 1\ [\mathrm{MeV}]$
$=80\ [\mathrm{J \cdot m^{-2}}]\ /\ (1.6\times10^{-19}\times10^{6})\ [\mathrm{J}]\ =\ 5\times10^{14}\ [\mathrm{m^{-2}}]$

10.　$0.24\ [\mathrm{Gy}]\ /\ 25\ [\mathrm{eV}]\ =\ 0.24\ [\mathrm{J \cdot kg^{-1}}]\ /\ (25\times1.6\times10^{-19})\ [\mathrm{J}]$
$=\ 6\times10^{13}\ [\mathrm{g^{-1}}]\ =\ 6\times10^{13}\ [\mathrm{cm^{-3}}]$

121

物 理 学

問13 量と単位の次の組合せのうち，誤っているものはどれか．

1 質量減弱係数——$g^{-1} \cdot cm^2$ 2 吸収線量——Gy

3 壊変定数——s^{-1} 4 放射能———Bq

5 質量欠損——$g \cdot cm^{-3}$

〔答〕 5

質量欠損の単位は，g，kg または u（原子質量単位）である．

問14 水中でチェレンコフ光を発生しない核種の組合せは，次のうちどれか．

1 ^{40}K——^{59}Fe 2 ^{32}P——^{90}Sr 3 ^{60}Co——^{24}Na

4 ^{14}C——^{241}Am 5 ^{86}Rb——^{137}Cs

〔答〕 4

チェレンコフ効果では，c を速度，v を荷電粒子の速度，n を物質の屈折率とすれば $\cos\theta = c/vn$ の関係で決まる θ 方向で光が観測される．したがって，チェレンコフ光を発生するための必要条件は $v \geqq c/n$ である．この式と粒子（静止質量 m_0）の運動エネルギー E を表す式

$E = m_0 c^2 [\{1-(v/c)^2\}^{-1/2} - 1]$

とから

$E \geqq m_0 c^2 [\{1-(1/n^2)\}^{-1/2} - 1]$

となる．荷電粒子が電子で物質が水のときは，$m_0 c^2 = 0.51$(MeV)，$n = 4/3$ だから $E > 0.26$(MeV) でなければならない．

なお，β 線のエネルギーが低い場合，あるいは β 線を放射しない場合でも，エネルギーの高い γ 線を放射すれば，γ 線と媒質の相互作用で上記の条件を満足する高エネルギーの二次電子が発生し，チェレンコフ効果を生ずる．

問題中，^{14}C からの β 線のエネルギーは 0.156 MeV であり，β 線を放射しない ^{241}Am はエネルギー0.06 MeV 以下の γ 線を放射する．

122

9. 中性子と物質の相互作用

中性子は単独では不安定で，半減期 615 秒で壊変する．壊変は

$$n \rightarrow p + e^- + \bar{\nu} \tag{9.1}$$

で表される．中性子はエネルギーにより熱中性子，熱外中性子，速中性子などに分類される．熱中性子は，周囲の媒質の温度が室温のとき熱平衡にある中性子で，エネルギー分布はマクスウェル・ボルツマン分布をし，運動エネルギーの分布の最大値に対応するエネルギーは 0.025 eV である．媒質の温度が室温より低いときには冷中性子，極冷中性子などという．熱外中性子は，熱中性子よりもややエネルギーの高い中性子で，0.05 eV ないし 0.1 eV より大きなエネルギーを持つ中性子である．速中性子は 0.1 MeV よりエネルギーの高い中性子をいう．

9.1　中性子捕獲反応

原子核に中性子が捕獲されると質量数が 1 だけ増加した原子核が生成される．中性子の結合エネルギーはおよそ 8 MeV であるので，中性子捕獲反応は発熱反応であり，エネルギーの低い中性子の捕獲反応によりエネルギーの高い励起状態が形成される．多くの原子核では，この励起状態から γ 線が放出される捕獲反応 $^A X(n, \gamma)^{A+1} X$ が起こる．この高い励起状態から陽子が放出される原子核もある．熱中性子の捕獲反応では核反応断面積の非常に大きな反応があり，遮蔽や検出器に利用される．熱中性子の遮蔽としてカドミウムが用いられるが，これは $^{113}Cd(n, \gamma)^{114}Cd$ 反応を利用している．中性子検出器に利用される反応は，BF_3 ガスを用いる比例計数管では $^{10}B(n, \alpha)^7Li$ 反応により，^3He ガスを用いる比例計数管では $^3He(n, p)^3H$ 反応により，放出される荷電粒子を比例計数管で測定して

123

いる．金の中性子捕獲断面積は大きいので ^{197}Au(n, γ)^{198}Au 反応で ^{198}Au が生じ，^{198}Au は半減期 2.7 日で $β^-$ 壊変し γ 線を放出する．この γ 線を測定して熱中性子束を求めるためによく用いられる．

9.2 弾性散乱

中性子が原子核と弾性散乱をする場合，図 9.1 に示す．中性子のエネルギーを E_n，質量を m，重心系での中性子の散乱角を ϕ，原子核の質量を M とすると原子核の受ける反跳エネルギー E は次式で与えられる．

$$E = \frac{2mM}{(m+M)^2}(1-\cos\phi)E_n \tag{9.2}$$

衝突する原子が水素の場合，中性子と陽子の質量が等しいとすると，実験室系での散乱角 θ は φ = 2θ となる．(9.2)式より原子核の質量が大きくなると原子核の受ける反跳エネルギーは小さくなる．したがって，水素のように質量の小さい物質では中性子のエネルギーは少ない回数の散乱で減弱する．このために速中性子の遮蔽には水素を含んだポリエチレンあるいは水を含む物質が用いられる．

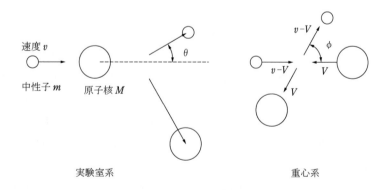

図 9.1 中性子の弾性散乱
V は重心の速度

9. 中性子と物質の相互作用

9.3 その他の中性子核反応

中性子は電荷を持たないので，運動エネルギーが小さくても原子核内へ入ることができる．熱中性子や熱外中性子は大きな核反応断面積を持つ．エネルギーが高くなると非弾性散乱や1個以上の核子が放出される核反応が起こる．陽子入射反応と同様にエネルギーが高くなるにつれて，複合核反応，前平衡核反応，核破砕反応などが起こる．

物　理　学

〔演 習 問 題〕

問1 次の文章の（　　）の部分に入る適当な語句または数値を番号とともにしるせ.

熱中性子による生体軟組織の吸収線量は, 主として $_1^1\text{H}$ (n, γ) $_1^2\text{H}$ 反応による（　1　）と $_7^{14}\text{N}$ (n, p) $_6^{14}\text{C}$ 反応による（　2　）とによって与えられる.

〔答〕 1. γ 線　　　2. 陽子

問2 次の文章の（　　）の部分に入る適当な語句または数値を番号とともにしるせ.

数 MeV 程度のエネルギーをもつ高速中性子が人体軟組織に入射するとき, その高速中性子が減速されるのは, 主として軟組織中の（　1　）原子の（　2　）との（　3　）衝突による. この場合 2 MeV の中性子が 1 回の（　3　）衝突により失う平均エネルギーは（　4　）MeV である.

〔答〕 1. 水素,　　2. 原子核,　　3. 弾性,　　4. 1

問3 下に示す放射能核種（(イ)〜(ニ)）と最も関連の深い核反応を 1〜6 の中から選べ.

(イ)　^{14}C　　　(ロ)　^{60}Co　　　(ハ)　^{235}U　　　(ニ)　^{252}Cf

1　(d. n)反応　　　　2　(n. p)反応　　　　3　光核反応

4　自発核分裂　　　　5　熱中性子核分裂　　　6　熱中性子捕獲

〔答〕

イ. 2,　　　ロ. 6,　　　ハ. 5,　　　　ニ. 4

問4 エネルギー E_n の中性子が ^{12}C によって散乱される場合の ^{12}C の最大反跳エネルギーとして正しいものは, 次のうちどれか.

1　E_n　　2　$0.5\,E_\text{n}$　　3　$0.333\,E_\text{n}$　　4　$0.284\,E_\text{n}$　　5　$0.071\,E_\text{n}$

〔答〕　4

中性子と ^{12}C の質量をそれぞれ m, M, 衝突前の中性子の速度を v, 衝突後の中性子と ^{12}C の速度を v', V とすると, 反跳エネルギーが最大となるのは正面衝突のときであるから,

9. 中性子と物質の相互作用

運動量保存則より $\quad m\,v=m\,v'+MV$ ・・・・・・・・・・・・・・・・・・・・・・・・・・・・・ (1)

エネルギー保存則より $\quad \dfrac{1}{2}\,m\,v^2=\dfrac{1}{2}\,m\,v'^2+\dfrac{1}{2}\,MV^2$ ・・・・・・・・・・・・・・・ (2)

(1) より得た $\qquad\qquad v'=v-(M/m)V$

を (2) に代入して解くと $\qquad V=\dfrac{2v}{1+(M/m)}$

$$\therefore\ \frac{1}{2}MV^2=\frac{1}{2}M\cdot\frac{(2v)^2}{\{1+(M/m)\}^2}=\frac{mv^2}{2}\times\frac{4(M/m)}{\{1+(M/m)\}^2}$$

これに $mv^2/2=E_n$, $M/m=12$ を代入して

$\qquad E=E_n\times(48/169)=0.284\,E_n$

問5 室温における熱エネルギー，原子間の結合エネルギーおよび核子間の結合エネルギーをそれぞれ eV の単位で表した数値について，<u>最も</u>適切なものの組合せは，次のうちどれか．

1	$\sim 10^{-2}$,	$1\sim 10$,	$10^6\sim 10^7$
2	$\sim 10^{-3}$,	$1\sim 10$,	$10^6\sim 10^7$
3	$\sim 10^{-3}$,	$1\sim 10$,	$10^2\sim 10^3$
4	$\sim 10^{-2}$,	$10^2\sim 10^3$,	$10^6\sim 10^7$
5	$1\sim 10$,	$10^2\sim 10^3$,	$10^6\sim 10^7$

〔答〕 1

室温の熱エネルギーは 0.025 eV 程度，原子間の結合エネルギーは数 eV である．核子間の結合エネルギーは大部分の原子核で 8 MeV 前後の大きさで，他の二つのエネルギーの大きさに比してはるかに大きい．

問6 14 MeV の中性子線を遮蔽して，放射線量が許容レベル以下になるようにしたい．その際，遮蔽体の厚さをできるだけ薄くするためには，遮蔽体としてどのような材料を使用するのが適当か，簡単に理由を付して 300 字以内で答えよ．

〔答〕 14 MeV の中性子（高速中性子）は，

(1) まず，遮蔽体の原子核との非弾性散乱によってエネルギーを失う．

(2) 次に中性子は原子核との弾性散乱を繰返し，次第にエネルギーを失って熱中性

物　理　学

子となる．この過程では原子量の小さい物質，すなわち水，パラフィン等が中性子の減速に有効である．

(3) 熱中性子は原子核に捕獲され，(n, γ)，(n, α)反応によりγ線，α線を出す．α線は遮蔽上問題がないのでホウ素のような(n, α)反応の断面積の大きいものが有効である．

　したがって，遮蔽には，初め数 cm に鉄程度の中重核，次に含水率の高いホウ素入りコンクリート，次にγ線遮蔽用の鉛を用いるのが有効である．

問7　次の文章の（　　）の部分に入る最も適切な語句，記号，反応式または数式を，それぞれの解答群から 1 つだけ選べ．ただし，各選択肢は必要に応じて 2 回以上使ってもよい．

　放射性炭素 ^{14}C は，大気上層で宇宙線から 2 次的に生ずる（　A　）と大気中の（　B　）との核反応（　C　）によってつくられる．半減期は 5730 年で，β 壊変して（　D　）になるが，宇宙線量が変わらなければ常に同じ割合で生成するので，大気中の ^{14}C の比放射能は一定に保たれる．

　生成した ^{14}C は（　E　）の化学形で大気中を拡散し，生物体の中に取り込まれる．生物体が死ねば，新たな ^{14}C の（　F　）は途絶えるので，生物体中の ^{14}C の比放射能は半減期に従って減衰する．現在生きている同種の生物体中の ^{14}C の比放射能と死んだ生物体中のそれとの比較によって，死後の経過時間が求められる．

＜解答群＞

1　陽子	2　中性子	3　^{17}O	4　^{14}N	5　$^{14}N(n, p)^{14}C$
6　$^{14}N(p, n)^{14}C$	7　$^{17}O(p, \alpha)^{14}C$	8　$^{17}O(n, \alpha)^{14}C$	9　CH_4	
10　CO	11　CO_2	12　生成	13　供給	14　拡散

〔答〕

　A——2 (中性子)　　　B——4 (^{14}N)　　　C——5 ($^{14}N(n, p)^{14}C$)

　D——4 (^{14}N)　　　E——11 (CO_2)　　　F——13 (供給)

問8　次の記述のうち，正しいものの組合せはどれか．

　A　中性子捕獲反応の断面積は，低エネルギー領域では中性子エネルギーの 0.5 乗

128

9. 中性子と物質の相互作用

に逆比例する場合が多い.

B ^{1}H(n, γ)^{2}H 反応の際, 結合エネルギーに相当する 2.2 MeV の γ 線が放出される.

C 20 ℃における熱中性子のエネルギーは, 平均値が 0.025 eV のガウス分布をしている.

D 熱中性子による ^{235}U の核分裂において, 核分裂片は質量数が 117 及び 118 のものが最も多い.

1 AとB　　2 AとC　　3 AとD　　4 BとC　　5 BとD

〔答〕 1

A 正 (n, γ)反応の断面積は共鳴のない領域で $1/v$ (v は中性子速度) に比例する, すなわち $1/\sqrt{E}=1/E^{0.5}$ に比例する.

B 正 この場合は反応にともなって Q 値 (2.2 MeV) に等しいエネルギーの γ 線が放出される. ただし重い核による捕獲ではさまざまなエネルギーの γ 線が放出される.

C 誤 マクスウェル・ボルツマン分布をしている.

D 誤 熱中性子による核分裂では対称的な 2 つの核分裂片に分かれるのではなく, 質量数約 95 と約 140 に 2 つの極大値を持った非対称に分裂する.

化　　学

河　村　正　一

桧　垣　正　吾

1. 放射性壊変と放射能

1.1 元素の周期表

元素の原子核中の陽子の数に着目して，その数の順番に左上から並べたものを元素の周期表とよぶ（本書の見返し参照）．現在の周期表の形式はアルフレッド・ベルナーによって作られたものであるが，元素の周期表を提案したのは，ドミトリ・メンデレーエフである．メンデレーエフは，当時発見されていた元素を原子量の順番に並べたものを表にして，化学的に似た性質の元素が周期的に現われることを示した．また，当時発見されていなかったいくつかの元素については，その存在や化学的性質を予測した．

物理学の図2.1は原子模型の概念図を示したものであるが，それぞれの電子殻は1つ以上の電子軌道から構成されている．図1.1に電子殻と電子軌道の対応を示す．K殻は電子2個が入るs軌道（1s軌道とよぶ）のみで構成され，L殻はs軌道（2s軌道）と電子6個が入るp軌道（2p軌道）で構成される．以下，M殻はs軌道（3s軌道）とp軌道（3p軌道）と電子10個が入るd軌道（3d軌道），N殻はs軌道（4s軌道）とp軌道（4p軌道）とd軌道（4d

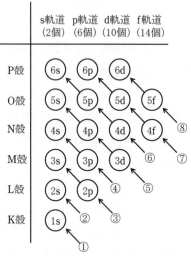

図 1.1 電子殻と電子軌道の対応（丸数字付きの矢印は電子の収容順を示す）

化　　　学

軌道）と電子 14 個が入る f 軌道（4f 軌道）・・・のように構成される．電子はエネルギーの低い電子軌道から順番に入っていくことが知られており，電子は図 1.1 の矢印に示す右下から左上がりの方向に順番に入る．

　原子は原子核と電子とで構成されているが，元素の化学的な性質は，他の原子とやり取りを行いやすい最も外側の殻の電子（最外殻電子）が主に支配している．周期表の縦の列のことを族と呼ぶ．左から順に 1 族，2 族，・・・と 18 族まである．周期表で同族となる元素は化学的な性質が似ているといえる．それぞれ特有の化学的性質に由来した別名を持つ族がある．主要なものには，アルカリ金属元素（水素を除く 1 族元素），アルカリ土類金属元素（ベリリウムとマグネシウムを除く 2 族元素），ハロゲン（17 族元素），希ガス（貴ガスとも書く）（18 族元素）がある．

　化学的に安定な第 18 族元素のキセノン（原子番号 54）では，電子は 5p 軌道まで満たされて安定な状態をとる．次の原子番号のセシウムと，バリウムでは，6s 軌道に電子が入る．次のランタン（原子番号 57）では 5d 軌道に 1 個，その次のセリウムでは 4f 軌道に 1 個の電子が入る．次のプラセオジムでは 5d 軌道に入る電子はなくなり 4f 軌道に 3 個入る．以降，原子番号が増えると，それに対応する電子はガドリニウムを除き 4f 軌道に 1 個ずつ入るようになり，イッテルビウム（原子番号 70）で 4f 軌道が全て満たされる．次のルテチウム（原子番号 71）では 4f 軌道が全て満たされた上で 5d 軌道に 1 個の電子が入る．このように，ランタンからルテチウムまでの元素は，最外殻の P 殻の 6s 軌道とその内側の 5d 軌道の電子の満たされ方があまり変わらないため，化学的な性質が非常によく似る．ランタンからルテチウムまでの元素を総称してランタノイド（ランタンもどきという意味合いがある）とよぶ．

　同様に，アクチニウム（原子番号 89）からローレンシウム（原子番号 103）までの元素を総称してアクチノイドとよぶ．

　周期表の横の行のことを周期とよぶ．水素とヘリウムが第 1 周期，ベリリウムからネオンまでを第 2 周期とよぶなど，現在では，第 7 周期にある元素までが知

134

1. 放射性壊変と放射能

られている．同じ周期の元素は，原子半径，イオン化エネルギーなどが似た傾向にある．

以上のように，周期表は元素の化学的な性質を系統的に理解するのに役立つ．

主任者試験では，周期表の全ての元素を記憶しておく必要はない．しかし，頻出の箇所があるので，原子番号と元素記号の対応を含めて部分的には記憶しておきたい．例えば，

①第4周期（原子番号36）までの元素

②1族，2族，17族，18族の元素

③欠員元素の Tc，Pm（5章参照）

④U周辺の核種および核分裂生成物で収率の高い元素（5章参照）

などである．

1.2 放射能とその単位

(1) 放射能

放射能という言葉には，①原子核が自発的に放射性壊変して α 線，β 線，γ 線などを放出する性質，②原子核の単位時間あたりの壊変数(壊変率)，すなわち放射能の強さ，という2つの意味がある．

放射能の単位は Bq（ベクレル）で，1秒あたりの壊変数 $[s^{-1}]$ と定義されている．1秒間あたりの壊変数は dps（disintegration per second）と書くこともある．

1 Bq＝1 dps

なお，10の3乗を表す接頭語が k（キロ），6乗が M（メガ），9乗が G（ギガ），12乗が T（テラ）である．

かつての放射能の単位は Ci（キュリー）であり，1 Ci＝3.7×10^{10} Bq＝37 GBq の関係があるが，現在ではほとんど使われていない．

(2) 比放射能

放射性核種の属する元素の単位質量あたりの放射能をいう．g，mg または μg あたり何（Bq，MBq など）というように記す．

化　　学

(3)　放射能濃度

放射性核種を含む物質の単位体積あたりの放射能をいう．1 m*l* あたり何（Bq，MBq）などと示す．

(4)　無担体（carrier‐free）

放射性核種がその安定同位体を含まない状態をいう．無担体のとき放射性核種の比放射能は最高値となる．

(5)　壊変（disintegration）と崩壊（decay）

ともに放射性核種が放射線を出して化学的に異なる原子種になる過程を壊変または崩壊といい，両者は同じ意味に用いられている．しかし，この言葉ができたころは，壊変は 1 個の原子核を対象として主として物理学の分野で使用され，崩壊は複数の原子核を対象として主として化学の分野で使用されていた．

1.3　放射性核種の質量と放射能（**Bq**）の関係式

核種の質量と放射能の関係

質量 W グラム，原子数 N，質量数 M の放射性核種の壊変率（$-\mathrm{d}N/\mathrm{d}t$）とその壊変定数（λ），半減期（T）の関係は式（1.1）（1.2）（1.3）のとおりである．この式を用いると上記の数値が相互計算できる．計算のときには，壊変率の時間の単位と半減期の時間の単位は一致させなければならない．

$$-\frac{\mathrm{d}N}{\mathrm{d}t} = \lambda N \tag{1.1}$$

$$\lambda = \frac{0.693}{T} \tag{1.2}$$

$$N = \frac{W}{M} \times 6.02 \times 10^{23} \tag{1.3}$$

0.693 は ln2，6.02×10^{23} はアボガドロ数（N_A）である．

（1.2），（1.3）式を（1.1）に代入して

1. 放射性壊変と放射能

$$-\frac{\mathrm{d}N}{\mathrm{d}t} = \lambda N = \frac{W \times 4.17 \times 10^{23}}{MT} \tag{1.4}$$

半減期 T の単位が秒のとき，放射性核種の壊変率（$-\mathrm{d}N/\mathrm{d}t$）は1秒あたりの壊変数，すなわち Bq 単位で表される放射能となる．放射能を A とおくと，(1.2)式を(1.1)に代入して，

$$A = \frac{0.693N}{T} \tag{1.5}$$

となる．

〔例題〕1 g の ^{56}Mn（半減期 2.58 時間）は何 Bq か．

〔解〕$W=1$ [g]，$T=2.58 \times 60 \times 60$ [s]，$A=56$ を（1.4）式に代入して

$$-\frac{\mathrm{d}N}{\mathrm{d}t} = \frac{4.17 \times 10^{23}}{56 \times 2.58 \times 60 \times 60} = 8 \times 10^{17} \text{ [Bq]}$$

〔例題〕人体は平均 0.2 重量%のカリウムを含む．体重 60 kg の人の ^{40}K は何 Bq か．ただし ^{40}K の同位体存在度は 0.012%，半減期は 1.28×10^9 年（4.04×10^{16} 秒），アボガドロ数は 6×10^{23} とする．

〔解〕人体に含まれる ^{40}K の質量は

$$60 \times 10^3 \times 0.2 \times 10^{-2} \times 1.2 \times 10^{-4} = 1.44 \times 10^{-2} \text{ [g]}$$

$W=1.44 \times 10^{-2}$，$T=4.04 \times 10^{16}$，$A=40$ を（1.4）式に代入すると

$$-\frac{\mathrm{d}N}{\mathrm{d}t} = \frac{1.44 \times 10^{-2} \times 4.17 \times 10^{23}}{40 \times 4.04 \times 10^{16}} = 3.7 \times 10^3 \text{ [Bq]}$$

〔例題〕1 GBq の ^{222}Rn の質量[g]及び，それが標準状態で占める体積[mL]を示せ．ただし ^{222}Rn の半減期は 3.8 日とする．

〔解〕

$$W = 3.8 \times 24 \times 60 \times 60 \times 222 \times 10^9 / (0.693 \times 6.02 \times 10^{23}) = 1.75 \times 10^{-7} \text{[g]}$$

気体の標準状態とは，0 ℃，1 気圧における状態のことで，気体分子 1 mol あたり 22.4 L の体積となる．また，Rn は1原子で気体1分子を構成する．よって，

$$1.75 \times 10^{-7} \times 22400 \div 222 = 1.77 \times 10^{-5} \text{ [mL]}$$

化　　学

〔**例題**〕37 MBq の ^{99m}Tc（半減期 6.0 時間）の原子数を求めよ．

〔**解**〕式（1.5）より，$A = 37\,[\text{MBq}] = 37 \times 10^6\,[\text{Bq}] = 0.693N / (6 \times 60 \times 60\,[\text{秒}])$

$N = 37 \times 10^6 \times 6 \times 60 \times 60 / 0.693 = 1.15 \times 10^{12}\,[\text{個}]$

1.4　半減期と原子数

放射性核種の壊変において，原子数が半分の数になるまでの時間のことを半減期とよぶ．半減期 T，壊変定数 λ の放射性核種において，時刻 0 における原子数を N_0 とおくと，時刻 t における放射性核種の原子数 N_t は，式（1.1）の微分方程式を解くことにより，

$$N_t = N_0 e^{-\lambda t} = N_0 \left(\frac{1}{2}\right)^{\frac{t}{T}} \tag{1.6}$$

と表される．時刻 t における放射能 A_t についても同様に，時刻 0 における放射能を A_0 とおくと，

$$A_t = A_0 e^{-\lambda t} = A_0 \left(\frac{1}{2}\right)^{\frac{t}{T}} \tag{1.7}$$

と表される．

〔**例題**〕^{32}P，^{51}Cr をそれぞれ同じ放射能含む水溶液がある．この水溶液中の 28 日後の ^{32}P／^{51}Cr の原子数比を求めよ．ただし，^{32}P，^{51}Cr の半減期をそれぞれ 14 日，28 日とする．

〔**解**〕

28 日後には ^{32}P は 2 半減期経過しているため，放射能は $(1/2)^2 = 1/4$ になっていることが式（1.7）からわかる．同様に，^{51}Cr は 1 半減期経過しているため，放射能は $1/2$ になっている．原子数について考えると，式（1.5）を式変形することにより $N = AT／0.693$ となるため，原子数 N は放射能と半減期の積 AT に比例することがわかる．ゆえに，（^{32}P の AT）／（^{51}Cr の AT）が ^{32}P／^{51}Cr の原子数比となり，（$1／4 \times 14$）／（$1／2 \times 28$）$= 1/4$ となる．

1. 放射性壊変と放射能

1.5 部分半減期

例えば，^{40}K は天然に存在する放射性核種であるが，そのうちの 89.3%は β^- 壊変によって ^{40}Ca を生成する．残りの 10.7%は EC 壊変によって ^{40}Ar を生成する（管理技術 11.3.2 参照）．このように放射性核種の中には，二つ以上の壊変が競合するものがあり，これを**分岐壊変**とよぶ．それぞれの壊変がおこる比率を**分岐比**とよぶ．分岐壊変のそれぞれに壊変式（式 1.1 および式 1.2）が成り立つため，i 番目の壊変に着目すると次のように表すことができる．

$$-\frac{dN}{dt} = \lambda_i N \tag{1.8}$$

$$T_i = \frac{0.693}{\lambda_i} \tag{1.9}$$

このように定義された半減期 T_i のことを**部分半減期**とよぶ．

壊変定数 λ，半減期 T の分岐壊変する核種において，壊変 1 の壊変定数を λ_1，部分半減期を T_1，壊変 2 の壊変定数を λ_2，その部分半減期を T_2，・・・壊変 n の壊変定数を λ_n，その部分半減期を T_n とおくと，それぞれの壊変定数および半減期には次の関係がある．

$$\lambda = \lambda_1 + \lambda_2 + \cdots + \lambda_i + \cdots + \lambda_n \tag{1.10}$$

$$\frac{1}{T} = \frac{1}{T_1} + \frac{1}{T_2} + \cdots + \frac{1}{T_i} + \cdots + \frac{1}{T_n} \tag{1.11}$$

壊変 n の分岐比を a とすると，その壊変の部分半減期 T_n は，その核種の半減期を分岐比で割ったものとなり，以下の式で表される．

$$T_n = \frac{T}{a} \tag{1.12}$$

〔**例題**〕^{40}K（半減期 12.8 億年）の β^- 壊変（分岐比 89.3%）および EC 壊変（分岐比 10.7%）の部分半減期を求めよ．

〔**解**〕式(1.12)より，

　　　　β^- 壊変の部分半減期＝12.8 億年／0.893＝14.3 億年

　　　　EC 壊変の部分半減期＝12.8 億年／0.107＝119 億年

139

化　　学

1.6　単核種元素

元素のうち，天然に存在する核種が 1 種類しかないものを単核種元素とよぶ．地球が誕生した 46 億年前には数多くの元素が天然に存在したが，時間の経過とともに半減期の短いものは壊変して存在しなくなった．

単核種元素の核種一覧を以下に示す．

^{9}Be, ^{19}F, ^{23}Na, ^{27}Al, ^{31}P, ^{45}Sc, ^{55}Mn, ^{59}Co, ^{75}As, ^{89}Y, ^{93}Nb, ^{103}Rh, ^{127}I, ^{133}Cs, ^{141}Pr, ^{159}Tb, ^{165}Ho, ^{169}Tm, ^{197}Au.（以上，安定同位体）

^{209}Bi, ^{232}Th, ^{231}Pa.　（以上，放射性核種）

陽子数が偶数の元素には安定同位体が多く，奇数の元素は安定同位体が少ないことが知られている．安定同位体の単核種元素は陽子数（原子番号）4 の Be を除き，陽子数が奇数，中性子数が偶数の特性があり，質量数は奇数となる．

^{209}Bi と ^{232}Th は超長半減期の放射性核種である．^{232}Th は地球誕生から残っている一次放射性核種であるが，^{209}Bi はネプツニウム系列の天然放射性核種が壊変して生成したものも含まれている（3.1 参照）．^{231}Pa は半減期 3.276×10^{4} 年の放射性核種であるが，^{235}U（半減期 7.038×10^{8} 年）の壊変により生成し続けている．

〔関連問題〕　54-1, 54-2, 54-3, 54-5, 54-6, 54-7, 54-8, 物化生 54-3, 55-2, 55-5, 56-1, 56-2, 56-4, 56-5, 56-6, 56-7, 57-2, 57-3, 57-4, 57-5, 57-6, 57-9, 58-1, 58-3, 58-4, 58-23, 59-4, 59-5, 59-6, 59-21, 60-1, 60-2, 60-6, 60-7, 60-12, 60-25

1. 放射性壊変と放射能

〔演 習 問 題〕

問1 10TBq の ^{60}Co（半減期 5.26 年）が 1 年間に放出する β 粒子の数を求めよ.

〔答〕3.15×10^{20}

^{60}Co について，$t=0$ の原子数を N_0，1 年後の原子数を N_1 とすると，1 年間に放出する β 粒子の数 N は，$N=N_0-N_1=N_0(1-\mathrm{e}^{-\lambda t})$ (1) となる.

ただし $A_0=\lambda N_0$ (2)

$\mathrm{e}^{-\lambda t}=1-\lambda t$ (3)

(2) および (3) を (1) に代入すると次式を得る.

$$N=N_0-N_1=N_0(1-\mathrm{e}^{-\lambda t})=(A_0/\lambda)\{(1-(1-\lambda t)\}=A_0 t$$

1 年間に放出する β 粒子の数 $N=10\times10^{12}\times365\times24\times60\times60=3.15\times10^{20}$ となる.

問2 次のうち，放射性核種のみの組合せはどれか.

1 ^{3}H, ^{22}Na, ^{24}Na　　2 ^{6}Li, ^{20}Ne, ^{22}Ne　　3 ^{7}Be, ^{18}F, ^{19}F

4 ^{10}B, ^{15}O, ^{18}O　　5 ^{11}C, ^{13}N, ^{15}N

〔答〕 1

放射性核種：^{3}H, ^{7}Be, ^{11}C, ^{13}N, ^{15}O, ^{18}F, ^{22}Na, ^{24}Na

安 定 核 種：^{6}Li, ^{10}B, ^{15}N, ^{18}O, ^{19}F, ^{20}Ne, ^{22}Ne

問3 ある核種の放射能が，5 時間後に 24,000〔dpm〕，6 時間後に 8,000〔dpm〕となった. はじめにあった放射能〔Bq〕として最も近い値はいくつか.

1 1×10^5　　1 2×10^5　　3 4×10^5　　4 2×10^7

5 8×10^7

〔答〕 3

5 時間後から 6 時間後までの 1 時間に 1/4 の壊変率になっていることから，半減期は 30 分であることが分かる. はじめから 5 時間後までには 10 半減期が経過しているため，はじめの放射能の $1/2^{10}=1/1,024\fallingdotseq1/1,000$ となっている. 放射能

化　　　学

[Bq]を求めるため，単位を秒に揃えて計算すると，$24,000 \times 1,000/60 = 4 \times 10^5$[Bq] となる．

問 4　次の質量数順に並べられた核種のうち，放射性核種，安定核種，放射性核種の順に並んでいるものはどれか．

1　^{22}Na, ^{23}Na, ^{24}Na　　　2　^{26}Al, ^{27}Al, ^{26}Al　　　3　^{35}Cl, ^{36}Cl, ^{37}Cl

4　^{50}Cr, ^{51}Cr, ^{52}Cr　　　5　^{128}I, ^{129}I, ^{130}I

〔答〕　1 と 2

ナトリウム，アルミニウム，ヨウ素は単核種元素で，安定同位体はそれぞれ ^{23}Na，^{27}Al，^{127}I であり，それ以外の質量数のものは全て放射性同位体である．

塩素の安定同位体は ^{35}Cl（同位体存在度 75.78%）と ^{37}Cl（同位体存在度 24.22%）の 2 つであり，^{36}Cl は半減期 30 万年の放射性核種である．

クロムは ^{50}Cr（同位体存在度 4.345%），^{52}Cr（同位体存在度 83.79%），^{53}Cr（同位体存在度 9.501%），^{54}Cr（同位体存在度 2.365%）の 4 つの安定同位体を持つ元素である．^{51}Cr は半減期 28 日の放射性核種である．

2. 放 射 平 衡

親核種 1 $\xrightarrow{\lambda_1}$ 娘核種 2 $\xrightarrow{\lambda_2}$ 孫娘核種 3.

　放射性核種の親核種 1 が壊変によって娘核種 2 に変わり, 娘核種も放射性核種で孫娘核種 3 (安定核種) に変わるような壊変系列がある. ちょうど人間社会の親娘関係である. 今, $t=0$ における核種 1, 2 の全原子数をそれぞれ N_1^0, N_2^0, それから t 時間経過した時刻での核種 1, 2 の残存原子数をそれぞれ N_1, N_2, 核種 1, 2 の壊変定数をそれぞれ λ_1, λ_2 とすれば, 次の式が成立する.

$$\frac{\mathrm{d}N_1}{\mathrm{d}t} = -\lambda_1 N_1, \quad \frac{\mathrm{d}N_2}{\mathrm{d}t} = \lambda_1 N_1 - \lambda_2 N_2 \tag{2.1}$$

　式 (2.1) の右式は, 娘核種の個数は自分の壊変定数に従って減少するが, 親核種の壊変分増えることを意味している. 式 (2.1) を積分すれば, 次の式になる.

$$N_1 = N_1^0 e^{-\lambda_1 t} \tag{2.2}$$

$$N_2 = \frac{\lambda_1}{\lambda_2 - \lambda_1} N_1^0 (e^{-\lambda_1 t} - e^{-\lambda_2 t}) + N_2^0 e^{-\lambda_2 t} \tag{2.3}$$

式 (2.3) の最後の項である $N_2^0 e^{-\lambda_2 t}$ は初めから存在した娘核種の減衰を示すもので, 親核種を単離した場合など最初に娘核種が存在しない場合にはこの項は不要である. λ_1, λ_2 の値の大きさにしたがって次の三つの場合を考える.

2.1　過渡平衡 $\lambda_1 < \lambda_2$

　親核種 1 の半減期が娘核種 2 の半減期に比べて長いとき (例えば $T_1 = 8$ 時間, $T_2 = 0.8$ 時間のように, 娘核種の半減期の 100 倍くらいまで), 十分時間が経過すると式 (2.3) の括弧の中にある $e^{-\lambda_2 t}$ は $e^{-\lambda_1 t}$ に比べると小さいので無視できる. また娘核種 2 は最初存在しないので式 (2.3) の最後の項の $N_2^0 e^{-\lambda_2 t}$ は無視できる. し

143

たがって次式が成立する．

$$N_2 = \frac{\lambda_1}{\lambda_2 - \lambda_1} N_1^0 e^{-\lambda_1 t} = \frac{\lambda_1}{\lambda_2 - \lambda_1} N_1 \tag{2.4}$$

$$\therefore \frac{N_2}{N_1} = \frac{\lambda_1}{\lambda_2 - \lambda_1} \tag{2.5}$$

放射能を A_1, A_2 とすると，式(1.1)と式(2.5)から次式が成立する．

$$\frac{A_2}{A_1} = \frac{N_2 \lambda_2}{N_1 \lambda_1} = 1 + \frac{N_2 \lambda_1}{N_1 \lambda_1} = 1 + \frac{N_2}{N_1} > 1 \qquad \therefore A_2 > A_1 \tag{2.6}$$

式(2.5)から十分な時間が経過すると，核種1と核種2の原子数の比は一定となることが分かる．核種1の原子数は式(2.2)によって核種1の半減期に従って減少する．一方，核種1と核種2の関係は式(2.5)から一定なので，娘核種2の原子数

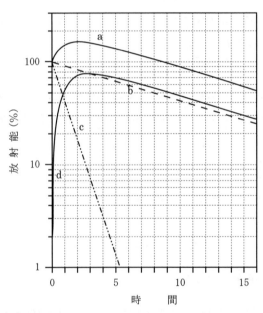

a) 全体の放射能
b) 親核種だけによる放射能（半減期 8.0h）
c) 親核種から分離された娘核種の放射能（半減期 0.80h）
d) 親核種の中に生成する娘核種の放射能

図 2.1　過　渡　平　衡

2. 放 射 平 衡

は親核種 1 の半減期に従って減少する．この状態を過渡平衡と呼び，図 2.1 に示すように十分な時間が経過すれば，a, b, d 曲線は平行になる．十分な時間とは娘核種 2 の半減期の約 7〜10 倍を考えればよい．次に過渡平衡の例を示す．

$$^{140}_{56}\text{Ba} \xrightarrow[12.75日]{\beta^-} {}^{140}_{57}\text{La} \xrightarrow[1.678日]{\beta^-} {}^{140}_{58}\text{Ce} \quad （安定）$$

また，式(2.6)から，過渡平衡が成立する場合，娘核種の放射能(A_2)は，親核種の放射能(A_1)より大きいといえる．

最初に娘核種 2 が存在しない場合の娘核種 2 の放射能が最大になる時間 t_{max} を考える．式(2.2)，式(2.3)（最後の項 $N_2^0 e^{-\lambda_2 t}$ を 0 とする）の両辺に親核種 1 の壊変定数 λ_1，娘核種 2 の壊変定数 λ_2 をそれぞれ掛けると，親核種 1 の放射能 A_1，娘核種 2 の放射能 A_2 が求まる．

$$A_1 = \lambda_1 N_1 = \lambda_1 N_1^0 e^{-\lambda_1 t} = A_1^0 e^{-\lambda_1 t} \tag{2.7}$$

$$A_2 = \lambda_2 N_2 = \lambda_2 \frac{\lambda_1}{\lambda_2 - \lambda_1} N_1^0 (e^{-\lambda_1 t} - e^{-\lambda_2 t}) = \frac{\lambda_2}{\lambda_2 - \lambda_1} A_1^0 (e^{-\lambda_1 t} - e^{-\lambda_2 t})$$

$$\tag{2.8}$$

娘核種 2 の放射能が最大になるのは，放射能 A_2 の時間変化が 0 になるときであるので，式(2.8)を t について微分して，

$$\frac{\mathrm{d}A_2}{\mathrm{d}t} = \frac{\lambda_2}{\lambda_2 - \lambda_1} A_1^0 (-\lambda_1 e^{-\lambda_1 t} + \lambda_2 e^{-\lambda_2 t}) \tag{2.9}$$

$\dfrac{\mathrm{d}A_2}{\mathrm{d}t} = 0$ とおく．時刻 0 における親核種 1 の放射能 A_1^0，親核種 1 の壊変定数 λ_1，娘核種 2 の壊変定数 λ_2 はいずれも正の数であるので，式(2.9)が 0 となるのは，括弧内が 0 となるときに限られる．よって，

$$-\lambda_1 e^{-\lambda_1 t} + \lambda_2 e^{-\lambda_2 t} = 0$$

これを式変形して，t について解くと，

$$t_{max} = \frac{\ln \dfrac{\lambda_2}{\lambda_1}}{\lambda_2 - \lambda_1} \tag{2.10}$$

化　　学

となる．式(1.2)より $\lambda = \dfrac{\ln 2}{T}$ であるので，式(2.10)を親核種1の半減期 T_1，娘核種2の半減期 T_2 で表すと，

$$t_{max} = \frac{\ln \dfrac{T_1}{T_2}}{\dfrac{\ln 2}{T_2} - \dfrac{\ln 2}{T_1}} = T_1 T_2 \frac{\ln T_1 - \ln T_2}{\ln 2 \, (T_1 - T_2)} \tag{2.11}$$

となる．

〔例題〕 ^{140}Ba（半減期 13 日）を吸着させたイオン交換カラムから娘核種の ^{140}La（半減期 1.7 日）を溶離するジェネレータがある．操作により ^{140}La の全量を溶出した時刻を 0 としたときに，カラム内に生成する ^{140}La の放射能が最大となる経過時間[日]を求めよ．ただし，$\ln 13 = 2.56$，$\ln 1.7 = 0.531$ とする．

〔解〕

式(2.11)より，

$$t_{max} = T_1 T_2 \frac{\ln T_1 - \ln T_2}{\ln 2 \, (T_1 - T_2)}$$

となる．それぞれに数値を代入して，

$$t_{max} = 13 \times 1.7 \times \frac{2.56 - 0.531}{0.693 \times (13 - 1.7)} = 5.73 \text{ 日となる．}$$

2.2　永続平衡 $\lambda_1 \ll \lambda_2$

親核種1の半減期が娘核種2に対して非常に長い場合（例えば親核種の半減期が 10^9 年，娘核種の半減期が 0.8 時間のように，数百倍以上）は，式(2.5)の分母の λ_1 は λ_2 に対し無視できる（$\lambda = 0.693/T$ の関係から半減期が長いと λ は小さくなる）．したがって次の式が得られる．

$$\frac{N_1}{N_2} = \frac{\lambda_2}{\lambda_1} \text{ または } \lambda_1 N_1 = \lambda_2 N_2 \tag{2.12}$$

十分な時間が経過して永続平衡が成立すると，式(2.12)の左の式から親核種1，娘核種2の原子数の比は λ_2 と λ_1 の比となり一定となる．また，式(2.12)の右の式から親核種1の壊変率と娘核種2の壊変率が等しくなることが分かる．親核種1

146

2. 放 射 平 衡

の半減期が非常に長いので,短時間の観測では親核種1,娘核種2の原子数［すなわち放射能］はほとんど変化しない。この状態を永続平衡と呼び,図2.2に示すように十分な時間が経過すれば曲線a, b, dは平行となる。次に永続平衡の例を示す.

$$^{90}_{38}\text{Sr} \xrightarrow[28.8\text{年}]{\beta^-} {}^{90}_{39}\text{Y} \xrightarrow[64\text{時間}]{\beta^-} {}^{90}_{40}\text{Zr}（安定）$$

壊変系列を作る天然の放射性核種（3.1参照）は,各壊変系列ごとに一次放射性核種（親核種）と二次放射性核種（子孫核種）との間で永続平衡が成立している.

$$\text{親核種}1 \xrightarrow{\lambda_1} \text{娘核種}2 \xrightarrow{\lambda_2} \text{孫娘核種}3 \xrightarrow{\lambda_3} \cdots\cdots$$

という壊変系列で,親核種1の半減期が他の核種の半減期と比べて十分大きく,2

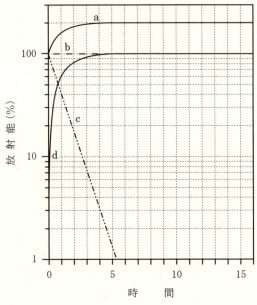

a) 全体の放射能
b) 親核種だけによる放射能（半減期 10^9 年 ≒ ∞）
c) 親核種から分離された娘核種の放射能（半減期 0.80hr）
d) 親核種の中に生成する娘核種の放射能

図2.2 永 続 平 衡

番目に大きい核種の半減期の 10 倍ぐらいの時間が経過した後では，次のように永続平衡が成立する．

$$\lambda_1 N_1 = \lambda_2 N_2 = \lambda_3 N_3 = \cdots\cdots$$

例えば，親核種 1 の放射能が 1 kBq であれば，子孫核種の放射能も全部 1 kBq となる．

2.3 放射平衡が成立しない場合

親核種の半減期が娘核種の半減期より短いときには放射平衡は成立しない（図 2.3）．時間が経つと，親核種は壊変して無くなり，娘核種のみが存在するように

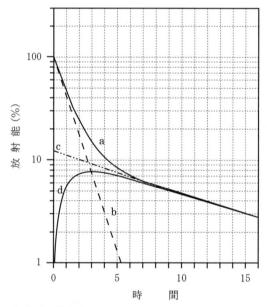

a) 全体の放射能
b) 親核種による放射能（半減期 0.80hr）
c) 終末壊変曲線の t＝0 への外挿
d) 親核種の中に生成する娘核種（半減期 8.0hr）の放射能

図 2.3 平衡が成立しない場合

2. 放 射 平 衡

なる.

なお，放射平衡が成立してもしなくても娘核種の放射能が最大になる時間 t_{max} は，式（2.10）のとおりである.

2.4 ミルキング

放射平衡にある ^{90}Sr（親核種）と ^{90}Y（娘核種）から，^{90}Y だけを単離して純粋な ^{90}Sr の状態にしても，^{90}Sr の半減期（28.8 年）が ^{90}Y の半減期（64 時間）より極端に長いので，^{90}Y が時間とともに生成し，約 2 週間放置すると ^{90}Sr と ^{90}Y は再び放射平衡に達する. こうして ^{90}Sr からくり返して何回でも ^{90}Y を単離でき，あたかも乳牛から牛乳をしぼっても，ある時間経つとまた牛乳が採れる関係に似ている. このように放射平衡にある親核種と娘核種の混合物から娘核種を化学的に単離する操作をミルキングと呼ぶ. 核医学利用などの目的で半減期の短い娘核種をイオン交換樹脂カラムなどによってミルキングするキットをジェネレータという. ^{90}Sr
$-^{90}$Y，^{99}Mo$-^{99m}$Tc，^{68}Ge$-^{68}$Ga などのジェネレータがある.

〔例題〕　核医学検査で繁用される放射性同位元素に ^{99m}Tc や ^{125}I がある. ^{99m}Tc はウランの（　A　）でつくられるほか，次の過程で作られる.

$$^{98}Mo \ (n, \ \gamma) \ ^{99}Mo \xrightarrow[\quad]{\beta^-} \ ^{99m}Tc \xrightarrow[\quad]{（\ B\ ）} \ ^{99}Tc$$

^{99m}Tc は，テクネチウムジェネレータで取り出すことができる. まず ^{99}Mo を化学的に処理して（　C　）^{99}MoO$_4^{2-}$を作る. これをアルミナを入れたカラムに通じると（　C　）はカラムに吸着する. 時間の経過とともに，（　C　）^{99}MoO$_4^{2-}$から ^{99m}TcO$_4^-$を生じる.（　D　）^{99m}TcO$_4^-$は，（　C　）^{99}MoO$_4^{2-}$ほど強くはカラムに吸着しない. カラムに（0.9%）生理的食塩水を通すと，（　C　）はカラムに吸着し（　D　）が溶出される. この過程は（　E　）とよばれている.

〔解〕　A　核分裂反応　　　　　　B　IT（isomeric transition）核異性体転移

　　　　C　モリブデン酸イオン　　D　過テクネチウム酸イオン

　　　　E　ミルキング

149

〔例題〕 次の親核種と娘核種の間でミルキングできる組合せはどれか.
　　　A ^{90}Sr, ^{90}Y　　B ^{99}Mo, ^{99m}Tc　　C ^{87}Y, ^{87m}Sr　　D ^{132}Te, ^{132}I
〔解〕設問の核種はすべて放射平衡にある. 正解は「全てミルキングできる」である.

2.5 分岐壊変する核種での放射平衡

核医学検査で使用される ^{99m}Tc（半減期 6 時間）は，一般的に ^{99}Mo（半減期 66 時間）からミルキングによって取り出すのは 2.4 の例題に示したとおりである. ^{99}Mo の壊変図式を図 2.4 に示す. ^{99}Mo の 82.2％は β$^-$ 線最大エネルギー1.22 MeV の β$^-$ 壊変により，直接準安定な ^{99m}Tc になる. 残りの 17.8％は，それよりも最大エネルギーの低い β$^-$ 線を出して壊変して励起状態の ^{99}Tc となる. 不安定な ^{99}Tc は直ちに γ 線を放出して安定になろうとするが，スピンパリティ 1/2+ および 3/2− のエネルギー準位にあるものの一部は準安定な ^{99m}Tc となる. 残りは γ 線を放出して ^{99m}Tc を経ずに ^{99}Tc となる. 以上を合計すると，親核種の ^{99}Mo は β$^-$ 壊変により 87.7％が ^{99m}Tc となるが，残りの 12.3％は ^{99m}Tc を経由せずに直接 ^{99}Tc（^{99m}Tc の娘核種でもある）となることがわかる. ^{99}Tc も放射性核種であるが半減期が 21.1 万年と長いため，^{99}Mo と ^{99}Tc との間，^{99m}Tc と ^{99}Tc との間には放射平衡が成立しない.

このように，親核種と娘核種の一部のみとが放射平衡になる場合，放射平衡の成立する壊変がおこる割合を a とおくと，娘核種の原子数は式 (2.3) から以下のように表され

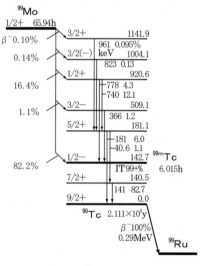

図 2.4　^{99}Mo の壊変図式

2. 放 射 平 衡

る.

$$N_2 = \frac{a\lambda_1}{\lambda_2 - \lambda_1} N_1^0 (e^{-\lambda_1 t} - e^{-\lambda_2 t}) + N_2^0 e^{-\lambda_2 t} \qquad (2.13)$$

〔**例題**〕　次の文章の（　　）に入る適当な語句を記せ.

^{99}Mo（半減期 66 時間）は β^- 壊変により 87.7％が ^{99m}Tc（半減期 6 時間）となるが，残りの 12.3％は直接 ^{99}Tc（半減期 21.1 万年）となる. 分離精製した ^{99}Mo 中では次第に ^{99m}Tc の比放射能が増加し，約 23 時間後に最大となる. このとき，^{99m}Tc の放射能はその時点の ^{99}Mo の約（　A　）％になる. その後，^{99m}Tc の放射能は次第に半減期 66 時間で減衰するようになり，約 60 時間経過後に過渡平衡状態になる. このとき，^{99m}Tc の放射能と ^{99}Mo の放射能の比は，^{99}Mo の壊変定数を λ_{Mo}，^{99m}Tc の壊変定数を λ_{Tc} とすると，（　B　）で表され，^{99m}Tc の放射能は ^{99}Mo の放射能を（　C　）.

〔**解**〕　A　87.9　　　　B　$\dfrac{0.877\lambda_{\mathrm{Tc}}}{\lambda_{\mathrm{Tc}} - \lambda_{\mathrm{Mo}}}$　　　　C　上回ることはない

A　式（2.1）および式（2.13）より

$$N_1 = N_1^0 e^{-\lambda_1 t}$$

$$N_2 = \frac{0.877\lambda_1}{\lambda_2 - \lambda_1} N_1^0 (e^{-\lambda_1 t} - e^{-\lambda_2 t})$$

両式から，

$$N_{\mathrm{Tc}} = \frac{0.877\lambda_{\mathrm{Mo}}}{\lambda_{\mathrm{Tc}} - \lambda_{\mathrm{Mo}}} N_{\mathrm{Mo}} e^{\lambda_{\mathrm{Mo}} t} (e^{-\lambda_{\mathrm{Mo}} t} - e^{-\lambda_{\mathrm{Tc}} t})$$

となる. 放射能 $A = \lambda N$ であるので，^{99m}Tc と ^{99}Mo の放射能比となるよう式変形すると，

$$\frac{A_{\mathrm{Tc}}}{A_{\mathrm{Mo}}} = \frac{N_{\mathrm{Tc}}\lambda_{\mathrm{Tc}}}{N_{\mathrm{Mo}}\lambda_{\mathrm{Mo}}} = \frac{0.877\lambda_{\mathrm{Tc}}}{\lambda_{\mathrm{Tc}} - \lambda_{\mathrm{Mo}}} (1 - e^{(\lambda_{\mathrm{Mo}} - \lambda_{\mathrm{Tc}})t})$$

となる. $\lambda = \dfrac{0.693}{T}$ から，

$$\frac{A_{\mathrm{Tc}}}{A_{\mathrm{Mo}}} = \frac{0.877 T_{\mathrm{Mo}}}{T_{\mathrm{Mo}} - T_{\mathrm{Tc}}} \left[1 - \left(\frac{1}{2}\right)^{\left(\frac{T_{\mathrm{Mo}} - T_{\mathrm{Tc}}}{T_{\mathrm{Mo}} T_{\mathrm{Tc}}}\right)} \right]$$

化　　　学

となる．経過時間 23 時間，それぞれの半減期 $T_{\mathrm{Mo}}=66$ 時間，$T_{\mathrm{Tc}}=6$ 時間を代入すると，

$$\frac{A_{\mathrm{Tc}}}{A_{\mathrm{Mo}}}=\frac{0.877\times 66}{66-6}\left[1-\left(\frac{1}{2}\right)^{\left(\frac{66-6}{66\times 6}\right)\times 23}\right]=0.879$$

となる．

B　式（2.13）より

$$N_{\mathrm{Tc}}=\frac{0.877\lambda_{\mathrm{Mo}}}{\lambda_{\mathrm{Tc}}-\lambda_{\mathrm{Mo}}}\,N_{\mathrm{Mo}}^{0}\,e^{-\lambda_{\mathrm{Mo}}t}=\frac{0.877\lambda_{\mathrm{Mo}}}{\lambda_{\mathrm{Tc}}-\lambda_{\mathrm{Mo}}}N_{\mathrm{Mo}}$$

となる．放射能 $A=\lambda N$ であるので，$^{99\mathrm{m}}\mathrm{Tc}$ と $^{99}\mathrm{Mo}$ の放射能比は，

$$\frac{A_{\mathrm{Tc}}}{A_{\mathrm{Mo}}}=\frac{N_{\mathrm{Tc}}\lambda_{\mathrm{Tc}}}{N_{\mathrm{Mo}}\lambda_{\mathrm{Mo}}}$$

となる．両式から，

$$\frac{A_{\mathrm{Tc}}}{A_{\mathrm{Mo}}}=\frac{N_{\mathrm{Tc}}\lambda_{\mathrm{Tc}}}{N_{\mathrm{Mo}}\lambda_{\mathrm{Mo}}}=\frac{0.877\lambda_{\mathrm{Mo}}}{\lambda_{\mathrm{Tc}}-\lambda_{\mathrm{Mo}}}N_{\mathrm{Mo}}\times\frac{\lambda_{\mathrm{Tc}}}{N_{\mathrm{Mo}}\lambda_{\mathrm{Mo}}}=\frac{0.877\lambda_{\mathrm{Tc}}}{\lambda_{\mathrm{Tc}}-\lambda_{\mathrm{Mo}}}$$

となる．

C　放射能の比は，

$$\frac{A_{\mathrm{Tc}}}{A_{\mathrm{Mo}}}=\frac{0.877\lambda_{\mathrm{Tc}}}{\lambda_{\mathrm{Tc}}-\lambda_{\mathrm{Mo}}}$$

である．$\lambda=\dfrac{0.693}{T}$ であるので，放射能の比をそれぞれの半減期 T_{Mo}，T_{Tc}で表すと，

$$\frac{A_{\mathrm{Tc}}}{A_{\mathrm{Mo}}}=\frac{0.877T_{\mathrm{Mo}}}{T_{\mathrm{Mo}}-T_{\mathrm{Tc}}}$$

となる．$T_{\mathrm{Mo}}=66$ 時間，$T_{\mathrm{Tc}}=6$ 時間を代入すると，

$$0.877\times 66\,/(66-6)=0.965<1$$

となり，放射能の比は常に 1 未満である．すなわち，過渡平衡状態では $^{99\mathrm{m}}\mathrm{Tc}$ の放射能は $^{99}\mathrm{Mo}$ の放射能を上回ることはない．

〔**関連問題**〕　(1) 過渡平衡　57-8，59-7　(2) 永続平衡　54-10，54-11，54-12，55-6，56-8，物化生 56-3（Ⅰ），57-7，57-17　(3) ミルキング　56-9，58-5，物化生 60-3（Ⅰ，

2. 放 射 平 衡

Ⅱ)

化　　学

〔演 習 問 題〕

問1　次の文章の（　　）のうちに入る適当な語句または数値を番号とともに記せ.

^{90}Sr は（　1　）により原子番号 39 の ^{90}Y になる. ^{90}Y も放射性で, β^-壊変により原子番号（　2　）, 質量数（　3　）の Zr の安定同位体になる. ^{90}Sr の半減期（28.8年）は ^{90}Y の半減期（64 時間）に比べてはるかに長いので, 充分長時間の後には, 両核種の間に（　4　）が成立する. この状態においては, 10^5 Bq の ^{90}Sr と共存する ^{90}Y は（　5　）Bq であり, また ^{90}Sr と ^{90}Y の重量の比は 1 :（　6　）になる.

〔答〕　(1)――β^-壊変　　　(2)―― 40　　　(3)―― 90

(4)――永続平衡

注　^{90}Sr の壊変定数　$\lambda_1 = \dfrac{0.693}{28.8 \times 365 \times 24} = 2.75 \times 10^{-6}\,(\mathrm{h}^{-1})$

^{90}Y の壊変定数　$\lambda_2 = \dfrac{0.693}{64} = 1.08 \times 10^{-2}\,(\mathrm{h}^{-1})$

$\lambda_1 \ll \lambda_2$ なので永続平衡が成立

(5)――10^5

注　永続平衡では娘核種の放射能が親核種の放射能に等しくなる. したがって ^{90}Sr が 10^5 Bq であれば ^{90}Y も 10^5 Bq.

(6)――2.55×10^{-4}

注　^{90}Sr の質量を W_1 グラム, ^{90}Y の質量を W_2 グラムとし, 質量数をそれぞれ A_1, A_2 とすれば,

$$\frac{N_1}{N_2} = \frac{\lambda_2}{\lambda_1} \ \text{から} \ \frac{\dfrac{W_1}{A_1}}{\dfrac{W_2}{A_2}} = \frac{\lambda_2}{\lambda_1}$$

$$\frac{W_1}{W_2} = \frac{\lambda_2}{\lambda_1} = \frac{1.08 \times 10^{-2}}{2.75 \times 10^{-6}}$$

$W_1 = 1$ のとき W_2 を求めればよい.

$$W_2 = \frac{2.75 \times 10^{-6}}{1.08 \times 10^{-2}} = 2.55 \times 10^{-4}$$

2. 放 射 平 衡

問 2 次の文章の( )の部分に入る適当な語句，数字又は記号を番号とともに記せ．

イ 1か月以上放置しておいた ^{90}Sr と ^{140}Ba の薄い塩酸酸性溶液に Sr^{2+}，Ba^{2+} 及び Fe^{3+} を担体として加え，水酸化ナトリウム溶液で弱アルカリ性にして (1) の沈殿を作り，放射性核種を共沈させた．沈殿を遠心分離して上澄み液を除去し，塩酸を加えて溶かし 8 M 塩酸溶液とし，8 M 塩酸で飽和したイソプロピルエーテルと振り混ぜてイソプロピルエーテル相を除去した．8 M 塩酸溶液中に存在している放射性核種は (2) と (3) であった．

ロ 担体を含む $^{22}Na^+$，$^{59}Fe^{2+}$，$^{60}Co^{2+}$ 及び $^{137}Cs^+$ の薄い塩酸溶液が，別々に4個の溶液に入っている．それぞれに $K_3Fe(CN)_6$ 溶液を加えたところ，沈殿が生じた容器が 2 個あった．沈殿が生じた容器に存在している放射性核種は (4) と (5) である．

ハ ^{90}Sr と ^{90}Y の壊変図式は図示のとおりとする．ストロンチウムの原子番号は (6) である．また，

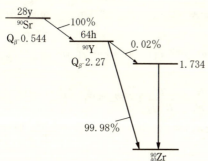

長年月放置して放射能が全く認められなくなったと仮定したとき，^{90}Zr の質量を 90mg とすれば，元の ^{90}Sr は (7) Bq である．ただし，^{90}Sr の壊変定数は 7.85×10^{-10} (s^{-1}) とし，アボガドロ数は 6×10^{23} とする．

〔答〕 (1)——水酸化鉄(Ⅲ)($Fe(OH)_3$)　　(2)——^{90}Y (または ^{140}La)

(3)——^{140}La (または ^{90}Y)　　(4)——$^{60}Co^{2+}$ (または $^{59}Fe^{2+}$)

(5)——$^{59}Fe^{2+}$ (または $^{60}Co^{2+}$)　　(6)——38

(7)——4.71×10^{11}

注) 質量数 90 だから 90 mg = 10^{-3} mol

$7.85 \times 10^{-10} (s^{-1}) \times 6 \times 10^{23} \times 10^{-3} = 4.71 \times 10^{11}$ (Bq)

問 3 次の文章の( )のうちに入る適当な数値，式または語句を番号とともに記せ．

ただし ^{140}Ba，^{140}La の半減期は，それぞれ 12.8 日，40 時間とし，アボガドロ数は 6.0×10^{23} とする．また，分子式には結晶水を加える必要はない．

化　　　学

37 GBq の ^{140}Ba（バリウム―140）の質量は，（1（数値））g であり，これと過渡平衡の状態にある ^{140}La（2（元素名）―140）の質量の（3（数値））倍である．この両者の混合溶液から，沈殿法によって ^{140}La を無担体の状態に分離する１つの方法は，溶液に適当量の非放射性の塩化バリウム（4〔分子式〕）と塩化第二鉄（5〔分子式〕）を加え，アンモニア水で処理して，水酸化第二鉄を沈殿させ，^{140}La をこれに（　6　）させる方法である．このとき加えられる塩化第二鉄は，非同位体担体あるいは（　7　）といわれ，塩化バリウムは（　8　）といわれる．

〔答〕　(1) ―1.37×10^{-5}　　(2) ―ランタン　　(3) ―6.68　　(4) ―$BaCl_2$

　　　　(5) ―$FeCl_3$　　　　　　(6) ―共　沈　　(7) ―共沈剤　　(8) ―保持担体

注)（1）の計算

$$W = 3.19 \times 10^{-10} AT = 3.19 \times 10^{-10} \times 140 \times 12.8 \times 24 = 1.37 \times 10^{-5}$$

（3）の計算

過渡平衡が成立すると，$\dfrac{N_2}{N_1} = \dfrac{T_2}{T_1 - T_2} T$ が成立する．

Ba，La の質量数はともに 140 であるから，その質量比は $\dfrac{T_1 - T_2}{T_2}$ となる．

$$\frac{\text{Ba の質量}}{\text{La の質量}} = \frac{T_1 - T_2}{T_2} = \frac{(12.8 \times 24) - 40}{40} = 6.68$$

問 4　親核種 A と娘核種 B が永続平衡にあり，その半減期はそれぞれ T_1 及び T_2 である．A の質量が M であるとき，B の質量 m を与える式として，正しいものは次のうちどれか．ただし，A，B の質量数をそれぞれ a，b とする．

　1　$m = M \cdot \dfrac{a}{b} \cdot \dfrac{T_1}{T_2}$　　　　2　$m = M \cdot \dfrac{b}{a} \cdot \dfrac{T_2}{T_1}$　　　3　$m = M \cdot \dfrac{b}{a} \cdot \dfrac{T_1}{T_2}$

　4　$m = M \cdot \dfrac{1}{a \cdot b} \cdot \dfrac{T_2}{T_1}$　　　5　$m = M \cdot \dfrac{1}{a \cdot b} \cdot \dfrac{T_1}{T_2}$

〔答〕　2

永続平衡のときは，A，B の残存原子数を N_1，N_2，壊変定数を λ_1，λ_2 とすれば，

$$N_1 \lambda_1 = N_2 \lambda_2$$

ここで，

$$N_1 = (M/a) \times (6 \times 10^{23}) \qquad N_2 = (m/b) \times (6 \times 10^{23})$$

2. 放 射 平 衡

$$\lambda_1 = 0.693/T_1 \qquad \lambda_2 = 0.693/T_2$$

$$\therefore (M/a) \cdot T_2 = (m/b) \cdot T_1$$

よって

$$m = M \cdot (b/a) \cdot (T_2/T_1)$$

問5 次の2つずつの放射性核種の組合せのうち，放射平衡をつくり，娘核種のミルキングのできる組合せはどれか．（　）内に半減期を示した．

1　$^{99}_{42}$Mo　（66.02 h）と $^{99}_{43}$Tc　（2.14×10^5 y）

2　$^{226}_{88}$Ra　（1.6×10^3 y）と $^{220}_{86}$Rn　（55.6 s）

3　$^{87}_{39}$Y　（80 h）と $^{87m}_{38}$Sr　（2.83 h）

4　$^{87}_{37}$Rb　（4.8×10^{10} y）と $^{87m}_{38}$Sr　（2.83 h）

5　$^{140}_{55}$Cs　（66 s）と $^{140}_{56}$Ba　（12.8 d）

〔答〕　3　放射平衡が成立するのは，親核種の半減期が娘核種の半減期より長いときである．この逆は放射平衡が成立しない．成立しないのは1, 5である．2では $^{226}_{88}$Ra は ウラン系列に，$^{220}_{86}$Rn はトリウム系列に属し壊変系列が異なる．4の $^{87}_{37}$Rb　（4.8× 10^{10}y）は β^- 壊変して $^{87}_{38}$Sr　（安定核種）となるのでミルキングはできない．

問6　^{140}Ba は半減期13日で β^- 壊変して ^{140}La となり，^{140}La は半減期1.7日で β^- 壊変 して安定な ^{140}Ce となる．この逐次壊変で，最初に ^{140}La を分離除去した ^{140}Ba から 生成する ^{140}La の放射能が最大になる時間 t_{max} とする．次のうち正しいものを全て 選べ．

A　t_{max} では，^{140}La の生成速度と壊変速度は等しい．

B　t_{max} では，^{140}La の放射能は ^{140}Ba の放射能に等しい．

C　t_{max} の後は，^{140}La の放射能は ^{140}Ba の放射能を常に上回る．

D　t_{max} の後は，^{140}La の放射能は次第に半減期 12.8 日で減衰するようになる

〔答〕A～D まで全て正しい

過渡平衡の図（図2.1）も参照．

A　式(2.9)を導出する過程を参照．

B　親核種の壊変は娘核種の生成を意味する．t_{max} の前は親核種の放射能の方が大き

157

いが，t_{max} を境に逆転する．

C　式(2.6)を参照．

D　式(2.2)および式(2.5)を参照．

3. 天然放射性核種

　地球上のほとんどの物質は多かれ少なかれ放射性物質を含み放射線を放出している．一方，透過力の強い高エネルギーの放射線（宇宙線）が我々に降り注いでいる．

　宇宙は 200 億年前，地球は 46 億年前，生物は 30 億年前に生成し，人類は 200 万年前に出現したといわれている．地球ができたときには非常に多くの放射性核種が存在していたが，46 億年を経た現在では，長い地球の年齢に比べて短寿命の ^{26}Al（7.2×10^5 年），^{129}I（1.6×10^7 年）などは減衰して現存しなくなり，現在残っているのは長寿命の放射性核種だけである．

　これらは天然の放射性核種として残り，①壊変系列を作るもの，②壊変系列を作らないで単独に存在するものがあり，**一次放射性核種**とよぶ．一次放射性核種の壊変により天然に存在しているものを**二次放射性核種**とよぶ．また，③宇宙線や天然の放射線によって絶えず作られ続けているものがあり，**誘導放射性核種**とよぶ．

3.1　壊変系列を作る天然の放射性核種 （図 3.1）

　原子番号 82 の Pb 以上の元素は，全て天然の放射性核種をもち，特に原子番号 83 の Bi 以上の元素は安定核種が無く全て放射性である．これらの重い元素の放射性核種はウラン系列，トリウム系列，アクチニウム系列のいずれかに属する．

3.1.1　ウラン系列 〔（4n＋2）系列〕

①ウラン系列は，ウランの同位体 ^{238}U に始まり，^{230}Th（歴史的経緯からイオニウム Io とも呼ばれる），^{226}Ra，^{222}Rn，^{210}Pb（ラジウム D とも呼ばれる），^{210}Po（ラジ

化　学

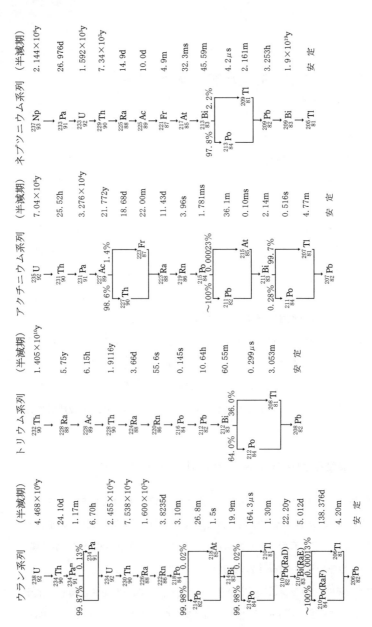

図3.1 放射性壊変系列

3. 天然放射性核種

ウム F とも呼ばれる）などを経て，最後は ^{206}Pb（安定核種）で終わる．（4n＋2）系列とも呼ぶのは，この壊変系列の各核種の質量数が 4 で割ると 2 余るからである．

②^{238}U（最初の核種）から ^{206}Pb（最後の安定核種）までの主な壊変は，途中，枝分かれの壊変が 4 個所あるが，主な壊変は α 壊変 8 回と β$^-$壊変 6 回である．

③^{238}U の半減期は，4.47×10^9 年で地球の年齢 46 億年にほぼ等しい．^{238}U は自発核分裂し，その部分半減期は 6.5×10^{15} 年である．

　1 MBq の ^{238}U の質量は約 80 g で，放射性核種として桁外れに重い．このように半減期が長く質量数が大きい核種は単位時間の壊変数が少ないので，放射線測定による定量よりも吸光光度法，蛍光分析法，質量分析法などの化学的測定による方が感度良く定量できる．

④^{234}U の半減期は 2.45×10^5 年，陸水や海水を除く自然界に，^{238}U と放射平衡の状態で存在している．

⑤^{226}Ra の半減期は 1,600 年，ウラン鉱物に 3.4×10^{-5}％程度含まれる．歴史的には ^{226}Ra の 1 g から，かつての放射能の単位 Ci が定義された経緯がある．

⑥^{222}Rn は ^{226}Ra が α 壊変して得られる娘核種で，その半減期は 3.82 日と Rn の同位体の中で最も長い．希ガスに属し化学的性質は不活性で，水に微溶，有機溶媒には易溶である．^{222}Rn は通常，地下水，鉱泉，温泉水に ^{226}Ra と永続平衡量より多量存在する．この ^{226}Ra–^{222}Rn の関係から年代測定や自然界における放射性核種の移動の調査研究が行われる．

⑦ウラン系列で ^{238}U に次いで半減期が長いのは ^{234}U の 2.45×10^5 年なので，生成後 10^6 年ぐらいで計算上全核種は永続平衡にある．

3.1.2　トリウム系列［(4n)系列］

　トリウム系列は，^{232}Th（半減期 1.41×10^{10} 年）に始まり ^{228}Th, ^{224}Ra, ^{220}Rn（トロン Tn とも呼ばれる）などを経て 6 回の α 壊変と 4 回の β$^-$壊変を行い ^{208}Pb（安定核種）で終わる．4n 系列とも呼ぶのは，この壊変系列の各核種の質量数が 4 で割り切れるからである．トリウム系列で ^{232}Th の次に半減期が長いのは ^{228}Ra

161

化　　　学

（5.76 年）なので，岩石，鉱物に含まれるトリウム系列の全核種は，生成後 70 年ぐらいで放射平衡となる．

3.1.3　アクチニウム系列 [(4n+3)系列]

ウランの同位体 ^{235}U（半減期 7.04×10^8 年）から ^{231}Pa，^{227}Ac，^{223}Ra，^{219}Rn（アクチノン An とも呼ばれる）を経て 7 回の α 壊変と 4 回の β^- 壊変を行い，鉛 ^{207}Pb（安定核種）に終わる．(4n+3) 系列とも呼ぶのは，この壊変系列の各核種の質量数が 4 で割ると 3 余るからである．

3.1.4　ネプツニウム系列 [(4n+1)系列]

^{237}Np（2.14×10^6 年）に始まり 8 回の α 壊変と 4 回の β^- 壊変を行い，^{205}Tl（安定核種）に終わる．(4n+1) 系列とも呼ぶのは，この壊変系列の各核種の質量数が 4 で割ると 1 余るからである．ネプツニウム系列は地球生成時には存在していたが，46 億年を経た現在では存在しない．この系列は消滅天然放射性核種の一種である．現在，天然に存在する ^{237}Np は，^{238}U が宇宙線あるいは自発核分裂の中性子によって (n, 2n) 反応（4.2.3 参照）を起こして生成した ^{237}U が β^- 壊変することによって生成したものである．

ネプツニウム系列が，ウラン系列，トリウム系列，アクチニウム系列と異なるのは，①希ガス元素である Rn の同位体を含まない（厳密には ^{217}Rn が存在するが半減期が 0.54 ミリ秒とごく短いため普通は含めない），②最終壊変生成物が鉛ではなくタリウムの 2 点である．

3.2　壊変系列を作らない天然放射性核種

3.2.1　放射性核種の種類

^{40}K，^{87}Rb，^{115}In，^{138}La，^{144}Nd，^{147}Sm，^{176}Lu，^{180}W，^{187}Re，^{190}Pt，^{210m}Bi などがあり，これらの半減期は $10^9 \sim 10^{15}$ 年と非常に長い．

3.2.2　カリウム―40

①上記のうち ^{40}K が最も重要で主任者試験によく出題される．その半減期は 1.28×10^9 年，天然のカリウムに 0.0117％の割合で含まれる．

②カリウムは，全身に分布している．成人男性の全身カリウム量は，日本人で約130g，アメリカ人で約160 g であり，年齢によってその量は異なる．

③人は自分の ^{40}K によって，放射線を被ばくしている．日本人の場合，年間被ばく線量は，0.2 mSv 程度である．

④ ^{40}K は分岐壊変し，β^- 壊変（89%）して ^{40}Ca，電子捕獲（11%）によって ^{40}Ar になる．この ^{40}K と ^{40}Ar の存在量を定量することにより岩石などの年代を推定する方法をカリウム－アルゴン法といい，数万年から 46 億年前程度の年代が測定できる．

3.3　天然誘導放射性核種

3.3.1　宇宙線

地球に絶えず降り注ぐ高いエネルギーの放射線（10^{20} eV 位から 10^9 eV＝1 GeV 程度）は，一次宇宙線といい，その大部分は陽子，α 粒子から成り，大気の上層部で酸素，窒素，アルゴンの原子核と衝突して，その原子核を破壊し，種々のエネルギーの μ 粒子，電子，光子，原子核成分（陽子，中性子，π 中間子など），ニュートリノなどが発生する．

このように高エネルギー粒子が，原子核に当たって破壊させる反応を破砕反応（spallation reaction）といい，ターゲットの質量数に近い核種から軽い核種に至るまでの種々の放射性核種が生成する．

3.3.2　天然誘導放射性核種

宇宙線や天然の放射性核種からの放射線による核反応で生成する放射性核種である．

（1）宇宙線が大気中の酸素，窒素，アルゴンなどに当たって起こる破砕反応で生成する誘導放射性核種には，^{3}H，^{7}Be，^{10}Be，^{14}C，^{22}Na，^{32}Si，^{32}P，^{33}P，^{35}S などがある．

（2）地殻に存在するベリリウムやホウ素のような軽い元素に，天然 α 線放出核種からの α 線が当たり，^{9}Be（α，n）^{12}C のような核反応を起こして中性子を

化　　学

放出する. 一方 ^{238}U などは自発核分裂を起こし中性子を放出する. 放出された中性子は, 核反応を起こし次のような誘導放射性核種を生成する.

①^{14}N(n, t)^{12}C, ^{14}N(n, p)^{14}C 及び ^{35}Cl(n, γ)^{36}Cl によって生成する ^{3}H, ^{14}C 及び ^{36}Cl.

②^{238}U(n, 2n)^{237}U の核反応によって生成する ^{237}U が, β$^-$壊変して生じる ^{237}Np.

③^{238}U(n, γ)^{239}U の核反応によって生成する ^{239}U が, β$^-$壊変して生じる ^{239}Np. さらに ^{239}Np が β$^-$壊変して生じる ^{239}Pu.

〔例題〕天然放射性核種についての次の記述のうち, 正しいものはどれか.

　A　安定核種のないウラン, トリウムにも原子量は与えられている.

　B　^{235}U の ^{238}U に対する同位体存在度は地球誕生以来一定である.

　C　天然放射性系列の核種から放出する α 粒子のエネルギーは連続スペクトルである.

　D　天然の放射性系列の核種には軌道電子捕獲で壊変するものがある.

〔解〕

　A　正　天然に存在する元素の同位体存在度は, 安定核種のない元素でも極めて安定した数値を示すため, 原子量は与えられている.

　B　誤　^{235}U の半減期は 7.04×10^{8} 年であり, ^{238}U の半減期 4.47×10^{9} 年に比べて小さい. そのため, 時間の経過とともに ^{235}U と ^{238}U の同位体存在度は小さくなっている.

　C　誤　α 粒子のエネルギーは, 常に線スペクトルである.

　D　正　天然放射性核種に属する ^{40}K は, 11%が軌道電子捕獲(EC)により ^{40}Ar に, 89%が β$^-$壊変により ^{40}Ca となる.

〔例題〕ウラン鉱石中の ^{230}Th と ^{238}U の原子数比は 1.7×10^{-5} であった. ^{230}Th の半減期を計算によって求めよ. ただし, ^{238}U の半減期は 4.47×10^{9} 年とし, この鉱石は 1 億年前に生成し風化を受けていなかった.

〔解〕この鉱石は, 1 億年前に生成し風化を受けていないので, ^{230}Th と ^{238}U の間には永続平衡が成立している.

164

3. 天然放射性核種

^{238}U, ^{230}Th の原子数を N_1, N_2, 半減期を T_1, T_2 とすると, 次の式が成立する.

$$N_1/N_2 = 1/ (1.7 \times 10^{-5}) = (0.693/T_2) / (0.693/T_1)$$

$$N_1/N_2 = 1/ (1.7 \times 10^{-5}) = (T_1) / (T_2)$$

$$1/ (1.7 \times 10^{-5}) = (4.47 \times 10^9) /T_2$$

答　　$T_2 = 7.6 \times 10^4$ (年)

〔関連問題〕 物化生 54-3, 55-7, 55-8, 56-12, 56-16, 56-19, 57-18, 物化生 57-3(Ⅱ), 58-15, 58-16, 物化生 58-4(Ⅲ, Ⅳ), 59-16, 59-17, 60-26, 60-27

化　学

〔演 習 問 題〕

問1 質量比 42% の天然ウランを含有する鉱物がある．この鉱物中ではウランとその壊変生成物との間に放射平衡が成立している．鉱物 10 g 中に含まれる ^{235}U および ^{226}Ra をグラムにて示せ．

　　ただし，^{238}U および ^{226}Ra の半減期はそれぞれ ^{238}U $=4.5\times10^9$ 年および ^{226}Ra $=1,600$ 年，天然ウラン中の ^{238}U および ^{235}U の同位体存在度はそれぞれ 99.3% および 0.7% とし，^{234}U の同位体存在度は考慮しないものとする．

〔答〕 ^{235}U : 0.029 グラム，^{226}Ra : 1.41×10^{-6} グラム

　　天然ウラン中の ^{238}U と ^{235}U の質量比率は $99.3\% \times 238 : 0.7\% \times 235$ となるので，この鉱物 10 グラム中の ^{235}U の質量は，

$$10\,(\mathrm{g}) \times \frac{42}{100} \times \frac{0.7\times235}{99.3\times238+0.7\times235} = 0.029\,(\mathrm{g})$$

^{238}U の質量を上と同様にして求めると

$$10\,(\mathrm{g}) \times \frac{42}{100} \times \frac{99.3\times238}{99.3\times238+0.7\times235} = 4.17\,(\mathrm{g})$$

^{238}U と ^{226}Ra は永続平衡にあるから両者の放射能は等しい．壊変率は半減期に反比例し，原子数は，その原子の質量に反比例するので，

^{226}Ra の質量を W グラムとすると，

$$\frac{4.17}{238\times4.5\times10^9} = \frac{W}{226\times1600}$$

$$W = 4.17 \times \frac{226}{238} \times \frac{1600}{4.5\times10^9} = 1.41\times10^{-6}$$

となる．

問2 天然に存在する核種 ^{40}K，^{147}Sm，^{206}Pb，^{207}Pb，^{208}Pb，^{226}Ra，^{235}U について放射性核種だけの組合せは，次のうちどれか．

　　1. ^{40}K，^{147}Sm，^{208}Pb　　　　2. ^{206}Pb，^{226}Ra，^{235}U

　　3. ^{147}Sm，^{207}Pb，^{226}Ra　　　　4. ^{40}K，^{226}Ra，^{235}U

3. 天然放射性核種

5. ^{208}Pb, ^{235}U, ^{40}K

〔答〕 4（放射性核種は ^{40}K, ^{226}Ra, ^{235}U, ^{147}Sm）

問3 次の文章の（　）の部分に入る適当な語句を記せ.

　　　天然の希ガスの同位体には,（　1　）,（　2　）,（　3　）など, 放射性壊変の結果生成する核種がある.

　　　（　1　）は（　4　）などの長寿命核種を親とする壊変系列の（　5　）壊変に由来し, 岩石中や天然ガス中に見出される.

　　　（　2　）は長寿命核種（　6　）の（　7　）壊変で生成する.

　　　また（　6　）の β^- 壊変によって ^{40}Ca も生成する. このような壊変様式を（　8　）壊変という.

　　　（　3　）は岩石・鉱物中の（　9　）（半減期 1,600 年）の（　5　）壊変によって生成し, 大気中に放出されるほか一部は地下水にも溶ける.

〔答〕　(1)――^{4}He　　　　　　(2)――^{40}Ar　　　　　(3)――^{222}Rn

　　　(4)――^{238}U（^{232}Th, ^{235}U）　(5)――α　　　　　(6)――^{40}K

　　　(7)――EC　　　　　　(8)――分岐　　　　　(9)――^{226}Ra

　　　α 壊変によって生成した ^{4}He は北米などから出る天然ガスに 1% 程度含まれている.

問4 鉛の核種について次の記述のうち, 誤っているものはどれか.

1　^{204}Pb はトリウム系列の最終壊変生成物である.

2　^{206}Pb はウラン系列の最終壊変生成物である.

3　^{207}Pb はアクチニウム系列の最終壊変生成物である.

4　^{208}Pb は 4n 系列の最終壊変生成物である.

5　^{204}Pb, ^{206}Pb, ^{207}Pb, ^{208}Pb はいずれも安定な核種である.

〔答〕　1　トリウム系列の最終壊変生成物は ^{208}Pb である. ^{204}Pb は安定核種であり, 系列を形成する核種とは無関係である.

問5 元素の同位体組成に関する次の記述のうち, 正しいものの組合せはどれか.

化　　学

A　火成岩の ^{3}He/^{4}He 濃度は，ウラン含有量が高いほど小さくなる．

B　自然に存在する Pb の同位体組成は不変である．

C　天然水中の水素の同位体組成には変動がない．

D　試薬中の Li，U の同位体組成は，人為的な濃縮分離操作のため変動することがある．

1　A と C　　2　A と D　　3　B と C　　4　B と D　　5　C と D

〔答〕　2

A：^{3}He はトリチウムに由来し，^{4}He はウランが放出する α 線に由来する．

B：天然に存在する Pb の同位体は，親の同位体の壊変によりたえず増え続けている．

C：水素の同位体組成は ^{1}H 99.985%，^{2}H 0.0148% および ^{3}H（半減期 12.3 y）である．このうち，^{3}H の濃度は核反応の影響により全く一定しない．しかし，大体の濃度は ^{3}H/^{1}H＝10^{-18} に近い．この比の値をトリチウム単位(TU)とよんでいる．すなわち 1 TU＝10^{-18}×(^{3}H 原子/水素原子)である．雨水中では 0.5～30 TU，表面海水では 0.2～0.3 TU である．

D：^{6}Li (n, α) 反応による ^{3}H 製造のため ^{6}Li が濃縮される．核燃料には ^{235}U を濃縮して用いる．

問6　炭素の同位体に関する次の記述のうち，正しいものはどれか．

A　^{14}C は，天然に ^{14}N から（p, n）反応で生成する．

B　^{14}C は，大気中では ^{14}CO$_2$ として存在する．

C　^{13}C は，β 線を放出する放射性核種で，炭素のトレーサーに用いられる．

D　炭素の安定同位体は ^{12}C のみである．

〔答〕　B

A：^{14}C は天然に ^{14}N から（n, p）反応で生成する．

C，D：炭素の安定同位体は，^{12}C 98.89% のほかに，^{13}C 1.11% がある．

168

4. 核反応と RI の製造

　原子核 A に粒子 x を照射することによって，原子核 A が原子核 B に変換し粒子 y を放出するとき，この核反応を次の式(4.1)または(4.2)のように表す.

$$A+x \longrightarrow B+y+Q \tag{4.1}$$

$$A(x, y)B \tag{4.2}$$

x は入射粒子，A はターゲット，B は生成核，y は放出粒子という. 例として $^{59}\mathrm{Co}(\mathrm{n}, \gamma)^{60}\mathrm{Co}$ をあげると，$^{59}\mathrm{Co}$ はターゲット，$^{60}\mathrm{Co}$ は生成核，n は入射粒子，γ は放出粒子である.

　Q は核反応エネルギー，または **Q 値**といい，式(4.3)に示すように核反応の初めの状態の質量エネルギーと終りの状態の質量エネルギーの差である.

$$Q= (M_A+M_x)c^2-(M_B+M_y)c^2 \tag{4.3}$$

M_A, M_x, M_B, M_y はそれぞれターゲット A，入射粒子 x，生成核 B，放出粒子 y の質量で，c は光速度 $3 \times 10^8 \mathrm{m} \cdot \mathrm{s}^{-1}$ である. $Q>0$ の核反応を発熱反応，$Q<0$ の核反応を吸熱反応という. 核反応を起こすとき必要最少限な入射粒子の運動エネルギーを「しきい値」というが，$Q>0$ のときはしきい値はなく，$Q<0$ のときにはしきい値以上のエネルギーを入射粒子が持っていなければ核反応は起こらない. そのしきい値は $-Q\dfrac{M_A+M_x}{M_A}$ となる.

　ターゲットの原子番号 Z_1（または質量数 A_1）と入射粒子の原子番号 Z_2（または質量数 A_2）の合計は，次の式のように生成核の原子番号 Z_3（または質量数 A_3）と放出粒子の原子番号 Z_4（または質量数 A_4）の和にそれぞれ等しい. この関係を使って任意の核反応の記述が適正かどうか判定できる.

化　　学

（原子番号）$Z_1(Z_2,\ Z_4)Z_3$　　　　（質量数）$A_1(A_2,\ A_4)A_3$

$A_1+A_2=A_3+A_4$

$Z_1+Z_2=Z_3+Z_4$

　入射粒子には，荷電粒子，中性子 n，光子（γ 線）などを用いる．荷電粒子は，陽子 p（$_1^1\mathrm{H}^+$），重陽子 d（$_1^2\mathrm{H}^+$），α 粒子（$_2^4\mathrm{He}^{2+}$），$^3\mathrm{He}$ 粒子（$_2^3\mathrm{He}^{2+}$）などがある．これらの荷電粒子は，サイクロトロン，コッククロフト・ウォルトン型加速器，ファン・デ・グラーフ型加速器，直線加速器などを用いて発生する．

　中性子源には，原子炉，中性子発生装置，アイソトープ中性子源などが用いられる．このうち原子炉は最も強力で安定した中性子源で，$10^{12}\sim10^{14}$ 個/cm^2・s のオーダーの中性子束密度が得られる．中性子発生装置は $^3\mathrm{H}(\mathrm{d},\ \mathrm{n})^4\mathrm{He}$ ［D－T 反応ともいう］によって 14 MeV 中性子を発生させる．

　近年では，加速器で発生させた陽子を Li に衝突させて発生させた中性子を中性子源として，B を核反応させて α 線を発生させることができる．原子炉とは異なり，この加速器中性子源は病院に設置できるため，B を含む癌細胞に集積する薬剤を投与して患部を中性子に照射することによって，癌細胞を α 線に照射して損傷させる治療方法の普及が期待されている．この治療方法をホウ素中性子捕捉療法(Boron Neutron Capture Therapy: BNCT) と呼ぶ．

　アイソトープ中性子源には，$^{241}\mathrm{Am}$（433 年），$^{226}\mathrm{Ra}$（1600 年），$^{239}\mathrm{Pu}(2.41\times10^4$ 年）からの α 線で照射する $^9\mathrm{Be}(\alpha,\ \mathrm{n})^{12}\mathrm{C}$ の核反応によって放出される中性子が用いられる．このうちの $^{241}\mathrm{Am}-\mathrm{Be}$ 線源は，強い γ 線を出さず寿命も 433 年と長いので重用されている．この他 $^{124}\mathrm{Sb}$ からの γ 線を $^9\mathrm{Be}$ に照射する $^9\mathrm{Be}(\gamma,\ \mathrm{n})^8\mathrm{Be}$ の核反応によって発生する中性子，および $^{252}\mathrm{Cf}$（2.645 年）の自発核分裂によって放出する中性子も使われる．

　RI の製造には原子炉とサイクロトロンがよく用いられるが，前者によって製造した RI は，一般に後者より安価である．

170

4. 核反応と RI の製造

4.1 核反応の種類

核反応の種類は非常に多い. 入射粒子が同じでもエネルギーが変わると核反応の種類も変わる.

核反応の種類とターゲット, 生成核の原子番号, 質量数の関係を表 4.1 に示す.

表 4.1 核反応による原子番号, 質量数の増減

原子番号の変化 ＼ 質量数の変化	-3	-2	-1	0	+1	+2	+3
+2				$\alpha, 4n$	$\alpha, 3n$	$\alpha, 2n$	α, n
+1		p, 3n	p, 2n	p, n d, 2n	p, γ d, n	α, np	α, p
0			γ, n n, 2n	ターゲット	n, γ d, p		
-1	p, α	d, α	γ, p	n, p			
-2	n, α						

　原子番号の増減を伴わない核反応は (γ, n), $(n, 2n)$, (n, γ), (d, p) 反応であり, 質量数の増減を伴わない核反応は $(\alpha, 4n)$, (p, n), $(d, 2n)$, (n, p) 反応である. これらは原子番号, あるいは質量数が変化しないので 0 で示してある. +1, +2 は生成核の原子番号または質量数がターゲットより +1, +2 増加する核反応で, -1, -2 はターゲットよりも原子番号または質量数が 1 または 2 減少する核反応である.

4.2 主な核反応の原子番号, 質量数の関係

生成核の質量数と原子番号は, 次のようにして計算できる.

(1) (n, γ) 反応

例　$^{59}Co(n, \gamma)^{60}Co$

$$^{59}_{27}Co + {}^{1}_{0}n \longrightarrow {}^{60}_{27}Co + \gamma$$

　　　生成核の質量数　$59 + 1 \longrightarrow 60 - 0 = 60$

171

化　　学

生成核の原子番号　$27+0 \longrightarrow 27-0=27$

熱中性子$(0.025eV)$によって起こる.

(2)　(p, n) 反応

例　$^{18}O(p, n)^{18}F$

$^{18}_{8}O + ^{1}_{1}H \longrightarrow ^{18}_{9}F + ^{1}_{0}n$

生成核の質量数　$18+1 \longrightarrow 19-1=18$

生成核の原子番号　$8+1 \longrightarrow 9-0=9$

この型の反応は中ぐらいのエネルギー（標的核の原子番号によって異なるが 10 MeV まで）の陽子によって起こる.

(3)　(n, 2n) 反応

例　$^{238}U(n, 2n)^{237}U$

$^{238}_{92}U + ^{1}_{0}n \longrightarrow ^{237}_{92}U + 2^{1}_{0}n$

生成核の質量数　$238+1 \longrightarrow 239-2 \times 1 = 237$

生成核の原子番号　$92+0 \longrightarrow 92-0 \times 2 = 92$

この核反応は速度の速い（高いエネルギーの）中性子によって起こる. 起こりはじめのしきい値は, $6 \sim 10$ MeV 程度である. しかし ^{2}H に対するしきい値は 3.3 MeV, ^{9}Be に対するしきい値は 1.8 MeV といった比較的低いエネルギーによって起こる.

(4)　(d, n) 反応

例　$^{66}Zn(d, n)^{67}Ga$, $^{56}Fe(d, n)^{57}Co$

$^{66}_{30}Zn + ^{2}_{1}H \longrightarrow ^{67}_{31}Ga + ^{1}_{0}n$

生成核の質量数　$66+2 \longrightarrow 68-1=67$

生成核の原子番号　$30+1 \longrightarrow 31-0=31$

(5)　(n, p) 反応

例　$^{35}Cl(n, p)^{35}S$, $^{14}N(n, p)^{14}C$, $^{32}S(n, p)^{32}P$, $^{45}Sc(n, p)^{45}Ca$.

$^{14}_{7}N + ^{1}_{0}n \longrightarrow ^{14}_{6}C + ^{1}_{1}H$

生成核の質量数　$14+1 \longrightarrow 15-1=14$

172

4. 核反応と RI の製造

　　生成核の原子番号　　$7+0\longrightarrow7-1=6$

　一般にこの型の核反応は，広い範囲の原子番号のターゲットに対し，0.1 MeV から数 MeV 程度のエネルギーの中性子によって起こる．

　しかし，この範囲を外れた軽元素のターゲットである ^{3}He に対しては，熱中性子（0.025 eV）のような低エネルギーの中性子でも，^{3}He$(n, p)^{3}$H で示す核反応が起こり，その核反応断面積は大きい．このため，この核反応は測定器による中性子の検出に利用される．

　(6)　(α, n) 反応

　例　^{63}Cu$(\alpha, n)^{66}$Ga

　　　$^{63}_{29}$Cu $+ \, ^{4}_{2}$He $\longrightarrow \, ^{66}_{31}$Ga $+ \, ^{1}_{0}$n

　　　生成核の質量数　$63+4\longrightarrow67-1=66$

　　　生成核の原子番号　$29+2\longrightarrow31-0=31$

　(7)　(n, α) 反応

　例　^{6}Li$(n, \alpha)^{3}$H, ^{10}B$(n, \alpha)^{7}$Li

　　　$^{6}_{3}$Li $+ \, ^{1}_{0}$n $\longrightarrow \, ^{3}_{1}$H $+ \, ^{4}_{2}$He

　　　生成核の質量数　　$6+1\longrightarrow7-4=3$

　　　生成核の原子番号　$3+0\longrightarrow3-2=1$

　一般にこの型の核反応は，高いエネルギーの中性子によって起こり ^{27}Al$(n, \alpha)^{24}$Na は，その一例である．しかし，軽元素をターゲットとする上記 2 例の核反応は例外で，熱中性子のような低エネルギー中性子でも核反応を起こし，その核反応断面積は大きい．このため中性子の検出に利用される．

　(8)　(d, α) 反応

　例　^{24}Mg$(d, \alpha)^{22}$Na, ^{56}Fe$(d, \alpha)^{54}$Mn

　　　$^{24}_{12}$Mg $+ \, ^{2}_{1}$H $\rightarrow \, ^{22}_{11}$Na $+ \, ^{4}_{2}$He

　　　生成核の質量数　$24+2\longrightarrow26-4=22$

　　　生成核の原子番号　$12+1\longrightarrow13-2=11$

　(9)　(d, p) 反応

173

例 ^{23}Na(d, p)^{24}Na

重陽子 d は，中性子 n と陽子 p が 2.2 MeV という弱い結合エネルギーで結合しているため壊れやすい．重陽子 d を構成する p が，クーロン障壁によって跳ね返され，そのまま放出され n は核内に入る（これを Oppenheimer-Phillips の過程という）．あまり大きくないエネルギーの重陽子（1～500 keV 程度）によって起こる．

4.3 励起関数

核反応の起こる確率を**核反応断面積**とよぶ．核反応断面積の単位はバーン（b, barn）とよばれ，1 バーンは 10^{-24} cm^2 である．

RI の生成量は核反応断面積の値に比例するが，核反応断面積の値は標的核の種類だけでなく，衝突粒子の種類とエネルギーによっても異なることに注意する必要がある．図 4.1 は銅に対する陽子の核反応 (p, n), (p, 2n), (p, pn), (p, p2n) の断面積が衝突粒子のエネルギーによってどのように変化するかを示したものである．これらの核反応は次のようである．

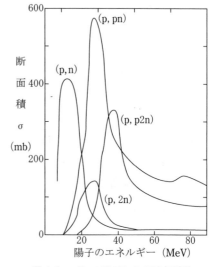

図 4.1　^{63}Cu の陽子による励起関数

^{63}Cu(p, n)^{63}Zn

^{63}Cu(p, 2n)^{63}Zn

^{63}Cu(p, pn)^{62}Cu

^{63}Cu(p, p2n)^{61}Cu

一般に断面積とエネルギーとの関係は，**励起関数**とよばれる．

(p, n) の断面積は陽子エネルギー約 12 MeV でピークとなっている．陽子エネ

ルギーが大きくなるにつれて (p, n) の断面積が減少すると, (p, pn) と (p, 2n) の断面積が増大する. この 2 つの反応は, それぞれ 10 MeV, 11 MeV 以下では起こらない. この値を**しきい値**という. この両反応の励起関数は陽子エネルギーが, それぞれ 26 MeV, 27 MeV においてピークとなり, それ以上では低くなる. (p, p2n) 反応のしきい値は 17 MeV で, ピークは 37 MeV である.

4.4 $1/v$ 法則

中性子は荷電粒子と異なり電気的に中性であるので, 原子核にぶつかると反発を受けることなく容易に核内に飛びこむことができる. 中性子で 0.5 MeV 以上のエネルギーをもつ, いわゆる速い中性子の挙動は荷電粒子と本質的に差はない. 中性子として特長のあるものは, いわゆる遅い中性子とよばれる千 eV から 0.001 eV 程度のエネルギーをもつ中性子である. このうち, 熱中性子 (平均エネルギーは 0.025 eV) は特に原子核に捕獲されやすく, (n, γ) 反応の断面積は一般に大きい. RI の多数が (n, γ) 反応によって製造されるのは, このためである. 熱中性子反応の断面積は, 中性子の速度が大きくなるにしたがって, 速度 v に反比例して小さくなる. 中性子が核の近くを通過する時間が $1/v$ に比例して短くなるために捕獲されにくくなるからである.

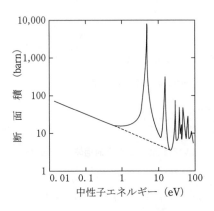

図 4.2 銀の (n, γ) 反応断面積

これを **$1/v$ 法則**という. 図 4.2 は銀の原子核に中性子を照射したときの断面積と, 中性子エネルギーとの関係を示す. 中性子のエネルギーが大きくなると $1/v$ 法則にしたがって断面積が小さくなる. しかし, ある特定のエネルギーで断面積が異常に大きくなる. このような異常な吸収を**共鳴吸収**とよぶ.

化　　　学

4.5　原子断面積と同位体断面積

　銀や銅，アンチモンのように安定同位体を 2 個以上持っている元素をターゲットとして照射するときには，2 種類の断面積の表記方法がある．その 1 つは**同位体断面積**（吸収化断面積）で，これはそれぞれの同位体に対する断面積である．たとえば ^{121}Sb に対する（n，γ）反応の同位体断面積は 5.7 barn である．

　アンチモンは ^{121}Sb と ^{123}Sb をそれぞれ 57.25%，42.75%含んでいるから，これをターゲットとした場合には，アンチモンの原子全体に対する ^{121}Sb（n，γ）反応の断面積は

$$5.7 \times \frac{57.25}{100} = 3.3 \text{ barn}$$

となる．この値を**原子断面積**とよぶ．アンチモンのもう 1 つの同位体の ^{123}Sb に対する（n，γ）反応の同位体断面積は 3.9 barn である．^{123}Sb をターゲットとした場合には，アンチモンの原子全体に対する ^{123}Sb（n，γ）反応の断面積は

$$3.9 \times \frac{42.75}{100} = 1.7 \text{ barn となる．}$$

　そこでアンチモン全体としては

$$3.3 + 1.7 = 5.0 \text{ barn}$$

の中性子吸収断面積をもつことになる．

　原子断面積と同位体断面積との関係は，以下の通りである．

　　（原子断面積）＝（同位体断面積）×（その同位体の存在度）

4.6　無担体 RI の調製法

　RI がその安定同位体を含まないで存在している状態のことを**無担体**(carrier free)であるという．

　（n，γ），（d，p），（n，2n），（γ，n）反応などによって生ずる RI（生成核）は核反応によって原子番号が変わらないので，生成した RI は常に非放射性のターゲットによって薄められている．（表 4.1 参照）．

176

4. 核反応と RI の製造

したがって，これらの核反応では無担体の RI をつくることはできない．原子炉は主に (n, γ) 反応しか利用できないので，無担体の RI を作ることは本質的に無理である．これに反して，例えば (d, n)，(d, 2n)，(d, α)，(n, p)，(n, f)〔注：fは核分裂（5章参照）を表わす〕などのような核反応は，ターゲットとは違った原子番号の RI が製造でき，ターゲットから化学的に目的の RI を分離できるので，無担体の RI が製造できる．このとき目的の RI を取り出すには，共沈法，イオン交換法，クロマトグラフ法，溶媒抽出法，蒸留法，電気的な方法，ラジオコロイド法などを適当に組み合わせればよい．

無担体の RI を得るときに特に注意すべきは，担体の選びかたと副反応によって生成する RI の除去である．加える担体は，目的とする RI と原子番号の異なる元素で分離操作の容易なものを利用すべきで，鉄イオン(Fe^{3+})はよく用いられる．溶液中に担体として Fe^{3+} を加え水酸化ナトリウム溶液かアンモニア水を加えて水酸化鉄(III)の沈殿を作り，目的の RI を共沈させる（鉄と共沈しない核種は別の分離法を考慮する必要がある）（第1段階）．この沈殿を約 8 M の塩酸に溶かしイソプロピルエーテルを加えて振り混ぜ静置する．イソプロピルエーテル相と 8 M 塩酸相は二相分離し，鉄イオンはイソプロピルエーテル相に移り目的の RI から分離される（第2段階）．

この他，ホットアトム効果を利用して無担体 RI を単離製造する方法がある（8. ホットアトムの化学参照）．

〔例題〕 次の核反応式のうち，正しいものはどれか．

A $\quad ^{16}O\ (^3He,\ pn)\ ^{18}F$ B $\quad ^{20}Ne\ (d,\ α)\ ^{18}F$

C $\quad ^{32}S\ (p,\ n)\ ^{32}P$ D $\quad ^{112}Cd\ (p,\ 2n)\ ^{111}In$

〔解〕 B と D

それぞれの核反応式の反応前後で，質量数と原子番号の合計を比較して一致しなければ誤りがある．

A ×

反応前：$^{16}_{8}O + ^{3}_{2}He$ ：質量数の合計 19，原子番号の合計 10

177

化　　　学

反応後：$^{18}_{9}\mathrm{F}+^{1}_{1}\mathrm{p}+^{1}_{0}\mathrm{n}$：質量数の合計 20，原子番号の合計 10

となり一致しない．

B　○

反応前：$^{20}_{10}\mathrm{Ne}+^{2}_{1}\mathrm{d}$：質量数の合計 22，原子番号の合計 11

反応後：$^{18}_{9}\mathrm{F}+^{4}_{2}\alpha$：質量数の合計 22，原子番号の合計 11

となり一致する．

C　×

反応前：$^{32}_{16}\mathrm{S}+^{1}_{1}\mathrm{p}$：質量数の合計 33，原子番号の合計 17

反応後：$^{32}_{15}\mathrm{P}+^{1}_{0}\mathrm{n}$：質量数の合計 33，原子番号の合計 15

となり一致しない．

D　○

反応前：$^{112}_{48}\mathrm{Cd}+^{1}_{1}\mathrm{p}$：質量数の合計 113，原子番号の合計 49

反応後：$^{111}_{49}\mathrm{In}+2\times^{1}_{0}\mathrm{n}$：質量数の合計 113，原子番号の合計 49

となり一致する．

〔例題〕　次の放射性核種の製造に関する記述のうち，正しいものはどれか．

A　$^{11}\mathrm{C}$ は窒素に陽子を照射して，(p, α) 反応で製造できる．

B　$^{24}\mathrm{Na}$ はナトリウム化合物を原子炉で中性子照射すれば，中性子捕獲反応に
よって製造できる．

C　$^{99}\mathrm{Mo}$ はモリブデンの中性子捕獲反応では製造できない．

D　$^{57}\mathrm{Co}$ を無担体で製造するには，$^{56}\mathrm{Fe} (\mathrm{d}, \mathrm{p})$ 反応で $^{57}\mathrm{Fe}$ をつくり，その β^{-}
壊変生成物を化学分離すればよい．

〔解〕

A，B　正

C　誤　$^{98}\mathrm{Mo}(\mathrm{n}, \gamma)^{99}\mathrm{Mo}$ 反応で製造できる．

D　誤　$^{57}\mathrm{Fe}$ は安定であり β^{-} 壊変しない．

〔例題〕　次の文章の（　　）に入る適当な語句を記せ．

環境試料中の $^{90}\mathrm{Sr}$ の分析では，$^{90}\mathrm{Sr}$ の β^{-} 線の最大エネルギーが（　A　）MeV

178

4. 核反応と RI の製造

と低く，^{90}Y が共存すると定量困難である．一方，娘核種の ^{90}Y の β^- 線の最大エネルギーが（　B　）MeV と高いことから，^{90}Sr の定量にはこれを利用する．試料からストロンチウムを分離回収して精製した後，2 週間以上待つ．その塩酸溶液に（　C　）の捕集剤として Fe^{3+} を，（　D　）の保持担体として Sr^{2+} を，それぞれ塩化物の形で加えた後，加熱しながらアンモニア水を加えて水酸化鉄（Ⅲ）の沈殿をつくり，この沈殿中に娘核種 ^{90}Y を共沈させて親核種 ^{90}Sr から分離する．^{90}Y の放射能測定から共沈させた時刻における ^{90}Y の放射能を算出し，放射平衡にあった ^{90}Sr の放射能を求めることができる．

〔解〕　A　0.546　　　B　2.28　　　C　^{90}Y　　　D　^{90}Sr

〔関連問題〕　54-13, 54-14, 物化生 54-4, 55-9, 55-13, 56-30, 57-16, 物化生 57-4（Ⅰ），58-6, 59-9, 59-10, 60-5, 物化生 60-4（Ⅲ）

化　　学

〔演　習　問　題〕

問1　次の核反応を行った後，ターゲットを濃硝酸で酸化分解し，蒸発乾固後8 M塩酸
酸性溶液にした．イソプロピルエーテル抽出により無担体状態で生成核が得られる
のは次のうちどれか．

	ターゲット	核反応	生成核
1.	コバルト	(n, γ)	^{60}Co
2.	コバルト	$(n, 2n)$	^{58}Co
3.	鉄	(n, γ)	^{59}Fe
4.	鉄	(α, n)	^{59}Ni
5.	硫　黄	(n, p)	^{32}P

〔答〕　4

　　　ターゲットと生成核が，同一原子番号であれば無担体の生成核は得られない．した
がって4または5である．8 M塩酸溶液をイソプロピルエーテルで溶媒抽出した
とき，イソプロピルエーテルに移るのはFeである．

問2　ハロゲン（17属元素）を生成する反応の組合せとして正しいものを選べ．

A　^{18}O の(p, n)反応　　　　　　　B　^{35}Cl の(n, γ)反応

C　^{76}Se の(d, n)反応　　　　　　D　^{124}Xe の(n, p)反応

〔答〕全て正しい

A　$^{18}_{8}O + ^{1}_{1}p \rightarrow ^{18+1-1}_{8+1-0}X + ^{1}_{0}n$

　　となり，生成原子 X の原子番号は9となる．すなわち，生成核種は^{18}Fである．

B　$^{35}_{17}Cl + ^{1}_{0}n \rightarrow ^{35+1-0}_{17+0-0}X + ^{0}_{0}\gamma$

　　となり，生成原子 X の原子番号は17のまま変化しない．すなわち，生成核種は
^{36}Clである．

C　$^{76}_{34}Se + ^{2}_{1}d \rightarrow ^{76+2-1}_{34+1-0}X + ^{1}_{0}n$

　　となり，生成原子 X の原子番号は35となる．すなわち，生成核種は^{77}Brである．

D　$^{124}_{54}Xe + ^{1}_{0}n \rightarrow ^{124+1-1}_{54+0-1}X + ^{1}_{1}p$

4. 核反応と RI の製造

となり，生成原子 X の原子番号は 53 となる．すなわち，生成核種は ^{124}I である．

問3 次の放射性核種の製法に関する組合せのうち，正しいものは次のどれか．

	(n, γ) 反応	核分裂反応	荷電粒子反応
1	^{198}Au	^{133}Xe	^{201}Tl
2	^{133}Xe	^{99m}Tc	^{32}P
3	^{14}C	^{131}I	^{67}Ga
4	^{131}I	^{198}Au	^{99m}Tc
5	^{125}I	^{111}In	^{133}Xe

〔答〕 1

(n, γ) 反応：$^{132}Xe(n, γ)^{133}Xe$, $^{130}Te(n, γ)^{131}Te \xrightarrow{\beta^-} {}^{131}I$,

$^{197}Au(n, γ)^{198}Au$, $^{31}P(n, γ)^{32}P$, $^{99}Mo \xrightarrow{\beta^-} {}^{99m}Tc$

核分裂反応：^{133}Xe, $^{131}Te \xrightarrow{\beta^-} {}^{131}I$, $^{99}Mo \xrightarrow{\beta^-} {}^{99m}Tc$

荷電粒子反応：$^{203}Tl(p, 3n)^{201}Pb \xrightarrow{EC, \ \beta^+} {}^{201}Tl$, $^{66}Zn(d, n)^{67}Ga$,

$^{65}Cu(α, 2n)^{67}Ga$, $^{14}N(n, p)^{14}C$

5. 核　分　裂

　核分裂とは，質量数の非常に大きい原子核が 2 個，あるいはそれ以上の同程度の重さの破片(核分裂片という)に分裂する現象をいう．

　原子核は陽子と中性子からできているが，原子核中の陽子はプラスの荷電のため，陽子間でお互いに相反発する力が働いている．しかしながら，質量数の中程度の原子核では陽子と中性子との間の結合力(核力)が強いためばらばらにならない．ところが質量数の大きい重い ^{235}U などの核子（陽子および中性子）では 1 個あたりの結合エネルギーは小さいので，外部から少し刺激を与えてやると，エネルギー的に ^{235}U より安定な 2 つの核種に分裂する．この現象をボーアらは，**液滴模型**で説明した．

図 5.1　液滴模型による分裂の説明

　図 5.1 で(a)のように外から水滴に力を加えて刺激を与えると，(b)のように振動を起こして長円形になる．表面張力に打ち勝つだけのエネルギーが外部から与えられなければ，この水滴はもとの形にもどる．しかしながら，外部からの力が表面張力より大きければ，水滴は(c)のような亜鈴形になりもとの水滴に戻らないで 2 つの小さい水滴(d)に割れる．

　以上と同じようなことをウランにあてはめる．中性子を ^{235}U に当てると不安定な振動を起こしてエネルギーの高い励起状態（b. **複合核**）になる．もし励起エネルギーが低ければ(a)の球状に戻るが，励起エネルギーが十分大きいと電気的反

5. 核 分 裂

発力によって2つの球は互に反発して分裂する（c→d）.

このように核分裂させるために外部から加える最小のエネルギーを核分裂の「しきい値」という. 実際には外部からエネルギーを与えなくてもひとりでに極僅かずつ核分裂が起こり, これを**自発核分裂**という. 外部からエネルギーを与えられて起こる核分裂を**誘導核分裂**とよぶ.

5.1 自発核分裂

α壊変と同じように量子力学的トンネル効果によって起こる現象である. 古典的な考えではしきい値以下のエネルギーでは決して核分裂は起こらないはずであるが, 実際にはしきい値以下のエネルギーでもトンネル効果によってエネルギー障壁を通り抜けて核分裂が起こっている. ^{238}U の自発核分裂の半減期は 8×10^{15} 年, ^{244}Cm の半減期は 1.4×10^{7} 年, ^{254}Fm の半減期は 200 日で, 原子番号が高くなると急激に半減期が短くなる.

^{252}Cf は各種の用途に用いられる有用な自発核分裂核種である.（管理技術 8.3 参照）

5.2 誘導核分裂

種々の粒子によって誘導核分裂は起こるが, 中性子 n, 光子 γ, 陽子 p, α 粒子を照射したときの誘導核分裂は, それぞれ (n, f), (γ, f), (p, f), (α, f) と記す. 熱中性子（0.025 eV のエネルギーの中性子）による ^{235}U の誘導核分裂はウラン熱中性子原子炉のエネルギー源であるが, ^{235}U 1 原子あたり 210 MeV という莫大なエネルギーを放出する. 化学的な結合エネルギー1〜10 eV に比べて実に 10^{7}〜10^{8} 倍大きいエネルギーである. ^{232}U, ^{233}U, ^{235}U, ^{239}Pu, ^{241}Am, ^{242}Am など は速中性子および熱中性子により, ^{232}Th, ^{231}Pa, ^{238}U などは速中性子だけで核分裂を起こす. 前者は**核分裂性物質**, 後者は次に示すように核反応によって前者になるので**親燃料物質**と呼ばれている.

化　　学

$$_{92}^{238}\mathrm{U}\ (\mathrm{n},\ \gamma)\ _{92}^{239}\mathrm{U}\ \frac{\beta^-}{23.5\,\mathrm{m}} \to\ _{93}^{239}\mathrm{Np}\ \frac{\beta^-}{2.35\,\mathrm{d}} \to\ _{94}^{239}\mathrm{Pu}$$

$$_{90}^{232}\mathrm{Th}\ (\mathrm{n},\ \gamma)\ _{90}^{233}\mathrm{Th}\ \frac{\beta^-}{22.3\,\mathrm{m}} \to\ _{91}^{233}\mathrm{Pa}\ \frac{\beta^-}{27.0\,\mathrm{d}} \to\ _{92}^{233}\mathrm{U}$$

^{235}U の熱中性子による核分裂では ^{72}Zn から ^{161}Tb まで，原子番号でいえば 30 から 65 までの種々の元素の RI を含む．これらを**核分裂生成物**と呼び，質量数 95,138 付近に**核分裂収率**の極大（核分裂収率は約 6％）があり，極小は質量数 118（核分裂収率は 0.009％）付近である．

　核分裂収率は，ある放射性核種を生成する核分裂の数が，起こった核分裂の総数の何％であるかを示す数字である（物理学 図 5.7 参照）．1 原子が 2 原子に分裂するため，核分裂収率の合計は 200％になる．

　核分裂によって直接生成した核種は**核分裂片**と呼ばれ，核分裂片は原子核内の中性子が過剰であるため β^- 壊変して安定な原子核に落ちつこうとする．この場合，1 回でなく次のように系列崩壊を行うことが多い．

$$_{36}^{90}\mathrm{Kr}\ \frac{\beta^-}{33\,\mathrm{s}} \to\ _{37}^{90}\mathrm{Rb}\ \frac{\beta^-}{153\,\mathrm{s}} \to\ _{38}^{90}\mathrm{Sr}\ \frac{\beta^-}{28.8\,\mathrm{y}} \to\ _{39}^{90}\mathrm{Y}\ \frac{\beta^-}{64.1\,\mathrm{h}} \to\ _{40}^{90}\mathrm{Zr}\ （安定）$$

$$_{53}^{137}\mathrm{I}\ \frac{\beta^-}{24.5\,\mathrm{s}} \to\ _{54}^{137}\mathrm{Xe}\ \frac{\beta^-}{3.82\,\mathrm{m}} \to\ _{55}^{137}\mathrm{Cs}\ \frac{\beta^-}{30.17\,\mathrm{y}} \to\ _{56}^{137\mathrm{m}}\mathrm{Ba}\ \frac{\mathrm{IT}}{2.551\,\mathrm{m}} \to\ _{56}^{137}\mathrm{Ba}\ （安定）$$

　核分裂直後放出される中性子を**即発中性子**と呼ぶが，^{235}U の熱中性子による核分裂の場合は 1 分裂あたり平均 2.5 個の中性子が放出される．核分裂片には β^- 壊変して中性子を放出する放射性核種に変わるものがある．すなわち，核分裂後やや遅れて中性子が放出されることになる．これを**遅発中性子**とよぶ．もし，核分裂によって発生する中性子が全て即発中性子であったとすると，原子炉で出力を上げた際に連鎖反応が急激に増加することになる．遅発中性子の発生割合は即発中性子に対して 0.6％程度でしかないが，遅発中性子があるおかげで急激な出力増加を避けて原子炉が制御できている．

184

5. 核 分 裂

5.3 核分裂生成物

核分裂によって生成する放射性核種で，核分裂片（核分裂によって最初に生ずる核種）およびその壊変生成物からなる．^{235}U の熱中性子による核分裂では 80 種以上の核分裂片が生じ，その質量数はおよそ 72〜160 である．

核分裂収率の高い核分裂生成物として著名なものは以下のとおりである．

(1) $\quad ^{90}_{38}\mathrm{Sr} \xrightarrow[28.8\,\mathrm{y}]{\beta^-\,0.546\,\mathrm{MeV}} {}^{90}_{39}\mathrm{Y} \xrightarrow[64.1\,\mathrm{h}]{\beta^-\,2.28\,\mathrm{MeV}} {}^{90}_{40}\mathrm{Zr}$ （安定）

^{90}Sr は最大エネルギー0.546 MeV の β 放出核種で，その半減期は 28.8 年，娘核種の ^{90}Y と永続平衡の関係にある．^{90}Sr－^{90}Y と並べて書くこともある．^{90}Sr の β 線のエネルギーが低いのに比べて，^{90}Y の β 線のエネルギーは高いため測定しやすい．放射平衡や環境放射能分析などに関連してよく出題される．

(2) $\quad ^{137}_{55}\mathrm{Cs} \xrightarrow[30.17\,\mathrm{y}]{\beta^-\,0.514\,\mathrm{MeV}} {}^{137\mathrm{m}}_{56}\mathrm{Ba} \xrightarrow[2.551\,\mathrm{m}]{\mathrm{IT}\ 0.662\,\mathrm{MeV}} {}^{137}_{56}\mathrm{Ba}$ （安定）

^{137}Cs の半減期は 30.17 年，^{137}Cs 自身は β^- 放出核種であるが，$^{137\mathrm{m}}$Ba と永続平衡の関係にあり，$^{137\mathrm{m}}$Ba から核異性体転移（IT）によって 0.662 MeV の γ 線が放出されるため，^{137}Cs は γ 線放出核種のように誤解される．^{137}Cs－$^{137\mathrm{m}}$Ba と書くことがある．

(3) $\quad ^{144}_{58}\mathrm{Ce} \xrightarrow[284\,\mathrm{d}]{\beta^-\,0.318\,\mathrm{MeV}} {}^{144}_{59}\mathrm{Pr} \xrightarrow[17.3\,\mathrm{m}]{\beta^-\,3.00\,\mathrm{MeV}} {}^{144}_{60}\mathrm{Nd}$ （半減期 2.29×10^{15} 年）

^{144}Ce の半減期は 284 日，低エネルギーの β 線を 3 本出し，^{144}Pr と永続平衡の関係にあるので ^{144}Ce－^{144}Pr と書くこともある．^{144}Nd の半減期は 2290 兆年と極めて長く，α 壊変によって安定な ^{140}Ce になる．

(4) $\quad ^{147}_{61}\mathrm{Pm} \xrightarrow[2.6234\,\mathrm{y}]{\beta^-} {}^{147}_{62}\mathrm{Sm} \xrightarrow[1.06\times10^{11}\,y]{\alpha} {}^{143}_{60}\mathrm{Nd}$ （安定）

^{147}Pm の半減期は 2.6 年，核分裂生成物の中で発見された．純 β^- 放出核種である．Pm は天然に存在しない元素で，**欠員元素**の一つである．

185

化　　学

(5) $^{99}_{42}\mathrm{Mo} \xrightarrow[66\,\mathrm{h}]{\beta^-} {}^{99\mathrm{m}}_{43}\mathrm{Tc} \xrightarrow[6.0\,\mathrm{h}]{\mathrm{IT}\ 0.141\,\mathrm{MeV}} {}^{99}_{43}\mathrm{Tc} \xrightarrow[2.11\times10^5\,\mathrm{y}]{\beta^-} {}^{99}_{44}\mathrm{Ru}$ （安定）

$^{99\mathrm{m}}$Tc は放射性医薬品として核医学画像診断（シンチグラフィ）に広く用いられている．親核種の ^{99}Mo ジェネレーターから取り出す（2.3 例題参照）．^{99}Mo は海外の原子炉で製造されて輸入されているが，原子炉の故障等の際には製造できなくなる．そのため，^{99}Mo の安定供給が課題となっており，我が国でも加速器等による製造が検討されている．Tc は欠員元素の一つで，人工的に作られた元素である．

(6) $^{95}_{40}\mathrm{Zr} \xrightarrow[64\,\mathrm{d}]{\beta^-} {}^{95}_{41}\mathrm{Nb} \xrightarrow[35\,\mathrm{d}]{\beta^-} {}^{95}_{42}\mathrm{Mo}$ （安定）

^{95}Zr は，^{95}Nb と過渡平衡になるので ^{95}Zr$-^{95}$Nb と書くことがある．

(7) $^{106}_{44}\mathrm{Ru} \xrightarrow[372\,\mathrm{d}]{\beta^-\,0.39\,\mathrm{MeV}} {}^{106}_{45}\mathrm{Rh} \xrightarrow[30.1\,\mathrm{s}]{\beta^-\,3.53\,\mathrm{MeV}} {}^{106}_{46}\mathrm{Pd}$ （安定）

^{106}Ru は ^{106}Rh と永続平衡になるので ^{106}Ru$-^{106}$Rh と書くことがある．

(8) ^{131}I の半減期は 8.02 日，大部分が β^- 壊変して $^{131}_{54}$Xe（安定）となるが，1.1% は β^- 壊変して放射性気体の $^{131\mathrm{m}}$Xe（半減期 11.8 日，IT）となる．^{131}I は放射性医薬品に用いる．ヨウ素は人体に投与すると甲状腺ホルモンとして合成されて甲状腺に集まる．ヨウ素は $\mathrm{I_2}$，$\mathrm{I^-}$，$\mathrm{IO_3^-}$，$\mathrm{IO_4^-}$ の化学形をとる．$\mathrm{I_2}$ は揮発しやすいため吸入しないよう取扱に注意を要する．

〔例題〕^{235}U の核分裂に関する次の記述のうち，正しいものはどれか．

A ^{235}U と ^{239}Pu から熱中性子による核分裂で生成する ^{90}Sr の収率は同程度である．

B 中性子のエネルギーが高くなるにつれ，2 つの核分裂片の質量数の差は大きくなる．

C 核分裂の反応断面積は熱中性子よりも，高速中性子に対して大きい．

D 高エネルギーの陽子やヘリウム原子核でも起こる．

〔解〕　　D

186

5. 核　分　裂

A　誤　^{235}U から熱中性子による核分裂で生成する ^{90}Sr の収率は 5.8% 程度.一方で，^{239}Pu から生成する ^{90}Sr の収率は 2.1% 程度である.

B　誤　中性子のエネルギーが高くなっても核分裂片の質量数の差はあまり変わらない.

C　誤　^{235}U に対しては高速中性子の方が熱中性子よりも核反応断面積が小さい.

D　正　中性子以外にも高エネルギーの荷電粒子（陽子，α 粒子）などによって核分裂が起こる.

〔**関連問題**〕　54-9，56-11，物化生 56-4，57-13，物化生 57-3(Ⅲ)，物化生 58-4(Ⅰ)，60-3

化　　学

〔演　習　問　題〕

問 1　^{90}Sr と ^{140}Ba に関する記述のうち，誤っているものはどれか．

1. 核分裂生成物で，核分裂収率の大きい核種である．

2. 周期表で同族であり，化学的挙動が似ている．

3. 薄い硝酸酸性で沈殿が生じる．

4. 壊変定数は，娘核種の方が親核種より大きい．

5. Fe^{3+} を共沈剤として，娘核種が分離できる．

〔答〕　3　薄い硝酸酸性では溶解して沈殿は生じない．

問 2　^{235}U の核分裂で生じる ^{137}Te は，主として β^- 壊変を 4 回繰り返して安定な ^{137}Ba となる．経過する 3 元素を順に並べて書いたものとして正しいものは，次のうちどれか．

　　　1　キセノン──→セシウム──→ヨ　ウ　素

　　　2　ヨ　ウ　素──→キセノン──→セシウム

　　　3　キセノン──→ヨ　ウ　素──→セシウム

　　　4　ヨ　ウ　素──→セシウム──→キセノン

　　　5　セシウム──→キセノン──→ヨ　ウ　素

〔答〕　2

$$^{137}_{52}\text{Te} \xrightarrow{\beta^-} {}^{137}_{53}\text{I} \xrightarrow{\beta^-} {}^{137}_{54}\text{Xe} \xrightarrow{\beta^-} {}^{137}_{55}\text{Cs} \xrightarrow{\beta^-} {}^{137m}_{56}\text{Ba} \xrightarrow{\text{IT}} {}^{137}_{56}\text{Ba}\ (安定)$$

問 3　熱中性子による ^{235}U の核分裂において，生成物の収率曲線は 2 つのピークをもつ．このピークに最も近い核種の組合せは，次のうちどれか．

　　1　^{106}Ru, ^{128}Sn　　　2　^{115}Cd, ^{119}Sn　　　3　^{85}Kr, ^{149}Sm

　　4　^{100}Mo, ^{134}Xe　　　5　^{77}Se, ^{157}Eu

〔答〕　4　核分裂収率のピークは質量数 90～100 および 133～138 の 2 つである．これに近いのは ^{100}Mo と ^{134}Xe である．

5. 核　分　裂

問4　次の核種の組合せのうち，^{235}U の熱中性子による核分裂で生成する放射性核種のみからなるものはどれか.

1　^{90}Sr, ^{131}I, ^{95}Zr
2　^{65}Zn, ^{147}Pm, ^{152}Eu
3　^{87}Kr, ^{14}C, ^{137}Ba
4　^{210}Pb, ^{147}Sm, ^{137}Cs
5　^{99}Mo, ^{131}Xe, ^{127}Sb

〔答〕　1　核分裂で生成する放射性核種は，^{90}Sr（核分裂収率 5.8%），^{95}Zr（収率 6.5%），^{99}Mo（収率 6.1%），^{127}Sb（収率 0.16%），^{131}I（収率 2.9%），^{137}Cs（収率 6.8%），^{147}Sm（収率 1.7%）である.

問5　自発核分裂についての次の記述のうち，正しいものはどれか.

1　中性子によって原子核がほぼ等しい重さの 2 つの核に分裂する現象である.

2　宇宙線によって原子核が多数の原子核片に分裂する現象である.

3　核反応の一種で，γ 線により原子核が 2 ないし 3 つの核に分裂する現象である.

4　原子核の壊変の一種で，重い原子核で起こりやすい.

5　軽い元素で起こる核分裂を特にこの名で呼ぶ.

〔答〕　4

外部からエネルギーを与えなくてもひとりでに極僅かずつ核分裂が起こる現象を自発核分裂という. 質量数の大きい（重い）原子核でおこりやすい.

例：^{235}U, ^{238}U, ^{238}Pu, ^{241}Am, ^{244}Cm, ^{252}Cf.

6. 放射性核種の分離法

6.1 分離法の特徴

(1) 放射性核種（RI）はその質量が極めて微量でも，検出感度の高い放射能によって存在が分かるので常用量の元素とは異なる化学的挙動を観測できる．

天然の RI とは異なり，半減期と質量数が比較的小さい人工の RI の質量は，極めて小さい．言い換えれば非常に強い放射能の RI でも全く見えないし，質量を量れなくてもその存在が分かる．このような微量は，トレーサー量と呼ばれる．トレーサー量の RI は，通常用いられる濃度範囲（常用量）の元素に比べて全く異なる挙動をとる場合が多い．例えば，水に溶かしたとき完全には溶けないで，ラジオコロイドと呼ばれるコロイド的な性質を示すことがある．

また，トレーサー量にある RI は，容器，微細粒子，ろ紙などに吸着したり，容器の底に沈殿したりすることがあり，沈殿法，溶媒抽出法，イオン交換法などの化学的分離操作を行うときにも常用量の元素とは全く異なる挙動を示すことが多い．

(2) 分離時間の重要性

非放射性の物質(すなわち普通の物質)は，変質したり分解したりして化学形が変わらない限り，分離時間が多少長くても問題にはならない．しかし，RI の分離では，分離時間が重要となる．特に短半減期の RI は取り扱う間にどんどん壊変するからである．どんなに化学的収率の良い分離法でも，操作に長時間かかっては利用価値に乏しい．例えば 25 分の半減期をもつ ^{128}I を 25 分で 50%の化学的収率で分離できる方法は，数時間かけて 99%の化学的収率をあげる方法よりはるかに優れている．化学的収率よりも放射化学的収率が重要だからである．

6. 放射性核種の分離法

6.2 共沈による分離法

(1) 共沈現象

トレーサー量の RI の質量は極めて小さいので,沈殿剤を加えて沈殿を作ろうとしても完全には沈殿しない.このようなときには担体(carrier)を加えておいて,その担体を沈殿させると,RI は担体に取り込まれて沈殿に移る.このような現象を共沈とよぶ.

(2) 共沈による無担体分離

第 1 段で担体(目的の RI と同位体でないもの)を加えて,目的の RI を共沈させて分離し,次に第 2 段で,加えた担体を RI から分離,除去する.担体は,RI の共沈率が高く,第 2 段で RI から分離し易いものを選ぶ必要がある.一般に,第 2 段における RI と担体との分離には,溶媒抽出,イオン交換,沈殿法などが用いられる.

(3) 担 体

一般に人工の RI の物質量は非常に小さいため,容器の表面に吸着されたり,ラジオコロイドになったりして,常用量のイオンとは多くの点で全く異なる挙動を示す.このような挙動を防ぐため,適当量の非放射性物質を加えると,RI はこれと同一行動して分離操作が容易になる.このとき加える非放射性物質は,目的とする RI を担い運ぶ役割をするので**担体**とよばれる.担体が目的とする RI の安定同位体であるときは**同位体担体**,そうでないときは**非同位体担体**とよばれる.

例えば,$^{140}Ba^{2+}$ に $BaCl_2$ を加え混合して均一な溶液とした後,SO_4^{2-} を加えると $BaSO_4$ が沈殿する.^{140}Ba は Ba^{2+} と同じように行動し,$BaSO_4$ の沈殿に均一に入りこみ,沈殿した ^{140}Ba の割合は沈殿した全 Ba 担体と同じ割合となる.

この実験で Ba は ^{140}Ba の同位体担体であるが,Ba^{2+} は ^{140}La(^{140}Ba の娘核種)にとっては非同位体担体となる.担体は単に沈殿となる RI に対して加えるだけでなく,溶液の方に留めておきたい RI に対しても同時に加えられる.例えば ^{90}Sr—^{90}Y を含む溶液に Fe^{3+} を加え水酸化ナトリウム溶液を加え,水酸化鉄(III)($Fe(OH)_3$)

191

の沈殿を作り $^{90}Y^{3+}$ を共沈させ $^{90}Y^{3+}$ を分離するときに，非放射性の Sr^{2+} イオンを担体として加えておくと ^{90}Sr は溶液に残る．この Sr^{2+} のような担体を**保持担体**という．

また目的とする RI を溶液中に残し，目的としない RI を沈殿として除去するために加える担体は，清掃の役目をすることから**スカベンジャー**という．水酸化鉄 (Ⅲ) の沈殿を作って不純物の RI を除去するときの Fe^{3+} は，スカベンジャーである．スカベンジャーと保持担体とは丁度反対の働きをする．

担体の常用量は普通 10 ないし 20 mg である．しかし場合によっては増減する．溶液中に種々の RI が混在するときは全部の担体を加える必要はなく，化学的性質の似た元素の RI に対してその中の 1 種類を代表として加えればよい．例えば，銅，スズ，アンチモン，カドミウム，ビスマスの RI に対しては，非放射性の銅の塩類を代表の担体として加えれば，何れも酸性溶液で硫化第二銅と共沈する．水酸化鉄 (Ⅲ) の沈殿は 3 価の鉄の溶液を加え，水酸化ナトリウム溶液またはアンモニア水でアルカリ性にすると生成する．この沈殿は単位重量あたりの表面積が大きく，ある種のイオンだけを選択的に吸着する特性がある．例えば，リン酸イオン ($^{32}PO_4{}^{3-}$) と硫酸イオン ($^{35}SO_4{}^{2-}$) が共存する溶液に第二鉄塩 (Fe^{3+}) を加えてアンモニア水でアルカリ性にすると，水酸化鉄 (Ⅲ) が沈殿する．この沈殿はリン酸イオンをほとんど完全に共沈する．硫酸イオンはほとんど共沈しない．したがって，この 2 つは分離できる．Fe^{3+} の代わりに La^{3+} を用いることもあるが，Fe^{3+} は有色なので沈殿生成が分かりやすい．

(4) ^{32}P と ^{35}S の化学分離

塩素の同位体存在度は ^{35}Cl が 75.78%，^{37}Cl が 24.22% である．塩化アンモニウムを中性子照射すると，^{35}Cl (n, γ) ^{36}Cl で ^{36}Cl (半減期 3.01×10^5 年) が生成し，^{35}Cl (n, α) ^{32}P で ^{32}P (14.3 日) が生成し，^{35}Cl (n, p) ^{35}S で ^{35}S (87.5 日) が生成する．また ^{37}Cl (n, γ) ^{38}Cl で ^{38}Cl (37.2 分) が生成する．このうち，^{36}Cl は極めて長寿命で無視できる．^{38}Cl は生成するが，比較的短寿命のため長時間放置すると全体として結局 ^{32}P と ^{35}S だけとなる．このような状態にある塩化アン

6. 放射性核種の分離法

モニウム中の ^{32}P と ^{35}S を，化学的に分離する方法は次のとおりである．

中性子照射した NH_4Cl を水に溶かし，薄い塩酸溶液にし，これに Fe^{3+} を担体として加え，水酸化ナトリウム溶液あるいはアンモニア水を加えて水酸化鉄(Ⅲ)を沈殿させると，リン酸イオンの形の ^{32}P は沈殿に移り，硫酸イオンの形の ^{35}S は上澄み液にとどまる．遠心分離して放置して沈殿と上澄み液を分ける．上澄み液には ^{35}S が存在する．沈殿を塩酸に溶解し 8 M 溶液とし，分液漏斗に移してジイソプロピルエーテルで Fe^{3+} を溶媒抽出によって除去すれば，^{32}P の無担体塩酸溶液が得られる．

(5) ^{90}Sr—^{90}Y （又は ^{140}Ba — ^{140}La）からの ^{90}Y （又は ^{140}La）の分離

$$^{90}_{38}Sr \xrightarrow[28.8\,y]{\beta^- 0.546\,MeV} {}^{90}_{39}Y \xrightarrow[64\,h]{\beta^- 2.28\,MeV} {}^{90}_{40}Zr\,(安定) \quad 永続平衡$$

$$^{140}_{56}Ba \xrightarrow[12.75\,d]{\beta^-} {}^{140}_{57}La \xrightarrow[1.678\,d]{\beta^-} {}^{140}_{58}Ce\,(安定) \quad 過渡平衡$$

約 1 か月以上放置した ^{90}Sr （又は ^{140}Ba）は，その娘核種と放射平衡（永続平衡又は過渡平衡）になっている．この状態では，^{90}Sr には ^{90}Y が，（^{140}Ba には ^{140}La が）共存している．上記の 2 組はいずれもアルカリ土類金属元素と希土類元素（アクチノイド以外の 3 族元素を希土類元素とよぶ）の組合せなので，次のように同じ化学操作で分離できる．

^{90}Sr—^{90}Y （又は ^{140}Ba—^{140}La）の薄い塩酸溶液に Sr^{2+} （又は Ba^{2+}）および Fe^{3+} を担体として加え，さらに CO_2 を含まないアンモニア水を加え加温して水酸化鉄(Ⅲ)の沈殿を作る．$^{90}Y^{3+}$ （または $^{140}La^{3+}$）は水酸化鉄(Ⅲ)の沈殿に共沈する．溶液を遠心分離して上澄み液と沈殿に分ける．$^{90}Y^{3+}$ （又は $^{140}La^{3+}$）を含む水酸化鉄(Ⅲ)の沈殿を塩酸に溶かして 8 M 塩酸溶液にし，分液漏斗に移してジイソプロピルエーテルを加えて溶媒抽出すると，Fe^{3+} はジイソプロピルエーテルに移り，塩酸溶液には ^{90}Y （又は ^{140}La）が残り，蒸発乾固すると無担体 ^{90}Y （又は ^{140}La）が得られる．

6.3　溶媒抽出による分離法

(1) いくつかの放射性核種を溶質に含む水溶液（塩酸，硝酸，硫酸，緩衝液等）を分液漏斗に移し，これらの水溶液と混ざり合わない有機溶媒（ベンゼン，トルエン，四塩化炭素，ジイソプロピルエーテル等）を加えて振り混ぜたのち，静置して二相に分離させると放射性核種は水相と有機相に分配する．このとき特定の放射性核種が有機相に移行するような条件を設定して抽出分離する方法を**溶媒抽出法**という．溶媒抽出に用いる有機溶媒は水に不溶で二相分離が可能であれば，水よりも比重が重くてもよい．

分離に適切な抽出条件は，酸の濃度や種類，緩衝液の pH などを変えて設定する．金属イオンは一般的に陽イオンとなり電荷を持つため，無極性の有機溶媒へは移行しにくい．電荷が中性となるように，金属イオンとキレート錯体を作る陰イオン性の試薬（**キレート化剤**）を添加すれば有機溶媒へ移行しやすくなる．よく用いられるキレート化剤には，EDTA(エチレンジアミン四酢酸二ナトリウム)や8-キノリノールなどがある．一方，目的の金属イオン以外の共存陽イオンが有機溶媒へ移行するのを防ぐために加える試薬のことを**マスキング剤**とよぶ．

(2) 有機相と水相への放射性核種の分配を示す数値を**分配比 D** という（式6.1）．D は水相を基準として有機相に何倍多く存在するかを表わし，D が大きいほど有機相に多く抽出されることを意味する．

$$D = \frac{C_o}{C_w} \tag{6.1}$$

C_o は有機相中の放射性核種の全濃度，C_w は水相中の放射性核種の全濃度である．

抽出率 E は，放射性核種がどれだけの割合で有機相に抽出されたかを表わす数値で，分配比 D とは次の関係にある．

$$E = \frac{D}{D + (V_w / V_o)} \tag{6.2}$$

6. 放射性核種の分離法

V_W と V_O は，それぞれ水相と有機相の容量を示す．水相と有機相の容量を等しくして抽出する場合には，式（6.2）は式（6.3）のように変形できる．

$$E = \frac{D}{D+1} \tag{6.3}$$

〔例題〕有機相と水相の分配比が 17 の放射性核種がある．水相と同じ容量の有機相を用いる場合を考えると，全量を用いて 1 回で溶媒抽出を行う場合と，3 等分して 3 回の溶媒抽出を行う場合では，全体での抽出率はどちらが大きくなるか．

〔解〕3 等分して 3 回の溶媒抽出を行う方が大きくなる．

全量を用いて 1 回で溶媒抽出を行う場合の抽出率は，式(6.3)に $D=17$ を代入することにより，$E = 17/18 = 0.944$ となる．すなわち，水相の放射性核種のうち，94.4%が有機相に抽出されたことになる．

一方で，有機溶媒を 3 等分して溶媒抽出を行う場合，1 回目の溶媒抽出の抽出率は，式(6.2)に $D=17$, $V_W = 3$, $V_O = 1$ を代入することにより，$E = 17/20 = 0.85$ となる．すなわち，1 回目の溶媒抽出で水相の放射性核種のうち，85%が有機相に抽出され，水相には 15%しか残らないことになる．2 回目，3 回目の溶媒抽出でも水相に残っているうちの 15%しか残らなくなるため，3 回目の溶媒抽出後に水相に残っている量は $(0.15)^3 = 0.003375$ となる．よって，有機相に抽出される放射性核種の割合は，$1 - 0.003375 = 0.996625$ となり，約 99.7%が有機相に抽出されることになる．

（3）塩酸溶液からのジイソプロピルエーテルによる鉄の抽出

Fe^{3+} を含む 7.7 M から 8 M 塩酸溶液を分液漏斗に入れ，同容量のジイソプロピルエーテルを加え，振り混ぜて溶媒抽出すると，Fe^{3+} は塩酸溶液中でクロロ錯体 $HFeCl_4$ を作り，イオン会合して 100%近くジイソプロピルエーテルに抽出される（図 6.1）．

〔例題〕放射性ヨウ素で標識したヨウ化カリウムの水溶液を，ヨウ素単体を含む四塩化炭素で振り混ぜると，放射性ヨウ素は四塩化炭素溶液に移るか．

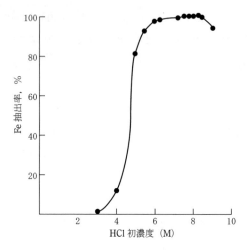

図 6.1　鉄の溶媒抽出

〔解〕四塩化炭素溶液に移る

　放射性ヨウ素で標識したヨウ化カリウム K*I は，水溶液中でカリウムイオン K^+ とヨウ化物イオン *I⁻ になる．この溶液を，ヨウ素単体 I_2 を含む四塩化炭素溶液と振り混ぜると，*I⁻ と I_2 が同位体交換して四塩化炭素溶液に移る．

　　　*I⁻ + I_2 ⇌ *I_3^- ⇌ I⁻ + *I・I

〔例題〕放射性ヨウ素で標識したヨウ化物イオン I⁻ を溶媒抽出によって分離したい．どうすればよいか．

〔解〕酸性溶液とし，亜硝酸ナトリウム水溶液または，過酸化水素水を加えヨウ素 I_2 を遊離させる（ヨウ素単体が存在していれば黄褐色となりデンプン溶液の添加で青または青紫色となる）．四塩化炭素またはクロロホルムを加えて振りまぜると，ヨウ素は四塩化炭素またはクロロホルム相に移る．

〔例題〕0.1 mol 塩酸酸性溶液中の ⁹⁰Sr−⁹⁰Y（それぞれ 370 kBq）から ⁹⁰Y を分離したい．⁹⁰Sr と ⁹⁰Y は，ビス 2-エチルヘキシルリン酸（HDEHP）の 20%トルエン溶液で図のように抽出される．上記の塩酸酸性溶液を等容量のこのトルエン溶液と振り混ぜるとき，⁹⁰Y の除染係数として期待される値を求めよ．

6. 放射性核種の分離法

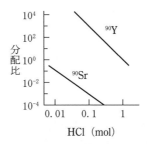

ただし，抽出平衡時の分配比及び除染係数は，次のように定義する．

$$分配比 = \frac{有機溶媒中の\ ^{90}Sr（又は^{90}Y）の濃度}{水溶液中の\ ^{90}Sr（又は^{90}Y）の濃度}$$

$$除染係数 = \frac{操作後^{90}Y試料中の（^{90}Yの放射能/^{90}Srの放射能）}{操作前の（^{90}Yの放射能/^{90}Srの放射能）}$$

〔解〕 10^3

0.1 M HCl での ^{90}Sr, ^{90}Y の分配比は，それぞれ 10^{-3}, 10^3. 操作後の ^{90}Y 試料中の（^{90}Y の放射能/^{90}Sr の放射能）は，

$$\left[370 \times 10^3 \times \frac{10^3}{1+10^3}\right] \div \left[370 \times 10^3 \times \frac{10^{-3}}{1+10^{-3}}\right] = 10^3$$

操作前の（^{90}Y の放射能/^{90}Sr の放射能）は　370 kBq/370 kBq＝1

除染係数＝10^3

6.4　イオン交換樹脂による分離法

(1) イオン交換樹脂とは，イオン交換できる酸性基（スルホ基-SO_3H，カルボキシル基-COOH など），または塩基性基（アミノ基-NH_2，第4級アンモニウム基など）をもつ不溶性の合成樹脂である．このようにイオン交換樹脂は，化学的に不活性な樹脂基体と呼ばれる部分（例えば—CH_2—のような基）と，化学的に活性な交換基（上記の酸性基，塩基性基）からできている．

イオン交換樹脂には，陽イオン交換樹脂，陰イオン交換樹脂，キレート樹脂などがある．

化　　学

(2) 陽イオン交換樹脂は，溶液中の陽イオンを取り入れて（吸着して）自分のもっている陽イオンを交換放出する性質がある．

今，水素型にした陽イオン交換樹脂 R−H を，NaCl 溶液のような Na^+ を含む溶液に入れると，

R−H＋NaCl−−→R−Na＋HCl

の反応によって溶液中の Na^+ が，陽イオン交換樹脂の H^+ と交換する．同様に $MgSO_4$ 溶液に陽イオン交換樹脂を入れると，H_2SO_4 が得られる．

陽イオン交換樹脂には，強酸性陽イオン交換樹脂と，弱酸性陽イオン交換樹脂がある．強酸性樹脂はスルホ基 $-SO_3H$ を持ち，あらゆる pH で $-SO_3H \rightleftarrows SO_3^-$ ＋H^+ に解離する．したがって，特に pH の低い溶液中でも陽イオン交換能力がある．強酸性樹脂では，価数が多いほど吸着強度は強い．価数が等しい場合，水和イオン半径が小さいものほど吸着強度は強い．同族元素では，水和イオン半径は原子番号が大きいほど小さくなる．弱酸性樹脂は主として交換基にカルボキシル基 $-COOH$ をもち，pH の高いところだけで $COOH \rightleftarrows COO^-＋H^+$ に解離する．したがって，強酸性樹脂とは異なり，pH の高い溶液中だけで陽イオン交換能力を有する．

(3) 陰イオン交換樹脂は，溶液中の陰イオンを取り入れ，自分の持っている陰イオンを放出する性質がある．いま，OH 型にした陰イオン交換樹脂 R−OH を，NaCl を含む溶液に入れると

R−OH ＋ NaCl−−→ R−Cl ＋ NaOH

の反応によって溶液中の Cl^- が，陰イオン交換樹脂の OH^- と交換する．陰イオン交換樹脂の交換基は塩基性で，強塩基性陰イオン交換樹脂と弱塩基性陰イオン交換樹脂に分類できる．

強塩基性陰イオン交換樹脂は，交換基に第四級アンモニウム基を持ち，ほとんどあらゆる pH で解離し，あらゆる pH で陰イオンの交換能力を有する．

弱塩基性陰イオン交換樹脂は，交換基にアミノ基をもち，pH の低い領域のみで解離して陰イオン交換の能力を発揮する．

198

6. 放射性核種の分離法

(4) イオン交換クロマトグラフィー

細長いガラス管にイオン交換樹脂を詰めた樹脂柱（カラム）を作り，試料イオンを樹脂層の上部に一度吸着しておく．これに溶離液（溶出するための溶液）を連続的に通し各吸着イオンと交換し，流れの方向に押しやりながら各イオンの吸着性の差異によって，吸着した試料イオンを分離して，分別的に各成分を溶出分離する方法である．溶離の結果得られる流出液は溶出液という．イオン交換樹脂は，イオン交換クロマトグラフィーとして使用することが多い．

〔例題〕クロム酸カリウム（K_2CrO_4）を原子炉で中性子照射した後，水溶液とし陰イオン交換樹脂カラムに通した．溶出液に認められる放射性核種は何か．

〔解〕$^{51}Cr^{3+}$ と $^{42}K^+$ が溶出液に認められる．

K_2CrO_4 を原子炉で中性子照射すると，$^{41}K(n, \gamma)^{42}K$，$^{50}Cr(n, \gamma)^{51}Cr$ 反応によって ^{42}K（半減期 12.4 h）と ^{51}Cr (27.7 d) が認められる．^{51}Cr は反跳によって K_2CrO_4 より外れ，CrO_4^{2-} の陰イオンとして存在していた Cr(VI) が，陽イオンの $^{51}Cr^{3+}$ となる．生成した $^{42}K^+$ も陽イオンである．陰イオン交換樹脂は，陰イオンを吸着するが陽イオンは吸着しない．したがって $^{51}Cr^{3+}$ と $^{42}K^+$ が溶出液に認められる．

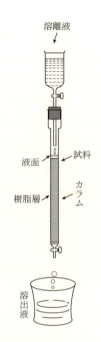

図 6.2　カラムクロマトグラフィー

〔例題〕塩化ナトリウムを水に溶かし，OH型陰イオン交換樹脂カラムに通すと，溶出液には何が認められるか．

〔解〕

$$R-OH+NaCl \longrightarrow R-Cl+NaOH$$
　　カラム　　溶液

水酸化ナトリウム NaOH が認められる．

(5) 陽イオン交換樹脂による核分裂生成物の分離

試料に過塩素酸と硝酸を加えて加熱し有機物を分解した後，濃塩酸を加えて蒸発

乾固し，塩化物に変える．0.1〜0.2 M 塩酸溶液とした後，少量の臭素水を加え，100〜200 メッシュの RH 型の強酸性陽イオン交換樹脂を詰めたカラム（内径 0.5〜1 cm，長さ 5 cm）に 1 分間 0.5 mL の速さで試料を流す．次に 0.2 M 塩酸で溶離する．溶出液には，I, Ru, Sb(V) が認められ，塩酸処理が不十分であると Te(VI) が混入する．

0.5〜1 M 塩酸を流すと Te(IV) が溶出する．塩酸処理が不十分であると Ru も混ざる．Sn, Cd も溶出するが微量である．0.5% シュウ酸で Zr, Nb が溶出する．U, Th, Sb, Fe も存在すれば溶出する．5% クエン酸アンモニウム（pH 3.5〜4）で溶離すると，Cs および希土類元素が溶出する．pH 6 のクエン酸アンモニウムでは，アルカリ土類金属元素が溶出する．分離した各フラクションは蒸発乾固する．

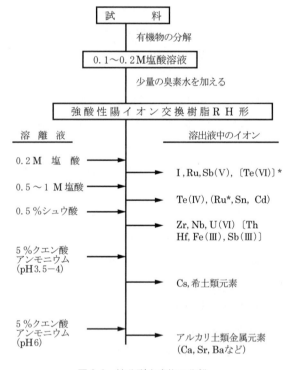

図 6.3 核分裂生成物の分離

6. 放射性核種の分離法

有機物があれば有機物を分解した後，蒸発乾固する．溶離液にクエン酸アンモニウムの代りに，ギ酸アンモニウム，酢酸アンモニウムを用いると蒸発乾固したとき残留物を残さない．

〔例題〕それぞれ放射平衡にある ^{90}Sr と ^{137}Cs を含む薄い塩酸溶液を，強酸性陽イオン交換樹脂カラムに通し，水で洗浄した後，pH 3.5 の 5%クエン酸アンモニウム溶液を通したところ，2 つの放射性核種が溶出した．溶出直後における放射性核種は何か．

〔解〕 ^{90}Sr からは ^{90}Y が生成し，^{137}Cs からは ^{137m}Ba が生成する．それぞれ放射平衡が成立すると $^{90}Sr-^{90}Y$，$^{137}Cs-^{137m}Ba$ になる．図 6.3 から pH 3.5 では希土類元素の Y とアルカリ金属元素の Cs が溶出する．また pH 6 で ^{90}Sr と ^{137m}Ba が溶出する．

(6) 陰イオン交換樹脂に対する金属イオンの吸着傾向

水溶液中で金属イオンは，一般的に陽イオンであるので，陰イオン交換樹脂には吸着しないが，重金属イオンは塩酸溶液中でクロロ錯体を作り，強塩基性陰イオン交換樹脂に吸着するものと吸着しないものがある．この吸着性の差を利用して重金属イオンが分別分離できる．

強塩基性陰イオン交換樹脂に対する各種元素の吸着特性は，次の 4 グループに分類できる．（図 6.4 参照）

① ほとんど吸着しない，あるいは全然吸着しないグループ．アルカリ金属，アルカリ土類金属元素，希土類元素，Ac，Tl(I)，Ni，Al などがこれに属する．

② 高い塩酸濃度で初めて吸着するグループ．Ti(IV)，Zr(IV)，Hf(IV)，V(IV)，Fe(II)，Ge(IV)，U(IV)，U(VI) などがこれに属する．

③ 塩酸のある特定の濃度で吸着が最大になるグループ．Fe(III)，Co(II)，Zn，Cd，Ga，In，Sn(IV)，Pb(II)，Sb(III)，Sb(V) などがこれに属する．

④ 塩酸濃度の増加に伴い吸着曲線が減少するグループ．Bi(III)，Hg(II)，Au(III)，Ag(I)，Pd(II)，Pt(IV)，Re(III)，Tc(VII) などがこれに属する．

(7) 強塩基性陰イオン交換樹脂カラムによる重金属イオンの分離

化　学

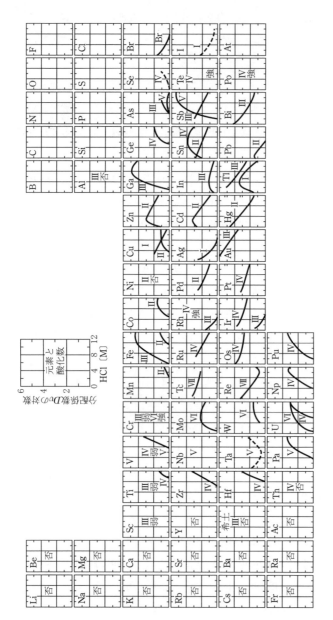

図6.4 塩酸溶液からの諸元素の陰イオン交換樹脂への吸着

否：0.1〜12M HClから吸着されない元素
弱：12M HClからでも弱い吸着 (0.3 < D < 1) の元素
強：強い吸着の元素
強塩基性陰イオン交換樹脂：Dowex-1

6. 放射性核種の分離法

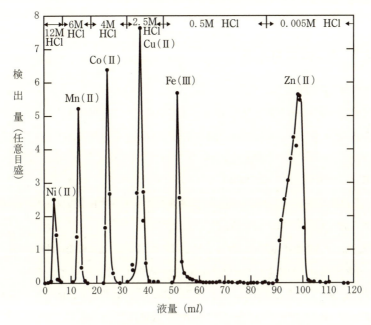

図 6.5 塩酸溶液中の陰イオン交換樹脂による分離

図 6.5 は, 各金属イオン (6 mg) を含む濃塩酸溶液 (0.85 mL) を強塩基性陰イオン交換樹脂 (Dowex－1, 粒径 200～230 メッシュ) 26 cm×0.29 cm² の樹脂層に加え, 図に示した濃度の塩酸で 0.5 cm/m の流速で分別溶出した結果である. Fe^{3+}, Co^{2+}, Zn^{2+} は, 塩化物イオンが存在すると, $FeCl_4^-$, $CoCl_4^{2-}$, $ZnCl_4^{2-}$ などのクロロ錯体を形成するので, 強塩基性陰イオン交換樹脂に吸着するようになる. いったん陰イオン交換樹脂カラムに吸着したクロロ錯体を塩酸溶液で溶出するとき, 陽イオンと塩化物イオンのクロロ錯体の形成が強いものほど, 塩酸溶液の濃度は薄いものを使用しなければならない. 図 6.5 では, Ni^{2+} はクロロ錯体を形成しないので 12 M HCl, Mn^{2+} は 6 M HCl, Co^{2+} は 4 M HCl, Cu^{2+} は 2.5 M HCl, Fe^{3+} は 0.5 M HCl, Zn^{2+} は 0.005 M HCl でそれぞれ溶出する. このときには Zn^{2+} が最も強いクロロ錯体を形成している. また, 陰イオン交換樹脂は, 陰イオンしか吸着しないので, Cs^+ のような陽イオンは吸着しない. そして上記の Fe^{3+},

203

化　　学

Co^{2+}, Zn^{2+} も，陽イオンのままなら吸着しない．

6.5　ラジオコロイド

常用量の溶液中の分子やイオンの直径は 10^{-7}cm より小さく，メンブレンフィルターでろ過しても留まらない．しかし，これより大きい粒子はフィルター上に留まる．直径が 10^{-5} から 10^{-7}cm 程度の粒子が分散している溶液をコロイド溶液といい，その粒子をコロイド粒子という．

RI は，溶液中ではその溶解度よりはるかに低い濃度でも，コロイド状で存在しているときがある．このように非常に低濃度で生成する放射性のコロイド状物質をラジオコロイド（RC）という．

RC は，非放射性の常用量のコロイドと同じように，ろ過，吸着，沈降，遠心分離，透析，電気泳動によって分離できる．その本体は，RI がいくつか集まってコロイドを作っているという真コロイド説と RI がケイ酸コロイドなどの不純物に吸着されて RC ができているという不純物説の 2 説に分かれている．

〔例題〕37 MBq の ^{90}Sr の塩酸溶液に，Sr^{2+}担体を加えアンモニア水で pH 9 にして，Sr^{2+} を精製分離するためろ過したところ，ろ紙上に強い放射能が存在した．この現象が起こる理由と過程を説明せよ．

〔解〕^{90}Sr は 1 か月以上放置すると，その娘核種の ^{90}Y と永続平衡が成立する．そのとき生成する ^{90}Y の放射能は，^{90}Sr と同じ 37 MBq となり ^{90}Sr と共存する．この ^{90}Y は無担体なので，目には全く見えないし秤量もできない．アンモニア水を加えるとラジオコロイドである $Y(OH)_3$ が生じ，ろ過すると ^{90}Y はろ紙上に残る．なお ^{90}Sr は，Sr を保持担体として添加しており pH も 9 と弱塩基性なので沈殿しない．

〔例題〕ラジオコロイド（RC）に関する次の記述のうち正しいものはどれか．

1　RC は，ろ紙に吸着されるが器壁には吸着されない．

2　RC の生成は，オートラジオグラフィで確かめられる．

3　RC に錯化剤を加えても均一な溶液にはならない．

6. 放射性核種の分離法

4 RC は，イオン交換樹脂に対してイオンとしての挙動を示さないことがある．

〔解〕2と4

1：RC の多くは器壁にも吸着される．放射性核種の種類にもよるが，一般に吸着は，器壁の材質には無関係で pH 約 5 で最大となり，pH 5 を超えると減少し pH 9 を超えると再び増加する．

2：RC が生成すると不均一に分布することから確かめられる．

3：錯化剤には，EDTA，DTPA，オキシン，ジチゾン，クエン酸などがある．少量の酸を RC 溶液に加えてイオン溶液に変え，適切な錯化剤を加えてアルカリ溶液を滴下して pH を上げると錯形成して均一溶液となる．

4：RC はコロイドなので，イオンとしての挙動は示さず，イオン交換樹脂に吸着はしない．しかしカラム法のときには，生成した RC がカラム先端に沈着することがある．

〔例題〕^{210}Po の中性溶液を直径 2 cm 深さ 60 cm 円筒形ガラス管に入れて一週間後，放射能を計測したところ，大部分の放射能は底にあって浅くなるに従って放射能が少ないことが分かった．この現象の起こった理由を説明せよ．

〔解〕ラジオコロイドが生成し放置している間に静かに沈降したためである．RI の希釈溶液では，よくみられる現象であるので，長時間保存していた希釈溶液の使用にあたっては注意を要する．

6.6 イオン化傾向

金属が陽イオンになろうとする傾向の順番をイオン化傾向とよぶ．主要な金属イオンの水溶液中でのイオン化傾向を大きいものから順にあげると次のようになる．

K＞Ca＞Na＞Mg＞Al＞Zn＞Fe＞Ni＞Sn＞Pb＞(H)＞Cu＞Hg＞Ag＞Pt＞Au．

この順番を記憶するのには，K(カ)リウム，Ca(カ)ルシウム，Na(ソ)ーダ，

205

化　　学

Mg(マ)グネシウム，Al(ア)ルミニウム，Zn(ア)エン，Fe(テ)ツ，Ni(ニ)ッケル，Sn(ス)ズ，Pb(ナ)マリ，H(ヒ)，Cu(ド)オ，Hg(ス)イギン，Ag(ギ)ン，Pt(ハ)ッキン，Au(キン)というように頭文字だけをならべ，「カネカソマアアテニスナヒドスギハキン」すなわち「金貨そうまああてにすな酷過ぎは禁」とすればよい．金属イオン（たとえば Cu^{2+}）溶液にその金属よりイオン化傾向の大きい金属（たとえば Zn）を加えると下記のようにイオン化傾向の大きい金属がイオンとなり，イオン化傾向の小さい金属はイオンでなくなり金属として析出する性質がある．上記のイオン化列で水素原子より左側にある金属は酸に溶けてイオンとなり同時に水素ガスを出す．一方，水素よりイオン化傾向の小さい金属は，酸化力をもたない酸には溶解しない．

　イオン化傾向は，酸化力の有無，陰イオンの種類など溶液の性質によって変わるので，あくまでも定性的な目安にすぎない．

〔例題〕（n，γ）反応で作った ^{64}Cu と ^{65}Zn を含む微酸性溶液がある．この溶液に錆のついていない鉄片を入れると，どのような現象がみられるか．

〔解〕イオン化傾向は Zn＞Fe＞Cu である．金属イオン溶液に，その金属よりイオン化傾向の大きい金属を加えると，溶けてイオンとなる．一方，イオン化傾向の小さい金属は，イオンでなくなり金属として析出する．したがって，鉄片の表面には金属となった ^{64}Cu が析出する．

〔例題〕^{59}Fe を含む硫酸第一鉄と，^{65}Zn を含む硫酸亜鉛の弱酸性混合溶液に銅板を入れると，どのような現象がみられるか．

〔解〕Fe，Zn，Cu の3つの元素のイオン化傾向は，上記例題に示すように Cu が最も小さい．したがって変化は認められない．

〔例題〕塩化亜鉛に中性子を照射して，（n，p）反応で ^{64}Cu が生成した後，水に溶解し1粒の金属亜鉛を加えると，どのような現象がみられるか．

〔解〕Cu のイオン化傾向は Zn より小さい．したがって，$^{64}Cu^{2+}$ は金属銅として析出し Zn は溶ける．

206

6.7 イオンの沈殿生成と系統分離

金属イオンの混合溶液に試薬を加えると，特定の種類の金属イオンのみが沈殿を生成する．沈殿はろ過して分離することで除去できる．ろ液に次の試薬を加えて別の種類の金属イオンを沈殿させる．この操作を繰り返すことによって，混合溶液から目的の金属イオンを分離することができる．この操作を**系統分離**とよぶ．金属イオンが混合している沈殿は，化学的性質の違いを利用してそれぞれのイオンに分離することができる．

(1) 硫酸塩沈殿の生成

$$Ca^{2+} + SO_4^{2-} \longrightarrow CaSO_4（白色）$$

$$Sr^{2+} + SO_4^{2-} \longrightarrow SrSO_4（白色）$$

$$Ba^{2+} + SO_4^{2-} \longrightarrow BaSO_4（白色）$$

$$Pb^{2+} + SO_4^{2-} \longrightarrow PbSO_4（白色）$$

$$2Ag^+ + SO_4^{2-} \longrightarrow Ag_2SO_4（白色）$$

(2) リン酸塩沈殿の生成

$$Ba^{2+} + HPO_4^{2-} \longrightarrow BaHPO_4 （白色，中性溶液から）$$

$$3Ba^{2+} + 2OH^- + 2HPO_4^{2-} \longrightarrow Ba_3(PO_4)_2 + 2H_2O$$

$$（白色，アルカリ性溶液から）$$

〔Sr^{2+}，Ca^{2+} も Ba^{2+} と同じような反応を呈する〕

$$3Ag^+ + PO_4^{3-} \longrightarrow Ag_3PO_4（黄色）$$

$$Fe^{3+} + PO_4^{3-} \longrightarrow FePO_4 （白色）$$

(3) 硫化物沈殿の生成

①約 0.3 mol/L 塩酸溶液で硫化水素 H_2S を通したときに生じる硫化物の沈殿

$$Hg^{2+} + S^{2-} \longrightarrow HgS （黒色）$$

$$Cu^{2+} + S^{2-} \longrightarrow CuS （黒色）$$

$$2Bi^{3+} + 3S^{2-} \longrightarrow Bi_2S_3 （褐色）$$

$$2Ag^+ + S^{2-} \longrightarrow Ag_2S （黒色）$$

化　学

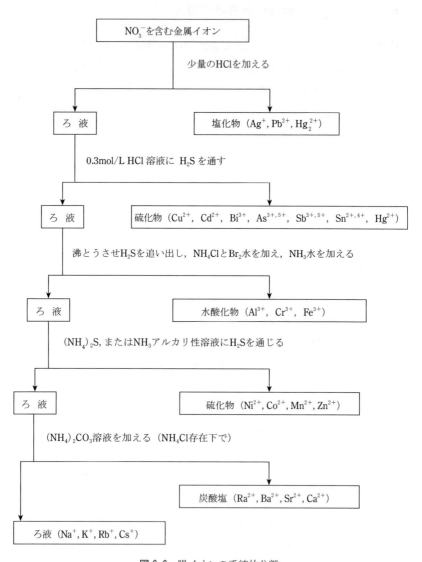

図 6.6　陽イオンの系統的分離

6. 放射性核種の分離法

$$Pb^{2+}+S^{2-}\longrightarrow PbS\ (黒色)$$

$$Cd^{2+}+S^{2-}\longrightarrow CdS\ (黄色または橙色)$$

②酸性では沈殿を生じないが，アンモニアアルカリ性で硫化物の沈殿を作るもの

$$Zn^{2+}+S^{2-}\longrightarrow ZnS\ (白色)$$

$$Ni^{2+}+S^{2-}\longrightarrow NiS\ (黒色)$$

$$Co^{2+}+S^{2-}\longrightarrow CoS\ (黒色)$$

$$Mn^{2+}+S^{2-}\longrightarrow MnS\ (肉紅色)$$

③酸性でもアルカリ性でも沈殿しないもの

$$Mg^{2+},\ Ca^{2+},\ Sr^{2+},\ Ba^{2+},\ Na^+,\ K^+,\ Cs^+$$

(4) 塩化物沈殿の生成

$$Ag^++Cl^-\longrightarrow AgCl\ (白色，紫外線で紫黒色)$$

$$Hg_2^{2+}+2Cl^-\longrightarrow Hg_2Cl_2\ (白色)$$

$$Pb^{2+}+2Cl^-\longrightarrow PbCl_2\ (白色)$$

(5) クロム酸塩沈殿の生成

$$2Ag^++CrO_4^{2-}\longrightarrow Ag_2CrO_4\ (赤褐色)$$

$$Ba^{2+}+CrO_4^{2-}\longrightarrow BaCrO_4\ (黄色)$$

$$Pb^{2+}+CrO_4^{2-}\longrightarrow PbCrO_4\ (黄色)$$

(6) 炭酸塩沈殿の生成

$$2Ag^++CO_3^{2-}\longrightarrow Ag_2CO_3\ (白色)$$

$$Ba^{2+}+CO_3^{2-}\longrightarrow BaCO_3\ (白色)$$

$$Sr^{2+}+CO_3^{2-}\longrightarrow SrCO_3\ (白色)$$

$$Ca^{2+}+CO_3^{2-}\longrightarrow CaCO_3\ (白色)$$

〔関連問題〕 (1) 沈殿の生成(分離) 55-14, 55-15, 55-16, 55-18, 56-23, 57-22, 57-23, 57-26, 物化生 57-4(Ⅲ), 58-10, 物化生 58-3(Ⅰ), 59-19, 59-22, 60-13, 60-14, 60-15, 物化生 60-3(Ⅲ) (2) 放射性気体の発生 54-4, 56-22, 57-24, 58-18, 58-20, 59-14, 59-18, 60-16, 60-17 (3) 溶液中の挙動 54-21, 56-25, 57-21,

209

化　学

57-25, 60-22, 60-23　(4) イオン交換分離 54-16, 54-20, 60-18　(5) 溶媒抽出法 54-19, 54-27, 55-19, 55-20, 56-24, 59-23, 60-19　(6) ラジオコロイド 55-17 (7) イオン化傾向 58-19, 59-20

6. 放射性核種の分離法

〔演 習 問 題〕

問1 次の設問の（　）部分に適切な語句を記せ.

1　陽イオンの分属などにみられる沈殿法は，金属イオンの分離に有効な方法であるが，放射性核種に応用する場合，注意が必要である．放射性核種が（　1　）またはそれに近い状態では，その濃度は非常に小さく，沈殿生成条件では，（　2　）に達せず，沈殿を起こさない可能性がある．この場合，目的の放射性核種と化学的に挙動を共にする物質を（　3　）として加える.

2　互いに溶け合わない2種の溶媒相に対する溶存化学種の濃度の比は，一定温度で一定となる.（　4　）法は，一方の溶媒に溶存化学種の分配比が大きいことを利用した分離法である．例えば核分裂生成物中のセリウムを他の核種から迅速に分離するのに（　5　）を用いる方法がよく知られている.

3　イオン交換法も有力な分離法である．イオン交換樹脂カラムを用いた（　6　）法が用いられる.（　7　）を用いた核分裂生成物の分離や,（　8　）を用いた鉄，コバルト，ニッケルなどの（　9　）イオンの分離など，多くの応用例がある.

4　親核種，娘核種の間で放射平衡が成立した後，娘核種を分離し，再び親核種の間で娘核種が生じた後，分離を繰り返す操作は（　10　）とよぶ．これには種々の化学的方法があるが，繰り返しの簡単な方法が望ましい.

〔答〕(1) 無担体　　(2) 溶解度積　　(3) 担体　　　　(4) 溶媒抽出

　　　(5) メチルイソブチルケトン　(6) クロマトグラフ　(7) 陽イオン交換樹脂

　　　(8) 陰イオン交換樹脂　　(9) 遷移（金属）　　(10) ミルキング

問2 次のうち放射性気体を発生するものを全て選べ.

A　[^{32}P]リン酸カルシウムに濃塩酸を加える.

B　[^{13}N]塩化アンモニウムに濃い水酸化ナトリウム溶液を加える.

C　中性子照射した酸化ウランに希硝酸を加える.

D　[^{45}Ca]炭酸カルシウムに希硫酸を加える.

E　[^{35}S]硫化鉄に濃塩酸を加える.

211

化　　学

F　[^{64}Cu]塩化銅水溶液に銀の粉末を加える.

G　[^{3}H]塩化アンモニウム水溶液を硫酸酸性にする.

H　[^{3}H]ブドウ糖水溶液を室温で空気中に放置する.

I　[^{14}C]炭酸ナトリウムに希硫酸を加える.

〔答〕　B, C, E, H, I

放射性気体の発生は作業環境中の放射性核種濃度の上昇を招く. 内部被ばくにつながることもあり, 試験に頻出である.

A　×　$Ca_3(^{32}PO_4)_2$　+　$6HCl$　$\rightarrow 2H_3^{32}PO_4$（揮発しない）$+3CaCl_2$

B　○　$^{13}NH_4Cl$　+　$NaOH$　$\rightarrow$　$^{13}NH_3\uparrow$　+　$NaCl$　+　H_2O

C　○　酸化ウランに中性子を照射すると核分裂を起こし, ^{85}Kr, ^{133}Xe などの放射性気体のほか ^{106}Ru, ^{131}I, ^{133}I を生じ, これに希硝酸を加えると揮発する. 酸化ルテニウム（Ⅷ）（RuO_4）の融点は 40℃である.

D　×　$^{45}CaCO_3$　+　H_2SO_4　$\rightarrow$　$^{45}CaSO_4\downarrow$　+　$CO_2\uparrow$　+　H_2O

E　○　$Fe^{35}S$　+　$2HCl$　$\rightarrow$　$FeCl_2$　+　$H_2^{35}S\uparrow$

F　×　銀は, 銅よりもイオン化傾向が低いため, 反応がおこらない.

G　×　塩化アンモニウムと希硫酸は反応しない. 一部が反応したとしても水中で水素イオンと塩化物イオンに解離するため, 気体は発生しない. なお, 塩化水素を発生させるためには塩化アンモニウムの固体に濃硫酸を加えて加熱する必要がある. NH_4Cl　+　H_2SO_4　$\rightarrow$　$(NH_4)HSO_4$　+　$HCl\uparrow$

H　○　ブドウ糖中の ^{3}H が水の水素と同位体交換を起こしてトリチウム水となる. トリチウム水は室温でも少しずつ蒸発する.

I　○　$Na_2^{14}CO_3$　+　H_2SO_4　$\rightarrow$　$Na_2SO_4\downarrow$　+　$^{14}CO_2\uparrow$　+　H_2O

問3　次の設問の（　　）部分に適切な語句を記せ.

A　^{35}S で標識した硫酸ナトリウムと ^{131}I で標識したヨウ化ナトリウムの混合溶液に, ^{133}Ba で標識した塩化バリウム溶液を加え, 遠心して沈殿と上澄み液に分離した. 沈殿に存在する放射性核種は（　1　）, 上澄み液中の放射性核種は（　2　）である.

B　^{32}P で標識したリン酸と, ^{35}S で標識した硫酸の弱酸性溶液に, 塩化鉄（Ⅲ）を加え,

212

6. 放射性核種の分離法

水酸化ナトリウム溶液で弱アルカリ性とし，（ 3 ）の沈殿をつくった．沈殿に共沈する放射性核種は，（ 4 ）である．

C ^{45}Ca で標識した炭酸カルシウムと ^{14}C で標識した炭酸カルシウムの等量混合物に塩酸を加えて静かに加温し，蒸発乾固した．残留物中の放射性核種は（ 5 ），気体として放出された放射性核種は（ 6 ）である．

D 予め 4 M 塩酸を十分通した塩基性陰イオン交換樹脂カラムに $^{59}Fe^{3+}$，$^{60}Co^{2+}$ および $^{65}Zn^{2+}$ を含む 4 M 塩酸溶液を通し流出液をとり，4 M 塩酸溶液でカラムを洗浄し洗液と混合した．4 M 塩酸溶液中に存在する放射性核種は（ 7 ）であった．次に同じカラムに 0.5 M 塩酸溶液を通したところ，溶出した放射性核種は（ 8 ）であった．

$$^{45}CaCO_3 \ + \ 2HCl \ \rightarrow \ ^{45}CaCl_2\downarrow \ + \ H_2O \ + \ CO_2$$

〔答〕

1 ^{35}S, ^{133}Ba $\quad$ $Na_2{}^{35}SO_4 + {}^{133}BaCl_2 \rightarrow \ ^{133}Ba^{35}SO_4\downarrow \ + \ 2NaCl$

2 ^{131}I $\quad$ $Na^{131}I$ に $BaCl_2$ を加えても沈殿はできない．

3 水酸化鉄(III)「$Fe(OH)_3$」

4 ^{32}P

5 ^{45}Ca

6 ^{14}C $\quad$ $^{45}CaCO_3 \ + \ 2HCl \ \rightarrow \ ^{45}CaCl_2\downarrow \ + \ H_2O \ + \ CO_2\uparrow$

$\qquad\qquad\quad Ca^{14}CO_3 \ + \ 2HCl \ \rightarrow \ CaCl_2\downarrow \ + \ H_2O \ + \ ^{14}CO_2\uparrow$

7 ^{60}Co

8 ^{59}Fe

問 4 担体を含む $^{65}Zn^{2+}$ の酸性溶液がある．これに水酸化ナトリウム水溶液あるいはアンモニア水を加えていくと，いずれもまず白い沈殿が生じる．次の記述のうち，正しいものを全て選べ．

A 水酸化ナトリウム水溶液を少量加えて沈殿するのは水酸化物である．

B 水酸化ナトリウム水溶液をさらに過剰に加えると，この沈殿は再溶解する．

C アンモニア水を少量加えて沈殿するのは水酸化物である．

D アンモニア水をさらに過剰に加えると，この沈殿は再溶解する．

化　　学

〔答〕ABCD 全て

A　$Zn(OH)_2$ が沈殿する．

B　過剰に NaOH を加えると，$[Zn(OH)_4]^{2-}$（テトラヒドロキソ亜鉛(II)酸イオン）
となり，沈殿が再溶解する．

C　$Zn(OH)_2$ が沈殿する．

D　過剰にアンモニア水を加えると，$[Zn(NH_3)_4]^{2+}$（テトラアンミン亜鉛(II)イオン）
となり，沈殿が再溶解する．

7. 放 射 化 分 析

7.1 概 要

分析しようとする元素（試料）に，主として中性子（時として陽子，重陽子，α粒子，γ線など）を照射して核反応を起こさせ，生成する放射性核種の特性（半減期，放射線の種類，エネルギー），放射能を計測，解析することによって試料元素の定量を行う分析法を**放射化分析**という．

このほか即発γ線のように核反応で放出される放射線を，試料を放射化しながら計測，解析する放射化分析もあるが，ここでは主任者試験でよく出題される前者について記す．

7.2 生成放射能の計算

試料とする元素を t 時間照射して照射終了直後に得られる生成核の放射能 A（Bq）は，次の式から算出できる．

$$A = f\sigma N\,(1-e^{-\lambda t}) = f\sigma N\left[1-\left(\frac{1}{2}\right)^{\frac{t}{T}}\right] \tag{7.1}$$

ただし f は照射粒子束密度（n/cm^2・s），σ は放射化断面積（バーンで与えられ，計算のとき $1\,\mathrm{b}=10^{-24}\,\mathrm{cm}^2$ に換算すること．），N は試料元素の原子数，λ は生成核の壊変定数，T は生成核の半減期とする．

試料元素の質量を W グラム，その原子量を M，その同位体存在度[ある元素の特定同位体の原子数（C）と，その元素の全同位体の原子数（B）の比（C/B）]を θ としたとき，原子数 N は次の式から算出できる．

215

化　　学

$$N = \frac{\theta W}{M} \times 6.02 \times 10^{23} \tag{7.2}$$

式(7.2)の6.02×10^{23}はアボガドロ数で，この計算に使用するθの数値は％で表した数値ではなく比率を使用する．

式(7.2)を式(7.1)に代入すると次の式が得られる．

$$A = \frac{6.02 \times 10^{23} f \sigma \theta W (1 - e^{-\frac{0.693t}{T}})}{M} \tag{7.3}$$

式(7.1)は照射終了直後の放射能を示すが，照射終了から時間d経過後の放射能A_dは次の式で算出できる．

$$A_d = A \times e^{-\lambda d} = A \left(\frac{1}{2} \right)^{\frac{d}{T}} \tag{7.4}$$

式(7.3)および(7.4)から分かるように粒子束密度f，放射化断面積σ，同位体存在度θが大きく，分子量Mが小さく生成核の半減期Tが短い照射条件，試料条件を選び，できるだけ時間をかけて照射し，照射終了直後，放射線計測すると放射能A_dが大きく計測しやすく有利である．

$$S = [1 - e^{-\lambda t}] = \left[1 - \left(\frac{1}{2} \right)^{\frac{t}{T}} \right] \tag{7.5}$$

式(7.5)のSは飽和係数といい，式(7.1)に含まれている．このSの増加率の時間変化を見ていくと，テイラー級数展開（$e^{-\lambda t} = 1 - \lambda t + \frac{1}{2} (\lambda t)^2 - \cdots\cdots$）から最初のうちは$\lambda t \ll 1$であるので$1 - e^{-\lambda t} \fallingdotseq \lambda t$という近似が成り立つため，時間とともに直線的に増加する．しかし，次第に照射時間が長くなると飽和に近づき増加率が遅くなるので，あまり長時間照射しても放射能生成の効率は良くない．無限時間の照射を行った際に生成する放射能のことを**飽和放射能**とよぶ（物理学5.3も参照せよ）．効率の良い照射時間は生成核の2半減期程度とされ，飽和放射能の75％が生成する．

式(7.3)，(7.4)を使って計算した結果をそのまま使用する絶対法は，放射線計測上の問題があってあまり実用されず，生成放射能の目安のために使用されているにすぎない．（ただし，主任者試験ではこの種の計算問題が多いので慣れておく必

7. 放射化分析

要がある.）

実際の放射化分析では「既知元素量の標準物質と測定試料を，全く同一条件に置いて照射して放射線計測し，得られた計測値を相対的に比較計算して含有量を決定する」比較法を用いている.

照射した試料の中では，目的の元素が放射化される他に，他の共存元素も多かれ少なかれ放射化されて，放射線計測の妨害となる. このため，放射線計測には，γ線に対するエネルギー分解能が優れている Ge 半導体検出器によって多核種を同時計測するのが普通である.

中性子照射の際に試料を入れる容器には，放射化がおこりにくい素材（ポリエチレンなど）や不純物の少なく放射化がおこっても短半減期で減衰する素材（アルミニウムや石英ガラス）でできたものを用いて，核種同定の際に妨害にならないようにする.

放射化分析では，化学的に分離して放射線計測する方法（破壊法）と化学分離しないで直接，放射線計測する方法（非破壊法）がある.

破壊法は，共存の放射性核種が多くて，放射線計測の妨害となり直接多核種を同時計測できない試料に用いる.

非破壊法は，化学分離しなくても直接放射線計測できる試料に用いる. 非破壊法は，面倒な化学操作が不要で簡便，迅速であり，放射化分析の特徴を生かした理想的な分析法といえる. 非破壊法の中，試料を中性子放射化する方法を機器中性子放射化分析（Instrumental Neutron Activation Analysis, INAA）といい，実用されている.

放射化分析は，主成分よりはむしろ微量元素の多くを同時定量できるのが特長なので，大気浮遊じん，雨水，河川水，海水，土壌，岩石，石炭，生体試料，毛髪，農作物，植物，魚類，各種標準試料などの含有元素の実用的な分析法として広く用いられている.

7.3 放射化分析の利点と欠点

(1) 利 点

217

化　　学

1）検出感度が高い．したがって，主成分元素より微量成分元素の定量に用いられる．

2）試薬などによる汚染の影響が無視できる．微量元素の定量で常に問題になるのは，用いる試薬に含まれる不純物による汚染である．放射化分析では，試料を照射する前に汚染しないように注意さえすれば，照射後，非放射性物質が多少混入しても問題はない．

3）核反応なので化学反応と異なる特殊性がある．放射化によって生じる放射能は，原子核に固有で化学的性質とは無関係である．したがって，化学的性質が非常によく似て，化学分析が困難な元素でも定量できる．例えばアルカリ金属元素，ハロゲン元素，ランタノイド同士が共存している試料のときである．

4）破壊法による化学分離のとき，試料の損失が担体を加えて補正できる．一般の化学分析では，目的の元素をロスしないよう最後まで定量的に化学操作しなければならない．放射化分析では，生成した放射性核種の非放射性同位体を，担体として一定量加えて化学操作が終了したところで再び定量して回収率を求め，放射能値が補正できる．このため分析の操作が簡単になる．

5）多元素同時分析ができる．このため環境中の微量元素成分の分析に有用である．

6）非破壊分析が可能である．放射化によって，目的元素から得られる放射性核種の特性（γ線エネルギー，半減期など）が，共存元素のものと著しく異なるようなときには，厄介な化学分離の必要はなく，そのままγ線スペクトロメトリーによって放射能を測定し，目的元素が定量できる．非破壊分析法は簡便で試料を傷つけないので，貴重な資料，考古学的試料，宝石の鑑定などにも利用できる．

（2）欠　点

1）精度が比較的低い．

放射化分析は，放射能の測定による定量なので測定誤差が大きくなることは避けられない．この誤差は数％程度であるが，放射能が弱くなると次第に大きくなる．その他の誤差を加えて，放射化分析の誤差は10％程度とされている．

218

7. 放 射 化 分 析

2) 副反応による妨害

衝撃粒子が単一でなく，あるいは単一でもエネルギー幅が広いときには，核反応はただ一つではなく，幾つかの副反応を伴うことがある．また，条件によっては，異なる親核種から同一の娘核種を生成することがあり，定量誤差の原因となる．

3) 自己遮蔽

試料を通過するとき，入射粒子が試料によって遮蔽されて減衰する現象を自己遮蔽という．自己遮蔽は誤差の原因になるので，試料の厚さや量は適切に選ぶ必要がある．

4) 高価な原子炉や中性子発生源が必要である．

〔例題〕原子炉で塩化コバルト（$CoCl_2$）1.00 g に連続して 24 時間熱中性子を照射したところ，25.53 MBq の ^{60}Co（半減期 5.2 年）が生成した．このとき同時に生成する ^{38}Cl（半減期 37 分）は，照射終了直後で何 Bq か．ただし（n, γ）反応の原子放射化断面積は ^{60}Co の生成に対し 37 b，^{38}Cl の生成に対し 0.10 b である．

〔解〕377.4 MBq

一般に，原子放射化断面積 σ cm^2，原子数 N 個の試料を，中性子束密度 f（n/cm^2・s）で t 時間照射したとき，照射終了直後の生成核の放射能 A（dps）は次の式で与えられる．

$$A = Nf\sigma \ (1-e^{-\lambda t}) \tag{7.6}$$

^{60}Co（記号 1）の放射能 A_{Co} の生成は，式(7.6)より次のとおりである．

$$A_{Co} = N_1 f \sigma_1 \ (1-e^{-\lambda_1 t}) \tag{7.7}$$

^{38}Cl（記号 2）の放射能 A_{Cl} の生成は，式(7.6)より次のとおりである．

$$A_{Cl} = N_2 f \sigma_2 \ (1-e^{-\lambda_2 t}) \tag{7.8}$$

式(7.7)と式(7.8)の放射能の比率を求めると次のようになる．

$$\frac{A_{Co}}{A_{Cl}} = \frac{N_1 f \sigma_1 (1-e^{-\lambda_1 t})}{N_2 f \sigma_2 (1-e^{-\lambda_2 t})} \tag{7.9}$$

式(7.9)に A_{Co}=25.53（MBq），N_1=1，σ_1=37（b），N_2=2，σ_2=0.1（b）を代入すると，

$$e^{-\lambda_1 t} = e^{-\frac{0.693t}{T}} = e^{-\frac{0.693 \times 24}{5.2 \times 365 \times 24}} = e^{-3.65 \times 10^{-4}} = 1 - 3.65 \times 10^{-4}$$

$$e^{-\lambda_2 t} = e^{-\frac{0.693t}{T}} = e^{-\frac{0.693 \times 24 \times 60}{37}} = 0$$

の関係から，$A_{Cl} = 377.4$（MBq）となる．

［注］この計算では，テイラー級数展開による近似を使用した．

〔例題〕 原子炉で二酸化マンガン 17.4 mg に，連続して 26 時間一定の熱中性子束密度の中性子を照射したところ，照射終了直後の ^{56}Mn（半減期 2.58 時間）の放射能は 1.591 GBq であった．この原子炉で同一の熱中性子束密度で，31.8 mg の銅に連続して 12.8 時間熱中性子を照射すると，生成する ^{64}Cu（半減期 12.8 時間）の放射能は，照射終了直後で何 GBq か．ただし原子量は O：16.0，Mn：55.0，Cu：63.5，同位体存在度は ^{55}Mn：100%，^{63}Cu：69.1%とする．また，上記の熱中性子に対する同位体断面積は ^{55}Mn(n, γ)^{56}Mn の核反応に対し 13 b，^{63}Cu(n, γ)^{64}Cu の核反応に対し 4.5 b，アボガドロ数は 6.02×10^{23} とする．

〔解〕0.478 GBq

^{56}Mn の生成核反応から熱中性子束密度 f を算出して，^{64}Cu の生成放射能の計算に使用する．

$$A \text{（dps）} = f \sigma N \left[1 - \left(\frac{1}{2} \right)^{\frac{t}{T}} \right] \tag{7.10}$$

$$N = \frac{W}{M} \times 6.02 \times 10^{23} \tag{7.11}$$

① $MnO_2 \rightarrow {}^{56}Mn$ から f を計算する

17.4 mg の MnO_2 中の ^{55}Mn の g 数は

$$W = \frac{55}{55 + 16 \times 2} \times 17.4 \times 10^{-3} = 1.1 \times 10^{-2} \text{（g）}$$

Mn の原子数 N は式(7.11)から求める．

$$N = \frac{1.1 \times 10^{-2}}{55} \times 6.02 \times 10^{23} = 1.204 \times 10^{20}$$

$N = 1.204 \times 10^{20}$，$\sigma = 13 \times 10^{-24}$ cm^2，$A = 1.591 \times 10^9$（Bq）

$T = 2.58$ h，$t = 26$ h を式(7.10)に入れて f を算出する．この計算で $t/T =$

220

26/2.58≒10 なので，$1-\left(\frac{1}{2}\right)^{10}≒1$ となり，式(7.10)は $A=f\sigma N$ に簡略化できる．この式から $f=\dfrac{A}{N\sigma}$ が得られる．

$$f=\frac{1.591\times10^{9}}{1.204\times10^{20}\times13\times10^{-24}}=1.02\times10^{12}\ (\mathrm{n/cm^2\cdot s})$$

② Cu→^{64}Cu の GBq を計算する

Cu の原子数 N は式(7.11)から求める．

$$N=\frac{31.8\times10^{-3}}{63.5}\times6.02\times10^{23}=3.01\times10^{20}$$

$N=3.01\times10^{20}$，$\sigma=4.5\times10^{-24}\times0.691$（同位体断面積を原子断面積に換算.）．$f=1.02\times10^{12}(\mathrm{n/cm^2\cdot s})$，$T=12.8$ h，$t=12.8$ h を式(7.10)に入れると ^{64}Cu の放射能 A（Bq）は次式から得られる．

$$A\ (\mathrm{Bq})=1.02\times10^{12}\times3.01\times10^{20}\times4.5\times10^{-24}\times0.691$$

$$\times\left[1-\left(\frac{1}{2}\right)^{\frac{12.8}{12.8}}\right]=4.78\times10^{8}(\mathrm{Bq})=0.478\ (\mathrm{GBq})$$

よく利用されている中性子放射化分析の感度を図 7.1 に示す．

	H																
He	Li	Be											B	C	N	O	F △
Ne	Na ●	Mg △											Al ●	Si △	P	S △	Cl ◒
Ar ◒	K ◒	Ca ◒	Sc ●	Ti ◒	V ●	Cr ◒	Mn ●	Fe ◒	Co ●	Ni △	Cu △	Zn ◒	Ga ●	Ge ●	As ●	Se ●	Br ●
Kr	Rb △	Sr ◒	Y	Zr △	Nb	Mo △	Tc	Ru ●	Rh △	Pd △	Ag ●	Cd △	In ●	Sn △	Sb ●	Te ◒	I ●
Xe	Cs ●	Ba ◒	希土類	Hf ●	Ta ●	W ●	Re ●	Os △	Ir ●	Pt △	Au ●	Hg △	Tl	Pb	Bi	Po	At
Rn	Fr	Ra	Ac	Th ◒	Pa	U ●											

希土類元素	La ●	Ce ◒	Pr ◒	Nd △	Pm	Sm ●	Eu ●	Gd ◒	Tb ●	Dy △	Ho △	Er △	Tm △	Yb ●	Lu ●

●:高感度 ◒:感度良好 △:利用可

マークのない元素の中性子放射化分析の感度は低い.

図 7.1 中性子放射化分析における元素分析の感度

伊藤泰男，戸村健児，高見保清 *RADIOISOTOPES*，43(7)443-446(1994)

化　　学

7.4　アクチバブルトレーサー

環境や食品など，放射能汚染を起こしてはならない場合や，放射能が対象試料に影響を及ぼす場合には，放射性核種をトレーサーとして用いることができない．こういった場合には，安定同位体をトレーサーとして用いて，これを放射化分析で定量する方法を用いる．この方法をアクチバブルトレーサー（後放射化）法と呼ぶ．アクチバブルトレーサー法には，対象試料中にある元素や安定同位体によって誤差を生じるおそれがなく，放射化断面積が大きく，生成する放射性核種の半減期が比較的短いなど放射化分析の感度が高く，化学的にもトレーサーの役割が果たせるという条件を備えた安定同位体を用いる．中でも ^{151}Eu は，自然界の動植物中にほとんど存在しないこと，核反応断面積が 9,170 b と大きく試料が微量でも分析可能なこと，P, K などの主要元素と同じ挙動を示すため動植物に悪影響を与えないことなどの理由から農学研究に用いられている．他にも，^{55}Mn, ^{115}In, ^{164}Dy などが用いられる．

7.5　PIXE 法

PIXE（Particle Induced X-ray Emission, 荷電粒子励起 X 線）分析法は，多元素同時分析法の一つである．試料の放射化がおこらないため放射化分析法には該当しない．陽子，α 粒子などを加速器により数 MeV のエネルギーに加速して試料に照射して，内殻電子の励起の結果発生する特性 X 線の測定により，元素を定性・定量分析する方法である．蛍光 X 線分析法と原理は似ているが，荷電粒子を照射する点が異なる．

本法の長所としては，①高感度（ppm オーダーの測定が可能），②数 μg の試料で測定できる，③Na より原子番号の大きい元素を同時に多元素定量分析可能（F も即発 γ 線の測定により定量可能になった），④測定が簡単，⑤溶液を大気中分析することも可能（ただし，感度は少し落ちる）⑥ビームのサイズを小さく（1 μm 程度）することで微小領域の測定も可能，などが挙げられる．

7. 放 射 化 分 析

〔**関連問題**〕 (1) 全 般 54-24, 55-9, 55-10, 55-11, 物化生 56-3(Ⅱ), 57-28, 物化生 57-4(Ⅱ), 58-25, 60-21 (2) 放射化分析計算等 54-15, 57-10, 58-7, 58-8, 58-9, 59-11, 60-11

化　　　学

〔演　習　問　題〕

問1　次の文章の（　　）の部分に入る適切な語句，数式を番号とともに記せ．

　　放射化分析のなかで最も多く利用されているのは（　1　）による放射化である．一般に（　1　）は，ターゲット中の核に捕獲され，このとき多くの核種は大きい（　2　）をもつ．核反応は（　3　）反応である場合が多い．

　　一般に放射性核種は，トレーサーとして各方面に用いられるが，その放射能が対象物に影響を与えるおそれがある場合，（　4　）の利用が注目される．これには，放射化分析の感度が高く，対象物中に存在する元素により誤差を生じることがなく，かつ，化学的に挙動が類似してトレーサーの役割が果たせるという条件を備えた（　5　）が用いられる．

〔答〕

　　　1——熱中性子　　　　　　　　2——(核)反応断面積　　　　3——（n, γ）
　　　4——アクチバブルトレーサー　　5——安定同位体

問2　原子量 100 で，中性子捕獲断面積 $2×10^{-25}cm^2$ の単核種元素のターゲット $1\,\mu g$ を，中性子フルエンス率 $1×10^{12}cm^{-2}\cdot s^{-1}$ で生成核の半減期時間照射するとき，生成放射能 A（Bq）はいくらか．

〔答〕$6.02×10^2$（Bq）

$$A = f\sigma N\,[1-(1/2)^{t/T}]$$

　　この式に $f=1×10^{12}cm^{-2}\cdot s^{-1}$, $\sigma=2×10^{-25}cm^2$, $N=(10^{-6}/100)×6.02×10^{23}$, $t/T=1$ を代入すれば，

$$A\,(Bq)=10^{12}×2×10^{-8}×6.02×10^{23}×(1/2)=6.02×10^2$$

問3　$10.3\,mg$ の臭化ナトリウムを原子炉で 4.4 時間熱中性子照射し，4.4 時間後に測定したところ，^{80m}Br の放射能は $37\,MBq$ であった．

　　次の問に計算の過程を示して答えよ．

　　ただし，$^{79}Br(n, γ)^{80m}Br$, $^{79}Br(n, γ)^{80}Br$ 及び $^{81}Br(n, γ)^{82}Br$ 反応の同位体放

7. 放 射 化 分 析

射化断面積はそれぞれ 2.9, 8.5 及び 3.3 b, ^{79}Br, ^{81}Br の同位体存在度はそれぞれ 50.5%, 49.5%とする.

A 原子炉のこの時の熱中性子束を計算せよ.

B もし同じ試料を 35 時間照射したとすれば, 照射終了後の ^{80m}Br (半減期 4.4 時間), ^{80}Br (18 分) 及び ^{82}Br (35 時間) の放射能はそれぞれ何 MBq か.

〔答〕A. $1.68×10^{12}$ (n/cm^2·sec)

B. ^{80m}Br 148 MBq, ^{80}Br 580 MBq, ^{82}Br 82 MBq

10.3 mg の臭化ナトリウム中の臭素原子数を N_0 とすれば, ^{79}Br, ^{81}Br はそれぞれ $0.505N_0$, $0.495N_0$ 含まれている.

ただし $N_0 = 6.02×10^{23}×(10.3/103)×10^{-3}$

A. 4.4 時間 (1 半減期) 照射すると, ^{80m}Br は放射化の式 $A = Nf\sigma(1-e^{-\lambda t})$ で飽和係数が 1/2 となり, さらに 4.4 時間後の放射能は,

$$37 (MBq) = 0.505N_0 f × 2.9×10^{-24} × (1/2) × (1/2) \cdots\cdots (1)$$

これから, $f = 1.68×10^{12}$ (n/cm^2·sec)

B. 35 時間照射終了後では, ^{80m}Br は飽和, ^{82}Br は飽和量の 1/2 生成し, また, ^{80}Br は ^{79}Br(n, γ)^{80}Br 反応のほか ^{80m}Br の壊変でも生成し飽和に達している. したがって, ^{80m}Br, ^{80}Br, ^{82}Br の生成量 A_1, A_2, A_3 は次のようになる.

$$A_1 = 0.505N_0 f × 2.9×10^{-24}$$
$$A_2 = 0.505N_0 f × (2.9+8.5)×10^{-24}$$
$$A_3 = 0.495N_0 f × 3.3×10^{-24}×(1/2)$$

(1)式との比較により, A_1 は 148 MBq, A_2 は 148 MBq×(11.4/2.9) = 580 MBq, A_3 は 148 MBq×(0.495/0.505)×(3.3/2.9)×(1/2) = 82 MBq となる.

問 4 ^{99}Mo を生成するため, 2 種類のターゲット物質 (UO$_2$ と MoO$_3$) をそれぞれに含まれる U 原子および ^{98}Mo 原子の個数が同じになるように秤量し, 別々の石英アンプルに封入し, 同一の条件で中性子照射した. 照射直後の両者の ^{99}Mo 生成放射能の比 A (UO$_2$) ／A (MoO$_3$) を求めよ. ただし, U は天然ウラン (^{235}U の同位体存在度 0.72%), ^{235}U (n, f) 反応の反応断面積を 583 b, ^{99}Mo の核分裂収率を 6.1%, ^{98}Mo (n, γ)^{99}Mo 反応の反応断面積を 0.132 b とする.

化 学

〔答〕1.94

時間 t 照射後に生成する放射能を A とすると，

$$A = f\sigma N\ (1 - e^{-\lambda t})$$

となる．U 原子および ^{98}Mo 原子の個数を N とおくと，天然ウラン中の ^{235}U の同位体存在度は 0.72% であるので，^{235}U の原子数は $0.72\,N/100$ となる．上式に与えられた数値を代入して，

$$A\,(\mathrm{UO_2})\ = f \times 583 \times 0.72\,N/100 \times 6.1/100 \times (1 - e^{-\lambda t})$$

$$A\,(\mathrm{MoO_3})\ = f \times 0.132 \times N \times (1 - e^{-\lambda t})$$

したがって，生成放射能の比 $A\,(\mathrm{UO_2})\,/\,A\,(\mathrm{MoO_3})$ は，

$$A\,(\mathrm{UO_2})\,/\,A\,(\mathrm{MoO_3})\ =\ (583 \times 0.72/100 \times 6.1/100)\,/\,0.132 = 1.94$$

となる．

8. ホットアトムの化学

8.1 概　要

　1934年ジラードとチャルマーズは，熱中性子照射したヨウ化エチル(C_2H_5I)を，分液漏斗に入れ水を加えて振り混ぜたところ，50％以上の放射性ヨウ素が水相に移る現象を発見した．

　ヨウ素原子を熱中性子で照射すると$^{127}I(n, \gamma)^{128}I$の核反応によって$\gamma$線が放出される．このときの$\gamma$線は，かなり高いエネルギーなので勢いよく飛び出し，あたかも大砲から飛び出した弾丸が砲身を力いっぱい後退させるようになる．γ光子が弾丸で砲身がヨウ素原子にあたる．

　このように核反応によって生成した核種(ここでは^{128}I)には，核反応によって放出したエネルギー（ここではγ線のエネルギー）に応じてエネルギーが与えられる．このエネルギーを**反跳エネルギー**という．

　本来，C_2H_5I分子は水相に移行しないはずであるが，^{128}Iが水相に移行した事実は，反跳エネルギーによってC_2H_5-Iの結合が切られたためと解釈できる．このように，核反応または原子核崩壊時に生成するヨウ素原子のようなエネルギーの高い原子，あるいは電子殻が影響を受けて高い電荷を帯びる原子を**ホットアトム**（出来立てで湯気が出ている原子という意味合いがある）という．ホットアトムの化学は，このようなホットアトムの化学的挙動や反応を研究する放射化学の一分野である．通常の化合物の結合エネルギーが 1～5 eV(96.48～482.4 kJ/mol)程度なのに対して，反跳エネルギーは次の表8.1に示すように大きい．

　(n, γ) 反応の反跳エネルギーE_γは式(8.1)で表される．ただしMは反跳原子

227

化　　学

表 8.1　γ線エネルギーとおおよその反跳エネルギー (eV)

原子の質量, M	20	50	100	150	200
γ線エネルギー (MeV)					
2	107	43	21	14	11
4	430	172	86	57	43
6	967	387	193	129	97

の質量, E は γ 線のエネルギー（MeV 単位）である.

$$E_\gamma = 537E^2/M \ \text{(eV)} \tag{8.1}$$

例えば四塩化炭素 CCl_4 に熱中性子照射し, $^{37}Cl(n, \gamma)^{38}Cl$ によって生成する ^{38}Cl（半減期 37 分）の反跳エネルギーを求める.

　　　γ線エネルギー E は $^{37}Cl + n = ^{38}Cl + E$ から

$$E = ^{37}Cl + n - ^{38}Cl = 931.5 \times (36.96590 + 1.008665 - 37.96801)$$

$$= 6.11 \ \text{(MeV)}$$

この値を式(8.1)に代入して反跳エネルギー E_γ を求める.

$$E_\gamma = \{537 \times (6.11)^2\}/37.98 = 527 \ \text{eV}$$

C−Cl の結合を切るのに必要なエネルギーは 2.9 eV であるのに対して, 反跳エネルギーは 527 eV と大きいので, C−Cl の結合は切られる. 生成した Cl は, 水に溶け水相に移る（C−Cl と炭素に結合された状態では水相に移らない）. この C−Cl 結合の切断には, 反跳エネルギーの全てが使われるのではなく, その一部しか使われない.

　ホットアトムの化学は核反応に伴う化学的現象, 放射線損傷, RI の製造などに関係の深い分野である.

〔例題〕$^{127}I(n, \gamma)^{128}I$ 反応によって放出される γ 線のエネルギーを求めよ.

〔解〕γ線エネルギー E は, $^{127}I + n = ^{128}I + E$ の関係から, それぞれの粒子の質量[u]より,

$$E = ^{127}I + n - ^{128}I = 931.5 \times (126.90447 + 1.008665 - 127.90581)$$

$$= 6.82[\text{MeV}] となる.$$

228

8. ホットアトムの化学

8.2 比放射能の高い RI の製造

原子炉は高い中性子束密度を出すことができ，僅かな（n, p）および（n, α）反応を除けば，（n, γ）反応が主である．

（n, γ）反応による生成核は，ターゲットと同じ元素なので両者は化学的には分離できない．非放射性のターゲットによって薄められているため，比放射能の低い放射性核種（RI）しか得られないからである．

比放射能の高い RI を得るためには，安定核種のターゲットを照射前に一種類の核種に濃縮しておいて中性子照射する方法もある．しかし濃縮係数には限度がありコストも高い．ホットアトム効果を利用する方法は，最も安価で効率よく濃縮できる特長がある．原子炉による照射は中性子の他に強い γ 線を伴うため，安定同位体も放射線分解を起こし，ホットアトム効果によって製造された RI に混ざる．そのため，全く無担体の RI を得ることはできない．また，新しい化学的状態にある放射性原子と，ターゲット化合物中の非放射性原子の間に同位体交換が速やかに起こると，濃縮は起こらない．

ホットアトム効果による比放射能の高い RI の製造は，（n, γ）反応の他に（γ, n）（n, 2n）（d, p）反応も用いられる．

この効果を用いる効率の良い比放射能の高い RI の製造には，①生成核が反跳され化学結合を完全に断ち切る．②放出された生成核は他の原子とは再結合しない．③生成核は非放射性のターゲット原子とは交換しない．④反跳された生成核とターゲット原子の分離が容易である．などの条件が必要である．

K_2CrO_4，Na_2HPO_4 をターゲットにして比放射能の高い ^{51}Cr，^{32}P がそれぞれ（n, γ）反応で作られる．

$^{52}MnO_4^{-} \xrightarrow{EC, \ \beta^{+}} {}^{52}CrO_4^{-}$（安定）の過程のようにホットアトムは種々の壊変のときにも作られる．

有機化合物に ^3He または炭酸リチウムを混合して中性子を照射して，$^3He(n, p)^3H$ または $^6Li(n, α)^3H$ で生成するホットアトムの ^3H によって有機化合物を標識す

229

る（**反跳合成法**）．このほか次のような例がある．

8.3 ホットアトム効果を利用する比放射能の高い **RI** の製造例

鉄　黄血塩 $K_4[Fe(CN)_6]$ に中性子を照射し反跳によって黄血塩分子の結合を破った ^{59}Fe を，水酸化アルミニウムと共沈して分離する．この方法は同時に ^{42}K が多量に生成する欠点があるので，黄血塩のかわりにヘキサシアノ鉄（Ⅱ）水素 $H_4[Fe(CN)_6]$ を用いて原子炉で中性子照射を行い，高い比放射能の ^{59}Fe を作る方法もある．

コバルト　ヘキサアンミンコバルト（Ⅲ）硝酸塩 $[Co(NH_3)_6](NO_3)_3$ の結晶，または飽和水溶液を原子炉の中性子で照射し，核反応の結果生じた ^{60}Co が Co^{2+} の形で水溶液中に存在することを利用し，水溶物を陽イオン交換樹脂に通し，ターゲット物質から分離して比放射能の高い ^{60}Co を得る．同じ物質を原子炉の中性子で照射して生じた ^{60}Co を固体ターゲット物質から 8 M 硝酸で迅速に抽出する方法もある．

銅　フタロシアニン銅を中性子照射したのち，2 M 硫酸にしばらく懸濁させる．ろ過した後，ろ液を陽イオン交換樹脂に通して，Cu^{2+} を樹脂に吸着させ，塩酸で溶出し ^{64}Cu を得る．

カルシウム　カルシウムのオキシン錯塩をターゲットとして中性子照射し，n-ブチルアミンに溶かし，溶液を陽イオン交換樹脂に通す．錯塩は樹脂に吸着されないで流出するが，ホットアトム効果によって錯塩分子から外れた ^{45}Ca は，樹脂に吸着する．樹脂を水洗した後，^{45}Ca を塩酸で溶出する．

イオン交換体を用いる方法　銅形樹脂を原子炉で照射して，反跳の結果，樹脂から外れた ^{64}Cu をジチゾン溶液で溶媒抽出分離する．そのほか，難溶性の無機イオン交換体を作り，原子炉で照射して濃縮係数の高い ^{60}Co, ^{56}Mn, ^{65}Zn, ^{59}Fe などの濃縮を行っている．

〔**関連問題**〕　54-25, 55-27, 55-28, 57-27, 58-28, 59-28, 物化生 60-4（Ⅰ）

8. ホットアトムの化学

〔演 習 問 題〕

問1 次の文章の（　　）の部分に入る適当な語句又は数値を番号と共に記せ.

熱中性子照射したヨウ化エチルから生成した ^{128}I の一部が水相に抽出分離される現象は，（　1　）効果と呼ばれる. ヨウ化エチルの例のように，元の化合物と分離される化学種（水相中のヨウ化物イオン）との間の（　2　）反応が遅ければ，この効果を利用して放射性同位体を濃縮することができる. また，安定同位体の濃縮には，（　3　）効果が用いられる.（　3　）効果とは，同位体間で質量の差により挙動に差が現れるもので，（　4　）と（　5　）のように軽い同位体間で著しい.

〔答〕(1)——ホットアトム（または「反跳」），(2)——（同位体）交換，(3)——同位体，(4および5)——解答例は多いが，例えば「水素」と「重水素」（「H」と「D」）のように一つの軽元素の二つの同位体を示すこと.

問2 ヨードホルム（CHI_3）を熱中性子で照射し，直ちに，分液漏斗に移しヨウ化カリウム（KI）を含む水溶液と振り混ぜた後，静置して，水相と有機相に分離した. このとき起こる現象として正しいものは，次のうちどれか.

1　生成した放射性ヨウ素の大部分が，ホットアトム効果のため水溶液中に移る.

2　ヨードホルムと水は混ざり合わないので，放射性ヨウ素はそのままヨードホルム中にとどまっている.

3　ヨードホルムの放射線分解で生成した多量の元素状ヨウ素（I_2）が水溶中に移り，強い褐色を呈する.

4　ヨードホルムの放射線分解で生成した多量の元素状ヨウ素（I_2）と水溶液中の KI が反応し，ヨウ素酸カリウム（KIO_3）を生ずる.

5　生成した放射性ヨウ素は，ホットアトム効果で元素状ヨウ素（I_2）となるが，水には溶けないので，ヨードホルム中にとどまっている.

〔答〕 1

CHI_3 を熱中性子照射すると，$^{127}I(n, \gamma)^{128}I$ 反応によって ^{128}I が生成し，このとき γ 線を放出し，^{128}I にエネルギーが与えられる. このエネルギーを反跳エネルギーと

231

化　　学

よぶ. 反跳エネルギーは, $CH-I_3$ を結合しているエネルギーより桁はずれに大きいので, $CH-I_3$ の結合が切れ水溶液中に移る.

問3　次の記述のうち, ホットアトム効果と関係の深いものはどれか.

1　ヘキサアンミンコバルト塩化物 ($[Co(NH_3)_6]Cl_3$ を熱中性子照射したところ, 一部が放射性のクロロペンタアンミンコバルト塩化物 ($[Co(NH_3)_5Cl]Cl_2$) となった.

2　^{90}Sr を含む Sr^{2+} の中性水溶液をろ紙でろ過すると, ^{90}Y がろ紙上に得られた.

3　^{234}U は ^{238}U の壊変によってできるが, 地下水中の $^{234}U/^{238}U$ 放射能比は, 1 より大きいことがある.

4　酢酸エチルの加水分解が平衡状態に達したとき, 一部の酢酸エチルを ^{14}C で標識した酢酸エチルに換えると, 次第に加水分解生成物の酢酸に ^{14}C が現われた.

〔答〕　1と3

1　○　ホットアトム効果による.

2　×　^{90}Y のラジオコロイドである.

3　○　$^{234}U/^{238}U$ の放射能比は, 放射平衡が成立していれば, 1 に等しい. しかし地下水中の $^{234}U/^{238}U$ の放射能比は, 1 より大きいことがある. その理由は ^{238}U の α 壊変によって ^{234}U が生ずるとき, α 粒子の反跳の効果によって ^{234}U の周囲の結晶格子が損傷を受けて地下水に溶解するからである.

4　×　同位体交換反応により酢酸エチルの ^{14}C が酢酸に移った.

$$CH_3COOC_2H_5 \ + \ H_2O \ \rightleftarrows \ CH_3COOH \ + \ C_2H_5OH$$

問4　原子炉で照射したクロム酸カリウム（Cr は6価）を水に溶かした後, アルカリ性としたところ水酸化クロム（Cr は3価）の沈殿を生じた. また, 水酸化クロム中の ^{51}Cr の比放射能は, クロム酸カリウム中の ^{51}Cr の比放射能よりも高かった.

　　この現象を示す語句として正しいものは, 次のうちどれか.

1　ラジカル生成　　　2　同位体効果　　　3　照射損傷

4　放射線効果　　　　5　ホットアトム効果

〔答〕　5

6価 Cr (CrO_4^{2-}) が還元剤を加えなくても3価に還元され陽イオンとなり $Cr(OH)_3$

232

8. ホットアトムの化学

の沈殿が生じたのは，ホットアトム効果である．

問5　クロム酸カリウムを原子炉で中性子照射した後水溶液とし，陰イオン交換樹脂カ
　　ラムに通した．この通過液の放射能に関する次の記述のうち，正しいものはどれか．

1　ほとんど放射能は認められなかった．

2　^{38}Cl の放射能が認められた．

3　^{42}K の放射能だけが認められた．

4　^{51}Cr の放射能だけが認められた．

5　^{51}Cr と ^{42}K の放射能だけが認められた．

〔答〕　5

　　クロム酸カリウム K_2CrO_4 を原子炉で中性子照射すると，^{41}K(n, γ)^{42}K，^{50}Cr(n,
γ)^{51}Cr によって ^{42}K，^{51}Cr が生成する．生成した ^{51}Cr は反跳して結晶から外れ，
K_2CrO_4 では Cr(VI) として存在していたが Cr(III) となり，陽イオンであるので，陰
イオン交換樹脂に通すと吸着されず，流出液に ^{42}K と ^{51}Cr が認められる．

問6　原子炉で中性子照射した物質の放射能に関する記述のうち，正しいものを全て選べ．

A　照射した塩化アンモニウム水溶液を，陽イオン交換樹脂カラムに通すと，流出液
　　に ^{38}Cl のほかに ^{32}P と ^{35}S の放射能が認められた．

B　照射したヒ酸 (H_3AsO_4) を水溶液とし，陰イオン交換樹脂カラムに通すと，^{77}As
　　はすべてヒ酸イオンとして陰イオン交換樹脂に吸着した．

C　照射したベンゼンを炭酸ナトリウム水溶液と振り混ぜると，水溶液に ^{14}C の放射
　　能が顕著に認められた．

D　ブタノールと ^{3}He を混合して照射すると，ブタノールに ^{3}H の放射能が顕著に認
　　められた．

〔答〕A と D

A　塩化アンモニウムを中性子照射すると，^{38}Cl（半減期 37 分），^{32}P（14 日）および
　　^{35}S（87 日）が生成する．これらはすべて陰イオンで，化学形は Cl^-，PO_4^{3-}，SO_4^{2-} で
　　ある．陽イオン交換樹脂カラムに通すと吸着されずに流出液中に移る．

B　ヒ酸 (H_3AsO_4) 水溶液のヒ素は，陰イオン（AsO_4^{3-}）として存在しているので，

233

化　　学

陰イオン交換樹脂に吸着される．しかし，中性子照射すると，ヒ素はホットアトム
効果によって陽イオン（As^{3+}）となる．陽イオン交換樹脂カラムに通すと吸着され
ずに流出液中に移る．

C　ベンゼンを原子炉に入れて中性子照射しても ^{14}C は生成しない．^{14}C は，$^{14}N(n, p)^{14}C$
から生成する．

D　有機化合物に ^3He または炭酸リチウムを混合して中性子を照射して，
$^3He(n, p)^3H$ または $^6Li(n, \alpha)^3H$ で生成するホットアトムの ^3H によって有
機化合物を標識する．

9. RI の化学分析への利用

放射性同位体は化学分析に利用され，次の 2 つに分類できる.

1. 試料が放射性のとき

　　放射化学分析

　　同位体希釈分析法（逆希釈法，二重希釈法）

2. 試料が放射性ではないとき

　　放射分析

　　同位体希釈分析法（直接希釈法）

　　放射化分析法

9.1　放射化学分析

　放射性核種の放射能，または，その娘核種の放射能によって放射性核種の存在量を知るための化学分析法を**放射化学分析**（radiochemical analysis）という．原子力発電所事故由来の"放射能汚染土壌"の分析，フォールアウトや食品中の ^{90}Sr の分析（放射平衡になっている ^{90}Y の β 線を測定する），Rn の放射能（Ra と放射平衡になっている）から Ra の量を知るといった方法がこれに属する．化学的操作と同時に，放射能の量および特性によって，目的成分中の存在量を知る方法であるため，化学分析の知識のみならず，放射能測定法の一般的な知識も必要となってくる.

9.2　放 射 分 析

　非放射性の試料に，これと定量的に結合する放射性の試薬を加えて沈殿の放射能を測定して非放射性の試料の量を知る分析法を**放射分析**（radiometric analysis）

という．例えば，

$$A+B^* \longrightarrow AB^* （沈殿）$$

という沈殿を作る反応の場合，沈殿剤 B を放射性核種で標識しておき（B*），その一定量を A に加えて沈殿 AB* を作り（＊印は放射性核種を示す），生成した沈殿 AB* の放射能を測定する．あるいは，沈殿剤 B* の一定量を A に対して過剰に加えて生じた沈殿をろ別または遠心分離し，上澄み液中に残った B* の放射能を測定すれば，間接的に A を求めることができる．

この方法の特長は，(1)簡単な分離操作で(2)しかも精度よく，場合によっては(3)微量成分が迅速に分離できることによって(4)定量しようとする成分と，生じた沈殿との間の量的関係が一定でありさえすれば，秤量形として適当でなくともよい．（放射分析でなく重量分析による定量では，生成する沈殿は純粋で加熱加温に安定で酸化，吸湿，揮発しないものが要求される）(5)また多少他の成分が沈殿と共沈していてもよいことがあるので操作しやすい．本法による場合，沈殿の放射能を測るよりは，むしろ，ろ液あるいは遠心分離後の上澄み液の放射能を測定するほうが短時間に定量できる．

定量例

溶液中の K を，^{60}Co で標識した亜硝酸コバルトナトリウムを加えて沈殿させ，沈殿をろ過し，沈殿の放射能を測定することによって K を定量する．0.1〜0.002 mg の K が定量でき，雨水中の K の定量に利用できる．

9.3 同位体希釈分析法

(1) 特 長 ①混合物中のある成分を定量するとき，その成分だけを完全に分離して定量しなければならない．しかし化学的性質がよく似ていて完全に分離できないようなもの，例えば希土類元素，アミノ酸，抗生物質，ステロイド等が定量できる．

②目的成分を完全に分離しなくても，その一部を純粋にとり出しさえすれば定量できる．

9. RI の化学分析への利用

(2) 欠 点 ①標識化合物を作る必要がある. ②標識化合物の放射性核種が, 同位体交換反応により定量しようとする化合物以外に移るときには使えない.

9.3.1 直接希釈法

定量しようとする化合物（あるいは元素，原子団）と同じ化学形の標識化合物を加えて定量する方法で，放射性同位体希釈分析法の基本である．この方法は混合物中の定量すべき試料の重量 X を定量するため，標識化合物の一定量（重量が a，その放射能が $A_\mathrm{s}{}^*$，したがって比放射能は $S_0 = A_\mathrm{s}{}^*/a$ ）を加えて十分に混合し，その中から一定量を取り出す（このときの分離は定量的である必要はない）．取り出された化合物の重量 W と放射能 A を測定し，比放射能 $S = A/W$ を求める．

		重量	比放射能	全放射能
添加前	定量すべき試料	X	0	0
	添加標識化合物	a	$S_0 = \dfrac{A_\mathrm{s}{}^*}{a}$	$A_\mathrm{s}{}^* = S_0 a$
添加後	混 合 物	$X+a$	$S = \dfrac{A}{W}$	$S(a+X)$

混合前の標識化合物の全放射能は $S_0 a$, 混合後の全放射能は, $S(a+X)$. 全放射能は混合の前後で等しいはずであるから,

$$S(a+X) = S_0 a$$

変形すると試料の重量は,

$$X = a\left(\frac{S_0}{S} - 1\right) \tag{9.1}$$

となる.

式(9.1)で示すように非放射性の化合物の添加前後の比放射能の値から試料の重量を求めることができる. 式(9.1)は, $X \gg a$ のとき, すなわち, 添加した標識化合物の重量が十分小さいときには次のように変形できる.

$$X = \frac{S_0}{S} a$$

〔例題〕ある混合物試料中の1成分を同位体希釈法で定量した. 試料に放射性同

化　　　学

位体で標識したこの成分物質 20 mg（比放射能 500 dpm/mg）を加えて完全に混合したのち，一部を純粋に分離したところ，その比放射能が 125 dpm/mg となった．試料中のこの成分の重量（mg）はいくつか．

〔解〕　60

具体的な数値から重量を求める問題では，表を書いて解くのがよい．

定量すべき試料の重量を x（mg），添加トレーサの重量を a（mg），添加トレーサの比放射能を s_0（dpm/mg），混合物の比放射能を s（dpm/mg）とすると，

$$x = a\ \{(s_0/s)-1\}$$

		重量	比放射能	全放射能
添加前	定量すべき試料	x	0	0
	添加標識化合物	20	500	$20\times500=10000$
添加後	混　合　物	$x+20$	125	$125(x+20)$

ここで，混合前後の全放射能が等しいことから，

$$10000 = 125(x+20)$$

$$x = 60\ \text{(mg)}$$

9.3.2　逆希釈法

定量すべき化合物（あるいは元素，原子団）が放射性であって，その比放射能が分かれば，逆希釈法でその化合物の重量を知ることができる．直接希釈法は非放射性化合物に放射性核種を添加するが，逆希釈法はこれとは逆に非放射性化合物を添加して，標識化合物を定量する．どちらも原理は同じである．定量しようとする試料中の比放射能を S_0，その重量を X とし，これに非放射性の同じ化学形の化合物の一定量（重量 a）を加え，十分混合する．この混合物から定量しようとする目的物を取り出し，その比放射能を S とすれば，混合前の全放射能は S_0X．混合後の全放射能は $S(X+a)$ となる．

		重量	比放射能	全放射能
添加前	定量すべき試料	X	S_0	S_0X
	加えた非放射性物質	a	0	0
添加後	混　合　物	$X+a$	S	$S(X+a)$

9. RI の化学分析への利用

全放射能は混合前後において等しいはずであるから,

$$S_0 X = S(X + a)$$

変形すれば,

$$X = a\left(\frac{S}{S_0 - S}\right)$$

となる.

この方法は最初に試料中に存在する標識化合物の比放射能が分かっていなければ使えない.

9.3.3 二重希釈法

二重希釈法は比放射能 S_0 が分からない試料に適用する方法である. 二重希釈法では, 試料から等しい量を採取するか, または試料を 2 等分して, その各部分に異なる重量の非放射性の化合物 a_1, a_2 を加えよく混合したのち, それぞれの化合物から一部分を分離し, その重量と放射能を測定して, 比放射能 S_1, S_2 を求める.

等量ずつ採取または 2 等分した 1 試料中に含まれる求める化合物の重量を X, その比放射能を S_0 (未知) とすれば, 次の連立方程式が成り立つ.

$$S_0 X = S_1(X + a_1) \tag{9.2}$$

$$S_0 X = S_2(X + a_2) \tag{9.3}$$

式 (9.2) と式 (9.3) の左辺は等しいので, X について解くと

$$X = \frac{S_2 a_2 - S_1 a_1}{S_1 - S_2} \tag{9.4}$$

となる. 定量すべき放射性の試料それぞれに a_1, a_2 を加えたときの関係は, 以下の表のとおりとなる.

	重量	比放射能	全放射能	重量	比放射能	全放射能
定量すべき放射性の試料	X	S_0	$S_0 X$	X	S_0	$S_0 X$
加えた非放射性物質	a_1	0	0	a_2	0	0
混 合 物	$X + a_1$	S_1	$S_1(X + a_1)$	$X + a_2$	S_2	$S_2(X + a_2)$

化　　学

〔例題〕比放射能が不明の $^{65}Zn^{2+}$ を含む試料中の Zn^{2+} 化合物を定量したい．100 mL 溶液試料から 25 mL ずつ分取し，一方の試料 A には非放射性の Zn^{2+} 化合物を 5 mg 加えて十分に混合後，一部を純粋に分離したところ，試料 A の比放射能は 800 Bq/mg であった．他方の試料 B には非放射性の Zn^{2+} 化合物を 15 mg 加えて同様の処理を行ったところ，比放射能は 400 Bq/mg であった．元の 100 mL 溶液試料に含まれる Zn^{2+} 化合物の質量を求めよ．

〔解〕　20 mg

表に数値を代入して考える．

		試料 A			試料 B	
	重量	比放射能	全放射能	重量	比放射能	全放射能
定量すべき放射性の試料	X	S_0	S_0X	X	S_0	S_0X
加えた非放射性物質	5	0	0	15	0	0
混　合　物	$X+5$	800	$800(X+5)$	$X+15$	400	$400(X+15)$

$S_0X = 800(X+5)$

$S_0X = 400(X+15)$

試料 A，試料 B それぞれに含まれる全放射能が等しいことから，両式は等しいので，

$800(X+5) = 400(X+15)$

これを解いて，25 mL ずつ分取した試料中に Zn^{2+} 化合物 5 mg が含まれることが分かる．元の 100 mL 溶液試料中に含まれる Zn^{2+} 化合物の質量は，5×100/25 =20 mg となる．

9.3.4　アイソトープ誘導体法（isotope derivative method）

前記の 3 つの同位体希釈法で定量するときは，いずれも定量すべき化合物と化学的に同一な標識化合物が必要となる．定量すべき化合物の構造が複雑で，定量しようとする化合物と，同一の化学形を有する標識化合物が合成できないことが

9. RI の化学分析への利用

ある．アイソトープ誘導体法は，このような場合でも定量できる特長がある．この原理は性質のよく似た A，B，C，……の混合物中の A を定量したいとする．その際，これらの物質と結合する放射性の試薬 R^* を加えて，AR^*，BR^*，CR^*…を作る．これに，非放射性の AR の一定量を加えて，AR^*＋AR を純粋に分離，精製し，その比放射能を測定する．AR^* の重量を X，加えた AR の重量を a，AR^*，AR^*＋AR の比放射能をそれぞれ S_0，S とすれば，逆希釈法の場合と全く同様に

$$X=a\left(\frac{S}{S_0-S}\right)=\frac{1}{\left(\frac{S_0}{S}-1\right)}\cdot a$$

となる．この際，X，a を mol 単位で，S_0，S を 1 mol あたりの放射能で表しておけば，AR^* の量 x は，元の試料 A の量を示すことになり，S_0 は標識化合物の比放射能をそのまま用いることができる．たとえば，アミノ酸混合物のアミノ酸を定量するには，これらと定量的に反応する p-iodophenylsulfonyl (pipsyl) chloride を ^{131}I または ^{35}S で標識し，トレーサ試薬として用いる．反応によって得られたアミノ酸の標識つきピプシル誘導体をペーパークロマトグラフ法で純粋に分離し，逆希釈法によって測定すれば，アミノ酸をただ一つの標識化合物で定量できる．

^{131}I-⬡-SO$_2$Cl+H$_2$N·CHR-COOH⟶^{131}I-⬡-SO$_2$-NH-CHR·COOH

I-⬡-^{35}SO$_2$Cl+H$_2$N·CHR-COOH⟶I-⬡-^{35}SO$_2$-NH-CHR·COOH

〔関連問題〕 (1) 全　般 54-18, 59-26　(2) 同位体希釈分析法 54-22, 54-23, 56-26, 物化生 58-3 (II, III), 60-20

化　　学

〔演 習 問 題〕

問1　次の文章の（　）の部分に入る適切な語句，数式を番号とともに記せ.

　　放射性同位元素〔RI〕の化学的挙動は，（　1　）濃度で存在する場合はしばしば
マクロ量の場合に比べ異常を示す. こうした異常のうち特に知られているものは器
壁などへの RI の（　2　）や，溶液中での溶解度積と矛盾を示す（　3　）の現象な
どである. こうした異常性は，（　1　）など RI の利用上不便なことが多いので
（　4　）同位体を（　5　）として加えて，通常の化学的挙動を示す溶液として扱
えるようにすることが多い. RI に（　5　）を加える場合，（　5　）と RI の原子価
あるいは化学形を一致させる必要がある. 原子価を揃えるためには（　6　）を繰り
返す. 水溶液において沈殿生成によって分離を行うような場合，共存する RI を溶液
に残すため加えるものを（　7　）といい，また共存する目的外の RI を除くために
加えるものを（　8　）という. （　9　）の状態で RI を分離したいときには非同位
体の（　5　）を加えることもしばしば行われる. 一般に RI を完全に（　9　）の状
態で得ることは難しい. （　9　）の RI の比放射能〔Bq/g〕は，半減期を T〔s〕，原
子質量を M〔g〕とすると（　10　）で表される.

〔答〕

　　　　1——トレーサー　　　2——吸着　　　　　3——ラジオコロイド

　　　　4——安定　　　　　　5——担体　　　　　6——酸化還元

　　　　7——保持担体　　　　8——スカベンジャー　9——無担体

　　　10——$(4.17 \times 10^{23})/MT$

　　　注——$-dN/dt = \lambda N = (0.693/T) \times (w/M) \times 6.02 \times 10^{23}$

　　　　　比放射能〔Bq/g〕がグラム単位となっているので，$w = 1$〔g〕として求める.

　　　（比放射能）$= -dN/dt = \lambda N = (0.693/T) \times (1/M) \times 6.02 \times 10^{23}$

　　　　　　　　　$= (4.17 \times 10^{23})/MT$ 〔Bq/g〕

問2　次のイ，ロの各問いに答えよ.

　イ　ほとんど無担体状態の $^{111}Ag^{+}$, $^{59}Fg^{3+}$ 及び $^{139}Ba^{2+}$ を含む水溶液がある. これらの金

242

9. RI の化学分析への利用

属イオンを沈殿として順次分離する方法を化学反応式と共に記せ.

ロ　次の文章の(　　)の部分に入る適当な語句，数値又は文章を記せ.

^3H は(　1　)の(　2　)反応により製造されている.^3H は半減期 12.3 年で(　3　)に壊変する.分子中の 1 個の水素を無担体 ^3H で標識すると，約(　4　)Bq/m mol の比放射能をもつ ^3H 標識化合物が得られる.同量の[^3H]コレステロールをそれぞれ 1ml のトルエン〔測定試料 I 〕及びクロロホルム〔測定試料 II 〕に溶かし，液体シンチレーション計数装置で測定するとき，(　5　)の計数率の方が有意に低いと予想される.これは(　6　)による.[^3H]コレステロールの放射化学的純度は(7,約 20 字で)の方法で検定される.また，[^3H]コレステロールを投与された実験動物の死体は(　8　)したのち廃棄業者に引き渡す.

〔答〕

イ　①　この水溶液に担体として Ag^+，Fe^{3+}，Ba^{2+} を加える.

②　少量の塩酸(HCl)を加えると AgCl の沈殿が生成する.

$$Ag^+ + Cl^- \rightarrow AgCl$$

③　沈殿を含む溶液をろ過し，アンモニア溶液(または水酸化ナトリウム溶液)を加えてアルカリ性とする.

$$Fe^{3+} + 3OH^- \rightarrow Fe(OH)_3$$

水酸化鉄(III)($Fe(OH)_3$)の沈殿が生成し，Ba は沈殿しない.

④　沈殿を含む溶液をろ過し，ろ液に硫酸ナトリウム(Na_2SO_4)を加えると，硫酸バリウム($BaSO_4$)の沈殿が生成する.

$$Ba^{2+} + SO_4^{2-} \rightarrow BaSO_4$$

ロ　1——^6_3Li　　　2——(n, α)　　　3——^3_2He　　　4——1.08×10^{12}(注)

5——測定試料 II 　　　6——化学的クエンチング

7——各種クロマトグラフィーによる分離と逆希釈法による定量

8——乾燥

注)　放射能(A)は，$A = -dN/dt = \lambda N = (0.693/T)(w/A) \times 6.02 \times 10^{23}$

1(m mol) = 1×10^{-3}(mol)を上記の式に代入

(比放射能) = $(0.693 \times 6.02 \times 10^{-3} \times 10^{23})/(12.3 \times 365 \times 24 \times 60 \times 60)$

= 1.08×10^{12}(Bq/m mol)

243

化 学

問3 次の文章の( )の部分に入る適切な語句，数式を番号とともに記せ．

イ SO_4^{2-} の沈殿剤としては(1)が適している．100 g の $Na_2{}^{35}SO_4$ を含む水溶液 1 l 中に存在する ${}^{35}SO_4^{2-}$ は(2)mol であるから，これを完全に沈殿させるためには少なくとも(2)mol の(1)が必要である．ただし，原子量は O＝16，Na ＝23，S＝32 とする．

ロ ほとんど無担体の ${}^{59}Fe^{3+}$ と ${}^{64}Cu^{2+}$ を含む水溶液がある．両者を分離するために，少量の Fe^{3+} と Cu^{2+} を加えた後，過剰のアンモニア水を加えた．${}^{59}Fe$ は $Fe(OH)_3$ として沈殿するが，${}^{64}Cu$ は(3)となって溶存している．この場合，加えた Cu^{2+} を(4)という．

ハ 医学領域で用いられるヨウ素の放射性同位体には ${}^{123}I$, ${}^{(5)}I$ 及び ${}^{(6)}I$ などがある．これらのうち，タンパク質の標識に最もよく用いられているものは ${}^{(5)}I$ である．タンパク質と $K{}^{(5)}I$ の混合物溶液に(7)を加えると，$K{}^{(5)}I$ から(8)が生成し，タンパク質分子中の(9)残基が ${}^{(5)}I$ で標識される．臨床分析において ${}^{(5)}I$ 標識タンパク質は(10)に用いられている．

〔答〕

イ 1──Ba^{2+} 2── 0.7（注）

ロ 3──銅のアンミン錯イオン $[{}^{64}Cu(NH_3)_4]^{2+}$ 4──保持担体

ハ 5──125 6──131 7──クロラミン T または酸化剤

8──${}^{125}I_2$ 9──チロシンまたはヒスチジン

10──ラジオイムノアッセイ（RIA）

（注） $100/(23×2＋32＋16×4)＝0.7$

244

10. トレーサーとしての化学的利用

　同位体は，物理的，化学的，生化学的な反応，変化，挙動などが常に同一のものとしてトレーサーに使用している．加えた放射性核種と目的元素が同一行動をとるためには，①同位体効果，②同位体交換反応，③ラジオコロイドの生成，④トレーサーの化学形，⑤放射線効果などを考慮して使用しなければならない．

10.1　利用上の留意点

10.1.1　同位体効果

　同位体は原子番号が等しいため，化学的性質は互いに等しいはずであるが，質量数の違いから物理的，化学的性質に差異が認められることがある．この現象を同位体効果という．例えば原子番号 1 の水素のうち質量数 1 の ^{1}H に比べて，2 の ^{2}H（重水素），3 の ^{3}H（トリチウム）の間では，質量数が重水素では 2 倍，トリチウムでは 3 倍と大きく異なるため同位体効果も大きくなる．同位体効果は，分子間の反応の速さや化学平衡にも影響を及ぼす．

　しかし通常のトレーサー実験では，原子番号 6 以上の炭素より重い元素を使用していれば，同位体効果は無視できるほど小さい．

10.1.2　同位体交換反応

　たとえば，ヨウ化エチル（C_2H_5I）とヨウ素イオン（I^-）の間でヨウ素原子が交換反応を起こしたり，Fe^{2+} と Fe^{3+} の共存する溶液では両者が交換反応を起こしたりする．このように，2 種の異なる分子間（または 1 つの分子中の異なる位置の原子間）で，同じ元素の同位体の間に起こる交換反応を**同位体交換反応**という．

　トレーサーとして用いる放射性核種は実験期間中の同位体交換速度が，無視で

245

化　　学

きるほど小さくなければならない.

10.1.3　ラジオコロイド（6.5参照）

放射性核種が極めて薄い状態で存在すると，常用量では考えられない現象がみられる.

P, Y, Zr, Nb, Po, Bi, Th, Pu, Ba, La, Ce, Ca, Ag などは特にラジオコロイドになりやすい. ラジオコロイドになっている放射性核種は，重力や遠心分離で容易に沈降する. したがって，容器に入れて放置すると，液の高さごとに放射性核種の濃度が変化する. また，イオン交換樹脂に対する吸着が常用量に比べて不規則になる. また，溶液の性質が前処理や経過時間の違いによって変化したりする. このほか，電解を行うと，電極への析出の状態が不規則になったり，拡散速度が遅くなったり，電解質の濃度により凝結（コロイド粒子が大きい沈殿となること）や，解膠（凝結と逆の現象，すなわち，いったん凝結した沈殿がふたたびコロイド溶液となること）がみられたりする. 容器の壁やろ紙へ吸着されるのもこのためであると考えられる. このようにラジオコロイド状態では，その性質が溶液の pH や，塩類の濃度に敏感となり，溶液の前処理に非常に左右されるので注意を要する.

10.1.4　トレーサーの化学形

酸化状態が 1 つしかない Na や K のような元素では問題はないが，例えばヨウ素や硫黄の化合物のような，複数の酸化状態を持つ元素は，トレーサーの酸化状態と，追跡される非放射性同位体の酸化状態に注意しなければならない. ヨウ素酸ナトリウム（$NaIO_3$）の追跡にヨウ化ナトリウムを用いたり，硫酸（H_2SO_4）の追跡に硫化水素（H_2S）や，亜硫酸をトレーサーに用いるような場合には，トレーサーと追跡されるものとが異なる酸化状態にあるので，両者の酸化状態を揃えるために，適切な酸化剤や還元剤を加える必要がある.

10.1.5　放射線効果

放射線作用によってひき起こされる物理的，化学的，生物学的変化を放射線効果という. 一般に無機化学反応では放射線による影響が少なく，10 Gy 程度から水

246

の放射線分解に伴う酸化，還元，分解が起こりはじめる．したがって線量の低い通常のトレーサー実験では放射線効果は考慮しなくてよい．有機反応でも，同様に通常のトレーサー実験では考慮しなくともよい．ただ，比放射能の高い標識化合物はそれ自身が放射線効果などによって分解しているおそれがあるので，その放射化学的純度を調べる必要がある．生物実験では，代謝や排泄から考えて長時間実験するため，どうしても放射線量が多くなり放射線効果が認められる．例えば，マウスでは体重 1 g あたり 1.85 kBq の ^{131}I の投与によって，甲状腺機能障害や睾丸の異常がみられ，30 kBq の ^{32}P の投与ではリンパ組織，脾臓，卵巣の変化が起こる．生物試料は無機，有機化合物に比べ放射線感受性は一般に高い．生物での放射線効果は生理的と組織的にみられ，線量を増すと後者に対する影響が大きくなる．上記のように程度の差はあるが，放射線効果があるので，用いるトレーサーの量は測定に差し支えのない限り少量の方がよい．

10.2 年代決定への利用

放射能を目印とする年代決定には，例えば次のような変化が利用されている．半減期の違いから，決定できる年代が異なる．

$$^{87}Rb \rightarrow {}^{87}Sr, \quad {}^{40}K \rightarrow {}^{40}Ar, \quad U, \ Th \rightarrow Pb$$

^{87}Rb（半減期 4.88×10^{10} 年）$\rightarrow {}^{87}$Sr の壊変を利用したルビジウム-ストロンチウム法では，マグマ中では ^{87}Rb／^{87}Sr の比が一定であるが，火成岩を生成する過程において，取り込まれる割合が鉱物の種類ごとに異なることを利用する．数千万年以上前の生成年代決定に有効である．

^{40}K $\rightarrow {}^{40}$Ar の壊変を利用したカリウム-アルゴン法は，数万年以上前の岩石の生成年代決定に有効である．岩石が固化した時点ではアルゴンを含まず，固化の後 ^{40}K の壊変で生成した ^{40}Ar が全て岩石中に保持されていて，かつ他の過程による ^{40}Ar の増加がないとすれば，両核種の原子数から岩石の生成年代が決定できる．

U, Th $\rightarrow$ Pb の変化は次の 4 つから決まる．

1) ^{238}U $\rightarrow {}^{206}$Pb（ウラン系列，4n ＋ 2 系列）

247

化　　学

2) $^{235}U \rightarrow {}^{207}Pb$（アクチニウム系列，4n ＋ 3 系列）

3) $^{232}Th \rightarrow {}^{208}Pb$（トリウム系列，4n 系列）

4) $^{206}Pb : {}^{207}Pb : {}^{208}Pb$

このうち 4）は，鉛が多少溶解したような場合でも，年代決定が可能である．鉛同位体の比は，最初の存在量には関係なく，鉛が生成される時間だけに関係するからである．この手法により世界最古の岩石が約 40 億年前に生成したことが明らかになった．

放射性炭素　大気の上層部で宇宙線が ^{14}N に衝突すると，^{14}C ができる．これが酸化されて $^{14}CO_2$ となり，植物や動物の組織内に吸収されて生体の一部となる．炭素原子が炭素サイクルを完結して上空に戻るのに要する時間は，平均約 500 年である．^{14}C の半減期は 5700 年であるから，1 つの炭素サイクル内では炭素の比放射能はほぼ一定とみなしてもよい．ところが，木材とか骨や貝殻のように固体に取り込まれてその中にとどまるようになった炭素は，この炭素サイクルから外れるため，^{14}C 固有の壊変定数で放射能が減少する．したがって，岩石化石や，古生物の骨，考古学的な遺物などに含まれる炭素の比放射能を測定すればその年代がわかる．炭素を用いる測定では，対象にしている期間全体にわたり，宇宙線による ^{14}C の生成作用が変わらないことを前提としている．しかし，石炭などの化石燃料の使用および大気中核実験の影響は無視できない．この測定は比放射能が小さいので難しいが，その精度は高い．最近では**加速器質量分析法**（AMS：Accelerator Mass Spectrometry）によって ^{14}C の数を計数することにより，ごく少量の試料による測定が可能になった．

トリチウム　大気の上層部から地表まで自由に循環できる水は，一定の比放射能をもつトリチウム ^3H を含むため，これを使って同様な年代決定が行われてきた．^3H の半減期は短い（12.3 年）ため，ボトルに密閉されたワインの年代のような，比較的短い範囲の年代決定に用いられる．しかし，1950～60 年代の大気中核実験によって，その濃度は自然の数百倍にもなった．当時の降水が現在も地下水中に残っていれば ^3H 濃度が高いため，地下水の滞留時間測定の一つの手法として用

248

いられている.

10.3 有機標識化合物

10.3.1 合成法

（1）化学的合成法

出発物質である無機標識化合物（時に中間標識化合物）から，種々の有機化学的合成操作を経て目的の標識有機化合物を合成する方法である．比放射能が高く，標識位置が確定した化合物が合成できる．しかし複雑な化合物の合成は困難で手数と時間がかかる欠点がある．

（2）生合成法

複雑な生体構成物質の標識に使われる．$^{14}CO_2$でクロレラを培養したり，酵素や微生物を用いたりして合成する．長所は，①化学合成の難しいホルモン，アルカロイド，タンパク質などが合成できる．②標識が均一にされている．③化学的合成法で得られない光学的活性体が得られるなどである．欠点は，①標識位置，②比放射能，③収率のコントロールが難しいことである．

（3）同位体交換法

$AX + BX^* \rightarrow AX^* + BX$ 反応のように放射性核種 X^* が，安定核種 X と入れ換わる反応を利用して標識化合物 AX^* を合成する．ただし，逆反応も起こりやすいので，標識が外れないよう保存や使用法には注意を要する．

（4）反跳合成法

核反応によって作られる生成核や放射性の親核種の壊変によって生じる放射性の娘核種は，反跳され，反跳エネルギーが大きいと，化学結合を切って元の化合物から飛び出し，近くの別の化合物と反応して標識化合物をつくる．このように核反応によって生成するホットアトムで標識する合成法で，直接標識法，放射合成法ともいう．

この合成法の長所は①複雑な化合物が簡便に標識できる．②比較的短寿命の放射性核種の標識ができる．③比放射能の高いものが得られる．欠点は，①放射化

249

学的収率が低い．②標識位置が一定しない．③反跳によって飛び出した原子は，化学反応性に富むので多数の副反応生成物を伴い分離精製が難しい．

(5) ウイルツバッハ法(Wilzbach)

トリチウムガス $^3H_2$ と有機化合物を同じ容器に入れて密封し，数日間放置して標識化合物を作る方法である．簡便な合成法であるが，標識化合物の標識位置が一定しない欠点がある．その反応機構は明らかではないが，^3H からの β^- 線による放射線化学作用によるか，または $^3H_2$ ガスの壊変によって生成する $^3H\cdot$ラジカルが作用して交換が起こると推定されている．この方法は ^3H の有機化合物の標識化だけに使用できる．

10.3.2 ^3H 標識化合物の比放射能（^3H）

^{14}C 標識ベンゼンの比放射能（^{14}C）と ^3H 標識ベンゼンの比放射能（^3H）の比放射能の比率（（^3H）/（^{14}C））は，400 程度となり，^3H の比放射能は非常に大きい．^3H 標識は，トリチウムガスおよびトリチウム水を原料として，化学的合成法と同位体交換によって行う．

トリチウムガスによる接触還元法

不飽和結合（二重結合および三重結合をいう）をもつ化合物は，トリチウムガスによって接触還元（触媒共存，水素で還元する反応）されてトリチウム標識される．使用するトリチウム（T）と水素（H）の混合比率（T/H）を大きくすれば，比放射能は大きくなる．この方法によるトリチウム標識の標識位置は，不飽和結合に限定される．しかし，その他の位置もわずかに標識される．アミノ酸や複雑な構造のステロイド類をはじめ多くの化合物がこの方法によって標識されている．

標識金属水素化物による還元

還元剤であるトリチウム化アルミニウムリチウム（$LiAlH_3T$），トリチウム化ホウ素リチウム（$LiBH_3T$），トリチウム化ホウ素ナトリウム（$NaBH_3T$）などを用いて，アルデヒド，ケトン，エステルなどを還元する糖類の還元による標識が行われている．

グリニャール試薬 R−MgX をトリチウム水 HTO で分解して，^{3}H−ベンゼン，^{3}H −トルエンなど（下記にまとめて R−T と記す）を合成する．

$$R-MgX \ + \ HTO \ \rightarrow \ R-T$$

10.3.3 ^{14}C 標識化合物の合成

^{14}C 標識化合物は，通常 Ba^{14}CO$_2$ を出発原料として合成する．Ba^{14}CO$_2$ から生成した ^{14}CO$_2$ に，グリニャール試薬 RMgX を反応させてカルボン酸 R^{14}COOH を合成する．この［^{14}C］カルボン酸を水素化アルミニウムリチウム LiAlH$_4$ で還元して，［^{14}C］メタノール（CH$_3$OH）を合成して一次原料とする．

［^{14}C］メタノールはヨウ素化すると，［^{14}C］ヨウ化メチル（CH$_3$I）となり，酸化すると［^{14}C］ホルムアルデヒド（HCHO）のような反応性に富んだ合成中間体となる．

Ba^{14}CO$_3$ から炭化バリウム（Ba^{14}C$_2$）をつくり，［1，2−^{14}C］アセチレン（H^{14}C ≡^{14}CH）を合成する．ニッケルカルボニル（Ni(CO)$_4$，揮発性，猛毒，液体）を触媒として，このアセチレンを使ってレッペ反応，触媒共存，アセチレン加圧下の反応）［U−^{14}C］ベンゼンを合成し，さらに ^{14}C 標識ベンゼン誘導体が合成できる．

10.3.4 放射性ヨウ素標識化合物

A ICl 法（塩化ヨウ素法）

フェノール核やイミダゾール環にヨウ素を標識する方法である．ICl のヨウ素を ^{125}I や ^{131}I のヨウ素の放射性ヨウ素に置換するとヨウ素標識試薬となる．ICl に Na^{125}I または Na^{131}I を加えると，同位体交換を起こし *ICl になる．（*I は放射性ヨウ素を示す．）

塩素の電気陰性度（電子を引き付ける傾向の大小）は 3.0，ヨウ素の電気陰性度は 2.5 と塩素の方が高いので，電子は塩素に引かれ，I$^+$ と Cl$^-$ に ICl は分極し，ヨウ素は正電荷を帯びてヨウ素標識を容易にする．*ICl は同位体交換により標識されるので比放射能は低く，本法によるヨウ素標識の比放射能は低い．

B クロラミン T 法

クロラミン T（sodium N-chloro-p-tolluenesulfonamide）は強い酸化作用で水溶

251

液中，HOCl を生成し，NaI を酸化して，HOI や H_2OI などを生成しフェノール核やイミダゾール核をヨウ素化する．したがって，放射性の Na^*I を使用すればヨウ素標識ができる．この方法では Na^*I の比放射能が高いと，ヨウ素標識化合物の比放射能も高いものが得られる．

C　同位体交換による標識

ヨウ素化合物を放射性ヨウ化ナトリウムと水または，DMF（N, N-dimethylformamide；代表的な極性有機溶媒）などの溶媒中で加温して同位体交換を行って標識する．交換速度が遅いときは加温して行う．

標識するヨウ素化合物が熱に安定なときは，溶媒を使わないでヨウ素化合物と Na^*I を混合して加熱，溶融して交換標識する．しかし，この方法は，生成する放射性ヨウ素標識化合物と原料のヨウ素化合物が同じ化学構造なので，両者の分離が困難で，標識化合物の比放射能は低い．

また，臭素化合物と放射性ヨウ素とのハロゲン交換反応から，放射性ヨウ素標識化合物を合成することもある．この場合には，生成する放射性ヨウ素標識化合物の比放射能は非常に高い．標識反応に使用した Na^*I と同程度の比放射能のものが得られる．

D　有機金属化合物との置換反応

芳香環へ放射性ヨウ素を導入する方法として，有機スズ誘導体を目的とする炭素に導入し，ついで酸化剤存在下で Na^*I を加える方法が繁用されている．

本法の特徴は，①原料の合成が面倒ではあるが，②室温下，数分で標識合成の反応が完了する．③比放射能の高い標識化合物が得られる，などである．

E　金属放射性核種による標識

^{99m}Tc, ^{67}Ga, ^{111}In などは，体外からの放射線計測に適切な γ 線エネルギーや半減期をもつので，核医学画像診断（シンチグラフィー）によく使われる金属放射性核種である．

これらの核種は，アミノ基，カルボキシル基，チオール基，水酸基などの官能基（有機化合物の化学的性質を決める原子団）を配位子とする錯体の形で使われ

10. トレーサーとしての化学的利用

ている．適切な配位子を設計することにより，生成する錯体の電荷や脂溶性を変化させて，体内での挙動を制御できる．血液・脳関門を透過して脳局所の血液量や心筋の血液量の測定を可能とする ^{99m}Tc 錯体が開発され，日常の臨床診断でよく使われている．

一方，放射性医薬品による癌の治療目的で，高エネルギーの β^- 線を放出する ^{186}Re, ^{188}Re, や ^{90}Y などを，生体内に投与して癌細胞に蓄積させる研究が近年進められている．この場合も配位子の分子設計によって，錯体の物理化学的性質を変えて癌細胞への選択的な集積が図られている．

F タンパク質の標識（放射性ヨウ素による標識）

タンパク質の標識は，通常，放射性ヨウ素を使用する．C, H などの生体構成元素による標識が難しいからである．ヨウ素はチロジンのフェノール性水酸基のオルト位の水素と置換させる．ヒスチジンの水素とも置換反応を起こすが，この反応速度はチロシンに対する反応速度に比べて 30 倍くらい遅いため，チロシンへの反応が優先的に進行する．

放射性ヨウ素標識には，Na*I 溶液を酸化して反応性の高い活性型にする必要がある．そのため，クロラミン T を酸化剤にする方法(Hunter-Greenwood 法)とラクトペルオキシダーゼと過酸化水素を用いる酵素法がある．

クロラミン T 法は Na*I を混合するだけで標識できるため簡単である．この反応は，還元剤の二亜硫酸ナトリウム（$Na_2S_2O_5$）を添加すると停止する．この反応では，タンパク質が酸化剤（クロラミン T）や還元剤（$Na_2S_2O_5$）にさらされるので，これらの影響を考慮する必要がある．

ラクトペルオキシダーゼ法は，希薄な過酸化水素をこの酵素で分解させることで生じた発生期の酸素を利用して Na*I を酸化する方法である．本法はクロラミン T 法に比べて少量の酸化物を使用するため，タンパク質に及ぼす影響が少ない点に特長がある．

目的とするタンパク質を酸化剤にさらされることなく放射性ヨウ素標識する目的で，放射性ヨウ素標識低分子化合物を合成し，ついでこの化合物をタンパク質

253

に結合する反応も利用されている．その代表例がボルトン・ハンター(Bolton-Hunter)試薬のフェノール性水酸基に放射性ヨウ素を導入した後，本化合物の活性エステル基とタンパク質のアミノ残基とがアミド結合を形成することで間接的にタンパク質を標識する方法である．標識タンパク質の比放射能がクロラミンT法に比べて低い欠点がある．

間接標識法では予め放射性ヨウ素標識化合物を合成し，タンパク質と結合させるため，酸化剤や還元剤にさらされる危険がない．代表的な例は，フェニルプロピオン酸の活性エステル構造を有するBolton-Hunter試薬である．

10.3.5 標識化合物の純度検定

標識化合物は，購入後長時間経つと自己放射線分解などによって放射化学的不純物を含むことがあるので注意を要する．標識化合物の純度としては，化学的純度，放射化学的純度が問題になる．

一般に化学的純度は融点，沸点などを測定して決めるが，標識化合物は取扱量が少なく高価なので，比放射能が一定になるまで化学的精製を繰り返す方法をとる．微量物質である標識化合物の放射化学的純度の検定には，各種のクロマトグラフィーと同位体希釈法（逆希釈法）の利用が適切である．

クロマトグラフィーには，ペーパークロマトグラフィーや薄層クロマトグラフィーが，簡便なのでよく使用されるが，液体クロマトグラフィーやガスクロマトグラフィーも使用される．ペーパークロマトグラフィーや薄層クロマトグラフィーで分離した化合物の放射能は，ラジオオートグラフィーやペーパークロマト（または薄層クロマト）スキャナーを使って測定する．

放射化学的純度とは，指定の化学形で存在する着目する放射性核種が，その物質の全放射能に占める割合．これに対して，**放射性核種純度**は，化学形とは関係なく着目する放射性核種の放射能が，その物質の全放射能に占める割合をいう．

〔例題〕 ^{14}C-メタン 10 Bq, ^{3}H-エタン 20 Bq, ^{14}C-エチレン 30 Bq, ^{3}H-プロパン 40 Bq の混合物がある．このとき，^{14}C-メタンの放射化学的純度および ^{3}H の放射性核種純度はそれぞれいくつか．ただし，それぞれの化合物間で同位体交換反応は起

10. トレーサーとしての化学的利用

こらないものとする.

〔解〕

^{14}C-メタンの放射化学的純度は,10/（10＋30）＝25％

^{3}H の放射性核種純度は,（20＋40）/（10＋20＋30＋40）＝60％

10.3.6 標識位置

市販の標識化合物は,(1)特定標識化合物,(2)名目標識化合物,(3)全般標識化合物,(4)均一標識化合物の4種に分類できる.

(1) 特定標識化合物

標識化合物のうち,特定の位置の原子だけが標識されているもので化学的に合成する.［1－^{14}C］チミン,［6－^{3}H］ウラシルのように標識位置を明記する.

(2) 名目標識化合物

標識化合物のうち特定の位置の大部分の原子が標識されているが,その他の位置の原子も標識され,その分布比が明確でないもの.核種記号の次にN（Nominally）をつけ［9,10－^{3}H（N）］オレイン酸のように記す.

(3) 均一標識化合物

標識化合物の全ての位置の原子が均一に標識されているもの.核種記号の前にU（Uniform）をつけて例えば［U－^{14}C］ロイシンのように記す.

(4) 全般標識化合物

標識化合物の全ての位置の原子が全般的に標識され,その分布が均一でなく,その分布比が明確でないもの.核種記号の前にG（General）をつけ［G－^{14}C］メチオニンのように記す.

(5) 標識位置の確認

確認しようとする標識化合物について分解反応や置換反応を行って,分子中の標識核種の放射能を求め,その標識位置を確認する.

10.3.7 保管法

(1) 放射線による自己分解の低減

① 差し支えない程度に比放射能を低くする.

化　　　学

②　差し支えない程度に放射能濃度を低くする.

③　少量ずつ保管する. 放射線による相互の影響を避けるためである. 強いエネルギーの β 線源や γ 線源と一緒に置かない.

④　放射線化学反応の初期過程で生成する遊離基または遊離原子を捕らえて反応に関与させないようにするために加える物質をラジカルスカベンジャーという. ラジカルスカベンジャーであるベンゼン, エタノール, ベンジルアルコールなどを用いると, 標識化合物の分解が防止できることがある. 標識化合物をベンゼンに溶かしたり, 標識化合物の水溶液にはエタノール, ベンジルアルコールを数%加えたりして用いる.

(2) 有機物としての取扱上の一般的注意

標識化合物は一般に低濃度, 微量の状態で取り扱うことが多く, 加水分解, 酸化, 光, 微生物などの影響を顕著に受ける.

①　純粋な状態で保管する. 不純物を含むと分解しやすい.

②　低温で保管する. 一般に有機物は低温が安定である. しかし ^{3}H 化合物の水溶液は凍結すると分解が早いので 2 ℃ ぐらいで保管する.

〔関連問題〕　RI/安定同位体の利用法　55-21, 57-12, 59-24, 59-27

10. トレーサーとしての化学的利用

〔演 習 問 題〕

問1 次の文章の（　　）の部分に入る適切な語句, 数式を番号とともに記せ.

同位体希釈法では,（ 1 ）しようとする元素, 原子団又は化合物などを含む試料に, 同じ化学形で（ 2 ）の異なる元素, 原子団又は化合物（例えば標識した化合物）を一定量加えて完全に混合したのち, 目的成分を一部純粋な形で取り出して（ 3 ）を測定し, その変化から目的成分の（ 1 ）を行うものである. RI で標識した化合物を用いる場合, 目的成分の質量を X, 加えた標識化合物の質量を Y, その（ 3 ）を S_0, 混合後のその成分の（ 3 ）を S とすれば, $X=$（ 4 ）となる. 上記の方法で, もし, 添加する標識化合物からも, 添加後の混合物からも, 常に一定した同一量の目的成分を分離できれば,（ 3 ）でなく（ 5 ）だけを測定することにより X を求めることができる. このためには, 一定不足量の試薬を用いる分離が行われる. これが不足当量法である.

〔答〕

1　定量　　　　2　同位体組成　　　3　比放射能　　　　4　$Y\left[(S_0/S)-1\right]$

5　放射能

注）不足当量法とは, 比放射能既知の目的元素の放射性核種（放射能 A, 添加量 M）を試料（x）に加えてよく混合した後, 目的元素と化学量論的に反応する試薬を,（$x+M$）より少ない量だけ加える. 反応が平衡になった後, 試薬と反応した部分を溶媒抽出などで単離し, 放射能を測定して目的元素を定量する方法である. サブストイキオメトリーともいう.

問2 ^{14}C 年代測定法に関する次の記述のうち, 正しいものを全て選べ.

A　炭素を含む考古遺物が埋蔵されてからの年代が求められる.

B　液体シンチレーション法での検出効率を過大に見積もった場合には, 得られる年代は実年代よりも古くなる.

C　現在の空気中の二酸化炭素に含まれる ^{14}C の放射能は 200 年前のものより高い.

D　過去の宇宙線強度が現在よりも大きかった場合には, 宇宙線強度が等しいと仮定

化　　学

して得られた年代は，実年代よりも新しくなる．

E　^{14}C の半減期として過大な値を用いた場合には，得られた年代は実年代よりも新し
くなる．

〔答〕　BDのみ

A　誤　^{14}C 年代測定法では，考古遺物中材料に含まれる動植物が死んだ年代が求め
られる．

B　正　検出効率を過大に見積もった場合には，^{14}C の放射能の測定値が実際よりも
小さくなり，実年代よりも古いと評価される．

C　誤　1900 年頃から ^{14}C 放射能の小さい化石燃料の使用量が増大したことにより，
大気中の ^{14}CO$_2$ 濃度は希釈されてきている．これをスース効果とよぶ．

D　正　宇宙線強度が現在よりも大きかった場合には，取り込まれる ^{14}C の放射能が
大きくなるため，実年代よりも新しいと評価される．

E　誤　^{14}C の半減期として過大な値を用いると，放射能の測定値が実際よりも小さ
くなり，実年代よりも古いと評価される．

問3　標識化合物に関する次の記述のうち，正しいものの組合せはどれか．

A　［^{14}C］トルエンを酸化して得られる［^{14}C］安息香酸の比放射能（Bq/mol）は，
原料の［^{14}C］トルエンのそれと同じである．

B　標識化合物の放射化学的純度は直接希釈分析法によって求められる．

C　タンパク質と ^{125}I$_2$ を混ぜると，タンパク分子中のチロシン残基が ^{125}I で標識される．

D　［G−^{3}H］トリプトファンにおいて，G は，トリプトファン分子中の水素がほぼ
均一に ^{3}H 標識されていることを意味する．

　　1　AとB　　　2　AとC　　　3　AとD　　　4　BとC　　　5　BとD

〔答〕　2

A　正　トルエン C$_6$H$_5$CH$_3$ を酸化して得られる安息香酸 C$_6$H$_5$COOH は，もとのトル
エンと炭素数は変わらない．したがって mol を基準とする比放射能は変わらな
い．

B　誤　放射化学的純度を求めるということは，対象物が放射性物質であることを
意味する．放射性物質の同位体希釈分析法による定量は，逆希釈法のみ適用で

258

10. トレーサーとしての化学的利用

きる．直接希釈法は，非放射性物質のみ適用できる．

C　正

D　誤　［G－^{3}H］のGはトリプトファンのすべての位置の水素原子が全般的に^{3}H標識されているが，その分布が均一でなく，分布比が明確でないことを意味する．

問4　標識有機化合物に関する次の文章の（　　　）に適切な語句，記号または数値を番号とともに記せ．

　イ　有機化合物の標識には^{3}H（半減期12.3年）と^{14}C（半減期5,700年）が用いられる．^{3}Hは（　1　）の（　2　）反応によって製造され，壊変して（　3　）になる．分子中の1個の水素を無担体^{3}Hで標識すると，約（　4　）Bq/mmolの比放射能をもつ^{3}H標識化合物が得られる．同量の［^{3}H］コレステロールをそれぞれ1mlのトルエン［測定試料1］およびクロロホルム［測定試料2］に溶かし，液体シンチレーション計数装置で測定するとき，（　5　）の計数率の方が低いと予想される．その原因は（　6　）である．全身オートラジオグラフィーには（　7　）標識化合物が，電子顕微鏡オートラジオグラフィーには（　8　）標識化合物が適している．^{3}H標識化合物および^{14}C標識化合物の放射化学的純度の検定には（　9　）法や，標識化合物を（　10　）で展開した後（　11　）または（　12　）で放射能を検出する方法がとられる．

　ロ　［^{14}C］ニトロベンゼンと［^{3}H］アニリンの混合物に希塩酸を加えた後，水蒸気を通じると，留出するのは（　13　）である．

　ハ　ラジオイムノアッセイは（　14　）反応を利用した有用な分析法であるが，交叉反応によって見かけ上（　15　）値が得られることがある．

〔答〕　1──^{6}Li　　　　　　　　2──（n，α）　　　　　3──^{3}He

　　　　4──1.08×10^{12}　　　　5──測定試料2　　　　6──化学クエンチング

　　　　7──^{14}C　　　　　　　　8──^{3}H　　　　　　　　9──逆同位体希釈

　　　　10──薄層クロマトグラフィー

　　　　11──液体シンチレーション計数装置

　　　　　　　　　　　　　　　（吸着体をかきとりシンチレータを加えて測定する）

　　　　　　クロマトスキャナー（薄層プレートそのままで測定する）

259

化　　学

12——オートラジオグラフィー　　　　　　13——［^{14}C］ニトロベンゼン

14——抗原—抗体　　　　　　　　　　　　15——高い

注 4. ^{3}H の壊変定数

　　　　$\lambda = 0.693/T = 0.693/(12.3 \times 365 \times 24 \times 60 \times 60) = 1.79 \times 10^{-9} \mathrm{s}^{-1}$

　　　　1 m mol 中の分子数は $N = 6.02 \times 10^{23} \times 10^{-3}$

　　　　したがって比放射能は $\lambda N = 1.08 \times 10^{12}$ Bq/m mol

6. 液体シンチレーションカウンタによって放射能を測定するときには，試料をシンチレータに溶解又は懸濁して測定する．このとき，ケトン，アルデヒドのような電子吸引性基を持つ化合物，又はクロロホルムのようなハロゲンを含む化合物が存在するとエネルギーが吸収されて計数効率が低下する．この現象を化学クエンチングと呼んでいる．

11. 放 射 線 化 学

　放射性核種から放出される α 線，β 線，γ 線や，高エネルギーの粒子加速器から発生する電子，陽子，重陽子など，および X 線発生装置からの X 線などの放射線は，物質に当たると電離作用を起こすので，電離放射線とも呼ばれる.

　これらの放射線が物質に当たると，物質を形作っている原子の軌道電子と相互作用を起こして，放射線は次第にエネルギーを失う．一方，物質を構成している分子あるいは原子は，電子的励起とイオン化を起こす．このため物質は，物理的，化学的な変化を起こす.

　放射線の照射によって物質中に生ずる物理的，化学的変化を研究する分野を放射線化学（radiation chemistry）と呼ぶ．放射線化学と放射化学（radiochemistry）は，言葉が似ているため混同されるが，放射線化学の研究対象は，放射線照射を受けた物質であって，研究対象は放射性物質ではない．放射化学の研究対象は，放射性同位体であるため，両者ははっきり区別されている.

11.1　放射線化学反応の基礎過程

（1）概要

　放射線が液体，固体の分子性の物質に入射すると，その飛跡にそって断続的にイオン化（電離）を起こして，イオン，ラジカルなどの集合体であるスプール（spur）が，小さいガラス玉を糸でつないだような形でできる．図 11.1 にスプールの概念図を示す.

　放射線が物質に及ぼす効果は，放射線の一次過程と二次過程に分類できるが，スプール生成までが一次過程である．一次過程は，励起，イオン化（電離）の物

261

化　　学

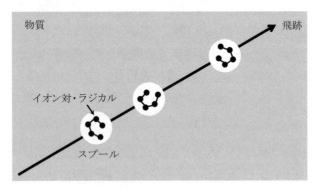

図 11.1　スプールの概念図

理的な現象が見られる過程およびイオンやラジカルの生成までの物理化学的な現象が見られる過程である．二次過程は，一次過程によって生成したイオン，励起分子，ラジカルなどが，引き続いて起こす一連の化学的な現象が見られる過程である．

11.2　一次過程の概要

スプール形成までの物理的および物理化学的過程を一次過程という．

(1) LET とスプールの関係

荷電粒子が物質の単位長さ当たりに失うエネルギーを線阻止能といい，$-dE/dx$ で表す．線阻止能を物質の密度で割ると質量阻止能となる．一方，飛跡に沿った近傍で物質に与えられたエネルギー量 dE/dx を LET（Linear energy transfer），線エネルギー付与という．阻止能は主に α 線に対する物質の阻止力を比較するときに用いられ，LET はある物質に対する放射線の種類の相違を示すときに用いられる．放射線化学では主に LET が用いられる．

荷電粒子の LET は，定性的に次の式で示される（詳細は物理 7.2 参照）．

$$\frac{dE}{dx} = k\frac{z^2}{v^2}NZ \tag{11.1}$$

k は定数，z は粒子の電荷，v はその速度，N は物質 1cm^3 中の原子数，Z は物質の原子番号である．この式から，同一エネルギーでは粒子の重いものほど大きい．一

方，$E = 1/2mv^2$ なので，同一粒子ではエネルギーの小さいほど，また物質 $1\,cm^3$ あたりの電子密度 NZ の大きいほど LET は大きい．

1 個のスプールを作るのに要する平均エネルギーで LET を割れば，単位距離内にできるスプールの数になる．したがって LET が大きいことは，単位距離あたりに多くのスプールができることを意味する．

同じエネルギーで比較したとき，より重い粒子ほど LET が大きいので α 線はより多くのスプールを作る．また，高エネルギー電子線では一次飛跡にそったスプールより，エネルギーのより低い二次電子線（δ 線）によって生ずるスプールが多く，スプール間隔が小さい．

(2) 高 LET 荷電粒子

放射線が物質に当たるとスプールが生成するが，LET が大きい α 線，陽子などの重粒子では，物質中で失うエネルギーが大きく，スプールの生成が非常に密になり，隣同士のスプールが重なり合って連続的な円筒型となる．

生成したスプールには，反応活性なイオン，ラジカル，励起分子などが含まれ，ラジカル・ラジカル反応などが起こる確率も高く，スプールの生成確率の低い低 LET 放射線とは異なる効果がみられる．この効果を放射線の **LET 効果**という．

一方，γ 線が物質に当たると，コンプトン効果によって数 keV から数 MeV の高エネルギーの二次電子が生成して物質に作用を及ぼし，励起分子，ラジカルなどが反応する．このときの γ 線は，透過性が大きいので物質内部でスプールや二次電子が生成し，物質表面だけで反応する重粒子とは異なる効果が見られる．

(3) 低 LET 荷電粒子（電子）

電子は α 線よりはるかに質量が小さいので LET は小さい．γ 線が物質に当たると上記のように数 keV ないし数 MeV の二次電子が物質中に生成し，物質に対しては，その二次電子の与える効果が主になる．高いエネルギーをもつ電子が物質中を通ると断続的にスプールを形成し，スプール 1 個あたり 50 eV 程度のエネルギーを失う．

このように電子線はスプールを作りながら徐々にエネルギーを失うが，ときどきスプール形成の 10 倍ぐらいのエネルギーを失うブロッブ（blob）を作る．さら

化　　学

に少ない確率であるが，ブロッブ形成の 10 倍くらいのエネルギーを失うショート
トラック（short track）も形成する．

　結局，電子線やγ線によって生成する二次電子は，スプール，ブロッブ，ショ
ートトラックを形成しながら次第にエネルギーを失うことになる．

11. 3　二次過程の概要

　放射線照射によってスプールが形成され，イオン・ラジカル，励起分子などの
活性化学種の集団が形成される．これらの化学種間や化学種と周囲の分子間で化学
反応が起こる過程を二次過程という．二次過程に関与する化学種の挙動を示す．

（1）イオン

　スプールには数個のイオンが含まれる．高 LET 放射線では，イオンと電子の密
度が大きく，再結合による中和が起こり全体として反応の収率が下がる．イオンは，
イオンの拡散，電荷移動によりスプールの外に移動し反応を起こす．

（2）電子

　イオン化により生じた電子は，さらに高次のイオン化を起こしたり親イオンで
ある陽イオンと再結合したりして消滅する．水中では，水分子数個に緩く束縛され
水和電子を形成し，約 30μ 秒程度存在する．水和電子は水素原子 H より酸化還元
電位が約 0.6 V 高く，水素原子より強力な還元性を持ち，反応性に富む．

（3）ラジカル

　ラジカル，フリーラジカルまたは遊離基ともいう．不対電子（対をなしていな
い電子のことで一般的に「・」で示す）をもつ原子，原子団，分子である．ラジカ
ルは非常に反応性に富む．また不対電子を持っていて常磁性なので，**電子スピン共
鳴吸収装置（ESR）**で測定できる．

　ラジカルは，スプール内の励起分子の解離によって生じる．LET の高い物質は，
ラジカルの密度が高く，ラジカル・ラジカル反応の確率が大きく生成物が生じる．
また，ラジカル再結合の確率も大きくラジカル分子の反応収率は下がる．

　ラジカルはラジカル自身の拡散連鎖反応などによってスプールの外に出て中性

264

11. 放射線化学

分子と反応する.

(4) 励起分子

スプール内にはかなりの数の励起分子があり,放射線照射によるラジカルは,主にこの励起分子の解離によって生成する.励起分子は熱や光を出して自然に減衰するものもある.一方,イオン化ポテンシャル(イオン化に必要なエネルギー)以上の高いエネルギーをもつ超励起状態が存在し,他の原子,ラジカルと反応して $XeOF_4$(四フッ化酸化キセノン)などが形成される.また励起した分子が直接拡散によって移動するのではなく,励起自身が分子から分子に移行する励起移動がある.

(5) LET 効果

一般に入射エネルギーが小さいほど,入射粒子が重いほど LET は大きい(式 11.1 参照).LET が大きい放射線では,スプール内に生じた活性種は再結合して消滅し,LET が小さいものより G 値(11.5 参照)は低い.LET が大きいときには,小さいものよりラジカル・ラジカル反応による生成物の G 値は大きいが,重要なラジカル・中性分子の反応の G 値は減少する.また水和電子が関与する反応の G 値も LET が大きいときは小さい.

(6) エネルギー移動

1 つの分子に与えられたエネルギーが,その分子から隣の分子に次々にエネルギーだけを送り移す現象で,化学反応を起こすきっかけとなる.励起移動が代表例である.

11.4 二次過程の素反応

スプールはイオン,ラジカル,励起分子の集合体である.このため,これらが引き金となって化学反応が誘発される.組成 AB の分子に放射線が当たるとイオン化(電離)と励起が起こる((11.2),(11.3)式).

イオン化　　$AB \longrightarrow AB^+ + e^-$ 　　　　　　　　　　　　(11.2)

励　起　　$AB \longrightarrow AB^*$ 　　　　　　　　　　　　　　　(11.3)

化　　　学

これらの現象は極めて短時間に終了するが，生じたイオン AB^+ は解離したり，電子で中和され，その中和熱により励起分子 $AB^{\neq}$ を作ったりする（(11.4), (11.5)式）．

イオンの解離　　$AB^+ \longrightarrow A\cdot + B^+$　　　　　　　　　　　　　　(11.4)

中和による励起　$AB^+ + e^- \longrightarrow AB^{\neq}$　　　　　　　　　　　　　(11.5)

励起分子は，励起状態に違いがある2種類の $AB^{\neq}$, AB^* に分けて取扱う．これらの励起分子は解離してラジカルになる（(11.6)式）．

励起分子の解離　$AB^* (AB^{\neq}) \longrightarrow A\cdot + B\cdot$　　　　　　　　　(11.6)

一方，イオン AB^+ は次のようなイオン・分子反応を行う（(11.7)式）．

イオン・分子反応　$AB^+ + B \longrightarrow AB_2^+ + A\cdot$　　　　　　　　(11.7)

電子は中性分子に付着してアニオン（陰イオン）を生成したり（(11.8)式），このときの電子親和力の発熱で解離することもある（(11.9)式）．ここまでが第2段階である．

アニオンの生成　$AB + e^- \longrightarrow AB^-$　　　　　　　　　　　　　(11.8)

解離的電子付着　$AB + e^- \longrightarrow A\cdot + B^-$　　　　　　　　　　(11.9)

第2段階の変化も極めて短時間に終了するが，第3段階では親イオンとの結合をまぬがれた電子やラジカルが，元の場所から系全体に拡散していく．そしてこのとき溶質Sへの電荷移動，励起移動が起こる（(11.10), (11.11)式）．

溶質への電荷移動　$AB^+ + S \longrightarrow AB + S^+$　　　　　　　　　　(11.10)

溶質への励起移動　$AB^* + S \longrightarrow AB + S^*$　　　　　　　　　　(11.11)

また，((11.8), (11.9))式に示すような反応が，溶質に対しても起こる（(11.12)式）．さらにラジカルと溶質との反応が起こる（(11.13)式）．

溶質アニオンの生成　$S + e^- \longrightarrow S^-$　　　　　　　　　　　　(11.12)

ラジカル反応　　　　$A\cdot + S \longrightarrow$　生成物　　　　　　　　　(11.13)

このとき，溶質が遊離基 $A\cdot$ のような活性種を捕えて反応に与らせないような働きをしているとき，この溶質をスカベンジャー（scavenger）という．

最後に陽イオンと陰イオンの中和（(11.14)式），ラジカル同士の中和（(11.15)式）で全ての活性種は無くなり，最終生成物を残して反応は完了する．

イオン同士の中和　$AB^+ + S^- \longrightarrow AB + S$　(11.14)

ラジカルの結合　$A\cdot + A\cdot \longrightarrow A-A$　(11.15)

これらの機構は液相について記したが，気相，固相でも本質的には変わらない．これらの反応はイオン，ラジカルを測って調べなければならない．

11.5　化学線量計

G値（G value）

放射線照射によって起こる物質の化学変化の量を示すために用いる数値で，物質が放射線のエネルギーを 100 eV 吸収したときに変化を受ける分子又は原子の数を G 値という．

11.5.1　鉄線量計

第一鉄イオン（Fe^{2+}）が第二鉄イオン（Fe^{3+}）に酸化される原子数が，放射線量に比例することを利用して線量を測定する線量計を，鉄線量計またはフリッケ（Fricke）線量計という．水溶液中の有機不純物による化学的変化の影響を受けやすいため，溶媒として蒸留水を用いる．溶質として 10^{-4} M 程度の硫酸第一鉄（II）（$FeSO_4$）又は硫酸アンモニウム鉄（II）（モール塩ともよぶ）〔$FeSO_4 \cdot (NH_4)_2SO_4 \cdot 6H_2O$〕を用い，溶液を 0.4 M 硫酸酸性として，使用前に空気を通す．また，空気の代わりに酸素を飽和させると，測定可能な線量の上限が高くなる．少量の塩化ナトリウムを加えると再現性が良くなる．酸化された Fe^{3+} の濃度は紫外光（304 nm）の吸光度測定あるいは滴定法によって定量する．酸の濃度が 0.001 から 0.1 M の間では，G 値（$Fe^{2+} \to Fe^{3+}$）は濃度とともに増加するが，0.1 M 以上 0.8 M までの間では G 値（$Fe^{2+} \to Fe^{3+}$）は 15.5（^{60}Co の γ 線の場合には 15.6 という値も広く用いられている）という一定値をとる．この条件を満たす Fe^{2+} の初期濃度は $10^{-5} \sim 10^{-2}$ M の範囲で，空気飽和では 500 Gy，酸素飽和で 2000 Gy までの線量が測定できる．また線量率（空気カーマ率）は $2 \times 10^{-4} \sim 3$ Gy/s，温度は 4～50 ℃，光子エネルギーは 100 keV X 線～2 MeV γ 線まで G 値は一定に保たれる．鉄線量計は，基準線量の測定に用いられる．

11.5.2 セリウム線量計

放射線の影響により Ce^{4+} が Ce^{3+} に還元される原子数が放射線量と比例することから線量を測定する。G 値（$Ce^{4+} \rightarrow Ce^{3+}$）が一定である範囲はセリウムイオン濃度 $10^{-2} \sim 2 \times 10^{-6}$ M，線量率（空気カーマ率）5 mGy/s$\sim$5 Gy/s，pH 0.8$\sim$2 で光子エネルギーは 100 keV$\sim$2 MeV の範囲である。温度上昇とともに G 値（$Ce^{4+} \rightarrow Ce^{3+}$）は低くなる。鉄線量計と異なり，反応系中に存在する酸素による G 値の変化は認められない。G 値が小さいため〔^{60}Co の γ 線の場合には G（$Ce^{4+} \rightarrow Ce^{3+}$）＝ 2.45〕，感度は悪いが，大線量の測定に適している。セリウム線量計は鉄線量計以上に不純物による化学的変化の影響を受けやすく，不純物があると再現性は悪い。したがって使用する水やガラス容器に，特に有機物などが入らないように注意する必要がある。セリウム線量計は，放射線加工における γ 線の測定に用いられる。

11.5.3 アラニン線量計

アラニン線量計とは，アミノ酸の一つであるアラニン（$CH_3CH(COOH)NH_2$）の粉末をパラフィン中に溶かし込み，放射線照射で吸収線量に比例して生じたフリーラジカル（遊離基）の数を電子スピン共鳴装置（ESR）で測定する線量計である。線量測定範囲が $1 \sim 10^5$ Gy と広く，高い精度と安定性を持つ。組成が人体組織に近いため，放射線治療における局所的な吸収線量の高精密測定に用いられる。

11.5.4 スカベンジャー（捕捉剤）

反応機構を明らかにするために加える，反応中間体に特に親和性の大きい化合物をスカベンジャーという。

（A）イオン・スカベンジャー

試料中のイオンと速やかに反応してイオンを消費するスカベンジャーである。これを予め加えておくと本来のイオンとしての反応ができなくなる。陽イオンのスカベンジャーは NH_3，H_2O，CH_3OH などがある。電子のスカベンジャーは N_2O，CCl_4，ハロゲンアルキル，I_2 などである。

（B）ラジカル・スカベンジャー（遊離基捕捉剤）

遊離基を捕捉して反応機構に変化を与え，この変化によって反応機構を解明する.

NO，DPPH（ジフェニピクリルハイドラジル），O_2，I_2，H_2S，オレフィン類などがある.

11.6　放射線と高分子化合物

11.6.1　放射線重合

アセチレン，プロピレン，ブチレンなどの不飽和炭化水素に放射線を照射すると，樹脂状物質が生成する．このように放射線によってひき起こされる重合を放射線重合という．放射線重合は，(1) 触媒が不要で，純粋な重合物が得られ，(2) 通常の重合反応のような高温，高圧の必要がなく，放射線重合は常温，常圧で起こる，(3) 高温における重合に比べると重合度が大きく，枝分かれが少なく，配列のより正しい重合体が得られやすい特長がある.

11.6.2　高分子に対する放射線の作用

高分子に対する放射線の作用は大別して架橋反応と分解反応がある．しかし，ある高分子物質が放射線に対していつも架橋反応あるいは分解反応のどちらか1つを示すのではなく，他の反応を示すこともある.

11.6.3　グラフト共重合

一つの高分子化合物に，つぎ木をするように別の種類の高分子化合物を結合させることをグラフト共重合といい，放射線を照射することによって重合させている．グラフト共重合は一つの高分子物質の有する欠点を他の高分子物質の長所で補うことができる.

たとえば染色が難しい合成繊維にビニルピリジンを共重合させると酸性染料で染色できるようになり，メチルシリコンポリマーにアクリルニトリルを共重合させて耐油性のあるゴムを作ることができる．またポリエチレンにスチレンを共重合させたのち，スチレンをスルホン化してイオン交換膜をつくる方法，酢酸セルロースに酢酸ビニルをグラフト重合させて新しい合成樹脂を作る方法もある.

化　学

〔**例題**〕次のうち，よく用いられる線量計と放射線の量の測定の原理について，正しいものの組合せはどれか．

		（酸化反応）	（還元反応）	（電子トラップ）
A	フリッケ線量計	○	×	×
B	セリウム線量計	○	×	×
C	熱ルミネセンス線量計	×	×	○
D	アラニン線量計	×	×	○

〔**解**〕　AとC

A　正　$Fe^{2+} \longrightarrow Fe^{3+}$の酸化反応

B　誤　$Ce^{4+} \longrightarrow Ce^{3+}$の還元反応

C　正

D　誤

〔**関連問題**〕　(1)　放射線の効果 54-30, 55-29, 60-28　(2)フリッケ線量計 54-29, 55-30, 56-28, 57-30, 58-30, 59-30, 60-29

270

11. 放 射 線 化 学

〔演 習 問 題〕

問1 フリッケ線量計を用いて ^{60}Co γ線を測定した. 30 分の照射で Fe(II)を含む溶液 1 g あたり 2.8×10^{-5} g の Fe(III)が生成した. このときの γ線の線量率 (Gy・h^{-1}) はいくらか.

〔答〕

(1) 生成した Fe(III)イオンの個数は

$$(2.8 \times 10^{-5}/56) \times 6 \times 10^{23} = 3 \times 10^{17} \quad (g^{-1})$$

(2) G 値が 15.6 とは, Fe(III)イオン 15.6 個の生成に 100 eV が必要ということを意味する.

$$(3 \times 10^{17} \times 100) \ /15.6 = (3/16) \times 10^{19} \quad (eV \cdot g^{-1})$$

(3) これは 1g あたり 30 分の照射であるから, 1 kg, 1 時間に換算すると

$$(3/15.6) \times 10^{19} \times 10^{3} \times (60/30) = (6/15.6) \times 10^{22} \quad (eV \cdot kg^{-1} \cdot h^{-1})$$

(4) eV を J に換算すると

$$(6/15.6) \times 10^{22} \times 1.6 \times 10^{-19} = 6.15 \times 10^{2} \ (J \cdot kg^{-1} \cdot h^{-1})$$
$$= 615 \ (Gy \cdot h^{-1})$$

問2 0.2M 硫酸セリウム(IV)の 0.4M 硫酸酸性溶液を ^{60}Co γ線で照射するとき, Ce^{3+} 生成の G 値は 2.5 である. 吸収線量が 6.7 Gy であるとき, 溶液 1g 中に存在する Ce^{3+} の数はいくらか.

〔答〕 $1 \ eV = 1.6 \times 10^{-19} \ J$ より, $1 \ J = 6 \times 10^{18} \ eV$

$6.7 \ Gy = 6.7 \ J/kg = 6.7 \times 6 \times 10^{18} \ eV/kg = 4 \times 10^{16} \ eV/g$

G 値が 2.5 ということは, 100 eV で Ce^{3+} が 2.5 個生成することであるから, 生成する Ce^{3+} の数は, $((4 \times 10^{16}) eV/g)/100 \ eV \times 2.4 = 10^{15} \ g$

問3 放射線の効果に関する次の記述のうち, 正しいものを全て選べ.

A 1 MeV の陽子の水中における LET は, 10 MeV の陽子のそれより大きい.

B ベンゼンやシクロヘキサンは環状構造のため γ線に対して安定である.

化　　　学

C　フリッケ線量計の G（Fe^{3+}）値は ^{60}Co γ 線に対して 15.6 であるが，放射線の
　　線質やエネルギーが変わると多少変化する．

D　ある気体の W 値が 33 eV であるとき，気体イオン生成の G 値は約 0.3 である．

〔答〕　A と C

A　正　同一粒子ではエネルギーが小さいほど LET は大きい．

B　誤　γ 線を照射されると，両者は程度の差こそあれ放射線分解されるので，γ 線
　　　　に対して安定であるとはいえない．

C　正　^{137}Cs γ 線（0.662 MeV）では 15，^{3}H β 線（18.3 keV）では 13，14 MeV 中
　　　　性子では 10 など，放射線の種類やエネルギーにより多少変化する．

D　誤　G 値は物質が放射線のエネルギーを 100 eV 吸収したときに変化を受ける分
　　　　子または原子の数である．また，$W=E/N$ であるから，これに $W=33$ eV
　　　　と $E=100$ eV を代入して N を求めれば，$N=3$（個）．これが G 値である．

問4　水和電子に関する次の記述のうち，正しいものを全て選べ．

A　水溶液を γ 線で照射すると水和電子が生成する．

B　水和電子はスプール内に生成する．

C　水和電子には酸化能力がある．

D　水和電子は水素ラジカルを生成する．

〔答〕ABD

A　正　11.2（3）を参照．

B　正　スプール形成までのおよび過程を一次過程という．一次過程では励起，イオ
　　　　ン化の物理的現象，イオンやラジカル生成までの物理化学的現象がみられ
　　　　る．

C　誤　水和電子の反応は，他分子に電子を供与する反応である．反応により自
　　　　身が電子を失うすなわち自信が酸化される物質には還元能力がある．

D　正　スプール内の励起水分子の解離によって水素ラジカルを生成する．

〔1〜11 章以外に関する出題〕

(1) 安定核種　59-2　　(2) RI の壊変形式　55-1, 55-3, 55-4, 55-5, 55-24, 55-26, 56-13,

272

11. 放 射 線 化 学

56-29, 57-15, 58-14, 58-17, 59-3, 60-4　(3) RI とその関連事項　56-10, 56-17, 56-18, 56-21, 56-27, 57-1, 57-11, 57-14, 57-20, 57-29, 58-29, 59-15, 59-29, 60-9, 60-10, 60-30　(4) RI の特性の組合せ　54-17, 54-26, 54-28, 55-25, 物化生 55-3, 物化生 55-4, 56-14, 60-24　(5) 核医学分野の RI 56-15, 59-12, 物化生 60-4(Ⅲ)　(6) 壊変図 56-20, 57-19, 60-8

生　物　学

杉　浦　紳　之

鈴　木　崇　彦

は じ め に
―生物学の執筆方針と学習の仕方―

筆者が放射線概論の生物学の執筆を引き継いでから15年が経つ．この間，放射線生物学の進歩には著しいものがあり，主任者試験における出題内容（範囲と詳細さ）はずいぶんと変わってきた．改訂や増刷の際に少しずつながら対応してきたが，今回，本書全体の改訂の機会に全面的な見直しを行うこととした．

基本的な方針として，主任者試験のための学習に用いやすい形にすることを第一に考えた．このため，各章の冒頭にキーポイントとして要点をまとめた．これは，生物学の学習においては，テクニカルタームを知り，その概念を理解することが重要であると考えるからである．試験直前のまとめにも役立つものと思う．出題内容に変化はあるものの，基本の骨格の部分は相変わらず重要であるし，全体で6割，各課目5割の合格基準を考えれば，骨格の部分の徹底した理解が何をおいても必要である．

問題の難易度を上げたいと思えば，他の科目では計算のステップを増やすなどの方法もあろうが，生物学では広く細かな知識を求めることとなる．過去10年間ほどの出題を分析し，個々のテクニカルタームとして解説した方が良いと考えられるものは，本文中には記述せず，関連ページの下に別にまとめた．あまりに細かいと判断したものについては省いたので，必要があれば，他の成書で確認されたい．

主任者試験を目指す方のバックグラウンドは様々であろうが，特に物工系の方にとって生物学の学習は取り付きにくいかもしれない．主任者試験の勉強法として有効と言われているものは過去問の徹底した学習であり，本文やキーワードをざっと理解したら，過去問を解いて何がどのように出題されているかを自分とし

生　物　学

て整理するのが合格への近道のようである．この際，教科書的な説明としては書きづらいが，出題にあたっての選択肢として頻出する聞き方がある（例えば，倍加線量が大きいほど遺伝性影響は起こりにくい）．演習問題はそれらの選択肢をまとめ，解説した．したがって，演習問題は，重要事項の復習となるような問題を必ずしも選んでいないことをお断りしておく．

改訂にあたってのこの試みが，読者諸兄の学習そして合格の役に立つことを祈るばかりである．

第9版の改訂にあたって

今回の改訂にあたり上記の執筆方針を読み直した．大きく変更する必要はないと現在も考えるが，本書が試験対策を念頭に置いたものであるため，試験で頻回に問われる選択肢に関する点については近年の出題傾向も検討し，可能な範囲で書き込むこととした．本改訂が読者諸兄のさらなる参考となることを願う．

杉浦紳之

1. 放射線の人体に対する影響の概観

放射線の人体に対する影響を考える際の基本的な視点として重要な点は，以下の 3 点である.

①放射線影響は，原子・分子，細胞，組織・臓器および個体の各レベルを経て進展し，その総体として現れること.

②放射線の生物作用の標的は DNA であること.

③放射線防護の視点から放射線影響は，細胞死に基づく確定的影響と突然変異に基づく確率的影響の 2 種類に分類されること.

人体が放射線被ばくを受けた場合，原子レベルから個体レベルまで影響がどのように進展するかの概要は以下の通りである.

(1)原子レベル

人体が放射線被ばくを受けると，人体を構成する原子が電離・励起される.

(2)分子レベル

放射線の生物作用の標的は DNA（デオキシリボ核酸）であるが，DNA 損傷の起こり方には次の 2 通りがある.

①**直接作用**：DNA を構成する原子に起きた電離・励起が，直接 DNA 損傷を引き起こすものをいう.

②**間接作用**：生体の 70%以上を占める水分子が電離・励起された結果，活性に富んだ**フリーラジカル**（遊離基）が形成され，フリーラジカルが DNA 損傷を引き起こすものをいう.

低 LET 放射線の場合，DNA 損傷の多くは間接作用によって引き起こされる.

(3)細胞レベル

生　物　学

DNA 損傷のうち大部分のものは短時間のうちに修復される．しかし，中には修復されずにそのまま固定したり，修復の際にエラーが起こる（誤修復）ことがある．DNA 損傷が起こった細胞は，①損傷が致命的である場合は**細胞死**を起こし，②致命的ではない場合には，DNA 情報が変化し，**突然変異**が起こった細胞として，繰り返し細胞分裂が行われる．

(4)臓器・組織レベル

臓器・組織は数多くの細胞から構成されているが，その中の相当数の細胞が細胞死を引き起こせば，機能障害等の形で臓器・組織の放射線影響が臨床的に観察される（**確定的影響**）．

突然変異を起こした体細胞が分裂を繰り返すと，長い潜伏期を経てがんが発生する可能性がある．突然変異が生殖細胞に起きた場合には突然変異が子孫に伝えられ，遺伝性影響が発生する可能性がある（**確率的影響**）．

(5)個体レベル

臓器・組織レベルの影響が全身症状として現れる．また，症状が重い場合には，個体の死に至る．

なお，電離・励起が起こると影響が必ず次のステップに進展するということではなく，修復あるいは回復の機能が，分子レベルから個体レベルまで何れの段階にも備わっていることを理解することも重要である．

分子レベルでは，ラジカルを無毒化する SOD やカタラーゼといった酵素があるし，高度で精緻な DNA 修復機能が働く．細胞レベルでは，アポトーシスにより突然変異を持った細胞は除去され，個体レベルでは，がん化した細胞は非自己として免疫機能により排除されるといったことがその例としてあげられる．

上記では，放射線が生体にあたると何が起こるかについて述べたが，この他に，被ばく（照射）条件で影響がどのように変化するかといった修飾要因，胎児影響，体内被ばく，医療領域の放射線診療や生化学領域における標識化合物などの放射線利用について，放射線取扱主任者試験で問われる項目としてあげられる．

280

〔演 習 問 題〕

問1　放射線の生物作用の過程を示す次の図の（　）の部分に入る適当な語句を，下記のイ〜レのうちから選び番号と共に記せ．
　　ただし，同じ語句を2回以上用いる場合もある．

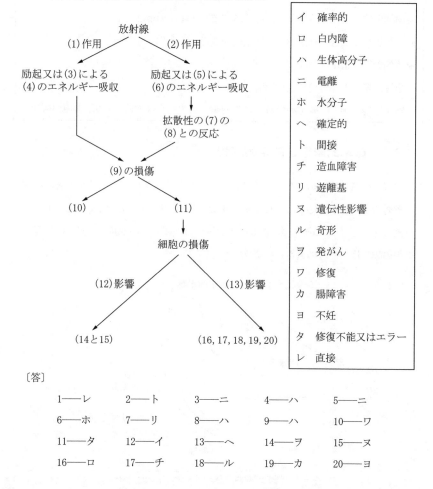

イ	確率的
ロ	白内障
ハ	生体高分子
ニ	電離
ホ	水分子
ヘ	確定的
ト	間接
チ	造血障害
リ	遊離基
ヌ	遺伝性影響
ル	奇形
ヲ	発がん
ワ	修復
カ	腸障害
ヨ	不妊
タ	修復不能又はエラー
レ	直接

〔答〕

1——レ	2——ト	3——ニ	4——ハ	5——ニ
6——ホ	7——リ	8——ハ	9——ハ	10——ワ
11——タ	12——イ	13——ヘ	14——ヲ	15——ヌ
16——ロ	17——チ	18——ル	19——カ	20——ヨ

2. 放射線影響の分類

キーポイント

確率的影響：しきい線量なし，線量増加で発生確率の増加

確定的影響：しきい線量あり，線量増加で症状の悪化

身体的影響と遺伝性影響

　急性影響：大部分の確定的影響

　晩発影響：がん，確定的影響では白内障，再生不良性貧血，骨折，肺線維症

2.1 確率的影響と確定的影響

被ばく線量と影響の発生頻度の関係から，放射線影響は①確率的影響と②確定的影響の2つに分類される．確率的影響と確定的影響の特徴の比較を図2.1および表2.1に示す．この2つの影響の主な違いは，①しきい線量の有無，②線量と影響の重篤度（症状の重さ）の関係である．

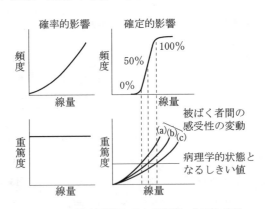

図2.1　確率的影響と確定的影響の分類と特徴

2. 放射線影響の分類

表 2.1　確率的影響と確定的影響の分類と特徴

種類	しきい線量	線量の増加により変化するもの	例
確率的影響	存在しない	発生頻度	がん，遺伝性影響
確定的影響	存在する	症状の重篤度	白内障，脱毛，不妊など 確率的影響以外のすべての影響

　確定的影響には，しきい線量がある．しきい線量は影響が現れる最低の線量をいうが，ICRP によれば約 1% の出現頻度をもたらす線量に対応するとされている．しきい線量を超えて放射線被ばくを受けると影響が現れはじめ，さらに大きな線量を被ばくした場合には影響の重篤度が増大する．確定的影響は，臓器・組織を構成する細胞が細胞死あるいは機能不全を起こすことに基づく影響であり，臓器・組織のある割合の細胞に細胞死が起きたところで影響が現れ（しきい線量），さらに大きな線量を被ばくすると，細胞死を起こす細胞数が増加して症状は重くなる．確定的影響には，発がんと遺伝性影響の確率的影響を除いたすべての影響が分類される．

　確率的影響には，しきい線量はないと仮定されている．線量の増加に伴って変化するものは，影響の発生頻度である．確率的影響は突然変異に基づく影響であり，線量が増加すると突然変異が起こる確率が増加し，確率的影響の発生頻度が増加する．一方，影響の重篤度は線量の大きさによらず一定である．これは，小線量の被ばくによるたった 1 つの突然変異が原因で致死がんになった場合も，大線量の被ばくにより多数の突然変異が生じ致死がんになった場合も，死亡という重篤度の大きさは変わらないという例から理解することができる．確率的影響に分類される影響は，発がんと遺伝性影響である．

　有害な**組織反応**：ICRP2007 年勧告で，確定的影響についてのより正確な表現として使用されている．種々の確定的影響の発生は様々に修飾可能なことから，正確には「確定的」とは言えないという理由である．また，一般には確定的影響の用語は分かりにくい表現であることも理由とされている．しかし，主任者試験では相変わらず確定的影響の用語で学習して差し支えないものと考える．

生 物 学

2.2 身体的影響と遺伝性影響

もうひとつ放射線影響の重要な分類として，放射線影響は①身体的影響と②遺伝性影響に分類される．

放射線影響が被ばくした本人に現れるものが**身体的影響**である．身体的影響は，被ばくしてから影響が現れるまでの期間（潜伏期間）により，**早期影響**（急性影響）と**晩発影響**に分類される．被ばくの形式にもよるが，被ばく後数週間以内に現れるものを早期影響といい，被ばく後何ヶ月あるいは何年も経過したのちにはじめて現れるものを晩発影響という．

確率的影響は，すべて晩発影響である．（早期影響と晩発影響の分類は，本来，身体的影響に着目したものであるが，遺伝性影響も被ばくから発生まで少なくとも受胎期間である 40 週を要し，あえて言えば晩発影響である．）一方，大部分の確定的影響は急性影響である．確定的影響のうち晩発影響であるものとして，白内障，再生不良性貧血，骨折（骨壊死），肺線維症があげられる．ただし，肺線維症は，早期影響である放射線肺炎から数ヶ月で移行するもので，他に示したものに比べて潜伏期間が短いことに注意が必要である．

放射線影響が被ばくした本人ではなく子孫に及ぶものが**遺伝性影響**である．遺伝性影響は遺伝子に起こった変化（突然変異）が子孫に伝えられて引き起こされるものである．

したがって，将来子供を産む可能性のある人が生殖腺に被ばくを受けた場合にのみ遺伝性影響が発生する可能性が生じる．妊娠中に被ばくを受けた胎児にその被ばくが原因で放射線影響が認められた場合は，遺伝性影響ではなく胎児自身の身体的影響ということになる．また，変化が起こった遺伝子を受け継いだら必ず遺伝性影響が現れるということではなく，子の代では影響が現れず，孫の代に遺伝性影響が現れることもある．

注）早期影響と晩発影響は放射線防護上の分類である．がんの放射線治療の副作用として現れる影響について，早期反応，後期反応と呼び分類することがある

2. 放射線影響の分類

（細胞生存率曲線の LQ モデルの項に関連）．これは，全身の影響よりも，がん周辺部の正常組織に注目した呼び方である．後期反応として，骨壊死，肺の線維化，麻痺などがあげられる．

注2）ICRP 2007 年勧告では，遺伝的と遺伝性の 2 つの用語が用いられている．遺伝的は Genetic の訳であり，遺伝性は Hereditary の訳である．Genetic は Gene（遺伝子）の形容詞であり，その個体が持つ遺伝子によるという意味である（例：遺伝的リスクの保因者）．Hededitary は親から子に受け継ぐ，つまり経世代という意味を表す．したがって，2007 年勧告では遺伝的影響は遺伝性影響と訳語が改められた．このため，本書では遺伝性影響と表記を改めた．なお，主任者試験の出題では，遺伝性（的）影響とされている．

〔演 習 問 題〕

問1 確率的影響と確定的影響に関する次の記述のうち，正しいものの組み合わせはどれか．

A 晩発障害には確定的影響はない．

B 早期障害には確率的影響はない．

C 遺伝性影響は確率的影響である．

D 不妊は確定的影響である．

 1 ABC のみ   2 ABD のみ   3 ACD のみ   4 BCD のみ

 5 ABCD すべて

〔答〕 4

問2 放射線の確定的影響に関する次の記述のうち，正しいものの組み合わせはどれか．

A 発生頻度と重篤度とは，共に被ばく線量の大きさによって変化する．

B 全身被ばくで起こるが，局所の被ばくでは起こらない．

C 短期の被ばくでは起こるが，長期の被ばくでは起こらない．

D しきい線量が存在する．

 1 A と B   2 A と C   3 A と D   4 B と C   5 B と D

〔答〕 3

問3 身体的影響と遺伝性影響に関する次の記述のうち，正しいものの組み合わせはどれか．

A 身体的影響は，体細胞に起こった変化だけをいう．

B 再生不良性貧血は早期影響である．

C 身体的影響のうち，急性障害とは1週間以内に現れる症状をいう．

D 遺伝性影響は，生殖細胞に起こった変化だけに由来する．

 1 ACD のみ   2 AB のみ   3 BC のみ   4 D のみ   5 ABCD すべて

〔答〕 4

3. 分子レベルの影響

キーポイント
間接作用：フリーラジカルを介した DNA 損傷（OH*が重要）
水の放射線照射：励起−分解して OH*
電離−H$_3$O$^+$（水イオンラジカル）の分解により OH*，水和電子
ラジカルの再結合：間接作用の寄与→低 LET 放射線−大，高 LET 放射線−小
酸素分子の電子還元：O$_2$→O$_2^-$→H$_2$O$_2$→OH*→H$_2$O
間接作用の修飾：1)希釈効果：影響を数で見るか，割合で見るかの区別が重要
2)酸素効果：O$_2$ 存在下で影響−大，OER は 2.5〜3，高 LET で減少
3)保護効果：ラジカルスカベンジャー（SH 基）の存在下で影響−小
4)温度効果：温度の低下または凍結によるラジカルの拡散低下で影響−小
DNA 損傷：塩基損傷→塩基遊離→1 本鎖切断→2 本鎖切断の順に起こりやすい．
DNA 修復：光回復，除去修復：色素性乾皮症(XP)，複製後修復
2 本鎖切断の DNA 修復機構：非相同末端結合，相同組換え修復

3.1　直接作用と間接作用

　放射線の生物作用の主たる標的は DNA であり，分子レベルの影響としては DNA 損傷を考えればよい．DNA 損傷の起こり方には，①電離・励起が DNA を構成する原子に起き DNA 損傷が直接的に生じる**直接作用**と②水分子の電離・励起により生じたフリーラジカルを介して間接的に DNA 損傷が引き起こされる**間接作用**の 2 通りがある．したがって，乾燥系では直接効果が主となる．

生　物　学

3.2　フリーラジカルの生成と消長

放射線照射により水分子が電離・励起された場合，次に示すような反応により
フリーラジカルが生成される.

1)　励起

励起された水分子は，H ラジカルと OH ラジカルを生成する.

$$H_2O（励起）\rightarrow H^* + OH^*$$

2)　電離

水分子が電離されると，水イオンラジカル（H_2O^+）と電子を生じる.

$$H_2O \rightarrow H_2O^+ + e^-$$

水イオンラジカルは非常に不安定であり，分解するか他の水分子と反応し，OH^*
を生じる.

$$H_2O^+ \rightarrow H^+ + OH^* \quad または \quad H_2O^+ + H_2O \rightarrow H_3O^+ + OH^*$$

また，H_3O^+は電子と反応し，H^*を生成する.

$$H_3O^+ + e^- \rightarrow H^* + H_2O$$

一方，電子の周りには水分子が集まり水和電子（e_{aq}^-）が生成される. これは，
分子は分極しており正電荷の部分が電子の周りに配列するためである.

$$e^- + nH_2O \rightarrow e_{aq}^-$$

水和電子は水分子や水素イオンと反応し，強い還元力を有し，H^*を生成する.

$$e_{aq}^- + H_2O \rightarrow OH^- + H^* \quad または \quad e_{aq}^- + H^+ \rightarrow H^*$$

生成されるラジカルの中で OH^*は，最も反応性に富み，間接作用において主要
な役割を果たす.

3)　ラジカルの再結合

生成された H^*や OH^*といったラジカルは拡散し広がっていくが，その過程でラ
ジカル同士再結合するものもある.

$$H^* + H^* \rightarrow H_2（水素）$$

$$OH^* + OH^* \rightarrow H_2O_2（過酸化水素）$$

288

3. 分子レベルの影響

$$H^* + OH^* \rightarrow H_2O \text{（水，中和反応）}$$

生成された分子では，過酸化水素が後述するように活性酸素で OH^* を生成するなど生物作用を有する以外は水素，水など反応性の低い物質であるため，DNA 損傷への寄与は小さくなる.

ラジカルの再結合はラジカル同士の距離が近いと起きやすい．ラジカルの生成密度は，低 LET 放射線では疎で高 LET 放射線では密であることから，低 LET 放射線では間接作用の寄与が大きいが，高 LET 放射線では間接作用の寄与が小さくなる.

4）活性酸素

活性酸素には，OH^*（ヒドロキシルラジカル），O_2^-（スーパーオキシドラジカル），H_2O_2（過酸化水素），$^1O_2$（一重項酸素）などがある．ラジカルは，不対電子を持つものをいうが，これを解消するために，求電子反応を起こしやすい（電子や水素と結合しやすい）．電子や水素と結合することは還元されることであり，それらの電子や水素は生体側から供給されており，生体側から見れば酸化的損傷となる.

通常の酸素分子は 2 つの不対電子を持つためラジカルであり，求電子反応を起こしやすい（還元されやすい）．酸素分子が 1 電子還元されるごとに $O_2 \rightarrow O_2^- \rightarrow H_2O_2 \rightarrow OH^* + H_2O \rightarrow 2\,H_2O$ となる．このうち，H_2O_2 には不対電子がなく，ラジカルではない．3 電子還元目の反応（$H_2O_2 \rightarrow OH^* + H_2O$）では，$H_2O_2$ は 2 つに分かれる必要があるが，Fe(II)イオン(Fe^{2+})が Fe(III)イオン（Fe^{3+}）となって電子を供給するとともに触媒効果を示す．なお，$^1O_2$（一重項酸素）は通常の酸素分子（三

8-オキソグアニン：DNA を構成する塩基の 1 つであるグアニン(G)がヒドロキシラジカルと結合して起きる酸化的塩基損傷の 1 つである．アデニン(A)においても 2 重結合の部分に OH^* が作用して 2-ヒドロキシアデニンを生成するが，グアニンでの損傷頻度が高く，変異誘発能も高い．グアニンはシトシンと通常結合するが，8-オキソグアニンはアデニンと結合し，誤塩基配列を生じさせる.

重項酸素）の 2 個の不対電子が励起されてスピンペアをなしたものであり，不対電子がなく，ラジカルではない．

種々の酵素により生成された分子の細胞障害性が消失する．例えば，カタラーゼにより過酸化水素は酸素分子を出し水となるし，SOD（スーパーオキシド・ディスムターゼ）によりスーパーオキシドラジカルは不活性化される．

3.3 間接作用の修飾要因

間接作用はラジカルを介する作用であり，希釈効果，酸素効果，保護効果および温度効果といった修飾作用が見られる．

1) 希釈効果

希釈効果とは，溶液を照射する場合に溶質の濃度が低い方が高いときよりも溶質に対する放射線の影響の割合が大きくなることをいう．一定の線量を照射した場合，溶液の濃度によらず生じるラジカルの数は一定であるから，生じたラジカルと反応を起こす溶質の数も一定である．影響の起きる溶質の数が一定であるから，溶質の濃度が低い方が影響の起こる割合は大きくなる．

図 3.1 に希釈効果を示す濃度－効果曲線を示す．一定の線量を照射した場合，影響を受け不活性化した溶質の分子数は，間接作用では一定であるが直接作用では濃度に比例する（図 a）．一方，溶質全体に対する不活性化する分子の割合で見ると，間接作用では濃度の増加に伴い減少するが直接作用では濃度に依存しない（図 b）．

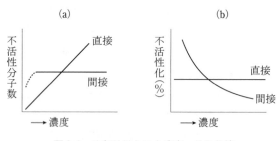

図 3.1 希釈効果を示す濃度－効果曲線

3. 分子レベルの影響

2） 酸素効果

　組織内の酸素分圧が放射線効果に影響を与えることを**酸素効果**という．酸素存在下での放射線効果は，無酸素下での放射線効果に比べて大きい．これは，①ラジカルが酸素と反応してさらに有害なラジカルを産生するため，および②損傷部位が酸素と反応して修復されにくくなる（損傷が固定化される）ためと考えられている．このため，照射時の酸素分圧により酸素効果の大きさが決まり，照射後に酸素濃度を高めたとしても酸素効果は見られない．グルタチオンなど SH 基を持つ物質を添加することにより，酸素効果は低減される．なお，酸素効果は，培養細胞だけでなく細菌でも見られる．

　同じ生物学的効果を得るのに必要な無酸素下での線量と酸素存在下での線量の比を**酸素増感比（OER）**という．

$$\mathrm{OER} = \frac{\text{無酸素下である効果を得るのに必要な線量}}{\text{酸素存在下で同じ効果を得るのに必要な線量}}$$

　OER は酸素分圧の上昇につれて大きくなるが，酸素分圧が 20 mmHg 程度のわずかなもので飽和に近づき，その後ほぼ一定となる．低 LET 放射線では OER は 2.5 ～3 程度であるが，高 LET 放射線では酸素効果は小さくなる．RBE（8 章参照）の増加に伴い OER は次第に減少するが，LET が 10 keV/μm を超え 100 keV/μm に近づくと急激に減少し，それを超えると 1 となる．

3） 保護効果

　ラジカルと反応しやすい物質が照射時に存在すれば，生じたラジカルは除去されるので放射線の効果は減少する．これを**保護効果**といい，このような働きを持つ物質を**放射線防護剤**あるいは単に**防護剤**という．SH 基（チオール基）をもつ化合物などのラジカルスカベンジャーはその一例である．（9.3 がん治療を参照）．SH 基は親水性を示し，R-SH → R-S$^-$＋H$^+$（R は高分子基）の還元作用を持つ．

4） 温度効果

　温度が低下した状態では放射線効果は減少する．これを**温度効果**という．ラジカルの拡散が低温により妨げられるためと考えられている．また，凍結された細

291

生　物　学

胞においてはさらにラジカルの拡散は妨げられ，影響は低減される（凍結効果）．

3.4　DNA損傷と修復

1) DNA の構造

　塩基，糖（デオキシリボース）およびリン酸が 1 分子ずつ結合したものをヌクレオチドという．このヌクレオチドが数多くつながった鎖がらせん状に 2 本並んだ巨大な分子が DNA である．これは DNA の 2 重らせん構造と呼ばれる．DNA をつくる塩基は，アデニン(A)，チミン(T)，グアニン(G)，シトシン(C)の 4 種類であり，向かい合う塩基が水素結合をして 2 本の鎖をつないでいる．塩基の結合の組合せは決まっており，A と T，G と C 間のみで行われる．DNA の 2 重らせん構造と塩基の水素結合の様子を図 3.2(a)，(b)に示す．A と G をプリン塩基，C と T をピリミジン塩基と呼ぶ．

　DNA の複製は，2 本の鎖が離れそれぞれの鎖が鋳型となって行われる．鋳型の鎖と相補的な塩基配列の鎖が複製される．したがって，できあがった DNA のそれ

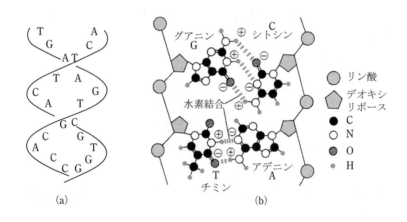

図 3.2　DNA の構造
(a)二重らせん構造，(b)A-T および C-G の水素結合

3. 分子レベルの影響

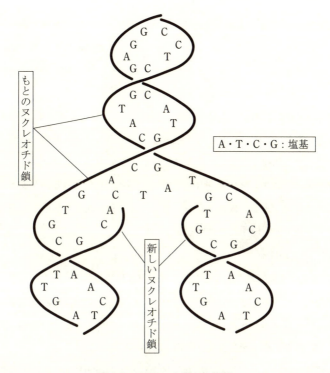

図 3.3 DNA の半保存的複製

それぞれの鎖は 1 本が新しく 1 本は元のままである．このような複製の仕方は半保存的複製と呼ばれる（図 3.3 参照）．DNA の複製に際して材料となるのは，塩基とデオキシリボースにリン酸が 3 分子結合したデオキシリボヌクレオシド 3 リン酸であり，塩基の種類により dATP，dTTP，dGTP，dCTP の 4 種がある．

2) DNA 損傷

電離放射線により引き起こされる DNA 損傷は，起こりやすい順に，塩基損傷，塩基遊離，**1 本鎖切断**，**2 本鎖切断**があり，他に架橋形成がある．これらの DNA 損傷の誤修復は突然変異をもたらし，発がんの原因となる．また，修復困難な場合には細胞死に至る．なお，これらの DNA 損傷は化学物質など他の変異原物質に

よっても引き起こされ，放射線に特異的な DNA 損傷はない.

塩基損傷は OH* による酸化的損傷である．塩基遊離は塩基と糖の結合が切れる脱塩基反応であり，プリン塩基で起こりやすい．2 本鎖切断は 1 本鎖切断よりも生じにくく，10 倍以上のエネルギーを必要とする．高 LET 放射線では電離密度が密なため，2 本鎖切断の割合が増える.

紫外線は非電離放射線であり，電離は起こさず励起のみが起こる．DNA を構成する 4 種の塩基はいずれも 260 nm 程度の波長の紫外線をよく吸収し，塩基分子の励起が起こり，隣接する塩基が共有結合する．この際，シクロブタン型の**ピリミジンダイマー**（ピリミジン 2 量体）と 6-4 光産物が形成される．ピリミジンダイマーはチミン－シトシン間およびシトシン－シトシン間でも形成されるが，チミン－チミン間での形成頻度が高い.

3) DNA 損傷の修復

DNA 損傷は各種酵素の働きなどにより修復される.

光回復は，紫外線による損傷であるピリミジンダイマーが光回復酵素の存在下で可視光のエネルギーを利用してモノマーに戻し回復するものである．光回復酵素は，ウイルスとヒトを含む哺乳動物には存在しない.

除去修復では，まず損傷部の塩基やヌクレオチドが切り出され，その後塩基やヌクレオチドが相補的に合成される．塩基やヌクレオチドを除去する過程に関係する酵素（エンドヌクレアーゼ）を欠いた先天性遺伝疾患に**色素性乾皮症**（XP）がある．色素性乾皮症ではピリミジンダイマーを修復できないことから紫外線に高感受性を示し，皮膚がんが高率に発生する.

1 本鎖切断のある DNA が複製される場合，損傷箇所からいくつかの塩基をとばして複製が行われる．つまり，損傷がある鎖側の相補的に作られた新しい鎖にはギャップができてしまう．このギャップを埋めるために，複製が行われる前に損傷箇所の反対側にあった古い DNA 鎖が充てられ組み換えが行われる．ギャップ埋めに用いられた古い DNA 鎖の部分にギャップができてしまうが，新しい DNA 鎖がすでにできあがっているので，それを鋳型として合成することができる．この

3. 分子レベルの影響

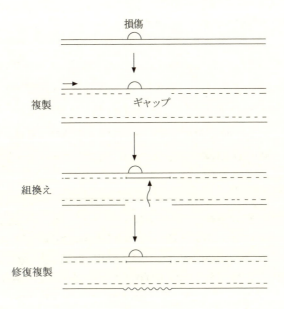

図 3.4　組換え修復

修復を**組換え修復**(複製後修復)という(図 3.4 参照).複製と組換えが行われた後にも損傷は残っているが,これは除去修復などにより修復されることとなる.組換え修復は,たとえ元の損傷が修復されないとしても複製後に正常な DNA ができあがることに意義がある.

2本鎖切断の修復には,非相同末端結合と相同組換え修復がある.

非相同末端結合は2本の切断部位をそのまま単純に再結合する修復機構であり,いずれの細胞周期にも発現されるが,G_1 期および G_0 期(細胞周期については 4.1 を参照)に活発に行われる.Ku70,Ku80(クーと読む),DNA-PKcs,XRCC4 などのタンパク質の働きにより,両切断端の再結合が進む.非相同末端結合では,切断部位の塩基配列の情報が失われたまま再結合されるため,再結合された部位の塩基配列は本来のものではなく,誤りがちな修復となる.

一方,**相同組換え修復**では,それぞれの切断端において,3'末端側が露出するよ

295

うに 5'末端側の分解が起こる(プロセシングという). DNA 鎖の分解にはヌクレア
ーゼやヘリカーゼといった酵素が働くが, 3'末端側には Rad52 タンパク質が結合し
DNA 鎖の分解を防いでいる. 2 本の露出された 3'末端側の 1 本鎖 DNA に相同な
DNA 鎖の組換えが起こり, 続いて組換えられた DNA 情報を鋳型に分解された 5'
末端側の合成がされ修復が完了する. 相同な DNA 情報を用いるために修復のエラ
ーは起こらない. この相同組換え修復は, 相同な 2 本鎖 DNA を必要とするので,
DNA が合成(複製)された後の S 期後期から G_2 期において発現する修復機構であ
る.

タンパク質のリン酸化:細胞内のタンパク質は, そのアミノ酸(主に<u>セリン</u>, <u>スレ</u>
<u>オニン</u>, <u>チロシン</u>)をリン酸化(ATP のリン酸基を共有結合する)または非リン酸
化することにより, 活性を変化させたり, 代謝を調節していることが分かっている.
リン酸化に関与する酵素はキナーゼと呼ばれ, タンパク質のリン酸化酵素はプロテ
インキナーゼと呼ばれる. 例えば, 非相同末端再結合ではその過程で XRCC4 タンパ
ク質がリン酸化されるが, どの部位のリン酸化が重要な役割を果たすかなど, 分子
レベルでのメカニズム解明研究がすすめられている.

〔演 習 問 題〕

問1 フリーラジカルあるいは活性酸素に関する次の記述のうち，正しいものの組み合わせはどれか．

A 水分子が電離されると分解し，直接 OH ラジカルを生じる．

B 酸素分子が 3 電子還元されるとヒドロキシルラジカルになる．

C ヒドロキシルラジカルはスーパーオキシドラジカルより寿命が短い．

D 過酸化水素はカタラーゼにより水分子と水素分子になる．

　　1 AとB　　　2 AとC　　　3 AとD　　　4 BとC　　　5 BとD

〔答〕 4

問2 間接作用に関する次の記述のうち，正しいものの組み合わせはどれか．

A 間接作用では，平均不活化線量は溶質の濃度に比例して増加する．

B 同一線量で低濃度の酵素水溶液を照射すると，高濃度の酵素水溶液より酵素の失活率は低い．

C 間接作用は高 LET 放射線で顕著である．

D 低酸素細胞増感剤は，電子親和性を有する．

　　1 AとB　　　2 AとC　　　3 AとD　　　4 BとC　　　5 BとD

〔答〕 3

注) A：平均不活化線量は D_0 と同様な概念．D：増感剤→相手を酸化．

問3 DNA 損傷に関する次の記述のうち，正しいものの組み合わせはどれか．

A 細胞周期の時期により DNA 2 本鎖切断の修復様式に違いが認められる．

B 放射線による特異的な DNA 損傷は存在しない．

C DNA の 2 本鎖切断の収率は 1 本鎖切断の収率の約 2 倍である．

D 2 本鎖切断の修復に，相同組換えは関係しない．

　　1 AとB　　　2 AとC　　　3 AとD　　　4 BとC　　　5 BとD

〔答〕 1

297

4. 細胞レベルの影響

キーポイント

細胞周期：M→G_1→S→G_2→M,

　　　　感受性－M 期と S 期前期↑，G_2 期前期と G_1 期↓

分裂遅延：細胞周期チェックポイント

細胞死：分裂死と間期死，ネクローシスとアポトーシス

生存率曲線：標的説－平均致死線量(D_0)，外挿値(n)，見かけのしきい値(D_q)

　　LQ モデル－α / β 比，大→直線，小→肩が大，早期反応組織・腫瘍細胞で大

SLD 回復：Elkind の分割照射実験－線量率効果の根拠，12 時間程度で完了

PLD 回復：細胞の生育条件が悪いときに見られる，6 時間程度で完了

染色体異常：(安定型)欠失，逆位，転座，

　　　　　　(不安定型)環状染色体，2 動原体染色体

　　末梢リンパ球によるバイオドジメトリ，FISH 法，姉妹染色分体交換

4.1　細胞周期による放射線感受性の変化

　細胞は細胞分裂を繰り返して増殖する．分裂から次の分裂までの 1 サイクルを**細胞周期**といい，図 4.1 に示すように M 期→G_1 期→S 期→G_2 期→M 期と繰り返される．M 期は分裂期，S 期は DNA 合成期である．この細胞分裂において重要な 2 つの時期を埋めるものとして，G_1 期及び G_2 期がある（G は gap の G）．細胞分裂を行わず G_1 期に長くとどまっている場合，特別に G_0 期（静止期）と呼ぶことがある．また，分裂期以外の時期をまとめて間期と呼ぶ．

　細胞の放射線感受性は，細胞周期の時期によって異なる．図 4.2 に示すように，

4. 細胞レベルの影響

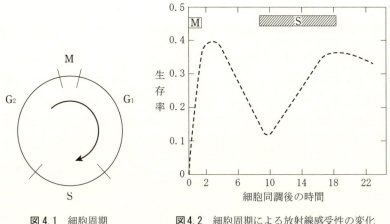

図4.1 細胞周期　　　　　図4.2 細胞周期による放射線感受性の変化

M期の放射線感受性が最も高く，G_1期後期～S期前期も放射線感受性は高くなる．S期後期からG_2期前期およびG_1期前期（G_1期が十分に長い場合）の放射線感受性が低い．S期後期からG_2期前期の放射線感受性が低いのは，相同組換え修復に要する相同なDNAが複製されたばかりで距離的に近く効率良く修復が進むためだと考えられている．高LET放射線では，細胞周期の時期の違いによる放射線感受性の変化は小さい．

4.2 分裂遅延と細胞死

4.2.1 分裂遅延と細胞周期チェックポイント

細胞は放射線照射されると，分裂頻度の低下や細胞周期の延長が見られ，分裂遅延が起こる．遅延時間は照射線量に比例して長くなり，10 Gy 程度までは 1 Gy あたり1時間程度遅延する．

細胞分裂において，遺伝情報を正確に次の細胞に伝えるためには，染色体の複製が正確に行われる必要がある．このため，細胞周期の進行状況やDNA損傷の有無をチェックするための機構が備わっており，これを**細胞周期チェックポイント**という．チェックポイントは，細胞周期の様々な段階に備わっており，G_1期チェ

生　物　学

ックポイント，S期チェックポイント，G_2期チェックポイントなどがある．従前，G_2期での細胞周期の停止が実験的に良く観察されたことから，G_2ブロックと呼ばれた経緯があるが近年は細胞周期チェックポイントという言い方に移行してきた．これらのチェックポイントで異常が発見されると，DNA修復を行うため，細胞周期の進行がいったん止まり，細胞分裂遅延が生じる．

毛細血管拡張性運動失調症(AT)は免疫異常を示す常染色体劣性遺伝病（原因遺伝子はATM遺伝子）であるが，この患者の細胞には細胞周期チェックポイント機構が備わっていないことから，放射線照射に対してDNA損傷を修復できず高率にがんを発症する．

4.2.2　細胞死

細胞がある程度の放射線照射を受けると細胞死を起こす．細胞死は，①細胞周期の観点から**分裂死**と**間期死**に，②細胞死の形態の観点から**ネクローシス**と**アポトーシス**にそれぞれ分類される．

1)　分裂死と間期死

分裂死は**増殖死**とも言われ，活発に細胞分裂している細胞が放射線照射を受けた後に数回の分裂を経てから死に至るものである．無限の増殖能を失った状態を分裂死と定義している．細胞分裂を停止してもDNAやタンパク質の合成は続けられており，このため**巨細胞**が形成されたり，隣接した細胞同士で核の融合が起こることがある．分裂死は，骨髄や腸の幹細胞，腫瘍細胞，培養細胞など盛んに分裂している細胞で見られる．細胞をシャーレなどで培養しコロニー形成率を観察することにより分裂死の判定ができる．

セネッセンス：細胞老化と訳される．細胞の分裂が不可逆的に停止し，もはや増殖できなくなった状態をいう．ヒトの正常培養細胞において分裂回数に制限があることが発見され，狭義には，この限界に達した状態を指す．細胞ががん化することを抑制するための防御反応と考えられている．無限の増殖能を失った状態を細胞死ととらえる考え方で，分裂死の巨細胞のように，外的要因による積極的な細胞老化も見られる．

4. 細胞レベルの影響

間期死は，間期にある細胞が放射線照射を受けた後，分裂することなく死に至るものである．もはや細胞分裂を行わない神経細胞，筋細胞などの分化した細胞で間期死は見られ，細胞分裂している細胞でも分裂死が起こる線量よりもさらに大きな線量が与えられると間期死が起こる．これらを低感受性間期死という．一方，リンパ球や卵母細胞などでは低線量の照射で間期死が見られ，これを高感受性間期死として区別している．間期死の判定は，細胞に色素を取り込ませて排出能を調べることにより行われる．

2) ネクローシスとアポトーシス

ネクローシスは病理的で受動的な死である．細胞や核の膨潤，DNA の不規則な分解，細胞内容の流出などが特徴的な細胞死である．一方，アポトーシスは生理的で能動的な死であり，損傷を受けた細胞が積極的に自己を排除する場合に起こる．リンパ球などで見られる高感受性間期死はアポトーシスである．アポトーシスの特徴は，クロマチンの凝縮，DNA の断片化（主にヌクレオソーム（約 200 塩基対）間で切断される），核濃縮などであり，末梢血リンパ球では照射後 1 時間以内で見られる．p53 遺伝子はがん抑制遺伝子の一つで，細胞分裂の進行を抑制する機能を持ち，アポトーシスに関与している．アポトーシスは外的要因によるものばかりでなく，オタマジャクシの尾の消失など生命現象として遺伝子に組み込まれた細胞死の様式である．このため，プログラム死と呼ばれることもある．

4.3 細胞の生存率曲線

1) 標的説による生存率曲線

哺乳動物細胞に放射線照射した場合の標的説による線量反応曲線を図 4.3(a)に示す．横軸に線量（線形目盛），縦軸に生存率（対数目盛）をとるのが普通で，細胞の**生存率曲線**と呼ばれる．線量が増大すれば細胞の生存率は低下するので，曲線は右下がりとなる．図 4.3(a)に示すように，高 LET 放射線では直線となるが，低 LET 放射線では低線量部において肩が見られ線量が大きくなると直線を示す．

この生存率曲線の形を説明するために**標的説**というモデルが提唱されている．

生　物　学

標的説とは，細胞は 1 つまたは複数の**標的**を持ち，個々の細胞が持つ標的がすべて放射線でヒットされると細胞死を起こすというものである．標的数が 1 でその標的が 1 ヒットを受けると細胞死を起こすとするものが，**1 標的 1 ヒットモデル**であり，図 4.3(a) のような生存率曲線では直線を示す．標的数が複数で，それぞれの標的は 1 ヒットで不活性化しすべての標的がヒットを受けてはじめて細胞死が起こるとするものが，**多標的 1 ヒットモデル**である．低 LET 放射線では生存率曲線に肩が見られるが，これはヒットが蓄積されている段階と説明できる．一方，高 LET 放射線では電離密度が高いことから 1 本の放射線で細胞内のすべての標的がヒットされるため，生存率曲線は直線となる．1 標的 1 ヒットモデルが直線を示すこととの違いに注意が必要である．

生存率曲線の直線部において，生存率を 37%に減少させるのに必要な線量を**平均致死線量**といい，記号では D_0 と表す．D_0 は標的に平均 1 個のヒットが生じる線量と

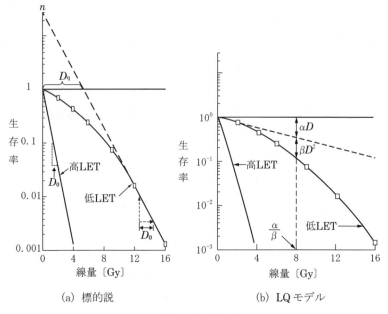

(a) 標的説　　　　　　　(b) LQ モデル

図 4.3　細胞の生存率曲線

4. 細胞レベルの影響

言うこともできる．D_0 は哺乳動物細胞では 1～2 Gy 程度である．異なる細胞間の比較では，D_0 が小さい方が細胞の放射線感受性が高く，同じ細胞に異なった種類の放射線を照射した場合では，小さな D_0 を与える放射線の方が致死効果が高い．

肩を持つ生存率曲線の直線部分を延長した縦軸との交点を**外挿値**（n）といい，理論的な標的数を表す．さらに，直線部分の延長が生存率 1.0 の線と交わる線量を**見かけのしきい線量**（D_q）といい，肩の大きさを表すことから放射線感受性の指標として用いられる．

2) LQ モデルによる生存率曲線

標的説では，具体的なターゲットが DNA であることとの関連がうまく説明できないことや，哺乳動物細胞の低線量域で実験結果よりも生存率を過大評価することなどから，直線 2 次曲線モデル（LQ モデル）が考えられている．図 4.3(b) に LQ モデルによる生存率曲線を示す．LQ モデルでは，生存率は次式のように表される．

$$S = \exp(-\alpha D - \beta D^2)$$

ただし，S：生存率

D：線量（Gy）

α：線量の 1 次項の係数

β：線量の 2 次項の係数

放射線影響のターゲットである DNA が 2 重らせん構造をしており，1 次の項は高 LET 放射線など 1 ヒット事象で細胞死が起こることと，2 次の項は低 LET 放射線など 2 ヒット事象で細胞死が起こることと対応づけている．$\alpha D = \beta D^2$ のとき，線量（D）に比例する 1 ヒットの細胞死と線量の 2 乗（D^2）に比例する 2 ヒットの細胞死の数は等しくなる．$\alpha D = \beta D^2$ を変形すれば，$D = \alpha/\beta$ が得られ，α/β 比をこの曲線を特徴づけるパラメータとして用いる．α/β 比は線量（Gy）のディメンジョンを持つ．生存率曲線は α/β 比が大きいとき直線に近くなり，α/β 比が小さいとき肩が大きく（深く）なる．一般に，早期反応組織や腫瘍組織の α/β 比は 10 Gy 程度と大きく，後期反応組織の α/β 比は 1～4 Gy と小さい．

303

4.4 SLD回復とPLD回復

細胞が受けた損傷からの回復には，①SLD回復と②PLD回復の2つがある．

1) SLD回復

Elkindらは培養細胞の分割照射実験を行い，細胞は**亜致死損傷**（sub-lethal damage：SLD）から回復できることを示した．図4.4の曲線Aは培養細胞に1回照射した場合の生存率曲線であり，曲線Bは1回目に5 Gyの照射を行い10数時間後に2回目の照射を行った場合の生存率曲線である．1回目の照射後に損傷の回復がまったくなければ，分割照射した後の生存率曲線は曲線Aに重なるはずである．

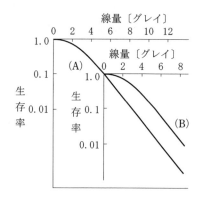

図4.4 2分割照射による亜致死損傷からの回復

しかし，曲線Aと曲線Bは同じ大きさの肩を持つ同一の形の曲線を示している．このことは，1回目の照射で細胞死に至らなかった細胞の損傷は10数時間の間にすべて回復することを示している．このような回復をSLD回復，あるいは発見者の名にちなんでElkind回復という．低LET放射線ではSLD回復が見られるため，

バイスタンダー効果：被ばくした細胞から周辺の被ばくしなかった細胞へ遠隔的に被ばくの情報が伝えられる現象をいう．その機構として，ギャップジャンクションを介した細胞間情報伝達機構の関与や放射線被ばくした細胞から培養液に放出（分泌）される物質の関与が考えられている．バイスタンダー効果は，照射された細胞から放出された一酸化窒素（NO）や，活性酸素種，種々のサイトカイン類（免疫細胞が分泌する情報伝達蛋白質の総称で，体内でホルモンのように働く）など，多数のシグナル分子によって伝達されて起こると考えられている．

同一線量が照射される場合,高線量率で短時間に照射(急照射)するよりも,低線量率で長時間にわたり照射(緩照射)した方が影響は小さい.これを**線量率効果**という.また,高 LET 放射線では SLD 回復はないか小さく,線量率効果もないか小さい.

2) PLD 回復

本来であれば死に至る細胞が,照射後に置かれる条件により損傷を回復する場合がある.本来死に至るはずであったことから,**潜在的致死損傷**(potentially lethal damage: PLD)からの回復と呼ばれる.例えば,培養細胞は増殖して密度が高くなると分裂が止まるが(このような状態をプラトー期という),このプラトー期の細胞を照射し,その後もそのままの状態にしておいた場合の方がすぐにシャーレにまき直して増殖させた場合に比べて生存率が高くなる.シャーレで増殖している状態(対数増殖期)のものに照射した場合は,照射後に置かれる条件によらず PLD 回復は見られない.PLD 回復は照射後 1 時間以内に終わるものと照射後 2〜6 時間かけて行われるものの 2 種類がある.したがって,照射後 6 時間以上経過してから細胞を置く条件を変えても PLD 回復は見られない.また,高 LET 放射線では PLD 回復はないか小さい.

4.5 突 然 変 異

4.5.1 遺伝子と染色体

遺伝子とは,遺伝情報を持ち形質を発現したり子孫に伝えたりするもので,その本体は DNA である.細胞の核内では,DNA はヒストンなどのタンパク質とともに**染色糸**を作っている.細胞分裂の際に染色糸が太く短く凝縮したものが**染色体**である(図 4.5 参照).

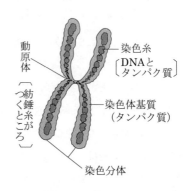

図 4.5　染色体の構造

生　物　学

4.5.2　突然変異と染色体異常

遺伝子の本体は DNA であり，DNA 損傷などにより遺伝情報が変化することを**遺伝子突然変異**という．この場合，遺伝子だけが変化しており，染色体の構造に変化は見られない．点としての遺伝子が変化するといった意味合いから点突然変異とも呼ばれる．単に突然変異という場合には遺伝子突然変異を指すことが多い．遺伝子突然変異は 1 箇所の変化に基づくため，発生率は線量に比例する．また，低線量率照射で単位線量あたりの発生頻度が小さくなる線量率効果や，α線などの高 LET 放射線で単位線量あたり高率に発生するといった線質効果が認められる．

染色体突然変異では染色体の構造に変化が生じ，その変化に伴い染色体上の遺伝子に変化が生じる．染色体突然変異は遺伝子側に注目した呼び方であるが，染色体側に注目した呼び方は**染色体異常**である．染色体異常には，数の異常と構造の異常があるが，放射線では数の異常は起こらない．

染色体異常の原因は DNA 損傷（特に 2 本鎖切断）による染色体の切断であり，切断の大部分は修復されるが，切断されたままであったり，誤って再結合した場合に異常が現れる．DNA の異常は，細胞分裂にあたり染色体として現れる M 期の中期に染色体異常として観察される．逆の言い方をすれば，細胞周期のいずれの時期の照射でも染色体異常は生じ，観察できるのが M 期中期のみである．図 4.6 に示すように，染色体異常の型には欠失，逆位，環状染色体，転座（相互転座ともいう），2 動原体染色体などがある．これらの染色体異常（突然変異）は，DNA 損傷を原因としており，放射線に特異的なものはない．**欠失**には 1 ヶ所で切断が起こり末端部が欠失した末端欠失と同一腕内の 2 ヶ所に切断が起こり中央部が欠失した中間欠失とがある（図は末端欠失を表している）．**逆位**は 2 ヶ所で切断が起き，中央部が 180° 回転して再結合したものである．**環状染色体**は両腕で切断が生じ，動原体を含む中央部の両端が再結合しリング状になったもので，リングとも呼ばれる．**転座**は 2 個の染色体の間で部分的に交換が起こったものをいう．交換の仕方によっては動原体を 2 個持った**2 動原体染色体**が生じる．環状染色体や 2 動原体染色体は細胞分裂に際してうまく両極に分かれることができず，異常は比

306

4. 細胞レベルの影響

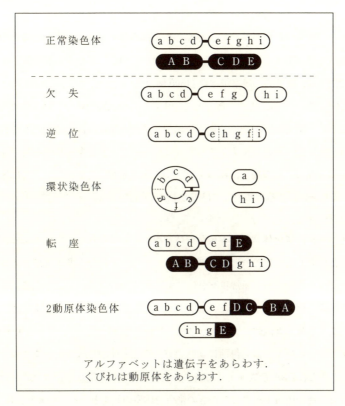

図4.6 染色体異常

較的早期に消失する．これらを不安定型の異常という．一方，欠失，逆位，転座などは細胞分裂を経ても長期にわたり存在するため安定型の異常といわれ，発がん等の原因となる．

　被ばく線量が 0.05 Gy を超えるあたりから，染色体異常の発生頻度の増加傾向が認められる．このことから，末梢血中のリンパ球を培養し染色体異常の頻度を観察することにより被ばく線量を推定することが可能である．末梢血リンパ球は成熟しており G_1 (G_0) 期の細胞であるから，染色体としては見ることができない．このため，薬剤を用いて間期染色体を凝集させて染色体を観察する方法がとられ

生　物　学

る．このような放射線の生物影響に基づき被ばく線量を推定する方法を**バイオド**
シメトリ（生物学的線量算定）と呼ぶ．染色体異常の発生は確率的な現象であり
低線量域では統計的なバラツキが大きい．検出下限値は観察する細胞数との兼ね
合いで決まり，標準的な観察細胞数（1500 個程度）の場合，検出下限値はγ・X 線
で 0.2 Gy 程度となる．また，観察のしやすさから環状染色体や 2 動原体染色体を
観察することが多いが，被ばく後の経過年数が長い場合には上述の通りこれらの
異常は不安定型の異常で消失してしまっているので，安定型の異常を観察するこ
とが必要となる．この場合，顕微鏡下で染色体の形態異常を見分けるのは困難な
ため，異常を検出する方法としては FISH 法（蛍光 in situ ハイブリダイゼーション
法）などがある．

　染色体異常は**染色体型異常**と**染色分体型異常**に分けられる．染色体型異常は，
染色分体の同じ場所にそれぞれ切断があるもので，染色分体型異常は一方のみに
切断があるものである．通常我々が目にする図 4.5 に示されるような染色体は，
細胞分裂直前のもので DNA 量が 2 倍になっていることに注意して欲しい．DNA
合成期よりも前に染色体が切断され修復が行われなければ，切断があるまま DNA
合成が行われるので，同じ箇所に切断を持つ染色分体から成る染色体型の異常と
なる．しかし，DNA 合成期よりも後に染色分体が切断された場合は合成が行われ
ないので染色分体同士が異なる長さの染色分体型の異常となる．つまり，G_1 期の
照射では染色体型異常が，G_2 期の照射では染色分体型異常が生じる．また，**姉妹**
染色分体は S 期に合成された同じ遺伝情報を持つ 2 本の染色分体同士をいう．し
たがって，姉妹染色分体交換が起こっても遺伝情報に変化はなく，染色体異常と
は言えない．

308

〔演 習 問 題〕

問1 細胞周期に関する次の記述のうち，正しいものの組み合わせはどれか.

A 最も放射線抵抗性なのはS期後半である.

B 放射線感受性は，S期で最も高い.

C 各細胞周期で酸素効果比に大きな変化はない.

D 照射後，細胞周期の進行はS期とG$_2$期の2ヶ所で停止する.

    1 AとB   2 AとC   3 AとD   4 BとC   5 BとD

〔答〕 2

問2 細胞死に関する次の記述のうち，正しいものの組み合わせはどれか.

A 線維芽細胞は主にアポトーシスで死ぬ.

B 増殖死はコロニー形成法で調べることができる.

C アポトーシスは巨細胞となった後に細胞死を起こす.

D アポトーシスではDNAの断片化が起こる.

    1 AとB   2 AとC   3 AとD   4 BとC   5 BとD

〔答〕 5

問3 生存率曲線に関する次の記述のうち，正しいものの組み合わせはどれか.

A α線よりγ線の方が傾きが急になる.

B 線量率を上げると傾きは急になる.

C LQモデルでα/β比が大きいとき，肩は小さくなる.

D 後期反応細胞と腫瘍細胞のα/β比は同程度である.

    1 AとB   2 AとC   3 AとD   4 BとC   5 BとD

〔答〕 4

問4 放射線による損傷からの回復に関する次の記述のうち，正しいものの組み合わせ
   はどれか.

309

生　物　学

　A　細胞が増殖できない状態であっても起こる.

　B　細胞分裂遅延が関連すると言われている.

　C　PLD 回復は，細胞の生存率曲線の肩として観察される.

　D　PLD 回復は，30 分以内に完了する.

　　1　AとB　　　　2　AとC　　　　3　AとD　　　　4　BとC　　　　5　BとD

〔答〕　1

問5　突然変異に関する次の記述のうち，正しいものの組み合わせはどれか.

　A　染色体異常の頻度は，線量と直線－2 次曲線(LQ)の関係にある.

　B　G_2 期の被ばくにより染色分体異常が発生する.

　C　姉妹染色分体交換が起こっても，遺伝情報は変化しない.

　D　血液中のリンパ球を培養して検査することができる.

　　1　ACD のみ　　　　2　AB のみ　　　　3　BC のみ　　　　4　D のみ

　　5　ABCD すべて

〔答〕　5

5. 臓器・組織レベルの影響

キーポイント

ベルゴニー・トリボンドーの法則と放射線感受性

　高：リンパ球＋細胞再生系（卵巣も含めて）

　低：神経（脳），骨，神経

骨髄： 0.25 Gy でリンパ球減少，アポトーシス，B リンパ球＞T リンパ球

　　　リンパ球－顆粒球－血小板－赤血球の順に減少

生殖腺：精巣－精原細胞，一時的不妊 0.15 Gy，永久不妊 3.5～6 Gy

　　　　卵巣－卵母細胞，一次的不妊 0.65～1.5 Gy，永久不妊 2.5～6 Gy

小腸：クリプト細胞，感受性：（十二指腸＞）小腸＞大腸＞胃＞食道

皮膚：基底細胞層，紅斑，乾性皮膚炎→湿性皮膚炎，潰瘍

水晶体：水晶体上皮細胞，水晶体混濁→白内障（晩発影響）

5.1　ベルゴニー・トリボンドーの法則

　ベルゴニーとトリボンドーは，「放射線感受性は，①細胞分裂の頻度の高いものほど，②将来行う細胞分裂の数が多いものほど，③形態・機能が未分化なものほど高い.」という3点からなる放射線感受性についての**ベルゴニー・トリボンドーの法則**をまとめた.

　成人において細胞分裂の頻度が高いのは**細胞再生系**であり，造血臓器（骨髄），小腸，皮膚，水晶体，精巣（睾丸）などがこれに属する. さらに，細胞再生系には，芽球（骨髄）や精原細胞（精巣）といった未分化な細胞も存在し，放射線感受性は高い. また，小児あるいは胎児は活発な成長・発達をしており，将来行う

311

生　物　学

細胞分裂の数も多く，細胞再生系に限らず全体の放射線感受性が高い.

5.2　臓器・組織の放射線感受性

細胞や臓器・組織の種類によって放射線感受性は異なる．一般に，臓器・組織の放射線感受性は，その臓器・組織を構成している細胞の放射線感受性によって決まる．臓器・組織を成人における放射線感受性によって大まかに分類すると，表 5.1 の通りとなる.

表 5.1　組織の放射線感受性

感受性の程度	組織
最も高い	リンパ組織（胸腺，脾臓），骨髄，生殖腺（精巣，卵巣）
高い	小腸，皮膚，毛細血管，水晶体
中程度	肝臓，唾液腺
低い	甲状腺，筋肉，結合組織
最も低い	脳，骨，神経細胞

表 5.1 から明らかであるが，リンパ細胞の放射線感受性が最も高く，骨髄，生殖腺，小腸，皮膚，水晶体といった細胞再生系の臓器・組織がこれに続く．一方，成熟骨や神経細胞はまったく細胞分裂を行っておらず，放射線感受性は最も低い.

5.3　臓器・組織の確定的影響

臓器・組織の確定的影響を考える場合に，①臓器・組織がどのような構造をしていて放射線感受性の高い細胞がどこにあるか（臓器・組織の解剖），②放射線被ばくを受けた場合にどのような過程で影響が現れるか（影響の発生機序），③どのくらいの線量で影響が現れるか（しきい線量）の 3 点から整理するとまとめやすい.

5.3.1　造血臓器

造血臓器は，赤血球，白血球などの血液細胞（血球）を産生する臓器であり，骨髄，リンパ節がこれにあたる．胎児期には，肝臓，脾臓も造血機能を持つ．骨髄は，①造血機能を持つ**赤色骨髄**と②脂肪変性して造血機能を失った白色骨髄（黄

312

5. 臓器・組織レベルの影響

色骨髄）に分けられる．小児期においては，ほとんどすべての骨髄が赤色骨髄であるが，年齢が増大すると白色骨髄の割合が大きくなる．

　赤色骨髄が 0.5 Gy 程度被ばくすると，造血機能の低下が起こり血球の供給が止まる．このため，造血臓器の放射線障害は末梢血中の血球数の変化によって検出できる．しかし一方では，放射線被ばくによりリンパ球は血球自体の細胞死が引き起こされるし，他の血球においても寿命が尽きたものは死んで末梢血中から除かれていく．したがって，放射線影響による血球数の変化は，造血臓器と末梢血球の両方について供給と減少の関係を総合してとらえることが重要である．

　末梢血中の血球は，表 5.2 の通りに分類される．赤血球および血小板は核を持たないが，白血球には核がある．白血球は起源や形態から，顆粒球・単球・リンパ球に分類され，さらに顆粒球は，酸性や塩基性の染色液によく染まるか否かおよび形態の観点から，好酸球・好中球・好塩基球に分類される．白血球においては，リンパ球を除き，顆粒球の種類による放射線影響の違いは特にない．数 Gy の全身被ばく後の末梢血中の血球数の経時的変化を模式的に図 5.1 に示す．なお，顆粒球，血小板が最小となるまでの具体的日数については本文記載の数値を参照されたい．

表 5.2　末梢血中の血球の分類

赤血球		
白血球	顆粒球	好酸球
		好中球
		好塩基球
	単球	
	リンパ球	B 細胞
		T 細胞
		NK 細胞
血小板（栓球）		

末梢血中の単球は，組織内に移行するとマクロファージに分化する．どちらも貪食作用を持つ．

生　物　学

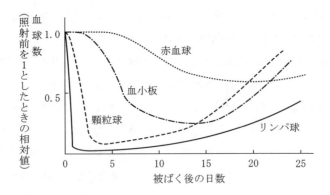

図 5.1　数 Gy 全身被ばく後の末梢血中の血球数の経時的変化

(1) 白血球

リンパ球

　リンパ球はリンパ芽球→幼若リンパ球→リンパ球と分化するが，分化しても放射線感受性は低下せず，末梢血中の成熟リンパ球の放射線感受性までも高いことが特徴である（ベルゴニー・トリボンドーの法則の例外である）．放射線被ばくにより末梢血中のリンパ球はアポトーシスによる細胞死を起こすため，リンパ球減少は被ばく後 24 時間で観察可能となる．供給の低下を待たずに被ばく直後からリンパ球は減少する．リンパ球減少のしきい線量は 0.25 Gy である．リンパ球の回復は他の血球に比べて遅い．また，骨髄由来の B 細胞（免疫グロブリンを産生）の感受性は，胸腺由来の T 細胞（ウイルス感染細胞を殺傷）や NK 細胞，マクロファージなどに比べて最も高い．

顆粒球

　顆粒球では，骨髄芽球の放射線感受性が最も高く，分化の進行に伴って次第に低下し，成熟末梢顆粒球の放射線感受性が最も低い．顆粒球の減少にはリンパ球よりも時間がかかる．最低値を示すのは被ばく線量にもより，ヒト好中球の場合，5 Gy 被ばくで 20 日前後である（UNSCEAR 1988）．被ばく後 1〜2 日に一過性の顆粒球数の増加が見られることがあるが，これは脾臓などの貯蔵プールから一過性

5. 臓器・組織レベルの影響

の放出が行われるために起こると考えられており，初期白血球増加と呼ばれる．

　白血球は，免疫応答，貪食作用などの機能を持つ．したがって，白血球の減少により，免疫機能の低下が起こり細菌感染への抵抗性が減少する．

(2)血小板

　血小板の減少は，顆粒球よりさらに遅く，ヒト血小板の場合，5 Gy 被ばくで20～25 日後で(UNSCEAR 1988)最低値を示し，回復も遅い．血小板が減少すると出血性傾向がみられる．

(3)赤血球

　赤血球は寿命が 120 日と長いため供給の低下の影響が現れにくく，血球数の変化は他の血球に比べてそれほど顕著ではない．

5.3.2 生殖腺

　生殖腺における確定的影響は，受胎能力の低下すなわち不妊である．

(1)精巣

　男性の生殖腺は精巣（睾丸）であり，精原細胞→精母細胞→精細胞→精子と約70 日かけて分化・成熟する．放射線感受性は後期精原細胞が最も高く，成熟の過程が進むと次第に放射線感受性は低下する．後期精原細胞は，0.15 Gy の急性被ばくにより細胞死が起こり，一過性の不妊が生じる．この 0.15 Gy という線量は急性被ばくのしきい線量としてはかなり低いものであるが，分割照射や低線量率被ばくの場合でもしきい線量はそれほど変わらず，線量率効果はほとんどない．一時的不妊からの回復には被ばく線量が高いほど時間がかかる．3.5～6 Gy を超える線量では幹細胞（精原細胞）はほとんど死んでしまい，永久不妊が起こる．

(2)卵巣

　女性の生殖腺は卵巣であり，卵原細胞→卵母細胞→卵（卵子）と分化・成熟す

　間質細胞：組織学において，実質と間質は対になる概念である．臓器の機能を果たす細胞を実質細胞と呼び，それ以外の支持組織など実質細胞の機能を支える細胞を間質細胞と呼ぶ．

315

る．胎児期にすでに卵母細胞（未成熟）までの分化が進んでおり，その段階で停止している（したがって，幹細胞を持たないことから細胞再生系に卵巣を含めない）．思春期を迎えると卵母細胞以降の分化が再開され性周期の度に排卵される．静止期にある卵母細胞の放射線感受性は比較的低いが，分化が再開された第 2 次卵母細胞の放射線感受性は非常に高く，アポトーシスにより細胞死を起こす．0.65～1.5 Gy で一過性の不妊が生じる．2.5～6 Gy で卵巣に蓄えられている未成熟卵母細胞が死滅し永久不妊となる．永久不妊のしきい線量は，若年層で高く年齢の増加に伴い低くなる傾向が見られる．

5.3.3 小腸

小腸の粘膜には絨毛があり，その付け根には**クリプト**（腺窩）と呼ばれる分裂を盛んに行っている細胞がある．小腸絨毛の模式図を図 5.2 に示す．クリプトから分化する細胞は吸収上皮細胞であり，順次先端方向へ押し上げられていき，先端部で寿命を全うし脱落していく．

小腸が 10 Gy 以上の急性照射を受けた場合，クリプトの細胞分裂が停止し，吸収上皮細胞の供給が絶たれ，粘膜上皮の剥離，萎縮および潰瘍が発生する．

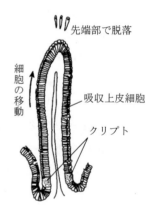

図 5.2 小腸絨毛の模式図

消化管は，口腔から肛門に向かい，食道－胃－小腸－大腸の順である．胃を出て，小腸の始まりの部分（指が 12 本くらい横に並ぶ長さ）は十二指腸と呼ばれ，特に放射線感受性が高い．消化管の放射線感受性は，高い順に小腸－大腸－胃－食道となる．

5.3.4 皮膚

皮膚は，図 5.3 に示すように，表面から深部に向かって，表皮，真皮，皮下組織の順に配列している．表皮の最下層は**基底細胞層**といわれ，細胞分裂を盛んに行っており放射線感受性の高い部分である．基底細胞層は波打っており，浅いと

5. 臓器・組織レベルの影響

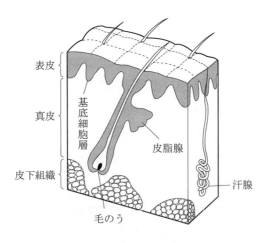

図 5.3 皮膚断面の模式図

ころで 30 μm, 深いところで 100 μm, 平均 70 μm の深さにある. 法令で個人被ばく線量測定が義務づけられている 70 マイクロメートル線量当量は, この基底細胞層の平均深さに対応している. 分裂した細胞は表面方向に押し上げられ, 順次, 角質化し脱落している. 基底細胞の被ばくは, 皮膚紅斑や落屑 (ラクセツ: 表皮の角質化したものがはがれ落ちた状態) の原因となる. また, 放射線被ばくにより皮脂腺も影響を受け, 線量の低いうちは分泌物が減ることにより, 乾性皮膚炎となる. 線量が大きくなると, 水疱や潰瘍が生じ, 湿性皮膚炎となる.

毛のうは真皮内にあり, 細胞分裂を盛んに行い, 毛の伸長のもととなっている. 毛のうの放射線感受性は高く, 放射線被ばくは脱毛の原因となる.

表 5.3 に皮膚の影響としきい線量を示す. 紅斑には, 3 Gy 程度の被ばくで 2〜3

表 5.3 皮膚の放射線影響としきい線量

線量	放射線影響
3 Gy 以上	脱毛
3〜6 Gy	紅斑・色素沈着
7〜8 Gy	水疱形成
10 Gy 以上	潰瘍形成
20 Gy 以上	難治性潰瘍 (慢性化, 皮膚がんへの移行)

生　物　学

表 5.4　皮膚の放射線障害（γ・X線による）

程度	線量(Gy)	潜伏期	主な症状
第1度	2〜6 Gy	3週間	皮膚の乾燥，脱毛
第2度	6〜10 Gy	2週間	充血，腫脹，紅斑
第3度	10〜20 Gy	1週間	高度の紅斑，炎症， 水疱から湿性皮膚炎
第4度	20 Gy 以上	3〜5 日	進行性のびらん，潰瘍

第46回(2004年)放射線取扱主任者試験(第2種) 管理技術Ⅰ 問5 Ⅲより

日くらいに見られる一過性の初期紅斑と，5 Gy 以上で見られる持続性の紅斑とがある．皮膚の影響は，初期紅斑－2次紅斑（色素沈着）－水疱－びらん・潰瘍の順で現れる．被ばく線量が増すと，潜伏期が短くなり，症状の重篤度が増す．この関係は複雑で簡単にまとめることは難しいが，過去の出題例を参考に表 5.4 のとおりにまとめた．また，皮膚のターンオーバー（基底細胞から垢となって表皮から剥がれ落ちるまで）が 30 日程度であることから，各影響のしきい線量を超えれば，30 日以内に影響は発症するとも考えることができる．なお，放射線は五感に感じないため，皮膚に照射を受けても痛みはなく，症状の発生までには上記のように潜伏期間があるため，照射直後にも痛みを感じることはない．

5.3.5　水晶体

　水晶体前面の上皮細胞は放射線感受性が高く，放射線被ばくにより損傷を受けると**水晶体混濁**の原因となる．水晶体混濁の程度が進んで視力障害が認められるような状態になったものを**白内障**という．確定的影響であるが，潜伏期間が長く，晩発影響であることに注意が必要である．放射線で誘発された白内障は非特異的な症状で，例えば老人性白内障など他の原因で発症した白内障と区別することはできない．

　従来，白内障のしきい線量は急性被ばくで 5 Gy，慢性被ばくで 8 Gy，水晶体混濁は急性被ばくで 0.5〜2 Gy，慢性被ばくで 5 Gy とされてきたが（水晶体混濁の程度が進み，視力障害を伴うものが白内障である），すべての混濁は白内障に進行するという考え方に基づき，0.5 Gy とされた．急性被ばくと慢性被ばくでのし

318

きい線量の違いはない．吸収線量が同じ場合，γ 線より速中性子線で発生しやすい．

5.3.6 その他の臓器

がんの放射線治療の正常組織に対する副作用として，細胞再生系に属さない中程度の放射線感受性を持つ臓器・組織の確定的影響が問題となることがある．

この中でも肺は，全肺が急性被ばくした場合，しきい線量が 6〜8 Gy と比較的高感受性である．急性症状として放射線肺炎（間質の炎症）が起こり，その後，晩発障害である肺線維症に移行する．肺胞表面にある肺胞上皮細胞は放射線感受性が高いため，被ばく後に脱落する．上皮細胞が脱落した後，線維化する．

また，30 Gy を超えるような大線量を被ばくした場合に，大腸などの消化管の穿孔，放射線脊髄症，脊椎神経の麻痺といった晩発影響が起こる．

〔演 習 問 題〕

問1 細胞再生系に属さない細胞は，次のうちどれか.

1 卵原細胞　　2 精原細胞　　3 骨髄芽球　　4 皮膚幹細胞

5 小腸クリプト細胞

〔答〕 1

問2 造血臓器に対する放射線の影響に関する次の記述のうち，正しいものの組み合わせはどれか.

A マクロファージとTリンパ球の放射線感受性はほぼ等しい.

B Tリンパ球は，Bリンパ球より放射線感受性が高い.

C 数Gyの全身被ばくの後，リンパ球，赤血球，顆粒球，血小板の順で減少する.

D 被ばく後の血小板減少は30日前後が最大である.

1 ACDのみ　　2 ABのみ　　3 BCのみ　　4 Dのみ　　5 ABCDすべて

〔答〕 4

問3 生殖線被ばくに関する次の記述のうち，正しいものの組み合わせはどれか.

A 精子に比べ精原細胞の方が致死感受性は高い.

B 一時的不妊になるしきい線量は女性の方が小さい.

C 性的成熟期には，卵巣中のすべての卵子がすでに成熟しているので，すべての卵子の放射線感受性は同じである.

D 精巣が6Gy以上被ばくすると永久不妊が起こる.

1 AとB　　2 AとC　　3 AとD　　4 BとC　　5 BとD

〔答〕 3

問4 確定的影響を指標とした放射線感受性の高い順に並んでいるものは，次のうちどれか.

1 小腸　　＞食道　　＞大腸

320

5. 臓器・組織レベルの影響

2 胃 ＞大腸 ＞十二指腸

3 食道 ＞十二指腸＞胃

4 大腸 ＞小腸 ＞食道

5 十二指腸＞大腸 ＞胃

〔答〕 5

問5 確定的影響に関する次の記述のうち，正しいものの組み合わせはどれか．

A 乾性落屑は被ばく後約3週間で発症する．

B 湿性落屑のしきい線量は約20Gyである．

C 同一吸収線量では，速中性子線に比べγ線で発生しやすい．

D 進行した症例でも他の原因で誘発された白内障と区別できる．

1 AとB 2 AとC 3 AとD 4 BとC 5 BとD

〔答〕 1

6. 個体レベルの影響

キーポイント

急性放射線症：前駆期－48 時間以内，放射線宿酔

　骨髄死－消化管死－中枢神経死，$LD_{50(60)}$ －3〜5 Gy

発がん：リスク係数－1 Sv あたり 5%，疫学データ，LNT モデル，DDREF，

　最小潜伏期，リスク予測モデル，組織加重係数，実効線量，非特異的寿命短

　縮

遺伝性影響：ヒトでは発生は確認されていない→倍加線量による間接的な推定

6.1　個体レベルの確定的影響

　全身あるいは身体のかなり広い範囲が，約 1 Gy 以上の大量の放射線を短時間に被ばくした場合に生じる一連の症状を**急性放射線症**という．被ばくした線量レベルによって，主たる症状を呈する臓器・組織と潜伏期間が異なることが特徴である．

　被ばく後の時間的経過によって，前駆期，潜伏期，発症期，回復期に分けられる．

　前駆期は，悪心（吐き気），嘔吐，下痢といった放射線宿酔の症状の他，発熱，初期紅斑，口腔粘膜の発赤などの前駆症状が一過性に現れる 48 時間以内を指す．唾液腺の腫脹や疼痛・圧痛は，前駆症状の診察上の重要な項目とされている．

　潜伏期は，臓器・組織レベルの確定的影響で説明した通り，それぞれ機能を果たす細胞の寿命が尽きる期間に対応し，比較的無症状である．線量の増大に伴って，潜伏期間は短くなる．

　発症期は，被ばく線量に応じた種々の放射線障害が発症する時期を言う．具体

6. 個体レベルの影響

的には，この後に節を設けて解説する.

　線量が少なければ 1 ヵ月程度で回復期を迎える．8 Gy の $LD_{100(60)}$ を超える被ばくではたとえ延命できても，肺，皮膚の障害の回復に長い時間を要する．多くの場合は，治療の効果もむなしく，死に至る.

6.1.1 骨髄死

1 Gy の被ばくを受けると，10 ％程度の人に悪心（吐き気），嘔吐などが現れる．同時に，食欲不振，全身倦怠感，めまいなどの症状も現れることから，**放射線宿酔**と呼ばれる（宿酔とは二日酔いのことをいう）．1.5 Gy が死亡のしきい線量であり，白血球の減少による抵抗力の低下と血小板の減少による出血性傾向の増大が死亡の原因である．造血臓器の症状が主で死亡するため，**骨髄死**あるいは造血死と呼ばれる．3～5 Gy では被ばくした人の半数が死亡し，7～10 Gy では被ばくした人のほぼ全数が死亡する．ただし，無菌室での治療が行えるか否かといった治療手段の違いによって，これらの線量の値は大きく変わることに注意が必要である．顆粒球コロニー刺激因子 (G–CSF) などにより造血機能を促進するサイトカイン療法が行われ，5 Gy 以下の被ばくでは治療効果が期待される.

　ここで，被ばくした個体の半数が一定期間内に死亡する線量を**半致死線量**といい，$LD_{50(30)}$ と表す．（　）内は被ばくしてからの観察期間である．$LD_{50(30)}$ は，動物種間での放射線感受性の比較によく用いられる．ただし，ヒトの場合は骨髄死を起こす期間が動物より若干長いことから，観察期間を 60 日として $LD_{50(60)}$ を用いることが多い．さらに，被ばくした個体全部が死亡する線量を**全致死線量**といい，観察期間に応じ $LD_{100(60)}$ あるいは $LD_{100(30)}$ と表す．ヒトの半数致死線量はマウスのそれよりも低い.

6.1.2 腸死

5～15 Gy の被ばく線量域では，小腸の症状が主となる．小腸クリプト細胞の細胞死により吸収上皮細胞の供給が絶たれ，その結果として粘膜剥離が起こり，脱水症状，電解質平衡の失調，腸内細菌への感染が生じ，死亡に至る．消化管，とくに小腸の障害が原因で死亡するため，**腸死**あるいは**消化管死**と呼ばれる.

323

生　物　学

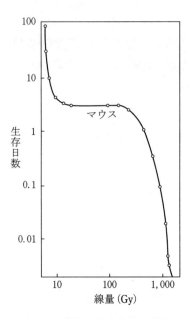

図 6.1　線量と生存期間の関係

平均生存期間は 10〜20 日間である．これは，吸収上皮細胞の寿命が尽きるまでの期間に対応しており，5〜15 Gy の線量域内では線量によらず一定となる（線量不依存域と呼ばれる）．マウスでは腸死の平均生存期間は 3.5 日程度であり，3.5 日効果と呼ばれることもある（図 6.1 参照）．

また当然のことながら，この線量域では骨髄も影響を受けているが，骨髄の影響の潜伏期の方が長く，小腸の影響の方が早く出現する．

6.1.3　中枢神経死

さらに 15 Gy を超えて高い線量を被ばくすると，神経系の損傷が主な症状となる．この場合でも神経細胞の放射線感受性はきわめて低いため，神経細胞自体の細胞死は起こらず，血管系および細胞膜の損傷が主要な役割を果たす．50 Gy 以上の被ばくでは，全身けいれんの症状が特徴的で，ショック等により 1〜5 日後に死亡する．中枢神経の障害が原因で死亡するため，**中枢神経死**と呼ばれる．

6. 個体レベルの影響

表 6.1　急性全身被ばくによる死亡に関する線量と生存期間

全身吸収線量 （Gy）	死亡をもたらすおもな影響	被ばくから死亡するまでの期間 （日）
3～5	骨髄の損傷（$LD_{50(60)}$）	30～60
5～15	胃腸管および肺の損傷[1]	10～20
＞15	神経系の損傷[1]	1～5

1）とくに高線量における血管系と細胞膜の損傷が重要である.

　表 6.1 に低 LET 放射線の急性全身被ばくの場合の死亡に関する線量と生存期間を示す.

6.2　確率的影響

6.2.1　発がん

　がんは放射線によって誘発され，確率的影響に区分されることを 2 章で述べた. 発がんの最小潜伏期間は白血病で 2 年，その他の固形がんで 10 年とされており，晩発影響に区分される.

　放射線防護上は，単位線量あたりのがん発生確率を算定することが重要である. 単位線量あたりのがん発生率を**リスク係数**と呼ぶ. 国際放射線防護委員会（ICRP）2007 年勧告に示された値を 1990 年勧告と比較して表 6.2 に示す. リスク係数は単位線量あたりの発生率で示されており，絶対リスクで表されている. 広島・長崎の原爆被ばく生存者の疫学調査（寿命調査）の結果は過剰相対リスクで表されており，2012 年の第 14 報では 1.42/Sv（被ばく時年齢：30 歳，到達年齢：70 歳の場合）とされている. （絶対リスク，過剰相対リスクについては脚注参照）

表 6.2　確率的影響に対する名目リスク係数（単位：$\times 10^{-2}\,Sv^{-1}$）

被ばく集団	1990 年勧告（publ. 60）			2007 年勧告（publ. 103）		
	がん	遺伝性影響	合計	がん	遺伝性影響	合計
全集団	6.0	1.3	7.3	5.5	0.2	5.7
成　人	4.8	0.8	5.6	4.1	0.1	4.2

325

生　物　学

放射線誘発がんのリスク係数の算定方法の概要を以下に述べる.

(1)疫学データ：広島・長崎の原爆被ばく生存者の疫学調査により，実際に放射線によって誘発することが確かめられている. 放射線は，他の化学物質と異なり，ヒトのデータに基づき，安全評価が行われていることに特徴がある.

原爆被ばく生存者の疫学調査で増加が確認されている白血病は，急性骨髄性白血病，急性リンパ性白血病，慢性骨髄性白血病の 3 種類であり，慢性リンパ性白血病の増加は確認されていない. また，固形がんについては，放射線被ばくにより様々な組織・臓器にがんが誘発されるが，特に有意な発生が認められるものは組織加重係数（管理技術 3.1.2）の値が割り振られていると考えれば良い.

(2)線量反応関係：横軸に線量，縦軸に発生率をとった線量反応関係は，個々のがんで見ると，白血病は LQ(直線－2 次曲線)モデルが良く適合し，その他のがんは L(直線)モデルが適合する. リスク係数の算定においては，すべてのがんに直線モデル（しきい値なしの直線モデル：LNT)を適用し，高線量・高線量率からの外挿を補正するために，線量・線量率効果係数(DDREF)として 2 を採用している. DDREF が 2 ということは，疫学調査のデータから得られた傾きを 1/2 にしていることを意味する.

絶対リスクと相対リスク：絶対リスクは線量あたりどれだけの影響が発生するかという評価法（例：1Sv あたり 5%の発生）であり，相対リスクは線量あたり自然発生率の何倍の影響が発生するかという評価法（例：1Sv あたり自然発がんの 1.4 倍の発生）である. また，相対リスクから自然発生分の 1 を引いて表したものが過剰相対リスクである. つまり，相対リスクが 1.4/Sv の場合，過剰相対リスクでは 0.4/Sv と表される. なお，主任者試験の出題において過剰絶対リスクという用語が見られるが，絶対リスクと同義である. このため，臓器間のリスクの大小関係は絶対リスクと相対リスクで同じにはならない. 一例として，胃がんと白血病を比べると，絶対リスクは胃がんの方が大きい. しかし，日本人では胃がんの自然発生は多く，白血病は 10 万人当たり数名程度と少ない. このため，相対リスクでは，逆に白血病の方が大きくなる.

326

6. 個体レベルの影響

(3)がんの潜伏期とリスク予測モデル：広島・長崎の疫学調査から，白血病については，最小潜伏期は2年，その後，6〜7年のピークの後に低下している．一方，固形がんの最小潜伏期は10年であり，今現在も増え続けている．発がんの潜伏期は，白血病の場合，一般に被ばく線量が大きいほど短く，被ばく時の年齢が若いほど短いが，固形がんの場合には，被ばく時年齢と到達年齢（がんの好発年齢）にも関係し複雑である．

広島・長崎の疫学調査は現在も継続しており，これまでの発生数をもとに(2)の線量反応関係を評価したのでは，これ以降発生する分を過小評価することになる．したがって，今後の発生分を評価するための**リスク予測モデル**により評価が行われている．白血病は絶対リスク予測モデルに適合し，固形がんは相対リスク予測モデルに適合する．

2007年に**ICRP**は基本勧告の改訂を行い(publ. 103)，確率的影響についてのリスク係数の見直しを行っている．がんについては，死亡率だけではなく発生率についてのデータも参照し，致死がんと非致死がんの重み付けを考慮しているが，結果として1990年勧告と大きな違いは生じず，1Svあたり約5%となった．個々の臓器・組織のリスク係数の違い，つまりがんに対する放射線感受性の違い（がんになりやすい臓器であるか否か）を基に，**組織加重係数**(管理技術3.1.2 実効線量 表3.2参照)を定め，**実効線量**の算定の際に用いている．したがって，組織加重係数

職業被ばく及び医療被ばくなどによる発がん：原爆被ばく生存者の疫学調査の他，これまで職業被ばく及び医療被ばくによる発がん例は多くの報告がある．職業被ばくでは，ウラン鉱夫がラドンを吸入したために肺がんが増加した例や，ラジウム時計文字盤塗装工がラジウムを含む蛍光塗料を塗る際に筆先を舐めて整えたために経口摂取して骨がんが増加した例が知られている．医療被ばくでは，胸部X線透視を行った結核患者に乳がんが増加した例や，頭部白癬（しらくも）の治療のために脱毛目的でX線照射し照射野に含まれる甲状腺がんの増加が認められた例がある．この他，チェルノブイリ原子力発電所事故では，周辺住民において小児甲状腺がんが増加した報告がある．

生 物 学

の大きさ(数値)は丸められているもののがんの感受性の大きさを表していると考えてよい.

　動物実験では,がん以外に,特定の疾患に基づかない寿命短縮,つまり放射線加齢(老衰)といった現象が認められる.しかし,広島・長崎の原爆被爆者においては,放射線発がんによる死亡によりコントロール集団に比べ寿命短縮が確かに認められるが,放射線発がんによる寿命の短縮分を補正すると,コントロール集団との差はなくなる.つまり,ヒトでは放射線加齢(老衰)のような非特異的な寿命短縮は認められていない.

6.2.2 遺伝性影響

1) 確率的影響としての遺伝性影響

　遺伝性影響は,生殖細胞が放射線被ばくすることにより遺伝子突然変異や染色体異常が引き起こされ,それが子孫に引き継がれて発生する.男性の精巣における生殖細胞の突然変異感受性は,精細胞が最も高く,次に精子と精母細胞が続き,精原細胞が最も低い(精細胞＞精母細胞＝精子＞精原細胞).これは,代謝が盛んな方が回復しやすいことに基づいている.確定的影響(不妊)における細胞死感受性では,幹細胞である精原細胞が最も高く,分化に伴い感受性が低下することと,区別をしっかりしておきたい.また,突然変異の発生率は線量率が高いほど高く,線量率効果が認められる.このことも確定的影響における線量率効果と区別しておきたい.

　確率的影響としての遺伝性影響は個体レベルに現れた影響を指しており,単に遺伝子突然変異や染色体異常が子孫に引き継がれている場合は遺伝性影響とは言わないことに注意が必要である.

　原爆被ばく者の疫学調査などのヒトに関するデータからは,遺伝性影響の有意な増加は認められていない.しかしながら,動物実験などから放射線被ばくにより遺伝性影響が生じることが確かめられているので,発がんとともに確率的影響に区分し放射線防護の対象としている.

　表6.2に遺伝性影響のリスク係数をあわせて示す.1990年勧告に比べて2007年

328

勧告では，遺伝性影響のリスク係数は 1/6〜1/8 に小さくなっている．これは主に，①評価の対象とした遺伝性影響を被ばくした本人から見てはじめの 2 世代に限ったこと（従来は将来世代のすべてにわたっていた），②突然変異からの回復があることを考慮に入れたことによる．

2）　遺伝性影響の発生率の推定

　遺伝性影響の発生率の推定法には，①直接法と②間接法（倍加線量法）の 2 つがある．

(1)**直接法**：突然変異率から遺伝性影響の発生率を直接推定する方法で，突然変異率を動物実験により求め，線量率効果，動物種差，1 形質から全優性遺伝への換算，表現型の重篤度などの要因により補正・外挿し，遺伝性影響の発生率を算定する．

(2)**間接法（倍加線量法）**：自然発生の突然変異率を 2 倍にするのに必要な線量を倍加線量というが，ヒトの遺伝的疾患の自然発生率と動物実験による倍加線量を比較して推定する方法をいう．倍加線量の逆数は単位線量当たりの突然変異の過剰相対リスクを表す（倍加線量は，自然突然変異率（S）を単位線量当たりの放射線誘発突然変異率（$R[Gy^{-1}]$）で除す（$S/R[Gy]$）ことにより求められる．逆数は $R/S[Gy^{-1}]$ となり，単位線量あたりに自然発生率の何倍の影響が現れるかを表している．）倍加線量として 1 Gy の値が示されている．なお，倍加線量の値が大きければ，感受性は低いことを表す．また，遺伝性影響には線量率効果が見られる．

3)遺伝有意線量

　遺伝性影響は被ばくした本人ではなく子孫に影響が伝えられるものであるから，生殖腺線量と被ばく後子供を産む可能性に着目することが重要である．個人に適用する遺伝線量は，生殖腺線量と子期待数の積として求められる．これを集団に適用して，年間**遺伝有意線量**（D_g）は次のように定義される．

$$D_g = \frac{\sum_j \sum_k (N_{jk}(F)\,W_{jk}(F)\,d_{jk}(F) + N_{jk}(M)\,W_{jk}(M)\,d_{jk}(M))}{\sum_k (N_k(F)\,W_k(F) + N_k(M)\,W_k(M))}$$

j：被ばく内容による区分　　k：年齢による区分　　F：女性　　M：男性

生 物 学

N_{jk} ：被ばく内容により分けられたグループ j の年齢 k の階層の人数

N_k ：年齢 k の階層の全人数　　W_{jk} ：グループ j で年齢 k の人の子期待数

W_k ：年齢 k の人の子期待数

d_{jk} ：グループ j で年齢 k の1人が1年間に蓄積した生殖腺線量

　集団の遺伝有意線量（国民線量）は，人は平均して30歳までに子供を持つとして評価することから，$30 \times D_g$ となる．遺伝有意線量はその集団を平均して1人あたりどの程度の遺伝的負荷があるかを示す指標である．

潜在的回収能補正係数（Potential Recoverability Correction Factor: PRCF）：親が生殖腺に被ばくし突然変異を持った生殖細胞によって受精した場合，個体の生存ができないほど大きな障害であれば生まれては来ないので遺伝的リスクの過小評価につながることを補正する係数である．

〔演 習 問 題〕

問1 ヒトの急性全身被ばくの前駆症状について正しいものの組み合わせは，次のうち
どれか.

A 胃腸系と神経筋肉系の2群に大別される.

B 被ばく後48時間以内に出現する症状をいう.

C 致死線量以上の被ばくでは，被ばく1時間以内に嘔吐，発熱，下痢が出現する.

D 50%致死線量では，主に食欲不振，嘔気，軽度の疲労感がある.

  1 ACDのみ   2 ABのみ   3 BCのみ   4 Dのみ

  5 ABCDすべて

〔答〕 5

問2 ICRP2007年勧告の組織加重係数に関する次の記述のうち，正しいものの組み合
わせはどれか.

A 低線量被ばくによる確率的影響を評価するための係数である.

B 職業人と一般公衆では異なる係数が用いられる.

C 男女で同じ係数が用いられる.

D 胃と結腸は同じ値である.

  1 ABCのみ   2 ABDのみ   3 ACDのみ   4 BCDのみ

  5 ABCDすべて

〔答〕 3

問3 遺伝性影響に関する次の記述のうち，正しいものの組み合わせはどれか.

A 倍加線量が大きいほど遺伝性影響は起こりにくい.

B 急性被ばくの場合，倍加線量は1Gyと推定されている.

C 倍加線量の逆数は単位線量あたりの相対突然変異リスクをあらわす.

D 精原細胞被ばくによる影響は精細胞被ばくより小さい.

  1 ABCのみ   2 ABDのみ   3 ACDのみ   4 BCDのみ

生　物　学

　　5　ABCD すべて

〔答〕　5

7. 胎 児 影 響

キーポイント

時期特異性：着床前期－胚死亡，器官形成期－奇形，胎児期－精神発達遅滞

奇形のしきい線量：0.1 Gy

全期間を通じて，確率的影響発生の可能性，リスク係数は成人より大

　母体が妊娠中に放射線被ばくを受けると，胎児も被ばくする可能性がある．胎児が被ばくすることを胎内被ばくという．胎児は母体内で絶えず成長・発達しており，放射線感受性がきわめて高く，放射線防護の対象として重要である．

　放射線被ばくを受けた胎児の発達段階により，胎児に現れる放射線影響の種類が異なることが大きな特徴である．これを胎児影響の**時期特異性**という．放射線影響の観点から，胎生期（受精から出生までの期間）は，①着床前期，②器官形成期，③胎児期の 3 つに区分される．

(1) 着床前期

　卵管で受精した受精卵が子宮壁に着床するまでの時期で，受精後 8 日目までの期間である．この時期に受精卵が放射線被ばくを受けた場合の影響は，受精卵の死亡（流産）である．しきい線量は 0.1 Gy である．被ばくを受けても死亡に至らなかったものは，成長を正常に続け影響は何も残らないとされている．

(2) 器官形成期

　器官形成期は細胞の分化が進み，器官・組織の基となる細胞が作られる時期で，着床後から受精 8 週までの時期である．この時期の影響は奇形の発生である．しきい線量は，マウスを用いた実験では 0.25 Gy であり，ヒトでは 0.1 Gy 程度と考

生　物　学

えられている.

　マウスを用いた動物実験では種々の奇形発生が観察されているが，広島・長崎
の疫学調査においてヒトで確認されているのは，小頭症のみである．この小頭症
の発生時期は，表7.1の整理とは若干異なり，受精15週程度までリスクがあると
の報告がある．小頭症は奇形の1つであり，後述の精神発達遅滞と混同しないよ
うに注意すること.

(3) 胎児期

　器官形成期を過ぎ胎児期に入ると，胎児はヒトの形を呈し，盛んな細胞分裂に
より細胞数を増やし成長を続ける．受精9週から出生までが胎児期にあたる．受
精8週から25週の被ばくで**精神発達遅滞（知恵遅れ）**が引き起こされる．受精8
〜15週の感受性が高く，しきい線量は0.2〜0.4Gyとされている．また，胎児期
全体を通して**発育遅延（発育の遅れ）**も影響としてあげられる．しきい線量は0.5
〜1.0Gyとされている.

　上記はすべて確定的影響であるが，胎生期のすべての時期の被ばくで，確率的
影響が発生する可能性がある．発がんのリスク係数は成人に比べて小児と同様に2
〜3倍高く，遺伝性影響のリスク係数は成人とほぼ同じと考えられている．なお，
胎児の被ばく線量推定には母親の子宮線量が用いられる場合がある.

　表7.1に，胎内被ばくによる胎児の放射線影響をまとめる.

表7.1　胎児の放射線影響

胎生期の区分	期間	発生する影響	しきい線量(Gy)
着床前期	受精8日まで	胚死亡	0.1
器官形成期	受精9日〜受精8週	奇形	0.1
胎児期	受精8週〜受精25週	精神発達遅滞	0.2〜0.4
	受精8週〜受精40週	発育遅延	0.5〜1.0
全期間	—	発がんと遺伝性影響	—

〔演 習 問 題〕

問1　X線による胎内被ばくに関する次の記述のうち，正しいものの組み合わせはどれか.

A　奇形が生じやすい時期は，受精後1週間までの期間である.

B　発がんリスクは，成人と同程度である.

C　器官形成期に胎児が0.5Gy被ばくすると，奇形発生のリスクが増す.

D　胎児に対する影響には，確率的影響と確定的影響の両方がある.

　　1　AとB　　　2　AとC　　　3　BとC　　　4　BとD　　　5　CとD

〔答〕　5

問2　胎内被ばくに関する次の記述のうち，正しいものの組み合わせはどれか.

A　重度精神発達遅滞は受精後26週以降の被ばくで多い.

B　被ばく線量推定には母親の子宮線量が用いられる.

C　遺伝性影響に分類される.

D　着床前に被ばくすると胚死亡の発生頻度が多い.

　　1　AとB　　　2　AとC　　　3　BとC　　　4　BとD　　　5　CとD

〔答〕　4

8. 放射線影響の修飾要因

キーポイント

物理学的要因：線質－RBE・w_R，線量率－SLD 回復・DDREF，照射部位，温度

化学的要因：酸素，防護剤－スカベンジャー・SH 基，増感剤－BUdR

生物学的要因：種・系統，性・年齢，細胞周期による変化

高 LET 放射線では，低 LET 放射線に比べて，影響は修飾されにくい．

（9 章，3 章の内容も含んでの整理となっている）

　放射線影響の大きさは，3.3 間接作用の修飾作用で述べたように被ばくする細胞や生体がおかれている照射（あるいは被ばく）条件によって変化する．これらを，物理学的要因，化学的要因，生物学的要因に整理すると以下のようになる．

8.1　物理学的要因

1)　線質

　放射線の種類により，同じ吸収線量でも影響の程度は異なる．放射線の線質を表す指標は **LET**（**線エネルギー付与**）であり，放射線の飛跡に沿った単位長さあたりのエネルギー損失を表す．単位は keV/μm で表される．γ 線（X 線），β 線は**低 LET 放射線**であり，中性子線，α 線，陽子線，重粒子線は**高 LET 放射線**である．

　放射線の線質の違い，すなわち LET の違いによる影響の違いを表す指標として，**生物学的効果比**あるいは**生物効果比**（**RBE**）が用いられる．RBE は次に示す式で定義され，基準放射線としては一般に管電圧が 200〜250 kV の X 線が用いられる．

336

8. 放射線影響の修飾要因

$$\text{RBE} = \frac{\text{ある効果を得るのに必要な基準放射線の吸収線量}}{\text{同じ効果を得るのに必要な試験放射線の吸収線量}}$$

LET の増大に伴い RBE は大きくなるが，LET が 100 keV/μm を超えるあたりから RBE はかえって減少する．これは overkill と呼ばれ，細胞を殺すために必要なエネルギー以上のエネルギーが与えられ，無駄が生じるためと考えられている．

RBE の値は，放射線の種類・エネルギー（線質）が異なれば変化する（例えば，がん治療における RBE で陽子線は 1.2，中性子線は 1.7 など）．また，どのような生物効果（指標）に着目するかによって値は変化する（例えば，細胞の生存率が 10% と 50% のとき）．定義からは，これらの線質と着目した生物効果のみが関係するようにみえるが，試験の選択肢に「線量率を変化させても，その値は変わらない」などとあるように，照射条件を含めて考えられていることに注意して欲しい．

その観点から考えると，放射線加重係数（w_R，管理技術 3.1.1 参照）は，低線量率被ばくした場合の発がんや遺伝性影響についての RBE と考えることができる．

2) 線量率効果

同じ線量が照射された場合，線量率が小さい方が一般に影響は小さい．低線量率照射や分割照射においては SLD 回復が期待できるためと説明される．したがって，SLD 回復が見られる低 LET 放射線では線量率効果は顕著であるが，高 LET 放射線では小さい．

細胞死のみならず，突然変異についても線量率効果は見られる．線量率を低くすると，突然変異率は低下する．ラッセルによるマウスを用いた実験結果がよく知られており，低線量率照射により精原細胞では 1/3 から 1/4 に，卵母細胞では 1/20 にそれぞれ突然変異率が低下した．

広島・長崎の原爆被爆者は高線量・高線量率被ばくであることから，この線量反応関係の傾きから単純にリスク係数を求めたのでは，線量率効果があることから過大評価となる．これは，リスク係数は，放射線防護上，低線量・低線量率被ばくにおける確率的影響を評価する場合に用いるものであるからである．このた

め，6.2.1 で述べた線量・線量率効果係数（DDREF）が導入され，値には様々な評価があるが，現在のところ ICRP は 2 を採用している．

3）　その他の物理学的要因

照射部位は，生じる影響を考える上で重要である．例えば，生殖腺が被ばくしなければ遺伝性影響を考慮する必要はないし，単に 30 Gy と言っても，全身被ばくであれば数日以内の中枢神経死による個体死が起こり，指先の被ばくであれば潰瘍が発生するというように生じる影響はまったく異なる．

温度効果については，3.3 および 9.3 を参照されたい．

8.2　化学的要因

酸素効果，保護効果（防護剤），増感剤などが化学的要因としてあげられるが，詳しくは 3.3 および 9.3 を参照されたい．

がんの放射線治療分野ではこれらの効果を導入し，がん細胞を死滅させる治療効果を高める一方で正常組織に対する副作用を小さくする試みがなされている．

8.3　生物学的要因

種・系統，性・年齢によって影響の程度が異なることは，例をあげればきりがないが，ベルゴニー・トリボンドーの法則（5.1 参照）は思い出せるようにしておきたい．また，がんのリスク係数の算定において，欧米人とアジア人のデータを統合して解析していることや乳房や生殖腺について男女平均していることなどもその例としてあげられよう．

細胞周期による変化については，4.1 を参照されたい．

8.4　高 LET 放射線と低 LET 放射線の影響の比較

高 LET 放射線では，物理学的要因，化学的要因，生物学的要因のいずれの要因についても，低 LET 放射線に比べて，影響が修飾される程度は押し並べて小さい．個々の要因（指標）について，高 LET 放射線と低 LET 放射線とを比較した影響の

8. 放射線影響の修飾要因

受けやすさについて表 8.1 にまとめた.

表 8.1 LET の違いによる影響の受けやすさ

要因（指標）	高 LET 放射線	低 LET 放射線
ラジカルスカベンジャー	小	大
酸素効果	小	大
間接作用	小	大
RBE	大	小
線量率効果 （分割照射を含む）	小	大
細胞周期依存性	小	大
生存率曲線の肩	小	大

〔演 習 問 題〕

問1 RBE に関する次の記述のうち，正しいものの組み合わせはどれか．

A 組織による放射線感受性の違いを表す指標である．

B 線量率によって値が変化する．

C 生物学的効果の指標によって値が異なる．

D 基準の放射線として一般に α 線が用いられる．

　1 AとB　　　2 AとC　　　3 BとC　　　4 BとD　　　5 CとD

〔答〕　3

問2 低 LET 放射線と比較した高 LET 放射線の特徴に関する次の記述のうち，正しいものの組み合わせはどれか．

A 線量率効果が小さい．

B 細胞の生存率曲線の傾きが大きい．

C 平均致死線量（D_0）が大きい．

D 放射線防護剤による修飾効果が大きい．

　1 AとB　　　2 AとC　　　3 BとC　　　4 BとD　　　5 CとD

〔答〕　1

9. 生物領域における放射線の利用

キーポイント

トレーサ利用：DNA合成－[^{3}H]チミジン，RNA合成－[^{3}H]ウリジン，

タンパク質合成－[^{35}S]ロイシン，メチオニン，グリシン，ヒスチジン

がんの放射線治療：酸素効果－低酸素細胞の再酸素化

温度効果－温熱処理（ハイパーサーミア），放射線照射・化学療法との併用

防護剤－システイン，システアミン，グルタチオン，システミン

増感剤－BUdR（5-ブロモデオキシウリジン）

加速器利用：陽子線，重イオン線－ブラッグピークによる優れた線量分布

核医学診断：インビボ検査－^{99m}Tc，^{123}Iなど，インビトロ検査－^{125}I

PET：^{18}F-フルオロデオキシグルコース（FDG），^{11}C-メチオニン（脳）

　前章まで放射線の生物影響を述べてきたが，主任者試験では生物領域における放射線・放射性同位元素の利用についての出題もされている．

　本章では，まず主として生化学領域で行われている標識化合物を用いた実験について述べる．また，医学領域において放射線はX線診断はもとより核医学診療に用いられており，加速器によるがん治療も進展してきた．骨髄移植を含め，これらについて概説する．

9.1 生化学領域における標識化合物を用いたトレーサ実験

1)　トレーサ実験の原理

　C, H, O, N, P, Sなどの元素は生物の主要な構成元素であり，生化学の領域

では ^{14}C, ^{3}H, ^{32}P, ^{35}S といった核種の標識化合物を用いたトレーサ実験が行われている．トレーサ実験とは，物質中の元素を放射性同位元素で置き換えて標識し，その放射線を測定することによりその物質の挙動を追跡するものである．標識された化合物が通常の化合物と同じ挙動をとることにより，トレーサ実験が成り立つ．

2) 標識化合物についての注意事項

比放射能は，その化合物あたりにどのくらいの放射能が含まれているかを示すもので，単位には Bq/g や Bq/mol が用いられる．安定同位体をまったく含まないものを無担体状態（キャリアフリー）という．無担体状態では比放射能が高いことから，実験における使用量は極微量で十分である．極微量の化合物の化学的挙動は，コロイドの形成，吸着，分解などの影響を受けやすく，通常の化合物の挙動と異なることがあるため，特殊な実験を除き安定同位体を担体（キャリア）として加えた標識化合物を使用するのが一般的である．

生化学の実験においては生物反応を利用するので反応や生成量に限りがあり，放射能の変化で測定をしようとしていることから，高い比放射能が要求される．例えば，DNA 合成量の測定実験では，チミジンの DNA への取込み量が指標として用いられるが，標識化合物は[^{3}H]チミジンが用いられ，[^{14}C]チミジンが用いられることは少ない．これは，得られる比放射能が[^{3}H]チミジンでは 3 TBq/mmol 程度であるのに対し，[^{14}C]チミジンでは高々20 GBq/mmol に過ぎず 100 倍以上の差があるためである．

3) トレーサ実験に用いる標識化合物

表 9.1 に主な標識化合物と使用方法をまとめる．

DNA を構成する塩基は A, G, C, T の 4 種類であり，RNA では A, G, C, U の 4 種類である．チミン(T)は DNA のみ，ウラシル(U)は RNA のみで用いられ，他の 3 種類(A, G, C)は共通である．したがって，DNA 合成量の測定には[^{3}H]チミジンが，RNA 合成量の測定には[^{3}H]ウリジンが用いられる（チミジンはチミンにデオキシリボースが，ウリジンはウラシルにリボースがついたもの）．

342

9. 生物領域における放射線の利用

表 9.1 主な標識化合物と使用方法

標識化合物	使用方法
[^{3}H]チミジン（あるいは[^{14}C]チミジン）	DNA 合成量の測定
[^{3}H]ウリジン（あるいは[^{14}C]ウリジン）	RNA 合成量の測定
[^{3}H]ロイシン[1]	タンパク質の代謝速度の測定
[^{35}S]メチオニン[1]，[^{3}H]ヒスチジン[1]	タンパク質合成量の測定
[α-^{32}P]dCTP[2]	DNA シーケンシング（塩基配列決定）
[^{125}I]標識化合物	ラジオイムノアッセイ（免疫活性検査）
[^{125}I]ヨードデオキシウリジン	DNA 標識
[^{125}I]ヨードウリジン	RNA 標識
[^{51}Cr]クロム酸ナトリウム	赤血球寿命

1) ロイシン，メチオニン，ヒスチジンは，タンパク質を構成するアミノ酸である．
2) 同様に dATP，dTTP，dGTP のものもある．

[^{3}H]チミジンは DNA に取り込まれるが，^{3}H は放射性壊変により ^{3}He になるため，DNA 鎖の損傷が生じる．このように放射性同位元素が DNA など生体の構成元素として取り込まれその元素が放射性壊変を起こすと，化学構造の変化により障害が起こる．これを**元素変換効果**といい，元素変換効果による致死の場合は特に**自殺効果**という．

　オートラジオグラフィでは放射線の感光作用を利用して撮像するため，放射線のエネルギーが解像度に大きく影響する．エネルギーが低ければ飛程は短く，その物質がある場所を鮮明に撮像できる．高解像度を得るためには低エネルギーの核種がよい．超ミクロオートラジオグラフィは電子顕微鏡レベルのラジオグラフィであり，^{3}H の他，^{125}I のオージェ電子を利用する場合もある．ミクロオートラジオグラフィは光学顕微鏡レベルのラジオグラフィであり，^{3}H，^{14}C などの飛程の短い β 放出核種が適する．マクロオートラジオグラフィは肉眼レベルのラジオグラフィであり，実験動物の切片を X 線フィルムに感光させたりする．用いる核種は β 放出核種であれば，エネルギーは高くても適用できる．

343

生　物　学

9.2　骨 髄 移 植

　急性放射線症のうち，骨髄死は造血臓器の障害である．この造血臓器の障害の
ための治療法の 1 つに**骨髄移植**がある．骨髄移植に際して，移植片と宿主（移植
の受け手）との免疫の型が合わないと拒絶反応が起こり（移植片対宿主病，GVHD），
治療は成功しない．このため宿主の免疫機能を低下させるため，骨髄死を起こす
のに必要となる程度の線量を照射してから骨髄移植を行う．骨髄移植が成功した
場合，宿主が持つ本来の遺伝子と移植された骨髄が持つ遺伝子の 2 つの異なった
遺伝子が宿主という 1 個体の中で共存することとなる．この状態をキメラといい，
特に一方が放射線照射を受けているものを**放射線キメラ**という．

　急性放射線症の症例に対して骨髄移植が行われた例としては，1986 年に起き
たチェルノブイル原子力発電所事故の被災者に対するものがあげられる．骨髄移
植の治療成績は芳しくなかった．この理由として，①もともと被ばく線量が高く
骨髄移植の適用範囲を超えていた，②被ばくは全身にわたっていたが事故被ばく
のため線量分布に偏りがあり，宿主の骨髄が残っている部分があり拒絶反応が起
こったなどが考えられている．また，1999 年に起きた JCO 事故では，骨髄移植
ではなく造血幹細胞（末梢血造血幹細胞や臍帯血）移植が 2 名について行われ，
どちらも成着し骨髄機能の再生が得られ，延命に寄与するなど一定の成果を収め
た．

9.3　が ん 治 療

　がんの放射線治療においては，がん細胞を死滅させる治療効果を高める一方で
正常組織に対する副作用を小さくするために，酸素効果，温度効果を利用したり，
防護剤や増感剤の使用が試みられている．

1)　酸素効果

　正常組織では酸素分圧はすでにある程度高いため，さらに酸素分圧を高めても
増感作用は認められない．がん細胞の中心部は低酸素状態にあり，放射線治療に

344

9. 生物領域における放射線の利用

対して低感受性である．酸素分圧を高めることによって感受性を高められればよいが，中心部まで直接に酸素分圧を高める方法はなく，1回目の照射により腫瘍細胞の周辺部位の酸素分圧の高い細胞を死滅させ，その内側にあった腫瘍細胞の酸素分圧が高まった後に再び照射するというように，数回にわたり照射を分割して行い腫瘍細胞を順々に再酸素化して治療する方法が考えられている．

2) 温度効果

3.3 では低温になることにより，ラジカルの拡散が制限されることを述べた．放射線治療では，逆に細胞を高温にする．細胞を 40℃以上にすると放射線感受性は著しく上昇する．がん細胞の感受性を高めるために，温熱処理（ハイパーサーミア）する治療法がある．40〜45℃の温熱処理が一般的であり，温熱単独でも致死作用は見られるが，放射線治療や化学療法を併用した方が効果は高い．

3) 放射線防護剤

低 LET 放射線による間接作用では拡散性のフリーラジカルが重要な役割を果たす．このフリーラジカルとよく反応する物質が存在すれば間接作用を抑えることができる．このような防護効果を拮抗的作用という．ラジカルスカベンジャーと呼ばれる SH 基を持つ化合物が有効であり，システインとシステアミン，グルタチオンなどがある．S–S 結合を持つ化合物も同様な働きを持ち，その例としてはシスタミンがあげられる．

また，ラジカルによって生成された損傷を修復するような効果を持つ防護剤もある．これを補修的作用というが，ラジカルを持つ生体高分子（DNA）から電子を受け取ることにより，基底状態に戻す働きをする．

防護剤は照射に先立ちあらかじめ与えておくか，少なくとも照射中に与えられなければ効果がない．

防護剤の効果を表すための指標に，防護剤を使用してある効果を得るのに必要な線量と防護剤なし（放射線のみ）で同じ効果を得るのに必要な線量の比を表した**線量減少率(DRF)**がある．低 LET 放射線で間接作用の占める割合は約 2/3 程度であるから，防護剤の使用によりすべての間接作用が防げたとして DRF は最大で

345

生　物　学

3.0 と言える.

4) 増感剤

　放射線増感剤として臨床的に用いられているものに, BUdR (5-ブロモデオキシウリジン) がある. BUdR は DNA の構成物質であるチミジンと類似しており, DNA に取り込まれやすい. BUdR を取り込んだ細胞は放射線感受性が高くなる.

　また, がん細胞は低酸素細胞であり, 酸素分圧を直接に高めることはできない. したがって, 低酸素細胞である腫瘍細胞に増感作用を持ち, 酸素細胞である正常細胞には増感作用を示さない薬剤があればがん治療に役立つとの考えから, 低酸素細胞増感剤が開発されてきた. メトロニダゾールやミソニダゾールなどにそのような効果が認められるが, 胃腸への障害などの副作用が強く, 現在のところ臨床の現場で実用化されているものはない.

5) 加速器による治療

　近年, 加速器技術ならびに医療現場への応用研究の進展により, 広く加速器によるがん治療が行われるようになってきた. 用いられる線種と加速器の組み合わせは, 表 9.2 のとおりである. ライナックによる電子線治療は, 照射の制御がしやすく従来の ^{60}Co に置き換わり, 外照射治療の中心的な方法となっている. 陽子

表 9.2　がん治療に用いられる加速器と線種

加　速　器	線　種
ライナック	電子線
シンクロトロン	陽子線
サイクロトロン	速中性子線
HIMAC (放射線医学総合研究所)	重イオン線 (炭素イオンなど)

　ハロゲン化核酸前駆物質:BUdR (臭化物) については本文に示したが, IUdR (ヨウ化物) も同様に放射線増感剤として働く. また, もっと軽いハロゲンである FUdR (フッ化物) は抗がん物質として用いられる (DNA に取り込まれ, DNA 合成を阻害する).

線および重イオン線は，ブラッグピークを形成するため，正常組織への副作用が少なく深部線量分布に優れる．ただし，陽子線の RBE は 1.0～1.2 と電子線とそれほど変わらない．速中性子線は高 LET 放射線であるので低酸素細胞に対し有効に働く．電子線は弱透過性であるため限られた深さまでしか到達せず，主として皮膚がんといった表在性のがん治療に用いられる．

6) 小線源治療

舌がんなど，身体の表層部のみに存在する腫瘍の場合，密封小線源を腫瘍組織内に埋め込み治療を行うことがある．これを小線源治療（ブラキセラピィ）という．^{198}Au の舌がん，^{125}I の前立腺がんなどが代表的である．

9.4 核医学診療

1) 核医学

核医学では，診断(検査)と治療が行われる．

核医学検査は，インビボ検査とインビトロ検査に分けられる．

インビボ検査は，放射性核種で標識された放射性化合物を静脈注射し，ガンマカメラで撮影し，臓器の働きを画像化するものである．この得られた画像をシンチグラム(シンチグラフィ)という．コンピュータ処理により断層画像も得られ，SPECT(スペクト)という．表 9.3 に代表的な検査と使用核種を示す．

インビトロ検査は血液や尿といった生体試料に含まれる微量成分(ホルモン，腫瘍関連抗原など)を体外で定量して病気の診断を行うものである．使用される核種

表 9.3　核医学インビボ検査と使用核種

検査の種類	使用核種
脳血流	^{99m}Tc, ^{123}I
甲状腺機能	^{99m}Tc, ^{123}I
心機能・血流	^{99m}Tc, ^{123}I, ^{201}Tl
骨転移	^{67}Ga, ^{99m}Tc
腎機能	^{99m}Tc

生　物　学

はほとんどが ^{125}I である．

　また，治療は，^{131}I を用いた甲状腺治療（甲状腺機能亢進症（バセドウ病），甲状腺がん）にほぼ限られている．

2）　PET

　核医学検査の 1 つである PET（positron emission tomography）検査は，陽電子断層撮影法を用いた検査であり，陽電子放出核種で標識した放射性化合物を静脈注射したり，吸入させて，心臓や脳などの働きを断層画像としてとらえる．表 9.4 に代表的な PET 製剤と検査目的を示す．特に，^{18}F-フルオロデオキシグルコース（FDG）を用いた腫瘍検査は，がんの早期発見の観点から注目されている．^{18}F は半減期が 110 分（従来の核医学で最もよく用いられてきた ^{99m}Tc は 6 時間）と短く，検査終了後のいわば余分な被ばく線量を小さくできることから，がん診断は ^{18}F-FDG にほぼとって代わってきた．ただし，がん細胞は分裂が活発でエネルギー消費が大きいためにブドウ糖の類似物質である ^{18}F-FDG が腫瘍に蓄積することを利用しており，正常な組織でも脳や心筋などエネルギー消費の大きなものには適用できないといった点もある．このため，^{11}C-メチオニンが脳腫瘍の検査に用いられる．

表 9.4　代表的な PET 製剤と検査目的

PET 製剤	検査目的	投与法
^{15}O-酸素ガス	脳酸素消費量	吸入
^{18}F-フルオロデオキシグルコース	心機能，腫瘍，脳機能	静脈注射
^{18}F-フルオロドーパ	脳機能（ドーパミン）	静脈注射
^{11}C-メチオニン	アミノ酸代謝，脳腫瘍	静脈注射
^{11}C-酢酸	心筋	静脈注射
^{11}C-メチルスピペロン	脳機能（ドーパミン受容体）	静脈注射
^{13}N-アンモニア	心筋血流量	静脈注射
^{15}O-水	脳血流量	静脈注射
^{15}O-二酸化炭素	脳血流量	吸入

〔演 習 問 題〕

問1 標識化合物を用いた生物実験に関する次の記述のうち，正しいものの組み合わせはどれか．

A　細胞周期の測定には$[^{14}C]$ウリジンがよく用いられる．

B　ミクロオートラジオグラフィには^{32}P標識化合物がよく用いられる．

C　イムノラジオメトリックアッセイでは^{125}Iで標識した抗体がよく用いられる．

D　マクロオートラジオグラフィに^3H標識化合物を用いると高い解像度が得られる．

E　$[^{14}C]$ウリジンと$[^3H]$チミジンの二重標識により，DNA合成時期の違いを識別できる．

　　1　ABのみ　　　2　AEのみ　　　3　BCのみ　　　4　CDのみ　　　5　DEのみ

〔答〕　4

問2　外部照射した場合の体内での線量分布に関する次の記述のうち，正しいものの組み合わせはどれか．

A　陽子線は，飛程の終点付近で最大のエネルギーを付与する．

B　X線は，深部にいくにしたがって大きなエネルギーを付与する．

C　重粒子線は，飛程の終点付近で最大のエネルギーを付与する．

D　5MeVの電子線は，表面で最大のエネルギーを与える．

　　1　AとB　　　　2　AとC　　　3　AとD　　　4　BとC　　　5　BとD

〔答〕　2

問3　次の標識化合物のうち，陽電子放射断層撮影（PET）による腫瘍の検査に用いられるものとして，正しいものの組合せはどれか．

A　$[^{11}C]$メチオニン　　　　B　$[^{13}N]$アンモニア　　　　C　$[^{15}O]$二酸化炭素

D　$[^{18}F]$フルオロデオキシグルコース

　　1　AとB　　　2　AとC　　　3　AとD　　　4　BとC　　　5　BとD

349

生　物　学

〔答〕　3

10. 体内被ばく

キーポイント

摂取経路：経口摂取（消化管吸収率），吸入，経皮侵入

臓器親和性：全身$-^3$H，^{137}Cs，甲状腺$-^{131}$I，骨$-^{90}$Sr，^{226}Ra，^{241}Am など

　物理的性状から：肝臓，脾臓$-^{65}$Zn，^{60}Co（コロイド），肺$-^{239}$Pu（不溶性）

有効半減期と生物学的半減期：$1/T_{eff}=1/T_p+1/T_b$

　密封線源を通常使用する場合のように，体外にある線源から放射線を被ばくすることを**体外被ばく**（外部被ばく）というのに対し，密封線源が破損し放射性物質が体内にとり込まれた場合などのように，体内にある線源から放射線を被ばくすることを**体内被ばく**（内部被ばく）という．

　体内被ばくでは，α線，β線は飛程が短いことから放射線のエネルギーすべてが体内で吸収される．このため，体外被ばくの場合に比べ，α線放出核種およびβ線放出核種の重要性が高いことに注意が必要である．

10.1 放射性物質の体内への摂取経路

　放射性物質の体内への侵入経路としては，①経口摂取，②吸入，③経皮侵入の3つがあげられる．

(1) 経口摂取：放射性物質を口から飲み込むことによって，胃腸管から吸収される経路．放射性物質で汚染された食品を食べたりするのが，この例である．胃腸管において吸収される割合を消化管吸収率といい，ICRP によれば，セシウム，ヨ

351

生　物　学

ウ素は 100 %，ストロンチウムは 30%，コバルトは 5%，プルトニウムは 0. 001 %
などとなっている．

(2) 吸入：呼吸により放射性物質が呼吸気道から侵入し，肺および気道表面から
吸収される経路．通常の放射線作業において体内汚染が生じる場合は，大部分が
吸入によるものである．

(3) 経皮侵入：皮膚を通じ放射性物質が吸収される経路．傷のない正常な皮膚は
大部分の放射性物質に対して障壁として働くが，皮膚に傷がある場合は侵入しや
すくなる．

10. 2　臓器親和性

　体内に取り込まれた放射性物質は，その物理的性状あるいは化学的性状によっ
て集積（沈着）する臓器が異なる．どの臓器に集まりやすいかという性質を**臓器
親和性**という．表 10. 1 に，代表的な核種についての臓器親和性を示す．

表 10. 1　放射性核種の臓器親和性

核種	親和性臓器
H-3（HTO：トリチウム水）	全身
C-14	全身
P-32	骨
Fe-55, Fe-59	造血器(骨髄)，肝臓，脾臓
Co-60	肝臓，脾臓
Sr-90	骨
I-125, I-131	甲状腺
Cs-137	全身(筋肉)
Rn-222	(呼吸をすることにより)肺が被ばく
Ra-226	骨
Th-232	骨，肝臓
U-238	骨，腎臓
Pu-239	骨，肝臓　　　(不溶性) 肺
Am-241	骨，肝臓

10. 体内被ばく

核種の化学的性状により臓器親和性が決まるので，同一の核種であっても化学形が異なれば沈着する臓器が異なることもある．また，物理的性状により臓器親和性が決定される例としては，体内でコロイドを形成する核種があげられる．Fe, Zn, Co などは体内でコロイドを形成し，細網内皮系（肝臓，脾臓，骨髄，リンパ節などで異物貪食能をもつ）の臓器に蓄積する．また，鉄は赤血球にヘモグロビンとして含まれるので，骨髄にも蓄積する．

とくに骨についての臓器親和性を**骨親和性**といい，骨に蓄積しやすい核種を**骨親和性核種（向骨性核種）**あるいはボーンシーカー(bone seeker)という．

不溶性の ^{239}Pu を吸人摂取した場合，溶け出さないので肺胞壁から体内に吸収されることなく肺に沈着し長く留まる．表 10.1 の中で，^{222}Rn の肺とともに臓器親和性ではなく，物理的にそこに留まり被ばくを生じるものと言える．

また，現在では用いられていないが，造影剤として用いられたトロトラスト（二酸化トリウム：ThO_2）は肝臓に沈着し肝がんの発生率を高めた事例は有名である．

10.3 放射性物質の体内動態

1) 生物学的半減期と有効半減期

体内にとり込まれた放射性物質は，その臓器親和性にしたがって種々の臓器・組織に分布し，その後排泄される．生物学的減少は実際には複雑な過程をたどるが，指数関数的に減少するものと仮定し，排泄機構により体内量が 1/2 になるまでの時間を**生物学的半減期**と呼ぶ．

放射性物質の体内量の減少は，①放射性壊変による物理的減衰と②排泄機構による生物学的減少の 2 つに支配される．この両者による放射性物質の体内量の減少をあわせて表したものを**有効半減期（実効半減期）**T_{eff} といい，生物学的半減期 T_b および物理学的半減期 T_p との関係は次式で表される．

$$1/T_{\text{eff}} = 1/T_p + 1/T_b$$

2) 放射性物質の体内からの排泄促進

353

生　物　学

　一旦，体内に取り込まれて臓器に沈着した放射性物質を積極的に排泄させる方法はほとんどない．トリチウム水は全身に水の形で分布しているので，利尿剤や水を大量に飲むなどして排泄を促進することができる．

　体内に取り込まれたものの臓器に沈着する以前であれば，沈着を抑制することができる場合もある．消化管吸収率を下げるために，下剤を使用することも 1 つの方法である．放射性ヨウ素の体内汚染の場合，安定ヨウ素剤（ヨウ化カリウム）を経口投与し，甲状腺への放射性ヨウ素の沈着を低下することができる．つまり，放射性ヨウ素が甲状腺に集積する前に安定ヨウ素で甲状腺を満たし，甲状腺への放射性ヨウ素の沈着を防ぐのである．また，DTPA などのキレート剤（金属イオンと反応して化合物を作る．キレートとはギリシア語でカニのはさみを意味する）を投与して沈着を阻害することも原理的には可能であるが，キレート剤は副作用が大きく実用には向かない．

10.4　体内放射能の測定方法

　体内に取り込まれた放射能を測定する代表的な方法として，以下の 2 つがあげられる．

(1) 全身カウンタ法（直接法）

　全身カウンタ（ホールボディカウンタ）と呼ばれる全身放射能測定装置を用いて測定する．体内から体外へ出てきた放射線を測定するために，透過力の高いγ線放出核種にしか適用できない．

(2) バイオアッセイ法（間接法）

　排泄物（主として尿，糞）中に含まれる放射性物質を測定し，排泄率関数を用いて体内量を算定する．測定可能な核種には制限はないが，測定試料の採取や調整に手間がかかるという欠点がある．

10.5　サブマージョン

　Kr や Xe といった不活性気体（希ガス）等では，環境中に放出された場合，拡

354

10. 体内被ばく

散してしまう前は比較的高濃度で空気中を雲状に漂っている（この状態を放射性プルームという）．放射性プルーム内での被ばくを考えると，体外を漂っている放射性核種からの体外被ばくの側面がある一方，不活性気体は他の物質との相互作用を持たないため体内にも入り込んでおり，体内被ばくの側面も持つこととなる．この状態を**サブマージョン**と呼び，体外被ばくや体内被ばくと区別している．告示別表第 2 では，第一欄の化学形の欄にサブマージョンと記されているものもあるが，厳密な意味での化学形ではないことに注意が必要である．

〔演 習 問 題〕

問1　内部被ばくに関する次の記述のうち，正しいものの組合せはどれか.

A　体内に入り込む経路は，経皮，経気道（吸入）および経口である.

B　有効半減期は生物学的半減期より長い.

C　飛程の短い放射線の影響は小さい.

D　被ばく線量は成人の場合，摂取後50年間にわたる積算線量として算定する.

　　1　AとB　　　2　AとC　　　3　AとD　　　4　BとC　　　5　BとD

〔答〕　3

問2　次の放射性核種とその集積部位の組合せのうち，正しいものはどれか.

A　^{226}Ra－肺　　　B　^{14}C－骨　　　C　^{32}P－肝臓　　　D　^{90}Sr－骨

1　ABCのみ　　　2　ADのみ　　　3　BCのみ　　　4　Dのみ

5　ABCDすべて

〔答〕　4

問3　ある放射性核種の物理学的半減期が30日，生物学的半減期が20日の場合，有効半減期（日）はどれか.

　　1　6　　　　2　8　　　　3　10　　　　4　12　　　　5　14

〔答〕　4

356

測 定 技 術

上 蓑 義 朋

飯 本 武 志

1. は じ め に

1.1 どのような量を測定するのか

　測定しようとする量はさまざまであるが，大きく2種類に分類できる．1つは個々の放射線を識別し，放射線の種類，エネルギー，何個の放射線がやって来るかを測定する．これによって測定した場所での放射線の物理的な様子がわかるし，あるいは放射線を出している原子核の種類，壊変率（放射能）などがわかる．他の1つは放射線を個々には識別せずに，平均値として測定する量である．例えば放射線場に置かれたある物質が吸収するエネルギーとか，生成する電気量，あるいは生物が受ける損傷などの量である．これらはふつう線量と呼ばれるが，ここで少し説明をしておく．

　以下にあげた5種類の線量のうち，法律上放射線防護のための測定で重要なのは(3)の1cm，70μmの2種の線量当量である．被ばく限度等を決めるための線量である等価線量，実効線量については，管理技術の章を見ること．

(1) 吸収線量

　α線，β線などの電荷を持った放射線は，物質を直接電離・励起してエネルギーを与えるし，γ線や中性子線は2次的な荷電粒子（γ線では光電子，コンプトン電子など，中性子線では核反応によって生成される高速のイオン）を介してエネルギーを与える．ある物質が放射線から与えられるエネルギーを表わすのが**吸収線量**（D）である．単位は[J/kg]で，Gy（グレイ）と呼ばれる．少し数学的に表現すれば，$D = d\varepsilon/dm$ となる．$d\varepsilon$ は質量 dm [kg]の微小な物質が放射線から受けたエネルギー[J]である．**吸収線量は放射線，物質の種類によらず使用できる．**

359

測定技術

γ線など2次荷電粒子を介して物質にエネルギーを与える放射線では，2次荷電粒子がある程度の距離を走るため，物質の表面から内部に入っていくに従って2次荷電粒子のフルエンスが増加し吸収線量が増える．その様子を図1.1に示す．表面からの深さがあまり大きくなると，今度はγ線自体が物質によって遮蔽されてしまうため，吸収線量が下がる．

(2) **線量当量**

生物がγ線によって被ばくした場合と中性子線によって被ばくした場合とでは，吸収線量が同じでも中性子線による方が強い損傷を受ける．放射線の種類による生物に対する影響の違いを加味して，同じ数値なら同じ生物学的影響を与えるようにしたものが**線量当量**である．線量当量Hは，生物の組織の吸収線量Dから次式で計算される．

$$H = DQ \tag{1.1}$$

ここでQは**線質係数**と呼ばれる値で，放射線の性質による生物学的な影響の強さを表わす．Qは放射線（γ線や中性子線の場合は2次荷電粒子線）の水中における衝突阻止能（線エネルギー付与［LET］と同じ）の関数で，図1.2のようである．Dの単位がGyであるとき，線量当量Hの単位はSv（シーベルト）である．

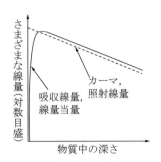

図1.1 空気等価物質に一方向からγ線が入射したときの吸収線量，線量当量，カーマ，照射線量の関係．照射線量には適当な定数を乗じてある．

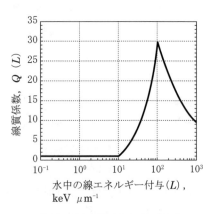

図1.2 水中の線エネルギー付与と線質係数の関係（ICRP 1990）

1. は じ め に

(3) 1cm線量当量, 3mm線量当量, 70μm線量当量

国際放射線単位測定委員会(ICRU)では測定のための実用的な量として, **1cm線量当量**(H_{1cm}^*), **3mm線量当量**(H_{3mm}^*), **70μm線量当量**($H_{70\mu m}^*$)と呼ばれる値を導入している. これは人の軟(筋肉)組織に等価な物質で作られた直径30cmの球(ICRU球)に平行で一様に入射する放射線を照射したときに, その球の表面からそれぞれ1cm, 3mm, 70μmの深さにおける線量当量である. H_{1cm}^*は, 目と皮膚以外の臓器および組織に対する線量当量, H_{3mm}^*は目の水晶体に対する線量当量, $H_{70\mu m}^*$は皮膚に対する線量当量に代用している. 単位はSvである. これらについての詳細は管理技術3章で詳しく紹介されている.

体外照射の場合, エネルギーの高いα線では70μm線量当量だけが問題になり, 比較的エネルギーの高いβ線と低エネルギーのX(γ)線では3mm線量当量も必要になる. おおかたのγ線や中性子線では1cm線量当量だけを考えればよい.

(4) カーマ (kerma)

これは電荷を持たない放射線, すなわちγ線, X線, 中性子線に対して定義される物理的な数値であり, kinetic energy released in material の略である. カーマ K は次式によって定義される.

$$K = dE_{tr}/dm \qquad (1.2)$$

ここでdE_{tr}[J]は, 微小な質量dm[kg]の物質中で放射線によってたたきだされたすべての荷電粒子の持つ運動エネルギーの合計である. 単位はGyを用いる. 図1.1に示すように, カーマは物質の表面でもっとも大きな値になる. 光子による線量として空気カーマは頻繁に使用される.

(5) 照射線量

カーマはどのような物質に対しても使うことができるのに比べ, **照射線量**X は**光子が空気と相互作用する場合に対してだけ定義できる**. X は,

$$X = dQ/dm \qquad (1.3)$$

で与えられる. ここでdQ[C(クーロン)]は, 微小な質量dm[kg]の空気から光子によってたたきだされたすべての電子が, 空気中で完全に止まるまでに生成

測 定 技 術

する電子–イオン対の（正負いずれかの）全電荷量である．単位は C/kg である．
図 1.1 に示すように，照射線量もカーマと同様，物質の表面でもっとも大きな値
になる．

1.2　どのようにして測定するのか

宇宙からは広いエネルギー範囲のさまざまな放射線が降り注いでいるし，岩石，
コンクリート中にはたくさんのウラン，トリウムの壊変生成物が存在して放射線
を出している．私達の体の中にも放射性核種である ^{40}K がたくさん含まれている．
そのため地上では毎秒 $1\,cm^2$ あたりおよそ 1 個の γ 線が飛びかっているし，中性
子でも毎秒 $100\,cm^2$ あたり 1 個やって来ている．しかし私達はなにも感じない．

　このような放射線を感度よく測定する方法は電気信号に変換することである．
α 線，β 線などの荷電粒子は物質中を通過するだけでまわりを電離して，電子とイ
オンの対を生成するので，それを集めれば電気信号になる．γ 線や中性子線のよう
に電荷を持たない放射線は，物質と相互作用することによって高速の荷電粒子を
生成して信号を発生させる．荷電粒子による相互作用は電離だけに限らず励起に
ともなう発光現象や化学反応を利用することもできる．光の場合はそれをさらに
電子に変換して電気信号として検出する場合が多い．

　2 章では放射線の気体に対する電離作用を利用し，直接電荷を集める電離箱，
ガスによる増幅を行う比例計数管，ガイガー・ミュラー計数管について解説する．
3 章では固体，液体の発光現象を利用するシンチレーション・カウンタ，固体中
での電離を集める半導体検出器を扱う．4 章では蛍光ガラス線量計，OSL 線量計
などの個人被ばく線量計を，5 章では中性子検出器や大線量を測定する方法につ
いて述べる．6 章では実際の測定を想定してどのような測定器が使用可能か，得
られた数値を評価するための統計的な考え方を紹介する．

2. 気体の検出器

2.1 電離箱

2.1.1 構造と原理

図2.1に**電離箱**の概念を示した．2枚の平行に向かい合った電極に電圧が印加されている．荷電粒子が気体中を走ると，気体分子を電離し，**電子**と**イオンの対**を多数生成する．負の電荷を持つ電子は正の電極に引き寄せられ，正の電荷を持つイオンは負の電極に引き寄せられる．その結果回路に電流が流れ，放射線が検出される．個々の放射線による電流は極めて小さいため，ふつう電離箱では多数の放射線によって平均的に流れる**電流**を測定する．

入ってくる荷電粒子はα線，β線でも，γ線によって電極などからたたきだされた2次電子でもよいが，電離箱はγ線（またはX線）による放射線場の強さを測定するのによく使われる．実用的な電離箱の構造を図2.2に示す．内面に炭素などをコーティングして導電性を持たせたアクリルなどのプラスチック製の筒に，

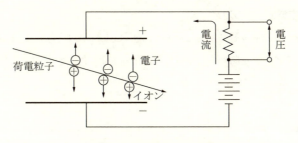

図2.1 電離箱の基本的原理

測 定 技 術

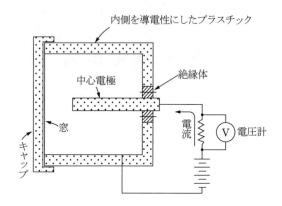

図2.2 電離箱サーベイメータの構造

絶縁体をはさんで中心電極が挿入してあるものが多い．

電極に印加する電圧が低いと，電子とイオンが電極に集められる前に再び結合（**再結合**）してしまう．すなわち印加電圧を0から上げていくと，電流も0から次第に上昇してついには飽和し，電子—イオン対の全部が電極に集められる．したがって電離箱には十分な電圧（通常数十から数百ボルト）を印加し，**飽和した電流値**を得る必要がある．

γ線による線量を測定する場合，ほとんどの2次電子は，γ線と電離箱の壁との相互作用によって発生する．これは内部の気体に比べて壁の質量がはるかに大きいためである．

2.1.2 空気カーマの測定

電離箱をある時間γ線で照射したとき，Q［C（クーロン）］の電気量が流れたとすると，そのとき電離箱内に生成した電子—イオン対の数Nは，

$$N = \frac{Q}{q} \tag{2.1}$$

で与えられる．

ここでqは電子1個の持つ電荷（素電荷）である．

2. 気 体 の 検 出 器

1 つの電子—イオン対を生成するのに要する平均エネルギーは**W値**と呼ばれる.

気体の種類によって W 値は異なるが, 電子, 2 次電子に対して大部分の気体では 25 eV から 40 eV 程度で, He では 41 eV, Ar では 26 eV, **空気では 34 eV** である.

電子—イオン対数 N と, W値〔単位は J (ジュール)〕を用いて, 電離箱内の気体の吸収線量 D〔Gy〕は次式で与えられる.

$$D = \frac{WN}{m} = \frac{WQ}{mq} \tag{2.2}$$

ここで m は電離箱内の気体の質量〔kg〕である.

内部に空気が充填され, 充分な厚さの壁が**空気等価**, すなわち実効的な原子番号が空気とほぼ同じ材質で作られた電離箱(空気等価電離箱)が一様に γ 線に照射されたとき, 電離箱内部の空気を通過する 2 次電子の状態は, あたかも周囲が一様に照射された無限に広がった空気で囲まれているのと同様になる. 電離箱の壁の厚さが 2 次電子の飛程よりも厚く, しかも壁による γ 線の遮蔽が無視できるほど小さい場合, 図 1.1 (1-1 節) に示すように吸収線量は最大になり, 近似的に空気カーマと等しくなる. このような条件を満足するとき, **2 次電子平衡**が成立しているという. 数十 keV から 2 MeV 程度の一般的な γ 線場では, プラスチックのような空気等価物質の壁厚は 5 mm から 1 cm 程度で 2 次電子平衡が成立する.

2.1.3 ブラッグ・グレイの空洞原理

ブラッグ・グレイの空洞原理は, 物質にあけられた空洞中に充填された気体の電離から物質中の吸収線量を測定する基本原理である. 実際には, 空洞とは物質中に挿入された電離箱である.

空洞原理から物質中の吸収線量を測定するとき, 物質と空洞内部の気体の組み合わせは何でもよい. 主として光子と周囲の物質との相互作用による 2 次電子によって空洞内に電子—イオン対が生成されるのであるから, 空洞の大きさは 2 次電子の数や分布を乱すほど大きくてはいけない.

気体中に生成する電子—イオン対数を N, 気体の質量を m〔kg〕, W値を W〔J〕

365

測 定 技 術

とすると，気体の吸収線量 D_g [Gy] は，

$$D_g = \frac{WN}{m} \tag{2.3}$$

で与えられる．

物質中での吸収線量 D_m と，D_g の比は，物質と気体の 2 次電子に対する質量阻止能（S，$S = [dE/dx]/\rho$，ρ は密度）の比（S_m/S_g）に等しいから[注]，D_m [Gy] は次式で与えられる．

$$D_m = D_g\left(\frac{S_m}{S_g}\right) = \frac{WN}{m}\left(\frac{S_m}{S_g}\right) = \frac{WQ}{mq}\left(\frac{S_m}{S_g}\right) \tag{2.4}$$

人の軟組織が受ける吸収線量を測定するときは，組織等価物質の壁で作られた電離箱に組織等価ガスを充填して測定する．このときは物質，気体とも組織等価であるので，質量阻止能の比（S_m/S_g）は 1 である．γ 線測定のときの組織等価物質は，実効原子番号が軟組織にほぼ等しければよいが，中性子測定の場合は，組織等価物質は軟組織とほぼ同じ原子組成であることが必要である．

注）物質と気体の密度をそれぞれ ρ_m，ρ_g [kg m^{-3}]，物質と気体の2次電子に対する（線）阻止能をそれぞれ $(dE/dx)_m$，$(dE/dx)_g$ [J m^{-1}] とする．空洞中を飛び交う2次電子の飛跡の総延長を L [m]，空洞の体積を V [m^3] とすると，気体の吸収線量 D_g は，

$$D_g = \frac{(dE/dx)_g L}{\rho_g V} = \frac{S_g L}{V}$$

で与えられる．空洞が物質で満たされている場合を想定すると，そのときの物質の吸収線量 D_m は，

$$D_m = \frac{(dE/dx)_m L}{\rho_m V} = \frac{S_m L}{V}$$

となる．したがって，D_m と D_g の比は次式のように質量阻止能の比になる．

$$\frac{D_m}{D_g} = \frac{S_m}{S_g}$$

2. 気体の検出器

2.1.4 電離箱の校正

γ線による1cm線量当量を測定するためには，理想的には組織等価物質で作られた直径30cmの球の表面に，1cmの厚さの壁で作られた電離箱を置けばよい．しかしこれでは重すぎて不便なので，現実には壁の厚さ，材質を適当に選択してγ線に対する感度曲線が 1cm線量当量への変換係数に近くなるように設計された電離箱を用いる．それでもあらゆるエネルギー範囲で正しく1cm線量当量を表示するのは不可能であるため，場合によってはエネルギーの関数である校正定数をあらかじめ求めておき，表示の値に乗じて補正することが必要である．

測定器を校正するには，独立行政法人産業技術総合研究所に設けられた国家標準である一次標準と関連付けられた放射線場が必要である．この関連付けは**トレーサビリティー**と呼ばれ，一次標準で校正された測定器や線源などを用いて 2 次標準を作り，という作業を繰り返して行なう．トレーサビリティーを保って照射線量率が値付けされた ^{137}Csなどの標準線源が市販されており，これを用いて自分で検出器を校正することができる．

線源から 1mの距離における照射線量率 X [μC kg^{-1} h^{-1}] が与えられている線源を用いたとき，線源からの距離 r mにおける 1cm 線量当量率 H_{1cm} [μSv h^{-1}] は次式で計算される．

$$H_{1cm} = X \times \frac{1 \times 10^{-6}}{e} \times W \times f \times \frac{1}{r^2} \times 1 \times 10^6 \tag{2.5}$$

ここで e は素電荷 [1.602×10^{-19}C]，W は電子の空気に対するW値 [$33.97 \times 1.602 \times 10^{-19}$J]，$f$ は空気カーマから1cm線量当量率への変換計数であり，γ線のエネルギーに依存する．例えば ^{137}Csでは 1.20，^{60}Coでは 1.16 である．

この場に電離箱を置いたときの読み値が H'_{1cm} とすれば，**校正定数 R は** 次式で定義される．

$$R = \frac{H_{1cm}}{H'_{1cm}} \tag{2.6}$$

367

測 定 技 術

　線源と電離箱との距離 r は，線源の中心と電離箱の実効中心（市販品では機器に表示されていることが多い）の値としなければならない．測定室の床や壁によって散乱された γ 線も測定器に到達するため，これらの影響を少なくする目的で，床や壁から線源と測定器をできるだけ離す必要がある．

　放射線管理の現場では，^{137}Cs など1種類の線源を用いて校正を行ない，電子回路の経年変化などに対するずれを補正することがよく行なわれる．測定器のメーカーではさまざまなエネルギーの γ 線，X線を用いて校正定数 R をエネルギーの関数として求めており，購入時にふつう添付されている．これは電離箱の材質や形状などに固有であり，経年変化はしないと考えられる．

　1 cm線量当量測定用の電離箱サーベイメータの校正定数の例を図2.3に示す．30 keV から2 MeV の γ（X）線に対し，±10%以内の精度で1 cm線量当量を示すことがわかる．これより高い精度が要求される場合に校正定数が必要となる．電離箱は後で述べるガイガー・ミュラー計数管やNaIシンチレーション検出器に比べ，校正定数の1からの開きは小さい．このことを**エネルギー依存性がよい**という．

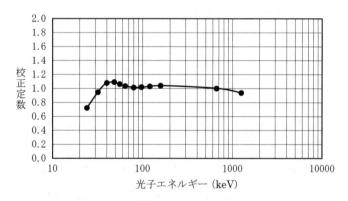

図2.3　1 cm線量当量測定用電離箱サーベイメータの1 cm線量当量に対する校正定数．662 keV γ 線（^{137}Cs）に対して1.0となるよう規格化してある．
（日立アロカメディカル（株）ICS-331のカタログより）

2. 気 体 の 検 出 器

2.1.5 使用上の注意点

電離箱では通常 10^{-12} アンペア(A)程度の極めて微弱な電流を測定する必要
があり，電子回路は高精度のものが使われる．そのため湿度には弱く，注意が必
要である．また使用にあたって指示値が安定するまでに時間を要するので，使用
する数分以上前には電源を入れる必要がある．

持ち運び可能なサーベイメータでは感度が比較的低く，およそ $1\,\mu$Sv/hが測定
限界である．したがって自然放射線レベル（約 $0.05\,\mu$Sv/h）の測定はできない．

2.2 比例計数管

2.2.1 ガス増幅

放射線が検出器に 1 個入るごとに集まる電荷を測定するのをパルスモードで測定
するという．**パルス**（単発的な電圧の脈動）の高さは集められる電荷に比例する．
ガス入り検出器の電極に印加する電圧を変化させたときのパルスの高さはおよ
そ図 2.4 のようになる．図には 1 MeVの β 線と 4 MeVの α 線がエネルギーを全て
計数ガスに与えた仮想的な場合[注] が示してある．電離箱として十分な電圧を印
加すると，パルスの高さは飽和し（**電離箱領域**），4 MeVの α 線では 1 MeVの β 線
に対し約 4 倍の高さになる．印加電圧が十分でないと，再結合のために高さは低
くなる．

気体中に発生した電子，イオンは，途中でガス分子と衝突しながら正または負
の電極に引き寄せられる．電離箱領域より高い電圧を印加すると，電子は衝突の
合間に強く加速され，次の衝突の際にガス分子を電離して新たに電子−イオン対を
生成する．この現象は電子の移動の方向になだれのように拡大していくので，**電
子なだれ**といわれる．このように電子−イオン対数が増幅され，パルスの高さが大

注）1MeVの β 線の空気中の飛程は約 4mあるため，検出器内で全てのエネルギーを計
数ガスに与えることは，実際には起こらない．4MeVの α 線の空気中の飛程は約 2.5cm
と短い．

測 定 技 術

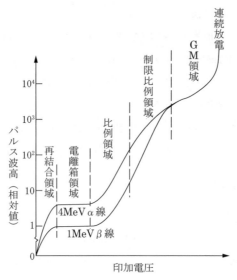

図2.4 ガス入検出器のパルス波高値と印加電圧の例.
電圧によって動作領域が分かれる.

きくなることを**ガス増幅**と呼ぶ.イオンは衝突の密度が大きいため加速されにくく,イオンによるガス増幅を起こさせることは困難である.

　比例領域では,パルスの高さは最初に発生した電子−イオン対数に比例する.この領域で使用するのが本節で述べる**比例計数管**である.

　比例計数管ではガス増幅を利用することによって十分な電荷が集まるため,個々の荷電粒子によるパルスを計数することができる.比例計数管では安定したガス増幅が得られるように特殊な計数ガスが使われることが多い.1気圧で使用するときはアルゴン90%にメタン10%を加えた**PRガス**(またはP-10ガス)がよく使われる.

2.2.2 検出器の構成

　強い電場を得るために,比例計数管の正電極は細い金属線で作られている.**2πガスフロー型比例計数管**の概略を図2.5に示す.上から下がっているリングが正電極である.この型では測定試料を試料皿に入れ,計数管内に直接挿入するようになっている.そのため飛程の短いα線放出核種や,極低エネルギーのβ線

2. 気体の検出器

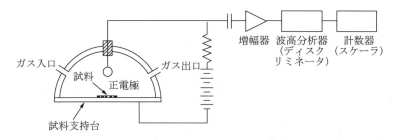

図2.5 ガスフロー型比例計数管の構造

放出核種である ^{3}H の放射能測定が可能である．2π とは計数管が半球形をしており，放出された荷電粒子数の半分（2π の立体角内に放出される数）が計数されることを意味している．試料を挿入するときに混入してしまう空気を追い出すために，計数管内に常時PRガスを流す**ガスフロー型**になっている．

2π ガスフロー型比例計数管を上下に向い合せにくっつけた，球形の 4π ガスフロー型もある．試料は薄い膜で支えるようになっており，放出された荷電粒子のほぼ全数が計数されるため，放射能の絶対測定に適している．

図 2.5 の右に示すように，パルスは**増幅器（アンプ）**を通った後，**波高分析器（ディスクリミネータ）**に入る．波高分析器とは，ある決められた高さ（**ディスクリミネーション・レベル**）を超えるパルスが入ったとき信号を出す回路で，ここでは雑音と放射線によるパルスとを区別するために使われている．波高分析器の出力は**計数器（スケーラ）**によって計数される．

2.2.3 プラトー

電極に印加する電圧（V）が低いとガス増幅が小さく，放射線によるパルスが発生しても波高分析器のディスクリミネーション・レベルを超えることができず，計数されない．図 2.6 に示すように，V を上げていくと計数が始まり（**開始電圧**，通常千ボルト前後），その後増加し，しまいには V を上げても計数がほとんど変化しなくなる．この領域を**プラトー**（高原，台地の意味）と呼び，計数率は比例計数管内に入ってくる荷電粒子数にほぼ等しい．さらに電圧を上げると連続放電が始まってしまい，計数率は放射線の放出とは無関係に増加し検出器として働かなく

測定技術

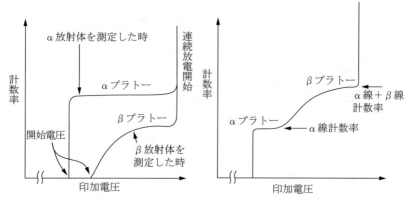

図2.6 ガスフロー型比例計数管の印加電圧対計数率曲線

図2.7 Ra-DEF線源を測定したときの印加電圧対計数率曲線

なる．

　測定試料がα放出核種の場合，計数率は開始電圧から速やかに上昇しプラトーに達する．一方β線ではエネルギーが分布しており，パルスの高さもエネルギーに比例した分布を示すために開始電圧からの立ち上がりは緩やかで，プラトーの長さは短い．

　α線の飛程は数cmと短いため，そのエネルギーはほとんどすべて計数ガスに与えられ，電子-イオン対に変換される．しかしガス中でのβ線の飛程は一般に長い（最大10m程度）ので，すぐに壁にぶつかってしまいエネルギーの一部しか電子-イオン対に変換されない．したがってβ線の方が同じVではパルスの高さは低く，計数開始電圧は高い．また同じ理由から，β線のエネルギー測定は比例計数管ではふつうできない．

　α線，β線を混合して放出するRa-DEF線源（^{210}Pb，^{210}Bi，^{210}Poが放射平衡に達した線源．α線1個につき2個のβ線が放出される）を2πガスフロー型比例計数管で測定したときの印加電圧と計数率の関係を図2.7に示す．α線による計数がまず始まり，急速に立ち上がった後，次にβ線による計数が始まり，ゆっくり立ち上がる．βプラトーではα線とβ線の両方が計数され，この場合βプラトーの

2. 気体の検出器

高さはαプラトーの 3 倍を少し超える値になる．少し超えるのは，試料を載せる台によってβ線が後方散乱されることによる．このように比例計数管ではα線，β線を分離して測定することができる．ガイガー・ミュラー計数管では不可能である．2πガスフロー型比例計数管の検出効率はα線に対しては約 0.5，β線に対しては後方散乱のために 0.5 より大きい．

2.2.4 ガスフロー型サーベイメータ

ガスフロー型計数管では計数気体の圧力が 1 気圧なので，非常に薄い膜で検出器の窓を作ることができる．このような計数管と電子回路，ガスボンベが一体となった装置がガスフロー型サーベイメータとして販売されている．低エネルギーβ線放出核種の^{3}Hや^{63}Niによる表面汚染は，このようなサーベイメータを用いて直接測定することができる．

2.3 ガイガー・ミュラー（GM）計数管

2.3.1 構造と原理

比例計数管より印加電圧をさらに上げると，α線に対するガス増幅の上昇はβ線に対して低下し始め，パルスの高さは最初に発生した電子-イオン対数に比例しなくなる（図2.4，制限比例領域）．さらに印加電圧を上げると，しまいにはパルスの高さは最初に発生した電子-イオン対数とは全く無関係に一様になってしまう．この領域を**ガイガー・ミュラー（GM）領域**と呼ぶ．図2.8に示すように，中心に細い芯線を張った筒に計数ガスを0.1気圧程度充填したものや，ガスフロー型の装置

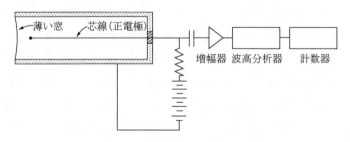

図2.8　端窓型GM計数管の構造

373

測　定　技　術

（図2.5）に計数ガスを1気圧で流したものは**ガイガー・ミュラー計数管（GM計数管）**と呼ばれる．計数ガスにはアルゴンなどの不活性ガスを主体に，ガス増幅作用を適度に抑える**クエンチングガス**（内部消滅ガス）として，有機ガスやハロゲンガスを小量混入したものが多い．ガスフロー型によく用いられる**Qガス**は，ヘリウムと小量のイソブタンの混合ガスである．端窓型で検出される荷電粒子は，PET樹脂や雲母で作られた厚さ1.5から5 mg/cm^{2}の薄い窓を通して入ってくるβ線や，γ線と管壁との相互作用によってガス中にたたきだされた電子であり，ガスフロー型では試料から放出されたα線やβ線である．

　GM計数管では2.2.1節で述べたガス増幅は極めて大きく，電子なだれは芯線の表面全体を覆うまでに発達する．そのとき電子に比べて移動速度が遅い**陽イオンによって芯線全体がさやのように覆われる**ため，電場の強度が下がり，有機ガスやハロゲンガスのクエンチング作用とあいまって増幅は止まる．

　クエンチングガスは分解されることによって作用する．このため有機ガスを用いた計数管には寿命がある．印加電圧が高すぎたり，連続放電させると大量にガスが分解されるため，寿命を極端に短くする．ハロゲンガスではクエンチング作用の後再結合するので寿命は長い．

　GM計数管では初めに入射した荷電粒子のエネルギーとは無関係に大きな信号が得られるため，電子回路は比較的簡単なものですむ利点がある．

2.3.2　プラトー

　図2.9に示すように，芯線に印加する電圧（V）が低いとガイガー・ミュラー領域（図2.4）に達しないため，パルスの高さはディスクリミネーション・レベルより低く，全く計数されない．**開始電圧**（通常千ボルト程度）を越えると急激に計数率が立ち上がり，数百ボルトの幅がある**プラトー**になる．β線に対しても立ち上がりが急なのは，GM計数管では最初に発生した電子－イオン対数とは無関係に一様な大きなパルスが発生するためである．電圧をさらに上げると連続放電が始まり急激に計数率が高くなる．プラトーは傾斜が小さく，長いほど計数管としての性能はよい．長時間使用すると劣化し，傾きが大きくなることがある．プラトーの高さは

374

2. 気体の検出器

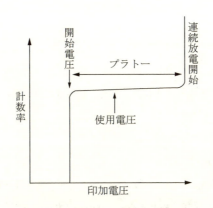

図2.9　GM計数管の印加電圧対計数率曲線

計数ガス内に入射する全荷電粒子数に等しい.

　印加電圧が高いとクエンチングガスの消費が大きく，寿命を短くする．一方電圧が低すぎると安定に作動しない．したがって開始電圧からプラトーの長さの 1/3 程度高い値で使用することが多い（**使用電圧**）．

2.3.3　分解時間

　GM計数管では最初に入射した荷電粒子によって電子なだれが起こると，芯線の周りを覆ったイオンのさやによって芯線周囲の電場の強度が下げられてしまうため，イオンが負電極（管壁）に運ばれて行くまで次の放射線が入射しても波高分析器を通過できる高さのパルスは発生しない．この時間を**不感時間**とよぶ．非常に短い時間間隔でパルスが発生しても，計数回路で識別不能となる不感時間もあるが，GM計数管では前者に比べておよそ百分の 1 以下で無視できる．装置全体では**分解時間**（これも不感時間と呼ぶこともある）と呼ばれ，1×10^{-4}秒（**100μ秒**）程度で

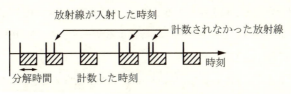

図2.10　分解時間による数え落とし

測 定 技 術

ある.

　ある1秒間に検出器（分解時間 τ 秒）に入射した放射線の数を n_0 とする．その時の計数 (n) によって，図2.10に斜線で示した時間 $(n\tau)$ だけこの検出器は死んでおり，生きていた時間 $(1-n\tau)$ に入ってきた放射線だけが数えられる．すなわち，

$$n = n_0(1-n\tau) \tag{2.7}$$

(2.7)式より，

$$n_0 = n/(1-n\tau) \tag{2.8}$$

が得られる．分解時間のために計数されないことを「**数え落とし**」という．

　分解時間 (τ) が 1×10^{-4} 秒とすると，100 cps（カウント毎秒）では約1%，1000 cpsでは10%の補正が必要になる．正しく計数できる限界は，補正を行っても数百cpsである．

　GM計数管がおかれた放射線場の強度を強くしていくと，初め計数率は強度に比例して高くなるが，ある程度で分解時間のために比例しなくなる．さらに強度を上げると，イオンのさやが取り除かれる暇が無くなり，逆に計数率は下がり計数しなくなる．これを**窒息現象**といい，放射線管理上危険な性質である．

2.3.4　使用上の注意点

　ガスフロー型でない，サーベイメータなどに使われる端窓（ハシマド）型と呼ばれるGM計数管（もっとも一般的なタイプで，図2.8に示した）ではエネルギーの低い ^{3}Hの β 線は窓を通過することができないため，検出することはできない．

　GM計数管式サーベイメータでは，検出器の窓に取り付けるアルミニウムなどで作られたキャップが付属しているものが多い．表面汚染の検査など β 線を測定するときは，キャップをはずして直接 β 線が入射するようにして用いる．一方空間線量率など γ 線を測定するときは，線源からの β 線が直接入射するのを防ぐために取り付ける必要がある． γ 線によるサーベイメータの校正はキャップをつけて行われている．

　サーベイメータを汚染検査に用いる際に，GM計数管の窓を直射日光に当てると誤った計数をすることがある．GM計数管は本来光にも感度があり，黒色の窓を

使うことによって感度をなくしているのであるが，強い光を防ぎきれないためである．また殺菌灯の紫外線にも反応するため，クリーンベンチ（生物実験などに用いる清浄作業台）などの汚染検査では注意が必要である．

γ線に対する**エネルギー依存性**は電離箱に比べて悪い．^{60}Coや^{137}Csのγ線に対して正しい線量当量（または照射線量）を示すように調整された器械では，数十keVで感度が高くなり，逆に約30 keV以下で極端に下がる．

2.3.5 β線のエネルギー測定

手軽に使えるGM式計数装置を用いて，β線の最大エネルギーを大まかに測定することができる．未知のβ線放出核種とGM計数管の窓との間にさまざまな厚さのアルミニウム吸収体を置き，図2.11のように吸収体厚さと計数率（線源を置かない時の計数率であるバックグラウンドは引いておく）の関係を得る．吸収体厚さはmg/cm^2の単位で表し，線源と窓の間にある空気層と，窓の厚さ（通常数 mg/cm^2）をあらかじめ加えておく．片対数グラフで表したこの吸収曲線を標準試料のそれと比較することによって，β線の最大飛程がわかる．さらにβ線のエネルギーE (MeV)とアルミニウム中の最大飛程 R ($g\,cm^{-2}$) との関係（フェザーの式：$R = 0.542E - $

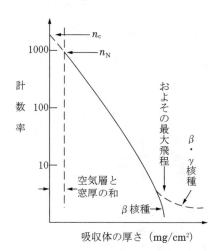

図2.11 アルミニウム板によるβ線の吸収

0.133）から β 線の最大エネルギーを大まかに知ることができる（フェザー法）.

線源が γ 線も放出する場合は，γ 線は β 線に比較して容易には吸収されないので曲線は折れ曲がって尾を引き，図の点線のようになる．

2.3.6　β 線源の放射能測定

図 2.12 のように GM 計数管を用いて線源から放出される β 線を計数し，線源の放射能 S [Bq] を測定することができる．このときの計数率を n [cps]，線源核種 1 壊変あたり放出される β 線の数を ε，計数管の線源に対する**幾何学的効率**を G，分解時間の補正係数を f_τ，空気と窓による吸収を補正する係数を f_a，試料皿による**後方散乱係数**を f_b，線源自身による**自己吸収係数**を f_s とすると，

$$n = S \varepsilon G f_\tau f_a f_b f_s \tag{2.9}$$

が成り立つ．線源の窓を望む立体角から，G は次式で与えられる．

$$G = \frac{1}{2}\left\{1 - \frac{h}{\sqrt{h^2 + (d/2)^2}}\right\} \tag{2.10}$$

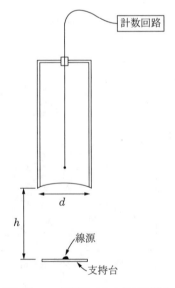

図2.12　GM計数管による放射線測定

2. 気 体 の 検 出 器

また

$$f_\tau = 1 - n\tau \tag{2.11}$$

f_a は，アルミニウムの吸収体を置いた図 2.11 の測定から次式で求められる.

$$f_a = n_N / n_c \tag{2.12}$$

計数管とは異なった方向に放出された β 線が支持台による後方散乱のために計数管へ向い，計数が増加する割合が f_b である．支持台の厚さが増すほど f_b は大きくなるが，β 線の最大飛程の 20% 程度で飽和する（飽和後方散乱係数）．飽和した f_b の値は支持台の物質の原子番号が高いほど，また一般に β 線のエネルギーが高いほど大きくなり，最大 1.8 程度にもなる.

自己吸収係数 f_s は線源が薄い場合はほとんど無視できて 1 に近く，厚くなるに従い小さくなる．線源の単位質量あたりの放射能（比放射能）が一定の時，計数率は線源の厚さが増すと増加する．厚さが β 線の最大飛程の約 0.75 倍で計数率は飽和し，比放射能に比例した，核種と線源物質，含水量などで決まった固有の値になる．このような飽和した試料を無限厚の試料という.

測 定 技 術

〔演 習 問 題〕

問1 ブラッグ・グレイの空洞原理が成り立つための条件として，正しいものの組合せはどれか．

  A　荷電粒子平衡が成立していなければならない．

  B　空洞内ガスは固体壁と等価な物質でなければならない．

  C　空洞内ガスと固体壁の質量阻止能比はエネルギーによって大きく変化しない．

  D　空洞の存在はそこを通過する荷電粒子のエネルギー分布に影響を与えない．

  1　ACDのみ　　　2　ABのみ　　　3　BCのみ　　　4　Dのみ　　　5　ABCDすべて

〔答〕　1

  A　正　荷電粒子平衡の成立が必要．

  B　誤　等価でない場合は，2次荷電粒子に対する質量阻止能の比を用いて補正する．

  C　正　大きく変化すると，固体壁と空洞内の2次電子のわずかなエネルギースペクトルの変化によって影響を受けてしまい，正確な補正ができない．

  D　正　固体壁と空洞内のエネルギー分布に大きな違いがあると，2次荷電粒子の質量阻止能の比のエネルギーによる変動が影響して正確な補正ができない．

問2 水中の一点に空洞体積 1 cm^3 で水等価壁の空気電離箱を設置し ^{60}Co γ線を照射したとき収集電荷 20 nC を得た．この点での水吸収線量[Gy]の値として最も近いのはどれか．ただし，空気の密度及びW値をそれぞれ 1.2 kg·m^{-3}，34 eVとし，この点における二次電子に対する水と空気の平均質量阻止能比(水/空気)を 1.1 とする．

  1　0.1　　　2　0.3　　　3　0.6　　　4　0.9　　　5　1.2

〔答〕　3

    空気の吸収線量 D_g は，素電荷の値（1.60×10^{-19}）を e として，

$$D_g = \frac{WN}{m} = \frac{(34e) \times (20 \times 10^{-9}/e)}{1.2 \times 1 \times 10^{-6}} = 0.57 \text{ Gy}$$

    である．したがって水吸収線量 G_m は，$D_m = D_g \times 1.1 = 0.62$ Gy となる．

380

2. 気 体 の 検 出 器

問3 空気を充填した空洞電離箱に ^{60}Co γ線を照射して電離電流を測定したところ I_{air} を得た．この充填気体をアルゴンに置き換えた場合，電離電流は I_{air} の何倍となるか．次のうちから最も近いものを選べ．ただし，気温，圧力は同一とする．なお，アルゴンの電子に対する W 値は 26.4 eV であり，二次電子に対して(アルゴンの質量阻止能)／(空気の質量阻止能)＝0.82 とする．

1　0.9　　　　2　1.2　　　　3　1.5　　　　4　1.8　　　　5　2.0

〔答〕　3

空洞は十分小さく，気体の置き換えによって 2 次電子の分布に変化がないと考えれば，アルゴンの吸収線量は空気の場合の 0.82 倍になる．一方同一の吸収線量では，質量が同じ場合，電離電流は W 値に反比例する（空気の W 値は 34 eV）．また，体積が同じ場合，気体の質量は分子量に比例する．空気は 80% が窒素，20% が酸素と近似できるので，空気の平均的な分子量は $14 \times 2 \times 0.8 + 16 \times 2 \times 0.2 = 28.8$ である．したがってアルゴンと空気の質量の比は $40/28.8 = 1.39$ である．アルゴンの場合の電離電流を I_{Ar} とすれば，$\dfrac{I_{Ar}}{I_{air}} = \dfrac{0.82 \times 1.39}{(26.4/34)} = 1.47$ となる．

問4 空気等価電離箱（有効体積：50 cm^3）をγ線場に置き，この電離箱に直列に接続した抵抗（0.01 TΩ）の両端の電圧として，65 mV を得た．このγ線場における照射線量率（C·kg^{-1}·h^{-1}）として最も近い値は，次のうちどれか．ただし，電離箱中の空気の密度を 1.3×10^{-3} g·cm^{-3} とし，二次電子平衡が成り立ち，生成電荷は完全に収集されるものとする．

1　7×10^{-11}　　　2　1×10^{-7}　　　3　1×10^{-4}　　　4　4×10^{-4}　　　5　7×10^{-3}

〔答〕　4

0.01 TΩ $= 0.01 \times 10^{12}$ Ω $= 10^{10}$ Ω である．電流を i A とすればオームの法則より，$65 \times 10^{-3} = 10^{10} i$，すなわち $i = 6.5 \times 10^{-12}$ A であり，

$$照射線量率 = \frac{6.5 \times 10^{-12} \times 60 \times 60}{1.3 \times 10^{-3} \times 10^{-3} \times 50} = 3.6 \times 10^{-4} \text{ C·kg}^{-1} \cdot \text{h}^{-1}$$

問5 容積 1L，圧力 5 気圧の空気充填電離箱に 10 kBq のトリチウムガス（β線平均エネルギー：5.7 keV）を注入したとき，得られる飽和電流 [pA] として，最も近い値

測 定 技 術

は次のうちどれか. ただし, β 線に対する空気の W 値は 34 eV で, この値はトリチウムガスの注入により変わらないとする. また, 壁効果は無視する.

1　0.13　　　2　0.27　　　3　0.52　　　4　2.6　　　5　5.7

〔答〕　2

　　　トリチウムは 100%の割合で $β^-$ 壊変する核種であるから, 10 kBq のトリチウムが毎秒空気に与えるエネルギーは,

　　　　　$5.7 \times 10 \times 10^3 = 5.7 \times 10^4$ keV・$s^{-1} = 5.7 \times 10^7$ eV・s^{-1}

となる. したがって毎秒生成するイオン対数は,

　　　　　$5.7 \times 10^7 / 34 = 1.7 \times 10^6$ 個・s^{-1}

である. 素電荷は 1.6×10^{-19} C であるから, 飽和電流値は,

　　　　　$1.7 \times 10^6 \times 1.6 \times 10^{-19} = 2.7 \times 10^{-13}$ A = 0.27 pA

となる.

問6　次の Ⅰ, Ⅱ の文章の [＿＿＿] の部分に入る最も適切な語句又は数値を, それぞれの解答群の中から1つだけ選べ. なお, 解答群の選択肢は必要に応じて2回以上使ってもよい.

Ⅰ　吸収線量とは, [A] 電離放射線が [B] 物質に当たったとき, その物質の単位質量あたりに吸収されたエネルギーとして定義されている. 本来のSI 単位は J・kg^{-1} であるが, この単位に対してグレイ [Gy] という特別単位名称と記号とが与えられている.

　　　吸収線量の測定法として最も定義に忠実な方法は [C] 法であるが, 例えば断熱状態の水に 1.0 Gyの吸収線量が与えられたときでも, 温度上昇は約 [ア] $\times 10^{-3}$℃にとどまり, これを正確に測定することは容易ではない. そのため, 実用的な吸収線量測定は, ブラッグ・グレイの原理に準拠した空洞電離箱法によることが多い. 空洞電離箱とは固体壁 (グラファイトなど) の中に空洞を設け, その空洞中に空気などの気体を充填したものである. 空洞の中心には細い導電性の棒状電極を配置し, これと固体壁の間に電圧を印加して電離電流を測定する. 固体壁が絶縁体である場合には, 内壁面に炭素などを薄く塗布し, 導電性を確保する. 印加電圧が低いと, 電離によって生じた [D] が [E] するので, 充分な電圧をかけて [F] 電流が得られるようにする.

382

2. 気 体 の 検 出 器

<A～Fの解答群>

1　直接	2　間接	3　任意の
4　組織等価	5　イオン対	6　電子速度
7　荷電	8　非荷電	9　飽和
10　エスケープ	11　減速	12　熱量計
13　自由空気電離箱	14　増倍	15　再結合

<アの解答群>

1　0.20	2　0.24	3　0.38
4　0.56	5　0.81	6　1.0
7　1.5	8　3.5	9　9.8

II　例えば，空洞体積V [m^3]，空洞気体密度ρ [kg·m^{-3}]の空洞電離箱にX線（又はγ線）を照射して，電離電流 I [A]を得た場合，　G　中の吸収線量率 $\dot{D}_{\mathrm{m}}$ [Gy·s^{-1}]は次式により求めることができる.

$$\dot{D}_{\mathrm{m}}=1.6\times10^{-19}\frac{WI}{V\rho e}S_{\mathrm{m}}$$

ここで，W は空洞気体中で1 イオン対を作るのに要する平均のエネルギー[eV]，すなわちW 値であって，空気の場合 34 eV である. このeV 単位をJ 単位に換算する係数が1.6×10^{-19}J·eV^{-1}であるが，次元は異なるとはいうものの，数値的には　H　e [C]と一致する. S_{m} は壁物質の空洞気体に対する　I　比と呼ばれるもので，式で表すと，

$$S_{\mathrm{m}} = \frac{\boxed{\text{J}}\text{の二次電子に対する}\boxed{\text{I}}}{\boxed{\text{K}}\text{の二次電子に対する}\boxed{\text{I}}}$$

となる. ここで二次電子とは，コンプトン効果や光電効果によって生じた電子をいう. 空洞気体が空気であり，壁物質がグラファイトのような原子番号の低い材料を使う場合，S_{m} はほとんど1 に近い.

　こうした空洞電離箱法の適用にあたっては，二次電子の　L　に比較して空洞が小さく，空洞の存在が二次電子の　M　に大きく影響しないことが前提となってい

383

測　定　技　術

るが，空洞を小さくすると，電離電流が少なくなってしまう．また，壁厚は壁物質
中で二次電子の　N　が成立するように留意する．

　壁物質として　O　を用いれば生体組織における吸収線量(率)が決定できるが，
測定対象物質と壁物質とが異なる場合には，測定対象物質(例えば，水ファントムな
ど)に小さな空洞電離箱を挿入して測定を行い，得られた結果に測定対象物質と壁
物質の　P　比を用いて，測定対象物質の吸収線量(率)を間接的に求める．

　体積 10×10^{-6} m³ の空洞に空気(密度 1.3 kg·m⁻³)を充填したグラファイト空
洞電離箱にγ線を照射して，1.0 mGy·s⁻¹ の吸収線量率を与えた場合，流れる
電流は　イ　nA である．このような微少な電流を高い精度で測定するためには
MOSFET を用いた高感度電位計や振動容量電位計などが用いられる．

＜G～Pの解答群＞

1　空洞気体	2　壁物質	3　組織等価物質
4　粒子束	5　飛程	6　質量エネルギー吸収係数
7　電子平衡	8　平均質量阻止能	9　平均自由行程
10　電気素量	11　原子番号	12　定常状態
13　イオン密度比	14　質量エネルギー転移係数	

＜イの解答群＞

1　0.20	2　0.24	3　0.38
4　0.56	5　0.81	6　1.0
7　1.5	8　3.5	9　9.8

〔答〕

I　A――3（任意の）　　　B――3（任意の）　　　C――12（熱量計）

　　D――5（イオン対）　　E――15（再結合）　　F――9（飽和）

　　ア――2（0.24）

　　　〔C〕

　　断熱された物質の温度上昇を測定することによって，吸収エネルギーを直接
　測定する装置を熱量計（カロリーメータ）という．感度が低いため放射線防護
　に用いられることはない．

　　　〔ア〕

384

2. 気 体 の 検 出 器

水の比熱は $1.0\ [\mathrm{cal\cdot \mathbb{C}^{-1}\cdot g^{-1}}]=4.2\times 10^{3}\ [\mathrm{J\cdot \mathbb{C}^{-1}\cdot kg^{-1}}]$ であるから，
温度上昇は $1/4.2\times 10^{3}=0.238\times 10^{-3}\ \mathbb{C}$ となる．

II　G——2（壁物質）　　　　H——10（電気素量）

　　I——8（平均質量阻止能）　J——2（壁物質）

　　K——1（空洞気体）　　　　L——5（飛程）　　　　　　M——4（粒子束）

　　N——7（電子平衡）　　　　O——3（組織等価物質）

　　P——6（質量エネルギー吸収係数）

　　イ——3（0.38）

　　　[G]

　　　式には S_{m} が乗じてあるため，式は空洞気体ではなく壁物質のものである．

　　　[P]

　　　空洞と壁では，2 次電子の粒子束分布が同じであることから，吸収線量の比
は 2 次電子の平均質量阻止能の比となるが，壁と測定対象物質ではそれぞれに
おいて 2 次電子平衡が成り立っているため，一次放射線である X(γ) 線から，
物質が質量あたり吸収するエネルギーの比になる．

　　　[イ]

　　　空気の W 値は 34 eV であるから，電流は，

$$\frac{(1.0\times 10^{-3})\,[\mathrm{Gy\cdot s^{-1}}]\times (1.3\times 10\times 10^{-6})\,[\mathrm{kg}]\times (1.6\times 10^{-19})\,[\mathrm{C}]}{34\times 1.6\times 10^{-19}\,[\mathrm{J}]}$$

$$=3.8\times 10^{-10}\,[\mathrm{A}]\ =0.38\,[\mathrm{nA}]$$

問7　グリッド付電離箱における次の記述のうち，正しいものの組合せはどれか．

　A　α 線のエネルギースペクトルの測定に用いられる．

　B　電子の流動に基づく信号のみを用いる．

　C　検出器ガスとして空気も使用できる．

　D　グリッドで電子を増幅して使用する．

　1　AとB　　　2　AとC　　　3　AとD　　　4　BとC　　　5　BとD

〔答〕　1

　　　電離箱に α 線などの放射線が 1 個入射したきに生じる電流を観測すると，次のよ

測 定 技 術

うになる．生じた電子－イオン対のうちは，電子は陽極に高速で移動するため，比較的大きな電流が短時間発生する．このときに集められる電気量は，電子数と移動距離に比例する．一方イオンは低速で陰極に移動するため，低い電流が長時間生じる．電気量は同様にイオン数と移動距離に比例する．最終的に集められる電気量は，始めに生じた電子－イオン対の（どちらか一方の）電荷に等しいが，入射した放射線の位置により，発生する電気パルスの高速成分と低速成分の内訳は異なる．すなわち入射位置が陰極に近いと，電子による高速成分が大きく，陽極に近いとイオンによる低速成分が大きくなる．

　個々の放射線を識別したパルス計測をする場合，ある程度高い計数率に対応するため，信号の積分回路の時定数をあまり長くすることはできず，通常電子による信号に敏感な時定数に設定する．この場合前述の性質から，積分された信号の高さは放射線の入射位置に依存するため，エネルギー測定などは不可能になる．この欠点を克服するために発明されたのがグリッド付電離箱（フリッシュ電離箱ともいう）である．

　グリッド付電離箱は，陽極の前に格子状の電極（グリッド）を配置したもので，陽極とグリッドの間では放射線による電離が生じないように遮蔽してある．入射したα線などの放射線によって，格子と陰極の間の気体で生じた電子－イオン対のうち，イオンは陰極に集められ，電子は格子に向かって進む．これによって格子－陰極間には電流が生じるが，グリッド付電離箱では測定対象ではない．格子に達した電子のほとんどは，格子を通過し，さらに電位の高い陽極に向かって進み，格子－陽極間に電流を生じる．このときに得られる電流は，始めに放射線によって生じた電子－イオン対の位置に無関係に，発生した電子－イオン対の数に比例した早い立ち上がりのパルスが得られる．グリッド付電離箱は気体中の飛程の短いα線のエネルギー測定などに利用される．

A　正

B　正

C　誤　空気中の酸素は電子を吸着しやすいため用いられない．

D　誤　電離箱領域の印加電圧で用いるためガス増幅作用はない．

2. 気 体 の 検 出 器

問8 電離箱に関する次の記述のうち，正しいものの組合せはどれか．

A 常圧のグリッド付パルス電離箱はγ線のエネルギースペクトルの測定に用いる．

B 外挿型電離箱は空洞原理を適用して吸収線量の測定に用いる．

C 電離箱は常に飽和電流の状態で使用する．

D グラファイト壁電離箱の線量測定に係るエネルギー特性はGM計数管より劣る．

　1　AとB　　　2　AとC　　　3　BとC　　　4　BとD　　　5　CとD

〔答〕　3

A 誤　γ線による2次電子は，常圧の気体では飛程が長く，通常の大きさの電離箱
では全エネルギーを気体で吸収させることは困難なため，エネルギー測定はできな
い．またγ線では電離が生じる場所を明確には限定できないため，グリッド－陽極
間での電離の生成を防ぐことができない．

B 正　外挿型電離箱は，電離箱の体積を変化させることによって，体積による吸収
線量の変化のグラフを得，それを外挿することによって，無限小の電離箱で測定し
た吸収線量を求めるものである．2次電子の乱れのない正確な測定ができ，ブラッ
ググレイの空洞原理を用いて，壁物質中の吸収線量を高い精度で求めることができ
る．

C 正

D 誤　炭素は軟組織の実効原子番号に近いので，エネルギー特性は良い．

問9 次のガスのうち，ガスフロー比例計数管用の計数ガスとして適当なものの組合せ
はどれか．

A アルゴン90%とメタン10%の混合ガス

B ヘリウム98%とイソブタン2%の混合ガス

C メタンガス

D 酸素ガス

　1　AとB　　　2　AとC　　　3　BとC　　　4　BとD　　　5　CとD

〔答〕　2

A ○　PRガスと呼ばれ，ガスフロー比例計数管で使われる代表的なガスである．

B ×　Qガスと呼ばれ，ガスフローGM計数管で使われる代表的なガスである．

測 定 技 術

C ○ 計数ガスとして適している．ガスフローではないが，密封されたメタンガス
入り比例計数管は高速中性子検出器として使われる．

D × 酸素は電子付着係数が大きいため，通常は計数ガスの不純物として排除される．

問10 気体検出器のガス増幅に関する次の記述のうち，正しいものの組合せはどれか．

A 印加電圧が高くなるとガス増幅度は大きくなる．

B 計数ガスに少量の酸素を加えるとガス増幅度は大きくなる．

C 同じ印加電圧で陽極心線を細くするとガス増幅度は大きくなる．

D 計数ガスの圧力が増加するとガス増幅度は大きくなる．

1 AとB   2 AとC   3 AとD   4 BとD   5 CとD

〔答〕 2

A 正

B 誤 酸素は電子を吸着しやすいため，増幅度は小さくなる．

C 正 細くすると，心線周辺の電場が強くなるため増幅度は大きくなる．

D 誤 圧力が増加すると，電子が次に衝突するまでの距離が短くなり，加速されにくくなるため増幅度は小さくなる．

問11 次のうち，4π ガスフロー比例計数管を用いて β 線源の放射能測定を行なう場合に補正を要しない因子の組合せはどれか．

A 後方散乱   B 自己吸収   C 線源保持膜における β 線の吸収

D 幾何効率   E 計数ガスによる β 線の吸収

1 ABCのみ   2 ABEのみ   3 ADEのみ   4 BCDのみ

5 CDEのみ

〔答〕 3

4π ガスフロー比例計数管では，線源を薄い膜で保持し，あらゆる方向に放出される荷電粒子を測定する．したがって線源自身による自己吸収と膜による吸収だけの補正が必要である．

388

2. 気 体 の 検 出 器

問12 ヘリウム，空気，アルゴンのそれぞれのW値，W_{He}，W_{air}，W_{Ar}について，W値の大きい順に並べた正しいものは，次のうちどれか.

1 $W_{He} > W_{air} > W_{Ar}$ 2 $W_{He} > W_{Ar} > W_{air}$ 3 $W_{Ar} > W_{He} > W_{air}$

4 $W_{Ar} > W_{air} > W_{He}$ 5 $W_{air} > W_{He} > W_{Ar}$

〔答〕 1

    電子に対する値は，$W_{He} = 41$ eV，$W_{air} = 34$ eV，$W_{Ar} = 26$ eVである.

問13 GM計数管に関する次の記述のうち，正しいものの組合せはどれか.

  A 印加電圧と計数率の関係は，プラトー特性と呼ばれる.

  B プラトーが長く傾斜が小さいほうが望ましい.

  C 分解時間，不感時間，回復時間の順に時間が長くなる.

  D 多重放電を防止するため充填ガスに有機ガスを添加する場合がある.

1 ABCのみ   2 ABDのみ   3 ACDのみ   4 BCDのみ

5 ABCDすべて

〔答〕 2

  A 正

  B 正

  C 誤　不感時間＜分解時間＜回復時間（90%程度のパルス波高が再び得られるように回復するまでの時間）

  D 正

問14 分解時間0.2 ms のGM計数管を用いて計数するとき，1秒間に平均250カウントを得た. この場合の数え落しによる誤差（%）に最も近い値は，次のうちどれか.

1 3   2 4   3 5   4 6   5 7

〔答〕 3

    GM計数管が信号を発しなくなっていた時間(死んでいた時間)は，1秒間あたり，

$$0.2 \times 10^{-3} \times 250 = 5 \times 10^{-2} \text{ (s)}$$

    すなわち数え落としの割合は5 % である.

測 定 技 術

問15 ^{32}P線源をGM管式計数装置で1分間測定したところ, 60,000カウントであった. ^{32}P
の半減期に相当する14.3日後に同じ条件で測定したところ, 1分間に33,000カウント
を得た.

この計数装置の分解時間(μs) として最も近い値は次のうちどれか. ただし, バ
ックグラウンドは無視できるものとする.

1　150　　　　2　180　　　　3　200　　　　4　220　　　　5　250

〔答〕 2

始めの測定の計数率は$n_1 = 1000$ s^{-1}, 2回目の計数率は$n_2 = 550$ s^{-1}である. 数え落
しを補正した計数率をそれぞれn_{10} s^{-1}, n_{20} s^{-1}, 分解時間をτ sとすれば, $n_{10} = n_1/(1$
$-n_1\tau)$, $n_{20} = n_2/(1-n_2\tau)$, 1半減期による減衰から$n_{10} = 2n_{20}$が成立する. すなわ
ち, $1000/(1-1000\tau) = 2 \times 550/(1-550\tau)$, これを解くと$\tau = 1.8 \times 10^{-4}$ s$= 180$
μsとなる.

390

3. 固体・液体の検出器

3.1 NaI(Tl)シンチレーション・カウンタ

3.1.1 構造と原理

NaI(Tl)シンチレータは，タリウム(Tl)を少量添加したヨウ化ナトリウム(NaI)の結晶を，ガラス窓がついた金属のケースに封入したものである．シンチレータに入射するγ(X)線によってたたき出された電子は，結晶中で電離や励起を起こす．これらがもとに戻る過程で，シンチレータは吸収したエネルギーに比例した強度の光（**シンチレーション**）を発する．添加されたタリウムは活性化物質（アクチベータ）と呼ばれ，吸収したエネルギーが光として放出されやすいように，また次に述べる光電子増倍管が受けやすい波長の可視光が放出されるようにする働きがある．

光電子増倍管はシンチレータからの微弱な光を電子に変換し，増幅する真空管である．光電陰極に光が当たると電子が放出され，ダイノードと呼ばれる電極に集められる．ダイノードには入ってきた電子より多くの電子を放出する性質があり，電子が第2段目，第3段目のダイノードへと進むうちに等比級数的に数が増える．図3.1の例では12段のダイノードがあり，最終段から出た電子は陽極（アノード）に集められ，電気信号（パルス）として取り出される．パルスは増幅器で増幅された後，波高分析器でパルスの高さ，すなわちシンチレーションの強さ（シンチレータが吸収したエネルギーの大きさ）の分布が測定される．

光電子増倍管の増幅率は極めて高く，10^6から10^7程度にも達する．光電陰極と陽極間の電圧は機種によって異なるが，およそ数百から3,000V程度である．光

測定技術

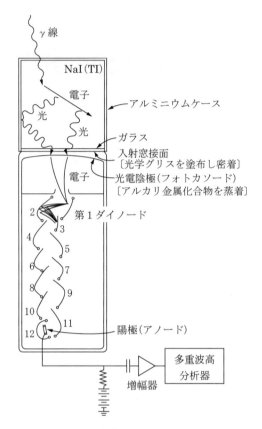

図 3.1　NaI(Tl)シンチレーション検出器

電陰極の変換効率（量子効率．光電陰極で発生した電子数を入射した光子数で割った値）は光の波長によって変化し，特定の波長で極大値（多くは青色の光に対し 20〜30%）を持つ．この波長がシンチレータから出る光の波長と一致するように光電子増倍管を選ぶ．

3.1.2　多重波高分析器（マルチチャンネル・アナライザ）

シンチレーション・カウンタではパルスの波高分布を測定することが多く，そのためには図 3.2 に示したような**多重波高分析器（マルチチャンネル・アナライ**

3. 固体・液体の検出器

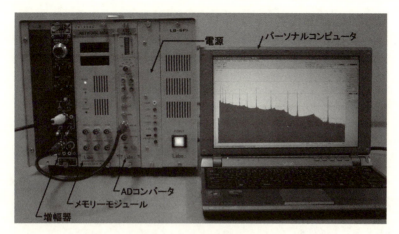

図 3.2 多重波高分析器の例

ザ）を使用する．通常の装置では高さが 0 から約 8 V までのパルスを受け付ける．例えばメモリー数が 1024 チャンネルの装置に 8 V のパルスが来れば，1024 番目のチャンネルの計数が 1 増え，4 V のパルスなら 512 チャンネルの計数が 1 増える．図 3.2 の装置では，パルス波高（アナログ値）をチャンネル番号（デジタル値）に変換するモジュール（AD コンバータ），メモリーモジュール，メモリーの内容を表示するパーソナルコンピュータで構成されている．パーソナルコンピュータの画面では，横軸がメモリーの番地，縦軸が計数であるグラフがリアルタイムで見えるようになっている．

3.1.3 単色エネルギー光子の測定

エネルギー E_p の γ 線がシンチレータに入ると次のような相互作用を起こす．

1) 光電効果

$E_p - E_B$（E_B は電子の束縛エネルギー）のエネルギーの電子がたたきだされ，そのほとんどはシンチレータ中ですべてのエネルギーを失って止まる．E_B に相当するエネルギーは特性 X 線などの形で放出されるが，エネルギーが低いのでこれらもほぼ吸収される．すなわち E_p に比例したパルスが得られるため，多重波高分析器では図 3.3a の A の分布が得られる．

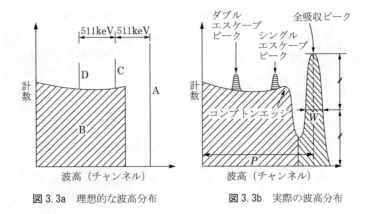

図3.3a 理想的な波高分布　　図3.3b 実際の波高分布

2) コンプトン効果

光子の散乱角度 θ によって，たたきだされる電子のエネルギー E_e は次式で決まる．E_p の単位は MeV である．

$$E_e = E_p \frac{(1-\cos\theta)(E_p/0.511)}{1+(1-\cos\theta)(E_p/0.511)} \tag{3.1}$$

E_e は θ が180度の時最大となるが，E_p より小さい．パルス波高はBの分布を示す．しかし散乱された光子が再びシンチレータ内で光電効果などの相互作用を起こし，エネルギーをすべて失えば，Aのパルスが発生する．

3) 電子対生成

E_p が 1.02 MeV より大きいと電子対生成を起こすことがある．生成された電子，陽電子対の持つ運動エネルギーの合計は $E_p - 1.02 \text{(MeV)}$ であり，これらはほとんどシンチレータ内で止まる．陽電子は停止するとすぐ付近の電子と結合し，消滅する．このとき正反対の方向に放出される2個の 0.511 MeV の消滅放射線が2個ともシンチレータから逃れれば，Aより 1.02 MeV 低いDのパルスになるし，1個が逃れ他の1個がシンチレータに吸収されればAより 0.511 MeV 低いCのパルスになる．2個とも吸収されたときはAになる．

実際の測定では，シンチレータから出てくる光の個数は統計的に揺らぐし，光電子増倍管の増幅率も揺らぐので，図3.3a の分布は図3.3b に示す広がった分

3. 固体・液体の検出器

布を示す．図 3.3a の A，C，D に相当するピークは，その由来からそれぞれ**全吸収ピーク（または光電吸収ピーク），シングル・エスケープ・ピーク，ダブル・エスケープ・ピーク**と呼ばれる．全吸収ピークの高さの半分の高さにおける幅を**半値幅（FWHM〔Full Width at Half Maximum〕という）**といい，測定器系全体のエネルギー分解能を表わす指標である．相対的な値（W/P）は ^{60}Co の 1.33 MeV の γ 線に対して 7％程度である．W の値は γ 線のエネルギーが高いほど大きくなるが，相対的な分解能，W/P は逆に小さくなる．これはエネルギーが高いほどシンチレータから出てくる光の個数が増え，統計的揺らぎの割合が小さくなることによる．コンプトン電子によるスペクトルの肩の部分を**コンプトンエッジ**（コンプトン端）と呼ぶ．

3.1.4 放射性核種の定性，定量測定

全吸収ピークは放出される γ 線のエネルギーに比例したチャンネル番号に現われるので，いくつかの標準線源を用いて γ 線のエネルギーとチャンネル番号の関係を求めておけば，未知の線源を測定したとき，その全吸収ピークの位置から放出されている γ 線のエネルギーを知ることができる．適当な間隔をおいて測定を繰り返せば，全吸収ピークの面積（ピーク内のチャンネルの計数の総和）の減衰からその核種の半減期もわかるので，より正確な核種の推定が可能になる．

γ 線放出強度が既知のいくつかの標準線源を用いて，全吸収ピークでの検出効率（ピーク面積/γ 線放出数）を γ 線エネルギーの関数として求めておけば，測定した核種からの γ 線放出率が求められるので，その核種の放射能も計算できる．

全吸収ピーク検出効率 ε_p を γ 線エネルギーの関数としてグラフに描くと，^{60}Co のように極めて短時間（検出器の分解時間内の事象なので"同時"と考えられる）に複数の γ 線がカスケードに放出される核種では，滑らかに結んだグラフよりも検出効率が低い位置にプロットされる．これはコインシデンス・サム効果のためである．例として，A と B の 2 つの γ 線が同時に放出される核種を測定したと仮定する．A の全吸収ピークが形成されるには，A が全吸収され，かつ B が全く検出器と相互作用しないことが必要である．A のエネルギーの γ 線が単独で放出され

395

測 定 技 術

るときの全吸収ピーク検出効率を ε_{pA}, 同じく B の全検出効率（検出器と何らかの相互作用をする確率）を ε_{tB} とおけば，実際の測定で A が全吸収ピークを形成する確率は $\varepsilon_{pA}(1-\varepsilon_{tB})$ である．測定で得られた全吸収ピーク検出効率に $1/(1-\varepsilon_{tB})$ を乗じてコインシデンス・サム効果を補正すれば ε_{pA} が得られる．

3.1.5 使用上の注意点

NaI は**潮解性**（吸湿して溶けること）があるため，ガラス窓が付いたアルミニウムなどのケースに密封されている．そのため α 線はケースを通過することができないので測定できない．

β 線もケースの影響を受けるが，それ以上に，NaI が高原子番号なため後方散乱の影響が強く，入射した β 線が再びシンチレータから逃れてしまう確率が高いため β 線の測定にも適さない．

光電子増倍管の増幅率は供給電圧に影響されるので，安定性の高い高圧電源が必要である．光電子増倍管は磁場の影響を受けやすく，実際地磁気に対する対策が施されている．しかし加速器やその周辺の強い磁場がある所では対策は十分ではなく，信号が出なくなることがある．

原子番号が大きく比重も高い **NaI(Tl)** シンチレータでは，電離箱，GM 計数管に比較して，非常に高い検出効率を持つ γ 線用サーベイメータを作ることが可能で，自然放射線レベル（約 $0.05\,\mu\mathrm{Sv/h}$）を測定できる．しかし原子番号が軟組織に比べて高いため，エネルギー依存性は悪い．

3.1.6 最近の動向

シンチレーション検出器を用いて，小型でも高感度の γ 線サーベイメータや，スペクトルが得られるサーベイメータも市販されている．

NaI(Tl) シンチレータは γ 線，X 線の空間線量測定に用いると，高感度ではあるがエネルギー依存性が悪い．しかしパルス波高はエネルギー情報を持つため，電子回路でこの依存性を補正し（エネルギー補償型），電離箱サーベイメータに比較して遜色のないエネルギー特性を持つものが市販されている．

396

3. 固体・液体の検出器

3.2 その他のシンチレーション・カウンタ

γ線測定用シンチレータには，NaI(Tl)のほかに **CsI(Tl)**，**BGO**（正確には $Bi_4Ge_3O_{12}$）などがある．これらは NaI(Tl) に比べて機械的強度が高く，潮解性が無いなど利点が大きいが，光電子増倍管に取り付けて使用する状態では，NaI(Tl)に比べたパルス波高値がそれぞれ約 50%，13%しかないため，エネルギー分解能が劣る．しかし BGO は実効的な原子番号が高く，比重が大きいので小型でも高い検出効率を持つため，最近はγカメラや X 線断層撮影装置（CT）など医療機器用の検出器としてよく利用される．近年開発された $LaBr_3(Ce)$ は，NaI(Tl)に比較してエネルギー分解能が約 2 倍と優れており（662 keVγ線に対し約 3%），核種の分析に有利である．しかし天然のランタンに含まれる存在度 0.090%の ^{138}La は天然放射性核種（半減期 1000 億年）であり，放出されるβ⁻線やγ線が検出器固有のバックグラウンドとなり低レベル放射線測定の障害になる．

光電子増倍管のかわりにフォトダイオードを用いて，小型で低消費電力，磁場の影響を受けない検出器を構成することができる．フォトダイオードは光電子増倍管に比較して長波長側で高い電子変換効率を有するため，最大発光波長が 415 nm の NaI(Tl) よりも，540 nm の CsI(Tl) と組み合わせた方がよい分解能を得ることができる．通常のフォトダイオードは電子数を増幅しないが，増幅作用のあるアバランシェ（なだれ）フォトダイオードも使われる．

ZnS(Ag) は多結晶の粉末としてしか利用できないため，透明度が低い．このため薄い膜に使用が限定され，飛程の長いβ線やγ線には不向きである．α線サーベイメータに利用され，高い検出効率，バックグラウンド計数のほとんど無い高性能なものが市販されている．

LiI(Eu) シンチレータは ^6Li（n，α）反応を利用した熱中性子検出器として使われる（5.1 参照）．

有機シンチレータ にはアントラセンやスチルベンなどの結晶，さまざまな **プラスチック**，**液体** など多くの種類がある．NaI(Tl)，CsI(Tl)，BGO など多くの無機シン

397

測 定 技 術

チレータでは発光の減衰が μs（10^{-6}秒）程度であるのに対し，有機シンチレータでは一般に数 ns（10^{-9}秒）と短く，極めて短時間に光を放出するので，高い計数率で使用できる．有機シンチレータでは実効的な原子番号が小さいためγ線を測定しても**光電ピークは観測されず**，コンプトン効果による連続スペクトルだけが得られる．そのためγ線のエネルギー測定には向かない．これは原子あたり光電効果の起こりやすさが原子番号の約 5 乗に比例するため，原子番号の小さな有機シンチレータでは光電効果がほとんど起こらないためである．しかしプラスチック，

表 3.1　代表的なシンチレータの特性

種類	比重 g cm^{-3}	最大発光波長 nm	減衰定数 ns	光収率 光子 /MeV	パルス波高値 [1]
無機シンチレータ					
NaI（Tl）	3.67	415	230	38,000	100
CsI（Tl）	4.51	540	680/3340	65,000	49
CsI（Na）	4.51	420	460/4180	39,000	110
LaBr$_3$（Ce）	5.29	380	26	63,000	―
LiI（Eu）	4.08	470	1400	11,000	23
Bi$_4$Ge$_3$O$_{12}$［BGO］	7.13	480	300	8,200	13
CdWO$_4$［CWO］	7.90	470	1100/14500	15,000	40
ZnS（Ag）［多結晶］	4.09	450	200	―	130
CaF$_2$（Eu）	3.19	435	900	24,000	50
BaF$_2$	4.89	310	630	9,500	20
YAlO$_3$（Ce）［YAP］	5.37	370	27	18,000	45
有機シンチレータ　（光収率はアントラセンに対する相対値）					
アントラセン	1.25	447	30	100	―
スチルベン	1.16	410	4.5	50	―
プラスチック［BC400[2]］	1.032	423	2.4	65	―
液体［BC501A[3]］	0.874	425	3.2	78	―

G. F. Knoll 著「放射線計測ハンドブック 第 4 版」神野・木村・阪井訳，オーム社（2013）を引用し，一部修正した．
1) バイアルカリ光電子増倍管に取り付けた場合の NaI（Tl）に対する相対パルス波高値
2) サン・ゴバン社製汎用プラスチックシンチレータ
3) サン・ゴバン社製γ線・高速中性子同時スペクトル測定用の有機液体シンチレータ

液体シンチレータでは自由な形状の大きなものを容易に作ることができるため，γ線，β線に対して高い幾何学的効率を持った検出器を比較的安価に作ることができる．

有機シンチレータには水素が多量に含まれているため，高速中性子に対して高い検出効率を持っている．反跳陽子スペクトルを測定することによって，高速中性子のエネルギー・スペクトルを得ることもできる（5.1参照）．

有機液体シンチレータには放射性物質をじかに溶かし込んで測定することが可能で，これについては3.4節で説明する．

参考のために市販されている主なシンチレータの特性を表3.1に示す．

3.3 半導体検出器

3.3.1 原理

結晶性の固体中にある電子は自由なエネルギーを持つことができない（図3.4）．**価電子帯**のエネルギーの電子は，結晶格子に束縛されて自由に動くことができない．**バンド・ギャップ（禁止帯**あるいは**禁止エネルギー・ギャップ**ともよばれる）とは電子が存在できないエネ

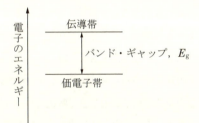

図3.4 結晶中の電子エネルギー

ルギー領域であり，それを越える電子は**伝導帯**にあって自由に固体内を移動することができ，電気伝導に寄与する．バンド・ギャップの幅（E_g）が大きいと，熱エネルギーによって伝導帯に上がれる電子の数が少なく，石英のように絶縁性を示す．逆にE_gが極めて小さいか，バンド・ギャップが存在しないときは金属のように導電体になる．E_gが1eV程度のものが**半導体**と呼ばれる．

半導体検出器としてよく使われる物質は，高純度のゲルマニウム（Ge），シリコン（Si）である．E_gはGeで約0.7eV，Siで約1.1eVである．これらは4価の物質であり，共有結合で結晶を構成する．もしリン，ヒ素など，5価の物質が不純物と

して微量に含まれると，不純物は伝導電子を与えるドナーとして働き，電気伝導度を上げる．このような半導体をn型半導体（電気を通す主体が負[negative]電荷の電子）という．逆に不純物がホウ素，アルミニウム，ガリウムなど3価の物質の場合は，不純物は電子を受け取るアクセプタとして作用し，次に述べる正孔が電気伝導度を上げるため，p型半導体とよばれる．2つの型の半導体を接合させ，p型に正，n型に負の電圧をかけると容易に電気が流れるが，逆方向に電圧をかけると電気が流れず，ダイオードとして整流作用を示す．

　半導体接合に電気が流れない方向に電圧をかけると，伝導帯にほとんど電子が存在しない，非常に電気抵抗値の大きな領域が作られる．この領域を**空乏層**または**空乏領域**とよぶ．ここを速い荷電粒子が通過すると，価電子帯の電子にエネルギーを与えて伝導帯に持ち上げ，**自由電子**を生成する．それまで規則正しく電子が配置されていた価電子帯に生じた空席は**正孔**とよばれる．これは気体中で電離によって生成される電子－イオン対とそのイメージ，性質が極めて似ており，**電子－正孔対**とよばれる．自由電子は半導体に印加された電場によって正の電極に移動し，正孔は隣り合う電子によってつぎつぎと埋められていくので，あたかも正の電荷を持った粒子のように負の電極に移動する．このようにして半導体検出器中を荷電粒子が走ると電離電流が流れ，パルスとして電気信号が得られる．

　電子－正孔対を1個生成するのに要する平均エネルギーはε値とよばれ，Geで3.0 eV，Siで3.6 eVである．これはガスの場合のW値，27から38 eVに比較しておよそ10分の1である．したがって同じエネルギーの放射線ではガスに比較して約10倍の数の一次電離が発生することになり，統計的なばらつきの少ない大きな信号が得られる．またガス増幅を行わないため，そこで生じる統計的な変動も受けない．半導体検出器では電離箱と同様増幅作用がないにもかかわらず，個々の放射線を識別するパルス検出器として通常使用し，**エネルギー分解能は非常に良い**．半導体検出器のエネルギー分解能が優れているのは，前述のように統計的ゆらぎが小さいだけでなく，個々の電子－正孔対の生成が独立した現象ではないことによる．すなわち独立現象と仮定したときに予測される分散（標準偏差の2

3. 固体・液体の検出器

乗を分散とよび，ここでは σ_I^2 とする）よりも，実際に観測される分散（σ_R^2）は小さい．σ_R^2/σ_I^2 を**ファノ因子** F とよび，Ge, Si とも 0.1 程度である．したがって半導体検出器では，統計的ゆらぎが小さいことに加え，ファノ因子によってエネルギー分解能はさらに $\sqrt{0.1} \cong 0.3$ 倍程度小さくなる．

半導体検出器では印加電圧が再結合を防ぐのに十分高ければ，印加電圧の変動によってパルスの高さにほとんど影響を受けない．

3.3.2 高純度 Ge 検出器

(1) 構造と特性

γ線用の検出器で，極めて純度の高い数十 cm^3 から百数十 cm^3 程度の大きさを持つ円筒形の Ge 結晶がよく使用される．

高純度 Ge 検出器（HP-Ge 検出器，High Purity の意），**真性 Ge 検出器**，あるいは単に Ge 検出器と呼ばれる．

使用するときは冷却する必要があるが，長期間使わないときは**常温で**保管できる．

Ge はバンド・ギャップの幅が小さく，常温では熱エネルギーによってたくさんの電子がバンド・ギャップを越えて伝導帯に存在するため，電気抵抗値が低く検出器としては働かない．**液体窒素温度**（$-196\,℃$, $77\,\mathrm{K}$）に冷却するとバンド・ギャップを越える電子はほとんど無くなり，抵抗値は十分に大きな値になる．電極の両端に 500 から 5000 V の電圧をかけて，γ線によるパルスを検出する．

検出器は図 3.5 に示すような，内部を真空にして十分に断熱されたクライオスタットと呼ばれる低温槽中に封入されている．冷却棒の下の端は直接液体窒素に浸されて検出器を冷やしている．検出器部分の真空容器はγ線の吸収が少ないように，アルミニウムなどの原子番号の小さな材料で，特に先端が薄く作られている．液体窒素をためる真空魔法瓶はデュワーと呼ばれ，30 l 程度の容量があり，1～2 週間に 1 度液体窒素を補給すればよいものが多く使われている．数 l の容量の持ち運びに便利なタイプもある．

最近では液体窒素を使用せず電気で冷却するタイプも売られており，液体窒素の補給が困難な場合でも使用できるようになってきている．図 3.6 に典型的な Ge

401

測 定 技 術

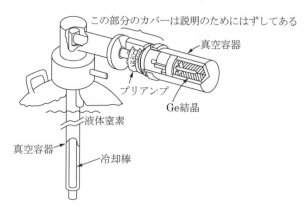

図 3.5　HP-Ge 検出器の構造

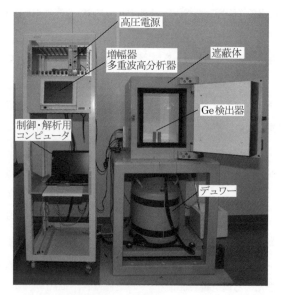

図 3.6　Ge 検出器システムの例

検出器システムの例を示す．

　通常の Ge 検出器では結晶表面の不感層による吸収のために測定できる γ 線のエネルギーの下限はせいぜい 50 keV である．広領域型では数 keV 程度の低エネル

3. 固体・液体の検出器

ギーX線まで測定可能である．この型では真空容器による吸収をできる限り小さくするため，有感部に面する容器の先端がベリリウムの薄い窓で作られている．

Ge 検出器の検出効率の大きさは，慣用的に，直径3インチ（1インチは2.54cm），高さ3インチの円柱形 NaI(Tl) シンチレーション検出器を基準とした相対的な検出効率（25 cm 離れた ^{60}Co 線源の 1.33 MeVγ線の全吸収ピーク面積の比）で表すことがある．近年の大型の Ge 検出器では相対効率が 100 ％を超えるものもある．

(2) Ge 検出器による測定

測定に用いる電子回路は NaI(Tl) 検出器の場合と同様で，検出器からの電気パルスを前置増幅器，主増幅器で拡大し，多重波高分析器で解析する．検出器の性能を十分に発揮させるために，NaI(Tl) 検出器の場合と比較して，より安定性の高い増幅器とチャンネル数の多い多重波高分析器（通常は 4096 チャンネル）が必要である．

Ge 検出器では NaI(Tl) 検出器に比較してエネルギー分解能が約50倍も優れているため，全吸収ピークは極めて鋭く，ほとんど線のように見える．図 3.7 に，^{108m}Ag と ^{110m}Ag の混合線源からのγ線を NaI(Tl) シンチレーション検出器と Ge 検出器によって測定したときの比較を示す．Ge 検出器による測定では非常に多くの異なったエネルギーのγ線が放出されていることがわかるが，NaI(Tl) による測定ではせいぜい7個のピークが観測されるにすぎない．なお Ge 検出器のスペクトルでは全吸収ピークの測定点をわかりやすいように線で結んである（以下の例でも同様）．^{60}Co 線源からの 1.33 MeVγ線を測定したときの全吸収ピークにおける半値幅（**FWHM**〔Full Width at Half Maximum〕という）は 2 keV 程度である．すなわち Ge 検出器ではγ線のエネルギーが約 2 keV 異なれば分離できる．したがって今日核種同定にはほとんど Ge 検出器が用いられる．

Ge 検出器で得られる全吸収ピークは鋭いため，測定試料に含まれる放射能が小さくてもはっきりとしたピークを形成する．通常の大きさの Ge 検出器は，NaI(Tl) 検出器に比べて検出効率は低いが，放射能レベルに対する検出限界は Ge 検出

403

測定技術

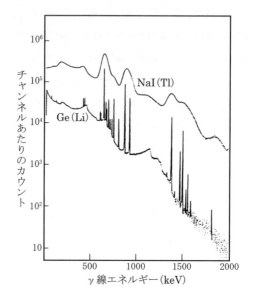

図 3.7 ^{108m}Ag と ^{110m}Ag の混合線源を NaI(Tl) シンチレーション検出器と Ge 検出器で測定したときの比較．図は古い論文のため，当時開発された Li をドープした型である Ge(Li) 検出器が用いられている．
[J.Philippot, IEEE NS17, 446 (1970) より]

器の方がふつう**優れている**．

^{137}Cs 線源を測定したときに多重波高分析器で得られるスペクトルを図 3.8 に示す．なお図 3.8 から 3.10 の測定に用いているのはすべて通常の型の Ge 検出器で，測定下限が約 50 keV のものである．娘核種である ^{137m}Ba からの 662 keVγ 線の**全吸収ピーク**，その左にコンプトン効果による連続スペクトルが見られる．コンプトン反跳電子の最大エネルギーに相当する肩を**コンプトンエッジ**と呼ぶ．検出器が鉛の遮蔽体の中に置かれているため，鉛からの特性 X 線，後方散乱 γ 線による山も見える．

図 3.9 に ^{60}Co 線源を測定した例を示す．1.17，1.33 MeV の γ 線に相当する 2 個の全吸収ピークが見られる．2 個の γ 線は極めて短い時間内に放出されるの

3. 固体・液体の検出器

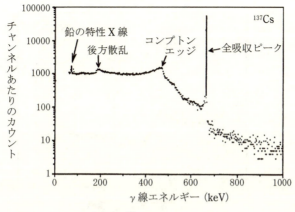

図3.8　^{137}Cs のスペクトル

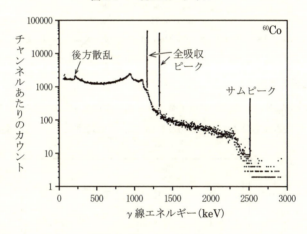

図3.9　^{60}Co のスペクトル

で，γ線を両方とも検出した場合は，両方のγ線のエネルギーの合計に相当する高さのパルスが得られる．したがって両方とも全吸収されれば 2.5 MeV に相当する波高になり，**サムピーク**となって現われる．

図 3.10 に ^{24}Na 線源を測定した例を示す．1.37 MeV と 2.75 MeV γ線の全吸収ピークが見られる．2.75 MeV では多くのγ線は電子対生成反応を起こすので，消滅光子の逃避に伴う**シングル・エスケープ・ピーク**，**ダブル・エスケープ・ピーク**

405

測定技術

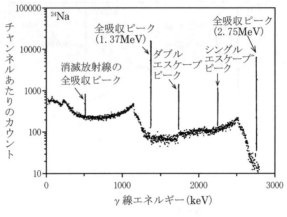

図3.10 ^{24}Na のスペクトル

(3.1.3 参照) が観測される．0.511 MeV 光子の全吸収ピークは，検出器の外で起こった電子対生成，陽電子消滅反応による消滅光子が検出されたものである．

(3) 検出器の遮蔽

Ge 検出器を用いて長時間測定すると，放射性線源を何も置かなくても図 3.11 に示すようにさまざまなピークが観測される．これは主に土，岩石，建築資材に

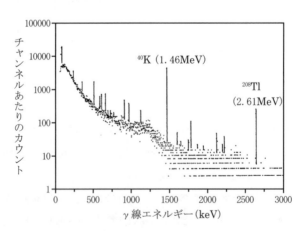

図 3.11 バックグラウンドγ線スペクトル

3. 固体・液体の検出器

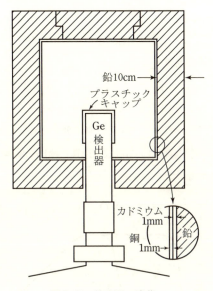

図 3.12　検出器の遮蔽

含まれる自然放射能に起因する．これらのうちで特に顕著なのは，半減期 13 億年の ^{40}K からの 1.46 MeV γ 線と，^{232}Th の壊変系列核種である ^{208}Tl からの 2.6 MeV γ 線である．これらのバックグラウンドが高いと，低レベルの放射能測定の際の妨害になり，測定限界が下げられない．そのため検出器を遮蔽体に納めてバックグラウンド計数を下げる．厚さ 10 cm 程度の鉛で覆うだけでも効果はあるが，図 3.12 に示すように，内側に 1 mm 程度のカドミウム，あるいはその内側にさらに 1 mm 程度の銅で覆うのがよい．

鉛に含まれる自然放射能や測定試料からの γ 線によって発生する鉛の特性 X 線（80 keV）は 1 mm のカドミウムによって遮蔽される．銅はカドミウムの特性 X 線（23 keV）を遮蔽する目的であるが，通常の Ge 検出器ではこのエネルギーではすでに感度がないので必要なく，広領域の検出器に対して有効である．カドミウムを使わずに銅だけで覆う場合は，5 mm から 1 cm の厚さが必要である．

検出器には数 mm 程度のアクリルなどのプラスチック製のキャップを被せる

ことがあるが，これはβ壊変などによって測定試料から放出される電子が検出器に入るのを防ぐとともに，制動放射線の生成を抑えるためである．

(4) 全吸収ピーク検出効率

全吸収ピーク検出効率の例を図 3.13 に示す．100 keV 以上の領域で，エネルギーが高くなるにつれて検出効率が低下するのはγ線に対する Ge の減衰係数がエネルギーとともに低下するためである．通常型ではおよそ 100 keV 以下で，Ge 結晶表面の不感層や真空容器による吸収で急速に検出効率が低下する．広領域型では 20 keV 程度までは平坦である．

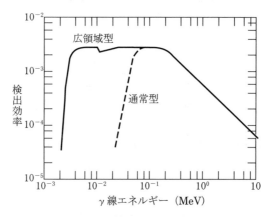

図 3.13 Ge 検出器のピーク検出効率

3.3.3 Si(Li)検出器

Si は Ge に比べ融点が高いため，十分な高純度結晶を得ることができず，3 価などの不純物が残った p 型半導体になる．不純物を補償させるため，アルカリ金属である Li を，結晶の温度を上げ電場を用いてドリフト，分散させることにより，十分高い電気抵抗値を有する結晶を形成することが可能である．このようにして作られた Si(Li)検出器は，高分解能の低エネルギーX 線測定に用いられる．入射してくる数 keV から約 20 keV の X 線に対してほとんど 100%の検出効率がある．Ge に比べて Si は原子番号が小さいので，特性 X 線エスケープの影響が小さいと

いう利点があるが，高エネルギー光子に対する検出効率は低く，50 keV 程度が実用上の上限である．

　高分解能であるため，Ge 検出器の場合と同じ理由で，核種の同定に非常な威力を発揮すると同時に，低い放射能レベルの試料に対する測定限界も低い．

　液体窒素で冷却して使用する．以前は温度を上昇させるとドープしておいた Li が移動して損傷を受ける可能性があったが，近年は改善され市販されている多くのものは室温保存が可能である．全体の構造は Ge 検出器とほとんど同じである．検出器の有感部分が面している部分の真空容器には，X 線の吸収が小さいように**薄いベリリウムの窓**が付いている．

3.3.4　Si 表面障壁型検出器（SSB），イオン注入型検出器

　これらは表面の不感層が極めて薄い荷電粒子用の半導体検出器である．有感部の面積は通常 1 から十数 cm^2 程度で，円筒形のものが多い．通常は冷却せず室温で使用する．エネルギー分解能が高く，10 から数十 keV 程度である．

　α 線のスペクトル測定によく用いられ，核種同定に威力を発揮する．空気によるエネルギー吸収を防ぐために，小型の**真空容器**に試料と検出器を入れ，排気してから測定する．電着等の方法で，薄い試料を調整して自己吸収を防ぐ必要がある．厚い試料の場合は，α 線エネルギーより低エネルギー側に広がった裾を持ったスペクトルを示す．この場合はスペクトルの最大エネルギーが α 線のエネルギーである．Si 表面障壁型検出器は有感部表面が極めて弱いため，手で直接触れることなどはできない．しかしイオン注入型検出器ではある程度の洗浄が可能であるなどの利点があり，近年よく使われる．

3.3.5　最近の動向

　近年の半導体技術の進歩に伴なって，放射線測定の分野での半導体化は著しい．半導体は気体検出器に比べて密度が大きいため，**小型でも検出効率が高い**こと，ガス増幅を行う検出器に比べ**動作電圧が低く消費電力が小さい**など極めて利点が多い．そのため直読式の個人被ばく線量計（アラームメータなど）では，最近販売されているものはほとんど Si 半導体検出器を使用している．CdTe，Cd$_{1-x}$Zn$_x$Te（CZT

と略す），HgI$_2$，GaAs など−40 ℃程度から室温で動作するγ(X)線用化合物半導体検出器も普及してきており，NaI(Tl)検出器に比べて10倍以上高い分解能を有する．

3. 4　液体シンチレーション・カウンタ

3. 4. 1　構造と原理

　トルエンなどの溶媒中にPPOなどの溶質を溶かし込んだ有機液体シンチレータは，測定試料を直接シンチレータに溶かし込む内部線源液体シンチレーション計数法として発達した．この方法では幾何学的検出効率は100%であり，β線測定の際に問題となる線源による自己吸収，後方散乱，検出器の窓による吸収などの問題がすべて解決される．このことは^{3}Hや^{14}Cなどの低エネルギーβ線の計測に特に有利で，^{3}Hについてはほとんど唯一の高感度の測定手段である．

　バイアルと呼ばれるガラスやプラスチック製の小瓶に測定試料を溶かし込んだシンチレータを入れて測定する．バイアル中のシンチレータから放出される光を光電子増倍管（3.1.1を参照）で受けて増幅，電気信号に変えて測定する．

　バイアル中に放出された荷電粒子によってまず溶媒が励起され，そのエネルギーが溶質に移行され発光する．光の波長が光電子増倍管の特性と合わないときは，波長シフター（波長変換体．前述の溶質を第1溶質と呼び，これを第2溶質と呼ぶこともある）を溶質とともに溶媒に溶かし込んでおく．しかし現在では光電子増倍管が改良され，この目的で波長シフターを使用する必要はほとんどない．

　溶媒にはトルエン，混合キシレン（オルソ，メタ，パラ・キシレンの混合物），プソイドクメン，ジオキサン（水溶性試料用）などが用いられる．溶質にはPPO，ブチル・PBDなどがある．水溶性試料には界面活性剤を配合した乳化シンチレータが広く用いられる．これは含水量50%まで使用できるなど，一般にジオキサン・シンチレータよりも使いよいので，ジオキサンの使用は減っている．

　測定する試料に合わせて色々な液体シンチレータ（シンチカクテルという）が売られており，目的にあったものを購入することができる．数百本のバイアルを

3. 固体・液体の検出器

一度にセット可能で，それを順に測定し，結果をベクレル単位で出力する便利な装置が市販されている．

3.4.2 雑音対策

低エネルギーβ線によるシンチレーション光は極めて微弱なため，測定は雑音（ノイズ）の影響を受けやすい．主な雑音源は，光電子増倍管の光電面で発生する熱電子，シンチレータで発生する化学作用による蛍光であり，これらの強度は温度とともに下がる．そのため液体シンチレーションカウンタでは低雑音の光電子増倍管を用い，装置の内部を冷却することが多い．また多くの装置では，光電子増倍管を2本対向してバイアルに向かわせている．バイアル中の放射能による正しい発光では両方の光電子増倍管から同時に信号が発せられるのに対し，光電面からの熱電子ではどちらか一方だけから信号がある．したがって両方から同時に信号があった場合だけ計数（同時計数）すれば雑音を下げることができる．このための電子回路を同時計数回路という．測定回路の例を図 3.14 に示した．

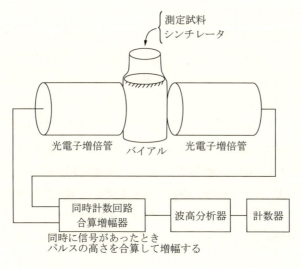

図 3.14 液体シンチレーションカウンタの構造

測　定　技　術

3.4.3　クエンチング

　試料を直接シンチレータに溶かし込むため，さまざまな問題が解決する一方，純粋なシンチレータの時に比較しシンチレーション光の強度が減少するという新たな問題が生ずる．この現象をクエンチング（消光）という．クエンチングには溶媒から溶質にエネルギーが移行するのが妨げられる化学的クエンチングと，溶液の光学的性質で光が弱められる色（カラー）クエンチングとがある．特に黄色に着色する試料では色クエンチングの影響が大きい．特定の波長領域，すなわち溶質の発光スペクトルの波長領域に対して色クエンチングを起こしている場合は，波長シフターを用いて発光スペクトルを変化させることによってクエンチングを抑えることができる．

3.4.4　検出効率の測定

　内部線源測定であるから幾何学的効率は 100％で自己吸収などの補正の必要はない．しかしクエンチングのために波高分析器のしきい値を越える確率は変化するため，検出効率はバイアルごとに測定する必要がある．最近の測定器では，多重波高分析器で β 線スペクトルを取り，小型の計算器を用いてデータ処理を行うため，検出効率の算定には以下のようにさまざまな方法が開発され利用されている．このうち 1），2）はクエンチングを補正する方法である．

　1）試料チャンネル比法

　図 3.15 のように波高分析器のしきい値を D_1，D_2，D_3 と設けておき，D_1 より高く，かつ D_3 より低い高さのパルスの計数を W_1，D_2 より高く D_3 より低いパルスの計数を W_2 とする．放射能が既知でクエンチングの大きさが異なる 10 個程度の標準線源を用いて，チャンネル比（$W_2/W_1=x$）を横軸に，検出効率（ε）を縦軸にした校正曲線を作成すると図 3.16 のようになる．クエンチングが大きくなるほど，すなわち検出効率が下がるほどスペクトルが左に縮むためにチャンネル比は小さくなるからである．

　試料を測定してチャンネル比が得られれば，あらかじめ求めておいた校正曲線から検出効率が求められ，放射能の値を決めることができる．測定試料の放射能

3. 固体・液体の検出器

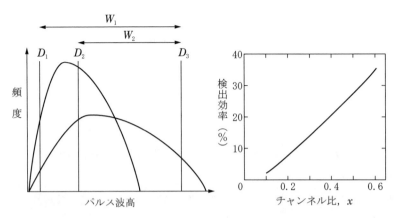

図3.15 チャンネル比を求めるディスクリレベル

図3.16 ³H試料に対する試料チャンネル法による検出効率の校正曲線

からチャンネル比を求めるこの方法を内部線源チャンネル比法ともいう.

試料の放射能が弱いと，チャンネル比を精度良く求めるのに時間がかかる欠点がある.

2) 外部標準法

1) の欠点を補うために，バイアルのそばに ¹³⁷Cs や ¹³³Ba などの γ 線源を置き，γ 線によるコンプトン電子の発光を用いる方法がある.（液体シンチレータは有機物質で原子番号が小さいため光電効果はほとんど起こらず，全吸収ピークはできない.）

1) のようにチャンネル比を求める方法もあるが，最近では多重波高分析器のスペクトルからクエンチングの指標（x）を次のようにして得ることが多い.
・コンプトンスペクトルの重心の位置を x とする.
・コンプトンエッジの右の傾斜の変曲点の位置を x とする.
・コンプトンスペクトルの全面積の75%を占める位置を x とする.

上記1), 2) の方法では以下のような欠点がある.
・測定しようとする試料と同一核種の，クエンチングの程度が異なる約10個の標準線源を用意する必要がある.

測 定 技 術

・指標 x が溶液量によって影響を受けるため測定誤差ができる.

・色クエンチングと化学クエンチングでは補正曲線が異なるため測定誤差ができる.

・含水量の多い ^{3}H 測定試料では良好な乳化シンチレータを用いないと乳化が安定せず,測定誤差が大きくなる.

3) 自動効率トレーサ法

標準線源試料（通常は ^{14}C）を測定し,多重波高分析器のデータに多数のしきい値 D_1,…,D_m を設定して,それぞれのしきい値に対する計数効率 ε_1,…,ε_m を求める.同様に測定試料のデータから,それぞれのしきい値に対する計数 n_1,…,n_m を得る.ε と n は,

$$n = a\,\varepsilon^2 + b\,\varepsilon + c \tag{3.2}$$

の 2 次回帰式でよく表現できることがわかっているので,a,b,c を（ε_1,n_1）,…,（ε_m,n_m）の組から最小 2 乗法を用いて求める.$\varepsilon = 100\%$ における n の値は測定試料の放射能に相当するので,(3.2)式で $\varepsilon = 100\%$ とおけば,求める放射能が得られる.

この方法の利点は,

・1 個の標準試料だけで任意の核種の放射能が求められる.

・測定核種が ^{3}H,^{14}C 以外に広がった.

・混合核種でも試料中の全放射能が求められる.

・試料の容積に依存しない結果が得られる.

・化学クエンチングと色クエンチングの差がない.

・最小 2 乗法を用いるため統計的に精度がよい.

3.4.5　その他

シンチレータに放射線が入るとほぼ一瞬に光り始め,シンチレータに固有な時定数に従って指数関数的に光の強度は減弱していく.液体シンチレータではこの減衰時間が 10^{-9} 秒程度と短く,測定器の持つ分解時間も同程度に短い.そのため数 MBq 程度の試料でもほとんど問題なく測定することができる.

β線のエネルギーが単色ではないので，核種が混合した試料を分離して測定することは一般には困難である．しかし ^3H と ^{14}C のように，最大エネルギーがそれぞれ 18 keV と 156 keV と大きく異なる場合は 2 核種の同時測定が可能である．

液体シンチレーションカウンタではトリチウム水を試料とする場合がある．クエンチングや化学発光を押さえるためには試料を蒸留して純粋な水の形で測定するとよい．試料の比放射能が低い場合，試料の前処理として電気分解法などで ^3H の同位体濃縮を行うことがある．

3.5　イメージングプレート

3.5.1　原理

放射線によってエネルギーを与えられた物質が，その後赤外線などを照射された時に可視光を放出する現象は光輝尽発光とよばれ，古くから知られていた．$BaFBr : Eu^{2+}$ や $BaFI : Eu^{+2}$ などの輝尽性蛍光体をプラスチックフィルムに塗布したイメージングプレート（IP）は，1981 年に富士写真フィルムによって医療用の X 線フィルムにかわる X 線検出・記憶媒体として実用化された．

輝尽発光の機構は以下のようである．少量添加されている Eu^{2+} イオンの電子が放射線によって伝導帯へ励起され，Eu^{3+} が作られる．電子は結晶中にもともと存在している陰イオン空格子点に捕獲されて準安定な状態になる．そこに光を照射すると，捕獲されていた電子は再び伝導帯に解放され，さらに Eu^{3+} に取り込まれて再び Eu イオンは 2 価になる．その時放射線強度に比例した輝尽性発光が放出される．IP では He–Ne レーザーを読取り照射に用い，輝尽性発光は光電子増倍管によって検出される．

レーザーで IP 面上をスキャンし，光電子増倍管の信号強度をデジタル化することによって，2 次元放射線強度分布は直接コンピュータに取り込まれる．

3.5.2　特性

写真フィルムが約 2 桁の放射線強度の違いしか測定できないのに対し，IP は 4 から 5 桁のダイナミックレンジを有する．また検出感度も数十倍から千倍高い．

測 定 技 術

IP は最大数十 cm 四方の大きさが販売されており，広い面積の 2 次元放射能分布を直接コンピュータに取り込むことが可能である．そのため特定の情報を得るための画像処理や，ある領域で積分した放射線強度を求めるなど，さまざまなデータ処理を容易に行うことができる．

読取り操作が行われた後の IP は，消去器で可視光を均一に照射することによって全ての情報が消去され，再度使用可能になる．

IP は X 線に感度があるだけでなく，^{3}H，^{14}C，^{32}P などの β 線源，^{125}I，^{99m}Tc などの γ 線源や α 線源に対しても高い感度を有する．

このように IP は極めてよい特性を有するため，医療用画像のデジタル化だけでなく，X 線結晶解析，オートラジオグラフィー，電子顕微鏡などの放射線画像解析に広く使われている．

使用上の注意点としては，IP の露光から読取り操作までの時間が長いと輝尽性発光強度が低下することである．この現象をフェーディングという．フェーディングは温度が高いと著しいが，室温では 24 時間で約 6 割に低下する．そのため放射線強度の絶対測定を行う場合は，既知の放射線量で同時に露光された標準データとの比較が必要である．

3. 固体・液体の検出器

〔演習問題〕

問1 次のシンチレータのうち，^{137}Cs 662 keV γ 線の測定に際して，最も良好なエネルギー分解能が期待できるものはどれか．

    1 NaI (Tl)

    2 CsI (Tl)

    3 $Bi_4Ge_3O_{12}$

    4 $LaBr_3$ (Ce)

    5 Lu_2SiO_5 (Ce)

〔答〕4

    エネルギー分解能は，シンチレータと組み合わせた高電子増倍管からのパルス波高値が高い方が良好である．NaI (Tl) の波高値を 100 とすれば，CsI (Tl) は 49，$Bi_4Ge_3O_{12}$ は 13 であり，これらの中では NaI (Tl) が最も良好である．一方 $LaBr_3$ (Ce) は，662keV γ 線に対して約 3% の分解能を有し，これは NaI (Tl) に比較して約 2 倍の高分解能である．Lu_2SiO_5 (Ce)（略称 LSO）は主に PET 用に開発された短い減衰時間（42 ns）を有するシンチレータである．この蛍光出力は $Bi_4Ge_3O_{12}$ に比べ 4 から 7 倍大きいが，それでも NaI (Tl) より小さく，分解能は劣る．したがって 5 種類のシンチレータの中では，$LaBr_3$ (Ce) が最も良好なエネルギー分解能を有する．

問2 次のシンチレータのうち，発光の減衰時間の一番短いものはどれか．

    1 NaI (Tl)

    2 CsI (Tl)

    3 ZnS (Ag)

    4 BGO

    5 プラスチックシンチレータ

〔答〕5

    発光の減衰定数は，1 NaI (Tl)：230 ns，2 CsI (Tl)：680 ns（早い成分），3 ZnS (Ag)：

417

測 定 技 術

200 ns，4 BGO：300 ns，5 プラスチックシンチレータ：2.4 ns である．無機シンチレータに比べプラスチックシンチレータの減衰時間は極めて短い．

問3 次のシンチレータのうち，それ自体の放射能によるバックグラウンドが測定上問題になるものの組合せはどれか．

A　$CsI(Tl)$

B　$Bi_4Ge_3O_{12}$

C　$Lu_2SiO_5(Ce)$

D　$LaBr_3(Ce)$

E　$CdWO_4$

1　AとB　　2　AとE　　3　BとD　　4　CとD　　5　CとE

〔答〕4

　　　LuとLaには，それぞれ天然放射性核種である ^{176}Lu，^{138}La が，その存在度にしたがって必ず含まれる．これらの放射性核種が放出する β 線，γ 線が，検出器自体のバックグラウンドとして測定を妨害する．これは外部に存在する天然の放射性物質からの放射線，宇宙線によるバックグラウンドと異なり，検出器を遮蔽しても防ぐことはできない．

問4 ダイノード 10 段の光電子増倍管の利得が $1.0×10^6$ である場合，各ダイノードの平均の電子増倍率はいくらか．次のうちから最も近いものを選べ．

1　3.0　　　2　3.5　　　3　4.0　　　4　4.5　　　5　5.0

〔答〕　3

　　　1 段あたりの増倍率を x とすると，題意より $x^{10}=1.0×10^6$ であり，すなわち $x^5=10^3$ である．$2^{10}=1024$ であるから，$x^5≒2^{10}$，すなわち $x≒2^2=4$ である．

　　　（$2^{10}=1024$ は覚えておくとよい．すなわち，放射能は 10 半減期経過すると，強度はおよそ 1/1000 になる．）

問5 光電子増倍管に関する次の記述のうち，正しいものはどれか．

1　印加電圧が 1000 V 以上であれば電子数の増倍率がほぼ一定である．

418

3. 固体・液体の検出器

2　出力パルス波高はダイノードの段数にほとんど依存しない.

3　光電陰極では入射光子数より放出電子数の方が多い.

4　暗電流は温度にほとんど依存しない.

5　陽極出力端子では入射光子数に比例する波高の負パルスが生じる.

〔答〕　5

1　誤　電圧に大きく依存する.

2　誤　高い増幅度を得るためには段数を大きくする.

3　誤　電子の放出率は最大の効率を有する波長でも 20% から 30% である.

4　誤　温度を下げると暗電流は低下する.

5　正　負電荷を有する電子が集まるため, 負パルスが生じる.

問 6　井戸型 NaI (Tl) 検出器の井戸の中に微量の ^{60}Co 線源を入れ, 50 keV 以上のパルスをすべて計測した. この条件における 1.17 MeV の γ 線に対する計数効率は 30%, 1.33 MeV の γ 線に対する計数効率は 25% である. このときの ^{60}Co に対する計数効率 (%) に最も近いものは, 次のうちどれか.

1　25　　　2　30　　　3　48　　　4　50　　　5　55

〔答〕　3

事象を分けて計数効率を考えると,

1) 1.17 MeV の γ 線が検出され, 1.33 MeV の γ 線が検出されない確率 : 0.3×(1−0.25) ＝0.225

2) 1.17 MeV の γ 線が検出されず, 1.33 MeV の γ 線が検出される確率 : (1−0.3) ×0.25＝0.175

3) どちらの γ 線もともに検出される確率 : 0.3×0.25＝0.075

したがって求める計数効率は, 合わせて 0.475 となる.

2 つの γ 線がほぼ同時に放出されるため, 単純に計数効率は 0.3＋0.25 とならない. この効果をコインシデンス・サム効果という.

問 7　次の文章の □ の部分に入る最も適切な語句, 記号又は数値を, それぞれの解答群から 1 つだけ選べ. なお, 解答群の選択肢は必要に応じて 2 回以上使ってもよ

419

測 定 技 術

い.

　井戸型 NaI(Tl) シンチレーション検出器は，線源を井戸の中に入れると，線源が検出器に対して張る立体角を　A　に近い条件で測定することができるため，　B　がおおよそ 1 となり，γ 線放出核種に対する検出感度が高く，放射能測定や放射線管理測定に有用である．しかしながら，1 壊変あたり，幾つかの光子を同時に放出する核種の測定に際しては，　C　効果の影響が顕著となり，その出力パルスの　D　は複雑となることがあるので，得られたデータの解釈に留意が必要である．

　その一例として，^{22}Na の測定の場合について見てみよう．^{22}Na は図 1 に示すように，90% の割合で，陽電子壊変をし，残りの 10% は　E　壊変をするが，いずれの壊変をした場合も，1.27 MeV の γ 線を放出する．

　この ^{22}Na を小型のプラスチック製の容器に密封した線源を，井戸型 NaI(Tl) 検出器の井戸の中に入れて　D　を測定した結果の例を図 2 の曲線 I に示す．ここでは，5 本のピークが明確に認められる．

　ピーク①は ^{22}Na から放出された陽電子が消滅するときに放出されるエネルギー 0.51 MeV の消滅放射線のうちの　F　が NaI(Tl) 結晶中で，　G　効果により全吸収を起こした時に生成されるものである．ピーク②は消滅放射線の　H　が NaI(Tl) 結晶中で全吸収を起こし，その　I　効果により生じたもので，そのチャネル位置は 1.02 MeV に相当する．ピーク③は 1.27 MeV γ 線の全吸収ピークであり，この際，同時に放出される消滅放射線が NaI(Tl) 結晶と　G　効果や　J　効果などの相互作用を　K　必要がある．ピーク④は消滅放射線の　L　と，1.27 MeV γ 線とが NaI(Tl) 結晶中で全吸収された結果生じたもので，チャネル位置は 1.78 MeV に相当する．また，強度はかなり低くなるが，2.29 MeV に相当するチャネルにもピーク⑤が認められる．これは，消滅放射線の　M　と 1.27 MeV γ 線のすべてが NaI(Tl) 結晶中でそれぞれ全吸収を起こした場合に形成される　N　の　O　ピークである．

　この ^{22}Na 線源を井戸の外に出して測定すると状況は一変し，　D　は，図 2 の曲線 II に示すようになり，ピーク②とピーク⑤は，ほとんど観測されない．これは，陽電子の　P　位置を起点にして，2 個の消滅放射線が互いに正反対の方向に放出されるため，密封線源を井戸の外に出した場合に，2 個の消滅放射線が同時に NaI(Tl) 結晶に直接入射する可能性がほとんど無くなるからである．井戸型でない通常の

3. 固体・液体の検出器

NaI(Tl)検出器の使用に際しても，同じ理由により，ピーク②とピーク⑤は観測されない．

以上述べた5本のピークのほかに，チャネル番号200付近に，なだらかなピーク状の分布が曲線Ⅰにも曲線Ⅱにも認められる．これは，光子の Q によるものである．散乱角180°の散乱光子のエネルギーは，0.51 MeV消滅放射線に対して， R MeVであり，1.27 MeV γ線に対して， S MeVである．さらに入射光子エネルギーが増加すると，この値は T MeVに近づく．この様に，散乱角180°の散乱光子のエネルギーは入射光子のエネルギーにそれほど依存しない．そのため，この様なピーク状のスペクトルが観測される．井戸型NaI(Tl)検出器の場合には，種々の散乱角の散乱光子も結晶中に入射するので，このようなピークはなだらかな分布となるのに対して，線源を井戸の外に出した場合には，検出器位置で散乱角が180°の散乱線成分の割合が多くなるので，ピークの形がシャープになる．

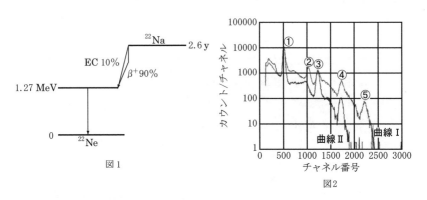

図1

図2

<A〜Eの解答群>

1	0.5	2	1	3	2π	4	4π
5	立体角	6	計数効率	7	幾何学的効率	8	β線
9	陽電子	10	電子捕獲	11	γ線	12	サム
13	エスケープ	14	エネルギー分布	15	波高分布		

<F〜Qの解答群>

1	生成	2	消滅	3	光電	4	電子対生成

測 定 技 術

5 コンプトン　　　　6 サム　　　　7 エスケープ　　8 後方散乱

9 コヒーレント散乱　10 3重　　　11 片方　　　12 双方

13 起こす　　　　14 起こさない　15 カスケード

＜R～Tの解答群＞

1 0.15　　2 0.16　　3 0.17　　4 0.18　　5 0.19　　6 0.20

7 0.21　　8 0.23　　9 0.25　　10 0.30　　11 0.51

〔答〕

A——4（4π）　　　　　B——7（幾何学的効率）　C——12（サム）

D——15（波高分布）　E——10（電子捕獲）　　F——11（片方）

G——3（光電）　　　　H——12（双方）　　　　I——6（サム）

J——5（コンプトン）　K——14（起こさない）　L——11（片方）

M——12（双方）　　　N——10（3重）　　　　O——6（サム）

P——2（消滅）　　　　Q——8（後方散乱）　　R——3（0.17）

S——7（0.21）　　　　T——9（0.25）

〔Q〕コンプトン散乱によって，約180度の後方に散乱される場合をいう．検出器の
周囲を遮蔽材で囲んだ場合は，一旦遮蔽材に入った光子が後方散乱を起こした後
に検出される可能性が増えるため，後方散乱ピークは顕著になる．

〔R, S, T〕入射光子エネルギーを E MeV，180度方向にコンプトン散乱される光子
エネルギーを E' MeV とすると，m を電子の質量，c を光速として，

$$E' = \frac{E}{1 + \dfrac{E}{mc^2}(1 - \cos 180°)} = \frac{E}{1 + \dfrac{2}{0.51}E}$$

$E = 0.51$ MeV では $E' = 0.17$ MeV，$E = 1.27$ MeV では $E' = 0.21$ MeV，E が
十分大きい場合は分母の1は無視でき，$E' \doteqdot E/(2E/0.51) = 0.26$ MeV に近づく．

問8 放射線検出器として利用される半導体に関する次の記述のうち，正しいものの組
合せはどれか．

A　価電子帯と伝導帯との間のバンドギャップエネルギーが絶縁体より大きい．

B　ε値はシリコンよりゲルマニウムのほうが小さい．

3. 固体・液体の検出器

C　ゲルマニウム中において電子と正孔の移動度は等しい.

D　シリコン中に微量のガリウムが不純物として存在するとp型半導体となる.

　1　AとB　　　2　AとC　　　3　AとD　　　4　BとC　　　5　BとD

〔答〕　5

A　誤　絶縁体より小さい.

B　正　シリコンでは3.6 eV, ゲルマニウムでは3.0 eVである.

C　誤　電界強度をE (V・m^{-1}), そのときの電子や正孔の流動速度をv (m・s^{-1}) とすれば, $v = \mu E$ で表される. μ を移動度といい, 常温のゲルマニウム中では, 電子に対し0.39, 正孔に対して0.19である.

D　正　4価のシリコンに3価のガリウムを添加すると, 結晶内で電子が不足し, 正孔が電気伝導に寄与するp型半導体となる.

問9　気体又は半導体における電子, 陽イオン又は正孔の移動に関する次の記述のうち, 正しいものの組合せはどれか.

A　気体中では, 陽イオンの移動度は自由電子の移動度とほぼ同じである.

B　直流電離箱においては, 電子移動による電気信号のみを利用している.

C　高純度Ge検出器においては, 電子移動及び正孔移動による電気信号の両方を利用している.

D　GM計数管においては, 信号の大部分は陽イオンの移動によるものである.

　1　AとB　　　2　AとC　　　3　BとC　　　4　BとD　　　5　CとD

〔答〕　5

A　誤　電子やイオンなどの電荷担体（キャリア）が物質内を移動する速度をv, 電場をEとすれば, $v = \mu E$の関係がある. このときの比例定数μを移動度という. 陽イオンは衝突の密度が大きく加速されにくいため, 移動度は電子に比べて低い.

B　誤　定常的な電流に対しては電荷の移動速度は無関係なため, イオンも同様に電流に寄与する. ただしパルス出力を取り出して個々の放射線を識別する電離箱では, 電子移動による信号を利用している.

C　正

423

測　定　技　術

D　正　　陽電極である心線の周囲を取り巻いて成長した電子なだれによって，短時
間に多数の電子が陽極に流れ込むが，電子の移動距離が小さいために，発
生する信号電圧はわずかである．その後，心線を囲んでいたイオンが，比
較的ゆっくりと検出器の壁である陰極に移動する．イオンの移動距離は大
きいため，最終的に発生する信号のほとんどを占める．

問10　Ge検出器のGe結晶中で1.33 MeV γ線のエネルギーがすべて吸収された場合，発
生する電荷を電気容量10 pFのコンデンサーに送り込んで得られる電圧 [mV] として
最も近いものは，次のうちどれか．ただし ε 値を3.0 eVとする．

　1　4.4　　　　2　5.1　　　　3　6.5　　　　4　7.1　　　　5　8.9

〔答〕　4

ε は電子－正孔対を1個生成するのに必要な平均エネルギーであり，気体の場合
の W 値に相当する．発生する電子－正孔対数は，$1.33 \times 10^6 / 3.0 = 4.43 \times 10^5$ 個であ
る．電子の電荷は 1.6×10^{-19} C，10 pF は 10×10^{-12} F であるから，得られる電圧は，
$1.6 \times 10^{-19} \times 4.43 \times 10^5 / (10 \times 10^{-12}) = 7.1 \times 10^{-3}$ V = 7.1 mV である．

問11　0.9 MeVの γ線と2.8 MeVの γ線をカスケード状に同時に放出する β^- 壊変核種
があるとして，この核種の線源をGe検出器に近接して置いて波高分布スペクトルを
とった場合，何本のピークが観測されると考えられるか．次のうちから選べ．

　1　5本　　　　2　6本　　　　3　7本　　　　4　8本　　　　5　9本

〔答〕　5

0.9 MeV γ線からは全吸収ピークだけが得られる．2.8 MeV γ線では，全吸収，
シングルエスケープ，ダブルエスケープ，電子対生成に伴う消滅放射線の，合計4
本のピークが得られる．さらに2つの γ線は同時に放出されるため，これらのサム
ピークが生じる．したがって $1 + 4 \times 2 = 9$ 本のピークが観測される．

問12　γ線スペクトル測定において，0.511 MeV 消滅放射線のピークは，他の γ線に
よるピークと比較して，半値幅が若干広がっている．その理由として正しいもの
は，次のうちどれか．

424

3. 固体・液体の検出器

 1 マイスナー効果 2 光電効果 3 ドップラー効果

 4 コンプトン効果 5 ド・ブロイ効果

〔答〕 3

1 誤 超伝導体が完全反磁性を示す現象.

2 誤

3 正 陽電子は通常軌道電子と共に消滅する. 軌道電子の運動量は大きいため, 消滅の際の重心の速度は大きく, 移動中の光源から消滅放射線が放出されることになる. このときドップラー効果によって, 前方に向かう光子は波長が短く, エネルギーが高くなる. 後方では逆である. これによって消滅放射線はエネルギーの広がりを持つことになる.

4 誤

5 誤 粒子が波の性質を示すとき, その波をドブロイ波という.

問13 γ線スペクトロメトリに関する次のⅠ, Ⅱの文章の &boxed; に入る最も適切な語句, 記号又は数式を, それぞれの解答群から1つだけ選べ.

Ⅰ γ線スペクトロメトリにおいては, スペクトロメータのγ線検出部の物質とγ線がどのような相互作用をするかによって, いろいろなパルス波高スペクトルが得られる. γ線が検出部に入射すると, 電子, 陽電子, コンプトン散乱γ線, あるいは A に伴う光子などが放出される. γ線の全エネルギーが検出部に付与されると, パルス波高スペクトル上に B ピークとして計数される. 生成された高エネルギーの荷電粒子や, その C で生じた光子が検出部外に逃れた場合には, コンプトン効果の場合に限らず, B ピークから低いエネルギー側にずれて計数されることがある.

  光電効果が起きると原子の D に空席が生じるが, この空席が電子で埋められる際に E 又は F が放出される. これらのうち, 前者は直接電離により検出部にエネルギーを付与する. 一方, 後者は前者に比べて検出部の外に逃れやすいため, スペクトル上に G ピークが生じる場合がある. この現象は, 検出部の物質の H が高く, 検出部の厚みが薄い場合に生じやすい.

  コンプトン効果では, パルス波高スペクトルは連続分布となる. しかし, I が

測定技術

検出部内で再度 J を起こした後, K により検出部にエネルギーを与えると L ピークが形成される.

電子対生成では，この相互作用が起きるために必要なしきいエネルギーを差し引いた残りのエネルギーを電子と陽電子が分け合う．この際, A が要因となり放出される光子の検出過程により，2つの M ピークが生じる.

以上の要因の他，核種の壊変において複数のγ線が短時間に引き続いて放出される場合には，それらγ線の相互の組合せに対応した N ピークが形成されることがある.

<A〜Hの解答群>

1	電子軌道	2	全吸収	3	サム
4	エスケープ	5	制動放射	6	内部転換電子
7	特性X線	8	オージェ電子	9	原子番号
10	密度	11	コンプトン端	12	コンプトン散乱γ線
13	励起レベル	14	陽電子消滅		

<I〜Nの解答群>

1	全吸収	2	光電効果	3	コンプトン効果
4	電子対生成	5	エスケープ	6	コンプトン散乱γ線
7	コンプトン端	8	サム	9	コンプトン電子
10	吸収端	11	カスケード		

II 放射性核種^{46}Scの点線源（壊変率：n_0）をGe検出器の近傍に置き，γ線のパルス波高スペクトルを測定した．この^{46}Scは下図に示すように壊変する．0.889 MeVのエネルギー準位の半減期は4psであり十分に短く，放出される2つのγ線（γ_1線とγ_2

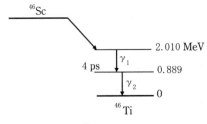

図 ^{46}Scの壊変図式

3. 固体・液体の検出器

線)の放出は $\boxed{\text{O}}$ 事象とみなすことができる.

このため，γ_1線とγ_2線について，

γ_1線のピーク効率を ε_1，γ_2線のピーク効率を ε_2，

γ_1線の全計数効率を ε_{T1}，γ_2線の全計数効率を ε

また，γ_1線の正味のピーク計数率をn_1，γ_2線の正味のピーク計数率をn_2，

サムピークの正味の計数率をn_{12}

で表すと，次の(1)から(3)の3つの関係式が得られる.

$$
\begin{cases}
n_1 = n_0(\quad \boxed{\text{ア}} \quad)\varepsilon_1 & (1) \\
n_2 = n_0(\quad \boxed{\text{イ}} \quad)\varepsilon_2 & (2) \\
n_{12} = n_0 \ \varepsilon_1 \ \varepsilon_2 & (3)
\end{cases}
$$

さらに，γ_1線とγ_2線を合わせた全スペクトルの正味の計数率(n_T)は，$n_T = n_0(\varepsilon_{T1} + \varepsilon_{T2} - \boxed{\text{ウ}})$で与えられるので，この線源の壊変率($n_0$)は，$n_0 = n_T + \boxed{\text{エ}}$で求めることができる. この方法は，$\gamma$線のパルス波高スペクトルに着目した比較的簡便な放射能測定法であり，$\boxed{\text{P}}$法と呼ばれる.

<O, Pの解答群>

1　ピーク弁別	2　スペクトル分析	3　全吸収ピーク
4　サムピーク	5　定立体角	6　同時
7　競合	8　背反	

<ア～エの解答群>

1　ε_1	2　ε_2	3　$\varepsilon_{T1}\varepsilon_{T2}$
4　$\varepsilon_1\varepsilon_2$	5　$\dfrac{n_1 n_2}{n_{12}}$	6　$\dfrac{n_1 n_2}{n_T}$
7　$\dfrac{n_T n_2}{n_1}$	8　$\dfrac{n_T n_1}{n_2}$	9　$1-\varepsilon_1$
10　$1-\varepsilon_2$	11　$1-\varepsilon_{T1}$	12　$1-\varepsilon_{T2}$

〔答〕

I　　　A——14（陽電子消滅）　　　　　　B——2（全吸収）

　　　　C——5（制動放射）　　　　　　　　D——1（電子軌道）

　　　　E——8（オージェ電子）　　　　　　F——7（特性X線）

測　定　技　術

G――4（エスケープ）　　　　　　　H――9（原子番号）

I――6（コンプトン散乱γ線）　　　J――3（コンプトン効果）

K――2（光電効果）　　　　　　　　L――1（全吸収）

M――5（エスケープ）　　　　　　　N――8（サム）

[A]

電子，陽電子，コンプトン散乱γ線以外には，特性X線，オージェ電子，陽電子消滅放射線が放出されるが，文のつながりから7，8は入らないので，14になる．

[E，F]

直後の文「前者は直接電離により」から，Eは直接電離作用を有する荷電粒子であることが分かる．

[G，H]

光電効果によってK殻電子が放出されると，多くの場合続いてK-X線が放出される．K-X線のエネルギーは，K殻電子の束縛エネルギーよりもやや小さいエネルギーを有する．検出器を構成する物質の減弱係数は，K吸収端より低エネルギー一側では比較的小さいため，K-X線に対する減弱係数は小さく，検出器から逃げやすい．この現象は，光電効果の断面積が大きい原子番号の高い物質で起きやすく，また検出器の形状が薄い場合に起きやすい．

[J，K]

コンプトン効果は必ずしも2回起きる必要はなく，1回目のコンプトン効果による散乱γ線が光電効果を起こしても，全吸収ピークが形成される．

[N]

例えば^{60}Coでは，1.17 MeVと1.33 MeVの2つのγ線がほぼ同時にカスケードで放出される．これらが2つとも全吸収されると，2.5 MeVの位置にサムピークが現れる．

Ⅱ　　O――6（同時）　　　　　P――4（サムピーク）　　　ア――12（$1-\varepsilon_{T2}$）

　　　イ――11（$1-\varepsilon_{T1}$）　　ウ――3（$\varepsilon_{T1}\varepsilon_{T2}$）　　　　エ――5（$\dfrac{n_1 n_2}{n_{12}}$）

3. 固体・液体の検出器

[ア, イ]

例えば, γ_1 線の全吸収ピークに計数されるためには, γ_1 線が全吸収され (確率は ε_1), γ_2 線がまったく検出器と相互作用しない (確率は $[1-\varepsilon_{T2}]$) ことが必要である.

[ウ]

下図において, 薄い灰色の円は γ_1 線が検出される確率, やや濃い灰色の円は γ_2 線が検出される確率, 重なった部分は両方の γ 線が検出される確率を表している. 図より γ_1 線または γ_2 線の一方または両方が検出される確率は $\varepsilon_{T1}+\varepsilon_{T2}-\varepsilon_{T1}\times\varepsilon_{T2}$ である.

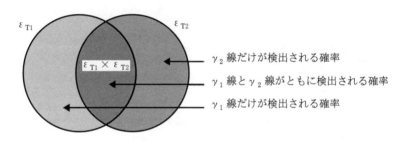

[エ]

$n_T = n_0(\varepsilon_{T1} + \varepsilon_{T2} - \varepsilon_{T1}\varepsilon_{T2})$ を (4) 式とする.

(1) を ε_1 について解くと,

$$\varepsilon_1 = \frac{n_1}{n_0(1-\varepsilon_{T2})} \tag{5}$$

(2) を ε_2 について解くと,

$$\varepsilon_2 = \frac{n_2}{n_0(1-\varepsilon_{T1})} \tag{6}$$

(5), (6) を (3) に代入して整理すると,

$$n_{12} = \frac{n_1 n_2}{n_0(1-\varepsilon_{T1}-\varepsilon_{T2}+\varepsilon_{T1}\varepsilon_{T2})}$$

したがって,

$$\varepsilon_{T1}+\varepsilon_{T2}-\varepsilon_{T1}\varepsilon_{T2} = 1 - \frac{n_1 n_2}{n_0 n_{12}} \tag{7}$$

測 定 技 術

(7)を(4)に代入すると,

$$n_\mathrm{T}=n_0\left(1-\frac{n_1 n_2}{n_0 n_{12}}\right)=n_0-\frac{n_1 n_2}{n_{12}}$$

すなわち

$$n_0=n_\mathrm{T}+\frac{n_1 n_2}{n_{12}}$$

[P]

核種がβ線とγ線を同時に放出する場合に利用されるβ-γ同時計数法による放射能の絶対測定と類似の手法である．2つのγ線が同時に全吸収されたときのサムピークを利用することから，サムピーク法とよばれる．

問14 次のⅠ～Ⅱの文章の（　　）の部分に入る最も適切な語句，記号，数値又は数式を，それぞれの解答群から1つだけ選べ．ただし，各選択肢は必要に応じて2回以上使ってもよい．

Ge検出器を用いたγ線スペクトロメータにより放射能を測定する手順を考えよう．

Ⅰ　測定する線源と同じ核種，形状の放射能標準線源があれば，次の手順により比較的簡単に被測定線源の放射能を決定することができる．

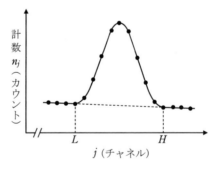

まず，標準線源をGe検出器の入射窓前方一定位置におき，その出力パルスの波高分布スペクトルをマルチチャネルアナライザで記録する．得られたスペクトルの全吸収ピークに着目し，このピークが存在するチャネル領域の計数の総和N_gsを求める．このN_gsからピークの下側に横たわる連続部分を直線分布で近似して差し引き，ピー

3. 固体・液体の検出器

ク計数 N_{ns} を求める．j チャネルの計数を n_j と記述し，ピーク下限チャネルを L，上限チャネルを H とすれば，ピーク計数 N_{ns} は次式で計算できる．

$$N_{ns}=（\quad イ\quad ）-\frac{（\quad ロ\quad ）}{（\quad ハ\quad ）}(n_L+n_H)$$

連続部分の計数誤差を小さくするため，例えば両側の3点の平均をそれぞれとり，次式で計算することもある．

$$N_{ns}=（\quad ニ\quad ）-\frac{（\quad ホ\quad ）}{（\quad ヘ\quad ）}\left(\sum_{j=L-2}^{L} n_j + \sum_{j=H}^{H+2} n_j\right)$$

この N_{no} を測定時間 T で割ればピーク計数率 $m_s = N_{ns}/T$ が得られる．この場合マルチチャネルアナライザの時間設定を（　A　）モードにしておけば，（　B　）を除外した時間がタイマーに記録されるため，（　C　）に起因した（　D　）の補正を行う必要がない．

次に，被測定線源を同一位置に置き，同様の測定を行い，そのピーク計数率 $m_x = N_{nx}/T$ を求める．被測定線源の放射能 A_x (Bq)は

$$A_x=\frac{（\quad ト\quad ）}{（\quad チ\quad ）}A_s$$

として決定する．ここに A_s は（　E　）の放射能(Bq)である．

＜ⅠのA～Eの解答群＞

1　リアルタイム	2　デッドタイム	3　ライブタイム	4　サム効果
5　パイルアップ	6　数え落とし	7　標準線源	8　被測定線源
9　バックグラウンド			

＜Ⅰのイ～チの解答群＞

1　1　　　　2　2　　　　3　3　　　　4　4

5　5　　　　6　6　　　　7　$H-L+6$　　　8　$H-L+1$

9　$H-L$　　10　$\displaystyle\sum_{j=L}^{H}n_j$　　11　$\displaystyle\sum_{j=L+1}^{H-1}n_j$　　12　$\displaystyle\sum_{j=L-2}^{H+2}n_j$

13　m_x　　14　m_s

Ⅱ　被測定線源と異なる核種の標準線源を用いる場合には，通常，次のような方式に

測 定 技 術

より被測定線源の放射能を決定する.

　まず，ピーク計数効率 ε を γ 線エネルギーの関数として決定する．ここでいうピーク計数効率とは，標準線源のピーク計数率 m_s を（　A　）で除したものである．この場合の標準線源として，^{22}Na, ^{54}Mn, ^{57}Co, ^{60}Co, ^{88}Y, ^{137}Cs のように，半減期が長く，かつ γ 線放出割合がよくわかった核種が選ばれる．ここで，γ 線放出割合とは着目する γ 線放出率と壊変率(放射能)との比である．標準線源の放射能は別の方法により正確に決定されているものとする．

　これらの標準線源のスペクトルをそれぞれ記録し，前述の I で示した手順によりピーク計数率 n_{si} をそれぞれ求める．1 つの核種がエネルギーの異なる複数本の γ 線を放出する場合にはそれぞれのピークについて同様の計算を行う．それぞれのピーク計数効率 ε は

$$\varepsilon = \frac{m_s}{(\ \text{A}\ )} = \frac{m_s}{(\ \text{B}\ ) \times (\ \text{C}\ )}$$

となる．（　B　）の単位は Bq である．このようにして求めたいくつかのピーク計数効率を γ 線エネルギーの関数としてグラフ用紙にプロットし，各プロットを滑らかな曲線で結ぶ．これをピーク計数効率校正曲線と呼ぶ．この場合，（　D　）グラフ用紙を用いると，150 keV 以上のエネルギー領域でおおよそ直線となるので便利である．なお，これらの測定は個別の標準線源によって行ってもよいが，混合核種標準線源により一度に行うことも可能である．

　次に，被測定線源について同様の測定，計算を行い，ピーク計数率 m_x を求める．当該ピークの γ 線エネルギーにおけるピーク計数効率 ε_x はピーク計数効率校正曲線から読みとる．そうすると，被測定線源の放射能 A_x は

$$A_x = \frac{m_x}{\varepsilon_x \times (\ \text{E}\ )}$$

として決定できる．

　なお，これらの測定において，線源の設定位置は Ge 検出器から離し，（　F　）γ 線による（　G　）が無視できるようにするのがのぞましい．線源・検出器間距離が短い場合は，（　G　）の影響が無視できなくなる場合があるが，その影響の補正は簡単ではない．

432

3. 固体・液体の検出器

これら一連の操作は最初に手間がかかるが，一度ピーク計数効率校正曲線を作成しておけば，線源・検出器間距離や線源の形状を変えない限り，この校正曲線は以後も活用可能であり，日常的には特定の核種，例えば ^{137}Cs 標準線源でその一定性を確認するだけでよい。

＜ⅡのA～Gの解答群＞

1	サム効果	2	コンプトン効果	3	光電効果	4	カスケード
5	競合	6	γ線放出割合	7	γ線放出率	8	放射能
9	正方眼	10	片対数	11	両対数	12	数え落とし
13	バックグラウンド						

〔答〕

Ⅰ　A―― 3（ライブタイム）　　B―― 2（デッドタイム）
　　C―― 2（デッドタイム）　　D―― 6（数え落とし）　　E―― 7（標準線源）

イ―― 10（$\sum_{j=L}^{H} n_j$）　　ロ―― 8（$H-L+1$）　　ハ―― 2（2）

ニ―― 10（$\sum_{j=L}^{H} n_j$）　　ホ―― 8（$H-L+1$）　　ヘ―― 6（6）

ト―― 13（m_x）　　チ―― 14（m_s）

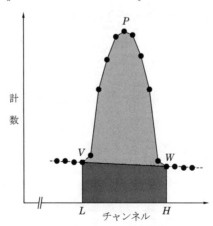

測　定　技　術

N_{ns} は薄く影をつけた山型の VPW の部分であり，影をつけた全体の LVPWH（$=N_{\mathrm{gs}}$）から，濃い影をつけた横向きになった台形の LVWH（$=N_{\mathrm{bs}}$ とおく）を引いた値である．台形の高さ（LH の長さ）は $H-L+1$，下底は n_{L}，上底は n_{H} であるから，

$$N_{\mathrm{bs}}=\frac{1}{2}\,(n_{\mathrm{L}}+n_{\mathrm{H}})\,(H-L+1)$$

一方，

$$N_{\mathrm{gs}}=\sum_{j=L}^{H}n_j$$

であるから，

$$N_{\mathrm{ns}}=N_{\mathrm{gs}}-N_{\mathrm{bs}}=\sum_{j=L}^{H}n_j\ -\frac{H-L+1}{2}\,(n_{\mathrm{L}}+n_{\mathrm{H}})$$

計数 n_{L}, n_{H} は統計誤差を含む．ピークの両側のすその部分が他の γ 線による影響などを受けずに比較的平坦なときは，統計誤差を少なくするため，上底，下底の大きさを周辺のチャンネルの平均値（この場合は 3 チャンネルの平均値）とする．

$$下底=\frac{1}{3}\sum_{j=L-2}^{L}n_j\ ,\quad 上底=\frac{1}{3}\sum_{j=H}^{H+2}n_j$$

したがって，

$$N_{\mathrm{ns}}=\sum_{j=L}^{H}n_j\ -\frac{1}{2}\left(\frac{1}{3}\sum_{j=L-2}^{L}n_j+\frac{1}{3}\sum_{j=H}^{H+2}n_j\right)(H-L+1)$$

$$=\sum_{j=L}^{H}n_j\ -\frac{H-L+1}{6}\left(\sum_{j=L-2}^{L}n_j+\sum_{j=H}^{H+2}n_j\right)$$

m_{s} と m_{x} は放射性同位元素から毎秒放出される γ 線数，すなわち放射能に比例するため，

$$\frac{A_{\mathrm{x}}}{A_{\mathrm{s}}}=\frac{m_{\mathrm{x}}}{m_{\mathrm{s}}}\ ,\quad したがって，\ A_{\mathrm{x}}=\frac{m_{\mathrm{x}}}{m_{\mathrm{s}}}A_{\mathrm{s}}$$

II　A——7（γ 線放出率）　　　B——8（放射能）　　　C——6（γ 線放出割合）
D——11（両対数）　　　E——6（γ 線放出割合）　　　F——4（カスケード）
G——1（サム効果）

3. 固体・液体の検出器

[F, G] たとえば ^{60}Co では, 1.17 MeV と 1.33 MeV の 2 本の γ 線が, 検出器が区別できない非常に短い時間内に放出される. このように複数の γ 線が実質的に同時に放出される場合をカスケード γ 線という. γ 線がカスケードに放出されると, 1 つの γ 線が全吸収されても, 他の γ 線が何らかの相互作用を起こすと, パルス波高は全吸収ピークからずれてしまう. これをサム効果という. ^{60}Co の γ 線を測定すると, 2.5 MeV の位置にピークが生じるのはこのためである. サム効果を防ぐには, 個々の γ 線の検出効率を小さくすればよく, 線源と検出器間の距離を大きくするとよい. ただし検出効率が低下するため, 線源強度が小さかったり, 測定時間が十分に取れない場合は計数が少なくなり, 統計誤差が大きくなる.

問15 有機液体シンチレータに関する次の記述のうち, 正しいものの組合せはどれか.

A NaI(Tl) シンチレータに比べ発光の減衰時間が短い.

B α 線放出核種の測定に用いられる.

C NaI(Tl) シンチレータに比べ発光収率が大きい.

D β 線のエネルギースペクトル測定には使えない.

E CsI(Tl) シンチレータに比べ発光波長が長い.

   1   A と B   2 A と E   3 B と C   4 C と D   5 D と E

〔答〕　1

A 正

B 正　α 線のエネルギーは高く発光が大きいため検出効率が高い.

C 誤　発光効率は小さい.

D 誤　スペクトル測定に用いられる.

E 誤　発光波長が短い.

問16 イメージングプレート(IP)に関する次の記述のうち, 正しいものの組合せはどれか.

A 荷電粒子に対しては使用できない.

B 4〜5桁のX線強度変化に対する測定範囲を有する.

測 定 技 術

C 可視光を照射することにより再度使用できる.

D フェーディングはほとんど問題とならない.

E 溶解した有機シンチレータ結晶をプラスチックフィルムに塗布したものである.

  1 AとB   2 BとC   3 CとD   4 DとE   5 AとE

〔答〕　2

A 誤　荷電粒子は直接エネルギーを与えるため高感度で測定できる.

B 正

C 正

D 誤　室温では蛍光は24時間で約60%に低下する.

E 誤　輝尽性蛍光体を塗布したものである.

4. 個人被ばく線量の測定器

4.1 蛍光ガラス線量計

4.1.1 原理, 特性

ガラス線量計は, 放射線を被ばくした銀活性リン酸塩ガラスを紫外線で刺激することによって, オレンジ色の蛍光を発する現象 (ラジオフォトルミネセンス) を利用した固体線量計である. 放射線被ばくによって生じた蛍光中心は, 読取り操作によって消滅することがなく, 何回でも繰返して読取ることが可能で, 積算線量計として使用できるという特徴がある. またガラスは溶融して製作するため均質性に優れており, ガラス素子間の特性のばらつきが少ない. また照射から時間が経過すると蛍光が減少してしまう, フェーディング (退行) とよばれる現象が無視できるほど小さいという利点がある. さらに素子とそれを覆うフィルタの組を数種類用いることによって, 1 cm 線量当量に対するエネルギー特性が 10 keV から 1.3 MeV の範囲で±10％以内であることなど優れた特徴を持っている.

放射線を照射しなくても生ずる蛍光 (プレドーズ) や素子表面の汚れによる蛍光は測定を妨害するが, これらの減衰の時定数は約 0.3 μ秒であるのに対し, ラジオフォトルミネセンスの蛍光は約 3 μ秒である. パルス発振をする窒素ガスレーザを紫外線源とし, 紫外線照射から遅らせて蛍光を読取ることにより, 10 μSv の低線量まで測定が可能である.

4.1.2 個人被ばく線量計としての特徴

1) 読み取り操作によって蛍光中心が消滅しないため, 何度でも読める. 1 月ごとに線量を読みながら 1 年間の積算線量を直接測定することなどが可能である.

437

測 定 技 術

2) 10 μSv から 10 Sv までの広い範囲の積算線量が測定可能である.

3) 卓上に置ける装置で, 短時間に簡便に読み取り操作ができる.

4) フェーディングが年間約 1% と小さく, 測定値に対する信頼性が高い.

5) 小型で個人被ばく線量計として持ち歩くのにかさ張らない.

6) 複数の素子とフィルタを組合わせることにより, γ・X 線, β 線の測定が一つのバッジで分離して行える.

7) 手指の被ばく線量を測定するために, エネルギー特性補償型のフィルタとともにプラスチックの指輪にはめ込んだガラスリングも提供されている.

8) 素子間の特性のバラツキが小さい.

9) ガラスに蓄積された蛍光中心は, 400℃, 1 時間の加熱処理によって消滅し, 再生できる.

10) 照射から蛍光中心が飽和 (ビルドアップ) するまでに時間を要するため, 通常測定は 24 時間放置後に行う. 急ぐ場合は, 70℃ 30 分間程度の熱処理 (プレヒート) を行ってから測定する.

4.2 OSL 線量計

OSL (Optically Stimulated Luminescence) 線量計は, イメージングプレートと同じ光輝尽性発光を利用している. 結晶内で放射線によって伝導帯に持ち上げられた電子の一部は, F センター (色中心) と呼ばれる格子欠陥に捕獲され, 準安定状態になる. これに強い光を当てると, 捕獲されていた電子が価電子帯に戻ると同時に発光するのが輝尽発光と呼ばれる現象である. 線量計として実用化されているのは, 酸化アルミニウム (α-Al_2O_3:C) をシート状にしたものである. これには緑色の YAG パルスレーザーを照射し, 青色の発光を読み取る.

酸化アルミニウムは, 実効的な原子番号が比較的軟組織に近いので, エネルギー依存性は比較的良好であるが, それでも 662 keV で規格化した場合, 50 keV 付近で 3 倍程度の大きな感度を示す. そのため図 4.1 に示すように, 銅やアルミニウムのフィルタを用いて異なったエネルギー特性を持たせ, それらを組み合

438

4. 個人被ばく線量の測定器

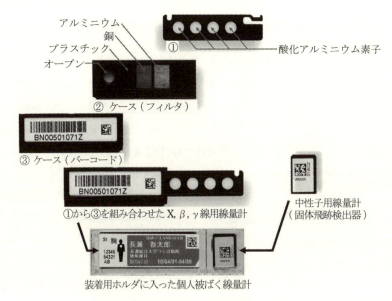

図4.1 OSL線量計（長瀬ランダウア製クイクセルバッジ）

わせて評価することによって，10 keV から 1.25 MeV の範囲で±10％という良好なエネルギー依存性を得ている．線量直線性も良好で，50 μSv から 1 Sv の範囲では±5％以内，30 μSv においても 10％以内である．

1) 高感度で，広い線量範囲が測定できる．
2) エネルギー依存性が良い．
3) 繰り返し測定ができる．（ただし測定するごとに指示値はわずかに減少する．）
4) 温度，湿度の影響を受けない．
5) フェーディングが極めて小さい．
6) 機械的に堅牢で，小型，軽量，安価である．
7) 卓上の装置を用いて読み取りが可能である．
8) 可視光や青色光をやや強く照射することによって簡便に素子の被ばく履歴を消去（アニール）することができ，再使用が可能である．

4.3 熱蛍光線量計（**TLD**，Thermoluminescent Dosimeter）

　ある種の結晶に放射線を照射した後，数100℃に加熱すると，吸収線量に比例した蛍光を発する．この蛍光を光電子増倍管を用いて測定することによって，物質の受けた線量を知る．このような性質のある物質を熱蛍光物質とよび，**熱蛍光線量計**として利用している．3.1節で述べたシンチレータが放射線入射後即時に光を放出するのに対し，蛍光ガラス線量計やOSL線量計，熱蛍光線量計ではエネルギーを一時色中心や捕獲中心に蓄えておき，前2者は光によって，後者は加熱によって刺激することで発光するのである．

　焼結した結晶の場合，熱蛍光物質は一辺が数mm程度の小さな直方体や棒状にしてそのまま用いることが多いが，粉末の場合は通常小さなガラスのカプセルに封入して用いる．測定するときはこれらをタングステン・ヒータにのせるか，赤外線や熱風で加熱する．例えばLiFでは約100℃から発光が始まり200℃でピークになり，250℃で終了する．このような発光曲線のことを**グローカーブ**と呼ぶ．

　熱蛍光線量計はふつうγ（X）線，β線による吸収線量の測定に用いられるが，**熱中性子**の測定に利用される場合もある．天然のLiには^{6}Liが7.5%，^{7}Liが92.5%含まれるが，同位体濃縮をしたLiを用いて，それぞれ^{6}LiF，^{7}LiFの素子を作る．これらはγ（X）線，β線に対しては同じ感度を有するが，熱中性子に対しては全く異なった感度を持つ．すなわち^{7}LiFはほとんど感度はないが，熱中性子に対する^{6}Li（n，α）反応の断面積が940b（バーン）と大きく，α線による発光があるため，^{6}LiFは熱中性子に対して有感である．したがって^{6}LiF，^{7}LiFを組にして用い，両者の発光量の差をとれば，熱中性子に対する線量がわかる．^{10}B（n，α）反応も利用した^{6}Li$_2$^{10}B$_4$O$_7$：Cu，^{7}Li$_2$^{11}B$_4$O$_7$：Cuの素子の組もよく使われる．

　熱蛍光線量計の特徴は以下のようである．

　1）測定可能な**線量範囲が広く**，通常10μSv以下の微小な線量から数Svの高線量まで測定できる．

　2）LiF，BeO，Li$_2$B$_4$O$_7$などのTLDは人体の**軟組織に近い実効原子番号**を持つ

ので，線量当量の測定に適している．

3) 方向依存性が小さい．

4) 線量率依存性が小さい．

5) 卓上に置ける大きさの装置で，短時間に簡便に読み取り操作ができる．

6) 室温ではフェーディングは比較的少なく，湿度に対する影響も小さい．ただし蛍光ガラス線量計やOSL線量計に比較すると大きく，特に50℃以上の高温ではフェーディングは顕著になる．

7) 素子に蓄積されたエネルギーは，読み取り操作による加熱で光となって放出される（アニールされる）ので繰り返し使用可能である．

8) 小さな素子で十分な感度があるため，個人被ばく線量計として持ち歩くのにかさ張らない．手指の被ばく線量を測定するために，プラスチックの指輪にはめ込んで（**リングバッジ**）使用することもできる．

短所としては次のような点がある．

1) $CaSO_4 : Tm$，$Mg_2SiO_4 : Tb$のTLDでは実効原子番号が高いので，エネルギー依存性が大きく，$^{60}Co\gamma$線で校正した素子では100 keV以下の光子に対して10倍以上の過大な値を与える．

2) 線量の読み取りに一度失敗すると，2度と読むことはできない．

人が高速中性子に被ばくすると，体に入射した高速中性子は体内の水素によって熱中性子に減速された後，一部が再び体外に出てくる．この熱中性子を，^6Li (n, α) 反応などを利用した熱蛍光線量計を用いて測定することにより，高速中性子による被ばくを評価することができる．このような方法で線量測定をするシステムをアルベド線量計という（アルベドとは英語で反射係数の意味）．

4.4 フィルム線量計（フィルムバッジ）

写真用フィルムは可視光と同様，γ線，β線にも感ずる．これらの放射線に暴露したフィルムを現像すると**黒化**し，被ばく線量を黒化度から評価することができる．放射線用の高感度のフィルムをプラスチックやアルミニウム箔で作られた遮光用

測 定 技 術

シートで密封してケースに納めたものは，**フィルムバッジ**と呼ばれ，安価でかさ張らず，積算線量を評価できるので個人被ばく線量測定に広く用いられてきた.

フィルムは広いエネルギー範囲に感度がある.しかし**エネルギー依存性が大き**く，特に数十 keV の γ（X）線に対して過大であり，線量当量を直接測定することはできない.そこでケースに組み込んだ**フィルタ**で挟むことによって，エネルギー特性を補正して測定する.またフィルタによって，β 線，γ 線の弁別，1 cm，3 mm，70 μm 線量当量の評価が可能である.

γ 線に対してカドミウム（あるいはガドリニウム）と同程度の吸収効果を持つスズ・鉛フィルタの部分と比較することによって，**熱中性子**による被ばくが評価できる.これはカドミウム（ガドリニウム）が熱中性子に対して非常に大きな捕獲断面積を持つため，フィルタの下のフィルムに熱中性子捕獲の際に放出される β 線や γ 線による黒化が生ずるからである.

高速中性子によって写真乳剤中に生成する反跳陽子の飛跡を個々に顕微鏡で数えることによって，**高速中性子**による被ばく線量を測定することもできる.この方法の測定可能なエネルギー範囲は，およそ 0.5 MeV から 10 MeV である.

しかし暗室における現像操作が必要なこと，γ 線に対する検出限界が 100 μSv と比較的高いこと，フェーディングが大きいことなどから，近年はほとんど使われなくなった.

4.5 固体飛跡検出器

検出器本体は単なるプラスチック板で，**中性子**による個人被ばく線量の測定に使用される.

ポリカーボネートやADC（Allyl Diglycol Carbonate，通称名CR39）プラスチック表面に水素を多量に含むポリエチレンなどの**コンバータ**を密着させて高速中性子場に置くと，コンバータにおいて生成された反跳陽子によってプラスチック表面に傷ができる.生じた傷はKOHやNaOH溶液を用いて化学的（あるいは電場を加えて電気化学的）にエッチング処理をすることによって拡大され，**エッチピ**

4. 個人被ばく線量の測定器

ットとして顕微鏡観察によって検出される．およそ 50 keV から 10 MeV の中性子に感度があり，検出限界は 100 μSv である．フェーディングはほとんど無視できる．コンバータとして窒化ほう素など ^{10}B を含む物質を用いて（n, α）反応によって熱中性子の検出にも使用される．2 種類のコンバータを組にして使うことによって，熱中性子から約 10 MeV までの中性子による被ばく評価が行われている．

4.6　電子式個人線量計

電子式個人線量計は Si 半導体検出器や小型の GM 計数管を用いており，胸ポケットに着用できる程度の小型の機器（腕時計型もある）で，γ 線，X 線による積算線量を常時デジタル表示するタイプが多い．β 線による被ばくも測定できるもの，熱中性子だけ，あるいは熱中性子と高速中性子の両方とも測定できるものなど，メーカーによってさまざまな種類が販売されている．機能面においても，積算線量が決められた値に達すると警報音が鳴るもの（**アラームメータ**という），線量率表示ができサーベイメータとしても使用できるもの，積算線量の上昇を時系列で記録し被ばくのトレンドを読めるもの，個人の識別番号を記憶し管理区域への入退室管理にも利用できるものなどがある．一般に多機能なものほどやや大型になる傾向がある．トレンドの読み出しや入退室管理に利用可能なものは通信機能を有し，リーダとなるパソコンなどでデータを解析，記録する．

以下の特徴があげられる．

1) **作業中にいつでも被ばく線量を知ることができる**．

2) アラームメータでは一回の作業の被ばく限度を決めて管理することができる．

3) **高感度**（検出限界は 1 μSv 以下）なため，きめ細かな被ばく管理ができる．

4) 電源を必要とし，蛍光ガラス線量計や OSL 線量計などと比べると大型で重い．

5) 機械的衝撃に比較的弱い．

6) 電気的ノイズに比較的弱く，携帯電話の電波などに影響される機器もある．

7) 加速器の強いパルス状の放射線場では著しい過小評価を示すことがある．

測 定 技 術

　上記の線量計と異なり，電離箱の原理を利用した個人被ばく線量計もある．古くはポケット線量計と呼ばれる，小型の電離箱とローリッツェン検電器（充電した電荷を直読できる装置）を組み合わせたものがある．万年筆程度の小型で，γ線，X線による被ばくを直読できるが，機械的衝撃に弱く，電荷の漏洩が無視できないため，電子式線量計に取って代わられた．

　同じく電離箱式線量計の一種であるが，電荷を MOSFET トランジスタに蓄積し，それを囲む小型の電離箱に生成する電離にともなう蓄積電荷の減少を読み取る，DIS（Direct Ion Storage）線量計が市販されている．蛍光ガラス線量計や OSL 線量計などと同程度の大きさと質量であり，卓上型のリーダで簡便に読み取ることができる．良好なエネルギー特性を有し，衝撃や電荷の漏洩も問題とならない．蛍光ガラス線量計や OSL 線量計などと同様，パルス放射線場でも使用可能である．携帯型の読取装置を本体に接続して携行することで，通常の電子式線量計と同様な機能を持たせることも可能である．

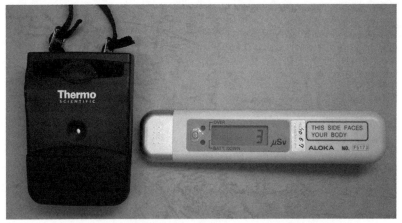

図 4.2　電子式線量計の例．右の機器はγ・X線被ばくの積算線量を表示する．左の機器はγ・X線および中性子による被ばくを測定し，上面（吊下げ用の紐のある面）の窓に積算線量，線量率を表示するとともに，アラームメータの機能を持つ．

4. 個人被ばく線量の測定器

〔演 習 問 題〕

問1 光子に対する個人被ばく線量測定に用いられる測定器として，正しいものの組合せはどれか．

A OSL線量計

B 蛍光ガラス線量計

C TLD

D 放射化箔検出器

E 固体飛跡検出器

1 ABCのみ 2 ABEのみ 3 ADEのみ 4 BCDのみ

5 CDEのみ

〔答〕 1

A 正

B 正

C 正

D 誤 感度が低く，大線量の中性子測定に用いられる．

E 誤 中性子の個人被ばく線量測定に用いられる．

問2 次の線量計のうち，個人線量計として適したものの組合せはどれか．

1 固体飛跡線量計，蛍光ガラス線量計，バブルディテクタ

2 TLD，蛍光ガラス線量計，フリッケ線量計

3 OSL線量計，中性子レムカウンタ，固体飛跡線量計

4 TLD，フリッケ線量計，フィルムバッジ

5 セリウム線量計，TLD，ポケットチェンバ

〔答〕 1

バブルディテクタは，ポリマー中に分散されたフレオンなどの小さな過熱液滴が，放射線による衝撃で突沸する現象を利用したもので，主に中性子の被ばく線量測定に用いられる．フリッケ線量計（鉄の酸化反応を利用），セリウム線量計（セリウ

445

測 定 技 術

ムの還元反応を利用）は，グレイレベルの大きな吸収線量を測定するための化学線
量計である．したがって個人線量計には使用できない．中性子レムカウンタは手持
ち式の中性子線量計であり，場の線量率の測定に使用される．

問3　γ線やX線を使用する作業場での外部被ばくの線量モニタリングに関する次のI
　　～IIの文章の（　　）の部分に入る最も適切な語句又は記号を，それぞれの解答群
　　から1つだけ選べ．

I　作業場の線量モニタリングに使用される放射線測定機器は，固定して使用する
　　（　A　）と持ち運びが容易な（　B　）の2種類に大別される．これらの検出器と
　　しては，主に，空気電離箱，GM計数管及びNaI(Tl)シンチレーション検出器の3種
　　類が用いられている．
　　　この3種類のうち，空気電離箱では，検出したγ線やX線の数ではなく，γ線やX
　　線で生じる（　イ　）を測定して線量を得る．一方，GM計数管では，（　ロ　）現
　　象に基づいて出力パルスが得られるため電子回路が簡単である反面，（　ハ　）が大
　　きく，高線量率の場では（　ニ　）現象に注意する必要がある．また，NaI(Tl)シン
　　チレーション検出器では，蛍光を（　C　）により電気信号に換えて線量を測定する
　　が，（　D　）シンチレーション検出器に比べて，シンチレータの密度や（　ホ　）
　　が大きいため検出効率が高い．しかし，測定範囲の低エネルギー領域ではγ線やX線
　　の相互作用として（　ヘ　）の寄与の割合が大きく，空気電離箱に比べてエネルギー
　　依存性が大きくなる．

＜IのA～Dの解答群＞

　　1　サーベイメータ　　2　モニタリングポスト　　3　エリアモニタ
　　4　ダストモニタ　　　5　空気サンプラ　　　　　6　プラスチック
　　7　CsI(Tl)　　　　　　8　BGO　　　　　　　　　9　ZnS(Ag)
　　10　AD変換器　　　　11　波形弁別器　　　　　12　光電子増倍管

＜Iのイ～ヘの解答群＞

　　1　放電　　　　　　　2　発光　　　　　3　窒息　　　　　4　光電効果
　　5　コンプトン効果　　6　電子対生成　　7　減衰時間　　　8　立上り時間
　　9　不感時間　　　　10　実効原子番号　11　屈折率　　　12　分極

446

4. 個人被ばく線量の測定器

13　電離電荷　　　　14　熱量

Ⅱ　外部被ばく線量の個人モニタリングにおいては，人体に装着して一定期間の被ばく線量を評価するため，一般的に小型で（　A　）の線量計が用いられる．これらの線量計には測定原理の違いにより，以下のように様々な特性がある．

　　（　イ　）線量計は，γ線やX線で生じた（　B　）に紫外線レーザーをパルス照射することにより，被ばく線量の情報を繰り返し読み取ることができる．この線量計は，（　C　）により情報を消去して，再使用が可能である．（　ロ　）線量計では，酸化アルミニウムを素子の主材料とし，可視光を照射して生じる（　D　）発光を読み取ることにより線量を測定する．これらの線量計は，従来用いられてきた臭化銀の感光作用を利用したフィルムバッジに比べ，（　E　）現象が極めて起こりにくい．

　　（　ハ　）は，硫酸カルシウム，フッ化リチウムなどを素子の主材料とし，素子を加熱することで生じる蛍光を読み取ることにより，線量を測定する線量計である．

　　一方，電子式ポケット線量計は，小型のGM計数管や（　ニ　）を検出部に用い，上記の線量計と異なり（　F　）の線量計として便利であるが，定期的に電池を充電・交換することなどが必要となる．

＜ⅡのA～Fの解答群＞

　　1　X線　　　　2　蛍光中心　　3　陽イオン　　　　4　静電型　　5　磁場型

　　6　直読式　　7　積分型　　　8　退行　　　　　　9　磁場　　　10　電場

　　11　即発　　12　輝尽　　　13　熱アニーリング　　14　光アニーリング

＜Ⅱのイ～ニの解答群＞

　　1　エッチピット　　　2　セリウム　　3　Si半導体検出器　　4　Ge検出器

　　5　OSL　　　　　　6　TLD　　　　7　フリッケ　　　　　8　アラニン

　　9　蛍光ガラス　　　10　ESR　　　11　放射化箔　　　　　12　エレクトレット

〔答〕

Ⅰ　A——3（エリアモニタ）　　　B——1（サーベイメータ）

　　C——12（光電子増倍管）　　　D——6（プラスチック）

　　イ——13（電離電荷）　　　ロ——1（放電）　　　　　　ハ——9（不感時間）

　　ニ——3（窒息）　　　　　ホ——10（実効原子番号）　　ヘ——4（光電効果）

Ⅱ　A——7（積分型）　　　B——2（蛍光中心）　　　C——13（熱アニーリング）

測 定 技 術

D——12（輝尽）　　　　E—— 8（退行）　　　　F—— 6（直読式）

イ—— 9（蛍光ガラス）　　ロ—— 5（OSL）　　　ハ—— 6（TLD）

ニ—— 3（Si 半導体検出器）

問4　次の組み合わせのうち，関係のない組み合わせはどれか．

　1　固体飛跡検出器　—　　化学エッチング

　2　蛍光ガラス線量計 —　　赤外線

　3　熱蛍光線量計　　　—　　グローカーブ

　4　OSL線量計　　　　—　　酸化アルミニウム

　5　ポケットチェンバ —　　電離箱

〔答〕　　2

　　　蛍光ガラス線量計は銀活性リン酸塩ガラスを紫外線で刺激する．対して，OSL
線量計は酸化アルミニウムに青白色のレーザーを照射する方法が実用化されてい
る．

5. その他の測定器

5.1 中性子検出器

5.1.1 概　要

核分裂に伴なって放出される中性子のエネルギースペクトルは，図5.1に示すように keV 領域から最大十数 MeV に分布し，数 MeV にピークがある．サイクロトロンなどの加速器施設における中性子では，高エネルギー部分の裾がふくらんで加速エネルギー近くまで伸びている．

一方遮蔽の外側では中性子は減速されるため，熱中性子から線源中性子の最大エネルギーまで，9桁以上のダイナミックレンジのある広いエネルギー範囲に分布する（図 5.1）．放射線安全管理の目的にはこの広いエネルギー範囲を網羅して測定する必要があり，その点でγ線，X線，β線の測定とは違った困難がある．

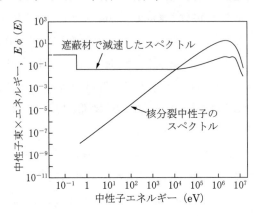

図5.1　中性子スペクトルの例

測 定 技 術

5.1.2 さまざまな測定法

中性子の測定には大きく分類して次の 3 種類があげられる.

1) 熱中性子に対して大きな断面積を持つ核反応を利用する方法

^{10}**BF$_3$** ガスや ^{3}**He** ガスを充填した**比例計数管**に**熱中性子**を照射すると,それぞれ内部で ^{10}B$(n, \alpha)^7$Li 反応,^{3}He$(n, p)^3$H 反応が起きる.これらは発熱反応であるため,熱中性子による反応でも高速の荷電粒子が放出され,十分大きな信号が得られる.ここで ^{10}B は天然に存在するホウ素に原子数で 20％含まれており,同位体濃縮して用いる.^{3}He は ^{3}H の壊変生成物として生産される.^{10}B$(n, \alpha)^7$Li 反応では天然のホウ素を用いることもできるが,感度は低下する.計数管の管壁に ^{10}B をコーティングしたものも使用される.**LiI(Eu)シンチレータ**中で発生する ^{6}Li$(n, \alpha)^3$H 反応によるシンチレーションを観測する方法もある.

2) 高速中性子と水素との弾性散乱による反跳陽子を利用する方法

プラスチックシンチレータや**有機液体シンチレータ**には多量の**水素**が含まれており,**反跳陽子**によるシンチレーションを観測することによって**高速中性子**を検出することができる.水素ガスやメタンガスを充填した比例計数管を用いることもある.

3) 中性子による放射化反応を利用する方法

^{115}In, ^{165}Dy, ^{197}Au などの**中性子捕獲反応**〔(n, γ)反応〕は熱中性子に対し比較的大きな断面積を持つことと,生成核種の半減期が数十分から数日と扱いやすい長さであること,放出 γ 線のエネルギーが Ge 検出器や NaI シンチレーション検出器で測定しやすいことの理由で熱中性子の測定によく用いられる.高速中性子の測定には適当な**しきいエネルギーを持った放射化反応**,例えば ^{32}S$(n, p)^{32}$P,^{27}Al$(n, \alpha)^{24}$Na 反応などさまざまな反応が利用される.

上記 3 種の方法では,熱中性子だけ,あるいは高速中性子だけしか測定することはできない.特に 3) の放射化による検出は,強い中性子場に対してしか適用できない.いずれの場合でも keV 領域の中性子を検出することはできないなど,1) から 3) の手法は放射線防護向けではなく,研究目的以外に適さない.

450

5. その他の測定器

熱中性子検出器をポリエチレンやパラフィンなどの水素を多量に含む**減速材**で囲んだいわゆる**減速型検出器**がある．これは熱中性子から高速中性子まであらゆるエネルギー範囲に感度があるが，中性子のスペクトルが不明な限りその計数値から線量当量を算出することはできず，やはり放射線防護の実用に耐えるものではない．

5.1.3 中性子線量当量計

従来から広く使われている減速型中性子線量当量計（以前はレムカウンタともよばれた）は，熱中性子検出器を厚さ 10 cm 程度の**ポリエチレン製減速材**で覆ったものである（図 5.2）．減速材内部に特殊な形状の熱中性子吸収体を入れることで図 5.3 に実線で示すように検出器の感度を 1 cm 線量当量換算係数（点線）に合わせてある．したがって中性子のスペクトルにかかわらず検出器の計数は 1 cm 線量当量の値にほぼ比例するので，**線量当量値が直読**できる．

熱中性子検出器には $^{10}BF_3$ 比例計数管，または ^{3}He 比例計数管，LiI シンチレーション検出器などが用いられる．中性子によるパルスはγ線によるパルスに比べて大きく，波高分析器によってγ線パルスを計数しないようになっているので，

図5.2 減速型中性子線量当量計
（富士電機のカタログより）

451

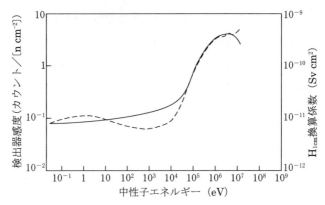

図5.3 減速型線量当量計の応答関数（実線）と1 cm線量当量換算係数（点線）

　実用的には減速型線量当量計は中性子だけに感度があると考えてよい．中性子に対する感度は十分高い．減速型線量当量計は減速材のために比較的重く，数kgから十数kgあること，やや高価であるなどの欠点があるが，中性子による線量当量を簡便に測定可能な機器である．

　図 5.3 に示すように，通常の減速型線量当量計は約 10 MeV 以上の高エネルギー中性子に対し急激に感度が低下する．このため高エネルギー加速器の周辺では線量を数分の 1 程度に過少評価することがある．ポリエチレン製減速材の中に鉛やタングステンなどの高原子番号の物質を挿入し，(n, 2n)反応等の中性子増倍反応を利用して 1 GeV 程度の高エネルギー領域にまで十分な感度を持たせた機器が市販されている．

　減速型中性子線量当量計は，重く取り扱いがやや不便であることから，軽量な中性子線量当量計が開発されている．比例計数管を用いた型では，高エネルギー中性子に対しては水素を多く含む気体を，低エネルギーや熱領域の中性子に対しては (n, p) や (n, α) などの発熱反応を起こす気体を用いる．これらの気体を適度に混合して用いることにより，十分良好なエネルギー特性を有する機器が市販されている．高エネルギー用と低エネルギー用の複数のシンチレーション検出器を組み合わせた機器もある．

5. その他の測定器

5.2 化学線量計

水溶液中の鉄やセリウムが放射線照射によって化学変化を起こすのを利用するもので，**γ線，X線，電子線による大きな吸収線量**を測定するのに利用される（化学，11.5 化学線量計参照）．放射線照射によって水がエネルギーを吸収し，ラジカルを介してエネルギーが溶質に伝えられて次式の化学変化を起こす．変化量は主に吸光度測定によって知る．

$$Fe^{2+} \rightarrow Fe^{3+} \quad （鉄線量計）$$

$$Ce^{4+} \rightarrow Ce^{3+} \quad （セリウム線量計）$$

鉄線量計は特に**フリッケ線量計**と呼ばれ，放射線による**酸化反応**である．**セリウム線量計**は逆に**還元反応**である．溶液が 100 eV のエネルギーを吸収したときに変化する原子数を **G 値**と呼び，酸素を飽和した鉄線量計では 15.5，セリウム線量計では 2.45 である．

G 値はイオン濃度や線量率の変化に対する影響が小さい．しかし α 線などの線エネルギー付与（LET）の大きい粒子では顕著に G 値は小さくなる．^{3}H から放出される低エネルギー β 線では LET が大きく，やはり G 値は小さくなる．

5.3 β-γ 同時計数法

多くの核種（例えば ^{60}Co）は β 壊変の直後に γ 線を放出する．測定器の時間分解能を考慮すると，β 線と γ 線は同時に放出されるとみなされる．β 線検出器，γ 線検出器でそれぞれの放射線を測定するとともに，両方同時に検出する事象を同時計数回路によって数える．線源の放射能を s〔Bq〕，β 線計数率を r_β〔s^{-1}〕，γ 線計数率を r_γ〔s^{-1}〕，β 線，γ 線それぞれの検出効率を ε_β，ε_γ とする．このときの検出効率はいわゆる総合検出効率（1 壊変あたりの計数確率）であり，β 線あるいは γ 線の放出割合，検出器の張る立体角などを全て含む値である．β 線検出器，γ 線検出器それぞれの計数率は次式で与えられる．

$$r_\beta = \varepsilon_\beta s, \ r_\gamma = \varepsilon_\gamma s \tag{5.1}$$

測 定 技 術

同時計数率を r_c [s^{-1}] とすると，その検出効率は β，γ それぞれの検出効率の積であるから，

$$r_c = \varepsilon_\beta \varepsilon_\gamma s \tag{5.2}$$

となる．これら3式を解くと，放射能 s は3種の計数率だけから求められる．この方法は **$\beta-\gamma$ 同時計数法**とよばれる．

$$s = \frac{r_\beta r_\gamma}{r_c} \tag{5.3}$$

実際にはそれぞれの計数率は，バックグラウンド，分解時間，さらに r_c については偶発同時計数（別々の壊変にともなう計数であるのに，検出器の時間分解能から偶発的に同時計数とされてしまうもの）の補正が必要である．(5.3)式は β 線，γ 線の放出に角度相関が無いとして求めたものであるが，β 線検出器に 4π 比例計数管を用いた場合は，角度相関があっても (5.3) 式は近似的に正しい．γ 線には Ge 半導体検出器や NaI(Tl) シンチレーションカウンタが用いられる．$\beta-\gamma$ 同時計数法は放射能の絶対値を高精度で求めるのによく利用される．

454

5. その他の測定器

〔演 習 問 題〕

問1 次の検出器のうち，熱中性子の測定に用いられるものの組合せはどれか.

A　水素充填 比例計数管

B　BF_3 比例計数管

C　金箔と放射能測定器

D　^3He 比例計数管

E　ポリエチレンラジエータ付き Si 半導体検出器

1　ABC のみ　　　2　ABE のみ　　　3　ADE のみ　　　4　BCD のみ

5　CDE のみ

〔答〕　4

　B，C，D は正しいが，A と E は高速中性子の測定に用いられる.

問2 次の検出器のうち，熱中性子の計測に適さないものはどれか.

1　CH_4 比例計数管

2　^3He 比例計数管

3　BF_3 比例計数管

4　$^6LiI(Eu)$ シンチレーション検出器

5　^{235}U 核分裂電離箱

〔答〕　1

1　×　高速中性子の測定に用いられる.

2　○

3　○

4　○

5　○　^{235}U は熱中性子の吸収によって核分裂し，約 200 MeV と大きなエネルギー
　　　を放出する．したがって電離箱でも比較的高い信号が得られるため，パル
　　　ス計測に用いられることが多い.

455

測 定 技 術

問3 液体シンチレータに関する次の記述のうち，正しいものの組合せはどれか.

　A　NaI(Tl)シンチレータに比べ発光の減衰時間が短い.

　B　低エネルギーβ線放出核種の放射能測定に適している.

　C　放射線のエネルギー情報が得られない.

　D　シンチレータ内での増幅作用が大きい.

　E　速中性子の検出に用いられる.

　1　ABCのみ　　2　ABEのみ　　3　ADEのみ　　4　BCDのみ　　5　CDEのみ

〔答〕2

　A, B, E　正

　C　誤　エネルギー吸収量に比例した発光をするので，β線のエネルギーの違いを利用して^{3}H, ^{14}C, ^{32}P などを分離して測定することも可能である．また有機液体シンチレータは高速中性子のエネルギースペクトル測定に用いられる.

　D　誤　増幅作用を有するのは光電子増倍管であり，シンチレータには増幅作用はない.

問4 次の中性子検出器，核反応，主な用途に関する記述のうち，正しいものの組合せはどれか.

　A　Li(Eu)シンチレータ　−　^{6}Li(n, α)^{2}H　−　熱中性子測定

　B　有機シンチレータ　−　^{1}H(n, n)p　−　低速中性子スペクトル測定

　C　しきい反応放射化検出器　−　^{27}Al(n, α)^{24}Na　−　速中性子測定

　D　^{235}U 核分裂計数管　−　^{235}U(n, f)　−　熱中性子測定

　E　金放射化箔　−　^{197}Au(n, γ)^{198}Au　−　熱中性子測定

　1　ABCのみ　　2　ABEのみ　　3　ADEのみ　　4　BCDのみ　　5　CDEのみ

〔答〕5

　A　誤　核反応は^{6}Li(n, α)^{3}Hである.

　B　誤　用途は高速中性子スペクトル測定である.

　C, D, E　正

問5 次のⅠ～Ⅲの文章の□□□□の部分に入る最も適切な語句，記号又は数値を，それ

456

5. その他の測定器

ぞれの解答群から1つだけ選べ.

I 中性子は電荷を有しない粒子であるので，中性子が直接検出されるのではなく，中性子による核反応や軽い原子核との衝突によって生じた荷電粒子を検出することによって間接的に検出される.

低速の中性子の検出には，主に(n, α)反応，(n, p)反応などが用いられるが，この際，反応のQ値が $\boxed{A}$，すなわち $\boxed{B}$ 反応であることが必要である. このうち，最もよく用いられるのは$^{10}B(n, \alpha)^{7}Li$反応であるが，熱中性子の場合，生成する^{7}Liの約94%が0.48MeVの励起状態に，残りの約6%が直接基底状態になる. 直接基底状態になる場合のQ値は2.79MeVである. このエネルギーが運動量保存則にしたがってα粒子と基底状態の^{7}Li核とに分配され，α粒子の運動エネルギー E_{α} は $\boxed{ア}$ MeV，^{7}Li核の運動エネルギーE_{Li}は $\boxed{イ}$ MeVとなる. ^{7}Li励起状態を経由する場合には，α粒子の運動エネルギーと^{7}Li励起核の運動エネルギーの和は $\boxed{ウ}$ MeVであり，これがα粒子と^{7}Li励起核とに分配され，α粒子の運動エネルギー$E\,'_{\alpha}$は $\boxed{エ}$ MeV，^{7}Li励起核の運動エネルギー$E\,'_{Li}$は $\boxed{オ}$ MeVとなる. なお，^{7}Li励起状態を経由する場合は，さらに0.48MeVのγ線が放出され，基底状態になる.

高濃縮^{10}Bを気体状のBF_3とし，比例計数管の計数ガスとしたものをBF_3比例計数管といい，中性子の計測にしばしば用いられる. この場合，計数ガス中で熱中性子との核反応が起きると，計数ガスに2.79MeVもしくは $\boxed{ウ}$ MeVのエネルギーが与えられる. いずれの場合でも計数管への印加電圧をプラトー領域に設定すれば，これらの反応をほぼ100%の効率で計数することが可能である. 0.48MeV γ線はガス中で相互作用をする確率は少ない. 仮に相互作用を起こしたときでも，このときはα粒子とLi反跳核とによって，$\boxed{ウ}$ MeVに相当するパルス信号も同時に検出されるので，パルス数の計測にとって，その影響はほとんどない. ただし，中性子との反応が計数管内壁に近い場所で生じたとき，計数ガスに必ずしも全エネルギーが付与されず，パルス波高が減少する場合がある. これを $\boxed{C}$ 効果といっている.

$^{10}B(n, \alpha)^{7}Li$反応の断面積は非常に大きく，特に熱中性子に対して感度の高い測定ができる. 断面積は中性子の速度をvとすると，$\boxed{D}$ に比例する. これは，中性子束の解析にとって都合のよい特性である.

＜A〜Dの解答群＞

457

測 定 技 術

1	正	2	負	3	吸熱	4 発熱
5	共鳴	6	弾性	7	励起	8 壁
9	反跳	10	クエンチング	11	v	12 $\dfrac{1}{\sqrt{v}}$

13 $\dfrac{1}{v}$

＜ア～オの解答群＞

1	0.48	2	0.51	3	0.67	4	0.75
5	0.84	6	1.01	7	1.16	8	1.47
9	1.53	10	1.78	11	2.31	12	2.79

Ⅱ　BF_3 比例計数管は特に熱中性子に対して高い感度を有するが，この計数管の周りをポリエチレン，パラフィンなどの E を多く含む物質でとり囲み，中性子を効率的に F させれば，高速の中性子の測定もできる．これを，一般に F 型中性子検出器といい，そのエネルギー特性は F 材の厚さや形状，種類によって調節することができる．例えば，このような利用として，エネルギー特性を G 換算係数曲線に H するようにすると，中性子についてのエネルギー情報なしに，中性子による G を広いエネルギー範囲にわたって直読することができる．このような中性子測定器を歴史的経過から I と呼ぶこともある．また，エネルギー特性をほぼ平坦にしたものがあり，これを J と呼んでいる．そのほか，厚さの異なるいくつかの検出器の応答の差から，中性子エネルギー分布に関する情報を得る手法も用いられている．

＜E～Jの解答群＞

1	重水素	2	水素	3	炭素	4	カドミウム
5	レムカウンタ	6	カウンタテレスコープ			7	ロングカウンタ
8	吸収線量	9	1cm線量当量	10	組織加重係数	11	逆比例
12	適合	13	反跳	14	減速	15	吸収

Ⅲ　核反応を利用した中性子検出器として $^3He(n,\ p)$ K 反応を利用した ^3He 比例計数管もよく用いられる．この反応の Q 値は 0.765 MeV である．この場合，単に中性子の検出にとどまらず，高速中性子のスペクトロメータとしても用いることができる．このときのパルス波高は中性子のエネルギーに L を加えたものとなる．

5. その他の測定器

$\boxed{\text{M}}$ の場合には，軽い原子核，特に水素核との衝突による反跳陽子の検出を介して中性子を計測することもできる．例えば CH_4 や水素を充填した比例計数管，液体シンチレーションカウンタなどである．ただし，この場合，入射中性子のエネルギー E_n が線スペクトルであっても，反跳陽子のエネルギー分布が 0 から $\boxed{\text{N}}$ までの $\boxed{\text{O}}$ 連続分布となるので，中性子のエネルギー解析が複雑となる．

＜K～Oの解答群＞

1 ^2H　　　　　　　2 ^3H　　　　　　　3 ^2He　　　　　　4 ^3He

5 γ線エネルギー　　　　　　6 反跳エネルギー　　7 Q値

8 Heの励起エネルギー　　　　9 高速中性子　　　10 熱外中性子

11 E_n　　　　12 $\dfrac{1}{2}E_n$　　　13 ボルツマン分布に従う

14 一様の　　　15 ガウス分布に従う

〔答〕

I　A—1 （正）　　　　　B—4 （発熱）　　　　C—8 （壁）

　　D—13 （$\dfrac{1}{v}$）

　　ア—10 （1.78）　　　イ—6 （1.01）　　　ウ—11 （2.31）

　　エ—8 （1.47）　　　オ—5 （0.84）

[ア～オ]

熱中性子による核反応では，反応前の全運動量は 0 であるから，運動量の保存則から，反応によって生成する 2 つの粒子は正反対の方向に放出される．それぞれの粒子の質量を m_1，m_2，速度を v_1，v_2，エネルギーを E_1，E_2 とすれば，

$$E_1 + E_2 = Q \quad \text{（エネルギー保存則）} \tag{1}$$

$$m_1 v_1 = m_2 v_2 \quad \text{（運動量保存則）} \tag{2}$$

$$E_1 = \frac{1}{2} m_1 v_1^{\,2} \tag{3}$$

$$E_2 = \frac{1}{2} m_2 v_2^{\,2} \tag{4}$$

（2）より，

$$v_2 = \frac{m_1}{m_2} v_1 \tag{5}$$

測　定　技　術

(5) を (4) に代入すれば,

$$E_2 = \frac{1}{2}\, m_2 \left(\frac{m_1}{m_2} v_1 \right)^2 = \frac{m_1}{m_2} \times \frac{1}{2}\, m_1\, v_1^2 = \frac{m_1}{m_2} E_1 \tag{6}$$

すなわち E_1 と E_2 はそれぞれの質量に反比例して配分される. (6) を (1) に代入すれば,

$$E_1 + \frac{m_1}{m_2} E_1 = Q, \quad \text{すなわち } E_1 = \frac{m_2}{m_1 + m_2} Q \tag{7}$$

(7) を (6) に代入すれば,

$$E_2 = \frac{m_1}{m_1 + m_2} Q \tag{8}$$

α 粒子を粒子 1（質量：4u）, ^{7}Li 核を粒子 2（質量：7u）とすれば, 直接基底状態になる場合は,

$$E_\alpha = \frac{7u}{4u + 7u} \times 2.79 = 1.78\ \text{MeV}$$

$$E_{\mathrm{Li}} = \frac{4u}{4u + 7u} \times 2.79 = 1.01\ \text{MeV}$$

励起状態になる場合は, 運動エネルギーの和は $2.79 - 0.48 = 2.31\,\text{MeV}$ であるから,

$$E_\alpha{}' = \frac{7u}{4u + 7u} \times 2.31 = 1.47\text{MeV}$$

$$E_{\mathrm{Li}}{}' = \frac{4u}{4u + 7u} \times 2.31 = 0.84\text{MeV}$$

[C]

壁効果によってパルス波高は 2.79 MeV または 2.31 MeV の全吸収ピークよりも低くなり, ピークよりも低エネルギー側に裾を引く波高分布になる.

Ⅱ　E——2（水素）　　　　F——14（減速）　　　　G——9（1 cm 線量当量）

　　H——12（適合）　　　I——5（レムカウンタ）　　J——7（ロングカウンタ）

[H]

中性子エネルギーに関する検出器の感度を 1 cm 線量当量換算係数に比例するように減速材を調整すれば, 検出器のエネルギー特性を 1 cm 線量当量換算係数に適合させることができる.

[J]

5. その他の測定器

広い（長い）エネルギー範囲にわたって平坦な感度を有するため，ロングカウンタとよばれる．

Ⅲ　K——2 (^{3}H)　　　　L——7 （Q 値）　　　　　M——9 （高速中性子）
　　N——11 (E_n)　　　O——14 （一様の）

［K］

質量数＝3＋1－1＝3，原子番号＝2＋0－1＝1

［L］

^{3}He はある程度の高エネルギーまで比較的大きい断面積を有するため，生成荷電粒子の全エネルギーを測定することによって入射中性子のエネルギーを測定するスペクトロメータとしても利用される．

［M から O］

数 MeV 程度までの中性子と水素との散乱では，散乱角分布は重心系で等方なため，散乱後の中性子のエネルギーは 0 から E_n までの一様な連続分布を示す．反跳陽子のエネルギーは E_n から中性子のエネルギーを引いた値であり，やはり 0 から E_n までの一様な連続分布を示す．

問 6　次のうち，β-γ 同時計数法により放射能を測定できる核種の組合せはどれか．

A　^{32}P

B　^{24}Na

C　^{55}Fe

D　^{60}Co

E　^{137}Cs

1　AとB　　　2　AとC　　　3　BとD　　　4　CとE　　　5　DとE

〔答〕 3

A　×　β^- 壊変のみで γ 線を放出しないため適用できない．

B　○　β^- 壊変の直後に，2.75 MeV，1.37 MeV の γ 線をそれぞれほぼ 100 %放出する．

C　×　EC 壊変のため適用できない．

D　○　β^- 壊変の直後に，1.17 MeV，1.33 MeV の γ 線をそれぞれほぼ 100 %放出

461

測 定 技 術

する.

E × β⁻壊変するが，γ線は半減期 2.55 分の ^{137m}Ba から放出され，β⁻線放出と同時でないため適用できない.

問7 β線に引き続き直ちにγ線を放出するβ壊変核種の線源をβ-γ同時計数法により測定した結果，β線測定器の計数率が800 s^{-1}，γ線測定器の計数率が250 s^{-1}であり，同時計数率は10 s^{-1}であった．この線源の放射能[MBq]に最も近い値は次のうちどれか．ただし，これらの測定器のバックグラウンド計数率は差し引いてあるものとする.

1　0.02　　　　2　0.05　　　　3　0.20　　　　4　0.50　　　　5　2.0

〔答〕　1

放射能は $800 \times 250 / 10 = 2.0 \times 10^4$ Bq $= 0.02$ MBq である.

6. 放射線測定の実際

6.1 計数値の統計

6.1.1 誤差の性質

1個の放射性の原子核が，ある1秒間の間に壊変する確率は，その放射性同位元素の壊変定数 λ（秒$^{-1}$）である．実際にこの原子核がいつ壊変するかは確率的な問題であり，全くわからない．

このような原子核が N 個あり，壊変にともなって放出される放射線をある検出器で計数する場合を考える．検出器の検出効率を ε，計数時間を t（秒）とする．放射線の放出率を100%，t が半減期に比べて十分短いとすれば，予想される計数 x_0 は，

$$x_0 = \varepsilon \lambda N t \tag{6.1}$$

である．実際の計数値 x は，ふつう真の値である x_0 とは異なり，x_0 を中心にしてばらついた値になる．

理論的に考察すると，N が大きいので，x の分布は**正規分布**[注] になることがわか

注) **ガウス分布**ともよぶ．σ を標準偏差，m を平均値（真の値である x_0 に相当）として，関数 $P(x) = \dfrac{1}{\sqrt{2\pi}\sigma} e^{-\frac{(x-m)^2}{2\sigma^2}}$ に従う確率分布である．$P(x)$ の最大値は $x = m$ のときであり，その時の高さは $P(m) = \dfrac{1}{\sqrt{2\pi}\sigma}$ である．$-\infty$ から m までの区間の積分値 $\displaystyle\int_{-\infty}^{m} P(x)\,dx$ は 0.5，同じく $\displaystyle\int_{m}^{-\infty} P(x)\,dx = 0.5$ である．また $\displaystyle\int_{m-\sigma}^{m+\sigma} P(x)\,dx = 0.68$，$\displaystyle\int_{m-2\sigma}^{m+2\sigma} P(x)\,dx = 0.95$，$\displaystyle\int_{m-3\sigma}^{m+3\sigma} P(x)\,dx = 0.997$ である．

測 定 技 術

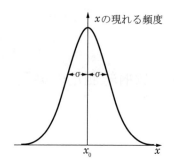

図6.1 正規分布曲線

る．そのとき正規分布の持つ標準偏差の値 σ は $\sqrt{x_0}$ である．分布の形を図示すると，図6.1のようである．x が $x_0 \pm \sigma$ の範囲の値になる確率は68%，$x_0 \pm 2\sigma$ の範囲では95%，$x_0 \pm 3\sigma$ の範囲では99.7%になる．

ふつう x は x_0 に近い値なので，$\sigma = \sqrt{x}$ としてもよい．すなわち，ある検出器で放射線を測定したときの計数値が x であったとすると，真の値 x_0 は68%の確率で $x \pm \sqrt{x}$ の範囲にあり，95%の確率で $x \pm 2\sqrt{x}$ の範囲にあることになる．例えば計数値が100のとき，真の値は68%の確率で90から110の間に，95%の確率で80から120の間にあるはずである．

σ の値は測定値の誤差と考えてもよい．計数値の相対誤差（σ/x）は $\sqrt{x}/x$，すなわち $1/\sqrt{x}$ で与えられる．計数値が100のときの測定誤差は10%，1000で3%，10000では1%ということになる．小さな相対誤差で測定するためには計数値を大きくする必要がある．したがって計数率が低いときは長時間の測定が必要になる．

6.1.2 誤差の伝播

放射線検出器で測定すると，測定試料を置かなくても必ず自然放射線や電子回路の雑音（ノイズ）による計数がある．この計数を**バックグラウンド**計数という．したがって正味の計数を求めるためには，試料があるときと無いときの両方を測定し，その差を求める必要がある．このときの正味の計数の持つ誤差を考えてみよう．試料を置いたときの計数を x，測定時間を t，置かないときの計数を x_b，測定時間を t_b とする．それぞれの誤差や計数率の誤差などを表にすると，

6. 放射線測定の実際

	計数時間	計数値とその誤差	計数率とその誤差
試料	t	$x \pm \sqrt{x}$	$\dfrac{x}{t} \pm \dfrac{\sqrt{x}}{t}$
バックグラウンド	t_b	$x_b \pm \sqrt{x_b}$	$\dfrac{x_b}{t_b} \pm \dfrac{\sqrt{x_b}}{t_b}$

正味の計数率 $(x/t - x_b/t_b)$ **の持つ誤差** σ_n は，一般的な誤差伝播の法則から次のように求められる．

$$\sigma_n = \sqrt{(\sqrt{x}/t)^2 + (\sqrt{x_b}/t_b)^2} = \sqrt{x/t^2 + x_b/t_b^2} \tag{6.2}$$

となる．

次に計算が割り算の場合を考えてみる．放射能が未知の，ある線源を測定したとき，正味の計数率が x_n (s^{-1})，その誤差が σ_n であったとする．測定器の検出効率が ε で，その誤差が σ_ε とわかっているとき，線源の放射能（s [Bq]）と，その誤差 σ_s は，

$$s = x_n / \varepsilon \tag{6.3}$$

$$\sigma_s = \frac{x_n}{\varepsilon} \sqrt{\left(\frac{\sigma_n}{x_n}\right)^2 + \left(\frac{\sigma_\varepsilon}{\varepsilon}\right)^2} \tag{6.4}$$

となる．（線源は1壊変あたり1個の放射線を放出するとして計算している．）

計算式が掛け算の場合も含めて，誤差の伝播に関する式をまとめてみる．測定値 x_1 と x_2 から y を求めるとき，μ_1，μ_2 をそれぞれ x_1，x_2 の持つ誤差，σ を y の持つ誤差とすると，次のようになる．

$$y = x_1 \pm x_2 : \ \sigma = \sqrt{\mu_1^2 + \mu_2^2} \tag{6.5}$$

$$y = x_1 \times x_2 : \ \sigma = x_1 \times x_2 \sqrt{(\mu_1/x_1)^2 + (\mu_2/x_2)^2} \tag{6.6}$$

$$y = x_1 / x_2 : \ \sigma = x_1 / x_2 \sqrt{(\mu_1/x_1)^2 + (\mu_2/x_2)^2} \tag{6.7}$$

バックグラウンドと試料の測定時間の合計が限られるとき（すなわち t と t_b の和が一定のとき），正味の計数率の誤差を最小にするには t と t_b の配分を適切にする必要がある．(6.2)式を微分することによって，$t : t_b =: \sqrt{(試料を置いたときの計数率)}:$

測 定 技 術

$\sqrt{(バックグラウンド計数率)}$とすればよいことがわかる. たとえば試料を置いたときの計数率がバックグラウンド計数率の100倍高ければ, バックグラウンドの測定時間は試料の測定時間の10分の1にするのがよい. 試料の放射能が弱くバックグラウンド計数率との差が小さいときは, 両者の計数時間をほぼ同じにするとよい.

6.1.3 時定数

サーベイメータなどでは計数率をメータの針の振れで表示するものが多い. メータの表示は計数値の統計的ゆらぎから常に揺れる. この揺れの大きさは抵抗(R〔Ω〕)とコンデンサ(C〔F〕)で作られている計数率計の**時定数**($\tau = R \cdot C$)〔秒〕に依存する. メータは2τの測定時間の計数値〔計数率×2τ〕($= x$)を表わしていると考えることができ, xが大きければ相対誤差($1/\sqrt{x}$)は小さくなるのでメータの揺れは小さくなる. したがって計数率が小さく揺れが大きい時は, スイッチを切り替えてτの値を大きくすれば揺れは小さくなる. τが大きいと計数率を正確に読むことはできるが, 計数率の変化に対する追随は遅くなる. すなわち, 無限時間経過した後の指示値をM_0とすると, 測定を開始してからt秒後の指示値Mは, $M = M_0(1 - e^{-t/\tau})$にしたがって増加する. すなわち時定数の2倍ではMはM_0の86%にしか達しない. 最低3倍経過した95%以上を示すようになってから読み取る必要がある.

6.2 空間線量の測定

6.2.1 γ線, X線測定

測定する量は主として 1cm 線量当量率である. 持ち運びの容易な**サーベイメータ**では, **電離箱式**, **GM 管式**, **NaI シンチレーション式**が一般的である. これらをエネルギー依存性(「エネルギー特性」ともいう), 感度の点から優劣をつけると次のようになる.

　　エネルギー依存性:電離箱式―良　GM 管式―普通　NaI シンチレーション式
　　　　　　　　　　　―不良

　　感度:NaI シンチレーション式―高　GM 管式―中　電離箱式―低

6. 放射線測定の実際

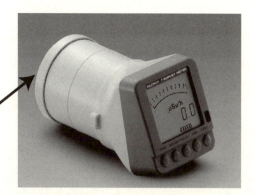

β線，極低エネルギーX線測定のときはこのキャップをはずす

図6.2　電離箱式サーベイメータ
（日立アロカメディカル(株)　ICS-331のカタログより）

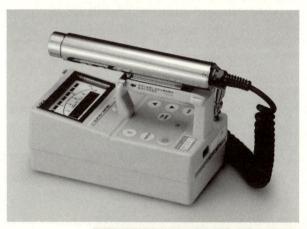

β線測定の時はこのキャップをはずす

図6.3　GM管式サーベイメータ
（日立アロカメディカル(株)　TGS-131のカタログより）

467

測 定 技 術

電離箱式，GM 管式では普通 μ Sv/h 単位で表示されるが，NaI シンチレーション式では cpm（カウント/分）単位が普通で，線量当量率の測定には用いられない．

電離箱式で β 線測定用の窓のあるものではそれを閉じ，GM 管式ではキャップをかぶせて使用する（図 6.2，6.3）．

NaI シンチレーションカウンタでは，光電子増倍管の出力パルスの高さは入射 γ 線のエネルギーに依存している．このことを利用して，パルスの高さを数値データに変換し，値に応じた係数を乗じて加算，表示することで，電離箱式と同程度の良好なエネルギー特性を有する NaI シンチレーション式サーベイメータが販売されている．この型では表示は μ Sv/h 単位である．エネルギー依存性の補償の方法には，この他に波高分析器のディスクリミネーション・レベルを適当な関数に従って時間的に変化させる方法もある．

NaI シンチレーション式サーベイメータは，ふつう 50 keV 以下の γ，X 線には感度がないため，X 線装置や低エネルギー γ，X 線放出核種には用いることはできない．

サーベイメータは検出器と電子回路が一体化しているものが多いが，この場合放射線が回路部分によって遮蔽されるため，方向によって感度が低下する．これを感度の**方向依存性**（「方向特性」ともいう）という．

一ヶ所に固定して，その場所での空間線量率を連続して測定する**エリアモニタ**にも同様に 3 種類ある．エネルギー依存性も同様である．エリアモニタでは大きさに厳しい制限が無いため，電離箱式でも大型で高い気圧にすることで高感度にできる．NaI シンチレーション式のエリアモニタにも，サーベイメータと同様にエネルギー依存性を補償した型がある．

6.2.2 中性子線測定

減速型線量当量計（レムカウンタとも呼ばれる）など，1 cm 線量当量を直読できる測定器を用いる．エリアモニタでも同様である．

468

6.3 放射能の測定

放射線管理を想定して検出器の面から簡単に触れる.

6.3.1 表面汚染の測定

表面にサーベイメータを近付けて直接測定する**直接法**と，ろ紙などでふき取り，それを測定する**ふき取り法**（**スミア法**とも呼ぶ）の 2 種類ある．空間線量率の高い場所では，直接法はバックグラウンドが高く適用できない．容易に取れやすい遊離性表面汚染（ルーズ汚染とも呼ぶ）はふき取り法で測定できるが，取れにくい汚染には適さない．

(1) 直接法による測定

電池で駆動し，持ち運びに便利なサーベイメータがよく使われる．γ 線よりも高い検出効率が得られる β 線や α 線を測定することが多い．α 線の空気中の飛程は数 cm，β 線の飛程は短いものでは数 mm 程度しかないため，できるだけ検出器を表面に接近させて測ることが大切であるが，接触させるとサーベイメータ自体を汚染させることがあるので，注意が必要である．

β 線を放出する核種では広窓型の GM 管が付いたサーベイメータが便利である．しかし ³H ではエネルギーの低い β 線しか放出されないので GM 管式では検出できない．その場合はガスフロー型の薄窓型比例計数管式サーベイメータを用いる．α 線を放出する核種の場合は ZnS シンチレーション式または半導体式サーベイメータがよい．これらは α 線の他にはほとんど感度がないので使いやすい．¹²⁵I は 28 keV と 36 keV の低エネルギー γ，X 線だけを放出するため，GM 管式では感度が低い．¹²⁵I 専用の薄型 NaI 式シンチレーションサーベイメータが市販されており，高感度で使いよい．

測定の際は，ふつう検出器の入射窓の直径（円形の場合）あるいは短辺（長方形の場合）に比べ，窓面と測定対象物の距離をずっと小さくする．すると，窓の大きさに相当する測定対象物表面から放出された放射線は，ほぼすべて窓に入射すると考えることができる．このときの表面汚染の密度（放射能表面密度，単位：

測 定 技 術

Bq・cm^{-2}）A_s は，次式で計算される．

$$A_s = \frac{n - n_b}{\varepsilon_i W \, \varepsilon_s} \qquad\qquad (6.8)$$

ここで，

n：計数率（s^{-1}）

n_b：バックグラウンド計数率（s^{-1}）

ε_i：β 線または α 線に対する機器効率（ここでの機器効率とは，検出器の窓に向かい合う面から放出された放射線が計数される割合をいう．放射線のエネルギーや検出器までの距離，窓の厚さなどに依存する．^{3}H や ^{14}C を除く β 線，α 線では，比較的 1 に近い値である．）

W：検出器の有効窓面積（cm^2）

ε_s：表面汚染の線源効率（ここでの線源効率とは，汚染核種 1 壊変あたり，表面から放出される放射線の数をいう．壊変の形態，放射線のエネルギー，線源の厚さ，後方散乱の割合などに依存する．壊変あたり 1 個の放射線が放出される核種で，自己吸収が無視できる薄い線源の場合は 0.5 に近い値である．）

（2）ふき取り法による測定

ふき取りろ紙などを適切な液体で湿らせてふき取る方法（湿式ふき取り試験）と，乾燥したふき取りろ紙などを用いてふき取る方法（乾式ふき取り試験）とがある．簡易測定では，ふき取ったろ紙は核種に合わせて GM 管式，ガスフロー薄窓型比例計数管式，ZnS シンチレーション式，半導体式のサーベイメータ等で測定できる．高感度で測定する場合は，低バックグラウンド型のガスフロー式比例計数管や GM 計数管，あるいは液体シンチレーションカウンタなどを用いる．核種の同定が必要な場合は，γ 線放出核種では Ge 半導体検出器，α 線放出核種では Si 表面障壁型半導体検出器またはイオン注入型検出器が有効である．

ふき取り面積は通常 100 cm^2 とし，全面積を一様にふき取る．表面の単位面積あたりの遊離性表面汚染の放射能 A_s（放射能表面密度，単位：Bq・cm^{-2}）は，

470

$$A_s = \frac{n - n_b}{\varepsilon_i FS \varepsilon_s} \tag{6.9}$$

ここで,

n：計数率（s^{-1}）

n_b：バックグラウンド計数率（s^{-1}）

ε_i：β線またはα線に対する機器効率（(6.8)式の定義と同じ）

F：ふき取り効率（1回のふき取りによってふき取られた放射能の，ふき取る前の遊離性表面汚染の放射能に対する比．不明な場合は 0.1 と仮定することが多い．）

S：ふき取り面積（cm^2）

ε_s：ふき取り試料の線源効率（(6.8)式の定義と同様）

6.3.2 排水，廃液の測定

サンプリングした試料を直接測定する方法と，試料を蒸発乾固したり濃縮して測定する方法がある．γ線放出核種では両方の方法が適用できるが，直接測定する場合は検出感度を上げるため，マリネリ型の容器[注]に試料を入れて Ge 検出器や NaI シンチレーション検出器を囲むようにするとよい．β線放出核種では直接液体シンチレーションカウンタで測定するか，蒸発乾固した後ガスフロー式の比例または GM 計数管，あるいはプラスチックシンチレーションカウンタで測定する．α線放出核種では蒸発乾固して Si 表面障壁型半導体検出器かイオン注入型

注）マリネリ容器とは，底面に円筒形の凹みのある，容量約 0.7 から 2 リットルのアクリルなどで作られた円筒形の容器である．底面の凹みに検出器を挿入し，測定試料が検出器を囲むことで高い検出効率を得る．比放射能が小さい液体や粉体の測定に用いられる．

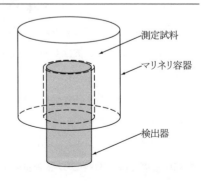

半導体検出器，ZnS シンチレーション検出器，ガスフロー比例計数管などで測定する．核種同定が必要な場合は半導体検出器を用いる．この場合線源による自己吸収を小さくするため試料の厚さは薄くないといけないので，化学処理などが必要な場合が多い．

6.3.3　空気中濃度の測定

フィルターでサンプリングした後，前節の蒸発乾固した試料と同様に測定する．ガス状の β 線放出核種ではガスを直接電離箱に導いて測定する．γ 線放出核種ではガスを導いた容器の中に NaI シンチレーション検出器や Ge 検出器を置いて測定する．プラスチック・シンチレーション検出器で作られた容器の中にガスを導く装置では，β 線，γ 線放出核種のいずれも測定可能である．

6.3.4　放射化物の測定

原子炉や加速器施設では中性子照射によってさまざまな物品が放射化する．たいていの物品は γ 線放出核種を生成するので，サーベイメータで簡便に測定する場合はシンチレーション式あるいは GM 管式が感度が高いので良い．サンプリングして核種同定する場合は Ge 検出器や NaI シンチレーション検出器，低エネルギーX線を測定する場合は Si(Li)検出器を用いる．

6.4　個人被ばく線量の測定

積算線量を測定するためには，**蛍光ガラス線量計**，**OSL 線量計**等が γ 線，X線，β 線用に広く利用されている．**固体飛跡検出器**は中性子の測定に利用できる．**電子式線量計**は作業中いつでも被ばく線量を知ることが可能であるし，高い線量率の場で一回の作業による被ばくの上限を管理する必要があるときは**アラームメータ**を利用するとよい．

線量計を 1 個装着するときは，男では胸部，妊娠可能な女では腹部に付けることが，法で決められている．

放射線作業では手，指など体の一部が大きく被ばくする場合がある．このような局所被ばくは，小さなガラス線量計や熱蛍光線量計などをプラスチック製の指

6. 放射線測定の実際

輪に埋め込んだものなどを用いて測定する．この指輪は**ガラスリング**や**リングバッジ**などと呼ばれる．

表6.1 主な放射線検出器のまとめ

検出器	相	測定対象	測定モード	サーベイメータとしての利用(空間線量測定/汚染検査)	備考	本文ページ
電離箱	気体	γ,X,(β)	平均値	○ 空*	良好なエネルギー特性	363
比例計数管	気体	β,α	パルス	○ 汚	^{3}H, ^{63}Ni用サーベイメータあり	369
	気体(BF$_3$, ^{3}He)	熱中性子	パルス	○ 空	減速材を付けてレムカウンタとして使用	450
GM計数管	気体	β,γ,X	パルス	○ 空,汚	比較的安価,広く普及	373
シンチレーション検出器						
NaI(Tl)	固体(結晶)	γ,X	パルス	○ 空	高感度,潮解性	391
CsI(Tl)	固体(結晶)	γ,X	パルス	○ 空		397
BGO	固体(結晶)	γ,X	パルス	△ 空	非常に高感度,高い比重,高い原子番号	397
ZnS(Ag)	固体(多結晶)	α	パルス	○ 汚		397
LiI(Eu)	固体(結晶)	熱中性子	パルス	○ 空		450
プラスチック	固体	γ,X,β	パルス	△ 空	大型で自由な形状を作成可能	397
		速中性子	パルス	×	研究用**	450
アントラセンスチルベン	固体(有機結晶)	γ,α,β 速中性子	パルス	×	研究用.最近ではあまり使われない	397
有機液体	液体	β,α	パルス	×	内部線源計測	410
		速中性子	パルス	×	研究用,中性子・γ線を区別して同時に測定	450
半導体検出器						
Ge	固体(結晶)	γ,X	パルス	△	使用時のみ冷却,高いエネルギー分解能・電気冷却の持ち運びが可能な型もあり	401
Si(Li)	固体(結晶)	γ,X(低エネルギー	パルス	×	液体窒素で冷却,高いエネルギー分解能	408
Si表面障壁型,イオン注入型	固体(結晶)	α,β	パルス	○ 汚		409
		α	パルス	×	常温で使用,試料とも真空箱内に入れて測定	409
Si	固体(結晶)	γ,X,β	パルス	○ 空	個人被ばく線量計などに急速に利用拡大	409

473

測 定 技 術

フィルムバッジ	固体	γ, X, β 熱中性子 速中性子	平均値	×	個人被ばく線量測定	441
熱蛍光線量計	固体	γ, X, β 熱中性子	平均値	×	個人被ばく線量測定, 高感度	440
蛍光ガラス線量計	固体	γ, X	平均値	×	個人被ばく線量測定, 高感度, 積算測定が可能	437
OSL線量計	固体	γ, X, β	平均値	×	個人被ばく線量測定, 高感度	438
固体飛跡検出器	固体	速中性子 熱中性子	平均値	×	個人被ばく線量測定	442
化学線量計	液体	γ, X, β	平均値	×	大線量測定	453

＊○はすでにサーベイメータとして販売されているもの, △は著者の知る範囲では販売されていないが開発可能と思われるもの, ×は原理的に不可能なものを示す.「空」と「汚」の別はサーベイメータが空間線量測定のためのものか, 表面汚染測定のためのものかを示す.

＊＊研究用とあるのは, 実務的な放射線安全管理で使われることはほとんどないことを示す.

6. 放射線測定の実際

〔演 習 問 題〕

問1 十分に長い半減期を持つ放射線源からの β 線を 1 秒間ずつ 1000 回計数したところ，平均値として 200 カウントを得た．この場合，計数値が 228 を超えた回数として期待される数は，次のうちどれか．

1 15   2 20   3 25   4 30   5 50

〔答〕 3

　　　標準偏差は $\sigma = \sqrt{200} \fallingdotseq 14$ であり，228 は平均値 $(\bar{x})+2\sigma$ に相当する．計数値が $[\bar{x} \pm 2\sigma]$ の範囲になる確率は 95% であるから，約 950 回は 172 から 228 のはずであり，228 を超えるのは残りの半分，約 25 回である．

問2 GM 計数管の計数値の相対標準偏差が 5% になる計数に最も近い値は，次のうちどれか．

1 200   2 400   3 600   4 800   5 1,000

〔答〕 2

　　　計数が x のときの標準偏差 σ は $\sqrt{x}$ であるから，題意より $\sqrt{x}\,/\,x = 0.05$，すなわち $x=400$ である．

問3 バックグラウンド計数率が $120\pm8\,\mathrm{min^{-1}}$ の測定装置を用いて試料を測定したときの計数率は $1500\,\mathrm{min^{-1}}$ であった．正味計数率を誤差 2% で測定するための試料の測定時間（min）として最も近い値は，次のうちどれか．

1 0.22   2 1.1   3 2.2   4 3.3   5 4.4

〔答〕 3

　　　正味の計数率 N は，$N = 1500 - 120 = 1380\,\mathrm{min^{-1}}$ である．試料の測定時間を t min とすれば，正味計数率の誤差 σ は次式で与えられる．

$$\sigma^2 = \left(\frac{\sqrt{1500\,t}}{t}\right)^2 + 8^2 = \frac{1500}{t} + 64$$

誤差が 2% とは，

475

測 定 技 術

$$\frac{\sigma}{N}=\frac{2}{100}, \quad すなわち \quad \sigma^2=\frac{N^2}{50^2}$$

上記の 2 式より，

$$\frac{1500}{t}+64=\frac{1380^2}{50^2}$$

であり，したがって $t=2.15$ min となる.

問4 同一の条件で試料と標準線源からの放射線をそれぞれ測定した．バックグラウンドを差し引いて求めた計数率は，試料では 6,300±63cpm で標準線源は 2,100±21cpm であった．試料と標準線源の計数率の比に対して誤差が正しく表されているものは，次のうちどれか.

1 3.000 ± 0.006   2 3.000 ± 0.015   3 3.000 ± 0.024

4 3.000 ± 0.033   5 3.000 ± 0.042

〔答〕 5

計数率の比：6300/2100＝3.0

$$誤差：\frac{6300}{2100}\times\sqrt{\left(\frac{63}{6300}\right)^2+\left(\frac{21}{2100}\right)^2}=3\times\sqrt{\left(\frac{1}{100}\right)^2+\left(\frac{1}{100}\right)^2}$$

$$=3\times\frac{1}{100}\times\sqrt{2}=0.042$$

問5 放射能が $S\pm\sigma_s$ (Bq) の β 線標準線源を GM 計数管で測定し，正味の計数率 $n\pm\sigma_n$ (s^{-1}) を得た．計数効率 $\dfrac{n}{S}$ に対する標準偏差の式として正しいものは，次のうちどれか．ただし，σ_s 及び σ_n はそれぞれの標準偏差のみを表すものとする.

1 $\sqrt{\dfrac{\sigma_s{}^2}{S}+\dfrac{\sigma_n{}^2}{n}}$ 2 $\sqrt{\sigma_s{}^2+\sigma_n{}^2}$ 3 $\dfrac{n}{S}\sqrt{\left(\dfrac{\sigma_s}{S}\right)^2+\left(\dfrac{\sigma_n}{n}\right)^2}$

4 $\dfrac{n}{S}\sqrt{\dfrac{\sigma_s+\sigma_n}{S}}$ 5 $\dfrac{n}{S}\sqrt{\sigma_s{}^2+\sigma_n{}^2}$

〔答〕 3

$\dfrac{n}{S}$ の標準偏差を σ とすると，

6. 放射線測定の実際

$$\sigma^2 = \left(\sigma_s \frac{\partial}{\partial S} \frac{n}{S} \right)^2 + \left(\sigma_n \frac{\partial}{\partial n} \frac{n}{S} \right)^2$$

$$= \left(-\frac{\sigma_s n}{S^2} \right)^2 + \left(\frac{\sigma_n}{S} \right)^2$$

$$= \left(\frac{n}{S} \right)^2 \left\{ \left(\frac{\sigma_n}{S} \right)^2 + \left(\frac{\sigma_n}{n} \right)^2 \right\}$$

問6 時定数10 sのサーベイメータに急激に一定の強さの放射線を照射した場合，指示値が最終値の90%になるのに要する時間(s)として，最も近い値は次のうちどれか．ただし，計数率はバックグラウンド計数率よりも十分高いものとする．また，ln10＝2.3とする．

1 20   2 23   3 26   4 29   5 32

〔答〕 2

指示値 x は，十分時間が経過した後の指示値を x_0，時定数を τ として，

$$x = x_0 (1 - e^{-t/\tau})$$

にしたがって上昇する．90%に達する時間を T s とすると，

$$0.9 = 1 - e^{-T/10}$$

すなわち $0.1 = e^{-T/10}$

両辺の自然対数をとると

$$\ln 0.1 = -T/10$$

すなわち $\ln 10 = T/10$

であるから， $T \fallingdotseq 2.3 \times 10 = 23$ s

問7 次のⅠ～Ⅲの文章の（   ）の部分に入る最も適切な語句，数値又は数式をそれぞれの解答群から1つだけ選べ．ただし，各選択肢は必要に応じて2回以上使ってもよい．

Ⅰ 放射性同位元素の壊変に際して放出される放射線を計数する場合，測定時間は一定であっても，得られる計数値は（ A ）に変動する．このような（ A ）変動を予測する数学的モデルとして，（ B ）分布やこれを簡略化した（ C ）分布

測 定 技 術

などがあるが，これらを適用することは煩雑にすぎるので，観測される計数値が 10 程度以下の少ない場合を除き，実際には（ D ）分布として取り扱うことが多い．なお，この（ D ）分布はガウス分布ともいい，平均値 m を中心に左右対称である．その標準偏差を σ とすると，$m-\sigma$ から $m+\sigma$ の間に計数値が入る確率が（ イ ）％であることを意味する．$m-2\sigma$ から $m+2\sigma$ の間に計数値が入る確率は（ ロ ）％，$m-3\sigma$ から $m+3\sigma$ の間に計数値が入る確率は（ ハ ）％である．したがって，同じ条件で測定を繰り返した場合，ある計数値が（ A ）変動によって平均値から $\pm 3\sigma$ 以上離れる確率は（ ニ ）％である．このように，$m-k\sigma$ から $m+k\sigma$ の間に計数値が入る確率を（ E ）といい，k のことを包含係数という．

＜ⅠのA～Eの解答群＞

1 ポアソン	2 正規	3 二項	4 標準	5 系統的
6 偏差	7 統計的	8 信頼水準	9 自由度	

＜Ⅰのイ～ニの解答群＞

1 0.3	2 1.0	3 5.0	4 10	5 68
6 90	7 95	8 99	9 99.7	

Ⅱ 放射線測定器により計数を行い，時間 t の間に計数値 N を得たとすれば，その計数値の標準偏差は，（ A ）であり，計数値の相対標準偏差は（ B ）×100 ％である．計数率 r は $r=\dfrac{N}{t}$ となり，計数率の標準偏差は（ C ）である．したがって，最初に線源をおいて時間 t_1 の間，計数を行い計数値 N_1 を得た後，次にバックグラウンドを求めるために線源を取り去り，時間 t_2 の間，計数を行い計数値 N_2 を得たとすれば，バックグラウンドを差し引いた線源からの放射線による計数率 r_{s} は $r_{\mathrm{s}}=\dfrac{N_1}{t_1}-\dfrac{N_2}{t_2}$ となり，その標準偏差は（ D ）となる．

また，その相対標準偏差は（ E ）×100 ％である．

＜ⅡのA～Eの解答群＞

1 $\sqrt{N}$	2 $\dfrac{\sqrt{N}}{t}$	3 $\sqrt{N}\cdot t$	4 $\dfrac{1}{\sqrt{N}}$	5 $\dfrac{1}{\sqrt{N}}t$

6. 放射線測定の実際

6　$\dfrac{N}{t}$　　　　7　$\dfrac{N}{\sqrt{t}}$　　　　8　$\sqrt{\dfrac{N_1}{t_1^2} - \dfrac{N_2}{t_2^2}}$　9　$\sqrt{\dfrac{N_1}{t_1^2} + \dfrac{N_2}{t_2^2}}$

10　$\dfrac{\sqrt{N_1}}{t_1} - \dfrac{\sqrt{N_2}}{t_2}$　　11　$\dfrac{\sqrt{N_1}}{t_1} + \dfrac{\sqrt{N_2}}{t_2}$　　12　$\dfrac{\sqrt{\dfrac{N_1}{t_1^2} - \dfrac{N_2}{t_2^2}}}{\dfrac{N_1}{t_1} - \dfrac{N_2}{t_2}}$

13　$\dfrac{\sqrt{\dfrac{N_1}{t_1^2} + \dfrac{N_2}{t_2^2}}}{\dfrac{N_1}{t_1} - \dfrac{N_2}{t_2}}$　　14　$\dfrac{\dfrac{\sqrt{N_1}}{t_1} - \dfrac{\sqrt{N_2}}{t_2}}{\dfrac{N_1}{t_1} - \dfrac{N_2}{t_2}}$　　15　$\dfrac{\dfrac{\sqrt{N_1}}{t_1} + \dfrac{\sqrt{N_2}}{t_2}}{\dfrac{N_1}{t_1} - \dfrac{N_2}{t_2}}$

Ⅲ　床面の放射能汚染を検査するため，床面を拭き取ったろ紙を GM 計数装置で 50 s 間測定を行い，計数値 88 を得た．次に，バックグラウンドを求めるため，ろ紙を取り去った後 100 s 間計数を行い，計数値 49 を得た．この場合，バックグラウンドを差し引いた計数率は（　A　）s^{-1} と計算され，その標準偏差は（　B　）s^{-1} と推定される．これを相対標準偏差で表せば，（　C　）％となる．

＜Ⅲの A～C の解答群＞

1　0.10　　　　2　0.20　　　　3　0.30　　　　4　1.0　　　　5　1.3

6　1.7　　　　7　9.4　　　　8　10　　　　9　11　　　　10　16

11　19　　　　12　22

〔答〕

Ⅰ

A──7（統計的）　　　B──3（二項）　　　C──1（ポアソン）

D──2（正規）　　　E──8（信頼水準）

イ──5（68）　　　　ロ──7（95）　　　　ハ──9（99.7）

ニ──1（0.3）

〔B，C，D〕

　　ある行為（例えば測定）の際のあたり（計数される）の確率が p であり，行為の回数を n とすると，m 回があたりとなる確率 $P(m)$ は，

$$P(m) = \dfrac{n!}{(n-m)!\, m!} p^m (1-p)^{n-m}$$

で表され，これを二項分布という．n がきわめて大きいとき，計数 m の平均値を

測 定 技 術

M とすれば，計数が m となる確率 $P(m)$ は，

$$P(m) = \frac{M^m}{m!} e^{-M}$$

で表され，これをポアソン分布という．M が 10 ないし 20 以上に大きくなると，$P(m)$ は正規分布に近づく．

II

A——1 $(\sqrt{N})$　　　　B——4 $(\frac{1}{\sqrt{N}})$　　　　C——2 $(\frac{\sqrt{N}}{t})$

D——9 $(\sqrt{\frac{N_1}{t_1^2} + \frac{N_2}{t_2^2}})$　　　E——13 $(\dfrac{\sqrt{\dfrac{N_1}{t_1^2} + \dfrac{N_2}{t_2^2}}}{\dfrac{N_1}{t_1} - \dfrac{N_2}{t_2}})$

III

A——5 (1.3)　　　　B——2 (0.20)　　　　C——10 (16)

[A]　$\dfrac{88}{50} - \dfrac{49}{100} = 1.27$

[B]　$\sqrt{\dfrac{88}{(50)^2} + \dfrac{49}{(100)^2}} = \dfrac{\sqrt{401}}{100} \approx \dfrac{\sqrt{400}}{100} = 0.20$

[C]　$\dfrac{0.20}{1.27} \times 100 = 15.7$

問8　次の表中に示されたAからCまでの空間線量率を測定する一般のサーベイメータの方式として，最も適切な組合せはどれか．また，B.G.はバックグラウンド放射線による線量率を表す．

特性 ＼ 方式	A	B	C
エネルギー特性	エネルギー補償も可能	Cより劣る	良好
測定範囲	B.G.〜30 μSv·h^{-1}	B.G.〜300 μSv·h^{-1}	1 μSv·h^{-1}〜1Sv·h^{-1}
方向特性	Cより劣る	Cより劣る	良好
感度	非常に高い	Aより劣る	Bより劣る

	A	B	C
1	シンチレーション式	GM管式	電離箱式

480

6. 放射線測定の実際

2	シンチレーション式	電離箱式	GM管式
3	GM管式	シンチレーション式	電離箱式
4	GM管式	電離箱式	シンチレーション式
5	電離箱式	GM管式	シンチレーション式

〔答〕 1

感度は，高い順に並べて，シンチレーション式＞GM管式＞電離箱式 である．エネルギー特性とエネルギー依存性は同義である．方向特性（方向依存性）については，GM管式では前方入射に比べて横方向からの入射の方が数十％感度が高い．シンチレーション式と電離箱式の方向特性は，180度方向を除いてともに良好であるが，若干電離箱式の方が優れていることが多い．

問 9　直径が 10 cm，長さ 10 cm 程度の円筒型電離箱のサーベイメータを用いて，図 1 に示すような ^{137}Cs点状線源から20 cmの位置で直径が約2 cmにコリメートされたγ線を，線束の中心線上に沿って距離をとりながら測定した．その結果，図2に示すような距離と指示値との関係を得た．この図から次のイ～ハの各問いに答えよ．

なお，γ線束は，きわめて理想的にコリメートされたものとし，コリメータからの散乱線及び漏えい線はないものとする．

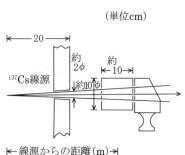

図　1

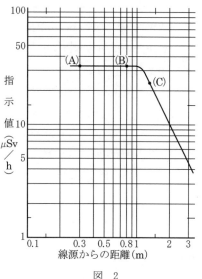

図　2

測 定 技 術

イ　A点からB点までの指示値にほとんど変化がない理由を述べよ.

ロ　C点以上の距離では，両対数グラフ上でほぼ直線的に下降している理由を述べよ.

ハ　A点の1cm線量当量率（μSv/h）および線源の放射能（MBq）を，計算の過程を示して求めよ.

　　ただし，この電離箱式サーベイメータの^{137}Csγ線に対する校正定数は1.2, ^{137}Csの1cm線量当量率定数は0.0927 μSv・m^2・MBq^{-1}・h^{-1}とする.

〔答〕

イ．A点及びB点における線束の拡がりが電離箱の直径に比べて小さいので，線束のすべてが電離箱に入射することになる.したがって，この間では距離の変化による線束の変化はない.また，線源と測定器の間の空気の吸収は無視できるので指示値はほとんど変化しないことになる.

ロ．C点以上の距離では線束の拡がりが電離箱の直径より大きくなるので，距離が大きくなると電離箱に入射する線束は距離の逆二乗に比例して減少する.したがって指示値も入射線束と同様に減少する.

ハ．A点における線量率は，電離箱が正常な状態で使用されている距離（C点より大きい距離）の指示値より算出しなければならない.図より2mの距離での指示値10 μSv・h^{-1}より求めると，校正定数が1.2であるからA点の線量率をH_Aとすると，

$$H_A \times (0.3[m])^2 = 10[\mu Sv \cdot h^{-1}] \times 1.2 \times (2[m])^2$$

$$\therefore H_A = 10 \times 1.2 \times (2/0.3)^2$$

$$\fallingdotseq 533[\mu Sv \cdot h^{-1}]$$

また，線源の放射能をS[MBq]とすると，

$$10[\mu Sv \cdot h^{-1}] \times 1.2 = 0.0927[\mu Sv \cdot m^2 \cdot MBq^{-1} \cdot h^{-1}] \times S/(2[m])^2$$

$$\therefore S = 10 \times 1.2 \times 2^2/0.0927$$

$$= 518[MBq]$$

問10　次の記述のうち，正しいものの組合せはどれか.

A　天然Uからのα線スペクトルを測定するため，空乏層厚100 μmの表面障壁型

6. 放射線測定の実際

Si 半導体検出器を用いた.

B　^{125}I の放射能を測定するため, 50 mm ϕ × 50 mm の井戸型 NaI(Tl) 検出器を用いた.

C　^{210}Pb 線源から放出される α 線と β 線とを分離計数するため, PR ガスをフローガスとした窓無し 2 π 比例計数管を用いた.

D　熱中性子束を測定するため, シンチレータの厚さ 3 mm のプラスチックシンチレーション検出器を用いた.

E　^{32}P の β 線スペクトルを測定するため, PR ガスを充填した比例計数管を用いた.

1　ABC のみ　　　2　ABE のみ　　　3　ADE のみ　　　4　BCD のみ

5　CDE のみ

〔答〕1

A, B, C　正

D　誤　プラスチックシンチレーション検出器は高速中性子の測定に用いられる.

E　誤　^{32}P から放出される β 線の飛程は気体中で数 m あるため, 比例計数管ではごく一部のエネルギーしか計数ガスに与えられないため, スペクトル測定はできない.

問 11　トリチウムの測定に適している検出器として正しいものの組合せは, 次のうちどれか.

A　通気型電離箱

B　表面障壁型 Si 半導体検出器

C　ZnS(Ag) シンチレーション検出器

D　固体飛跡検出器

E　液体シンチレーション検出器

1　A と B　　　2　A と E　　　3　B と C　　　4　C と D　　　5　D と E

〔答〕　2

A　正　電離箱中に測定する空気を直接導入し, 主に空気中の β 核種, α 核種を測定する.

B　誤　主に α 線のエネルギー測定に用いる.

測 定 技 術

C 誤 主にα線検出に用いる.

D 誤 主に中性子の個人被ばく線量測定に用いる.

E 正

問12 次の物質と放射線の組合せのうち,発生するイオン対又は電子・正孔対の数が最も多いものはどれか.ただし,放射線のエネルギーは物質中ですべて吸収されるものとする.

1 ヘリウムガス3気圧中の5 MeV α線

2 空気4気圧中の4 MeV β^-線

3 シリコン中の200 keV γ線

4 キセノンガス1気圧中の5 MeV 電子線

5 ダイヤモンド中の2 MeV 陽子線

〔答〕 4

イオン対または正孔対を1個生成するのに必要なエネルギーを W または ε [eV] とすると,生成する対数は放射線のエネルギーを E [eV] として E/W または E/ε となる.生成する対数は,$1:5\times10^6/43=1.16\times10^5$,$2:4\times10^6/34=1.18\times10^5$,$3:200\times10^3/3.6=5.56\times10^4$,$4:5\times10^6/22=2.27\times10^5$,$5:2\times10^6/18=1.11\times10^5$.

(ダイヤモンド半導体検出器は非常に大きなバンドギャップを有し,ε の値は大きいが,高温でも安定して使用できる.また放射線損傷に非常に強い特徴がある.)

問13 次の検出器のうち,α線の測定に<u>用いられない</u>ものの組合せはどれか.

A ガスフロー式 2π 比例計数管

B NaI(Tl)シンチレーション検出器

C Ge半導体検出器

D プラスチックシンチレーション検出器

E 表面障壁型Si半導体検出器

1 AとD   2 AとE   3 BとC   4 BとE   5 CとD

〔答〕 3

A ○ α線は飛程が短く,ほとんどの場合計数ガス中でエネルギーをすべて失う

484

6. 放射線測定の実際

ため，測定が可能である．

B × NaI は潮解性があるため，アルミニウムなどの密封容器に納められている．
α線は容器を通過できないため，測定できない．

C × Ge 半導体検出器は真空容器中に入れて冷却されている．α線は容器を通過
できないため，測定できない．

D ○ 極めて薄い遮光膜で覆われたプラスチックシンチレータは，α線を検出可
能である．

E ○ 主にα線用の，高いエネルギー分解能を有する検出器である．

問14 次の放射線測定器のうちα線のエネルギー測定に最適なものはどれか．

1 表面障壁型Si半導体検出器

2 ZnS(Ag)シンチレーション検出器

3 Ge検出器

4 NaI(Tl)シンチレーション検出器

5 熱ルミネセンス線量計(TLD)

〔答〕 1

1 ○ 高い分解能を有し，もっとも適する．

2 × α線検出に用いられるが，エネルギー分解能は1に比べて悪い．

3 × 真空容器に封入されているため，α線の測定はできない．

4 × 潮解性があるため容器に封入されており，α線の測定はできない．

5 × 線量測定の検出器であり，個々のα線の測定はできない．

問15 GM管式表面汚染検査計を用いて，純β線放出核種が均一に分布した面線源（放
射能：1,500 Bq，大きさ：縦100 mm×横150 mm）を測定したところ，正味の計数
率が2,400 cpmあった．表面汚染検査計の入射窓面積が20 cm²，面線源との距離が5
mm，面線源の線源効率が0.54とすると，この表面汚染検査計の機器効率として最
も近い値は次のうちどれか．

1 0.17　　2 0.37　　3 0.48　　4 0.57　　5 0.63

〔答〕 2

485

測 定 技 術

機器効率とは，検出器に入射した放射線が計数される割合である．また線源効率とは，放出された放射線のうち，表面から放出される割合をいう．0.5 より大きいのは β 線の後方散乱の影響である．検出器と面線源の距離は 5 mm であり，面線源の大きさに比較して十分小さいため，実質的に，面線源のうち 20 cm^2 の領域にある放射性物質から表面に放出された β 線は，すべて検出器の入射窓に入ると考えることができる．すなわち検出器に入射する β 線数は，

$$\frac{1500}{10 \times 15} \times 20 \times 0.54 = 108 \text{ s}^{-1}$$

である．したがって機器効率は

$$\frac{2400/60}{108} = 0.37$$

となる．

問 16 次の I ～ III の文章の ［　　　　］の部分に入る最も適切な語句，記号又は数値を，それぞれの解答群から 1 つだけ選べ．

I　α 線の空気中の飛程は 5 MeV のエネルギーでも ［ A ］cm 程度であるため，α 線放出核種については主として内部被ばくの管理が重要となる．内部被ばくを防ぐための管理測定では，空気中における ［ B ］と，物品などの ［ C ］の 2 つの量が主な対象となる．［ B ］の測定において，粒子状汚染は ［ D ］フィルタに吸引捕集し，α 線や光子などを測定して評価することが一般的である．また，気体状のものは，サンプリング容器に捕集し測定するが，検出器自身がサンプリング容器の機能を持つ ［ E ］を用いて測定する場合もある．

　一方，［ C ］については，管理対象物の表面を α 線測定用サーベイメータで測定する直接測定法と，ろ紙などを用いてふき取ることにより ［ F ］汚染の放射能を測定する間接測定法がある．

＜A～C の解答群＞

1	吸収線量	2	表面放出率	3	放射能濃度	4	表面汚染密度
5	空間線量率	6	0.5	7	1.5	8	2.0
9	3.5	10	7.5				

＜D～F の解答群＞

6. 放射線測定の実際

1 通気型電離箱	2 液体シンチレーション検出器	3 端窓型 GM 計数管
4 マリネリ容器	5 遊離性	6 浸透性	7 固着性
8 シリカゲル	9 活性炭	10 ろ紙

Ⅱ　α線測定用サーベイメータには，$\boxed{\text{G}}$，シンチレーション検出器，半導体検出器などの検出器が用いられる．気体計数管である $\boxed{\text{G}}$ は β 線測定と兼用でき入射窓面積が大きいものが多く，計数ガスとしては $\boxed{\text{H}}$ が用いられる．α 線測定用シンチレーション検出器は，一般的に，粉末状の $\boxed{\text{I}}$ シンチレータを光透過性のある膜上に塗布して，光電子増倍管と組み合わせて構成される．半導体検出器は，シリコン半導体を用いた電子デバイスの1つである $\boxed{\text{J}}$ と同様の接合構造を持ち，これに $\boxed{\text{K}}$ の電圧を印加することにより生じる $\boxed{\text{L}}$ を有感領域として利用する．

　これらの α 線用の検出器は，光子や β 線にも感度を持つことがあるが $\boxed{\text{M}}$ により α 線の計数への影響を抑えることが可能である．

＜G～I の解答群＞

1 電離箱	2 端窓型 GM 計数管	3 比例計数管
4 NaI(Tl)	5 プラスチック	6 ZnS(Ag)
7 乾燥空気	8 ハロゲンガス	9 PR ガス
10 窒素ガス		

＜J～M の解答群＞

1 逆方向	2 順方向	3 双方向
4 トランジスタ	5 コンデンサ	6 ダイオード
7 絶縁層	8 不感層	9 空乏層
10 エネルギーピーク	11 同時計数	12 波高弁別

Ⅲ　サーベイメータを用いた直接測定法において，α 線の正味の計数率 N_α [s^{-1}] と表面汚染 R [Bq·cm^{-2}] との関係は，次式で与えられる．

$$R = \frac{N_\alpha}{W \cdot \varepsilon_a \cdot \varepsilon_b}$$

　ここで，ε_a は $\boxed{\text{N}}$ 効率と呼ばれ，線源との距離，検出器の入射窓厚などに依存して変化する．ε_b は $\boxed{\text{O}}$ 効率と呼ばれ，汚染部の状態に依存し，α 線の $\boxed{\text{P}}$ などにより小さくなる．また，W [cm^2] は検出器の窓の面積を表す．

測 定 技 術

α線測定用サーベイメータ($W : 60\ \mathrm{cm}^2$)を校正するため，α線表面放出率 $300\ \mathrm{s}^{-1}$ の面状標準線源(面積：$15\ \mathrm{cm} \times 10\ \mathrm{cm}$)を密着に近い状態で測定したところ，正味の計数率 $30\ \mathrm{s}^{-1}$ が得られた．このサーベイメータで汚染部分を測定し，N_α として $15\ \mathrm{s}^{-1}$ の値が得られた場合には，ε_b を 0.25 とすると，上記の式より表面汚染 R は $\boxed{\text{Q}}$ Bq・cm^{-2} となる.

一方，間接測定法の場合では，表面汚染 R' [Bq・cm^{-2}] は次式で与えられる.

$$R' = \frac{N_\alpha}{F \cdot S \cdot \varepsilon_a \cdot \varepsilon_b}$$

ここで，S は $\boxed{\text{R}}$ の面積である．F はふき取り効率と呼ばれ，一般に汚染面の状態が平滑で浸透性が低いほど $\boxed{\text{S}}$ なる.

＜N〜Q の解答群＞

1 真性	2 線源	3 機器	4 実効	5 幾何学的
6 自己吸収	7 後方散乱	8 飛散	9 0.8	10 1.2
11 2.0	12 4.0	13 8.0		

＜R，S の解答群＞

1 小さく	2 大きく	3 汚染部分
4 ろ紙面	5 検出器の窓	6 ふき取った部分

〔答〕

Ⅰ A——9 (3.5)　　　　 B——3 (放射能濃度)　　　 C——4 (表面汚染密度)

　 D——10 (ろ紙)　　　 E——1 (通気型電離箱)　　 F——5 (遊離性)

　 [A] エネルギー E MeV の α 線の空気中の飛程 R cm は，$R = 0.318E^{1.5}$ で計算できる．$E = 5$ MeV では $R = 3.56$ cm となる.

Ⅱ G——3 (比例計数管)　 H——9 (PR ガス)　　　　 I——6 (ZnS (Ag))

　 J——6 (ダイオード)　 K——1 (逆方向)　　　　 L——9 (空乏層)

　 M——12 (波高弁別)

　 [J] 電子デバイスとしてはトランジスタとダイオードの選択肢があるが，トランジスタは増幅やスイッチ作用を有する半導体をいうので，ここでは単に整流作用を有するダイオードが解となる.

Ⅲ N——3 (機器)　　　 O——2 (線源)　　　　　 P——6 (自己吸収)

488

6. 放射線測定の実際

Q——12(4.0)　　　R——6(ふき取った部分)　　S——2(大きく)

[Q]標準線源の面積は 150 cm^2 であり，1 cm^2 あたりの放出率は 2.0 cm^{-2}・s^{-1} である．よって機器効率は $\varepsilon_a = \dfrac{30}{2.0 \times 60} = 0.25$，したがって表面汚染は

$$R = \dfrac{15}{60 \times 0.25 \times 0.25} = 4.0 \text{ Bq} \cdot \text{cm}^{-2} \text{ となる．}$$

問 17 α線とβ線を区別して測定できるホスウィッチ形シンチレーション検出器に用いられるシンチレータの構造として最も近いものは，次のうちどれか．

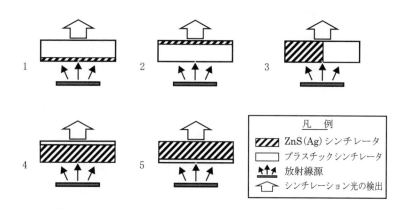

[答]　1

ホスウィッチ型検出器では，2種類の異なったシンチレータを光学的に結合して1本の光電子増倍管を用いて検出する．α線とβ線を区別する検出器では，遮光性の入射窓の直後にα線検出器として薄膜のZnS(Ag)シンチレータを，その後ろにβ線検出器として厚さ 2～3 mm のプラスチックシンチレータを取り付けたものを使用する．ZnS(Ag)シンチレータの光の減衰定数が約 200 ns，プラスチックシンチレータが数 ns と大きく違うため，α線とβ線の場合でパルス波形が異なることを利用して両者を区別する．

同様の原理を利用し，中性子用の有機液体シンチレーション検出器の周囲を薄い

測 定 技 術

無機シンチレーション検出器で覆うことによって，中性子と直接入射してくる荷電粒子を弁別するホスウィッチ型検出器などもある．

管 理 技 術

保 田 浩 志

は じ め に

―管理技術の執筆方針と学習の仕方―

　放射線取扱主任者（以下「主任者」）の役割は，放射線や放射性物質の「管理」にあるといってよい．その目的は，放射線の確定的影響と確率的影響から人を防護しながら円滑に作業を行うために，作業者，作業場所，施設や事業所の周辺環境に対して種々の方策を合理的に決定・実行することにある．単に被ばくによる障害を防止するという立場に立って作業を過度に抑制することは，主任者の対応として適切ではない．

　この考え方は「合理的に達成可能な限り低く（As Low As Reasonably Achievable：ALARA）」という放射線防護の基本方針に表現されている（第3章参照）．

　放射線管理には，被ばくによる障害を防止するという観点から，物理学・化学・生物学・測定技術・法律にまたがる広範な知識や的確な判断力が求められる．よって，主任者試験においても，管理技術に関する設問は多様な分野にわたり，これに誤りなく回答するには，上記の分野における総合的な理解が必要となる．

　このような特徴を持つ管理技術の問題で確実に点数を取るためには，まず，過去の試験問題をよく調べることにより，頻繁に取り上げられている重要なポイントを把握することが何より重要である．そして，その重要なポイントの基盤を成す科学的知見や根拠となる法律を有機的に結び付けて，実際の管理現場で役立つ生きた知識にしていくことが望ましい．

　そうした考えに立ち，今回，管理技術に関する記述部分を全面的に改訂した．具体的には主に以下のような変更を行った．

・全体の構成について，前版では施設・線源・廃棄物・個人被ばくの管理が入り

管　理　技　術

組んでいたが，より理解し易いよう管理する対象に基づいて整理した．

・生物学，測定技術，法律他の記載内容と重複していた部分については，該当する章や節を参照するようにし，管理技術として説明するべき内容だけに記述を絞るようにした．

・章末の問題について，前版では記述式のものが多く含まれていたが，実際の試験で出る形式の正誤問題と穴埋め問題にした．ただし，一部の穴埋め問題については，より正確な知識を身に着けてほしいとの意図から，解答群から選択する形式にはしなかった．よって，実際の試験よりも難しく感じると思う．

　今回の改訂が，主任者の資格取得を目指す読者にとって，試験合格を確実にするための一助となることを願って止まない．

　2015 年 9 月

保田浩志

1. 予 備 知 識

1.1 放射線管理のあり方

　レントゲンによる X 線の発見(1895 年)，ベクレルによる放射能の発見(1896 年)以来，放射線は広く利用されてきた．一方，早い時期から，放射線が人体に障害を与えることが知られていた．放射線を利用するにあたっては，被ばくを合理的に達成できる限り低くするよう努めなくてはならない．

　放射線による影響は，しきい値を超える線量を受けると起こる影響（**確定的影響**）と，受けた放射線の積算量に比例して影響が現れるとされる影響（**確率的影響**）がある（生物学 2〜6 章参照）．これら 2 つの影響から人を防護するために，作業者，作業場所，施設周辺の環境，事業所周辺の環境に対する管理が行われる．

　放射線や放射能の利用形態は多種多様なため，管理の方法が合理的であるか否かは各事業所について柔軟に判断することが望まれる．また，放射線が利用される施設等では，利用者の協力が無くては十分に安全を確保することができないので，利用者がそれぞれの施設の管理の方法を十分に理解し適切に対応できるよう，放射線教育の充実およびその業務に責任を持つ管理担当者への支援に意を払う必要がある．そして，各事業所における作業者の被ばく線量や場所の線量のデータに基づいて，現在の被ばく管理の実態等を分析し，より適切な管理の体系を作り上げていく必要がある．

　すなわち，作業者の安全を確保しながら放射線取扱作業を円滑に行うという，放射線管理の目的を果たすには，各事業所において，放射線利用に関わる人たちが，相互に密なコミュニケーションを図りながら，放射線管理の現状に関して理

管 理 技 術

解を深め，最適な管理の方策を構築し維持する努力を弛まず続けていくことが肝
要である．

1.2 放射線の利用とそれに伴う被ばく

1.2.1 放射線利用の例

人工的に作られた又は集められた放射線・放射性物質（**人工放射線源**）は，医
療，工業，農業，環境等の分野で幅広く利用されている．

医療分野では，X線を用いた肺や胃の検診をはじめとして，同じくX線を用いた
CT（Computed Tomography）検査，^{18}F等の陽電子放出核種を用いたPET（Positron
Emission Tomography）検査，^{99m}Tc（^{99}Mo）等を用いた臓器の機能診断，ヨウ素の
放射性同位体を用いた甲状腺診断，^{35}Sを用いたDNA塩基配列の解析等の放射線
診断，また，X線，ガンマ線，中性子線や陽子等の粒子線を用いた放射線がん治療
が普及している．^{60}Coのガンマ線を用いた医療用具等の滅菌も行われている．

工業分野では，^{192}Irを用いたジェットエンジン等の非破壊検査，^{137}Cs等を用い
た金属やゴム等の厚さ計測，^{60}Co等を用いたタンク内原料のレベル計測等の定量
業務，また，電子線を用いた被膜材の耐熱性向上やタイヤの成形加工等が行われ
ている．

農業分野では，主に^{60}Coを用いた，イネや大豆等の品種改良，ウリミバエの不
妊化による根絶，発芽防止を目的としたじゃがいもの照射等が行われてきた．

環境分野における例としては，^{63}Niを用いたガスクロマトグラフィ法による水中
や大気中の微量有害物質（PCB等）の測定，^{14}Cを用いた環境試料の年代測定等が
挙げられる．

通常，これらの人工放射線源からの被ばくは管理の対象となる．

1.2.2 放射線利用に伴う被ばく

上記のような人工放射線源の医学・産業・科学分野における利用が広がるにつ
れて，利用する放射線やRIおよび利用後に出る放射性廃棄物の処理・処分に伴
う被ばくが増える傾向にある．

1. 予 備 知 識

　日本においては,近年の CT の普及により放射線診断に伴う被ばく線量が増加傾向にあり, これに伴う被ばくは年間一人当たりの平均で 4mSv 程度と世界的に高い水準にあること指摘されている. ただし, 実際には, 精密検査の要否などにより, 医療に伴う被ばくには個人間で大きな差が見られる.

　RI や放射性廃棄物の管理に当たっては,それらが周辺環境へ放出された場合に,様々な経路を経て人体に達する可能性があることをよく認識する必要がある. たとえば, 以下のような経路である.

①放射性雲となり外部被ばくをもたらす.

②放射性物質を人が吸入して内部被ばくをもたらす.

③フォールアウトとなり外部被ばくをもたらす.

④フォールアウトによって汚染された野菜などの食物が体内に入り内部被ばくをもたらす.

⑤海や河を汚染し付近の人に外部被ばくをもたらす.

⑥汚染された魚介類や海藻類の摂取によって体内に入り内部被ばくをもたらす.

　上記のような被ばく経路の中には : **食物連鎖**(foodchain)と呼ばれる複雑な過程を経て人に達するものがある. たとえば, プランクトンはエビ類, 小型魚類に食べられ, これらはより大きな魚類に食べられ, 次いで魚が人に食べられ, 最終的に人への内部被ばくをもたらす.

　上記の種々の経路のうち, 被ばくが最も大きい経路を決定経路 (critical pathway)と呼び,決定経路により最も高い線量を受ける人の集団を決定グループ (critical group) と呼ぶ. 原子力施設等の設計にあたっては, 事前に決定グループを特定し, このグループの被ばく線量が限度値以下となるように RI の放出量を制限しなくてはならない. 決定グループは, 放出の方法, RI の物理的・科学的性質, 関連する生態学的特徴, 住民の習慣などによって決まる.

1.3　自然界の放射線からの被ばく

　私たちは, 人工放射線源以外にも, 自然界に存在する種々の放射線源 (**自然放**

管 理 技 術

表1.1 自然界の放射線によって人が受ける実効線量

被ばく源	世界平均（mSv）	主な範囲（mSv）
宇宙線		0.3〜1.0
直接電離及び光子成分	0.28	
中性子成分	0.10	
宇宙線生成核種	0.01	
外部大地放射線		0.3〜1.0
屋外	0.07	
屋内	0.41	
吸入被ばく		0.2〜10
ラドン及びトロン	1.25※	
U及びTh系列	0.006	
食品摂取被ばく		0.2〜1.0
^{40}K	0.17	
U及びTh系列	0.12	
計	2.4	1〜10

UNSCEAR 2008 年報告より
※主としてラドンとその娘核種の寄与による

射線源）により常時被ばくを受けている．自然放射線源には，**宇宙線，大地からの放射線，体内の放射能及びラドンガス**がある（表1.1）．

　宇宙線は空気による遮蔽効果を受けるため，高度の高い地域ほど寄与は大きくなる．また，地球磁場の影響を受け，高緯度地域で高くなる．大地からの放射線はその地域の大地に含まれる放射能の量によって変わる．たとえば，インドやブラジルには平均的な値に比べて一桁以上線量率の高い地域が存在することが知られている．また，日本においても地域により2倍程度の違いが見られる．自然放射線による被ばくは，世界の平均では年間約2.4 mSv，日本の平均では年間約2.1 mSvで，宇宙線や大地からの放射線による体外被ばく，および空気中のラドンおよび体内に取り込まれたカリウム等の放射性核種の体内被ばくによる．

　これらの自然放射線による被ばくは通常管理の対象とはならないが，放射線のレベルが人為的に高められた環境で作業をするような場合には，空間線量や個人被ばく線量のモニタリングが求められることがある．

498

1. 予 備 知 識

〔演 習 問 題〕

問1 次の文章中の（　）の部分に入る適当な語句，記号または数値を番号とともに
記せ．

　　人は天然に存在する多くの放射線（自然放射線）を浴びており，その中の重要な
ものの1つは（　1　）で，それはさらに約10 cmの（　2　）を通過できるかどう
かにしたがって硬成分と軟成分に分けられる．（　1　）の外，地殻中に存在する長
寿命の天然放射性同位元素たとえば（　3　）系列の放射性核種から放射される
（　4　）がある．これらは（　5　）からの被ばくをもたらすが，その他に人体内
部の放射性核種からの放射線も存在する．その主なものは身体を構成する元素の一
つの放射性核種である（　6　）からの放射線で，人体内部の放射能を測定するため
の（　7　）カウンタによる測定にあらわれる．また空気中に天然放射性ガスとして
存在する（　8　）およびその（　9　）から放射される放射線があり，それらによ
る被ばくは呼吸によって体内に入ったものも含めて前述の（　1　），（　4　）に
よる被ばくに比して（　10　）．

　　これら自然放射線による被ばくは世界平均で年間約（　11　）mSvである．「放
射性同位元素等による放射線障害の防止に関する法律」に基づく放射線を扱う事業
所の境界における線量限度は3月あたり実効線量で（　12　）マイクロシーベルト
（μSv）であるが，その中には上記の自然放射線による線量は（　13　）．

〔答〕　(1)── 宇宙線　　　　　　　　　　　　　(2)── 鉛

　　　　(3)── ウラン(U)またはトリウム(Th)

　　　　(4)── 大地放射線または大地γ線　　　(5)── 外部

　　　　(6)── ^{40}K　　　　　　　　　　　　　(7)── 全身

　　　　(8)── ラドン　　　　　　　　　　　　(9)── 壊変生成物または娘核種

　　　　(10)── 大きい　　　　　　　　　　　 (11)── 2.4

　　　　(12)── 250　　　　　　　　　　　　　 (13)── 含まない

問2 医療における一般公衆の被ばくに関する次の記述について，正誤を答えよ．

管　理　技　術

A　日本での医療被ばくによる年間一人当たりの実効線量は約 0.4 mSv である.

B　近年医療被ばくが増加している主な原因は，CT の使用が増えていることである.

C　CT 検査 1 回当たりの平均実効線量は 0.2〜2 mSv である.

D　診断参考レベル（DRL）は臓器の等価線量で示されている.

〔答〕

A　誤（日本では年間一人当たり約 4 mSv.）

B　正

C　誤（2〜13 mSv と報告されている.）

D　誤（DRL はそれぞれの診断で個別に設定されている.）

問 3　次の文章の（　　）の部分に入る適当な語句を下から選び，その記号を番号と共に記せ.

　我々は，日常的に，宇宙線や地殻にあるラジオアイソトープに起因する（　1　）により（　2　）を受けている. また，食物とともに（　3　）で摂取，あるいは，（　4　）によって取り込まれるラジオアイソトープによる（　5　）も受けている. 通常，これらの（　1　）による被ばくは年間 2 mSv 程度である.

　放射線業務従事者の場合には，このほかに，必要に応じて様々なラジオアイソトープを利用する機会がある. 当然のことながら，このラジオアイソトープの利用には，十分注意を払って，利用に際して，被ばくを最小限にとどめるようにしなければならない. 例えば，使用する核種が，（　6　）放出核種であれば，（　5　）ばかりでなくその放射線による（　2　）をしないように，被ばくの 3 原則，すなわち，距離・時間・遮蔽物の原則を守り，そのうえ（　7　）や（　8　）等による測定を実施する. また，（　9　）放出核種については，その（　10　）が高い場合には，（　2　）の問題も考慮すべきであるが，むしろ（　5　）をしないように細心の注意を払うべきである. （　5　）をさけるには，皮膚の傷口からの（　11　）もあり得ることを考慮して注意深く防護する必要がある.

　一方，（　11　）してしまった場合には，その核種に応じてきめの細かい対応策を採るべきである. 例えば ^{131}I の場合には，その集積臓器が（　12　）であるから，摂

1. 予 備 知 識

取の可能性がある場合には（ 12 ）をモニターする．また，（ 13 ）も非常に有効なモニター法である．さらに，（ 14 ）の場合には，核種ばかりでなくその（ 15 ）にも注意を払うべきである．たとえば，^{3}H は（ 10 ）の低い（ 9 ）放出核種であるが，これが水の形なら，たとえ体内に入っても（ 16 ）が短いが，^{3}H−チミジンの場合には，体内で（ 17 ）に取り込まれる恐れがあり，（ 18 ）の原因となる恐れも出てくるので注意を要する．

（イ）自然放射線	（ロ）人工放射線	（ハ）外部被ばく
（ニ）内部被ばく	（ホ）分割被ばく	（ヘ）経　口
（ト）経　気	（チ）接　触	（リ）α線
（ヌ）β線	（ル）γ線	（ヲ）δ線
（ワ）エネルギー	（カ）質　量	（ヨ）運動量
（タ）OSL 線量計	（レ）蛍光板	（ツ）ガラス線量計
（ネ）体内摂取	（ナ）体外放出	（ラ）甲状腺
（ム）リンパ腺	（ウ）尿検査	（ノ）視力検査
（オ）標識化合物	（ク）実効(有効)半減期	（ヤ）物理的半減期
（マ）DNA	（ケ）RNA	（コ）蛋白質
（エ）遺伝的影響	（テ）発がん	（ア）紅　斑
（サ）脱　毛	（キ）骨　折	（ユ）化学形
（メ）物理的状態		

〔答〕　(1)──イ（自然放射線）　(2)──ハ（外部被ばく）　(3)──ヘ（経口）

(4)──ト（経気）　(5)──ニ（内部被ばく）　(6)──ル（γ線）

(7)──タ（OSL 線量計）　(8)──ツ（ガラス線量計）　(9)──ヌ（β線）

(10)──ワ（エネルギー）　(11)──ネ（体内摂取）　(12)──ラ（甲状腺）

(13)──ウ（尿検査）　(14)──オ（標識化合物）　(15)──ユ（化学形）

(16)──ク（実効(有効)半減期）　(17)──マ（DNA）

(18)──テ（発がん）

問 4　次の文章の（　）の部分に入る適当な語句を番号と共に記せ．

自然放射線に含まれる宇宙線には，地球外の宇宙空間から飛来する一次宇宙線と，

管 理 技 術

それが（　1　）の原子・分子と相互作用を起こして生成される二次宇宙線がある．一次宇宙線は主に（　2　）から成り，二次宇宙線は（　2　），（　3　），電子，γ線，パイ中間子，ミュー粒子などから成る．宇宙線による被ばくは，地磁気の影響により，（　4　）緯度で大きい．また，高度とともに（　5　）する．

　宇宙線起源（生成）核種とは，宇宙線が他の元素と衝突して生成される放射性核種であり，核破砕によって生じる（　6　）や高層大気中で宇宙線中性子と窒素の反応で生じる（　7　）などが含まれ，これらが体内に取り込まれることにより内部被ばくの原因となる．宇宙線起源核種による被ばくは，元来地殻中に存在する原子放射性核種による被ばくに比べて（　8　）．

〔答〕(1)——大気　　(2)——陽子　　(3)——中性子　　(4)——高

　　　(5)——増加　　(6)——^{3}H　　(7)——^{14}C　　(8)——小さい

2. 放射線の障害防止に係る体系

放射線や放射性物質の管理は，国際的に整合性のとれた基準や方法に従って実施することが望ましい．多くの国で放射線の障害防止に関する法令の根拠となっている情報は，放射線防護分野の専門家の集まりである国際放射線防護委員会（ICRP）が刊行した報告書のうち，主勧告と呼ばれている報告書である．これらの報告書の基盤を成している情報の中で特に重要なものは，広島・長崎の原爆被爆生存者の追跡調査により得られた，放射線の健康影響に関する知見である．

2015 年現在，日本の放射線障害防止法など放射線防護関連の法令は，ICRP が 1990 年にとりまとめた主勧告（Publication 60）に基づいて制定・施行されている．一方，ICRP は 2007 年に新たな主勧告（Publication 103）を刊行しており，この新勧告の内容を国内法令に取り込むための検討が進んでいる．

以下，その 2 つの主勧告の内容について概説する．

2.1 1990 年勧告（Publ. 60）

2.1.1 放射線防護の目標

1990 年勧告では，放射線の影響を**確定的影響**（白内障，皮膚損傷，血液失調症，不妊など）と**確率的影響**（発がん及び遺伝性影響）に大別している．確定的影響は，しきい線量を超えないと現れない影響で，しきい線量以下に被ばくを抑えることでその発生を防ぐことができる．一方，確率的影響はしきい値がないと仮定されており，どんなに低い線量でもそれに比例して影響が増えるとしている（図 2.1，詳しくは生物学第 4～6 章参照）．

放射線防護の目標には次の 3 つが挙げられている．

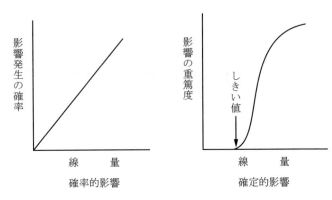

図 2.1 線量に対する確率的影響と確定的影響の応答の違い

(1) 便益をもたらす放射線被ばくを伴う行為を，不当に制限することなく人の安全を確保すること．
(2) 個人の確定的影響 (deterministic effects) の発生を防止すること．
(3) 確率的影響 (stochastic effects) の発生を容認できるレベルに押さえること．

すなわち，放射線防護の目標は，確定的影響と確率的影響をともに適切に防ぐことにある．確定的影響は，しきい線量以下に被ばくを抑えることにより達成できる．一方，確率的影響については，次に述べる放射線防護の体系を順守することによって，これを容認できるレベルに抑えることとしている．

2.1.2 放射線防護の基本原則

放射線被ばくに伴う人の活動は，①**行為**（practice）と②**介入**（intervention）に分類される．「行為」とは被ばくを増加させる人間活動を意味し，「介入」とは被ばくを減少させる人間活動を意味する．この分類を基に，以下の基本原則が与えられている．

(1) **行為の正当化**（justification）：放射線被ばくを伴う「行為」は，被ばくする個人または社会に対して，それによって生ずる放射線障害を相殺するに十分な便益がなければならない．
(2) **防護の最適化**（optimization）：個人や集団の被ばく線量を，潜在被ばくも含め，

経済的要因，社会的要因を考慮した上で，合理的に達成できる限り低く抑える（この原則は"As Low As Reasonably Achievable"という言葉で表現され，その頭文字を取って **ALARA** の原則と呼ばれる）．この場合，個人の線量は線量拘束値を超えないよう工夫する必要がある．防護の最適化は，放射線防護を実施する上で最も優先すべきことである．

(3) **個人の線量限度**(dose limits)：線量限度とは線量またはリスクの合計を制限するために設定された個人線量の上限値である．線量限度は，放射線を取り扱う職業人または一般公衆それぞれについて，容認できない(unacceptable)レベルと耐えられる(tolerable)レベルの境界になるように与えられている．この線量限度の設定にあたり，被ばくグループとその子孫が最終的に被る害の全体を表す尺度として，**デトリメント**（detriment, 損害）という概念が用いられる．

2.1.3 達成するべき被ばくレベル

放射線を利用することにより，社会や個人は種々の利益を得ている．この利益が放射線を使い続けている理由ともいえる．これは，放射線に限らず，例えば殺虫剤や除草剤など，毒性を持ちながら生活を豊かにするために広く用いられている種々の物質と同じである．こうした場合，悪い影響の有無が問題ではなく，その影響が容認できるレベルに抑えられていることが重要である．放射線が健康に及ぼす悪影響については，過去広島や長崎で得られた膨大なデータの解析を経て，安全管理上の観点からはよく分かっているといってよい．

先述したように，放射線防護の目標は「有害な確定的影響を防止し，確率的影響を容認できるレベルまで制限すること」にある．これを達成するには，(1) 確定的影響の「**しきい線量**」，(2) 確率的影響の発生頻度，(3) 容認できるリスクレベルを知ることが必要となる．以下それぞれについて詳細を述べる．

(1) 確定的影響の「しきい線量」

確定的影響には，生殖腺が被ばくしたときの受胎能力の低下，骨髄が被ばくしたときの造血機能の障害，眼の水晶体が被ばくしたときの白内障の発生，皮膚が被ばくしたときの皮膚障害などがある．

管 理 技 術

　これらの障害はある限度以上の放射線を浴びて初めて発生し，その限度，すなわち「しきい線量」はおよそ次の通りである．

　不妊：男性に対しては 10 Gy 以上の 1 回照射または 15 Gy 以上の分割照射，女性に対しては 6 Gy 以上の 1 回照射または 15 Gy 以上の分割照射

　リンパ球の減少：0.25 Gy 以上の照射

　脱毛：3 Gy，皮膚の紅斑：3〜6 Gy，水泡：7〜8 Gy 以上の照射

　これらの障害については，それぞれの「しきい線量」以下の被ばく線量なら発現しない．

(2)　確率的影響の発生頻度

　確率的影響に属するものには，**発がん**と**遺伝性影響**がある．確率的影響とは，影響の発生にしきい値がなく，線量の増大とともにその影響の発生確率が高くなるという性質の影響である．

　確率的影響ではしきい値がないと仮定していることから，ある線量値以下の被

表 2.1　名目確率係数

組織・臓器	致死がんの確率 $(10^{-2}Sv^{-1})$		総合障害 $(10^{-2}Sv^{-1})$	
	全集団	作業者	全集団	作業者
膀胱	0.30	0.24	0.29	0.24
骨髄	0.50	0.40	1.04	0.83
骨表面	0.05	0.04	0.07	0.06
乳房	0.20	0.16	0.36	0.29
結腸	0.85	0.68	1.03	0.82
肝臓	0.15	0.12	0.16	0.13
肺	0.85	0.68	0.80	0.64
食道	0.30	0.24	0.24	0.19
卵巣	0.10	0.08	0.15	0.12
皮膚	0.02	0.02	0.04	0.03
胃	1.10	0.88	1.00	0.80
甲状腺	0.08	0.06	0.15	0.12
残りの臓器・組織	0.50	0.40	0.59	0.47
合計	5.00	4.00	5.92	4.74
重篤な遺伝障害の確率				
生殖腺	1.00	0.60	1.33	0.80
総計			7.30	5.60

2. 放射線の障害防止に係る体系

ばくなら安全であるとは言い難い.

　確率的影響を評価するため，被ばく 1 Sv あたりの発生頻度が推定されており，名目確率係数（2007 年勧告では名目リスク係数）と呼ばれている（表 2.1）.

（3）容認できるリスクレベル

　生涯にわたり連続被ばくした状態に対する死亡確率，死亡による寿命損失，18 才での平均余命損失を調べ，死亡確率について 5 %，平均余命損失 0.5 %，65 才までの年間死亡確率が 10^{-3} を容認できるレベルとしている.

2.1.4　等価線量と実効線量

　放射線防護で使われる量は，等価線量 H_T 及び実効線量 E である（3.1 参照）.

　等価線量は放射線の生物学的効果を加味した量である. 放射線の生物効果の程度をよく表す数値として，低線量での確率的影響の誘発に係る**生物学的効果比**(**RBE**)を代表する値を採用している.

　生物学的効果比とは，ある生物学的エンドポイントについて，2 種類の放射線が同じ程度の影響を生ずる吸収線量の逆比である（(2.1)式）.

$$\text{RBE} = \frac{\text{ある効果を与える基準放射線の吸収線量}}{\text{同じ効果を得る放射線の吸収線量}} \tag{2.1}$$

　RBE は電離性粒子の飛跡に沿う電離密度の尺度である**線エネルギー付与**(**LET**)と関係付けられる. RBE は低 LET 放射線(X 線や γ 線)ではほぼ 1 である. しかし LET の増大とともに大きくなり，LET 100 keV・$\mu\mathrm{m}^{-1}$ 付近で最大となり，その後減少しはじめる (overkill：生物学 8.1 参照). なお，放射線加重係数(w_R)の値（3.1 で後述）は，LET と関係付けられた線質係数の値と，概ね一致している.

2.1.5　線量限度

（1）職業被ばくの線量限度

　ICRP は，1 年間に 10 mSv（生涯 0.5 Sv），20 mSv（1.0 Sv），30 mSv（1.4 Sv），50 mSv（2.4 Sv）の放射線を被ばくしたときの死亡確率，死亡による寿命損失，18 才の平均余命損失を調べた. その結果 10 mSv／年，20 mSv／年，30 mSv／年，50 mSv／年の連続被ばくによる死亡の生涯確率はそれぞれ 2%，4%，5%，9%であ

507

管 理 技 術

り，平均余命の損失はそれぞれ約 0.2 年，0.5 年，0.7 年，1.1 年であった．一方 65 才までの年間死亡確率が 10^{-3} を超えない被ばくは年間 20 mSv 以下の被ばくの場合であった．これらの知見に基づき，職業被ばくについては，生涯の実効線量の上限を 1 Sv と定め，5 年間で 100 mSv，ただし，いかなる 1 年間も 50 mSv を超えてはならないとしている．

(2) 公衆被ばくの線量限度

ICRP は，1 年間に 1, 2, 3, 5 mSv の放射線を生涯連続被ばくしたと仮定した場合の年齢に応じた死亡率の算出結果，および自然放射線による被ばく（ラドンの被ばくは除く）の平均実効線量が年間約 1 mSv である事実などを考慮し，実効線量で年 1 mSv を公衆被ばくの線量限度として勧告した．この線量限度に対応する 1 年間の死亡確率は約 10^{-5} である．表 2.2 に線量限度の勧告値を示す．

表 2.2　線量限度

	職業被ばく	公衆被ばく
実効線量（effective dose）	100 mSv/5 年 ただし，いかなる 1 年 も 50 mSv を超えない	1 mSv/年
年等価線量（annual equivalent dose）		
眼の水晶体	150 mSv	15 mSv
皮膚	500 mSv	50 mSv
手および足	500 mSv	—

2.2　2007 年勧告（Publ. 103）

2.2.1　主な変更点

ICRP は，2007 年に 17 年ぶりの主勧告（Publ. 103）を採択した．この新しい勧告（以下「2007 年勧告」）は，1977 年勧告（Publ. 26），1990 年勧告（Publ. 60）の流れに沿って，その完成度を高める形で改定が行われたものである．言い方を変えれば，放射線防護の基本的考え方やその体系の基礎は 1990 年勧告でほぼ完成しており，そ

2. 放射線の障害防止に係る体系

の後発展の見られた分野の知見を集めて整理したものが 2007 年勧告といえる.

　2007 年勧告では，放射線防護の 3 つの基本原則（正当化，最適化，線量限度）は踏襲され，その根底にある **ALARA**（As Low As Reasonably Achievable）の考え方（2.1.2 参照）も堅持されている. 実効線量と等価線量で与えられた個人線量限度についても維持された. ただし，1990 年勧告では，人の活動を「行為」と「介入」の 2 つに区分し，それぞれに正当化と最適化が適用されるとしていたのに対し，2007 年勧告では，放射線被ばくの状況を「**計画被ばく**」，「**緊急時被ばく**」，「**現存被ばく**」の 3 つに区分し，すべての状況に 2 つの原則（正当化と最適化）が適用されるとしている. 線量限度については，1990 年勧告では行為のみを対象としたのに対し，2007 年勧告では計画被ばく状況のみに適用されている. すなわち，上記の区分は，従前の「行為」が「計画被ばく」状況に対応し，「介入」が「緊急時被ばく」状況と「現存被ばく」状況の 2 つに分けられたものと解釈することができる.

　2007 年勧告では，最適化のプロセスにおいて，「線源関連」の評価が強調されている. これは，個人の放射線防護を確実なものにするためには，個人が受けているすべての被ばくを把握して線量限度との対比に基づき対策を講じるよりも，複数あるうちの 1 つあるいは 1 グループの線源に対して基準を定めて対策を講じることが実際的であるとの認識による. その「線源関連」の評価に関し，計画被ばく状況においては**線量拘束値**，緊急時被ばく状況及び現存被ばく状況においては参考レベルを設定し，それを順守することを求めている.

　設定すべき線量拘束値と参考レベルの値については，3 つの被ばく状況に応じて，選択可能な数値の範囲（バンド）が示されている. 例えば，計画被ばく状況については，職業被ばくに対する線量拘束値は 1〜20 mSv／年の範囲，公衆被ばくに対する線量拘束値は 1 mSv／年以下が適用される.

　一方，ICRP は，線量拘束値について，規制当局が定めた規制上の限度として使われるべきではないとも述べており，現場の状況に応じて柔軟に運用できるように配慮されている.

509

管 理 技 術

　なお，患者の医療被ばくについては，1990 年勧告と同様，線量制限によって診断や治療で患者が受ける便益を損ねてはいけないとの考えから，患者個人に対する線量限度や線量拘束値は勧告されていない．すなわち，患者の医療被ばくは，厳密な計画に基づいてはいるものの，計画被ばくとは別に捉えるべき対象となっている．

　線量評価の体系については，1990 年勧告をほぼ踏襲している．すなわち，基本的な物理量として吸収線量を用い，放射線の線質を考慮して各臓器・組織の等価線量を求め，放射線の確率的影響に係る各部位の感受性の違いを考慮して実効線量を推定する．

　一方，防護量（等価線量及び実効線量）の計算に関して若干の改定が行われた．主な変更点をまとめると以下のようになる．

・等価線量の算定において，両性具有ファントムに代え，ICRP が推奨する男女別の標準ファントムを用いることとされた．実効線量は，各組織の等価線量の平均値を用いて計算する．

・放射線加重係数について，陽子の値が 5 から 2 に小さくなり，中性子の値が階段関数から連続関数となり，荷電パイ中間子の値（＝2）が追加された（3.1.1 参照）．

・組織加重係数について，生殖腺の値が 0.20 から 0.08 に小さく，乳房の値が 0.05 から 0.12 に大きくなるなど，一部の臓器について値が変更された(3.1.2 参照)．

　なお，同勧告の訳文では，従前"荷重係数"としていた表記を，本来の意味に照らして**"加重係数"**と改めている．

　その他，2007 年勧告では，1990 年勧告以降あいまいさが残っていた実効線量の適用範囲について踏み込んだ記述がなされ，防護量の扱い方がより明瞭になった．

　集団線量については，線量レベルに応じた多次元の検討を要求しており，従前のような単一の値での使用に警鐘を鳴らしている．

　環境の防護については，**環境防護**の目的に沿う形で，人以外の動植物について参考動物と参考植物を定め，その防護体系を策定していくこととしている．

510

2. 放射線の障害防止に係る体系

2.2.2 今後の動向

2007 年勧告における新しいファントムや加重係数等の提示を受けて，これに対応するための検討が国内外で活発に行われ，フルエンスから実効線量を算定するための線量換算係数や，放射性核種の摂取量又は吸入量から預託線量を算出するための線量係数等に関する新しいデータベースが整備されつつある．

国際原子力機関(IAEA)では，IAEA の安全基準体系を構成する各委員会（原子炉安全：NUSSC，放射線安全：RASSC，放射性廃棄物安全：WASSC，輸送安全：TRANSSC)で 2007 年勧告の内容を安全基準に反映するための入念な審議が行われ，放射線安全基準体系の頂上基準である **BSS(基本安全基準)** の文書が改訂された．2015 年現在，BSS の改訂を踏まえた関連基準の検討が行われている．

我が国においては，BSS およびそれを受けて改訂された関連文書も踏まえて，2007 年勧告の国内法令への取り入れについての具体的な審議が行われている（2015 年現在）．

管 理 技 術

〔演 習 問 題〕

問1 次の文章の中の（ ）の部分に入る適当な語句または数値を番号と共に記せ.

　　放射線防護と安全管理の指標として，被ばく集団に確率の法則に従って発現すると
考えられる（ 1 ）影響の予測危険度を数値で表すことがある. その数値は，種々
の被ばく集団，たとえば，（ 2 ）被ばく生存者，医療被ばく者，職業被ばく者に
ついての疫学的統計資料を用い，線量－効果関係を（ 3 ）値のない（ 4 ）と
仮定して，その勾配から算定したものである. すなわち実効線量当たりに起こる
（ 1 ）影響の確率を与える数値で（ 5 ）と呼ばれている.

　　放射線誘発がんの場合には推定死亡率に基づいてその数値を表し，とくに発がんの
危険度の高い（ 6 ），（ 7 ），（ 8 ）及び胃等の臓器・組織と残りの臓器・組
織について，競合する死因について補正し，全身平均被ばくの場合は，組織ごとに重
みをつけて加算を行う.

〔答〕 (1)——確率的 　　 (2)——原爆 　　 (3)——しきい 　　 (4)——直線（関係）

　　　 (5)——名目確率係数 　　　 (6)——骨髄 　　　 (7)——結腸

　　　 (8)——肺 　　 ※(6)〜(8)は順不同

問2 次の文章の（ ）の部分に入る適当な語句又は数値を番号と共に記せ.

　　人体を構成している臓器・組織のうち，（ 1 ），腸および皮膚の上皮等は（ 2 ）
と呼ばれる.（ 2 ）は（ 3 ）を含み，細胞増殖，分化を行っているので放射
線感受性が高い.（ 1 ）は脊椎をはじめ全身の骨に広く分布しているが，活発な
造血作用を行っている部分を特に（ 4 ）と呼んでいる. ここで産生された細胞は
（ 5 ），（ 6 ），（ 7 ），（ 8 ）として末梢血中に供給される.

　　人が全身にγ線（ 9 ）Gy 程度を（ 10 ）被ばくすると，骨髄障害によって
60 日以内にほぼ（ 11 ）％が死亡する. しかし，（ 12 ）被ばくでは（ 3 ）
に回復機能があるため，（ 1 ）の障害は一般に（ 10 ）被ばくより軽くなる.
また，より低い線量を被ばくした場合，（ 10 ）（ 1 ）障害は起こさないが，
（ 13 ）後から二十数年後にかけて白血病が誘発されることがある. 白血病は

512

2. 放射線の障害防止に係る体系

（ 14 ）1mm³ 当たり約（ 15 ）個ある白血球数が数万個以上に増加したり，未分化な細胞がみつかること等から（ 14 ）検査で発見されることが多い．白血病の誘発は（ 16 ）に依存する．（ 16 ）は大きな被ばくグループの集積線量をそのグループの（ 17 ）数で割った値として次式から求める．

$$D = \frac{\Sigma\Sigma(N_{jk}{}^{(M)} \cdot d_{jk}{}^{(M)} + N_{jk}{}^{(F)} \cdot d_{jk}{}^{(F)})}{\Sigma(N_k{}^{(M)} + N_k{}^{(F)})}$$

ここで，D：（ 16 ）

N_{jk}：j の被ばくを受けた年齢 k の（ 17 ）数

d_{jk}：年齢 k の人が j の被ばくを受けた時の（ 1 ）が被ばくした線量

（M），（F）：それぞれ男性の項，（ 18 ）の項である．

白血病の（ 19 ）として 1Sv 当たり 2×10^{-3} の数値が与えられている．これは 1mSv 当たり 100 万人に対し（ 20 ）人の割合である．

〔答〕　(1)——骨髄　　　　　　　(2)——細胞再生系　　　　(3)——幹細胞

　　　　(4)——赤色骨髄　　　　　(5)——赤血球　　　　　　(6)——顆粒球

　　　　(7)——血小板　　　　　　(8)——リンパ球　　　　　(9)——5 または 4～6

　　　　(10)——急性　　　　　　　(11)——50　　　　　　　　(12)——慢性

　　　　(13)——2～3 年または数年　(14)——血液

　　　　(15)——6,000 または 4,000～8,000　　　　　(16)——平均骨髄線量

　　　　(17)——人または全人　　　(18)——女性　　　　　　(19)——名目確率係数

　　　　(20)——2　　　　　　　　　　　　　　　　※(5)～(8) は順不同

問3　次の文章の中の（　）の部分に入る適当な語句または数値を番号と共に記せ．

　　　放射線防護の目的は，（ 1 ）の発生を防止し，（ 2 ）の発生を減らすことである．放射線防護の実現に当たっては，①行為の（ 3 ），②防護の（ 4 ）及び③個人の線量限度の 3 つを考慮する必要がある．ここで，行為の（ 3 ）とは，放射線被ばくを伴うどのような行為も，それによってもたらされる（ 5 ）よりも（ 6 ）が大きくなければ採用してはならないという原則である．防護の（ 4 ）とは，個人線量の大きさ，人数及び被ばくする機会を，経済的社会的要因を考慮して，

管 理 技 術

（ 7 ）に達成できる限り低くするという原則である.

　　具体的には,外部被ばくの場合,作業をするに当たって（ 8 ）を短くする,（ 9 ）する,（ 10 ）を長くとるなどの処置を採り,被ばく線量をできるだけ抑える努力が重要である.

〔答〕　(1)——確定的影響　　　(2)——確率的影響　　(3)——正当化　　　(4)——最適化

　　　　(5)——損害　　　　　　(6)——便益　　　　　(7)——合理的　　　(8)——時間

　　　　(9)——遮蔽　　　　　　(10)——距離

問 4　放射線被ばく影響の疫学調査に関する次の文章中の（　　）の部分に入る適当な語句,記号または数値を番号とともに記せ.

　　原爆被爆者の疫学調査では,総数 12 万人の固定集団（コホート）を対象に,2002年に改正され（ 1 ）として承認された方法に従って線量評価が行われた.血液のがんと呼ばれる（ 2 ）は原爆投下の数年後から増え始め,7～8 年後にピークに達した.一方,それ以外の悪性腫瘍はがん年齢になって発生している.これら原爆被爆者のデータは,国連の下に設置されている（ 3 ）,国際的非政府機関である（ 4 ）,米国の（ 5 ）等の報告書や勧告において,重要な基礎資料として引用されている.

　　医療被ばくについては,放射線を受けた患者に特定の腫瘍のリスク増加が見られている.例えば,繰り返し胸部透視が行われた（ 6 ）患者における肺がんの発生,X 線治療を受けた強直性脊椎炎患者における（ 2 ）の発生,（ 7 ）剤のトロトラストを投与された患者における（ 8 ）がんと（ 2 ）の増加などが知られている.トロトラストは（ 9 ）やその系列核種を含み,主として（ 8 ）や（ 10 ）に蓄積して（ 11 ）を放出する.

　　職業被ばくでは,ウラン鉱夫について,（ 12 ）及びその壊変生成物による（ 13 ）がんの発生が報告されている.ただし,粉塵や（ 14 ）などの交絡因子の影響が問題点として指摘されている.又,時計文字盤塗装工について,夜光塗料に含まれる（ 15 ）の体内への取り込みによる（ 10 ）腫瘍の発生などが報告されている.

　　高自然放射能（高バックグラウンド）地域には（ 16 ）のケララ地方や中国広

514

2. 放射線の障害防止に係る体系

東省の陽江地区などが知られており，それらの地域の住民には（　17　）の発生頻度が多いことなどが報告されている．一方，がんの死亡率は低バックグラウンド地域と優位な差はない．

　チェルノブイリ事故の影響については，事故時に高レベル汚染地域に居た小児に（　18　）がんの増加が見られた．

〔答〕　(1)——DS02　　　　　　　(2)——白血病

　　　(3)——UNSCEAR（原子放射線の影響に関する国連科学委員会）

　　　(4)——ICRP（国際放射線防護委員会）

　　　(5)——BEIR（電離放射線の影響に関する委員会）

　　　(6)——肺結核　　　　(7)——血管造影　　　(8)——肝臓

　　　(9)——Th（トリウム）　(10)——骨　　　　(11)——α（アルファ）線

　　　(12)——Rn（ラドン）　(13)——肺　　　　(14)——喫煙(煙草)

　　　(15)——Ra（ラジウム）　(16)——インド　　　(17)——染色体異常

　　　(18)——甲状腺

3. 被ばく管理に用いる量と基準

　放射線防護のために用いられる量（**防護量**）は，組織の放射線感受性等に基づく重みづけがされており，直接測定可能な量ではない．それ故，被ばく線量の管理にあたっては，防護量と対応づけられた，測定可能な**実用量**も定められている．防護量には，実効線量と等価線量があり，内部被ばくの評価ではそれぞれに預託線量が定義されている．実用量には，周辺線量当量，方向性線量当量，個人線量当量などがあり，管理の目的に応じて使い分けられている．

3.1　防　護　量

3.1.1　等価線量

　同一の吸収線量であっても，放射線の種類やエネルギーにより人体に対する影響の表れ方は異なる．照射により人体組織に与えられる影響を，同一尺度で計量するために，組織・臓器にわたって平均し，線質について加重した吸収線量である**等価線量**（equivalent dose）が導入された．等価線量 H_T と吸収線量 D_{TR} との関係は

$$H_T = \sum_R w_R \cdot D_{TR} \qquad (3.1)$$

で与えられる．ここで，w_R は**放射線加重係数**（radiation weighting factor）で，D_{TR} は組織・臓器 T について平均された，放射線 R に起因する吸収線量である．吸収線量の単位は Gy で，等価線量は Sv で示される．w_R の値は，低線量における確率的影響の誘発に関する放射線の生物学的効果比を代表するように，ICRP によって勧告された．w_R の値を表 3.1 に示す．

3. 被ばく管理に用いる量と基準

表 3.1 放射線加重係数

放射線の種類と エネルギーの範囲		放射線加重係数 w_R	
		1990 年勧告	2007 年勧告
光子		1	1
電子及びミュー粒子		1	1
中性子			
エネルギーが	10keV 未満のもの	5	連続関数*
〃	10keV 以上 100keV まで	10	
〃	100keV を超え 2MeV まで	20	
〃	2MeV を超え 20MeV まで	10	
〃	20MeV を超えるもの	5	
陽子及びパイ中間子		5	2
		(陽子のみ)	
α 粒子, 核分裂片, 重原子核		20	20

$$* \ w_R = \begin{cases} 2.5+18.2e^{-[\ln(E_n)]^2/6} \ \cdots\cdots\cdots E_n < 1 \ \text{MeV} \\ 5.0+17.0e^{-[\ln(2E_n)]^2/6} \ \cdots\cdots 1 \ \text{MeV} \leq E_n \leq 50 \ \text{MeV} \\ 2.5+3.25e^{-[\ln(0.04E_n)]^2/6} \ \cdots\cdots E_n > 50 \ \text{MeV} \end{cases}$$

3.1.2 実効線量

実効線量 E（effective dose）は，

$$E = \sum_T w_T H_T \tag{3.2}$$

で与えられる．ここで，w_T は組織・臓器 T の**組織加重係数**（tissue weighting factor）で，H_T は組織・臓器 T の等価線量であり，$\sum_T$ は放射線を受けた組織について加え合わすことを意味する．組織加重係数は表 3.2 に与えられている．実効線量は全身に均一に被ばくしても，部分的に被ばくしても同じように適用できる．

517

管 理 技 術

表 3.2 組織加重係数

組織・臓器	組織加重係数 w_T	
	1990 年勧告	2007 年勧告
生殖腺	0.20	0.08
骨髄（赤色）	0.12	0.12
結腸	0.12	0.12
肺	0.12	0.12
胃	0.12	0.12
膀胱	0.05	0.04
乳房	0.05	0.12
肝臓	0.05	0.04
食道	0.05	0.04
甲状腺	0.05	0.04
皮膚	0.01	0.01
骨表面	0.01	0.01
脳	–	0.01
唾液腺	–	0.01
残りの組織・臓器	0.05	0.12

3.1.3 預託等価線量と預託実効線量

　放射性物質を摂取した場合，その物質はある期間人体内に留まり，線量率を変えながら周囲の組織・臓器に線量を与える．ここで，摂取後ある組織・臓器 T にある期間に与えられる等価線量率の時間積分値を**預託等価線量**（committed equivalent dose）$H_T(\tau)$という．ここで τ は摂取後の積算期間（年単位）である．もし τ が特定されていないときは，成人に対し 50 年，子供に対しては摂取時から 70 歳までの年数とする．

$$H_T(\tau) = \int_{t_0}^{t_0+\tau} \dot{H}_T(t)\,dt \qquad (3.3)$$

　ここで，$H_T(\tau)$ は預託等価線量，$\dot{H}_T(t)$ は等価線量率，t_0 は摂取の時刻である．等価線量率の代わりに実効線量率をとると**預託実効線量**（committed effective dose）$E(\tau)$となる．ICRP は，実効線量を制限することにより，実効線量相当の被ばくが限度値で長期間連続していたと仮定しても，組織・臓器に確定的影響を及ぼさないことは確実であるとして，内部被ばくについては等価線量限度を定め

518

ていない．一方，外部にある放射線源からの部分被ばくが考えられる眼の水晶体及び皮膚については，別に等価線量の限度値を設けている．また，胎児に対して確定的影響を防止する目的で，母親の預託実効線量を制限している．

内部被ばくの線量については，放射性同位元素の摂取量（Bq）に各元素の**線量係数**（6.1 参照）を乗じて求められるようになっている．

3.2 実用量

実効線量の同定には，人体の各組織・臓器における等価線量を知る必要があるが，これを実測することは事実上不可能である．そのため，外部被ばくに係る実測が可能な量（**実用量**）として，周辺線量当量，方向性線量当量および個人線量当量が用いられている．実用量の測定方法については，測定技術の章を参照のこと．

3.2.1 周辺線量当量

周辺線量当量 $H^*(d)$ は，図 3.1 に示すように，放射線場のある 1 点にすべての方向からくる放射線を整列・拡張した場（一方向からくるとして整列させた場）に，**ICRU 球**（直径 30cm の球で，その元素組成が O：76.2%，C：11.1%，H：10.1%，N：2.6%，密度は 1）を置いたとき，整列場の方向に半径上の深さ d mm（p 点）において生ずる線量当量と定義されている．

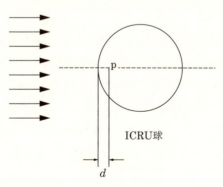

図 3.1　周辺線量当量 $H^*(d)$ の定義

$d=10\,\mathrm{mm}$ を1cm 線量当量とし,$d=3\,\mathrm{mm}$ 及び $d=70\,\mu\mathrm{m}$ をそれぞれ3mm 線量当量, 70μm 線量当量としている.

3.2.2 方向性線量当量

簡単のため放射線が1方向からくる場合を考えると,方向性線量当量 $H'(d, \alpha)$ は,放射線場に ICRU 球を置き,放射線の入射方向となす角度 α の方向で半径上の深さ d mm に生ずる線量で定義される.

方向性線量当量で $\alpha=0$ のときは方向性線量当量 $H'(d, 0)$ と周辺線量当量 $H^{*}(d)$ は等しい.方向性線量当量は放射線の防護の現場で用いられることはないが,線量計の角度依存性を表す際等に用いられる.

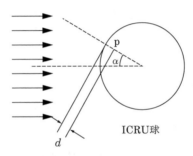

図3.2 方向性線量当量 $H'(d, \alpha)$ の定義

3.2.3 個人線量当量

ICRU は,個人被ばく線量測定において測定すべき個人線量当量 (personal dose equivalent) $H_\mathrm{P}(d)$ を人体上のある特定の点における軟組織の深さ d における線量当量と定義している.具体的にはスラブファントム中央面を平行ビームで面に垂直に照射し,ファントムの中央面下の各深さに生じる線量を計算により求めたものである (図3.3参照).深さ d の値として深部組織に対する線量には10 mm,眼の水晶体には3 mm,表層部組織には70 μm が推奨されている.

3. 被ばく管理に用いる量と基準

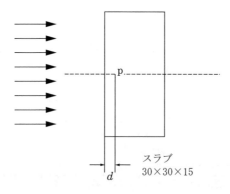

図 3.3　個人線量当量 $H_P(d)$ の定義

3.3　防護の基準

3.3.1　人に対する防護基準

(1) 管理区域へ立ち入る者の区分

管理区域へ立ち入る者は，**放射線業務従事者**と**一時立ち入り者**の 2 つに区分される（表 3.3）．

表 3.3　管理区域に立ち入る者の区分

名称	放射線業務従事者	一時的立入者
範囲	放射性同位元素または放射線発生装置の取扱い，管理またはこれに付随する業務に従事する者であって，管理区域に立ち入る者	見学などで管理区域への立ち入りが一時的な者

(2) 平常時における線量限度

平常時の作業等における個人の線量限度は，2015 年現在，ICRP 1990 年勧告に拠っている．日本の法令で定められている線量限度の値を表 3.4 に示す．

管 理 技 術

表 3.4 個人被ばくの線量限度

	職業人	一般公衆
実効線量	100 mSv/5 年 [1]	1 mSv/年
	50 mSv/年 [2]	
女子 [3]	5 mSv/3 月	
妊娠中の女子	内部被ばくについて 1 mSv（妊娠中 [4]）	
等価線量		
眼の水晶体	150 mSv/年	—
皮膚	500 mSv/年	—
妊娠中の女子の腹部表面	2 mSv（妊娠中 [4]）	—

1) 4 月 1 日以降 5 年ごとに区分した各期間
2) 4 月 1 日を始期とする 1 年間
3) 妊娠不能と診断された者及び妊娠の意思のない旨を許可届出使用者又は許可廃棄業者に書面で申し出た者を除く
4) 本人の申し出により許可届出使用者又は許可廃棄業者が妊娠の事実を知ったときから出産までの間

(3) 緊急作業に係る線量限度

放射線業務従事者（女子*を除く）が**緊急作業**を行う場合の線量限度は，実効線量について 100 mSv，眼の水晶体の等価線量について 300 mSv，皮膚等の等価線量について 1 Sv とされている．（*妊娠不能と診断された者又は妊娠の意思のない旨を許可届出使用者若しくは許可廃棄業者に書面で申し出た者以外の女子）

なお，2011 年 3 月の東京電力福島第一原子力発電所事故の発生を受けて，原子力規制委員会において緊急作業従事者に対する線量限度の見直しが議論され，電離放射線障害防止規則の一部を改正する省令等が 2015 年 8 月 31 日に厚生労働省から交付され，2016 年 4 月 1 日から施行された．これにより，厚生労働大臣は，原子力緊急事態又はそれに至るおそれが高い事象が発生した場合に，原子力施設における破滅的な状況の回避などに必要なときは，250 mSv を超えない範囲内で被ばく限度（特例緊急被ばく限度）を別に定める又は変更することができるようになった．

ただし，特例緊急被ばく限度が定められた場合であっても，原子力防災要員等

3. 被ばく管理に用いる量と基準

以外の作業者については，特例緊急作業が実施されている原子力施設内における
作業には当該限度は適用されない．

3.3.2 場所に対する防護基準

場所に関する限度として，「施設内の常時人の立ち入る場所」，「管理区域の境界」，
「病院又は診療所の病室」及び「工場又は事業所の境界および工場又は事業所内
で人が居住する区域」について放射線レベルが定められている．また，常時人の
立ち入る場所及び管理区域境界における空気中濃度，常時人の立ち入る場所及び
管理区域から持ち出す物の汚染密度，排気口又は排水口における濃度が定められ
ている．これらの値を表 3.5 に示す．これら管理基準の詳細については，法令の 5
章および 6 章を参照のこと．

表 3.5 場所に関する限度

場所 ＼ 区分	外部放射線の線量当量	放射性同位元素の濃度	表面汚染密度
施設内の常時人の立ち入る場所	実効線量で 1 mSv/週	1週間の平均濃度が告示別表の空気中濃度限度	α核種：4 Bq・cm^{-2} α線を放出しない核種：40 Bq・cm^{-2}
管理区域の境界	実効線量で 1.3 mSv/3 月	3月間の平均濃度が告示別表の空気中濃度限度の 1/10	α核種：0.4 Bq・cm^{-2} α線を放出しない核種：4 Bq・cm^{-2}
病院又は診療所の病室	実効線量で 1.3 mSv/3 月		
工場又は事業所の境界及び工場又は事業所内で人が居住する区域	実効線量で 250 μSv/3 月		
排気口，排水口		排気・排水の 3 月間の平均濃度が告示別表の濃度限度	

523

管　理　技　術

〔演 習 問 題〕

問1　加重係数に関する次の記述について，正誤を答えよ.

A　放射線加重係数とは確定的影響を評価するための係数である.

B　線量率が高くなると放射線加重係数の値は大きくなる.

C　α粒子と重イオンの放射線加重係数はどちらも 20 である.

D　放射線加重係数も組織加重係数も，外部被ばくと内部被ばくの両方の評価に用いられる.

E　臓器・組織の吸収線量に組織加重係数を乗じ，全身にわたって積算することによって実効線量が得られる.

F　年齢が高くなると組織加重係数の値は小さくなる.

〔答〕

A　誤（確率的影響を評価するための係数である.）

B　誤（線量率には依存しない.）

C　正

D　正

E　誤（等価線量に組織加重係数を乗じる.）

F　誤（年齢には依存しない.）

問2　次の文章の（　　）に入る適当な語句または数値を下記のア～ソのうちから選び番号と共に記せ.

体外からの放射線被ばくにおいて実効線量を正確に評価することは困難なので，これを安全側に評価するために（　1　）線量当量が導入された. 日常のモニタリングでは，作業者の被ばく線量として（　1　）線量当量を測定・評価する. 特定部位の被ばく線量当量としては，皮膚については（　2　）線量当量を，眼の水晶体については（　3　）で評価する.

外部被ばくに関する個人モニタリングでは，身体表面に装着された（　4　），（　5　），（　6　）等の個人モニタが測定に用いられる.

3. 被ばく管理に用いる量と基準

ア　照射線量　　　　　イ　線量当量　　　ウ　1cm

エ　70μm または 1cm 線量当量のうち適切なもの　　　　　オ　70μm

カ　粒子フルエンス　　キ　ICRP　　　　ク　ICRU　　　ケ　TLD

コ　GM 計数管　　　　サ　エネルギー　　シ　蛍光ガラス線量計

ス　サーベイメータ　　セ　OSL 線量計　　ソ　シンチレーションカウンタ

〔答〕　1──ウ（1cm）　　　　　　　2──オ（70μm）

　　　3──エ（70μm または 1cm 線量当量のうち適切なもの

　　　4──セ（OSL 線量計）　　　　5──ケ（TLD）

　　　6──シ（蛍光ガラス線量計）　　　　（4, 5, 6 は順不同）

問 3　次の文章の（　　）の部分に入る語句，数値，または記号を下記の（イ）〜（サ）のうちから選び，番号と共に記号で記せ.

　放射線発生装置あるいは密封線源からの放射線に関しては（　1　）のみを考慮すればよいが，非密封線源の取り扱いでは（　2　）も考慮しなければならない.

　放射性物質は（　3　），（　4　）あるいは，（　5　）によって体内に取り込まれる. 取り扱う放射性物質に応じた方策によって，摂取の防止をはかることができる. 例えば，マスクを装着し，安全フード（ドラフト）を用いることによって（　3　）を，安全ピペッターによって（　4　）を，また手袋の装着によって（　5　）を減らすことができる.

　放射線の線質による生物作用の大きさの違いを考慮に入れた放射線防護上の指標として，（　6　）が定義されている. これは（　7　）に，放射線の種類とエネルギーとによって定められている（　8　）を乗じたもので，単位は（　9　）である. さらに臓器ごとの確率的影響の発生確率を考慮した係数，（　10　）で重みをつけて合算したものが（　11　）であり，確率的影響に関する放射線防護上の限度値はこれを用いて規定されている.

　（　2　）の場合には，取り込まれた放射性物質がその（　12　）に従って減衰しつつ，長期にわたって照射し続けることを考慮して，各時点での単位時間当たりの（　6　）を 50 年間にわたって積算した値（　13　）を採用する.（　11　）に相当するのは，（　13　）に組織ごとの重みを付けて合算した（　14　）である.

525

管　理　技　術

　放射線作業に伴う放射性物質の（　3　）を防ぐためには，作業環境中の放射能濃度を低く抑えることも重要である．放射性同位元素の空気中濃度限度は，作業者が1年にわたってこの濃度の環境のもとで作業に従事したときに，体内に取り込まれた放射性物質による（　14　）が，定められた（　11　）の限度値〔5年間あたり（　15　）ミリ（　9　）〕となるように定められている．

(イ)全身被ばく　　　(ロ)外部被ばく　　　(ハ)局所被ばく　　　(ニ)内部被ばく

(ホ)経血管吸収　　　(ヘ)経皮吸収　　　　(ト)経口摂取　　　　(チ)経気道摂取

(リ)吸収線量　　　　(ヌ)しきい線量　　　(ル)実効線量　　　　(ヲ)照射線量

(ワ)預託等価線量　　(カ)預託実効線量　　(ヨ)等価線量　　　　(タ)生物学的効果比

(レ)放射線加重係数　(ソ)低減係数　　　　(ネ)組織加重係数　　(ナ)分布係数

(ム)リスク係数　　　(ノ)生物学的半減期　(オ)実効(有効)半減期　(ヤ)グレイ

(マ)シーベルト　　　(ケ)レントゲン　　　(フ)ベクレル　　　　(コ)5

(エ)10　　　　　　　(サ)100

〔答〕　(1)――ロ（外部被ばく）　　　(2)――ニ（内部被ばく）

　　　　(3)――チ（経気道摂取）　　　(4)――ト（経口摂取）

　　　　(5)――ヘ（経皮吸収）　　　　(6)――ヨ（等価線量）

　　　　(7)――リ（吸収線量）　　　　(8)――レ（放射線加重係数）

　　　　(9)――マ（シーベルト）　　　(10)――ネ（組織加重係数）

　　　　(11)――ル（実効線量）　　　 (12)――オ（実効（有効）半減期）

　　　　(13)――ワ（預託等価線量）　　(14)――カ（預託実効線量）

　　　　(15)――サ（100）

問4　次の文章の中の（　　）の部分に入る適当な語句または数値を番号と共に記せ.
　　　放射線業務従事者の線量限度は，5年間の（　1　）で（　2　）mSvであり，その範囲の1年間で（　3　）mSvを超えないこととされている．又，眼の水晶体の（　4　）で1年間に（　5　）mSv，皮膚の（　4　）で1年間に（　6　）mSvである．
　　　妊娠する可能性のある女性の放射線業務従事者に対しては，（　7　）の被ばくを考慮して，3月間の（　1　）で（　8　）mSv，又，本人の申出等により許可届出使用者等が妊娠の事実を知ってから出産までの間につき，①外部被ばくに対しては腹部

3. 被ばく管理に用いる量と基準

表面の（　4　）で（　9　）mSv, ②内部被ばくに対しては母体の（　1　）で（　10　）mSv である.

〔答〕　(1)——実効線量　　(2)——100　　(3)——50　　(4)——等価線量

(5)——150　　(6)——500　　(7)——胎児　　(8)——5

(9)——2　　(10)——1

4. 個人被ばくの管理

4.1 個人被ばく管理の概要

　個人被ばく管理は，放射線防護体系に示されている(1)行為の正当化，(2) 防護の最適化，(3)線量限度の3原則（2.1参照）に照らして，安全な作業環境が維持されていることと，その作業環境での個人の被ばく線量が限度値を超えていないことの実証を狙いとして行われる．

　放射線障害の防止を目的とした個人被ばく管理の方法には，①測定器による物理的測定やバイオアッセイなどによる評価と②各種臨床検査による健康診断の2つがある．作業環境における放射線の強度が時間的にも空間的にもあまり変化しないときには空間線量率のデータ等から個人被ばく線量がかなり正しく推定できることが多いが，通常，個人被ばく管理は，各人の被ばくを直接モニタリングすることによって行われる．個人被ばく管理に係る基準（線量限度）については3章を参照のこと．

4.2 個人被ばく管理の目的

(1)放射線の被ばくを実測または計算によって求め，作業者の被ばくが限度を超えていないことを確認する．超えていれば対策をとる．

(2)被ばくを解析して作業環境がよく管理されているかどうかを確認する．

(3)被ばくの平常値を知っておき，平常値を超える被ばくがあった場合，作業方法や施設の改善，放射線障害の早期発見等に役立てる．

(4)法令で定められている通り記録し保存する．

4. 個人被ばくの管理

4.3　外部被ばく線量の管理

(1)法令では，外部被ばくに対して，

実効線量：1 cm 線量当量

等価線量：皮膚：70 μm 線量当量，眼の水晶体：1 cm 線量当量又は 70 μm 線量
当量のうち適切なもの，妊娠中である女子の腹部表面：1 cm 線量当
量としている.

(2)外部被ばくの線量当量は測定器（ガラス線量計，OSL 線量計や TLD など）を
用いて測定する．ただし，放射線測定器でも測定困難なときは，計算で算出し
ても良い.

(3)個人線量計の着用部位

○体幹部均等被ばくの場合：男子および妊娠不能及び妊娠の意思のない女子は胸
部，妊娠可能な女子は腹部.

○体幹部不均等被ばくの場合は：胸部（女子にあっては腹部）と最も被ばくする
可能性のある場所の 2 個所（不均等被ばくの場合の実効線量の求め方は 5.1 参
照）

○末端部被ばくの場合：胸部（女子にあっては腹部）および末端部

(4)測定に用いられる用具は，ガラス線量計，OSL 線量計，半導体式線量計，熱蛍
光線量計(TLD)，フィルムバッジ，固体飛跡検出器，アラームメータなどがあ
る（測定技術 6 章参照）．これらのうちγ(X)線，β線，熱中性子線にはガラ
ス線量計や OSL 線量計等が広く用いられ，速中性子線には固体飛跡検出器が使
われている.

(5)外部被ばくの線量当量は，放射線業務従事者が管理区域に立ち入っている間，
継続して測定する．放射線業務従事者でないものが，一時的に管理区域に立ち
入った場合で 100 μSv を超える恐れのある時は測定しなければならない.

529

管 理 技 術

4.4 内部被ばく線量の管理

4.4.1 体内被ばくモニタリングの実施

個人について体内に取り込まれた放射性物質の実測（内部被ばくモニタリング）を行い内部被ばく線量を評価する方法は，放射線業務従事者個人についての直接的モニタリングであるという大きい利点を持ち，内部被ばく管理における基本的な線量評価法である．

一方，内部被ばくの可能性がないか，あるいは可能性があっても予想される実効線量が小さいことが分かっている放射線業務従事者に対して，内部被ばくモニタリングを行うことは，必要とされる労力と費用を考えれば合理的ではない．このような場合には，作業環境の空気汚染や表面汚染のモニタリング結果に基づいて内部被ばくによる実効線量の推定を行い，内部被ばくモニタリングを実施するか否かの判断をするのが効率的である．

4.4.2 調査レベルと記録レベル

全ての場合に内部被ばくに関する個人モニタリングを実施することは現実的ではなく，あるレベル以上の場合に，線量算定のための精密な検査（体内負荷量の決定とその時間的推移の追跡など）を開始することが妥当である．このような検査を必要とするレベルが**調査レベル**である．

また，内部被ばくに関する個人モニタリングの結果をすべて個人記録として保存することは必ずしも合理的とはいえず，管理上有用なレベル（**記録レベル**）以上のデータを個人記録として保存する．すなわち

(1)調査のレベルの具体的な数値は，各事業所において使用する主要な核種やモニタリングの頻度を勘案し，モニタリング毎の値として実効線量 1〜2 mSv の範囲で管理者が設定する．

(2)調査レベル以下は「有意な汚染なし」として扱う．

4.4.3 内部被ばくによる線量の評価

内部被ばくによる線量（Sv）は，成人では放射性核種の摂取時から 50 年間，小

530

児では摂取時から70歳までの期間にわたって積分した**預託等価線量**あるいは**預託実効線量**によって評価される．これらの線量は，一般に，体内に取り込まれた放射性核種の摂取量（Bq）に**線量係数**を乗じることで算出する．

放射性核種の摂取量を算定する方法には，ホールボディカウンタなどによる体外計測，空気中の放射性物質濃度の測定値に基づく計算，尿や糞便等を試料とした**バイオアッセイ**による推定等がある．詳しくは6.1を参照のこと．

なお，ICRPは実効線量を制限することにより，限度値の実効線量を長期間受けていたと仮定しても，ほとんど全ての組織・臓器（眼の水晶体及び皮膚を除く）に確定的影響を及ぼさないことは確実であるとして内部被ばくに係る等価線量限度を個別に定めていない．唯一，胎児に対する影響を防止する目的で，母親の内部被ばくによる実効線量を区別して制限している．

4.5　測定の頻度

外部被ばくの測定は，3月間及び1年間について集計することが定められているので，これに合わせて測定する．ただし，女子については，本人の申し出等により許可届出使用者等が妊娠の事実を知ることとなった場合は，出産までの間，1月間の集計ができるように測定する．管理区域へ立ち入る者が業務従事者でない場合は，100 μSv を超えるおそれのある場合に測定をしなければならない．

内部被ばくについては，吸入及び経口摂取のおそれのある場所に立ち入る場合，3月間に1回，ただし，女子については，本人の申し出等により許可届出使用者等が妊娠の事実を知ることとなった場合は，出産までの間，1月間に1回行う．

4.6　健 康 診 断

4.6.1　健康診断の目的

健康診断の目的は，（イ）個人の健康状態を知っておくこと及び（ロ）障害を早期に発見することである．我が国の法令では，放射線業務従事者に対して健康診断を行い，結果を記録し永年保存することを義務づけている．健康診断は，（1）初め

531

管　理　技　術

て管理区域に立ち入る前と，(2)管理区域へ立ち入った後は，放射線障害防止施行
規則では 1 年，電離放射線障害防止規則では 6 ヶ月を超えない期間ごとに実施す
るよう義務付けられている．

(1) 初めて管理区域へ立ち入る前の健康診断

　この健康診断の目的は，これから放射線業務に従事しようとする人が(イ)放射
線業務に従事することが適当であるかどうかを判断すること，(ロ)就業前に通常
の健康状態での医学的所見を把握しておき，被ばくが原因と思われる何らかの身
体的影響が生じた場合，放射線障害の判定の基礎データにするためである．

(2) 管理区域に立ち入った後の健康診断

　ほとんどの放射線業務従事者は，実際には線量限度以下（4.1 参照）の低い線量
しか被ばくしない．このような低線量被ばくの影響は医学的検査で検知できるも
のではないことから，限度を超えた被ばくを受けた可能性がある場合を除き，疾
病を早期に見つけて治すといった積極的な意味はなく，作業者の通常の健康状態
を知る目的で行われている．

(3) 事故時の健康診断

　事故の際の被害者および緊急作業に従事した者に対する健康診断や保健指導等
は，専門医と協力して行う．このため平常時から事故時に協力を求める専門医と
連絡を取り，放射線業務従事者の作業内容などの情報を共有しておくと，有事の
際に有効である．

4.6.2　健康診断の項目

　健康診断の項目は，以下のように定められている．

(1) 問診

　イ．放射線の被ばく歴の有無

　ロ．被ばく歴を有する者については，作業の場所，内容，期間，被ばくした放
　　　射線の線量，放射線障害の有無その他放射線による被ばくの状況

(2) 検査または検診

　イ．末しょう血液中の血色素量又はヘマトクリット値，赤血球数，白血球数及

532

4. 個人被ばくの管理

　　び白血球百分率

　ロ．皮膚

　ハ．眼

　ただし，(2)のイ及びロについては，初めて管理区域に立ち入る前の健康診断では必ず行い，管理区域へ立ち入った後の健康診断では医師が必要と認める場合に限るとし，ハについては全ての健康診断において医師が必要と認める場合に限り行う，とされている．また，(1)における放射線には，1MeV 未満のエネルギーの電子線およびX線を含むとされている．

　なお，東京電力福島第一原子力発電所事故において対応に当たった作業者に[131]I による比較的高い線量の甲状腺被ばくが多く見られたことを踏まえ，2016 年 4 月1 日に施行された電離放射線障害防止規則の一部を改正する省令では，緊急作業従事者について放射線による急性障害を検査するための診断項目として，甲状腺刺激ホルモン等の検査が新たに追加された．

管 理 技 術

〔演 習 問 題〕

問 1 次の文章中の（　　）の部分に入る適当な語句を番号とともに記せ.

　放射線のモニタリングは，（　1　）モニタリングと（　2　）モニタリングとに大別される.

　前者には，（　3　）の測定と（　4　）の測定が含まれ，（　3　）の測定にはフィルムバッジ，（　5　），（　6　）などが使用される.（　4　）の測定は一般に容易ではないが，γ放出体が問題になる場合には（　7　）を利用するのが理想的である.

　後者には，（　8　），（　9　），（　10　），（　11　）の測定が含まれる.（　8　）の測定には線量率目盛をもった測定器が必要で，この目的には（　12　），GM計数管あるいは（　13　）を用いたサーベイメータを利用することができる.

　（　9　）の測定には，対象に応じて床モニタ，手足モニタなどの専門機器が使われるが，通常のサーベイメータも利用できるし，場合によっては（　14　）によらなければならないこともある.（　11　）を測定する場合，法令に定められた排液または排水中の濃度限度のレベルではこれを直接測定することはふつう困難であるので，（　15　）などの適当な処理を行ったのち，適当な放射線測定器を用いて測定することが一般に行われている.

〔答〕　　(1)──個人　　　　　　(2)──環境　　　　　　(3)──外部被ばく

　　　　(4)──内部被ばく　　　(5)──ガラス線量計

　　　　(6)──熱ルミネセンス線量計(TLD)

　　　　(7)──全身計数装置（ホールボディカウンタ）

　　　　(8)──空間線量率　　　(9)──放射性汚染

　　　　(10)──排気中の放射能濃度　　　　　　(11)──排水中の放射能濃度

　　　　(12)──電離箱　　　　(13)──NaI(Tl)シンチレーション検出器

　　　　(14)──スミア法（拭き取り法）

　　　　(15)──蒸発濃縮

4. 個人被ばくの管理

問2 次の文章の（ ）の部分に入る適当な語句または数値を番号と共に記せ.

　　サーベイメータには（ 1 ）測定用と（ 2 ）検査用とがあり，機種によって
は共用できるものもある. サーベイメータに使われる検出器は（ 3 ），（ 4 ），
（ 5 ）などであるが，それぞれに特徴を有しており，使用においてはこれらの検
出器の特性をよく知った上で，測定目的に適したものを選ぶ必要がある. 検出器から
得られる信号としては（ 6 ）の大きさと（ 7 ）の数とに大別される.（ 3 ）
は放射線による（ 8 ）によって生じた 10^{-15}A から 10^{-9}A 程度の微小（ 6 ）を
測定して線量率とするものであり，（ 4 ），（ 5 ）などでは（ 7 ）として
出力が得られ，単位時間当たりの（ 7 ）数を測定して線量率としている. X, γ
線用サーベイメータとして問題となる主な特性は，（ 9 ）依存性，（ 10 ）依存
性，感度などである.（ 9 ）依存性は，放射線の（ 9 ）の変化にともない感
度が変化するために生じ，1MeV 付近のγ線での値を基準として真の（ 11 ）と
サーベイメータの指示量の関係を（ 9 ）の関数として表したものである.（ 10 ）
依存性は検出器に対する放射線の入射（ 10 ）によって感度が変化することによる
ものである.（ 3 ）式サーベイメータは（ 9 ）依存性の最も少ないサーベイ
メータであるが，感度が低い. 一方，（ 5 ）式サーベイメータは感度が高いので，
線量率の低い場所での測定に有利であるが，（ 9 ）依存性が大きい. また，（ 4 ）
式サーベイメータでは検出器の（ 12 ）が長く，線量率の高い場合には指示値が低
下するので注意を要する.

〔答〕　1——（空間）線量率　　　2——（表面）汚染　　　3——電離箱

　　　　4——GM 計数管　　　　5——NaI (Tl) シンチレータ　6——電流

　　　　7——パルス　　　　　　8——電離　　　　　　　　9——エネルギー

　　　　10——方向　　　　　　11——線量率　　　　　　　12——分解時間

問3 放射線被ばく事故時の臨床検査に関わる次の文章中の（ ）の部分に入る適当
な語句を番号とともに記せ.

　　高線量の放射線を被ばくした人にまず現れる臨床症状には，嘔吐，下痢，頭痛，
発熱などがある. これらの症状の発現時期や発現頻度は線量に依存する.（ 1 ）
Gy 以上被ばくした場合には，数時間のうちにほぼ 100%の頻度でこれらの症状が現

535

管 理 技 術

れる.

　末梢血の検査で観られる症状として，（　2　）や血小板の減少がある．（　2　）は放射線感受性が高く，主に（　3　）によって細胞死が起こり，1〜2Gy の全身被ばくにより 24 時間以内に正常の約（　4　）%に減少する．一方，末梢血中の顆粒球数には，（　5　）Gy 以上の全身被ばくにより，2〜3 日以内に一過性増加が観察される.

　染色体異常の発現は，感度がよく再現性も高いことから，生物学的な線量評価法として利用されている．染色体異常による検出限界は，γ 線に対して（　6　）Gy 程度である.

〔答〕　　(1)——10　　　　　　(2)——リンパ球　　　(3)——アポトーシス

　　　　(4)——50　　　　　　(5)——2　　　　　　(6)——0.2

5. 体外からの放射線に対する防護

体外にある放射線源が原因で生ずる被ばくを**外部被ばく**と呼ぶ．通常，皮膚表面で留まる α 線については外部被ばくによる障害は問題にならず，外部被ばくによる障害は皮膚を透過する X 線，γ 線，エネルギーの高い β 線，中性子線などに対して考えることになる．

5.1 外部被ばく線量の評価方法

5.1.1 実用量に基づく実効線量の算定法

（1）体幹部が均等に外部被ばくを受ける場合

実効線量は胸部（妊娠可能な女子は腹部）における 1 cm 線量当量とする．ここで，**体幹部**とは，頭部・頸部からなる部分，胸部・上腕部からなる部分，および腹部・大腿部からなる部分の 3 部分を合わせた部位をいう．

（2）体幹部が不均等に外部被ばくを受ける場合

頭部・頸部からなる部分，胸部・上腕部からなる部分，および腹部・大腿部からなる部分のうちで，外部被ばくによる線量当量が最大となる恐れのある部分が，胸部・上腕部からなる部分（妊娠可能な女子の場合には腹部・大腿部からなる部分）以外である場合は，次式によって実効線量を求める．

$$E = 0.08 H_a + 0.44 H_b + 0.45 H_c + 0.03 H_m \tag{5.1}$$

ここで，

H_a：頭部・頸部における 1 cm 線量当量

H_b：胸部・上腕部における 1 cm 線量当量

H_c：腹部・大腿部における 1 cm 線量当量

管 理 技 術

H_m：線量当量が最大となる恐れのある部分における 1cm 線量当量

5.1.2 実用量に基づく等価線量の算定法

(1) 眼の水晶体の等価線量

1cm 線量当量と 70 μm 線量当量のうち適切な値をもって眼の水晶体の等価線量とする．通常大きい方の値を取れば良い．

(2) 皮膚の等価線量

70 μm 線量当量とする．

(3) 女子の腹部表面の等価線量

腹部における 1cm 線量当量とする．妊娠中の女子の腹部表面の等価線量も同様とする．

5.1.3 線源からの実効線量の算定法

(1) γ 線源

線源の放射能を Q とすると，線源から r の距離における実効線量率 $\dot{E}$ は

$$\dot{E} = \Gamma_E Q / r^2 \tag{5.2}$$

で与えられる．ここで $\dot{E}$ は μSv/h, Q は MBq, Γ_E は実効線量率定数, r は m で測った距離である．

例えば，10 TBq の ^{60}Co から 5m の距離における 1 時間あたりの実効線量率は，^{60}Co の Γ_E が 0.305（μSv・m^2/MBq・h）なので，$\dot{E} = 0.305 \times 10^7 / 5^2$ [μSv/h] $= 1.2 \times 10^5$ [μSv/h] $= 120$ [mSv/h] となる．

Γ_E は，核種毎に計算されていて，ある核種 1MBq の γ 線源から 1m 離れた場所での実効線量を与える値である．主要な核種の Γ_E はアイソトープ手帳（日本アイソトープ協会），放射線施設の遮蔽計算実務マニュアル（原子力安全技術センター）等に記載されている．

(2) β 線源

電子線による照射では電子線の質量阻止能を用いておよその値を求めることができる．電子線の質量阻止能はおよそ 2MeV g^{-1}cm^2 であるので，単位面積に 1 個の電子が入射されると 1g あたり 2MeV のエネルギーが与えられる．したがって，

5. 体外からの放射線に対する防護

1 kg あたり $3.2×10^{-10}$ J（ジュール），つまり $3.2×10^{-10}$ Gy の吸収線量となる．いま，Q MBq の線源から r cm 離れたところでの実効線量率を $\dot{E}$ とすると，電子に対して放射線加重係数は 1 だから

$$\dot{E}=3.2×10^{-10}×\frac{Q×10^{6}×3600}{4\pi r^{2}}=0.091×Q/r^{2}\ (Sv/h) \tag{5.3}$$

で与えられる．

　例えば，10 MBq の ^{32}P から 5 cm の距離で皮膚に 10 分間（6 分の 1 時間）被ばくした場合の実効線量は，$E=0.091×10/5^{2}/6=6.1×10^{-3}$ [Sv]$=6.1$ mSv と計算される．

　β 線の透過率は γ 線の透過率より小さいが，上式から分かるように，遮蔽されていない β 線源を手で直接つかんだりする作業では相当の被ばく線量になることに注意が必要である．

(3) 中性子線源

　中性子については，エネルギー毎に中性子の単位フルエンスに対する実効線量換算係数が告示別表第 6（法令の参考に記載）に与えられているので，中性子のエネルギースペクトルが分かれば中性子線の実効線量を計算できる．^{252}Cf など主な核分裂中性子線源の線量は，中性子エネルギースペクトルが分かっているので，この換算係数を用いて求めることができる．

5.2 外部被ばくに対する防護

　外部被ばくによる障害の発生を防止するには，**時間**，**距離**，**遮蔽** の 3 つの事項を制御することによって線量を低減する．

5.2.1 時間の短縮

　一定の線量率の場所で作業する場合に受ける被ばく線量は

　　　線量＝線量率×時間

で与えられる．よって，作業時間を短縮することにより，被ばく線量を低減することができる．

539

管 理 技 術

被ばく時間を短縮するためには，作業前に詳しい作業計画を立てて作業順序や
段取りを習熟しておく，必要な器具類を入念に準備する，それらの扱いを練習し
ておくことが有効である．なお，不完全な準備で時間だけを短縮しようとする
と事故の発生を招きかねないので，時間の短縮は距離や遮蔽で十分な措置をし
た上で行うべきである．

5.2.2 距離の制御

放射線源からできるだけ距離をとって作業することが被ばく低減に有効であ
る．例えば，放射能の大きい線源を直接手でつかむことは避け，ピンセットやト
ングなどを用いて離れた位置から操作することや，放射性物質を運搬する際に，
直接容器を持たずに手押し車を使うことなどが挙げられる．

線源が点状とみなせる場合，放射線は等方的に放出されるので，単位面積を通
過する放射線の数は距離の 2 乗に反比例する．したがって線量率も距離の 2 乗に
反比例する．

$$\dot{D} = K/r^2 \tag{5.4}$$

$\dot{D}$ は線源から距離 r のところでの線量率，K は線源について固有の値である．

5.2.3 遮 蔽

（1） α 線の遮蔽

放射性同位元素から放出される α 線のエネルギーは 4〜8 MeV である．この程度
のエネルギーを持つ α 線の空気中の飛程は数 cm にすぎない．水中または組織中で
の飛程は空気中の約 1/500 であるので，皮膚の表層（0.2 mm）で止まる．よって，
手で扱うときゴム手袋（普通厚さ 0.25 mm）を付ければ α 線は遮蔽できる．

（2） β 線，電子線の遮蔽

通常の放射線源から放出される β 線のエネルギーは 2〜3 MeV である．β 線の
飛程 R はアルミニウムについて，

$$R = 0.542E - 0.133 \qquad (E > 0.8)$$
$$R = 0.407E^{1.38} \qquad (0.15 < E < 0.8) \tag{5.5}$$

で与えられる．ここで，R の単位は g・cm^{-2} で，E は MeV で与えられるエネルギ

540

5. 体外からの放射線に対する防護

一である．遮蔽を計算するにはもっと簡単な式

$$R = 0.5E \tag{5.6}$$

での評価も行われる．R および E の単位はそれぞれ，$g \cdot cm^{-2}$，MeV である．β 線のエネルギーを 3 MeV とすると，飛程は $1.5\ g \cdot cm^{-2}$ となり，アクリル板など密度が $1\ g \cdot cm^{-3}$ の物質なら 1.5 cm となる．

β 線源のエネルギーが高く強度が大きい場合には，制動 X 線を遮蔽する必要がある．エネルギーE（MeV）の電子線が原子番号 Z の物質に衝突するとき，制動放射のエネルギーに変わる割合 W は

$$W = 1.1 \times 10^{-3} EZ \tag{5.7}$$

で与えられ，最大エネルギーが E_0（MeV）の β 線の場合，W は

$$W = 3.5 \times 10^{-4} E_0 Z \tag{5.8}$$

で与えられ，原子番号に比例する．したがって，強度の大きな高エネルギー β 線源を遮蔽するには，原子番号の小さい物質で β 線を遮蔽し，その外側を鉄や鉛で覆い制動 X 線を遮蔽する．β 線源をアルミニウムやアクリルなどの軽い元素で遮蔽した場合，制動放射となるエネルギーの割合は β 線の最大エネルギーの 1% よりも少ない．例えば，1 GBq の β 線源を十分に阻止するように遮蔽した場合の制動放射線は，β 線の最大エネルギーと等しいエネルギーの γ 線源 1 MBq とおよそ等しいと考えることができる．

陽電子線の遮蔽は β 線の遮蔽と同じと考えてよいが，物質中で陽電子は電子と消滅して 0.511 MeV の γ 線を 2 本反対方向へ放出する．この γ 線の遮蔽を考慮する必要がある．

(3) γ (X)線の遮蔽

γ (X)線が物質を通るとき，光電効果，コンプトン散乱，電子対生成によりエネルギーを物質に移行して減弱する．γ 線がコリメートされていて細い線束で厚さ x (cm) の物質に入射する場合，入射する前の強度を I_0 とし，物質の線減弱係数を μ (cm^{-1}) とすると，物質を透過した後の強度 I は

$$I = I_0 e^{-\mu x} \tag{5.9}$$

541

管 理 技 術

で与えられる．γ線が広い線束である場合は，物質中で**コンプトン散乱**された散乱線の寄与が加わるために（5.9）式より線量は大きくなる．すなわち，

$$I = I_0 B e^{-\mu x} \tag{5.10}$$

となる．ここでBは**ビルドアップ係数**（build-up factor）である．Bを求めるには物質中でのγ線の振舞いを追跡する必要があり，簡単な式で表すことはできないが，およその目安として$\mu x < 1$のときは$B = 1$，$\mu x > 1$のときは$B = \mu x$とみなせる．$B = 1 + \mu x$とすれば安全側の計算となる．

γ（X）線の線量率を$1/2$にする遮蔽の厚さを**半価層**という．（5.9）式より強度が$1/2$になる厚さ$x_{1/2}$は$0.5 = \exp(-\mu x_{1/2})$より

$$x_{1/2} = \frac{\ln 2}{\mu} = \frac{0.693}{\mu} \tag{5.11}$$

となる．1半価層は線量率を半分にし，2半価層は線量率を$1/4$にする．同様に線量率を$1/10$にする厚さを$1/10$価層という．$1/10$価層$x_{1/10}$は上記と同様な計算により求められる．

$$x_{1/10} = \frac{2.303}{\mu} \tag{5.12}$$

により$1/10$価層を得る．

γ線の遮蔽についておよその目安を付けるときには，このような半価層，$1/10$価層を用いると便利である．γ線が物質中を透過するとき，コンプトン散乱によりエネルギーが変わる．このため物質を透過する間にエネルギースペクトルは変化する．また，ビルドアップの補正も必要になる．したがって物質中での線量の変化は指数関数的減弱とは異なる．遮蔽物によるγ線の減弱を求めるには実効線

表5.1　実効線量についての半価層と$1/10$価層（cm）

γ線のエネルギー	鉛		鉄		水	
（MeV）	半価層	1/10価層	半価層	1/10価層	半価層	1/10価層
0.5	0.5	1.6	2.6	6.4	29	57
1.0	1.2	3.9	3.5	8.6	30	64
1.5	1.7	5.1	4.0	9.9	30	71
2.0	2.1	6.0	4.2	11	30	79

542

量透過曲線が求められているのでそれを利用する．表 5.1 に点等方線源で無限媒質へ入射する光子に対する実効線量透過曲線から求めた半価層と 1/10 価層を示す．

(4) 中性子線の遮蔽

中性子を効果的に遮蔽するには，そのエネルギーに応じて，以下の 3 つの反応を考慮する必要がある．

①弾性散乱

中性子が原子核（標的核）に衝突するとき玉突きの玉が衝突するように，方向が変わるだけで核反応を起こさない衝突がある．これを弾性散乱という．中性子ははじめに持っていた運動エネルギーの一部を失い，標的原子核にその運動エネルギーを与える．中性子と標的核の質量が等しいとき標的原子核へ与えるエネルギーは最大となるので，中性子は水素との弾性衝突で最も効果的に減速される．このため，水素を含むパラフィン，ポリエチレン，コンクリートなどが中性子の減速材として遮蔽に用いられる．

②非弾性散乱

中性子が標的原子核と衝突し，これを励起することで，入射した中性子のエネルギーは減少する．励起した標的原子核が γ 線を放出して基底状態へ戻る反応を狭義の非弾性散乱といい，広義には励起した標的原子核が粒子や γ 線を放出して基底状態へ移る反応を含めることもある．高速の中性子の遮蔽にはこの反応が利用され，遮蔽には鉄が多く用いられる．

③中性子捕獲

中性子が標的原子核に捕獲され，粒子や γ 線を放出する反応を中性子捕獲反応という．熱中性子の捕獲反応の断面積は反応の種類によって大きく異なる．特に断面積の大きな反応として，$^3\mathrm{He}(n, p)^3\mathrm{H}$, $^6\mathrm{Li}(n, \alpha)^3\mathrm{H}$, $^{10}\mathrm{B}(n, \alpha)^7\mathrm{Li}$, $^{113}\mathrm{Cd}(n, \gamma)^{114}\mathrm{Cd}$ 反応などがある．このうち荷電粒子を放出する反応は中性子の検出器に用いられている．また，水素を含む減速材に混ぜて用いることにより，減速した熱中性子を効率よく荷電粒子に変換し，遮蔽することができる．

管 理 技 術

〔演 習 問 題〕

問1 次の文章の（　）の部分に入る数値および記号を番号とともに記せ.

以下 A～E の 5 つの条件で 370 MBq の ^{60}Co 線源を取扱う作業を計画している. こ
のうち推定される被ばく線量が最も大きくなるのは（ 1 ）で（ 2 ）μSv, 最も
小さくなるのは（ 3 ）で（ 4 ）μSv である. A と E の比較では，（ 5 ）の
方が大きい. ただし，^{60}Co の実効線量率定数は 0.305（μSv·m^2·MBq^{-1}·h^{-1}），^{60}Co γ
線に対する鉛の半価層は 1.0 cm とし，散乱 γ 線は考慮しないものとする.

	遮蔽材	線源からの距離	被ばく時間
		(cm)	(分)
A	なし	20	1
B	なし	80	10
C	なし	140	25
D	鉛 1cm	50	30
E	鉛 3cm	50	90

〔答〕

(1)——D　　　　　(2)——113　　　　　(3)——C

(4)——24　　　　　(5)——E

^{60}Co の実効線量率定数 0.305（μSv·m^2·MBq^{-1}·h^{-1}）を Γ とし，$Q = 370$（MBq）の
線源から r（m）離れた点での実効線量率（I）を次式から計算し，時間と遮蔽の影響
を加える.

$$I = \Gamma Q / r^2$$

A　$I = \Gamma Q / r^2 = (0.305 \times 370) / (0.2)^2 = 2.82$ mSv/h

被ばく時間が 1 分では

2.82 mSv $\times 1$（分）$/60$（分）$= 0.047$ mSv $= \underline{47\,\mu Sv}$

B　$I = \Gamma Q / r^2 = (0.305 \times 370) / (0.8)^2 = 176\,\mu Sv/h$

被ばく時間が 10 分では

$176\,\mu Sv \times 10$（分）$/60$（分）$= \underline{29.3\,\mu Sv}$

544

5. 体外からの放射線に対する防護

C $\quad I = \Gamma Q / r^2 = (0.305 \times 370) / (1.4)^2 = 57.6\,\mu\text{Sv/h}$

被ばく時間が 25 分では

$\qquad 57.6\,\mu\text{Sv} \times 25\,(分)/60\,(分) = \underline{24\,\mu\text{Sv}}$

D $\quad I = \Gamma Q / r^2 = (0.305 \times 370) / \{(0.5)^2 \times 2^1\} = 226\,\mu\text{Sv}$

被ばく時間が 30 分では

$\qquad 226 \times 30\,(分)/60\,(分) = \underline{113\,\mu\text{Sv}}$

E $\quad I = \Gamma Q / r^2 = (0.305 \times 370) / \{(0.5)^2 \times 2^3\} = 56.4\,\mu\text{Sv}$

被ばく時間が 90 分では

$\qquad 56.4\,\mu\text{Sv} \times 90\,(分)/60\,(分) = \underline{84.6\,\mu\text{Sv}}$

したがって,

$\qquad\qquad$ D>E>A>B>C

となる.

問2 次の文章の( )の部分に入る語句および数値を番号とともに記せ.

β 線(電子線)による実効線量を評価する場合,その質量阻止能は約 $2\,\text{MeV}\,\text{g}^{-1}\,\text{cm}^2$ なので,単位面積に 1 個の電子が入射すると 1g あたり(1)MeV のエネルギーが付与される.1kg 換算では(2)J,つまり(2)Gy の吸収線量となる.ただし,$1\,\text{eV} = 1.6 \times 10^{-19}\,\text{J}$ とする.

Q MBq の β 線源から r cm 離れたところでの実効線量率 E' を求めるとすると,電子に対する放射線加重係数は 1 なので,

$\qquad E' = (\;3\;) \times Q/r^2\,[\text{Sv}\,\text{h}^{-1}]$

で与えられる.

いま,10MBq の ^{32}P から 5cm の距離で皮膚に 10 分間被ばくしたとすると,実効線量は,

$\qquad E = (\;4\;)\,\text{Sv} = (\;5\;)\,\text{mSv}$

と計算される.

〔答〕

$\qquad$ (1)── 2 $\qquad\qquad$ (2)── 3.2×10^{-10} $\qquad$ (3)── 0.0917

$\qquad$ (4)── 6.1×10^{-3} $\qquad$ (5)── 6.1

管 理 技 術

計算方法：

(2) 1.6×10^{-19} J/g $\times (2$ MeV $\times 10^6$ eV/MeV $\times 10^3$ g/kg$) = 3.2 \times 10^{-10}$ [J/kg]

(3) 3.2×10^{-10} J/kg $\times 10^6$ Bq/$4\pi \times 3600$ s/h $= 0.0917$ [Sv/h]　　※Bq $=$ s^{-1}

(4) 0.0917 Sv/h $\times 10/5^2 \times (10$ min/60min$) = 6.1 \times 10^{-3}$ [Sv]

問3 次の文章を読み，下記 A～D の文章の（　　）に入る語句および数値を番号とともに記せ．

　実験室で 3.7 GBq の ^{60}Co 密封線源を使用していたところ，大地震が発生し，実験者の一人が実験室内に閉じ込められてしまった．幸い火災は発生せず，地震発生から 30 分後に，この実験者を救出することができた．実験時には，^{60}Co 密封線源は床面から 30 cm の高さの台上に固定された鉛ブロック（一辺 10 cm の立方体）の中心に格納され，そこから細いビーム状に γ 線を引き出して実験を行っていた．この地震により台が転倒し，この鉛ブロックが床面に落ちた．その際 ^{60}Co 密封線源が，この鉛ブロックの近傍に転がり出た．救出された実験者は，直後の事情聴取により ^{60}Co 密封線源から約 2 m 程度のところに閉じ込められていたと推定できる．

　ただし，^{60}Co の実効線量率定数は 0.305 μSv·m^2·MBq^{-1}·h^{-1} とする．

A　救出された現場内（この実験者が閉じ込められていた場所を中心として半径 1 m の範囲とする）における，最も高い実効線量率の値は（　1　）μSv·h^{-1} である．

B　この実験者を救出する際，現場に携行するサーベイメータには（　2　）式のものが適している．

C　この実験者が被ばくした放射線の種類は主として（　3　）と考えられる．

D　救出された実験者は，閉じ込められていた 30 分間の間に（　4　）μSv 程度の被ばくを受けたと考えられる．

〔答〕

　　（1）── 1.1×10^3　　　　　　（2）── 電離箱　　　　　　（3）── γ 線

　　（4）── 1.4×10^2

　A　線源，実験者および救出された現場の関係は図のようになる．

　　　線量が最も高い地点は C 点であり，線源からの距離は 1 m．

　　　　　$0.305 \times 3.7 \times 10^3 / 1^2 = 1.13 \times 10^3$ μSv·h^{-1}

546

5. 体外からの放射線に対する防護

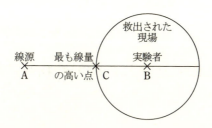

B ^{60}Co は β 線および γ 線の両方を放出するが，β 線は比較的エネルギーが低いためこの状況では外部被ばくに寄与しない．一方，γ 線はエネルギーが比較的高いため，この外部被ばくに留意する必要がある．さらに，線量率は 1 mSv·h^{-1} のオーダーと高線量率である．このため，高線量率の測定に適する電離箱式サーベイメータを用いるのがよい．（NaI シンチレーション式サーベイメータではおおよそ 30 μSv·h^{-1}，GM 式サーベイメータではおおよそ 0.3 mSv·h^{-1} までの線量率の測定に適する．）

D 線源から実験者までの距離は 2 m，被ばく時間は 30 分であるから，
$(0.305 \times 3.7 \times 10^3 / 2^2) \times (30/60) = 1.4 \times 10^2$ μSv

6. 体内に取り込まれた放射性物質に対する防護

　密封された放射性同位元素については体外からの被ばく（外部被ばく）しか想定されないのに対して，放射性同位元素が密封されていない場合，すなわち非密封放射性同位元素については，人の体のなかに取り込まれ，体内からの被ばく（**内部被ばく**）をもたらす可能性がある．

　体外にあるときは特段大きな障害をもたらさない少量の放射性物質でも，体内に侵入すれば，局所的に相当の影響を及ぼすことが想定される．体内に入った放射性物質は，排泄されるまでの期間放射線を出し続け，その周囲の組織は被ばくを受け続けることになる．その被ばく線量（預託等価線量又は預託実効線量）は，体内に入った放射性物質が体外へ排泄されるまでの時間で積分することで求められるが，その時間は核種により大きく異なる．

6.1　内部被ばく線量の評価方法

6.1.1　内部被ばくによる線量の計算

預託実効線量 E は次式によって与えられる．

$$E = e \times I$$

ここで

　　　　E：内部被ばくによる実効線量（預託実効線量）（mSv）

　　　　e：実効線量係数（mSv/Bq）

　　　　I：摂取量（Bq）

管理上重要な放射性核種について摂取量から預託実効線量を計算するための線量係数（**実効線量係数**）の値は告示別表で与えられている．いくつかの放射性同位

548

6. 体内に取り込まれた放射性物質に対する防護

表 6.1　主な放射性核種の実効線量係数

放射性物質の種類		吸入摂取した場合の実効線量係数 [mSv/Bq]	経口摂取した場合の実効線量係数 [mSv/Bq]
核種	化学形		
^{3}H	水	1.8×10^{-8}	1.8×10^{-8}
^{90}Sr	チタン酸ストロンチウム以外の化合物	3.0×10^{-5}	2.8×10^{-5}
^{131}I	蒸気	2.0×10^{-5}	
^{137}Cs	すべての化合物	6.7×10^{-6}	1.3×10^{-5}

元素の実効線量係数の値を表 6.1 に示す. なお, これらの値を使用する際は, 核種の化学形 (別表第 2 第 1 欄) や, 吸入摂取 (第 2 欄) か経口摂取 (第 3 欄) かによって値が変わり得ることに注意が必要である (6.2 および法令の参考・別表第 2 を参照).

6.1.2　体内放射能の測定・評価

(1) 体外計測法 (直接法)

　体内に存在している放射性物質の量を, 体の外から放射線検出器等を用いて測定し, 評価する用法で, 放射性物質を直接測定できるため直接法とも呼ばれる. 体外計測による測定は, **全身カウンタ (ホールボディカウンタ)**, 肺モニタ, 甲状腺モニタなどを用いて行われる. 体外計測で得られた結果から摂取量を求めるには, 測定結果から体内残留量を見積り, 体内における放射能の残留割合を示す残留関数を用いて求めることができる.

(2) **バイオアッセイ**による摂取量の評価

　採取した尿, 糞などの試料から測定により放射性物質の量を求め, 1 日当たりの排泄量と排泄関数を用いて摂取量を求めることができる.

(3) 空気中放射能濃度測定値からの摂取量の評価

①法定の評価方法

　吸入摂取の量 I は次式で算出される. ただし, 経口摂取には適用されない.

$$I = 1.2 \times 10^6 CtF$$

ただし, トリチウム水の場合は, 次の式によるものとする.

管　理　技　術

$$I = 1.8 \times 10^6 CtF$$

ここで,

　　　C：空気中の放射性核種の濃度の測定値（Bq・cm^{-3}）

　　　t：測定対象者が作業室その他放射性核種を吸入摂取するおそれのある
　　　　　場所に立ち入った時間（h）

　　　F：測定対象者が呼吸する空気中の放射性核種の濃度のCに対する割合

　モニタリングによって得られた空気中放射能濃度の測定値は，実際に測定対象者が呼吸する空気の放射能濃度とは異なるものであり，注意が必要である.

②**防護マスク**を着用した場合

　防護マスクを着用した場合には，次式で計算される.

$$I = BCtF/P$$

　　　B：単位時間あたり作業者が呼吸する空気量
　　　　　（0.02 m^3・min^{-1}＝1.2×10^{6}cm^3・h^{-1}）

　　　C：サンプラまたはモニタの作業時間t（min）中の平均濃度（Bq・m^{-3}）

　　　t：作業時間（min）

　　　F：（作業者の呼吸域の空気中の放射性物質の濃度）
　　　　　　÷（サンプラまたはモニタの指示した放射性物質の濃度）

　　　P：防護マスクの防護係数（透過率の逆数）

　Fの値として，実測されている場合には，その値が用いられ，定置式モニタの場合には，一般に10が用いられる. ただし，100〜1000のこともあり，注意が必要である. Pの値はマスクによって異なり，不明の場合，全面マスクについては50とする.

6.2　体内取り込みの経路

　体内へ放射性核種が取り込まれる経路は主に次の3つである.

(1)肺への**吸入摂取**

(2)消化管への**経口摂取**

6. 体内に取り込まれた放射性物質に対する防護

(3)皮膚からの侵入または傷口から血流への侵入

　空気中に放射性物質が飛散すると，呼吸によって肺に入り，その一部は肺の静脈から血流中に入る．残りは呼吸とともに体外へ出る．放射性物質の化学形および物理的状態，その人の生理的状態など多くの因子が変わると，血流や消化管に入る割合，呼吸とともに体外に出る割合などは変わる．

　同様に，経口摂取の場合にも，放射性物質の性状や生理的条件が変わると，消化管から吸収されて体液中に入る量は変わる．

表 6.2　標準人の特性

(a)　標準人の器官

器官	質量 (g)	全身に対する割合 (%)	有効半径 (cm)
全身	70,000	100	30
骨（脊髄を除く）	7,000	10	5
筋肉	30,000	43	30
脂肪	10,000	14	20
血液	5,400	7.7	—
消化管	2,000	2.9	30
甲状腺	20	0.029	3

(b)　標準人の摂取と排泄

水の収支

摂取 (cm^3／日)		排泄 (cm^3／日)	
食物	1,000	尿	1,400
流動物	1,200	汗	600
酸化	300	肺から排出	300
合　計	2,500	糞　便	200
		合　計	2,500

空気の収支

肺活量	3〜4　ℓ（男子）	
	2〜3　ℓ（女子）	
8時間の作業中に吸い込まれる空気		$10^7 cm^3$／日
16時間作業しないでいる間に取り込まれる空気		$10^7 cm^3$／日
	合　計	$2×10^7 cm^3$／日

管　理　技　術

人間の生理的特性には個体間で大きな開きがある．ICRP は共通の生物学的基礎に基づいて**標準人**（reference person）を決めている．例えば，標準人は，24 時間の間に $2 \times 10^7 \mathrm{cm^3}$ の空気を呼吸し，合計 $2,500 \mathrm{cm^3}$ の水を摂取する．その他，標準人の特性を表 6.2 に示す．標準人は，計算の便宜上とった仮想の人間であって，欧米人の特性の平均的な数値になっている．

6.3　体内の放射性核種量の減少

放射性核種の体内における挙動は，化学的及び物理的な性状によって決まってくる．例えば，ある放射性核種は均等に体内に分布し，全身をほぼ同じ割合で照射する．一方，特定の臓器に濃縮される放射性核種は体内の臓器に異なる被ばくを与える．体内の個々の臓器が被ばくする線量率は，臓器に存在する放射性核種の量に比例すると考えられ，放射性核種が減衰したり排泄されたりするとそれに応じて線量率は減少する．

放射性核種の物理的壊変は，指数関数的に表される．また，体内から排泄される物質の速さも，ほぼ指数関数的であることが知られている．このことから，体内から除かれる放射性核種の速さは，**実効壊変定数**というパラメータ（λ_e）で表すことができる．すなわち，

$$\lambda_\mathrm{e} = \lambda_\mathrm{p} + \lambda_\mathrm{b} \tag{6.1}$$

となる．ここで，λ_p は**物理学的壊変定数**で，λ_b は**生物学的壊変定数**である．**壊変定数** $\lambda = 0.693/T$（半減期）の関係より，

$$1/T_\mathrm{e} = 1/T_\mathrm{p} + 1/T_\mathrm{b} \tag{6.2}$$

が得られる．ここで，T_e は**実効（有効）半減期**（effective half-life），T_p は**物理学的半減期**（physical half-life），T_b は**生物学的半減期**（biological half-life）である．

6.4　内部被ばくに対する防護

内部被ばくは，放射性同位元素を体内に取り込むことにより生じる．したがって，内部被ばくに対する防護では，体内への取り込みを防ぐ対策が有効である．

552

6. 体内に取り込まれた放射性物質に対する防護

そのためには，体内への侵入経路ごとに必要な防護対策を考えるのが適切である．

　例えば，吸入摂取に対して，室内の汚染を除く，換気設備の付いたフード内で非密封放射性同位元素を扱う，マスクを着用するなどの方策が有効である．また，身体を汚染させると最終的に経口摂取に至ることが考えられるので，手袋や帽子を着用し作業着を用いることで体表面の汚染を防ぐことが有効である．手や腕に怪我をしている場合には，傷口を通して体内に放射性物質が入る可能性があるので，直接汚染物に触れる作業は行わないようにする．

　施設や線源の使用における，内部被ばくに対する具体的な防止策については，7章および9章において詳しく述べる．

管 理 技 術

〔演 習 問 題〕

問1 ^{3}H（トリチウム水）と ^{125}I（NaI）を同時に取扱う実験中に起こりうる被ばくを考え，下記の（ 1 ）～（ 12 ）のそれぞれの答を番号と共に記せ.

		^{3}H	^{125}I
イ	内部被ばくの主な侵入経路	（ 1 ）	（ 2 ）
ロ	親和性臓器	（ 3 ）	（ 4 ）
ハ	内部被ばくの原因となる放射線の種類	（ 5 ）	（ 6 ）
ニ	物理的半減期	（ 7 ）	（ 8 ）
ホ	容易に気化するか	（ 9 ）	（ 10 ）
ヘ	核種の判定法	（ 11 ）	（ 12 ）

〔答〕 (1)——呼気　　　(2)——呼気　　　(3)——全身

(4)——甲状腺　　(5)——β線　　　(6)——γ線

(7)——12.3年　　(8)——60日　　　(9)——する

(10)——する

(11)——液体シンチレーションカウンタによるβ線エネルギーの測定

(12)——NaI(Tl)シンチレーション計数管または Ge 半導体検出器によるγ線，X線エネルギーの測定

問2 次の文章の（　）の部分に入る最も適当な語句を下記のア～ノのうちから選び，番号と共に記せ.

内部被ばくのモニタリングにおける摂取量の算定方法には,体外計測または（ 1 ）の放射性物質濃度測定から算出する方法と，（ 2 ）により算定する方法とがある.

（ 2 ）の試料としては，（ 3 ），（ 4 ），（ 5 ），（ 6 ）などがあり，さらに唾液，血液，毛髪などを試料にすることもある.

（ 3 ）中に放射性物質が見出される場合は，その放射性物質が（ 7 ）に存在したことを示すものであり，その物質によって全身的な汚染が起こったものと判断できる. 体内への汚染経路には（ 8 ），吸入，（ 9 ）あるいは（ 10 ）から

554

6. 体内に取り込まれた放射性物質に対する防護

の侵入がある．放射性物質の吸入あるいは（ 8 ）摂取があった場合，またはその
おそれがある場合の実効線量評価のためには，（ 4 ）が試料となる．直接かあるい
は（ 7 ）に移行したものが共に排泄されるので，体内摂取の有無の判断には（ 4 ）
は重要な（ 2 ）の試料となり得る．

（ 11 ）は，吸入摂取の有無を判断するための簡便な方法である．粉末の
（ 12 ）状物質を取り扱う作業での吸入は，（ 11 ）中の放射能と初期の（ 4 ）
の中の放射能との間の関係が経験的に分かっている．吸入摂取の場合，（ 12 ）
状物質と（ 13 ）状物質とでは体内挙動が異なる．

吸入した放射性物質は，（ 14 ）からの（ 15 ）の程度によって三つに分類さ
れ，化合物ごとにクラス区分が示されている．各クラス区分ごとに，呼吸器系の三つ
の領域，すなわち，鼻・咽頭，（ 16 ），（ 14 ）における生物学的（ 17 ）と
（ 7 ）に吸収される割合，（ 18 ）へ移行する割合が示されている．吸入した
（ 12 ）がこれら各領域に（ 19 ）する割合は，（ 12 ）の空気力学的な（ 20 ）
によって決まる．

ア　水　中	イ　空気中	ウ　体液中	エ　気　体
オ　液　体	カ　鼻　汁	キ　傷　口	ク　糞　便
ケ　経　口	コ　呼　気	サ　肺	シ　皮　膚
ス　胃腸管	セ　生殖腺	ソ　骨　髄	タ　気管・気管支
チ　沈　着	ツ　除　去	テ　尿	ト　放射能中央径
ナ　バイオアッセイ	ニ　半減期	ヌ　排泄率関数	ネ　粒子
ノ　鼻スミア			

〔答〕　(1)──イ（空気中）　　(2)──ナ（バイオアッセイ）

(3)──テ（尿）　　　　(4)──ク（糞便）　　　(5)──カ（鼻汁）

(6)──コ（呼気）　　　(7)──ウ（体液中）　　(8)──ケ（経口）

(9)──シ（皮膚）　　　(10)──キ（傷口）　　　(11)──ノ（鼻スミア）

(12)──ネ（粒子）　　　(13)──エ（気体）　　　(14)──サ（肺）

(15)──ツ（除去）　　　(16)──タ（気管・気管支）　(19)──チ（沈着）

(17)──ニ（半減期）　　(18)──ス（胃腸管）　　(19)──チ（沈着）

(20)──ト（放射能中央径）

管 理 技 術

問3 次の文章の（　）の部分に入る適当な語句・記号を番号またはアルファベットと
共に記せ. なお,（1）～（10）については下記の語群より, 最も適当な語
句・記号を選べ.

放射性物質取扱作業において体外被ばく線量を低減するための三原則は
（A）,（B）,（C）であり, 作業者は常にこのことを念頭において作業
計画をたてる必要がある. また（D）の放射性物質を取り扱う作業においては,
特に空気汚染による（1）を生じない作業環境をつくることが重要である. 空気
の汚染量は取り扱う放射性物質の（2）と, 空気中への飛散率に分けて考えるこ
とができる. また飛散率は, 取り扱う放射性物質の化学的性質, 物理的形態および
作業形態で異なってくる. 化学的性質では扱う物質の揮発性について知っておく必要が
ある. たとえば（3）を含む水溶液の化学操作では放射性物質は揮発しないが,
（4）を含む溶液の化学操作では酸化により揮発する可能性がある.（5）の
ようなガスを扱う作業の場合は更に飛散率が大きくなる. 物理的形態では（6）
が（7）よりも, また（8）が（6）よりも一般的に飛散の可能性が高いと
いわれる. また取扱行為は一般的操作, 機械加工, 化学反応などの操作, 加熱操作,
静置とに分けてみると（E）が最も飛散を起こす可能性がある. たとえば水溶液
中で揮発しない（3）の蒸発残査を赤外ランプで強熱すると空気を汚染する. 空
気を汚染する可能性のある作業をする場合は排気された（9）内で作業をし, 特
に飛散の可能性の高い作業は（10）内で作業する必要がある.

〔語群〕 $K^{131}I$, $^{137}CsCl$, $H_2^{35}S$, 塊状のもの, 粉末状のもの, 液状のもの,
グローブボックス, フィルターチャンバー, フード, 内部被ばく,
皮膚被ばく, 体外被ばく, 量, 質, 温度

〔答〕　(A)——遮蔽　　　　(B)——距離　　　　(C)——時間

　　　　(D)——非密封　　　(E)——加熱操作

　　　　(1)——内部被ばく　(2)——量　　　　(3)——$^{137}CsCl$

　　　　(4)——$K^{131}I$　　　(5)——$H_2^{35}S$　　　(6)——液状のもの

　　　　(7)——塊状のもの　　(8)——粉末状のもの　(9)——フード

　　　　(10)——グローブボックス　　　　　　　　　※A, B, C は順不同

6. 体内に取り込まれた放射性物質に対する防護

問4 次の文章の（　　）の部分に入る適当な語句または数値を番号と共に記せ.

　　内部被ばくの個人モニタリングにおいては，放射線業務従事者の身体に存在している放射性物質の（　1　）量測定を最初に行い，この値から（　2　）量を求め，標準人モデルを用いて（　3　）を評価する．しかし放射性核種によっては（　1　）量を測定することが不可能であり，この場合には（　4　）量の測定を行って（　2　）量を求めることが必要となる.

　　（　4　）量を測定する方法を（　5　）と呼び，通常（　6　），（　7　）が用いられるが，その他に（　8　），（　9　），（　10　），（　11　）なども測定対象となり得る．この方法によって（　12　）計測法では測定の困難な（　13　）線及び（　14　）線のみを放出する核種の分析が可能であるが，それら核種の（　15　）モデルが明確であることが必要である.

　　一例としてトリチウム水の場合，（　2　）量 I は

$$I = 42,000 \times C \times \{R(t)\}^{-1} \times \exp(\lambda_r t)$$

で計算される．ここで 42,000 は標準人の（　16　）に保有する（　17　）の量（cm^3）を表す．C は（　6　）中濃度（$\mathrm{Bq/cm}^3$），$R(t)$ は通過コンパートメントに単位量取り込んだトリチウム水の（　16　）（　18　）関数を表している．λ_r は壊変定数である.

　　いま（　6　）中にトリチウム $5\,\mathrm{Bq/cm}^3$ を検出した場合，吸入日が採取日の 10 日以前である時の I は（　19　）Bq となる．ただし，この場合 $R(t)$ は $e^{-0.693t/10}$，t は（　20　）日，$\exp(\lambda_r t) = 1.00$ である.

〔答〕　(1)——体内（負荷）　　(2)——摂取　　　　　(3)——実効線量

　　　　(4)——排泄　　　　　(5)——バイオアッセイ　(6)——尿

　　　　(7)——糞　　　　　　(8)——鼻汁　　　　　(9)——痰

　　　　(10)——呼気　　　　 (11)——唾液　　　　　(12)——体外

　　　　(13)——α　　　　　　 (14)——β　　　　　　(15)——代謝

　　　　(16)——全身　　　　 (17)——水　　　　　　(18)——残留

　　　　(19)——420,000　　　(20)——10

　　　注1)　8～11，13～14 は順不同

　　　注2)　$I = 420,000 \times 5 \times \{e^{-0.693 \times (10/10)}\}^{-1} \times 1.00$

管 理 技 術

$$=42,000 \times 5 \times e^{0.693}=42,000 \times 5 \times 2=420,000$$

$$(\because 0.693=\log_e 2)$$

問5 次の文章の（　）の部分に入る最も適当な語句または式を番号とともに記せ.

体内に取り込まれた放射性物質による被ばくを（　1　）という. 体内に入った放射性物質は, 全身に均等に分布する場合と特定の組織・臓器に選択的に取り込まれて沈着する場合がある. たとえばヨウ素は（　2　）に, ストロンチウムは（　3　）に沈着するが, セシウムは（　3　）に数%,（　4　）に80%, 残りは肝臓などの組織・臓器に沈着する. 全身に均等に放射性物質が分布する場合は（　5　）となり, ある組織・臓器に沈着した場合は（　6　）となる.

組織・臓器に取り込まれた放射性物質が（　7　）過程, たとえば代謝, 排出などによって体外に出ていき, 量が半分になるまでの時間を,（　7　）半減期という. 体内に残存している放射性物質は, 元素特有の（　8　）半減期によっても減衰する. したがって, 組織・臓器内に取り込まれた放射性物質は（　7　）過程と（　8　）過程の両方によって放射能が減る. この過程を総合した結果として放射能が半分になるまでの時間を（　9　）半減期という.

ここに,（　7　）半減期をa,（　8　）半減期をb,（　9　）半減期をcとするとこの3者の関係は（　10　）で表される.

（　1　）の特徴は, 組織・臓器に放射性物質が取り込まれ, 沈着している期間中（　11　）, 放射線による被ばくを受けることである. さらに, 放射性物質は組織・臓器に沈着しているので, 外部被ばくとは異なり,（　12　）の短い（　13　）や（　14　）の影響が問題となる. とくに（　13　）は（　15　）的に大きな（　16　）を付与するので, その組織・臓器に与える影響も大きい.

〔答〕　(1)——内部被ばく　　(2)——甲状腺　　　　(3)——骨

　　　(4)——筋肉　　　　　(5)——全身被ばく　　(6)——局所（部分）被ばく

　　　(7)——生物学的　　　(8)——物理学的　　　(9)——有効（実効）

　　　(10)——$1/c=(1/a)+(1/b)$　　　　　　(11)——常に

　　　(12)——飛程　　　(13)——α線　　(14)——β線

　　　(15)——局所　　　(16)——エネルギー

6. 体内に取り込まれた放射性物質に対する防護

問 6 次のⅠ～Ⅳの文章の（　　）の部分に入る最も適切な語句，数値，記号又は文節を，それぞれの解答群より1つだけ選べ．

Ⅰ　人体の被ばくは，外部被ばくと内部被ばくに分類されるが，原因となる放射線源によっては，（　A　）被ばくの可能性が低い場合も多い．例えば，^{3}H や ^{14}C などの（　B　）エネルギーの（　C　）線源の場合には，（　D　）による（　E　）被ばくのみを考慮すれば良いと考えられる．一方（　F　）エネルギーの（　C　）線源，例えば ^{32}P の場合には，（　G　）エネルギーが約（　H　）であるため，（　C　）線の影響の他に透過性の高い2次（　I　）線による被ばくの恐れも考慮する必要がある．

＜Ⅰの解答群＞

1　内部		2　外部		3　低		4　高	5　α	6　β
7　γ		8　X		9　平均		10　最大	11　0.018MeV	
12　0.15MeV	13　1.7MeV		14　ばく露		15　体内摂取			

Ⅱ　X(γ)線の場合にも，そのエネルギーによって外部被ばくの状況は異なる．例えば ^{125}I の場合には，そのX(γ)線のエネルギーが（　A　）程度である．簡単のために，その実効線量が半分になる深さを水の深さで推定すると，水の実効線量減弱係数を 0.173cm^{-1}，ln2＝0.693 として約（　B　）cm である．一方，線源が ^{60}Co の場合は，そのエネルギーは（　C　）程度であり，被ばくは身体内の（　D　）高くなる．

＜Ⅱの解答群＞

1　30keV	2　50keV	3　500keV	4　1.2MeV	5　2MeV
6　1.0	7　4.0	8　6.0	9　9.0	
10　狭い範囲でのみ		11　広い範囲で	12　深部の特定領域で	

Ⅲ　（　A　）線の場合で大きな事故の際は（　B　）被ばく以外に，生体内の構成元素の（　C　）による（　D　）被ばくもある．この（　C　）は，線量推定にも利用することができるが，その場合には利用する元素の体内における（　E　）が線量推定を大きく左右する．例えば Na は（　F　）に分布するので，（　F　）被ばくの場合には（　G　）中の（　C　）した Na の測定で線量推定が可能であるが，（　H　）被ばくの場合には，（　I　）による（　J　）が避けられない．

＜Ⅲの解答群＞

559

管 理 技 術

　　1　電子　　　2　中性子　　　3　内部　　　　4　外部　　　5　放射線分解

　　6　放射化　　7　存在状態　　8　化学形態　　9　部分　　10　全身

　11　呼気　　　12　血液　　　　13　体内循環　14　希釈　　15　濃縮

Ⅳ　被ばく線量の推定における生体内指標としては，一般に（　A　）異常の検出が

　　有力な手段となる．（　A　）異常の測定には，（　B　）細胞が使われるため，

　　（　C　）被ばくの場合の推定には良いが，（　D　）被ばくの場合には誤差が見

　　込まれる．なお，（　A　）異常の検出は，比較的低い線量の場合に有効な手段で

　　ある．一方，被ばく線量が高線量の場合には，（　D　）被ばくであっても，被ば

　　く部位の反応で（　E　）以上の被ばくがあったかどうかの判定は可能である．例

　　えば，皮膚は，3Gy の被ばくで3週後に（　F　）が起こるとされている．

＜Ⅳの解答群＞

　　1　修復　　　2　染色体　　3　分裂　　　4　血液　　　　5　甲状腺

　　6　生殖　　　7　部分　　　8　全身　　　9　致死線量　10　しきい線量

　11　発がん　12　脱毛　　13　潰瘍

〔答〕

　Ⅰ　A──2（外部）　　　　　B──3（低）　　　　　C──6（β）

　　　D──15（体内摂取）　　E──1（内部）　　　　F──4（高）

　　　G──10（最大）　　　　H──13（1.7MeV）　　I──8（X）

　　　Ⅰ；制動放射線であるので，7のγ線では不可．

　Ⅱ　A──1（30keV）　　　B──7（4.0）　　　　C──4（1.2MeV）

　　　D──11（広い範囲で）

　　　B；強度が半分となる深さを x とすると，

　　　　　　$1／2I_0 = I_0 \exp（-0.173x）$

　　　　　　$-\ln 2 = -0.173x$（両辺，自然対数をとって）

　　　　　　　$x ≒ 4.0$

　Ⅲ　A──2（中性子）　　　B──4（外部）　　　　C──6（放射化）

　　　D──3（内部）　　　　E──7（存在状態）　　F──10（全身）

　　　G──12（血液）　　　　H──9（部分）　　　　I──13（体内循環）

　　　J──14（希釈）

560

6. 体内に取り込まれた放射性物質に対する防護

　　体内 Na の中性子による放射化による線量推定は，1999 年 9 月に起きた東海村核燃料加工施設の事故においても有効な情報をもたらした．

Ⅳ　A——2（染色体）　　　　B——4（血液）　　　　C——8（全身）

　　D——7（部分）　　　　　E——10（しきい線量）　F——12（脱毛）

　　部分被ばくの場合は，被ばく部位の血液量が全身にしめる割合を用いて補正することとなる．

7. 場所の管理

7.1 放射線施設における管理

　放射線を取扱う施設（以下「放射線施設」という．）等においては，作業を行う場所およびその周辺において環境放射線の測定を定期的にかつ系統的に行い，その測定結果に基づいて必要な対策の指示を出すなどして安全の確保に努めなければならない．具体的には，以下のような対応が求められる．

(1)外部被ばくに備えて，放射線施設場所内外の放射線の空間線量率を常時測定する．

(2)内部被ばくに備えて，放射線施設を含む環境中における空気あるいは水等の放射性物質濃度を測定する．また，放射線施設内の汚染の状況を測定する．

(3)測定結果を判断解釈して，放射線防護上の処置を施す．

7.2 規制対象となる放射性同位元素

　2007 年に施行された現行の法令では，放射性同位元素ごとの危険度を基礎とした科学技術的評価に基づいてハザードインデックス（危険度の指標）による分類を行い，国際基準すなわち国際原子力機関(IAEA)が 1996 年にとりまとめた**基本安全基準(BSS)**の国際免除レベルと整合をとる形でまとめ，さらにこれを 10 区分して数値を丸めて使用する形をとっている（法令の参考・告示別表第 1 参照）．ただし，核燃料物質，核原料物質，放射性医薬品等一部の放射性物質は除かれる（法令の 2.2 参照）．

　法令上は，放射性核種の種類（別表第 1 第 1 欄）ごとに数量（第 2 欄）および濃度（第 3 欄）のいずれもが下限値を超えていなければ，放射性同位元素とはみ

562

7. 場所の管理

なさないとされている．別の言い方をすれば，数量と濃度のどちらか一方が下限数量以下であれば，その物質は法の規制を受けないことになる．2種類以上の放射性核種を扱う施設では，各々の下限数量あるいは下限濃度との比の和をとり，1を超えるか否かを判断の基準にする．密封されたものは1個（組／式）当たり，非密封のものは事業所に存在する数量および容器1個当たりの濃度を用いて規制の要否を判断する．BSSの免除レベルについては，巻末の付録6および7を参照のこと．

7.3 密封放射性同位元素の取扱い施設

7.3.1 設計上の指針

（1）遮蔽の基準

①使用施設内の人が常時立ち入る場所

被ばく線量の制限は，実効線量で1週間につき1mSv以下である．1週間の作業時間を40時間として，1時間当たりの線量率を1mSv／40時間 ≒ 25 μSv／h となるように遮蔽設計を行う．

②管理区域の境界

3月間の実効線量が1.3mSv以下であるので，事業所内の作業時間を年間作業時間2000時間の1／4の500時間として1.3mSv／500h ≒ 2.6 μSv／h となるように遮蔽設計する．

③事業所の境界

事業所の境界では3月間で250 μSv以下である．事業所の外では一般公衆が居住しているので3月間の時間は24時間×7日×13週 ＝ 2184時間とし，250 μSv／2184h ＝ 0.11 μSv／h として遮蔽設計する．

（2）基本的な考え方

①取扱い施設の主要構造部等は，耐火構造とするか不燃材料とする．

②照射装置はなるべく一個所に集める．

③汚染の恐れのある施設と照射装置との混在は避ける．

管　理　技　術

④遮蔽扉のない入口においては迷路によって減衰させる.

⑤照射中であることを明示する表示灯，照射中人の立ち入りを防ぐインターロックを設ける.

⑥被照射物から発する臭気等を排除するための換気装置を設ける.

7.3.2 線源の大きさと施設の概要

(1) 届出使用の場合（密封線源で規制免除レベルの 1000 倍以内の場合）

①実験室の壁を厚くする.

②使用に際し，鉛やコンクリートブロックなどの遮蔽を周囲に配置する.

③線源貯蔵の場合には，数 cm 程度の鉛容器に入れる.

(2) 許可使用の場合（密封線源で規制免除レベルの 1000 倍を超える場合）

①照射室から γ 線が洩れないように十分壁厚をとる.

②必要があれば迷路を作り γ 線が洩れないようにする.

③線源格納容器，線源の遠隔操作用装置，照射室などを設ける.

④線源の遠隔操作の装置については，故障の少ない構造にするとともに，停電になっても確実に線源が格納できるような構造にする.

⑤必要に応じて照射中（線源の操作中）は施錠をし，人の立ち入りを防ぐ.

⑥必要に応じて照射室内が観察できる装置を設ける.

⑦必要に応じて誤って人が照射室内に閉じ込められたとき，脱出できるような構造にする.

7.3.3 密封線源の部屋の出入口に対する法的規制

(1) 400 GBq を超える線源に対しては「照射中」などが自動的に表示できる装置を設ける.

(2) 100 TBq 以上の線源に対しては，人がみだりに立ち入ることを防止する**インターロック**を設ける.

　インターロックとは，RI または放射線発生装置による照射中に人が照射室内には入れないようにする装置で，扉を開けると放射線の照射が自動的に止まる，または照射中は扉を外から開けられないようにする機能を持つ.

564

7. 場所の管理

7.4 非密封放射性同位元素の取扱い施設

7.4.1 使用場所に係る留意事項

(1) **低レベル実験室**は，通常，設備のよく整った化学実験室で足りる．ただ，露出表面は汚染しにくいような材料とし，万一，汚染しても，なるべく広がらないようにして使う．たとえば，床はコンクリートや木張りを避けてリノリウムなどとし，実験台上にはポリエチシートを敷き，さらにその上に水がこぼれても吸収できるろ紙などを敷く．

(2) **中レベル実験室**は，放射能実験室用に特に造られたものであることが望ましく，床や実験台上，天井や壁は洗浄可能な非多孔性材料で覆う．このレベルの放射能では遮蔽が必要な場合が多いため，床や作業台，フードなどは遮蔽物の重量に十分耐え得る構造にする．この区域内で使う作業衣は，色分けなどではっきり区別する．

(3) **高レベル実験室**は，高いレベルの放射能を安全に取り扱えるように，万全の設備を備えた特別に設計された施設である．このレベルの放射能は，完全に密閉された空間内での取扱いが必要である．

7.4.2 放射線施設の設計に係る留意事項

放射線施設の設計においては，以下の点を考慮する必要がある．

(1) 放射性物質による汚染が少ない構造とする．

施設の表面は平滑で，壊れにくく，丈夫で，化学的に安定で吸収性がなく，防水性の材質で作る．また，容易に除去できるか交換しやすい材料を選ぶ．

(2) 火災が起こりにくい構造とする．

主要構造部（壁，柱，床，はり，屋根または階段）等を**耐火構造**（鉄筋コンクリート造，レンガ造等の構造で，建築基準法施行令第 107 条で定める一定の耐火性を有するもの）とするか，**不燃材料**（コンクリート，レンガ，瓦，石綿板，鉄鋼，アルミニウム，ガラス，モルタル，漆喰，その他これらに類する不燃性の建築材料）とし，防火シャッター，防火ダンパを適宜設ける．

管 理 技 術

(3)換気設備をつける.

(イ)換気設備は，粒子状の放射性物質が効率よくろ過できる装置である必要がある.

(ロ)ろ過で除去できない気体状の放射性物質は，適切に拡散できるような位置に排出口を設ける.

その他の望まれる対応としては，以下のような措置がある.

①施設はできるだけ独立した建物とし，緊急時に他の建物や建物内の人たちに影響を与えないようにする.

②実験室などの配置は放射能レベルの順に配列する．このようにすれば，汚染拡大の防止，出入に伴う被ばく線量の減少ができる．配列は入口から汚染検査室，測定室，暗室，コールドの部屋（直接，放射性物質を取り扱わない部屋），ホットの部屋（直接，放射性物質を取り扱う部屋）の順に並べる.

③取扱い施設の入り口は，原則として一個所として汚染検査室を設け，出入口をチェックしやすい構造とする．放射性物質を取り扱う部屋から漏れた放射線が施設外に出ないように遮蔽する.

④排水設備を設ける.

7.4.3 放射線施設に必要な部屋に係る留意事項

(1) 管理室

①施設全体の管理をするために職員が執務する部屋であって，出入口付近に設ける.

②施設への無断出入りを防ぐ.

③放射線業務従事者の出入り，作業状況を管理する.

④放射線管理，汚染管理，排気，排水の管理などのモニタ類はこの室に集約する.

⑤火災報知器その他，非常用警報類もこの室に集め安全を確保する．この室は非管理区域内とする.

⑥管理室と汚染検査室は近接していて，機能的に連絡している施設が多い.

⑦法令では管理室の設置を義務づけてはいないが，ある程度以上の施設では設置

7. 場 所 の 管 理

が望ましい.

(2) 汚染検査室（法令 p. 711 参照）

①施設の通常の出入口等，汚染の検査に最も適した場所に設ける（管理区域の境界に設ける）.

②汚染検査室内の壁，床その他放射性物質で汚染のおそれのある部分は，（イ）突起物，くぼみ及び仕上材の目地等のすき間の少ない構造とし（ロ）その表面は平滑で，気体または液体が浸透しにくく，腐食しにくい材料で仕上げること.

③洗浄設備として（イ）手洗い（足踏み式，肘押し式．膝押し式など），（ロ）シャワー，（ハ）給湯設備をつける.

④更衣設備は，汚染のおそれのある作業衣と通常服は分けて置くように作る．はきものについても同様である.

⑤ハンドフットクロスモニタやサーベイメータを置く.

⑥個人被ばく線量測定用具を保管し，出入の際に着脱する.

⑦汚染除去用の薬品類，道具類，救急医薬品などを常備する.

(3) 測定室

弱い放射線が測定できるように，なるべく他からの放射線の影響の少ないところに置き，必要があれば遮蔽する.

(4) 作業室

①放射性物質の使用または詰替えをする室であって，実験室，治療室，配分室などの総称．非密封 RI の取扱いによって汚染のおそれがある.

②作業室内の床，壁，天井，実験台等，汚染のおそれのある部分の表面は平滑で，汚染しにくい材料で作る.

③十分な換気設備，およびフード，グローブボックス等を設けて，室内の空気汚染による内部被ばくの防止をはかる.

(5) 貯蔵室

①放射性物質を多量に置く場合は室内の最も奥に配置するようにし，遮蔽を十分考慮する.

567

管 理 技 術

②主要構造部等を耐火構造（不燃材料は不可，不燃材料使用可の使用施設とは異なる）とし，開口部（とびらや窓）には建築基準法施行令に定める特定防火設備に該当する防火戸を設ける．

③その他の必要な条件は（4）作業室と同じである．

④換気装置は法的には必要ないが付けた方がよい．この場合火災の際に密閉できるよう，ヒューズダンパー等を取りつける．

(6) 汚染除去室

汚染の際にいつでも汚染の除去ができるように，必要な器材や洗浄設備を備えた部分を設ける．その構造，材料等は汚染検査室に準ずる．

(7) 廃棄物保管室

①通常は汚染除去室の付近に配置する．

②廃棄物処理機関に引き渡すための搬出口を設け，荷役に便利なように考えておく．

(8) 機械室

①給気関係の設備がある機械室は，一般に非管理区域に設ける．

②排気設備には特殊な高性能フィルタが設置されていて汚染のおそれがあるため，排気用の機械は管理区域の中に配置する．

(9) 貯留槽

汚染排水を貯める．地下型と地上型があるが，前者においては漏水等のないよう内部をライニングしたり，漏水モニタをつけておくこと．

7.4.4 壁面，床面の表面仕上げ

(1) 表面仕上げの要件

①表面が平滑で，多孔性でないこと．

②耐薬品性の大きいこと．

③表面にキズのつきにくいもの．

④目地を多く作らないこと．

流し，フードの前の床は汚染しやすいので目地のないような床とする．

568

7. 場所の管理

⑤汚染したら交換のできる材料であること.

(2) 実際使用の材質の一例

①実験台表面,フードの内面,流しはステンレス鋼

②鉄板やコンクリート壁はビニール塗料などで覆う.

③床仕上材料

(イ)低レベルの室はビニールシート.目地を溶接する.

(ロ)高レベルの室はポリエステルの塗り床(ポリエステルを数回塗り,その間に
ガラス繊維を塗りこむ工法,高価).

7.4.5 給排気設備(空調設備)

(1) 換気方法

①低レベルの区域から高レベルの区域に,空気が流れるように設計する.

②原則として室内には全部新鮮な外気を供給し,室内空気を再循環しない.

ただし,これでは空気調和装置の負担が非常に大きいので,非常に低レベルで
あって,ふつうは RI で汚染した空気が発生するおそれがない区域に限り,再循環
を行うこともある.

③汚染空気が発生する部分は,できるだけフードやグローブボックスで覆い,室
内への逆流,拡散を防ぐ.

④フードやグローブボックスは,必ず施設の排気設備に接続する.この場合,室
内の天井から給気しフードなどから排気するのがふつうである(フードなどは
独立した送風機で排気しない.送風機停止時,施設内の気圧が外気より陰圧と
なっているため,フードなどから汚染した空気が逆流し非常に危険).

⑤室内のすべての場所で,気流が滞留しないように設計する.フードのない室で
は,床面近くに排気口を設ける.

⑥換気量は汚染した空気が逆流することなく,室内全体が十分に換気されるのに
必要な量であればよい.その値は作業の内容や方法によって差があるが,一般
にごく少量の RI を使用する場合は 10 回/時間,大量の RI を使用する場合や危
険な作業を伴う場合は 20 回以上が目安とされている.

569

管　理　技　術

(2) 空気浄化装置

　排気中の RI 濃度は，3 月間の平均濃度が，告示 5 号別表の値以下になるように
しなければならない．そのため高性能の空気浄化装置を必要とする．空気浄化装
置の分類は次のようである．

①高性能エアフィルタ

(イ)HEPA フィルタ（high efficiency particulate air　フィルタ）．米国の AEC（原子
　　力委員会）で開発されたので AEC フィルタともいう．

(ロ)アスベストセルローズ紙を空気ろ過の材料（ろ材）に使っている．ろ材を折
　　りたたんで空気のろ過連流を下げて圧力損失を小さく保つような構造になっ
　　ている．

(ハ)現在，一般に用いられている HEPA フィルタは，定格処理風量 $28\,\mathrm{m}^3$ / min,
　　$0.3\,\mu\mathrm{m}$ の粉塵に対するろ過効率 99.99 ％以上である．

②活性炭フィルタ

　活性炭は，木炭やヤシ殻などを焼成・炭化し細孔を持つ構造を発達させて吸着
能を高めたもので，吸着剤として気体状物質の捕集に用いられる．特にヨウ素の
捕集には非常に有効である．

(3) フード

①RI 汚染を局限して室内空気の汚染を低く保つために用いる．

②フード内部の空気は逆流させないこと．

③フード内部に流入する空気の流速は 0.5 m/ 秒として設計すると，逆流がなく，
　　ガスバーナーが消えたりすることもない．

④フードのとびらを閉じたとき，室内の空気が排気できなければ困るので，バイ
　　パスを設けて，とびらの開閉に伴ってダンパを操作し，常に一定の空気が排気
　　できるようになっている．

⑤材質はステンレス製か，鉄板の上に塩化ビニール塗料を塗装する．非常に汚染
　　されやすい部分は，汚染したとき塗料ごとはがせるストリッパブルペイントを
　　塗ることもある．

570

7. 場 所 の 管 理

(4) グローブボックス

①高度の危険性がある RI や塵挨，蒸気が多量に発生する RI の取扱いに必要．

②漏れないよう密封された箱の中に RI を置く．箱の壁に開けた丸窓から長手袋を差し入れて，RI を取り扱うようになっている．

③グローブボックスの中の圧力は外部よりいくらか低目にしておく．穴があいても外に汚染が出ないようにするためである．

④換気系には，通常 2 個のフィルタが置かれる．1 つは，グローブボックスに入る空気からの塵挨を除去するためで，もう 1 つは箱から出る空気中の放射性粒子を除去するためである．

7.5 環境放射線の管理

7.5.1 管理基準

(1) 常時人の立ち入る場所

○週当たりの実効線量が 1 mSv で，通常 1 mSv/40 時間とする．

○空気中濃度について 1 週間の平均が告示別表第 2 の第 4 欄に揚げる濃度

○汚染密度が表面密度限度，α 放出核種で 4 Bq/cm^2，β・γ 放出核種で 40 Bq/cm^2．

(2) 管理区域の境界

○3 月間の実効線量が 1.3 mSv で，通常 1.3 mSv/500 時間とする．

○空気中濃度について 3 月間の平均が告示別表第 2 の第 4 欄に揚げる濃度の 1/10

○汚染密度が表面密度限度の 1/10，α 放出核種で 0.4 Bq/cm^2，β または γ 放出核種で 4 Bq/cm^2．

(3) 病院又は診療所の病室

○3 月間の実効線量が 1.3 mSv

(4) 事業所の境界

○3 月間の実効線量が 250 μSv とする．

○排気(排水)中濃度について 3 ヶ月の平均が告示別表第 2 の第 5 欄(第 6 欄)に揚げる濃度

管 理 技 術

7.5.2 管理区域の設定

管理区域は，その外側へ汚染を広げないためだけでなく，事業所内の放射線業務従事者以外の人を防護するためにも重要なものである．

通常は放射線を最大量取扱ったときに上記 (2) のレベルより十分低い場所に境界を設ける．境界は，建物の外壁，部屋の仕切り壁など境界が明確な場所とする．また，柵などで境界を設定する場合もある．管理区域の境界には，所定の標識を付け，必要な注意事項を掲げる．

野外での使用の場合，法的には使用施設の規制がない．したがって管理区域を設けて放射線防護を実践する．

7.5.3 空間線量率の測定

場所の測定においては，いくつかの例外を除いて，放射線の測定として，1cm 線量当量率又は 1cm 線量当量について行うこととし，1ヶ月を超えない期間毎に 1 回測定することが法令で定められている．測定には，サーベイメータやエリアモニタが用いられる（測定器については測定技術 6 章を参照）．

7.5.4 空気中放射性核種の濃度測定

(1) 測定の目的

○放射性物質の吸入量を推定し体内摂取の危険性を評価する．このために，人が作業している場所で，人の吸入する高さで作業時間中連続して空気を捕集する．
○空気汚染をおこす恐れのある作業をする時，換気など室内空気の管理，排気のチェックの目的で測定する．

(2) 空気汚染の経路

○放射性物質で汚染した表面からの飛散
○液状や粉末状の放射性物質の飛散
○切断などにより飛び散る粉塵

(3) 測定法

○**粒子状放射性物質**の測定

粒子状放射性物質の空気中濃度の測定には，ダストサンプラにより捕集した試

7. 場所の管理

料の放射能を測定し，捕集した時間中の平均濃度を求める方法と，ろ紙に捕集した放射能を連続的に測定できる計測部がダストサンプラと一体になったダストモニタを用いる方法がある．いずれの場合も捕集する空気の体積を流量計で測定できるようになっている．β線検出器を備えたダストモニタの検出下限は，ウランに対して 40 nBq/cm^3 程度である．

○**放射性ヨウ素**の測定

空気中に放出された放射性ヨウ素は，一部は粒子状のダストなどに付着しているが，大部分はガス状である．サンプリング用捕集材としては活性炭カートリッジがよく用いられる．連続モニタの検出下限は～1 μBq/cm^3 程度である．

○**ガス状放射性物質**の測定

ガス捕集用電離箱の場合は，電離箱内に試料空気を連続して流通させ放射能濃度を測定する．検出下限は ^{14}C に対して～4 mBq/cm^3 程度である．

ガス捕集容器を用いる場合は連続してサンプルするガスを溜める容器と検出器からなる．検出器としてはプラスチックシンチレータや NaI(Tl) 検出器が用いられる．検出下限は ^{133}Xe に対して～10 mBq/cm^3 程度である．

○**トリチウム**の測定

気体状トリチウムをガス捕集用電離箱で測定する方法と，トリチウムを捕集して液体の形で測定する方法がある．捕集方法としては，コールドトラップによる水蒸気凝縮，モレキュラーシーブまたはシリカゲルで捕集する，水中にバブルして捕集するなどの方法がある．測定したトリチウム量から空気中濃度を求めるには，気体の流量もしくは，凝集した液体の量および大気の湿度から求める．

(4) バックグラウンドの影響

ダストを捕集して測定する場合，天然の**ラドン**，**トロン**およびその壊変生成物の影響がある．ラドンの壊変生成物の濃度は 0.2 mBq/cm^3～40 mBq/cm^3 で，トロンの壊変生成物の濃度はその 1/50～1/100 である．ラドンの壊変生成物の半減期は約 27 分で，トロンについては 10.6 時間である．半減期の長い核種の場合には 3 日程度経てから測定し，半減期の補正をする．

管 理 技 術

(5) 計算により求める方法

測定による方法の他に計算によって求める方法がある．これは使用した放射性同位元素の量と飛散率，室内に対しては逆流率，排気に対してはフィルタの透過率を用いて計算するものである．使用量を Q Bq，室内の体積を V m^3，1 時間あたりの換気回数を N 回，飛散率を ω，逆流率を ξ，透過率を ζ とすると，作業室内の 1 週間平均の空気中濃度 x は

$$x = Q \omega \xi / (VN \times 40 \times 10^6) \quad (\mathrm{Bq/cm^3}) \tag{8.1}$$

3 月間の排気中の平均濃度 y は，3 月間を 500 時間として

$$y = Q \omega \zeta / (VN \times 500 \times 10^6) \quad (\mathrm{Bq/cm^3}) \tag{8.2}$$

で与えられる．

飛散率，逆流率，透過率には，測定値のない場合，$\omega = 0.1$，$\xi = 0.1$，$\zeta = 0.01$ をとることが多い．

7.5.5 水中放射性核種濃度の測定

水中の放射性核種の濃度測定には，サンプリングして測定する方法と排水をモニタする方法がある．

(1) 測定法

○排水を GM 計数管や液体シンチレーションカウンタで測定する．排水モニタを利用して連続的に測定し，設定レベルを超えると警報を発するようにすることができる．

○イオン交換樹脂で水中の放射性同位元素を吸着捕集して測定する．

○サンプリングした試料を蒸発濃縮した後井戸(ウェル)型シンチレーションカウンタで測定する．

○サンプリングした試料を蒸発乾固して低バックグラウンド β 線検出器で測定する．

○サンプリングした試料を液体シンチレーションカウンタで測定する．

などの方法が用いられる．

(2) 測定上の注意

排水モニタの場合，藻などの発生により測定用窓が汚れ，β 線の透過率が変化

7. 場所の管理

することがある．貯留槽の水をサンプリングする場合，よく攪拌して水を採取する．液体シンチレータで測定する際には，シンチレータと試料が均一に混合するようにし，クエンチングの補正をする必要がある．

7.5.6　表面汚染の測定

（1）汚染の種類

○固着性汚染

表面に固着し遊離しない汚染．外部被ばくだけを問題にすればよい．

○遊離性汚染

舞い上がり室内の空気を介して内部被ばくをもたらす汚染．一般に固着性汚染よりも危険性が高い．

（2）測定法

○直接法

サーベイメータにより表面を直接測定する．固着性汚染と遊離性汚染の両方に適用できる．α放出核種に対してはαサーベイメータを用いる．β線を放出する核種については広口 GM 計数管を用いたサーベイメータを用いる．線源自身の汚染や，バックグラウンドの高い場所でのサーベイには直接法は用いることはできず，スミア法を用いる．手や足の汚染測定には通常**ハンドフットクロスモニタ**が使われる．

サーベイメータを用いた時の表面汚染密度 A の求め方は以下の式による．

$$A= (N - N_b) / (\varepsilon_1 W \varepsilon_s) \tag{8.3}$$

ここで，N は測定された計数率，N_b はバックグラウンド計数率，ε_1 は α 線または β 線に対する検出効率，W は測定器の有効面積，ε_s は汚染の線源効率である．

線源効率は表面から放出される放射線の割合と線源から放出される放射線の割合の比で，値が明らかでない場合は，最大エネルギー 0.15MeV〜 0.4MeV の β 線および α 線に対し 0.25，0.4MeV 以上の β 線に対し 0.5 を用いれば安全側である．

広口の GM 計数管を用いた場合，検出下限は 300 mBq/cm^2 程度である．

○間接法

管 理 技 術

スミア法（拭き取り法）とよばれ，汚染表面をろ紙で拭き取り，そのろ紙を測定する方法．直径2cm程度のろ紙で表面100cm²を拭き取り，測定器を汚染させないようにろ紙をセロテープ等で覆い，液体シンチレーションカウンタ，GMサーベイメータ，低バックグラウンドβ線測定器で測定する．トリチウムの表面汚染を調べるときは，トリチウムを保持させるためにグリセリンを含浸させたろ紙を用いる．

測定値から汚染密度を求めるには次式による．

$$A=（N-N_b）/（\varepsilon_1 FS \varepsilon_S） \tag{8.4}$$

ここで，Nは測定された計数率，N_bはバックグラウンド計数率，ε_1はα線またはβ線に対する検出効率，Fは拭き取り効率，Sは拭き取った面積，ε_Sは汚染の線源効率である．線源効率の分からない場合は上記と同様にする．拭き取り効率は，ポリ塩化ビニル板などの非浸透性固体表面には0.5，コンクリートなどの浸透性固体表面には0.05，浸透性・非浸透性を区分しない場合には0.1を用いる．

7.5.7 測定の頻度

放射線量の測定及び汚染状況の測定は作業を開始する前に1回，開始した後は1月を超えない期間毎に1回行う．ただし，密封された放射性同位元素又は固定された放射線発生装置を取り扱う場合で，取扱方法や遮蔽が変わらない場合は，6月を超えない期間毎に1回とされている．排気口や排水口での測定は排気又は排水の都度測定することとされている．

7. 場 所 の 管 理

〔演 習 問 題〕

問1 次の（　　　）の部分に入る最も適切な語句を解答群から1つだけ選べ.

放射性同位元素による汚染の検査法には，間接法と直接法がある. 間接法はろ紙等により表面を拭き取り，その放射能を測定し汚染を検出する方法であり，（　A　）の汚染の検出に適している. 直接法はサーベイメータを用いて汚染を検出する方法であり，（　A　）と（　B　）の汚染を合わせて検出できる. 非密封の放射性同位元素 ^{3}H, ^{90}Sr, ^{137}Cs を取扱う施設において，^{3}H による汚染は直接法では検出が難しい場合が多い. 間接法による ^{3}H の放射能測定を行うには（　C　）が適している. ^{90}Sr や ^{137}Cs の場合は直接法も間接法も実施できる. 直接法に用いる測定器として，^{90}Sr の汚染に対しては（　D　）が，^{137}Cs の汚染の検出に対しては（　D　）や（　E　）が有効である.

^{3}H で標識した水は，蒸発したり，空気中の水分と（　F　）したりして飛散することがあるので，^{3}H を取扱う際にはフードやグローブボックス内で行うことが望ましい. 作業中の ^{3}H で標識された水の飛散を調べるために行う空気中濃度の測定の際には，エアサンプラーを用い，（　G　）で一定時間捕集する. 捕集後，（　G　）を加熱して発生する水をコールドトラップで捕集し，融解して回収した水を（　C　）で測定する. また，実験室内の空気を直接水トラップにバブリングしたり，コールドトラップを用いて水蒸気を捕集する方法もある. ^{90}Sr や ^{137}Cs をバイアルから小分けする場合には，汚染の拡大を防ぐためバットの中で行うようにするとともに，被ばくを防ぐための遮蔽用の衝立てとして，^{90}Sr には（　H　），^{137}Cs には（　I　）が用いられる.

<解答群>

1　遊離性　　　　　　　2　固着性　　　　　　3　GM 管式サーベイメータ

4　NaI (Tl) シンチレーションサーベイメータ

5　ZnS (Ag) シンチレーションサーベイメータ

6　液体シンチレーションカウンタ　　　7　NaI (Tl) 井戸型シンチレーションカウンタ

8　同位体交換　　　9　同位体分離　　　10　ろ紙　　　　　11　活性炭

12　シリカゲル　　　13　鉛板　　　　　14　アクリル板

管　理　技　術

〔答〕

　　　　A—1（遊離性）　　　B—2（固着性）

　　　　C—6（液体シンチレーションカウンタ）

　　　　D—3（GM 管式サーベイメータ）

　　　　E—4（NaI(Tl) シンチレーションサーベイメータ）

　　　　F—8（同位体交換）　　　　　　　G—12（シリカゲル）

　　　　H—14（アクリル板）　　　　　　I—13（鉛板）

問2　密封されていない放射性同位元素を取り扱う作業室内で ^{204}Tl を使用したので，ふ
　　き取り試験（スミア法）により，作業台の 5 cm^2 の表面につき，汚染の程度を検査し
　　た．試料は GM 計数装置の所定の位置（計数効率 0.2）に置き 10 分間の全計数として，
　　自然計数を除き 48,000 カウントを得た．この場合，表面汚染の程度は 1 cm^2 当たり
　　（　1　）Bq と推定され，当該作業室の汚染除去は（　2　）である．

〔答〕

　　（1）— 160

　　（2）— 必要

　　1 秒間のカウント（cps）は，48,000÷10÷60＝80（cps）．

　　計数効率 0.2 であるから壊変率（dps）は，80÷0.2＝400（dps）＝400 Bq.

　　1 cm^2 当りの Bq 数は，拭き取り効率を 0.5 とすると，400 Bq÷5÷0.5＝160 Bq.

　　^{204}Tl は α 線を放出しないから，その表面密度限度は 40 Bq/cm^2 である．よって，
　　この作業台（160 Bq/cm^2）は表面密度の限度値を超えているので，汚染除去が必要
　　と判断される．

問3　管理区域に関する次の文章について正誤を答えよ．

（1）管理区域外に，外部放射線に係る線量当量について，実効線量が 3 月間につき
　　1.3 mSv を超える場所があってはならない．

（2）管理区域外に，空気中の濃度の 3 月間についての平均濃度が科学技術庁告示別表第
　　2 に示す空気中濃度限度の 1／10 を超える場所があってはならない．

（3）管理区域外に，放射性同位元素の表面密度が科学技術庁告示別表第 4 に示す密度の

578

7. 場 所 の 管 理

3／10 以下の放射性同位元素によって汚染された物を持ち出してもよい.

(4) 管理区域は, 3.7 GBq 以下の密封された線源を使用する場合には設けなくてもよい.

(5) 管理区域の境界に設けるさく等の人がみだりに立ち入らないようにするための施設には, 標識を付さなければならない.

〔答〕

(1) 正

(2) 正

(3) 誤　　別表第4に示す表面密度限度の1／10以下の物を持ち出してもよい.

(4) 誤　　3月間につき①外部放射線の実効線量 (H_{1cm}) が 1.3 mSv, ②空気中濃度平均が空気中濃度限度の1／10を超える恐れのある場所はすべて管理区域としなければならない.

(5) 正

問 4　水蒸気状トリチウムの捕集と測定に関する次の文章の（　　）の部分に入る適当な語句または数式を番号と共に記せ.

空気中の水蒸気状トリチウムを固体捕集法で捕集する場合一般的には（　1　）を用いて捕集し, 捕集されたトリチウムを（　2　）の形で取り出し, これを（　3　）で測定する.（　2　）の形として取り出す方法として（　4　）法と（　5　）法がある.（　4　）法を用いる場合, 水蒸気状トリチウムを含む空気を（　1　）に通して吸引した後,（　1　）を取り出し, これに約2倍量の（　2　）を加え1時間以上放置する. 放置後,（　2　）の一部をサンプリングし（　3　）で測定する. なお, 放置後, 加えた（　2　）がやや不透明の場合は（　6　）し, また少し着色していた場合には（　7　）を加え（　6　）する.

空気中のトリチウム濃度〔Bq・cm^{-3}〕を求める式は（　8　）である.

ただし,

空気中のトリチウム濃度：　　　　　　　　C（Bq・cm^{-3}）

空気の吸引流量：　　　　　　　　　　　　F（cm^3・min^{-1}）

捕集時間：　　　　　　　　　　　　　　　t_s（min）

捕集効率：　　　　　　　　　　　　　　　η_0（%）

管 理 技 術

（ 1 ）に加えた（ 2 ）の量： W（cm^3）

サンプリングした（ 2 ）中のトリチウム濃度： C_w（Bq·cm^{-3}）

〔答〕

(1)——シリカゲル　　　(2)——水　　　(3)——液体シンチレーションカウンタ

(4)——浸出　　　　　　(5)——加熱　　　(6)——ろ過　　　　　(7)——活性炭

(8)——$C = (C_w \times W \times 10^2) / (F \times t_s \times \eta_0)$

8. 管理上重要な放射性核種

本章では，管理技術の観点から重要と考えられる放射性核種の特徴について述べる．なお，7.2 で述べたように，これらの核種を含む物質がすべて管理を要するものではなく，数量や濃度が基準値（法令の参考・告示別表第 1 参照）を下回るものは法による規制の対象外となる．

8.1 核分裂生成物

クリプトン 85　krypton 85

$^{85}_{36}$Kr．半減期は 10.776 年，β^-壊変する．β^-線のエネルギーは低く 0.687 MeV（99.6%）．γ線（0.514 MeV）を放射して$^{85}_{37}$Rb（安定）となる．^{85}Kr は不活性気体で，気密性の試験に用いる（リークディテクタという）．試験しようとするものを容器に入れ，いったん真空にした

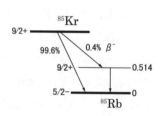

のち^{85}Kr を圧入して試料中に漏れて入った^{85}Kr の放射能から気密性を調べる．また^{85}Kr はガスの流れの測定に用いる．煙道中の気流の混合速度の測定，溶鉱炉内のガスの通過時間の測定等を行う．このほか，厚さ計の線源に用いる．

ストロンチウム 89　strontium 89

$^{89}_{38}$Sr．半減期は 50.53 日，β^-壊変する．娘核種は$^{89}_{39}$Y（安定）．

ストロンチウム 90　strontium 90

$^{90}_{38}$Sr．半減期 28.79 年，β^-壊変して半減期 64.0 時間のβ^-放出体の$^{90}_{39}$Y となる．

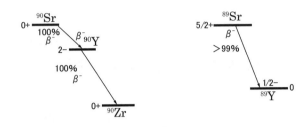

$^{90}_{38}\text{Sr} \xrightarrow[28.79\text{年}]{\beta^- 0.546\text{MeV}} {}^{90}_{39}\text{Y} \xrightarrow[64.0\text{時間}]{\beta^- 2.28\text{MeV}} {}^{90}_{40}\text{Zr}$ (安定)

^{90}Y の半減期は 64.0 時間であるので，2週間以上放置すると両者は永続平衡となる．^{90}Sr の β 線のエネルギーは比較的低く，最大エネルギーは 0.546MeV，^{90}Y の β 線のエネルギーは非常に高く最大エネルギーは 2.28MeV である．^{90}Sr の熱中性子による核分裂収率(%)は，^{233}U，^{235}U，^{238}U に対し，それぞれ 6.79，5.78，3.25 である．^{90}Sr は β 線源として用いられるが，主として娘核種の ^{90}Y の 2.28MeV の β 線が利用される．^{90}Sr の分析は，試料の前処理ののち，^{90}Sr を分離し，約 2 週間以上放置して ^{90}Y を生成させ ^{90}Y を化学的に分離（ミルキング）し，両者の永続平衡の関係 $N_1\lambda_1 = N_2\lambda_2$ を使って ^{90}Y の放射能は ^{90}Sr の放射能に等しいとして換算する．^{90}Sr はリン酸カルシウムを主成分とする骨に沈着し，骨の中に含まれる造血組織を放射線照射する．^{90}Sr は骨に沈着するので向骨性元素または骨親和性元素という．

^{90}Sr―^{90}Y の関係は永続平衡の事例として重要である．

ジルコニウム 95　zirconium 95

$^{95}_{40}$Zr．半減期は 64.032 日，β ⁻壊変して娘核種の $^{95}_{41}$Nb（ニオブ，34.991 日，β⁻壊変 0.160MeV）となる．^{95}Zr の β ⁻壊変のエネルギーは，0.889MeV（1.1%），0.401MeV（44.3%），0.368MeV（54.5%）で複雑である．

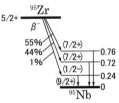

$^{95}_{40}\text{Zr} \xrightarrow[64.032\text{日}]{\beta^-} {}^{95}_{41}\text{Nb} \xrightarrow[34.991\text{日}]{\beta^-} {}^{95}_{42}\text{Mo}$ (安定)

8. 管理上重要な放射性核種

^{95}Zr が ^{95}Nb と放射平衡（過渡平衡）の状態にあれば ^{95}Zr—^{95}Nb と書く．実用に使用される RI ではないが，核分裂生成物の1つ．核分裂収率は，熱中性子による ^{235}U の場合 6.5% である．1年間運転，1日冷却の原子炉から，メガワット当たり約 2 PBq (2×10^{15} Bq) 生成する．

テクネチウム 99m technetium 99m

$^{99m}_{43}$Tc．半減期は 6.015 時間．^{99m}Tc は ^{99}Mo の娘核種で β 線を出さず，核異性体転移（IT）によって生じる．γ 線のエネルギーは 0.141 MeV で体外から測定しやすく，半減期も適当に短いので診断に広く用いる．

$$^{99}_{42}\text{Mo} \xrightarrow[65.94\text{ 時間}]{\beta^-} {}^{99m}_{43}\text{Tc} \xrightarrow[6.015\text{ 時間}]{\text{IT}} {}^{99}_{43}\text{Tc} \xrightarrow[2.111\times10^5\text{ 年}]{\beta^-} {}^{99}_{44}\text{Ru (安定)}$$

^{99}Mo は MoO$_4^{2-}$ の形でアルミナカラムに吸着させ1日位放置すると娘核種の ^{99m}Tc と過渡平衡が成立し，生理的食塩水で溶出すると ^{99m}TcO$_4^-$ が得られる．このアルミナカラムを ^{99m}Tc ジェネレータという．何処でも何時でも使えるように滅菌済，発熱性物質不含の市販品がある．

^{99}Mo は核分裂生成物で ^{98}Mo(n, γ)^{99}Mo によっても作られるが，前者の放射化学的純度が高い．

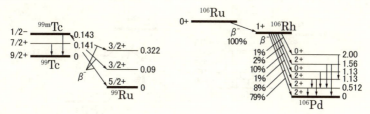

ルテニウム 106 ruthenium 106

$^{106}_{44}$Ru．半減期は 373.59 日，^{106}Ru の β^- 壊変のエネルギーは低い（0.0394 MeV）．娘核種は $^{106}_{45}$Rh（ロジウム）．^{106}Rh の半減期は 29.8 秒，その β^- 壊変のエネルギーは非常に高く 3.541 MeV(78.6%), 3.029 MeV(8.1%), 2.407 MeV(10.0%). ^{106}Ru と ^{106}Rh は永続平衡が成立するので ^{106}Ru—^{106}Rh と書くことがある．核分裂生成物の1つ．核分裂収率(%)は，^{233}U, ^{235}U, ^{238}U に対しそれぞれ 0.246, 0.402,

2.49 である．Ru の原子価は 8 で，溶液中で複雑な化学的挙動をすること，溶液中の化学的挙動を調べると再現性がよくない結果が得られることで知られている．酸化剤を含む酸溶液中では揮発性で，核燃料の再処理のときに放射性廃液中に比較的多く含まれる．

$$^{106}_{44}Ru \xrightarrow[373.59\text{日}]{\beta^- 0.0394\text{MeV}} {}^{106}_{45}Rh$$

$$\xrightarrow[29.8\text{秒}]{\beta^- 3.541\text{MeV}(78.6\%),\ 3.029\text{MeV}(8.1\%),\ 2.407\text{MeV}(10.0\%)} {}^{106}_{46}Pd$$

ヨウ素 131　iodine 131

$^{131}_{53}I$．半減期は 8.0207 日，β^- 壊変し $^{131}_{54}Xe$（安定）となる．そのエネルギーは 0.606 MeV（89.5%），0.334 MeV（7.2%），0.248 MeV（2.1%）で γ 線放射（主に 0.365 MeV）を伴う．I_2，I^-，IO_3^-，IO_4^- などの化学種がある．I_2 は揮発しやすく放射性汚染を起こしやすい．I^- は人体に投与すると甲状腺に集まる．核分裂生成物の 1 つである．^{131}I 及びその化合物は，甲状腺の診断及び治療に用いられる．^{131}I の約 1% は，放射性希ガスである ^{131m}Xe（半減期 11.84 日）の核異性体転移（IT）を経て，^{131}Xe（安定）となる．したがって吸入などしないよう取扱に注意を要する．

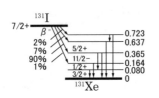
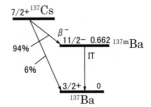

セシウム 137　cesium 137

$^{137}_{55}Cs$．半減期は 30.167 年，β^- 壊変して $^{137m}_{56}Ba$（2.552 分）となる．^{137}Cs の β^- 線のエネルギーは 0.514 MeV（94.4%），1.176 MeV（5.6%）である．^{137m}Ba は γ 線を放射し核異性体転移（IT）によって ^{137}Ba（安定）となる．その γ 線のエネルギーは 0.662 MeV（89.7%）．^{137m}Ba の半減期は 2.552 分，親核種の ^{137}Cs の半減期は 30.167 年であるから，30 分をこえると永続平衡の関係が成立する．^{137}Cs は元来

8. 管理上重要な放射性核種

β^-放出体でありながらγ線源として取り扱われるのは，このためである．

核分裂生成物の一つで，熱中性子による核分裂収率(%)は，^{233}U，^{235}U，^{238}Uに対しそれぞれ6.75，6.19，6.05である．医療用照射装置，γ線ラジオグラフィ用小型照射装置，食品照射や発芽防止用照射装置などの線源に用いる．

$$^{137}_{55}\text{Cs} \xrightarrow[30.167\text{ 年}]{\beta^- 0.514\text{MeV}} {}^{137\text{m}}_{56}\text{Ba} \xrightarrow[2.552\text{ 分}]{\text{IT}0.662\text{MeV}} {}^{137}_{56}\text{Ba}（安定）$$

^{137}Cs の実効線量率定数(1 MBq の ^{137}Cs 線源から 1 m における実効線量率)は 0.0779（μSv・m^2・MBq^{-1}・h^{-1}）である．

バリウム140　barium 140

$^{140}_{56}$Ba．半減期は12.752日，β^-壊変と，γ線放射して$^{140}_{57}$La（1.6781日）となる．^{140}Laはさらにβ^-壊変と，γ線放射して$^{140}_{58}$Ce（安定）となる．両者の壊変形式は複雑．^{140}Baと^{140}Laは過渡平衡の関係にある．^{140}Baの熱中性子による核分裂収率(%)は，^{233}U，^{235}U，^{238}Uに対しそれぞれ6.40，6.21，5.82．^{140}Baは実用上の目的には使用されないが，過渡平衡の例として重要である．

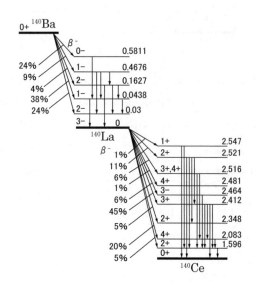

585

$$\ce{^{140}_{56}Ba} \xrightarrow[12.752\ 日]{\beta^-} \ce{^{140}_{57}La} \xrightarrow[1.6781\ 日]{\beta^-} \ce{^{140}_{58}Ce}\ (安定)$$

セリウム144　cerium 144

$\ce{^{144}_{58}Ce}$.半減期 284.91 日の β^- 放出体．そのエネルギーは低く 0.319 MeV (76.5%)，0.239 MeV (3.9%)，0.185 MeV (19.6%) である．娘核種の $\ce{^{144}_{59}Pr}$ (プラセオジム) は半減期 17.28 分の β^- 放出体で，そのエネルギーは高く 2.998 MeV (97.9%) である．

$$\ce{^{144}_{58}Ce} \xrightarrow[284.91\ 日]{\beta^-} \ce{^{144}_{59}Pr} \xrightarrow[17.28\ 分]{\beta^-} \ce{^{144}_{60}Nd}\ (安定)$$

核分裂生成物の1つ．熱中性子による核分裂収率(%)は ^{233}U，^{235}U，^{238}U に対し，それぞれ 4.73，5.50，4.55 である．

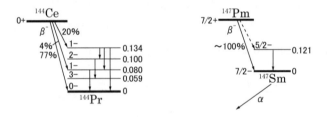

プロメチウム147　promethium 147

$\ce{^{147}_{61}Pm}$．半減期 2.6234 年の β^- 放出体 (0.225 MeV)．^{147}Pm は Pm_2O_3 又はシュウ酸プロメチウムとし蛍光体（主に硫化亜鉛系化合物）と共存させ自発光塗料に用いる．^{147}Pm は厚さ計の線源にも用いる．^{147}Pm の娘核種の ^{147}Sm は α 壊変し，その半減期は非常に長く 1.06×10^{11} 年である．プロメチウムは天然には存在しない．

$$\ce{^{147}_{61}Pm} \xrightarrow[2.6234\ 年]{\beta^-} \ce{^{147}_{62}Sm} \xrightarrow[1.06\times10^{11}\ 年]{\alpha} \ce{^{143}_{60}Nd}\ (安定)$$

8.2 天然放射性核種

トリチウム tritium

^{3}H, T. 三重水素とも呼ばれる．半減期 12.32 年の β^- 放出体（最大エネルギー 0.0186 MeV）．実用の β^- 放出体のうち β 線のエネルギーは最も低く，ガスフローカウンタでは概略の測定となるが，液体シンチレーションカウンタを使

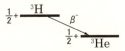

うと，正確に定量できる．天然には大気上層の核反応で作られ，大気中の水素や雨水に混じる．その濃度は，^{3}H / ^{1}H で表され ^{3}H / ^{1}H 原子比が，10^{-18} に等しいときを 1 トリチウム単位（記号 T.U.）としている．人工的には ^{6}Li(n, α)^{3}H で作る．核爆発実験，再処理工場などで生成し，環境放射能の面から注目されている．^{3}H/Zr の形で制動 X 線源として，蛍光 X 線分析，軽合金や薄い鉄板のラジオグラフィに用いる．また ^{3}H の標識化合物はトレーサに広く用いられている．

炭素 14 carbon 14

$^{14}_{6}$C．半減期 5700 年の β^- 放出体（0.157 MeV）．その β^- 線のエネルギーは非常に低いので，正確に定量するには液体シンチレーションカウンタが用いられる．^{14}C の標識化合物は，有機化学，生化学などの分野でトレーサとして広く用いられているので有名である．工業的利用では，厚さ計に用いられる．^{14}CO$_2$ はクロレラのような藻類などの光合成での炭素原子の挙動の調査に用いられる．天然に存在する ^{14}C は年代測定に用いられる．

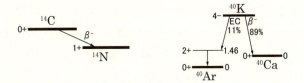

カリウム 40 potassium 40

$^{40}_{19}$K．半減期は 1.251×10^9 年，カリウムの中に 0.0117 ％存在する．β^-（89.1％），EC（10.8％）の分岐壊変を行い，$^{40}_{20}$Ca（安定）と $^{40}_{18}$Ar（安定）にそれぞれ変換

する．^{40}K は岩石などの年代測定に利用されている．^{40}K が壊変すると ^{40}Ar が生成するが，この ^{40}Ar と ^{40}K の存在量から年代を知ることができるからである（カリウム—アルゴン法という）．また ^{40}K は地中に存在する ^{235}U，^{238}U などとともに，その崩壊熱が地熱の原因となる．人体内の ^{40}K による被ばく線量は 1 年当たり 0.18 ミリシーベルト，体外からの ^{40}K による被ばく線量は 0.15 ミリシーベルトである．

鉛 210（ラジウム D）　lead 210（radium D）

$^{210}_{82}$Pb（RaD）．ウラン系列の天然放射性核種．半減期 22.20 年の β^- 放出体．

$$^{210}_{82}\text{Pb(RaD)} \xrightarrow[22.20\,\text{年}]{\beta^-\,0.0631\text{MeV}(16.0\%),\ 0.0166\text{MeV}(84\%)} {}^{210}_{83}\text{Bi(RaE)}$$

$$\xrightarrow[5.012\,\text{日}]{\beta^-\,1.162\text{MeV}} {}^{210}_{84}\text{Po(RaF)} \xrightarrow[138.376\,\text{日}]{\alpha\,5.304\text{MeV}} {}^{206}_{82}\text{Pb(安定)}$$

ラドン 222　radon 222

$^{222}_{86}$Rn．半減期 3.8235 日の α 放出体（5.49MeV）．天然に存在するウラン系列に属し，$^{222}_{86}$Rn は $^{226}_{88}$Ra の娘核種．$^{222}_{86}$Rn の娘核種は $^{218}_{84}$Po（α，3.10 分）．0 ℃，1 気圧の水に対する溶解度は 0.51 cm^3/cm^3 で，鉱泉，温泉，地下水などに多量に溶けている．有機溶媒にもかなり溶ける．岩石，建材，化石燃料などに含まれるウラン系列の ^{226}Ra からの ^{222}Rn の放出量が問題となる場合もある．

$$^{226}_{88}\text{Ra} \xrightarrow[1.60\times10^3\,\text{年}]{\alpha} {}^{222}_{86}\text{Rn} \xrightarrow[3.8235\,\text{日}]{\alpha\,5.49\text{MeV}} {}^{218}_{84}\text{Po} \xrightarrow[3.10\,\text{分}]{\alpha}$$

永続平衡が成立していることで ^{226}Ra とともによく知られている．

588

8. 管理上重要な放射性核種

Ra D-E-F radium D-E-F

ウラン系列に属し，下記の関係がある．RaD と RaE，Ra F は永続平衡が成立する．β線の標準線源として用いられる．標準とされる 1.162 MeV の β線は Ra E(^{210}Bi) から放出される．

$$RaD(^{210}_{82}Pb) \xrightarrow[\text{22.20 年}]{\beta^- 0.0631\text{MeV}(16\%),\ 0.0166\text{MeV}(84\%)} RaE(^{210}_{83}Bi)$$

$$\xrightarrow[\text{5.012 日}]{\beta^- 1.162\text{MeV}} RaF(^{210}_{84}Po) \xrightarrow[\text{138.376 日}]{\alpha 5.304\text{MeV}} {}^{206}_{82}Pb\ (\text{安定})$$

ラジウム 226 radium 226

$^{226}_{88}$Ra．半減期 $1.60×10^3$ 年の α 放出体で γ 線も放出する．天然に存在するウラン系列に属し，$^{222}_{86}$Rn の親核種．すべてのウラン鉱物に含まれ，たとえばピッチブレンド 1 トンは約 200 mg の Ra を含む．治療用小線源として昔から使用されてきた．Be と混合して中性子線源として使う．^{226}Ra 1 g は約 37 GBq である．

$$^{226}_{88}Ra \xrightarrow[1.60×10^3\text{年}]{\alpha 4.784\text{MeV}(94.4\%),\ 4.601\text{MeV}(5.5\%)} {}^{222}_{86}Rn$$

$$\xrightarrow[3.8235\text{ 日}]{\alpha} {}^{218}_{84}Po \xrightarrow[3.10\text{ 分}]{\alpha}$$

トリウム 232 thorium 232

$^{232}_{90}$Th．半減期は $1.405×10^{10}$ 年，α 壊変し，その娘核種は ^{228}Ra．α 線のエネルギーは約 4.012 MeV，γ 線のエネルギーはきわめて低く 0.0638MeV．天然に存在するトリウム系列の最初の放射性核種．^{232}Th は中性子を吸収して核分裂性の ^{233}U

589

に変わるので,核原料物質である.なお,トリウムという元素は^{232}Th しか含まない単核種元素である.

ウラン 235 uranium 235

$^{235}_{92}$U. ウラン 235 と呼ぶ.半減期は 7.04×10^8 年,α 壊変し,娘核種は $^{231}_{90}$Th (β^-, 25.52 時間).^{235}U の α 壊変のエネルギーは約 4.596 MeV,γ 線放射のエネルギーは低く約 0.205 MeV.アクチニウム系列の最初の放射性核種 ^{235}U の同位体存在度は 0.720 %.熱中性子により核分裂を起こし,新たに平均 2.2 個の中性子を放出し ^{235}U 原子 1 個の核分裂によって,約 200 MeV のエネルギー(化学反応によって生ずるエネルギーは 1 原子数当たり～10 eV)を出す.核分裂連鎖反応を起こし,原子炉などに利用される.^{235}U の割合を人工的に大きくしたウランを濃縮ウランといい,原爆には 90 数%に濃縮した ^{235}U が必要であるが,原子力発電は約 3～5 % に濃縮した ^{235}U で行える.

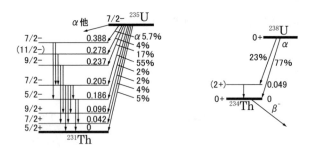

ウラン 238 uranium 238

$^{238}_{92}$U. ウラン 238 と呼ぶ.半減期は 4.468×10^9 年の α 放出体.α 線エネルギーは約 4.202 MeV.γ 線放射のエネルギーは非常に低く 0.0496 MeV.

$$^{238}_{92}\text{U} \xrightarrow[4.468 \times 10^9 \text{年}]{\alpha} {}^{234}_{90}\text{Th} \xrightarrow[24.1 \text{日}]{\beta^-} (\text{以下略})$$

同位体存在度は 99.275 %.天然に存在するウラン系列の最初の放射性核種.速中性子で核分裂を起こし,熱中性子では核分裂を起こさない.熱中性子では次の核反応が起こる.

8. 管理上重要な放射性核種

$$_{92}^{238}\mathrm{U(n,\ \gamma)}\ _{92}^{239}\mathrm{U}\ \xrightarrow[23.45\ 分]{\beta^-}\ _{93}^{239}\mathrm{Np}\ \xrightarrow[2.356\ 日]{\beta^-} _{94}^{239}\mathrm{Pu}\ \xrightarrow[2.411\times10^4 年]{\alpha}$$

37 GBq の ^{238}U の質量は約 3 トンである.

8.3 中 性 子 源

ラジウム−ベリリウム（Ra−Be）中性子線源

^{226}Ra からの α 線を Be に衝撃させて起こる核反応

$$_4^9\mathrm{Be} + {}_2^4\mathrm{He} \longrightarrow {}_6^{12}\mathrm{C} + {}_0^1\mathrm{n} + \gamma$$

によって放出される中性子を利用する線源である．この場合 Ra の娘核種からの α 線も上記の核反応にあずかる．通常 RaBr$_2$ とベリリウム粉末を混ぜて白金管中に封入する．中性子のエネルギースペクトルは最高 12 MeV に及び，平均は約 4 MeV である．37 GBq の ^{226}Ra を用いたとき毎秒約 1.5×10^7 の中性子が発生する．同時に ^{226}Ra 37 GBq で約 9.3 mSv/h（at 1 m）の γ 線が出るので取り扱いには注意が必要である．

アメリシウム−ベリリウム（Am−Be）中性子線源

^{241}Am（半減期 432.2 年）からの α 線と Be との間の下に示す核反応によって中性子を発生させる線源．

$$_4^9\mathrm{Be} + {}_2^4\mathrm{He} \longrightarrow {}_6^{12}\mathrm{C} + {}_0^1\mathrm{n} + \gamma$$

^{241}Am 37 GBq あたり，毎秒 2.5×10^6 の中性子と 0.2 mSv/h（1 m）の γ 線を出す．γ 線量率が低く，半減期が長く安価なので多く使用されている．

カリホルニウム 252 californium 252

$_{98}^{252}$Cf．半減期は 2.645 年，自発核分裂（SF）（3.1%）し，α 線（81.5%，平均 6.118 MeV）と γ 線，低エネルギーX 線の放射を伴う．1 g 当たり毎秒 2.3×10^{12} 個の中性子を発生し，1 個の核の自発核分裂によって平均 3.76 個の中性子を出す．そのエネルギースペクトルは約 1 MeV に極大があり，平均のエネルギーは 2～3 MeV．中性子放射化分析，中性子水分計，中性子ラジオグラフィの線源，医学利用としては腫瘍の治療に用いられる．線源の大きさはカプセル状で小さい．

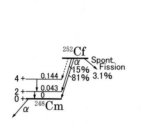
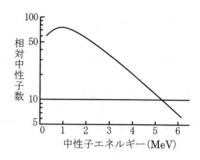

8.4 種々の放射性核種

リン 32　phosphorus 32

$^{32}_{15}$P．半減期は 14.263 日．β^-壊変して $^{32}_{16}$S（安定）となる．β線のエネルギーは高く最大エネルギーは 1.711 MeV．物質循環や代謝の研究のトレーサとして生化学，農学などの分野で用いられている．

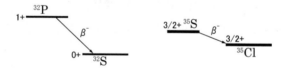

硫黄 35　sulfur 35

$^{35}_{16}$S．半減期は 87.51 日，β^-壊変する．β^-線のエネルギーは低く 0.167 MeV，γ線は放射しない．製鉄用コークス炉や製鋼中の硫黄の挙動の追跡のためのトレーサ，生体や酵素反応のトレーサ，硫黄化合物とくに含硫アミノ酸の代謝の研究などに用いる．

クロム 51　chromium 51

$^{51}_{24}$Cr．半減期は 27.703 日．軌道電子捕獲（100 %）と低いエネルギー（0.32 MeV）のγ線放射（9.9 %）によって $^{51}_{23}$V（安定）となる．クロムメッキの機構，赤血球の ^{51}Cr 標識による循環血液量などの検査に用いられる．

8. 管理上重要な放射性核種

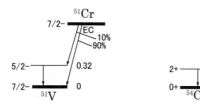

マンガン 54　manganese 54

$^{54}_{25}$Mn．半減期は312.03日．電子捕獲（EC）と中程度のエネルギー 0.835 MeV のγ線を放射して $^{54}_{24}$Cr（安定）となる．

マンガン 56　manganese 56

$^{56}_{25}$Mn．半減期は2.5789時間．β^-エネルギー2.849 MeV（56.3%），1.038 MeV（27.9%），0.736 MeV（14.6%）でβ^-壊変し，$^{56}_{26}$Fe（安定）となる．γ線放射のエネルギーは，高い2.113 MeV（14.3%），1.811 MeV（27.2%）及び中程度の0.847 MeV（98.9%）である．

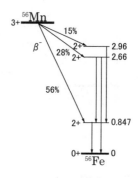

コバルト 57　cobalt 57

$^{57}_{27}$Co．半減期は271.74日．軌道電子捕獲（EC）と，低いエネルギーのγ線（0.122 MeV，0.136 MeV など）を放射して $^{57}_{26}$Fe（安定）となる．低エネルギーγ線源に用いる．

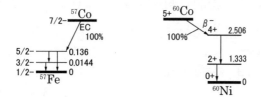

コバルト 60　cobalt 60

$^{60}_{27}$Co．半減期は5.2713年，低いエネルギー（0.318 MeV）のβ^-線及び1.173 MeV，1.333 MeV の2本のγ線を放射して $^{60}_{28}$Ni（安定）となる．γ線照射線源として広く

593

管 理 技 術

用いられるほかにレーダー用の切替放電管，リレー放電管，定電圧放電管などにも用いられる．実効線量率定数は 0.305（μSv・m^2・MBq^{-1}・h^{-1}）である．

亜鉛 65　zinc 65

$^{65}_{30}$Zn．半減期は 244.06 日，β^+壊変(1.4%)のエネルギーは低く，0.329 MeV．電子捕獲（EC）は 98.6%，ビキニ事件のとき，いわゆる放射能マグロが騒がれたが，その主要な原因は誘導放射性核種である ^{65}Zn であったことで知られる．

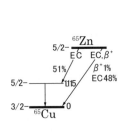
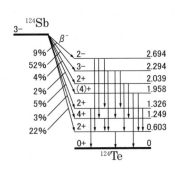

アンチモン 124　antimony 124

$^{124}_{51}$Sb．半減期は 60.20 日，エネルギーの高い β^-線 2.302 MeV（22.4%），中位のエネルギーの β^-線 0.611 MeV(52.2%)，低エネルギー β^-線 0.211 MeV（8.9%）ならびに 1.691 MeV（47.8%）のγ線を放出する．このγ線を用いた ^{124}Sb-Be 線源は，中性子エネルギー 0.0248 ± 0.0024 MeV，中性子収量 1.6×10^6 n/（s・37 GBq）の中性子を放出する中性子線源として用いる．しかし，透過力の強いγ線をともなうので取扱いは注意を要する．

ヨウ素 125　iodine 125

$^{125}_{53}$I．半減期は 59.4 日，電子捕獲（EC），ついでγ線放射する．γ線のエネルギーは 0.0355 MeV で非常に低い．^{125}I の娘核種は $^{125}_{52}$Te（安定）．核医学の分野で，診断，ラジオイムノアッセイなどに用いる．

594

8. 管理上重要な放射性核種

イリジウム 192　iridium 192

$^{192}_{77}$Ir．半減期は 73.827 日で次のように分岐壊変する．すなわち β^- 壊変（95%），γ 線放射により $^{192}_{78}$Pt（～10^{15}年，α）になり，電子捕獲(5%)，γ 線放射によって $^{192}_{76}$Os（安定）となる．放射される γ 線は複雑であるが，0.3MeV 付近が多い．γ 線ラジオグラフィの線源として広く用いられている．実効線量率定数は 0.117（μSv・m^2・MBq^{-1}・h^{-1}）である．

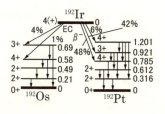

タリウム 204　thallium 204

$^{204}_{81}$Tl．半減期 3.78 年，β^- 壊変（97.1%）して $^{204}_{82}$Pb（安定）となり，一方，軌道電子捕獲（EC 2.9%）して $^{204}_{80}$Hg（安定）となる．β^- 線のエネルギーは 0.764 MeV である．厚さ計に用いる．

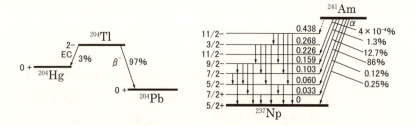

アメリシウム 241　americium 241

$^{241}_{95}$Am．半減期は 432.2 年，α 壊変して $^{237}_{93}$Np となる．α 線のエネルギーは 5.486 MeV．γ 線のエネルギーは非常に低く，0.0595 MeV．主に α 線源として厚さ計，煙検知器および ^{241}Am+Be 中性子線源に用いられる．低エネルギー γ 線源としても利用されることがある．

※上記の放射性同位元素の半減期，エネルギーなどのデータはアイソトープ手帳 11 版(2011 年)による．

管 理 技 術

〔演 習 問 題〕

問1 次の文章の（ ）のうちに入る適当な語句を番号とともに記せ．

^{137}Cs は ^{235}U を（ 1 ）で照射することにより高い収率で生成する核分裂生成核種の1つである．その半減期は約30年で，94%は（ 2 ）壊変して ^{137m}Ba になる．この ^{137m}Ba は，半減期2.55分で（ 3 ）によって ^{137}Ba になる．この際に 0.662 MeV の（ 4 ）を出す．^{137m}Ba の壊変においては，ある割合で，（ 4 ）を出す代わりに，0.662 MeV よりエネルギーの（ 5 ）β線を放出する．

^{137}Cs 水溶液を30分ほど放置すると，^{137}Cs と ^{137m}Ba は（ 6 ）に達する．^{137}Cs は元来 β^- 放出体でありながら γ 線源として扱われるのは，このためである．

〔答〕

 (1)——(熱)中性子 (2)——β^- (3)——核異性体転移（IT）

 (4)——γ 線   (5)——低い (6)——永続平衡

問2 次の文章の（ ）のうちに入る最も適当な語句を解答群から1つだけ選べ．

^{32}P は最大エネルギー（ 1 ）のβ線を放出する．取扱う際には（ 2 ）製の衝立を用いることで，β線を遮蔽し，制動放射線の発生を抑えることができる．しかし，手指などの局所被ばくが全身被ばくに対して著しく高くなることがあるので，（ 3 ）による局所被ばく線量のモニタリングは重要とされる．スミア法による汚染検査におけるろ紙の放射能測定では，（ 4 ）の検出も利用できる．しかし，この検出法は ^{3}H では利用できない．^{32}P で標識されたリン酸は（ 5 ）などの金属イオンと反応して沈殿を生成する．このようなリンの化学的性質は実験操作時の ^{32}P の挙動の予測に有用である．

＜解答群＞

1 18.6 keV	2 156 keV	3 257 keV
4 1.71 MeV	5 3 mm 厚のアクリル板	6 10 mm 厚のアクリル板
7 0.5 mm 厚の鉛板	8 1 mm 厚の鉛板	9 リングバッジ
10 ガスモニタ	11 化学線量計	12 熱蛍光(TL)

8. 管理上重要な放射性核種

13 チェレンコフ光   14 蛍光 X 線   15 δ線

16 ナトリウム   17 カリウム   18 カルシウム

〔答〕

(1)――4（1.71 MeV）   (2)――6（10 mm 厚のアクリル板）

(3)――3（リングバッジ）   (4)――2（チェレンコフ光）

(5)――18（カルシウム）

9. 放射性同位元素の使用

9.1 密封放射性同位元素の使用

9.1.1 密封線源の定義

密封された線源を使用する場合には，その放射性同位元素を

(1)正常な使用状態では，開封または破壊されるおそれがない

(2)密封された放射性同位元素が漏えい，浸透等により散逸して汚染するおそれが
　 ない

状態で常に用いるよう，密封の定義がなされ，使用に係る技術上の基準が定められている．

　このように，密封線源という言葉から想像されるような，容器に封入された線源ということでは必ずしもない．たとえばα線やエネルギーの低いβ線などは透過力がきわめて弱いので，ごく薄い金属箔で覆ったり，電着で固定化したり，チタンやジルコニウムに吸着させたりして密封線源としている．これらの線源については，機械的衝撃や熱的変化で放射性同位元素が漏出するおそれがあるので，取扱には十分な注意が必要である．

9.1.2 密封線源製造時の安全試験

　日本工業規格(JIS)では，密封線源を，カプセルに収められた放射線源で，そのカプセルは線源の設計条件下で放射性物質が露出または散逸しないだけの十分な強度を持つものとし，カプセルの安全試験に係る手順「密封放射線源の等級と試験方法」(JISZ 4821)を定めている．密封線源の等級はC–64344などと表され，それぞれの記号は以下のように定められている．

9. 放射性同位元素の使用

初めの記号は密封線源が開封され放射性同位元素が散逸したときの危険度の大小を表す（C は定められた数量以下，E は数量を超えていることを示す）．その後の 5 個の数字は，それぞれの試験に対して数字で示された等級に適合していることを示す．等級 1 は無試験で数字が大きくなるほど試験条件が厳しくなる．また，JIS で規定された試験条件以外で試験が行われたときにはその試験に対する等級は X で示す．それぞれの条件で線源を試験した後に，漏出の有無についての漏出試験を規定している．漏出試験としては，放射能に着目した試験として，ふき取り試験，浸せき試験，煮沸浸せき試験，気体の漏出試験，液体シンチレータによる漏出試験のほか，放射能によらない試験も定められていて，試験線源の種類に応じて，最も適した方法を選ぶこととしている．

密封線源の用途に対する性能要件として例を表 9.1 に示した．

表9.1 用途に対する密封線源の性能要件の例

密封線源の用途		密封線源の試験方法と等級				
		温度	圧力	衝撃	振動	パンク
ラジオグラフィ用線源（工業用）	機器に装備されていないもの	4	3	5	1	5
	機器に装備されているもの	4	3	3	1	3
医療用線源	ラジオグラフィ用	3	2	3	1	2
	表面照射用	4	3	3	1	2
中性子線源（原子炉の始動用を除く）		4	3	3	2	3
校正用線源（1 MBqを超えるもの）		2	2	2	1	1
イオン発生用	クロマトグラフ用	3	2	2	1	1
	煙感知器用	3	2	2	2	2

管 理 技 術

9.1.3 密封線源の種類と特徴

(1) α線源

α線源としてよく用いられるのは ^{241}Am の線源である．α線の計測だけが目的の線源の場合は，銀箔によりはさまれた構造で汚染を生じにくい構造となっている．このような線源は銀箔中でα線がエネルギーを失うので，エネルギーの校正や検出器の分解能のチェックには使えない．形状を図9.1に示す．

α線のエネルギー校正やエネルギー分解能の測定には，表面が直接露出した線源が必要で，蒸着や電着で作られた線源が用いられる．形状を図 9.2 に示す．このような線源は図の形状のままで使用するのは好ましくなく，取扱いの際に直接表面に触れないようなケースに装着して用いるのが望ましい．

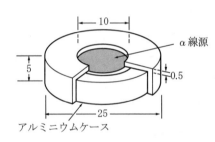 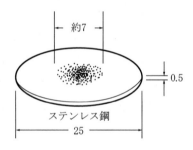

図9.1　α線計数用線源　　　　　図9.2　α線スペクトロスコピー用線源
　　（数値の単位はmm）　　　　　　　（数値の単位はmm）；ステンレス
　　　　　　　　　　　　　　　　　　スチール板上に蒸着されている．

(2) β線源

低エネルギーβ線源としては，^{3}H，^{14}C，^{63}Ni などが用いられる．アクリル材質中のHやCを ^{3}Hや^{14}C で置き換えた薄いシート状の線源が作られている．このような線源は比較的堅牢で取扱は容易である．^{3}H をチタンなどの水素吸蔵合金に吸着させた線源や ^{63}Ni 線源のように電着させた線源は，温度上昇や接触などにより汚染を生じる可能性があるので注意する．

エネルギーの高いβ線源としては，^{90}Srや^{106}Ruなどが用いられる．安定な化

9. 放射性同位元素の使用

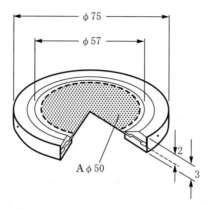

図9.3 β線源(数値の単位はmm)
線源は金を蒸着した薄いプラスチック膜ではさまれている.

合物を銀粉と混合焼結して銀板にはさんだもの,それを薄窓つきのステンレスカプセルに封入したもの,^{90}Sr をセラミックに焼成し,薄窓つきのステンレスカプセルに封入したものなどがある.電子線のエネルギー校正には単一エネルギーの電子線を放出する ^{137}Cs の内部転換電子等が用いられる.このような線源は図9.3 に示すような薄いプラスチックシート上に線源を固定したもので,取扱いには十分注意する.

(3) γ線源

検出器の校正や効率の測定に用いる線源として,単一核種の線源や数種類の核種を混合し,エネルギーの異なるγ線を一度に測定する目的で作られた混合線源などがある.図9.4 に示すようなプラスチックの板にはさんだ型の線源がよく用いられる.このような線源は,プラスチックがヒビ割れたりして汚染を生じることがあるので,慎重に取扱う必要がある.

低エネルギーγ線源は電子捕獲壊変に伴う X 線を利用するものが多い.^{109}Cd,^{241}Am などが用いられる.核種によりいろいろなタイプのものがあるが,酸化物もしくはセラミックス等にし,または電着やイオン交換樹脂につけて薄

管理技術

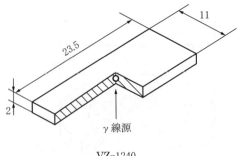

図9.4 γ線源（数値の単位はmm）

線源は直径1mmで0.5mm厚のポリスチレンではさまれている．

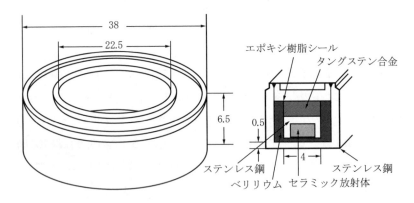

図9.5 ^{241}Amの環状線源（単位mm）

窓（～0.2mm）付きのステンレス鋼容器に封入されている．^{241}Am の環状線源の例を図9.5に示す．

高エネルギーγ線源として用いられる^{60}Co は金属の，^{137}Cs は塩化物またはセラミックとしてステンレス鋼の1重または2重の密封容器に溶封されている．容器は堅牢なので，漏えいのおそれはないといってもよい（図9.6）．

検出器の校正用の標準線源としてよく用いられる核種について，γ線のエネルギーと1壊変当たりの放出率を表9.2に示す．

9. 放射性同位元素の使用

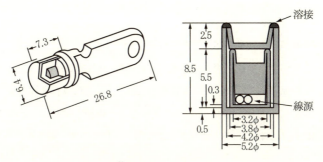

図9.6 ^{60}Co線源（単位mm）

表9.2 標準γ線源のエネルギーと放出率

核種	半減期	エネルギー（keV）	1壊変当たりの放出率（%）
^{22}Na	2.602y	1274.5	99.9
^{51}Cr	27.70d	320.1	9.87
^{54}Mn	312.0d	834.8	100.0
^{57}Co	271.7d	14.4	9.15
		122.1	85.5
		136.5	10.7
^{60}Co	5.271y	1173.2	99.9
		1332.5	100.0
^{65}Zn	244.1d	1115.5	50.6
^{85}Sr	64.85d	514.0	98.5
^{88}Y	106.7d	898.0	93.9
		1836.1	99.4
^{109}Cd	461.4d	88.0	3.63
^{133}Ba	10.51y	53.2	2.14
		79.6	2.65
		81.0	32.9
		276.4	7.16
		302.9	18.3
		356.0	62.1
		383.8	8.94
^{137}Cs	30.17y	661.7	85.0
^{241}Am	432.2y	26.3	2.40
		59.5	35.8

管 理 技 術

(4) 中性子線源

中性子線源には，核反応により中性子を放出する核種または自発核分裂により中性子を放出する核種が用いられる．前者には一般に $^9Be(\alpha, n)^{12}C$ 反応が利用され，α 線源として ^{241}Am や ^{226}Ra が用いられる．後者には自発核分裂に伴って中性子を放出する ^{252}Cf が用いられる．大強度の γ 線源と同様，ステンレス鋼の 2 重容器に封入されている．表 9.3 によく用いられる中性子線源を示した．

表9.3　中性子線源

| 線　源 | 核 反 応 | 半減期 | 中性子エネルギー(MeV) | | 収量$(ns^{-1}Bq^{-1})$ |
			最大	平均	
$^{226}Ra-Be$	$^9Be(\alpha, n)^{12}C$	1600y	13.0	～4.3	$(27.0\sim46.2)\times10^{-5}$
$^{241}Am-Be$	$^9Be(\alpha, n)^{12}C$	432.2y	11.5	～5	$(5.9\sim7.3)\times10^{-5}$
^{252}Cf	自発核分裂	2.65y	～10	～2.4	1.2×10^{-1}

9.1.4　密封線源使用上の注意事項

密封された放射線源を使用する場合，問題になるのは外部被ばくである．ただし，線源容器が破損するなどして放射性同位元素による汚染が発生し，それが体内に取り込まれた場合には，内部被ばくも生ずる．したがって，線源の破損等を起こさないように，使用している線源の性質をよく把握して取扱うようにする．また，汚染が生じたときの措置についても心得ておく必要がある．

密封線源を取扱う一般的な注意として，

(1)あるレベル以上の放射線作業は原則として単独で行ってはならない．

(2)あらかじめ危険区域内に人がいないことを確認する．

(3)線源取扱上の注意をよく知り，取扱上の技術を十分身につけておく．

(4)作業計画を立て，実験の手順を習熟しておく．

(5)予想される被ばく線量，遮蔽の方法などをあらかじめ考えておく．

(6)線量を測定するためのサーベイメータ，安全に取扱うための長柄ばさみ(トング)などの用具を準備する．

(7)使用終了時に必ず測定器により放射線の漏れがないことを確認する．

604

9. 放射性同位元素の使用

(8)定期的に線源の汚染検査をする.

(9)使用記録をつける.

　370GBq 以下の密封線源の使用には，主としてラジオグラフィに使用する場合と小線源の使用（校正用線源など）に使用する場合がある.

9.1.5　密封線源の安全性の確認

　線源の密封が正常に保たれているかどうかを定期的に確認することは重要である．次のような方法によりその確認を行う.

(1)目視：線源を直接または間接的に観察することにより，き裂の有無を確認する．このとき被ばくに注意する.

(2)スミア法：最も普通の発見法である．ろ紙等で線源の表面を拭き取り，それを測定器で測定し，汚染の有無を確認する．実施に当たって密封状態を損ねないよう注意する.

(3)線源保管容器の内部をスミア法または直接サーベイメータ等で測定する.

(4)サーベイメータによる方法：線源を直接測定しても意味はないので，線源をろ紙や脱脂綿で包んでおいて，一定時間後にこのろ紙や脱脂綿を線源と離れたところで測定する.

(5)浸せき法：線源のカプセルを侵すことがなく，表面の RI を除去しやすい液体に浸けておいてその液体を測定する.

(6)煮沸法：線源を水に入れて煮沸し，後でこの水を測定する．放射能が検出されたときは，これを繰り返すことにより，線源の漏えいか，表面の汚染かを区別する.

9.2　非密封放射性同位元素の使用

9.2.1　非密封ＲＩの安全取扱いの目標

(1)RI による体外，体内からの被ばくを線量限度よりできるだけ低く抑える.

(2)施設の RI 汚染を防止する.

(3)実験目的を最大に達成する.

管 理 技 術

9.2.2　RI 取扱い開始前の注意事項

(1)初めて管理区域に入る人は，血液検査その他の健康診断を行い，個人の正常値
　を知っておく．

(2)放射性物質の取扱いに関する知識，操作法に習熟しておく．

(3)使用する RI の性質，使用量（必要最少量を使う），距離，時間から，被ばく
　線量及び線量率を推定する．

(4)作業衣，ゴム手袋，ガラス線量計などの個人被ばく線量計，ポケット線量計，
　サーベイメータ，鉛ブロック，遠隔操作用具，その他一般の実験用具，試薬
　類，メモ用紙を準備する．

(5)RI を加えない実験（cold run）を行って操作に慣れておく．

(6)必要なサーベイメータ，スミア法の準備をする．

(7)遠隔操作の用具は的確に動作し，手軽に使えるものを用意する〔長柄ばさみ
　（トング），ピンセットなど〕．

9.2.3　管理区域への出入における注意事項

(1)放射線業務従事者は専用の作業衣，作業靴，または必要な場合は作業帽を着け
　る．

(2)放射線業務従事者は，**ガラス線量計，OSL 線量計，熱ルミネセンス線量計 (TLD)**
　などの個人被ばく線量計を付ける．

(3)不要な書類や鞄などは持ち込まない．持ち込んだ物は汚染の有無を確かめて区
　域外に出す．鉛筆は RI 標識テープを付けておき，持ち出さないようにする．

(4)RI 作業室では，飲食，喫煙等，体内汚染のおそれのある行為は禁止する．

(5)管理区域を退出するとき，汚染検査室に備えてあるハンドフットクロスモニタ
　およびサーベイメータで手足，作業衣，衣服などに汚染のないことを確かめる．

9.2.4　作業中の注意事項

(1)手に傷があるときは RI を使わない方がよい（**体内汚染の防止**）．

(2)作業は原則として 2 人以上で行い，RI の操作をする人と非汚染の操作をする人
　に分ける．人数が多い場合，RI 取扱い者は 1〜2 人にとどめ，他の人は RI 取扱

606

9. 放射性同位元素の使用

い者を中心にして働くと汚染の機会は少なくなる.

(3) 作業はフードかグローブボックスの中で行い，やむを得ないときに作業台を使う．これらの RI 取扱い表面には，ポリエチレンろ紙（ポリエチレンシートを接着したろ紙）を張り汚染がひろがらないようにする（**施設の汚染防止**）．

(4) 作業に使う場所の汚染のサーベイをしておく.

(5) 高放射能レベルあるいは飛散のおそれのある実験では，実験者が歩く床の上にポリエチレンろ紙を張っておく（**施設の汚染防止**）．

(6) RI の種類，量に応じて，必要であれば遮蔽する．遮蔽物はなるべく線源の近くに汚染しないように置く．遮蔽物としては，鉛ブロック，アクリル製ボックス，アクリル製衝立などがある（**外部被ばくの防止**）．

(7) RI 取扱い者は，保護眼鏡を着け，RI の飛沫から目を保護する.

(8) RI を取扱うときには，必ずゴム手袋を着ける．ゴム手袋に RI が多量に着いたら直ちに手を洗って除去する．そのまま放置すると思わぬ外部被ばくを受けることがある（**表面汚染の防止**）．

(9) 適宜に手を洗い，手からの経口摂取を防ぐ（**内部被ばくの防止**）．

(10) ゴム手袋を着けたまま，電源スイッチ，ガス栓，水道栓，前面ガラス，戸棚，引出しの把手をつかんではいけない．汚染が拡大するおそれがあるためである．補助者に代行してもらうか，ペーパータオルを間に入れて操作する.

(11) 口で直接ピペットを吸わないで，安全ピペットを使う．器具に直接口をつけるのは厳禁.

(12) 液体状の RI は，ステンレスまたはプラスチックパットの中にろ紙を敷いて，その中で取扱う.

(13) 粉末状の RI は，透明プラスチック製のボックスをフードの中に置き，その中で取扱う.

(14) フード内に持ち込んだ器具を出すときは，必ずサーベイメータでチェックする．フード内へ試薬びんを直接持ち込まない.

(15) RI を入れた容器には，核種名，日時，Bq 数をしるす.

607

管 理 技 術

(16)使用済の容器類は直ちに洗浄する．実験しながらでも，時間を見つけて洗浄しておくと，汚れが取れやすく容器による汚染の拡大も少ない．

(17)手袋を外す前には，よく水洗して水気をペーパータオルでふき取り，サーベイして汚染の有無を確認した後取り外す．手袋の汚染が除去できないときには，補助者に頼んで大きめのビニル袋の中で取り外し，そのまま廃棄する．

9.2.5 作業終了後の安全取扱い

(1)使用済の RI は貯蔵庫に保管するか廃棄する．廃棄物は，不燃物，可燃物，難燃物，液体（酸，アルカリ，有機物，スラリー），動物に分けて，(公社)日本アイソトープ協会の所定の容器に廃棄する．

(2)フード，グローブボックス，作業台，床等の汚染を検査する．シートが敷いてあるときは，汚染を調べ汚染があれば汚染を固定したのちシートをはがす．シートを通して汚染していれば除染し再検査する．

(3)機械，器具の汚染を調べ，汚染していれば除染する．

(4)除染は低いレベルから高いレベルの順で行う（汚染の拡大を防ぐため）．

(5)ホットの流しは汚染されやすいので常に注意して汚染除去に努める．

(6)手や衣服の汚染を検査し，必要があれば除染する．

(7)体内汚染のおそれがある場合，尿検査などを行い，必要に応じ専門医に検査処置を依頼する．

(8)許可届出使用者等には，保管，使用，廃棄の記録，記帳の義務が法令により課せられている．

9.2.6 汚染除去の方法

(1) 除染作業の一般的注意事項

①汚染規模の確認：サーベイメータで直接表面測定するか，またはスミア法（ふき取り試験）によって汚染の規模（場所，範囲，程度など）を確認し，白墨で印をつけて汚染個所を明示し，その拡大を防ぐ．

②早期除染：できるだけ早く除染する．汚染直後であれば水だけで容易に除染で

9. 放射性同位元素の使用

きるものでも，そのまま放置しておくととれなくなることがある．

③汚染拡大防止：紙タオルや布片で，汚染を拡げないよう包み込むようにしてぬぐい取る．

④除染剤の選択：汚染の状況，汚染物質の物理的，化学的性質などに応じ，一般に水から始め，温和な除染剤から使っていく．

⑤湿式操作と保護具の着用：できるだけ湿式法で除染し，大がかりな除染作業では保護衣，防護具を着ける．特に放射性粉塵は舞い上がって吸入するおそれがあるので注意する．

(2) 除染法

RI による汚染は，種々の状況が考えられるが，汚染の状況に応じて最も適切な除染法を取らなければならない．基本的な除染法を以下にまとめ，除染剤選定の目安とした．除染剤は，初めなるべく温和なものを用い，除染できなければ順次化学的活性度の大きいものに移るようにする．化学的活性度の大きい除染剤の除染効果は大きいが，表面が侵食され，再汚染のときに除染が非常に困難になるからである．また，使い方によっては，気体状の RI が発生する場合があるので（例えば，^{14}C や ^{131}I に酸を作用させたときなど），除染剤の選択には注意が必要である．

(イ)皮膚

①粉末状中性洗剤を散布，水でぬらし，ハンドブラシで軽くこすりながら流水中で流す．（アルキルベンゼンスルホン酸ナトリウム，ソープレスソープを用い石けんは用いない）．

②酸化チタンのペースト（酸化チタン 100g を 0.1N HCl 60mℓ で練ったもの）を十分にぬりつけ 2〜3 分放置し，ぬれた布でこすり取り十分水洗する．

③中性洗剤-キレート形成剤（1：2）の混合粉末を散布，水でぬらし，ハンドブラシでこすりながら水洗する．

キレート形成剤としては，1. Na−EDTA　　2. クエン酸　　3. クエン酸ナトリウム　　4. 酒石酸ナトリウム　　5. リン酸ナトリウムなどがある．

609

管　理　技　術

④飽和 $KMnO_4$ 溶液に等量の 0.2N H_2SO_4 を加え汚染個所に注ぎ，ハンドブラシで軽くこすりながら水洗，これを 3 回繰り返し，つぎに 10% $NaHSO_3$ で色を除く．$KMnO_4$ と H_2SO_4 の混合および $NaHSO_3$ の溶解は，ともに使用直前にすること．皮膚に対する作用が強い．髪には用いない．

〔注〕(a)　通常①，②で十分．

(b)　しわ，ひだ，毛髪，爪の間，指の間，手の外縁のような部分は，除染しにくいから爪ブラシ，またはブラシでとくに念入りに除染する．

(c)　有機溶媒，シュウ酸は用いない．

(d)　顔の汚染を除去するときには，眼やくちびるに汚染が入らないように注意する．

(e)　水洗いには，ぬるま湯を用い，熱い湯は避ける．

(f)　除染後は皮膚が荒れているからハンド・クリームを十分すりこんでおく．

（ロ）　傷口または粘膜

①眼や粘膜に入ったときには直ちに大量の流水で洗い流す．

②傷口が汚染したときも直ちに大量の流水を流す．このとき傷口を開いて血をしぼり出すようにする．

③傷口が危険性の高い放射性物質で汚染したときは数十秒以内に止血器で静脈を止め，動脈を止めないようにして，大量の流水で十分洗って三角布で傷口をしばる．

④傷口に塵やグリースなどの汚染がともについているとき，液体洗剤（非イオン活性剤 0.5% 溶液）をガーゼにしませ傷口をこすりながら水洗する．（ガーゼ類はすてないで分析にまわすこと）．

（ハ）　飲込みまたは吸込み

飲みこんだときは指を咽喉まで押し入れて，胃の中のものを吐き，食塩水や水を飲む．また強く吸い込んだときは何度もせきあげて水でうがいを繰り返す．ま

610

9. 放射性同位元素の使用

た，すぐに医師の診断を受ける．

管 理 技 術

〔演 習 問 題〕

問1 オートラジオグラフィに用いられる放射性核種に関する次の文章の（　）の部分に入る適当な語句を下から選び，その記号を番号と共に記せ．

^{3}H は（　1　）および（　2　）に最適であり，感光乳剤に粒子の（　3　）ものを用いることで高い（　4　）が得られる．

^{14}C や ^{35}S は（　5　）および（　1　）に用いられる．この2核種のβ線のエネルギーは（　6　）ので（　2　）には用いにくい．

（　7　）は骨，歯などのカルシウム代謝を観察する場合に用いられる．この核種は半減期が比較的（　8　），かつβ線のエネルギーが（　9　）ので，使用上注意が必要である．

^{59}Fe や ^{32}P は（　5　）に用いられるが，β線のエネルギーが（　9　）ので分解能は低下する．

^{135}I はヨウ素の代謝，ヨウ素標識したアミノ酸やタンパク質の挙動を観察するのに用いられる．また ^{125}I によるオートラジオグラフィは（　10　）と同様に分解能が（　9　）．

イ　^{22}Na 　　　　　　　ロ　^{65}Zn 　　　　　　　ハ　^{3}H

ニ　^{90}Sr $(^{90}$Y) 　　　ホ　^{36}Cl 　　　　　　　ヘ　長く

ト　短く　　　　　　　チ　大きい　　　　　　リ　小さい

ヌ　マクロオートラジオグラフィ　　　　ル　ミクロオートラジオグラフィ

オ　電子顕微鏡オートラジオグラフィ　　ワ　高い

カ　低い　　　　　　　ヨ　活性　　　　　　　　タ　エネルギー

レ　分解能　　　　　　ツ　回収率

〔答〕

(1)—ル（ミクロオートラジオグラフィ）　(2)—オ（電子顕微鏡オートラジオグラフィ）

(3)—リ（小さい）　　　　　　　　　　(4)—レ（分解能）

(5)—ヌ（マクロオートラジオグラフィ）　(6)—ワ又はチ（高い又は大きい）

(7)—ニ（^{90}Sr$(^{90}$Y)）　　　　　　(8)—ヘ（長く）

9. 放射性同位元素の使用

(9)—ワ又はチ（高いまたは大きい）　　　(10)—ハ(^{3}H)

問2　次の文草の（　　）の部分に入る適当な語句又は数値を番号と共に記せ.

　放射性同位元素による表面汚染の測定は，直接測定法又は間接測定法によって行う.（　1　）性汚染と（　2　）性汚染を合わせて測定する必要のある場合には直接測定法を，（　2　）性汚染のみを対象とする場合には一般に間接測定法を用いる.

　α線を放出する核種の汚染測定には，α線用の（　3　）計数管又は（　4　）検出器等と計数装置あるいはこれらから成るサーベイメータを用いる.

　β線を放出する核種の汚染測定には，β線用の（　3　）計数管，（　5　）計数管又は（　4　）検出器等の計数装置あるいはこれから成るサーベイメータを用いる.

　測定器には，表面汚染の（　6　）限度の（　7　），すなわちα線を放出する核種では（　8　）Bq/cm^2，α線を放出しない核種では（　9　）Bq/cm^2 の放射能を検出できるものを使用する.

　直接測定法の場合，汚染の表面密度 A$_S$（Bq/cm^2）は，次の式によって計算される.

　　A$_S$=（　10　）

　ただし，N：測定された計数率（s^{-1}）

　　　　　N_b：バックグラウンド計数率（s^{-1}）

　　　　　ε_1：α線又はβ線に対する機器効率

　　　　　W：測定器の有効窓面積

　　　　　ε_S：汚染の線源効率（表面汚染の放射能に対する表面放出率の割合）

〔答〕

(1) —固着　　　　　　　　(2) —遊離　　　　　(3) —比例

(4) —シンチレーション　　(5) —GM　　　　　(6) —表面密度

(7) —1/10　　　　　　　　(8) —0.4　　　　　　(9) —4

(10) —$(N-N_b)/(\varepsilon_1 \times W \times \varepsilon_S)$

問3　次に，表面汚染の例とその除染法を2つずつ述べてある.いずれが適当か，○×で答えよ.

　1　^{45}Ca を含む酸性溶液（3.7kBq/mℓ）を使用して実験していて，手の甲の皮膚の一

613

管 理 技 術

部を汚染した

除染法 a　中性洗剤を汚染箇所にふりかけ，水でぬらし，ハンドブラシでこすりなが
　　　　ら，大量の温水で十分に洗い流した．

除染法 b　汚染部位に薄くワセリンを塗ったガーゼをあてて，しばらく放置し，次い
　　　　でアルコールにひたした脱脂綿で何回もよく拭きとった．

　2　リノリュームをはった床の上に径 1cm のスポットとして ^{60}Co による汚染が認
　められた．汚染の度合は 5×10^4 Bq/100cm^2 程度であった．

除染法 a　その実験室を立入り禁止とした後，床の上においてある動かせるものは
　　　　全部室外に出した．その後で，床全体を石鹸でよく洗い，次いで濡れた布
　　　　片で何べんもよく拭いた．

除染法 b　汚染個所をとり囲むように，径5cm くらいの丸いしるしを付け，最初は
　　　　うすい酸にひたした綿で，次いで水で湿らした布片でよく拭いた．さらに，
　　　　汚染個所に，酸化チタンペーストを塗りつけ，ハンドブラシでこすり，濡
　　　　れた布片でよく拭きとった．

　3　アルミニウムで被覆した井戸型 NaI(Tl) シンチレータ検出器で，ポリエチレン試
　験管に入れた ^{110m}Ag を含む多数の液体試料（0.01mol/ℓ，HNO$_3$ 酸性）を測定して
　いたところ，バックグラウンド計数が通常値の 3 倍ぐらいになっていた．測定済み
　試料を全部調べたところ，そのうちの一個から微量の内溶液が洩れだしていた．

除染法 a　濃い塩酸にひたした脱脂綿で井戸の内側を 2～3 回よくこすり，次いで
　　　　蒸留水にひたした脱脂綿で，青色リトマス試験紙が赤変しなくなるまで
　　　　何回もぬぐい，最後に乾いた布片でよく水を拭きとった．

除染法 b　0.01mol/ℓ 程度の塩酸を含ませた脱脂綿で井戸の内側をぬぐい，次いで
　　　　水を含んだ綿球で何回も拭いた．最後に 0.1mol/ℓ 程度の NH$_4$OH 溶液
　　　　にひたした綿球で 2～3 回ぬぐい，水にひたした綿球で赤色リトマス試
　　　　験紙が青変しなくなるまで何回もぬぐい，乾いた布片でよく水を拭きと
　　　　った．

〔答〕

　1　a―○

　　　b―×　ワセリンを塗ったガーゼを汚染部分にあてると，かえって汚染を拡大す

614

9. 放射性同位元素の使用

る．アルコールを使うと皮膚からの吸収を容易にし，体内汚染を起こすおそれがある．

2 a—× 除染作業の邪魔になるものだけを室外に出せばよい．床全体を洗うとかえって汚染を広げる．

b—○

3 a—× 濃塩酸でこすると，アルミニウムが腐食する．

b—○

10. 放射性同位元素の保管および運搬

10.1 放射性同位元素の保管

10.1.1 小線源

^{60}Co, ^{90}Sr, ^{137}Cs, ^{226}Ra 等の小線源の保管にあたっては，①在庫の状況を確実に掌握し，紛失，盗難，事故被ばくなどがないようにすると共に，②不要な被ばくを避けるため，鉛製の引出しや鉛容器などに区別して保管し，外側から放射能や形状がすぐわかるように明示しておく．

工業用の線源（厚さ計，ラジオグラフィなど）については，保管場所を決めておき，使わない場合は確実に格納されていることを確かめる．

10.1.2 無機の非密封RI

通常ペニシリンびんに入れて保管する．ただし，濃度，比放射能ともに高い状態でびんに入れたまま長期間保管しておくと，ガラス壁に吸着されることがあるので注意が必要である．その場合は，なるべく早く溶媒を加えて濃度を下げるか，担体を加えて絶対量を多くして吸着を防ぐ．

10.1.3 標識化合物

標識化合物は保存法が悪いと分解が著しい．その原因は，放射線の影響によるものと，単なる化学的，生物学的要因による分解とに分けられる．これらに対する一般的な対策を述べる．

（1）放射線による**自己分解の低減**

標識化合物の自己分解は，ほとんど放射線に原因しており，分解の割合は吸収されたエネルギーに比例する．すなわち，^{3}H のエネルギーは ^{14}C より低いので，^{14}C 化合物の方が，^{3}H 化合物よりも分解が大きい．放射線の影響をできるだけ少なく

10. 放射性同位元素の保管および運搬

するには，次の方法がある．

①標識化合物の分子を分散させる．分子相互の放射線による影響を避けるため，(イ)溶液とする．(ロ)凍結乾燥する．(ハ)ろ紙などに吸着させる．(ニ)希釈剤を加えるなどの方法により分散させる．

②比放射能を低くする．一般に，比放射能と自己分解は比例するので，実験に差支えない程度に担体を加えて，比放射能を低くする．

③放射能濃度を低くする．溶液状態では，できるだけ濃度を低くしておく．

④少量ずつ保管する．放射線による相互の影響を避けるためである．また，強いエネルギーの β 放出体や，γ 放出体などといっしょに置くことは避ける．X線にも当たらないようにする．

⑤ **遊離基捕獲剤**（radical scavenger）を加える．遊離基捕獲剤として働くベンゼンの溶液にすると，自己分解が減る．水溶液の場合には，少量（数％）のエタノール，ベンジルアルコールなどを加えると，放射線による分解が顕著に防止できることがある．

(2) 有機物としての取扱上の一般的注意

標識化合物は，一般に低濃度，微量を取扱うことが多く，加水分解，酸化，光，微生物などの影響を顕著に受ける．

①純粋の状態で保管すること．不純物を含むと分解しやすい．

②低温で保管する．一般に有機化合物は，低い温度が安定である．しかし，^{3}H 化合物の水溶液は凍結させずに，2℃ぐらいで保管する．その理由として，(イ)0 ～-100℃では，ラジカルの反応性が大きくなること，(ロ)凍結すると，溶質分子である ^{3}H 化合物がクラスターを形成し（凝集状態となる），^{3}H はエネルギーが非常に低いので（18.6 keV），β 線のエネルギーのほとんどがクラスター内に吸収されることなどが考えられている．

(3) その他守るべき条件

直射日光，高温高湿下がよくない．容器内を不活性ガスで置換したり，真空で熔封しても分解を防ぐ効果がある．水溶液では，微生物による分解にも注意し，無菌

管　理　技　術

状態で取り出し，なるべく低温に保管する．

10.1.4　揮散する可能性のあるRI

(1) ^{226}Ra は α 壊変し娘核種の ^{222}Rn（気体）を発生する． ^{222}Rn の半減期は 3.8 日で，放射性の Po，Pb などのラドン子孫核種に変わり，エアロゾルに付着し，空中をただよう．

(2) 核医学に用いられる ^{85}Kr，^{133}Xe は気体で，生理食塩水に溶かしてあるが徐々に逸散する．

(3) ^{125}I や ^{131}I などヨウ素の化合物は，化学的にあまり安定でなく，放射線自己分解でヨウ素が遊離昇華することがある．

(4) 有機化合物のうち揮発性のものは，揮発して空気を汚染したり，揮発によって試料が失われ，実験に支障をきたしたりすることがある．

(5) Ba^{14}CO$_3$ などの炭酸塩は，空気中の CO_2 と同位体交換反応が起こり，炭酸塩の比放射能が低下するだけでなく，交換した放射性の $^{14}CO_2$ により空気が汚染される．一般的に，RI の化合物は上記以外でも，すべて密封して保管するのがよい．

10.1.5　RI の引き渡し

　RI の使用によって生じる固体や濃度の高い液体の廃棄物は，（公社）日本アイソトープ協会に引き渡す．廃棄物を入れる容器は，日本アイソトープ協会で貸与してくれる（腐食したり外部に漏出したりしない材料・構造で，RI 標識がついている）．

　(1)　容器の種類

① 可燃物用容器：50ℓオープンドラムかん（37cmφ×57cm）．ゴム手袋，敷紙，実験植物，木片など燃えるものをポリ袋などに入れて口を閉じて入れる．

② 不燃物用容器：50ℓオープンドラムかん（37cmφ×57cm）金属，ガラス，陶磁器，プラスチック製品など燃えないものを，ポリ袋などに入れて口を閉じて入れる．ガラス破片，注射針など，とがっているものは袋を破らないよう硬い容器に入れておく．

③ スラリー用容器：20ℓ陶ビン（30cmφ×45.5cm）濡れたろ紙，紙，紙綿，泥土，

618

沈殿物など汚泥状になったものを入れる.

④動物用容器：20ℓ陶ビン（30 cmφ×45.5 cm）動物の死体，臓器，卵，排泄物など腐敗のおそれのあるものを入れる．動物はマイクロ波乾燥装置や凍結乾燥装置などで乾燥した後，ポリ袋に入れておく．

⑤無機液体：中和しておく（濃度の高い液体，有機溶媒，硝酸などは引き渡すことができない）．

(2) エアフィルタの保管

ポリエチレンのシートに包み，テープで2重に密封し，段ボール箱に入れる．

(3) 記録，線量測定

廃棄した核種や数量を記録する．容器の外側は汚染されないようにし，容器の1 cm線量当量率（毎時）は，表面で2 mSv/h以下，1 mの距離で100 μSv/h以下になるようにする．

10.2 放射性同位元素等の運搬

10.2.1 運搬時の容器と包装

放射性同位元素を運搬する場合は，容器（ペニシリンびん，金属カプセル等）に封入するとともに．転倒，落下，破損等の恐れのないように対策を施さなくてはならない．具体的には，次のような処置が求められる．

(1)空気を汚染するおそれのあるRIは，気密な構造の容器に入れる．特に，^{3}H, ^{85}Kr, メタンなどの気体，エタノールのような蒸発性，ヨウ素，ナフタリンのような昇華性の標識化合物，^{226}Raのように^{222}Rnガスを発生するものは，ガラスアンプル，ボンベ，金属性密封容器等に入れ，漏れ出ないようにする．

(2)液体状のRIは，こぼれにくく溶液が浸透しにくい容器に入れ，ゴムせんをして，アルミキャップで巻き閉めたり，アンプルに封入する．ネジぶたは漏れる恐れがあるので避ける．バイアル瓶などは，汚染防止のために内面をろ紙などで覆ったバットや箱に入れる．

(3)液体または固体のRIを入れた容器（びん，アンプル等）は，亀裂や破損などに

管 理 技 術

よって汚染が拡がらないよう，ポリ袋に入れて口を閉じたり，あるいは紙綿などに包む．

(4)RI を入れた容器は，容易に破損しないよう，紙綿や発泡スチロール等の緩衝材で包み，缶に入れるなどして外圧のショックを吸収する．

(5)密封線源は必ず遮蔽容器に入れる．

10.2.2　運搬の区分と基準

　放射性同位元素等の運搬に関する規制等は国際原子力機関（IAEA）の「放射性物質安全輸送規則」に準拠して，運搬関係の法令が定められている．放射性同位元素などの運搬は，工場または事業所内で運搬する場合（**事業所内運搬**）と，工場または事業所外で運搬する場合（**事業所外運搬**）に大別される．陸上の事業所外運搬は，**車両運搬**と**簡易運搬**（徒歩の手運び，あるいはリヤカーなどの運搬具を利用する運搬）に区分される．車両運搬の方法の基準は，**放射性同位元素等車両運搬規則**に定められている．船舶及び航空機による運搬の基準は，その特殊性のために，障害防止法の対象から除外されていて，船舶安全法による危険物船舶運送及び貯蔵規則および航空法による航空法施行規則にそれぞれ定められている．

（1）事業所内運搬

　規則第 18 条，告示第 10 号に事業所内運搬の基準が定められている．事業所内運搬は，「取扱施設内での運搬」，「管理区域内での運搬」および「事業所内の管理区域間での運搬」の三つの場合に分けられる．

　運搬時の容器には，各辺が 10 cm 以上の直方体で，容易に取扱うことができ，運搬中に温度，内圧の変化，振動等によりき裂，破損の恐れがないことが要件とされる．線量率は容器表面で，2 mSv/h 以下，また容器より 1 m で 100 μSv/h 以下と定められている．運搬の際には定められた標識を付け，RI の取扱いに十分な知識を有するものに監督させることと定められている．

（2）事業所外運搬

　事業所外運搬では一般公道を通ることになる．搬出事業所と搬入事業所双方の

10.　放射性同位元素の保管および運搬

責任者の事前の承諾が必要である．事業所外運搬に関する法規は複雑で，規制は細目にわたっているので，運搬業務に不慣れな場合には専門業者に輸送（および梱包）を委託するのが無難であろう．

　放射性同位元素の濃度が 74 Bq / g 以上である放射性同位元素などを事業所外で運搬する場合には，以下に挙げる放射性輸送物として運搬しなければならない．

①IP－1 型輸送物，IP－2 型輸送物，IP－3 型輸送物：**低比放射性同位元素**（LSA, Low Specific Activity）および**表面汚染物**（SCO, Surface Contaminated Object）の輸送物．主として放射性廃棄物や放射性物質輸送用空容器などの輸送物．LSA および SCO の区分に応じて 1, 2, 3 型に区分する．ここで IP は「Industrial Package，産業容器」を意味する．

②**L 型輸送物**：数量が小さく，表面の 1 cm 線量当量率が 5 μSv/h 以下で安全に取扱える輸送物．開封されたときに見やすい位置に「放射性」の表示を付けて輸送する．

③**A 型輸送物**：収納する放射性物質などの数量が一定量以下の輸送物．収納量を一定以下に制限すると共に，輸送に耐える強度を輸送容器にもたせて安全性を確保する．

④**BM 型輸送物，BU 型輸送物**：規則第 18 条参照，収納する放射性物質などの数量が一定量を超える輸送物．なお，BM 型の「M」は IAEA 輸送規則で国際認可を意味する「Multilateral」の頭文字，BU 型の「U」は各国別認可を意味する「Unilateral」の頭文字である．

　L 型および IP－1 型以外の放射性輸送物は，所定の試験（水の吹付け試験，落下試験，積重ね試験，貫通試験，環境試験，耐火試験，浸漬試験）に耐えなければならない．

621

管 理 技 術

〔演 習 問 題〕

問1 次の文章の（ ）の部分に入る適当な語句，数値又は記号を番号と共に記せ．

RI の貯蔵・保管に際して，（ 1 ）RI に対し第一に守るべきことは，（ 2 ）
に関する安全確保である．使用後貯蔵施設に保管する際には貯蔵容器表面に（ 2 ）
がないことを（ 3 ）検査で確認する．容器には登録番号，核種名，数量，物理的・
化学的状態，取扱者名などを明記する．放射性物質を直接入れる内容器のほかに万
一の場合に備えて（ 4 ）性のよい外容器を用意する．外容器には（ 5 ）や（ 6 ）
を入れて内容器が転倒破損したり，万一破損しても溶液などが外へ漏れないように
する．また，放射線を（ 7 ）するため，X線やγ線に対しては（ 8 ）容器，
（ 9 ）線に対しては（ 10 ）容器に入れて保管する．RI の種類によっては貯
蔵温度を調節する必要がある．（ 11 ），（ 12 ），（ 13 ）などの低エネルギー
のβ放出体の（ 14 ）有機化合物等はそれ自身の化学的（ 15 ）性のほか（ 16 ）
により分解が促進されやすいので低温で貯蔵する．水溶液は（ 17 ）℃，ベンゼン
溶液は（ 18 ）℃で貯蔵するのがよいといわれる．溶液を凍結すると分解を（ 19 ）
するが，液体窒素温度での凍結は分解を（ 20 ）する．

〔答〕

1——非密封	2——汚染	3——ふき取り又はスミア
4——気密	5——(衝撃)緩衝材	6——(ろ紙などの)吸収材
7——遮蔽	8——鉛	9——β
10——プラスチック	11——^{3}H	12——^{14}C
13——^{35}S	14——標識	15——安定
16——自己放射線	17——2	18——5〜10
19——促進	20——抑制	

※11，12，13 は順不同．

622

10. 放射性同位元素の保管および運搬

問2 次の文章の（　）のうちに入る適当な数値を番号とともに記せ.

　事業所内で点線源のヨウ素131 (^{131}I) を運搬する場合を考える. 最小サイズの運搬容器を用いた場合, 遮蔽材がないとすると, 最大（　1　）MBq の ^{131}I を運搬できる. 各辺 1 m の立方体の容器を用いた場合には, 運搬できる量は最大（　2　）MBq となる.

　なお, 事業所内運搬に用いる容器は各辺が 10 cm 以上の直方体であること, 線量率は容器表面で 2 mSv h^{-1} 以下, 容器より 1 m の距離で 100 μSv h^{-1} 以下であること等の基準が定められている. ^{131}I の 1 cm 線量当量率定数は 0.065 μ Sv m^2 MBq^{-1} h^{-1} である.

　事業所外へ運搬する場合, 表面から ^{131}I までの最短距離を 20 cm として, 遮蔽材を使用しないとすると, 約（　3　）MBq 以下の ^{131}I であれば表面の 1 cm 線量当量率が（　4　）μSv h^{-1} 以下なので, L 型輸送物として運搬できる.

〔答〕

(1)── 77　　　$2000 \Big/ \left(\dfrac{100}{5}\right)^2 \Big/ 0.065 = 77$

(2)──3400　　$100 \Big/ \left(\dfrac{100}{150}\right)^2 \Big/ 0.065 = 3462 ≒ 3400$

(3)── 3　　　$5 \times 0.2^2 / 0.065 = 3.077 ≒ 3$

(4)── 5

11. 放射性廃棄物の処理

　放射性廃棄物を処理する主要な方法には，次の三つがある．

(1) 放置して減衰を待つ．

(2) できるだけ濃縮，減容して貯蔵する．

(3) 空気または水で濃度限度以下に希釈し，放出する．

　このうちどれを選ぶかは，廃棄物に含まれる放射性核種の物理的または化学的性質，放射能の量やエネルギーなどによって決まる．半減期の長い放射性核種については，一般に減衰を待つだけでは処理できない．また，揮発性の放射性核種を含む廃液を蒸発濃縮するのは適切ではない．

　気体状および液体状の廃棄物については，それぞれ特別に設計された排気設備および排水設備から排出することが法令で定められている．これらの設備には，浄化や希釈等の処理を行うことによって，排気口や排水口等における放射性物質の濃度を法令に定める濃度限度以下にする性能が求められる．

　ここで，濃度限度とは，排気中の濃度限度（告示別表 2 第 5 欄）または排液中の濃度限度（告示別表 2 第 6 欄）を意味する．排気または排液中に 2 種類以上の放射性核種が共存している場合には，それぞれの核種の排気中または排液中の濃度の定められた濃度限度に対する比の和を求め，それが 1 以下となることを確認する．

　例えば，排液中に ^{60}Co が 1.0×10^{-1} [Bq/cm^3]と ^{131}I が 4.0×10^{-2} [Bq/cm^3]とが共存している場合を考える．^{60}Co の排液中濃度限度は 2×10^{-1} [Bq/cm^3]，^{131}I の排液中濃度限度は 4×10^{-2} [Bq/cm^3]と与えられているので，それぞれの核種の濃度と限度値の比の和は，

$$1.0 \times 10^{-1}/(2 \times 10^{-1}) + 4.0 \times 10^{-2}/(4 \times 10^{-2}) = 0.5 + 1 = 1.5$$

624

と計算される．この場合，1 を超えているので，そのままでは排水できず，水で1.5倍以上に希釈するか，8日以上貯留して ^{131}I が半減する（限度値に対する比が0.5を下回る）まで減衰させる必要がある．

なお，計算によって濃度と限度値の比の和が 1 以下となっても，排出する前には，放射性核種の濃度を測定して限度値以下であることを実際に確認することが管理上重要である．

11.1　気体廃棄物

管理対象となる気体廃棄物は，放射性の気体と放射性エアロゾル（煙霧体）に大別できる．

11.1.1　放射性の気体

$^{14}CO_2$ はアルカリ性水溶液で吸収する．^{41}Ar（1.83 h）は貯蔵して減衰を待つ．^{85}Kr，^{133}Xe の処理には，①CCl_4 またはフレオンに吸収し分離する溶媒吸収法，②沸点の差を利用して分離する液化蒸留法．③活性炭吸着法などがある．

11.1.2　放射性エアロゾル（煙霧体）

空気中に分散した放射性の液体，または固体の微粒子は，エアロゾルと呼び一般に，高性能エアフィルタ（**HEPAフィルタ**）で捕集除去できる．放射性ヨウ素の捕集除去には，チャコール(**活性炭**)フィルタを用いる．このとき，銅鋼フィルタか，ガラスウールマットフィルタに通して塵埃を取ったのち，チャコールフィルタに通すと，高価なチャコールフィルタの寿命が延びて経済的である．チャコールフィルタには，活性炭に何も添加しない無添着炭と，活性炭にヨウ素化合物，有機アミン類を添加した添着炭が用いられている．無添着炭では無機性ヨウ素が吸着でき，添着炭ではヨウ化メチルなど有機性ヨウ素が吸着できる．

11.2　液体廃棄物

管理対象となる液体廃棄物は放射性廃液とも呼ばれる．その処理方法には蒸発法，イオン交換法，凝集沈殿法（flocculation method），貯蔵法，希釈法がある．こ

管 理 技 術

のうち，濃縮，減容する方法は，蒸発法，イオン交換法，凝集沈殿法である．

11.2.1 蒸 発 法

廃液を蒸発して濃縮する方法である．

長所：①除染係数が高い（10^4～10^8程度）．②塩濃度の高い廃液でも処理できる．
③中・高レベルの廃液処理に適する．

短所：①^{131}I など揮発性の RI を含む廃液には使えない．②装置の建設費，処理
コストが高い．③処理能力が小さい．

11.2.2 イオン交換法

交換体に接触させて RI を吸着する方法である．（有機の）イオン交換樹脂と無
機イオン交換体を使う方法に分かれる．

(1) イオン交換樹脂

長所：①除染係数が比較的大きい（10^2～10^4程度）．②装置の取扱いが比較的容
易である．

短所：①樹脂に吸着した RI を溶出して，樹脂を再生利用するときに高放射能の
廃液が生じる．②樹脂の値段が高い．③樹脂の交換容量には限度があり，
樹脂は RI だけを選択的に吸着しないで，非放射性の塩類も同じように吸
着する．塩濃度の高い廃液処理には適さない．

(2) 無機イオン交換体

長所：①交換体の値段が安く使い捨てにできる．②塩濃度の高い溶液中の特定
の RI を選択的に吸着する（交換体の種類によっても異なるが，Cs を特異
的に吸着する交換体は多い）．③薬品，放射線，熱に抵抗性の強いものが
多い．

短所：①使ったあと交換体を捨てるとき大量の不燃性廃棄物が生ずる．②有機
のイオン交換樹脂よりも除染係数が低い（10～10^3程度）．この交換体は，
低レベルの廃液の処理に適する．多くの種類があるが，バーミキュライ
ト，モンモリロナイトなどがよく用いられる．

626

11. 放射性廃棄物の処理

11.2.3 凝集沈殿法

凝集沈殿剤（Na_3PO_4 に $Ca(OH)_2$，$Al_2(SO_4)_3$ に $Ca(OH)_2$，$FeCl_3$ に Na_2S，粘土に高分子凝集剤など）を加えて生成する沈殿に RI を吸着捕集させ分離する方法．

長所：低レベルの廃液の処理に適し，①大量の廃液が処理可能．②固形物や塩濃度の高い廃液でも処理できる．

短所：①除染係数が低い（$10 \sim 10^2$ 程度）．②RI を吸着捕集して生じる凝集沈殿物が，大量の不燃性の廃棄物となる．③装置取扱操作には，比較的高度の技術が必要である．なお，廃液を凝集沈殿法で処理したのち，イオン交換法で処理すると，両者の特長が生かせる．

11.2.4 貯 留 法

これは半減期の短い廃液を容器に入れて貯蔵し，減衰を待つ方法であり，廃液を陶製容器，耐薬品性タンクなどに集めて隔離された場所に貯蔵する．

11.2.5 希 釈 法

水で希釈して放流する方法である．

長所：簡単で経済的である．

短所：高レベルの廃液には適さず，低レベルの廃液だけに限定される．

11.2.6 貯留希釈法

貯留法と希釈法の 2 法を併用したもので，ある程度の減衰を待ってから希釈放流する方法で，一例として図 11.1 のようなものがある．

貯留槽は 3 基以上設け，第 1 の槽で最低 3 ヵ月間（使用する放射性物質の半減

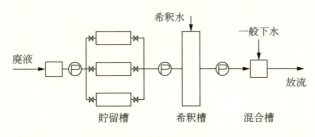

図11.1　貯留希釈法

管 理 技 術

期による）貯留できる容量を必要とする．

希釈は貯留槽の 3 倍くらいの容量があればおおむね十分である．

11.2.7 除染係数（decontamination factor, DF）

除染係数 DF は，

$$DF = (原液の放射能濃度 [Bq/cm^3])/(処理後の放射能濃度 [Bq/cm^3])$$

で定義され，除染のレベルを表すのに用いられる．

11.3 固体廃棄物

管理対象となる固体廃棄物は，廃棄物業者へ引き渡すまでの間，保管廃棄施設で保管し，通常各事業所での処理は行わない．放射性同位元素の保管，引き渡し等の方法については 10 章を参照のこと．

11. 放射性廃棄物の処理

〔演 習 問 題〕

問1　次の文章の（　）のうちに入る適当な語句を番号とともに記せ.

　　一般に, 皮膚の汚染除去に使われる中性洗剤, 例えば, （　1　）は汚れと共に放射性核種を除く作用があり, この際 EDTA などの（　2　）形成剤を併用するとさらに効果が高い. ガラスの汚染除去には硫酸－フッ化水素酸の混液が最も効果的であるが, （　3　）が甚だしい. ある種の金属, 例えば（　4　）には希薄なアルカリ溶液が特に有効である.

　　放射性廃液の処理法として, 蒸発濃縮法は（　5　）が高く, ^{131}I などの（　6　）の放射性核種を含む廃液に対しては不適当であるが, 高レベル廃液の処理に使われる. （　7　）法は前処理として用途が広いが, 除染剤や洗剤が共存すると（　8　）が上がらない. イオン交換法は（　9　）や溶解固形分（非放射性物質）が多い場合は有効でないので, （　10　）に使われるのがふつうである.

〔答〕

　　(1)——ソープレスソープ（アルキルベンゼンスルホン酸ナトリウム）

　　(2)——キレート　　　　　　　　　　(3)——腐食

　　(4)——アルミニウム　　　　　　　　(5)——処理価格（コスト）

　　(6)——揮発性　　　　　　　　　　　(7)——凝集沈殿（フロキュレーション）

　　(8)——除染係数（DF）　　　　　　　(9)——非イオン性放射性物質（有機物）

　　(10)——最終精製廃液の処理（最終処理）

問2　非密封の ^{45}Ca, ^{32}P および ^{60}Co の各 37 MBq を使用する事業所に係る以下の文章のうち, （　）の部分に入る最も適切な語句または数値を, それぞれの解答群から一つだけ選べ. ただし, 同じ語句を2回以上用いる場合もある.

Ⅰ　この核種について, その 1～10 kBq の分析試料の放射能を正確に測定したい. ^{45}Ca は（　A　）であり, その最大エネルギーが（　B　）MeV であるので, 測定装置として, 効率の優れている（　C　）を選んだ. ^{32}P は（　D　）であり, 液体で取扱うことから, 測定装置として（　E　）を選んだ. ^{60}Co は（　F　）であり,

629

管 理 技 術

精密なスペクトル測定は不要であるから，効率のよい（　G　）を選んだ．

（Ⅰの解答群）

1　α放射体　　　　　　2　β⁻(no γ)放射体　　　　3　β⁻-γ放射体

4　EC(no γ)核種　　5　EC-γ核種　　6　ZnS(Ag)シンチレーション計数装置

7　NaI(Tl)シンチレーション計数装置　　8　Ge半導体検出器計数装置

9　端窓型GM計数装置　　　　10　液体シンチレーション計数装置

11　0.0186　　　12　0.156　　　13　0.257　　　14　0.600　　　15　1.711

Ⅱ　^{45}Ca は Ca について 0.3 mol/ℓ の水酸化カルシウム溶液である．この溶液 100ℓ をちょうど中和するためには，リン酸（　H　）kg を要すると計算される．ただし，リン酸の分子量を 100 とする．

（Ⅱの解答群）

1　1　　　　2　2　　　3　3　　　4　6　　　5　12

〔答〕

Ⅰ　(A)——2(β⁻(no γ)放射体)　　　　　　(B)——13(0.257)

　　(C)——10(液体シンチレーション計数装置)　(D)——2(β⁻(no γ)放射体)

　　(E)——10(液体シンチレーション計数装置)　(F)——3(β⁻-γ放射体)

　　(G)——7(NaI(Tl)シンチレーション計数装置)

Ⅱ　(H)——2

　　0.3 mol/ℓ×100ℓ＝30 mol

　　$3Ca(OH)_2 + 2H_3PO_4 = Ca_3(PO_4)_2 + 6H_2O$

　　中和に要する H_3PO_4＝30×(2/3)＝20 mol＝20×100＝2000(g)

　　H＝2000(g)＝2(kg)

問3　次の文章の（　　）のうちに入る適当な数値を，解答群から1つだけ選べ．

^{14}C 及び ^{32}P それぞれ 1 MBq を含む可能性がある洗浄液を排水することとなった．放射性同位元素の排液中又は排水中の濃度限度は，^{14}C については $2×10^0$ Bq/cm^3，^{32}P については $3×10^{-1}$ Bq/cm^3 と告示で定められている．この施設には排水設備として 10 m^3 の貯留槽2基と 10 m^3 の希釈槽1基が設けられている．1つの貯留槽から排水する場合，排液の量が少なくとも（　A　）m^3 以上ならば，希釈しないで排水

11. 放射性廃棄物の処理

が可能である．同様に，排液の量が少なくとも（ B ）m³ 以上ならば，2 週間経過すれば，希釈しないで排水が可能である．なお，希釈槽を使用しての希釈操作が必ず必要となるのは，貯留槽中の ^{14}C が（ C ）MBq を超える場合に限られる．

＜A〜C の解答群＞

| 1 | 1.4 | 2 | 2.2 | 3 | 3.1 | 4 | 3.9 | 5 | 5.1 |
| 6 | 6.0 | 7 | 10.0 | 8 | 15.0 | 9 | 20.0 | | |

〔答〕

(A)── 4 （3.9）

(B)── 2 （2.2）

(C)── 9 （20.0）

1 MBq＝1×10⁶ Bq であるから，

^{14}C の濃度が限度値にある場合の液量は

$$1×10^6 / (2×10^0) = 5×10^5 \text{ cm}^3 = 0.5 \text{ m}^3$$

^{32}P の濃度が限度値にある場合の液量は

$$1×10^6 / (3×10^{-1}) = 3.3×10^6 \text{ cm}^3 = 3.33 \text{ m}^3$$

これらを合計すると 0.5＋3.33＝3.83 m³

よって，排液の量が 3.9 m³ 以上あれば希釈せずに排水できる．

2 週間経つと ^{32}P の放射能は半減するので，濃度の限度値に対する比は

$$0.5×10^6 / (3×10^{-1}) = 1.67×10^6 \text{ cm}^3 = 1.67 \text{ m}^3$$

よって，排液の量が 0.5＋1.67≒2.2 m³ 以上あれば希釈せずに排水できる．

^{32}P は貯留により減衰させられるのに対し，長半減期の ^{14}C については減衰が期待できない．ここで貯留槽の容積は 10m³＝1×10⁷ cm³ なので，濃度が限度値にある場合の ^{14}C の総量は，

$$(2×10^0) × (1×10^7) = 2×10^7 \text{ Bq} = 20 \text{ MBq}$$

となる．

問 4 次の文章の（ ）のうちに入る適当な数値を，解答群から 1 つだけ選べ．

^{90}Sr を 24 Bq/L，^{131}I を 16 Bq/L，および ^{90}Sr と放射平衡にある ^{90}Y を含む廃液がある．この廃液を直ちに放出するには，（ A ）倍以上の水で希釈する必要があ

管　理　技　術

る．希釈処理をせずに放出するためには，（　B　）日以上貯留して減衰させなければならない．なお，排液中の濃度限度は，^{90}Sr について 3×10^{-2} Bq/cm^3，^{90}Y について 3×10^{-1} Bq/cm^3，^{131}I について 4×10^{-2} Bq/cm^3 と定められている．

＜A，B の解答群＞

　1　1.3　　　　　2　2.4　　　　　3　3.6　　　　4　8　　　　　5　16

　6　32

〔答〕

　(A)── 1　(1.3)

　(B)── 5　(16)

　　^{90}Sr 濃度の限度値に対する比は，$2.4 \times 10^{-2} / (3 \times 10^{-2}) = 0.8$

　　^{90}Y については，$2.4 \times 10^{-2} / (3 \times 10^{-1}) = 0.08$

　　^{131}I については，$1.6 \times 10^{-2} / (4 \times 10^{-2}) = 0.4$

　　これらの和を求めると，$0.8 + 0.08 + 0.4 = 1.28$

　　よって，直ちに放流するには 1.3 倍の希釈が必要である．

　　半減期の長い ^{90}Sr については貯留による減衰は期待できないが，^{131}I（半減期：8 日）がおよそ 0.1 に減れば比の和が 1 を下回る．よって，$0.1/0.4 = 1/4 = (1/2)^2$ であることから，16 日（半減期の 2 倍）以上の期間貯留すれば排出が可能になる．

632

12. 事 故 対 策

12.1 事故の予防措置

事故はその発生を予防することが重要である．放射線の取扱いにかかる事故を防ぐための対応として，以下のようなことが挙げられる．

(1) 放射線業務従事者の RI 安全取扱技術の習熟を図る．

(2) 装置の RI の点検，空間線量率の測定等を定期的に行い，装置からの放射線の洩れや汚染のチェックをする．

(3) RI の管理を徹底し紛失や盗難がないよう努める．

(4) 火災発生時の被害をできるだけ少なくするため，使用しない RI は貯蔵庫等に保管する．

(5) 事故処理のための手引書を作成し共有するとともに，作業班の編成および訓練を行っておく．

12.2 緊急措置の原則

放射線障害のおそれがある放射線事故が発生したときには，次の3つの原則にしたがって臨機の措置（緊急措置）をとる．

(1) 安全の保持

生命および身体の安全を第一と考え，物品財産の損害は第二とする．人命救助をすべてに優先する．

(2) 通　報

付近にいる者および放射線管理担当者に速やかに，かつ，簡潔明瞭に関連の情報を知らせる．通報の内容は，①事故発生時刻および場所，②事故の種類（被ば

633

管 理 技 術

く，汚染，火災，爆発事故など），③その状況（死傷者の有無，拡大性の有無など），④自分の氏名，所属，電話番号などである．

(3) 汚染拡大の防止

初期に拡大防止の手段を講ずる．次に安全を確認したうえで，汚染発生の原因除去，汚染個所の密閉，汚染の漏えい防止の順に措置をする．例えば，倒れた容器を起こしたり，こぼれた RI の上に吸収材やビニール布を敷いたり，扉に目ばりをしたり，ダンパー（換気調節板；全開で最大換気，全閉で換気ゼロ）を停止したりする．ただし，どのような措置が適切かは状況によって異なってくることに注意が必要である．例えば，煙が充満し RI 汚染の程度が低い場合にはダンパーを止めない方がよい可能性がある．

12.3 緊急措置の手順

緊急時は以下の手順に従って措置をとる．

(1) 同室の人に事故を知らせ，通報を依頼する．

(2) 同室の人がいなければタオルを口にあてたりし，非常ベルを押すか，または室外に出て知らせる．

(3) 余裕があれば次の汚染拡大防止措置をする．

(イ) 倒れた放射性物質の容器を起こす．

(ロ) こぼれた液の上に吸収材，ビニール布を敷く．

(4) 室外に出て扉を閉じる．

(5) 上記の措置が採れなかったり，不十分と思われるときは，状況に応じ室外の警報，通報装置で放射線管理担当者に知らせ，適切な対処を求める．

(6) 無用の被ばくや汚染の拡大を防ぐため，事故の応急措置を行う者以外の室内への立入は禁止する．

(7) 皮膚の汚染を除去する．切傷その他の損傷があればテープなどで覆い，当該箇所を汚染しないよう，特に注意を払う．

(8) 汚染された衣服は脱ぎ，ビニール布に包み処理する．

12. 事 故 対 策

(9) 管理区域を出るときは，身体の除染，被ばく線量などについて放射線管理担当者の指示に従う．放射線管理担当者は汚染除去を行い，必要があれば専門の医師に判断，診断を求める．また放射性ガスやダスト濃度の測定を行い，身体に吸入摂取された放射性物質の量を評価し，被ばく線量を推定する．

(10) 火災が発生したときは，火災報知器などで知らせるとともに，マスクやタオルなどで口と鼻を覆い，初期消火，延焼防止その他，必要な措置をとる（次節参照）．

12.4　火災に対する注意事項

火災については以下の点に留意する．

(1) フード内の電気コンセントを勢よく抜いたときに出る火花が，エーテルなど引火しやすい溶媒に引火することがある．できれば，フード内にはコンセントは取りつけない．とくに酸性の薬品を取扱うフードでは，腐食されるので絶縁に留意して設計し，定期的に絶縁試験を実施する．

(2) フード内の火災は，原則としてフードのダンパーを閉じ，換気を止めてから消火する．

(3) 火源近くの放射性物質はできるだけ遠ざけ，移した場所には標識を付け，見張人を置き，なわ張りなどをして人を近づけない．ただし，燃えている線源は動かさない．

(4) 火災のときには，遮蔽用鉛（融点 327 ℃）が溶けて線源が露出し，更に温度が上がるとカプセルの金属が溶けて，線源の密封性が破れることもある．特に，α，β 線源の密封用の膜は薄いので破れやすい．線源が開封されると，気化や露出による周辺の汚染と放射線被ばくが起こり得るので注意を要する．

管 理 技 術

〔演 習 問 題〕

問1 次の文章の（　）のうちに入る適当な語句を番号とともに記せ.

RI を使用している際に火災が発生すると, RI による（　1　）がひろがるおそれ
がある. 放射線取扱主任者は, このような場合, 関係法令でいう（　2　）の条項に
規定されている応急の措置を講じなければならないが, 火災の初期に行うべき 3 つ
の重要な事項は,（　3　）, 初期の消火と（　4　）および（　5　）である.

もし, 汚染した空気を吸入したおそれがあるときは,（　6　）線量の算定をしな
ければならない. しかし, 実際には正確な測定または算定のできにくい場合が多
いので, 例えば, その RI が全部気化または飛散して, 限られた一定の空間に均一
に飛散したとしてその（　7　）を推定し,（　8　）を（　7　）に乗じた値を用
いて, 被ばくしたおそれのある最大の内部被ばく線量を求めるのも 1 つの方法であ
る.

また, RI を作業室内に放置することは, 火災時の危険を増大するので,（　9　）
に保管することを励行しなければならない.

〔答〕　(1) ——汚　染　　　　　　　　(2) ——危険時の措置

　　　 (3) ——通　報　　　　　　　　(4) ——汚染の拡大防止

　　　 (5) ——放射線障害発生の防止　(6) ——内部被ばく

　　　 (7) ——(空気中)濃度　　　　　(8) ——空気の吸入量

　　　 (9) ——貯蔵施設

問2 次の各文章を読み, 正誤を答えよ.

　1. 約 3.7 MBq の密封されていない ^{131}I を取扱っているうち, 操作を誤り, 推定量
　　 3.7 kBq を飲み込んだおそれがある. しかし, その量が少なく, 半減期も比較的短
　　 いので健康診断の必要はないと判断した.

　2. γ 線照射施設の屋上にある空調用クーリングタワーの点検のため, 空調取扱業者
　　 を一時屋上に上らせたが, 被ばく線量が 50 μSv 以下と推定されたので, 何も特別

636

12. 事 故 対 策

の措置はしなかった.

3. 放射性物質の標識をつけた密封されていない ^{198}Au0.74MBq の入った密封ガラス瓶が, 作業室内で行方が分らなくなったが, 短半減期なので一応出入者に周知するにとどめた.

〔答〕

1. 誤　　誤って飲み込んだおそれがあるので健康診断の必要がある.

2. 正　　この空調取扱業者は管理区域に一時的に立入った者であり, 被ばく線量が $100\,\mu$Sv 以下であるから何も特別の措置を講じなくてもよいと考えられる.

3. 誤　　所在不明の報告を必要とする.

問3　管理区域内で以下に述べる内容の火災事故が起った.これに関し各問いに答えよ.
　　　管理区域の中にある化学実験室のフード(排気量 $8\,m^3$/min)内で, 硫酸第二鉄の $8\,mol/\ell$塩酸溶液 $200\,m\ell$〔^{55}Fe18.5MBq, ^{35}S3.7MBq で標識された $0.01\,mol/\ell$ Fe$_2$(SO$_4$)$_3$を含む〕を用いて, 下記に示した操作に従って溶媒抽出実験を行った. (溶媒抽出実験操作)

(イ)　試料溶液を分液漏斗にとり, 同容積のジイソプロピルエーテル(以下エーテルという)を加えてよく振りまぜる.

(ロ)　しばらく放置して水層(下層)とエーテル層(上層)が分離したところで下層をビーカーにとり, 上層は分液漏斗に残す.

(ハ)　分液漏斗に残った上層に $0.3\,mol/\ell$塩酸 $100\,m\ell$を加えてよく振りまぜて逆抽出を行い, 下層ビーカーに, 上層はポリエチレン製廃液びんに移す.
　　　操作(ハ)を終って, このエーテル廃液をポリエチレン製廃液びんに移したとき, フード内の電気配線がショートしてエーテルに火がつき, 燃え上った. 実験者は, 直ちに実験室内に備え付けてあった粉末消火器で火を消し止めた. 処理が迅速であったので, エーテル廃液の全量が燃えてポリエチレンびんが変形し, そばにあった未使用の実験用ペーパータオル少量を焼いただけで, 他の器具の破損等はなかった.

1　下記は, 火災発生の通報を受けた放射線取扱主任者がとった応急の措置の一部で

637

管 理 技 術

ある．それぞれについて正誤を答えよ．

A　火災のあった実験室への人の出入りを禁止した後，その室の前の廊下を通らない
ですむような迂回路を指定し，管理区域内の他の実験室にいた実験者は実験を中止
し，火の始末，放射性同位元素の格納など必要な処置をとった後に全員避難するよ
うに指示した．また，管理区域から出るときに，各人の氏名と，身体の汚染結果及
び居た場所が確認できるように手配した．全員が避難した後で，管理区域を立入禁
止とした．

B　火災のあった現場の状況が変更されないように注意しながら，アルミニウム製の
ふたのついた GM サーベイメータで，その実験室の床，フードの内部及び実験室前
の廊下の床について表面汚染をしらべ，放射能が検出されなかったので，汚染はな
いものと判断し，その実験室の内部だけを除いて管理区域への立入禁止を解除した．

〔答〕

　　　A—正　　放射線の火災の際には，

　　　　　　　(1) 事故の拡大の防止（RI の移動など）

　　　　　　　(2) 放射線障害の発生の防止，汚染の拡大防止と除去

　　　　　　　(3) 危険防止のための避難

　　　　　　などが定められている．したがって，本措置は正しい．

　　　B—誤　　^{55}Fe は X 線，^{35}S は低エネルギー β^- 線のみを出すから，アルミニウムで
　　　　　　ふたをした GM サーベイメータでは，たとえ汚染があっても検出できな
　　　　　　い．スミア法が最適である．

638

法　　令

――放射線障害防止法の概要――

鶴　田　隆　雄

飯　塚　裕　幸

は　じ　め　に

1. 本書を用いて法令の勉強を始めるにあたって

　(1) 放射線取扱主任者として実務を行うにあたって，法令条文を読みこなすことが必要なことはもちろんであるが，第 1 種放射線取扱主任者試験を受験しようとする者にとって，それはなかなかむずかしいことである．すなわち，短時間のうちに，かなり分量のある関係法令の条文を読んで，互いの関連を把握しながら法規制の内容を理解すること，また，その中から試験に必要な部分はどこか，さらに，合格するためにどこが重要であるかを見つけ出すことは容易なことではない．

　この試験の受験者の多くは，主に自然科学系の勉強をし，また，技術系の実務に就いて来ていて，法令にはなじみの薄い人が多い．この放射線障害防止に関係する法規制も，多くの法規制がそうであるように，法律，政令，規則，告示といった何種類かの法令にその内容が分散して記述されていて，それらをつなぎ合わせて法規制の内容を正確に摑み取ることは，法令に慣れていない場合，かなり困難な作業となる．こうした理由から，従来，法令条文を何度読み返してもよく理解することができない，多くの時間をかけてもあまり成果があがらない，というような声を多く聞いてきた．

　こうした事情から，本書では第 1 種放射線取扱主任者試験の受験者が，特に短時日のうちに効率よく法令の意図するところを十分に把握し，試験に備えることができるということに主眼をおいた．

　(2) このため法令集を見なくても法規制の内容の十分な理解ができるよう，思いきって法令の条文そのものを取捨選択し，配列，組合わせを変えて適宜本文中に

641

組み入れた．したがって本書の読者は，従来のように法令集の条文を読む必要が
なく，本書だけで受験勉強をすることができる．

　(3) 本書では，書かれてある事柄の重要度を区別するため，ところどころに必要
な注意や注記を施して，重要な点，誤りやすい点を強調した．この場合，あえて
重複をいとわず必要なものは繰り返して強調するという方針をとった．特に重要
な部分には，**ゴシック体**の活字を用い，また＊印を付けた．これらの部分は，特
に確実に理解し，記憶するようにしてほしい．

　また，関連事項を含め，より詳しく説明した方が良いと思われる所では，行の
冒頭に★印を付けて，解説を加えた．

　(4) 前に述べたように，法令の条文を特に見なくてすむように編集してあるが，
もっとつっこんで法令条文との対比を試みようとする人のために，該当する法令
の条項を〔　〕で示した．ただし，そのような対比の試みは，通常の受験者の場合
には，必要ないといってよい．この場合の法令の条項の表記の方法については，
後の法令の構成のところでも触れるが，次のような省略した表記方法を用いた．

法律第 3 条第 2 項第 4 号	法 3−2(4)
法律第 3 条の 2 第 1 項	法 3 の 2−1
政令第 12 条第 1 項第 2 号	令 12−1(2)
規則第 1 条第 2 号	則 1(2)
告示第 2 条	告 2

　(5) 各章の終りに，その章に主として関係のある演習問題をのせ，さらに巻末に
その解答を掲げた．演習問題は便宜上正誤型又は穴埋め型とした．

　正誤型の場合，「次の文章中，放射線障害防止法及びその関係法令に照らして正
しいものには〇印を，誤っているものには×印を付け，誤っている場合には，そ
の理由を簡単にしるせ．」という設問の下に文章が書かれ，その文章の正誤を問う
問題が並んでいる．正誤問題の解答は，場合によってはかなりむずかしいもので，

　①正解は「50 ミリシーベルト以下」というのであるが，10 ミリシーベルト以下
という形で問題が与えられている場合，10 ミリシーベルト以下ももちろん 50 ミリ

642

はじめに

シーベルト以下に含まれるから○印を付けるのがよいのか，限界量を示すための問題とみて×印を付けるのがよいのか判断に困る場合がある．また，

②一般的には正しいが，一つ例外があり，それが書いてない場合，正しいとするのか，例外が書いてないから誤りとするのかというようなケースもある．

実際の試験の出題形式としては五肢択一式が採用されているので，本篇の演習問題の正誤型と実際の試験の出題形式は異なる．しかし五肢択一式も本質的には正誤型が基礎となっており，演習問題としては五肢択一式よりもむしろ正誤型の方が効率的である．（五肢択一式の形式については，「放射線取扱主任者試験問題集」（通商産業研究社発行）を参照されたい．）

穴埋め型の場合，「次の文章の（　）内に適切な語句を埋めて文章を完成せよ．」という設問の下に問題の文章が書かれている．実際の試験の穴埋め型問題の場合，埋めるべき語句はそこに提示されているいくつかの語句の中から選択することになる．しかしながら，本編の演習問題では，埋めるべき語句を提示していない．それゆえ，本編の演習問題は実際の試験問題よりも難しいと感じる場合があるかもしれない．埋めるべき語句は，その文章における重要な語句，すなわちキーワードである場合が多い．テキストで読んだ文章を思い起こし，また，文脈から適切な語句を見つける練習をしていただきたい．

問題には実際に出題されたもの（またはその一部変更したもの）については〔　〕内にその種別，回数，問題番号等を示し，また解答にその根拠となる法令の条項および本文中の関係箇所を略号で示した．法令の条項の表記方法は前述のとおりである．

2. 法令についてのあらまし

（1）試験の対象となる法令

放射性同位元素及び放射線発生装置の利用に伴う放射線障害の防止のための法令は，原子力基本法を中心とする法体系の中に位置づけられている．法体系のうち主要な部分，すなわち，放射線取扱主任者試験の出題の中心となる部分を抜

法　令

き出して示すと，**図1**のようになる．

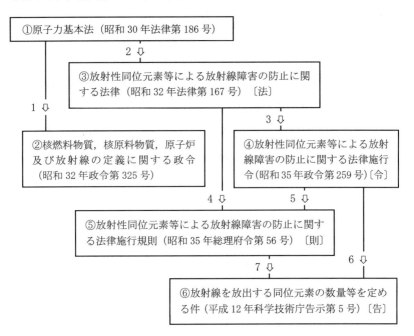

図1　放射性同位元素等による放射線障害防止の法体系（主要な部分のみを示す）

①「**原子力基本法**」は，我が国の原子力の研究，開発及び利用の基本方針並びに基本体制を定めた法律である．原子力基本法第3条は，1の線で結ばれた②「政令」の第4条と相補って，「放射線」という用語の法令上の定義をしている．

原子力基本法第20条は，放射線障害の防止については別に法律で定めることを規定し，これに基づいて制定された法律の一つが，③「放射性同位元素等による放射線障害の防止に関する法律」（一般に，**放射線障害防止法**と呼ばれる．）である．法令の勉強は，この法律を中心に進めることになる．「放射線障害防止法」以下，3～7の線で結ばれた，③「法律」，④「政令」，⑤「総理府令（規則）」，⑥「科学技術庁告示」に対して，本書では**法**，**令**，**則**，**告**という略称を用いる．

はじめに

⑥の他に，「放射線障害防止法」に関連して制定された「科学技術庁告示」又は「文部科学省告示」に次のようなものがある．

⑦「放射性同位元素等による放射線障害の防止に関する法律施行令第 1 条第 4 号の薬物を指定する件」（平成 17 年文部科学省告示第 140 号）

⑧「放射性同位元素等による放射線障害の防止に関する法律施行令第 1 条第 5 号の医療機器を指定する告示」（平成 17 年文部科学省告示第 76 号）

⑨「荷電粒子を加速することにより放射線を発生させる装置として指定する件」（昭和 39 年科学技術庁告示第 4 号）

⑩「変更の許可を要しない軽微な変更を定める告示」（平成 17 年文部科学省告示第 81 号）

⑪「使用の場所の一時的変更の届出に係る使用の目的を指定する告示」（平成 3 年科学技術庁告示第 9 号）

⑫「放射性同位元素等による放射線障害の防止に関する法律施行令第 12 条第 1 項第 3 号の放射性同位元素装備機器を指定する告示」（平成 17 年文部科学省告示第 93 号）

⑬「設計認証等に関する技術上の基準に係る細目を定める告示」（平成 17 年文部科学省告示第 94 号）

⑭「表示付認証機器とみなされる表示付放射性同位元素装備機器の認証条件を定める告示」（平成 17 年文部科学省告示第 75 号）

⑮「放射性同位元素等の工場又は事業所における運搬に関する技術上の基準に係る細目等を定める告示」（昭和 56 年科学技術庁告示第 10 号）

⑯「放射性同位元素等の工場又は事業所の外における運搬に関する技術上の基準に係る細目等を定める告示」（平成 2 年科学技術庁告示第 7 号）

⑰「放射性同位元素等による放射線障害の防止に関する法律施行規則の規定に基づき記録の引渡し機関を指示する告示」

645

法　　令

（平成 17 年文部科学省告示第 78 号）

⑱「教育及び訓練の時間数を定める告示」（平成 3 年科学技術庁告示第 10 号）

⑲「講習の時間数等を定める告示」（平成 17 年文部科学省告示第 95 号）

⑳「密封された放射性同位元素であって人の健康に重大な影響を及ぼすおそれ
　のあるものを定める告示」（平成 21 年文部科学省告示第 168 号）

その他，関連法令として次のようなものがある．

㉑「建築基準法」（昭和 25 年法律第 201 号）

㉒「建築基準法施行令」（昭和 25 年政令第 338 号）

㉓「放射性同位元素等車両運搬規則」（昭和 52 年運輸省令第 33 号）

㉔「放射性同位元素等車両運搬規則の細目を定める告示」（平成 2 年運輸省告
　示第 595 号）

㉕「労働安全衛生法」（昭和 47 年法律第 57 号）

㉖「電離放射線障害防止規則」（昭和 47 年労働省令第 41 号）

㉗「国家公務員法」（昭和 22 年法律第 120 号）

㉘「人事院規則 10－5」（職員の放射線障害の防止）（昭和 38 年）

㉙「医療法」（昭和 23 年法律第 205 号）

㉚「医療法施行規則」（昭和 23 年厚生省令第 50 号）

㉛「医薬品，医療機器等の品質，有効性及び安全性の確保等に関する法律」（昭
　和 35 年法律第 145 号）

㉜「医薬品，医療機器等の品質，有効性及び安全性の確保等に関する法律施行
　令」（昭和 36 年政令第 11 号）

㉝「放射性医薬品の製造及び取扱規則」（昭和 36 年厚生省令第 4 号）

⑮，⑯，㉓，㉔，㉛及び㉜に対して，本書では「内運搬告」，「外運搬告」，「車
両運搬則」，「車両運搬告」，「薬機法」及び「薬機法施行令」という略称を用いる．

⑦〜㉖に規定されている事項のうち，①〜⑥の法規制の内容の理解のために必
要で，かつ，受験準備のために必要と考えられる事項については該当箇所で適宜
解説を加えた．

646

は じ め に

㉗以下の法令は，それぞれの事業所の設置形態，事業内容に応じて，それらの知識が実務上必要になる場合があるが，試験の準備のために必要とは考えられない．したがって，本書ではそれらの法規制の内容に触れることはしない．職務上の必要に応じてそれぞれの法令の理解を進めるように希望する．ここに記述した以外にも，放射線障害防止に関連する法令は数多く存在することを付言しておく．

(2) 法令の種類

法令の勉強を始めるにあたって，日ごろ，法令というものにほとんど縁のないであろう本試験の受験者のために，法令の種類，法令の構成など，法令についてのごく基本的な事項を本節以下で説明する．先ず，法令の種類から．

法律　国の唯一の立法機関である国会が制定する．通常，ある分野について原則的な事項のみを法律に定め，細かなことは次に述べる「命令」に委ねられる．

命令　「政令」，「府・省令」等，法律に基づいて，国の行政機関が制定するものをいう．「法令」という言葉は，法律と命令を包括的に指す言葉である．

政令　命令のうちの最高位のもの．内閣によって制定される．

府・省令，規則　命令のうち，政令の次に位置するもの．総理府，内閣府のように「府」と名の付く行政機関によって制定される命令を「府令」，文部科学省，国土交通省のように「省」と名の付く行政機関によって制定される命令を「省令」という．「府令」と「省令」を総称して「府・省令」という．「府・省令」と平成 24 年に発足した原子力規制委員会のような機関の発する「委員会規則」を総称して「**規則**」と呼ぶ．

告示　各省・庁が発するもので，規則の次に位置する命令と考えることができる．規制上の細目，技術的な数値などは告示に定められることが多い．

(3) 法令の構成

題名，件名　図 1 の④の部分を見よう．「放射性同位元素等による放射線障害の防止に関する法律施行令」とあるが，これがこの法令（政令）の「題名」である．告示の場合，規則以上の法令で題名に相当するものを「件名」と呼ぶ．

法令番号　次に，「(昭和 35 年政令第 259 号)」とあるが，これが「法令番号」である．各々の法令は，法令番号により一義的に確定し，識別される．法令番号

647

法　　令

により，その法令が最初に公布された年，法令の種類及び制定権者が分かる．

制定文　　図1の④の政令の冒頭には，「内閣は，放射性同位元素等による放射線障害の防止に関する法律(昭和32年法律第167号)の規定に基づき，放射性同位元素等による放射線障害の防止に関する法律施行令（昭和33年政令第14号）の全部を改正するこの政令を制定する．」との文章がある．このような文章を「制定文」と呼ぶ．制定文によって，その法令の上位の法令との関係，その法令が既存の法令の全面改正法令であるか否かが明らかにされる．

目次　　条の数の多い法令で，規制事項毎に編，章，節などに分けて構成されている法令の場合，「目次」が付けられる．

本則　　ここに，法規制の実質的な内容が記述される．条，項，号（次節参照）に分けて記述される場合が多い．

附則　　その法令の施行にあたって付随的に定めておかなければならない事項をまとめた部分で，法令の末尾に置かれる．附則には，その法令の施行期日に関する事項，他の法令の改廃に関する事項，その法令の施行に伴う経過措置に関する事項などが規定される．

（4）法令条文の構成

条　　法令の文章の最も基本的な単位．第〇条というように表す．

項　　一つの条の中に段落を設ける場合，第1段落を第1項，第2段落を第2項のように名付ける．第2項，第3項・・の冒頭には，2，3・・と算用数字を付けるが，第1項の冒頭には算用数字1を付けることをしない．

号　　一つの項の中で，二つ以上の事項を箇条書きにしたいとき，冒頭に括弧付きの算用数字（縦書きの法令では「漢数字」）を付けてこれを行い，各々を号と名付ける．号のなかでさらに細かく箇条書きが必要なときはイ，ロ，ハ等が用いられる．

見出し　　通常，各条文の前に丸括弧付きの短い「見出し」が付けられている．見出しの存在により，その条文が何を規定しているか，おおよその見当をつけることができる．連続したいくつかの条の見出しが同じになるような場合は，その

はじめに

最初の条文の前にのみ見出しをつけ，後の条文の前にはつけない．これを「共通見出し」とよぶ．則14の14等にその例を見ることができる．

放射線障害防止法第25条を例にとり，法令条文の構成を**図2**に示す．

（記帳義務）	···見出し
第25条　許可届出使用者は，原子力規制委員会規則で定めるところにより，帳簿を備え，次の事項を記載しなければならない．	···第1項
(1) 放射性同位元素の使用，保管又は廃棄に関する事項	···第1項第1号
(2) 放射線発生装置の使用に関する事項	···第1項第2号
（中略）	
2　届出販売業者及び届出賃貸業者は，原子力規制委員会規則で定めるところにより，帳簿を備え，···	···第2項
（後略）	

図2　法令条文の構成

本書では，放射線障害防止法の一つの条文とそれに関連する政令，規則，告示に規定されている事項を総体的にとらえ，まとめて説明している．読者は，個々の事項が法，令，則，告のどこに書かれているかと言うことをほとんど意識することなく，法規制の内容を能率的に理解し，記憶することができるであろう．順序は，おおむね法律の条文の順序に従っているが，例外もある．法規制の内容のうち，試験にはあまり関係ない，又は，あまり重要ではないと考えられる部分の説明は省略した．

(5) 法令用語

一般的な言葉でありながら，法令の中で用いられるときに特別の意味を持ち，また，法令の中では特別の用い方をされる用語がある．これら「法令用語」のいくつかを以下にまとめた．

「a 以上」，「b 以下」，「c を超える」，「d 未満」

「以上」と「以下」は，その数字を含み，「を超える」と「未満」は，その数字

を含まない. 数学的表現を借りれば, a≦, b≧, c<, d>ということになる. なお, 期間を表す場合に「以内」が「以下」と同様の意味で用いられることがある.

例1) 数量が 10 テラベクレル以上の密封された ······ 〔則 14 の 13-1(1)イ〕

例2) 1 マイクロシーベルト毎時以下の放射性同位元素装備機器であって

······························ 〔令 12-1(3)〕

例3) 実効線量が 20 ミリシーベルトを超えた場合は, ·· 〔則 20-4(5)の 2〕

例4) 10 テラベクレル未満のものとする. ············· 〔令 13-1〕

例5) 前回の定期講習を受けた日から 3 年以内 ········· 〔則 32-2(2)〕

「及び」と「並びに」

単純に「a も b も」というとき,「a 及び b」と記述する.「a も b も c も」という場合は,「a, b 及び c」と記述する. このように「及び」は対等のものを連結する言葉として使われる. さらに,「a 及び b」を含む一つの概念 X と他の同格の概念 Y を連結しようとする場合に「並びに」が用いられる. すなわち,「a 及び b 並びに Y」となる. 連結しようとする概念が 3 段階以上になる場合は, 一番小さな段階の連結にのみ「及び」が用いられ, その上の段階にはすべて「並びに」が用いられる. なお,「a そのほかのもの」というときは「a 等」又は「a その他」,「a も b もそのほかのものも」というときは「a, b 等」又は「a, b その他」と記述し, これらの場合に「及び」や「並びに」が用いられることはない.

例) 放射線障害防止のための機能を有する部分の設計並びに使用, 保管及び運搬に関する条件について, ···························· 〔法 12 の 2-1〕

「又は」と「若しくは」

単純に「A か B かのいずれか」というとき,「A 又は B」と記述する.「A か B か C のいずれか」という場合,「A, B 又は C」と記述する. このように「又は」は対等の選択肢を連結する言葉として使われる. さらに, 概念 A の内に選択肢「x, y」が生じた場合に「若しくは」が用いられる. すなわち,「x 若しくは y 又は B」となる. 連結しようとする概念が 3 段階以上になる場合は, 一番大きな段階の連結にのみ「又は」が用いられ, その下の段階にはすべて「若しくは」が

用いられる.

例）氏名若しくは名称又は住所の変更をしたときは，…〔法 10−1〕

「直ちに」，「速やかに」，「遅滞なく」

最も緊急性を要する場合に対して用いられるのが「直ちに」であって，「すぐに」と言い換えることができる．他のことに優先して行わなければならない．「速やかに」は，「可能な限り早く」といった訓示的意味を持つ用語として用いられる．「遅滞なく」は，「とどこおることなく」という意味であって，他に優先すべきことがあったり，別に正当な理由があるときはある程度遅れることも許される場合に用いられる．

例 1）直ちに，その旨を消防署に通報すること．………〔則 29−1(1)〕

例 2）速やかに救出し，避難させる等緊急の措置を講ずること．

……………〔則 29−1(3)〕

例 3）遅滞なく，その旨を警察官に届け出なければならない．

……………〔法 32〕

「許可」と「認可」

「許可」とは，一般的には禁止されている行為について，一定の条件を備えた者に対してそれを行うことを公の機関が許すこと．「認可」とは，公の機関が認めなければ有効にならない行為を公の機関が認めること．

例 1）使用の許可……………………………………〔法 3〕

例 2）合併又は分割について原子力規制委員会の認可…〔法 26 の 2−1〕

「第 3 条の 2」

この法令は，はじめは第 3 条の次に第 4 条があったのであるが，その後の改正の際に，第 3 条の次に新たな条を入れる必要が生じた．新しい条を第 4 条とし，旧 4 条以下の条の数字を繰り下げると影響するところが大きいので，新しい条を第 3 条の 2 として第 3 条の次に置くことにしたのである．したがって，第 3 条の 2 は，位置的には第 3 条の次にあるのが良いのであるが，通常，第 3 条とは直接関係のない独立の条である．逆に，法令改正の際にある条が無くなった場合，「第

○条　削除」としてその条を欠番とし，以下の条の繰り上げは行わない．

「本文」と「ただし書」

ある条又は項が 2 つの文章からなるときは，それらを「前段」及び「後段」といい，3 つの文章からなるときは，それらを「前段」，「中段」及び「後段」という．「後段」の文章が「ただし」で始まり，中段以前の文章に対する例外的又は限定的事項を定めている場合は，これを「ただし書」といい，中段以前の文章を「本文」という．

例）放射性同位元素を業として販売し，又は賃貸しようとする者は，あらかじめ，次の事項を原子力規制委員会に届け出なければならない．ただし，表示付特定認証機器を業として販売し，又は賃貸する者については，この限りでない．

.... 〔法 4−1〕

(6) 放射線障害防止法及び関係法令中の用語，略語等

放射線障害防止法及び関係法令中で使われている用語の定義，それら法令中で使われている略語及び特に本編で用いることにした略語の説明を「10.1 おもな定義及び略語」にまとめた．

3. 平成 13 年以降の放射線障害防止法関係の法規制の変更

(1) 中央省庁の改革に伴う法令改正による変更

平成 13 年 1 月 6 日に実施された中央省庁等の改革で，放射線障害防止の所管は「総理府」の中に設けられていた「科学技術庁」から「文部科学省」に移った．これに伴い，放射線障害防止関係法令中には「科学技術庁長官」に代わって「文部科学大臣」という言葉がよく登場することになった．さらに，後に述べる平成 24 年の「原子力規制委員会」の発足に伴う法規制の変更により，放射線障害防止の所管は「文部科学省」から「原子力規制委員会」に移った．

平成 12 年までの放射線取扱主任者試験問題を見ると「科学技術庁長官」という言葉がよく登場する．「科学技術庁長官」を「原子力規制委員会」と読み替えれば，現在でも通用する問題がある．しかしながら，過去の問題の中には，次に述べる

はじめに

国際免除レベルの取り入れに伴う法規制の変更等により規制の内容に実質的な変更が生じ，現在では正誤が逆になったり意味を失ってしまっているものが多いので注意する必要がある．

(2) 「国際免除レベル」の取り入れに伴う法規制の変更

国際原子力機関(IAEA)は，1996 年に「電離放射線に対する防護と放射線源の安全のための国際基本安全基準」を刊行した．「国際基本安全基準」(BSS：Basic Safety Standards)では，通常時では年間 10 μSv，事故時では年間 1 mSv，かつ，線源の 1 年間の使用による集団線量が 1 man・Sv を超えないとの線量基準を定め，いくつかの被ばくシナリオを設定して個々の核種についての規制の免除レベルを数量と濃度の両面から計算・決定している．国際免除レベルは，その後，英国放射線防護庁(NRPB)が同様の考え方で算出した免除レベルを加え 765 核種についてのものとなった．国際免除レベルは，その数値を超えれば法規制の対象となる数値（下限数量及び下限濃度）としてわが国の法令にも取り入れられることになった．

平成 16 年 6 月 2 日，国際免除レベルを取り入れた改正放射線障害防止法が公布され，その後，同法施行令，同法施行規則及び関係告示の公布があり，平成 17 年 6 月 1 日から施行された．

(3) 「放射性汚染物の確認制度」の導入に伴う法規制の変更

平成 22 年 5 月 10 日に公布された「平成 22 年法律第 30 号」は，その後に公布された関係する政令，規則，告示とともに平成 24 年 4 月 1 日に施行された．この法令改正で「放射性汚染物」の概念とその確認制度が導入された．それまでの法令で「放射性同位元素によって汚染された物」と言われてきたものに，新たに「放射線発生装置から発生した放射線によって汚染された物」を加え，それらを総称して「放射性汚染物」と呼ぶことにした．許可届出使用者等は，放射性汚染物の放射能濃度が特別の措置を必要としないものであることについて，文部科学大臣又は文部科学大臣の登録を受けた者（登録濃度確認機関）の確認を受けることができることになった．濃度確認を受けた物は，放射性汚染物ではないものとして取り扱うことができ，一般の産業廃棄物として処分したり，新たな製品の原料と

法　　令

して再利用したりすることができる.

(4) 「原子力規制委員会」の発足に伴う法規制の変更

福島の原子力発電所の事故後,原子力安全行政の一元化を図るため**「原子力規制委員会」**が発足することになった.平成 24 年 6 月 27 日に公布された「原子力規制委員会設置法」は,同年 9 月 19 日に施行された.この新体制の発足に伴い,これまで文部科学大臣が所掌していた放射線障害防止の事務は原子力規制委員会が引き継ぐことになった.

改正後の法令中には「**原子力規制委員会規則**で定めるところにより」という表現がよく出てくることになるが,法律改正以前に制定された関連法令の題名及び法令番号は変わらず,依然として有効であるので,それを「総理府令で定めるところにより」又は「文部科学省令で定めるところにより」と読み替えて対応すればよい.

本編では,誤解のおそれのないときは,「原子力規制委員会」を**「委員会」**と,「原子力規制委員会規則」を**「委員会規則」**と略称している.

平成 13 年から 24 年までの放射線取扱主任者試験問題を見ると,「文部科学大臣」という言葉がよく登場する.「文部科学大臣」を「原子力規制委員会」と読み替えれば,現在でも通用する問題が多い.しかしながら,その間の問題の中には,先に述べた「放射性汚染物の確認制度」の導入による法規制の変更等により規制の内容に実質的な変更が生じ,現在では正誤が逆になったり意味を失ったりしているものもあるので注意する必要がある.

本書では,上記及びその他の改正法令の内容を織り込んで記述されているので,発行日現在の法規制の内容の理解と発行日以降の第 1 種放射線取扱主任者試験の準備のために活用することができる.

654

1. 法 の 目 的

1.1 原子力基本法の精神

原子力基本法は，我が国の原子力の研究，開発及び利用の基本方針並びに基本体制を定めた法律であって，我が国の原子力開発の黎明期の昭和30年に制定された．その第 1 条は，この法律の目的を次のように述べている．

「この法律は，原子力の研究，開発及び利用（以下「原子力利用」という．）を推進することによって，将来におけるエネルギー資源を確保し，学術の進歩と産業の振興とを図り，もって人類社会の福祉と国民生活の水準向上とに寄与することを目的とする．」

その第 2 条は，基本方針を 2 項に分けて次のように規定している．

「1 原子力利用は，平和の目的に限り，安全の確保を旨として，民主的な運営の下に，自主的にこれを行うものとし，その成果を公開し，進んで国際協力に資するものとする．」

「2 前項の安全確保については，確立された国際的な基準を踏まえ，国民の生命，健康及び財産の保護，環境の保全並びに我が国の安全保障に資することを目的として，行うものとする．」

「**平和目的**」が第 1 の基本方針，「**民主，自主，公開**」は「平和目的」という基本方針を確実なものとするための必須条件とでも言えるもので「**原子力平和利用の 3 原則**」又は「**原子力三原則**」といわれる．この規定は，もちろん制定当初からのものである．第 2 の基本方針「**安全の確保**」は，後になって（昭和53年の改正の際に）付け加えられ，安全の確保を具体的に記述した第 2 項は，さらに後になって（平成24年の改正の際に）付け加えられたという経緯をもつ．

また，原子力基本法第20条は次のように規定している．

655

法　　令

「放射線による障害を防止し，公共の安全を確保するため，放射性物質及び放射線発生装置に係る製造，販売，使用，測定等に対する規制その他保安及び保健上の措置に関しては，別に法律で定める.」

この規定に基づいて制定された法律の一つが，これから勉強しようとする「放射線障害防止法」である.

1.2　放射線障害防止法の目的〔法1〕

放射線障害防止法の第 1 条は，この法律の制定の目的を次のように規定している.

「この法律は，**原子力基本法**の精神にのっとり，放射性同位元素の使用，販売，賃貸，廃棄その他の取扱い，放射線発生装置の使用及び放射性同位元素又は放射線発生装置から発生した放射線によって汚染された物（以下，「放射性汚染物」という.）の廃棄その他の取扱いを規制することにより，これらによる放射線障害を防止し，公共の安全を確保することを目的とする.」

★　この法律第1条は，平成24年4月1日に施行された改正により，以前より複雑な構造を持つようになり，読みにくいものになった. もし，「放射性同位元素又は放射線発生装置から発生した放射線によって汚染された物」を「放射性汚染物」とあらかじめ定義しておけば，第1条は次のように簡略化することができる.

「この法律は，原子力基本法の精神にのっとり，放射性同位元素の使用，販売，賃貸，廃棄その他の取扱い，放射線発生装置の使用及び放射性汚染物の廃棄その他の取扱いを規制することにより，これらによる放射線障害を防止し，公共の安全を確保することを目的とする. 」

この法律の制定の究極の目的は「**公共の安全**」にある. 労働安全衛生法や医療法とは制定の目的が異なる.

1.3　放射線障害防止法の規制の概要

この法律が規制する物とその物に対する行為の概要をまとめると次のようになる.

656

1. 法 の 目 的

放射性同位元素 ・・・・・・ 使用, 販売, 賃貸, 廃棄, その他の取扱い（保管, 運搬, 譲渡し, 譲受け, 所持等）

放射線発生装置 ・・・・・・ 使用のみ〔放射線発生装置の販売, 運搬, 所持等は規制されない〕

放射性汚染物・・・・・・・・ 廃棄, その他の取扱い（詰替え, 保管, 運搬等）

　また, 規制を受ける事業者を中心に, 事業の内容, 事業者が備えるべき放射線施設, 事業所の名称及び主任者の資格を一覧表にすると**表**1.1のようになる. この表は, 法令篇を一読したのらにもう一度見直すとよい.

法　　令

表1.1　放射線障害防止法による規制の概要

事業者の名称			事業の内容	備えるべき放射線施設	事業所の名称	主任者の資格
許可届出使用者	特定許可使用者		非密封放射性同位元素の使用（貯蔵施設の貯蔵能力が下限数量の 10 万倍以上）	使用施設　貯蔵施設　廃棄施設	工場又は事業所	1 種
			10 テラベクレル以上の密封放射性同位元素の使用			
			放射線発生装置の使用			
	許可使用者		非密封放射性同位元素の使用			
			下限数量の 1000 倍を超え, 10 テラベクレル未満の密封放射性同位元素の使用			2 種
	届出使用者		下限数量の 1000 倍以下の密封放射性同位元素の使用	貯蔵施設		3 種
表示付認証機器届出使用者			表示付認証機器の使用（ガスクロマトグラフ用 ECD, 校正用線源, 等）	不要		※
届出販売業者			放射性同位元素の販売	不要	販売所	3 種
届出賃貸業者			放射性同位元素の賃貸	不要	賃貸事業所	
許可廃棄業者			放射性同位元素又は放射性汚染物の業としての廃棄	廃棄物詰替施設　廃棄物貯蔵施設　廃棄施設	廃棄事業所	1 種
────			表示付特定認証機器の使用（煙感知器, 等）	不要	────	※

※主任者の選任は不要

〔演 習 問 題〕

　次の文章中，放射線障害防止法及びその関係法令に照らして正しいものには○印を，誤っているものには×印をつけ，誤っている場合にはその理由を簡単にしるせ.

1−1　この法律は，原子力利用における 3 つの原則，すなわち，民主，自主，公開の原則を規定し，進んで国際協力に資することを目的とする.

〔2 種 38 回問 1 の 1 改〕

1−2　この法律は，原子力基本法の精神にのっとり，放射性同位元素の取扱い，放射線発生装置の使用及び放射性汚染物の取扱いをする労働者の健康と安全を確保することを目的とする.　　　　　　　　　　〔2 種 38 回問 1 の 2 改〕

1−3　この法律は，放射性同位元素及び放射線発生装置による放射線障害の防止に関する研究を推進することにより，放射線障害の発生を未然に防止し，公共の安全を確保することを目的とする.　　　　　　　　〔2 種 38 回問 1 の 3〕

1−4　この法律は，我が国における原子力利用を推進することによって，国民生活の水準の向上に寄与することを目的とする.　　　　　　〔2 種 38 回問 1 の 4 改〕

1−5　この法律は，原子力基本法の精神にのっとり，放射性同位元素の使用，販売，賃貸，廃棄その他の取扱い，放射線発生装置の使用及び放射性汚染物の廃棄その他の取扱いを規制することにより，これらによる放射線障害を防止し，公共の安全を確保することを目的とする.　　　　　　　　〔2 種 38 回問 1 の 5 改〕

　次の文章の（　　）内に適切な語句を埋めて文章を完成せよ.

1−6　この法律は，原子力基本法の精神にのっとり，（　A　）の使用，販売，賃貸，廃棄その他の取扱い，（　B　）の使用及び（　A　）又は（　B　）から発生した放射線によって汚染された物（以下，「放射性汚染物」という.）の廃棄その他の取扱いを（　C　）することにより，これらによる（　D　）を防止し，公共の安全を確保することを目的とする.　　　　　　　　〔1 種 52 回問 1 改〕

659

法　　令

1-7　この法律は（　A　）の精神にのっとり，放射性同位元素の使用，（　B　），
廃棄その他の取扱い，放射線発生装置の使用及び放射性同位元素又は放射線発生
装置から発生した放射線によって汚染された物（以下，「（　C　）」という.）の
廃棄その他の取扱を規制することにより，これらによる放射線障害を防止し，
（　D　）を確保することを目的とする.　　　　　　　　　〔1種53回問1改〕

2. 定　　義

2.1　放　射　線*

　1　「放射線」とは，電磁波又は粒子線のうち，直接又は間接に空気を電離する能力をもつもので，

（1）アルファ線，重陽子線，陽子線その他の重荷電粒子線及びベータ線

（2）中性子線

（3）ガンマ線及び特性エックス線（軌道電子捕獲に伴って発生する特性エックス線に限る.）

（4）1メガ電子ボルト以上のエネルギーを有する電子線及びエックス線

をいう.〔法2−1，原子力基本法3(5)，核燃料物質，核原料物質，原子炉及び放射線の定義に関する政令4(1)〜(4)〕

★　ここで，まず注目すべきことは，上記(1)(2)及び(3)については，そのエネルギーによらず（個々の放射線（電磁波又は粒子線）のエネルギーが大きくても小さくても），すべて「放射線」の定義に含まれるということである.

★　次に注目すべきことは，上記(4)の電子線及びエックス線については，1メガ電子ボルト以上のエネルギーを有するもののみが「放射線」の定義に含まれるということである.　すなわち，通常の診療用エックス線装置から発生するエックス線は，そのエネルギーが1メガ電子ボルト未満なので，放射線障害防止法上は「放射線」ではないということになる.

　2　上述のように，電子線及びエックス線のうち1メガ電子ボルト未満のエネルギーを有するものは「放射線」の定義から除かれる.　しかしながら，

（1）問診のうち放射線の被ばく歴の有無及び放射線による被ばくの状況〔則 22

法　　　令

　　　　－1(5)イ及びロ〕

(2) 放射線業務従事者が放射線障害を受け，又は受けたおそれのある場合の措置〔則 23(1)〕

の二つの場合の「放射線」には，1 メガ電子ボルト未満のエネルギーを有する電子線及びエックス線も含まれる．また

① 　管理区域に係る線量等

② 　実効線量限度

③ 　等価線量限度

④ 　空気中濃度限度

⑤ 　遮蔽物に係る線量限度

⑥ 　排気又は排水に係る放射性同位元素の濃度限度等

⑦ 　廃棄に従事する者に係る線量限度

⑧ 　一時的立入者の測定に係る線量

⑨ 　内部被ばくによる線量の測定

⑩ 　実効線量及び等価線量の算定

⑪ 　緊急作業に係る線量限度

については，1 メガ電子ボルト未満のエネルギーを有する電子線及びエックス線による被ばくを含め，線量，実効線量又は等価線量を算出するとされている．〔告 24〕

2.2　放射性同位元素，放射性同位元素装備機器，放射線発生装置等

2.2.1　放射性同位元素*　〔法 2-2，令 1，告 1〕［特に重要！］

　「放射性同位元素」とは，りん 32 やコバルト 60 などのように，

(1) ①放射線を放出する同位元素　及び　②その化合物　並びに　③これらの含有物で，

(2) 放射線を放出する同位元素の　①数量　及び　②濃度　の**いずれもが**，それぞれの種類ごとに原子力規制委員会が定める数量及び濃度を**超えるもの**

をいう．ここでいう，原子力規制委員会が定める数量及び濃度を，**下限数量及び下**

662

2. 定　　　義

限濃度という.

★　数量及び濃度のどちらか一方がこの下限数量又は下限濃度として規定される
値以下であれば，法規制の対象とはならない！

　厚さ計とか，液面計とか，非破壊検査装置とかいわれる機器に「放射性同位元
素」が装備されている場合，機器の中に装備されている放射性同位元素が規制の
対象となる.

　放射性同位元素に該当するか否かは，次のような単位又は範囲ごとの数量及び
濃度が下限数量及び下限濃度を超えているか否かで判定する. すなわち，**密封**さ
れたものについては，その物 1 個（通常　組又は一式で使用するものではその一
組又は一式）に含まれる数量及び濃度. **密封**されていないものについては，工場
又は事業所に存在する数量及び容器 1 個あたりの濃度.

1.　下限数量及び下限濃度

A　下限数量

（1）核種が 1 種類の場合

　下限数量は告別表第 1（p. 845）第 1 欄のそれぞれの核種及び化学形等（以下，
本章では，単に「核種」と略記する）に応じて，第 2 欄の数量（Bq）をいう

（2）2 種類以上の核種が共存している場合

　それぞれの核種の数量の下限数量に対する割合の和が 1 となるようなそれらの
量をもって下限数量とする.

　例えば，Sr-90+　6 kBq（下限数量 10 kBq）と Co-60　70 kBq（下限数量 100 kBq）
とが共存している場合

$$6/10 \; + \; 70/100 \; = \; 0.6 \; + \; 0.7 \; = \; 1.3 \; > \; 1$$

　割合の和が 1 を超えるから，この場合，Sr-90+，Co-60 の両方とも数量に関し
ては放射性同位元素になる. Sr-90+に付けられた+の記号は，放射平衡中の子孫
核種の放射能を含むことを示す.

　★旧法令では，放射性同位元素を密封と非密封に分け，それぞれに下限の数量
を定めていたが，平成 17 年の改正法令の施行以降，下限数量に関して密封と非密

663

封で別の取り扱いはしないことになった.

B 下限濃度

(1) 核種が 1 種類の場合

下限濃度は告別表第 1 (p. 845) 第 1 欄のそれぞれの核種に応じて, 第 3 欄の濃度(Bq/g)をいう.

(2) 2 種類以上の核種が共存している場合

それぞれの核種の濃度の下限濃度に対する割合の和が 1 となるようなそれらの量をもって下限濃度とする.

例えば, Sr-90+ 70 Bq/g (下限濃度 100 Bq/g) と Co-60 8 Bq/g (下限濃度 10 Bq/g) とが共存している場合

$$70/100 + 8/10 = 0.7+0.8 = 1.5 > 1$$

割合の和が 1 を超えるから, この場合, Sr-90+, Co-60 の両方とも濃度に関しては放射性同位元素になる.

2. 除外されるもの〔令 1〕

(1) 核燃料物質及び核原料物質

「原子力基本法」第 3 条第 2 号及び第 3 号並びに「核燃料物質, 核原料物質, 原子炉及び放射線の定義に関する政令」第 1 条及び第 2 条で定義される**核燃料物質及び核原料物質**は, 自然科学的にはラジオアイソトープであっても, 法律的には「放射性同位元素」から除かれる.

★ 核燃料物質と核原料物質それぞれの定義はやや複雑であるが, 総称としての「核燃料物質又は核原料物質」の定義は簡単である. ウラン, トリウム, プルトニウム, 若しくはこれらの化合物又はこれらの含有物は, すべて核燃料物質又は核原料物質となる. 上記の 3 元素を含む物質は, 「放射性同位元素」を含有しているものであっても, 「放射性同位元素」の定義から除外され, 本法の規制対象外となる.

(2) 薬機法第 2 条第 1 項に規定する医薬品及びその原料又は材料として用いるもので同法第 13 条第 1 項の許可を受けた製造所に存するもの

664

2. 定　　義

(3) 医療法第 1 条の 5 第 1 項に規定する病院又は同条第 2 項に規定する診療所（次号において「病院等」という.）において行われる薬機法第 2 条第 17 項に規定する治験の対象とされる薬物

(4) このほか，陽電子放射断層撮影装置による画像診断に用いられる薬物その他の治療又は診断のために医療を受ける者に対し投与される薬物であって，当該治療又は診断を行う病院等において調剤されるもののうち，原子力規制委員会が厚生労働大臣と協議して指定するもの〔医療法施行規則第 24 条第 8 号に規定する陽電子断層撮影診療用放射性同位元素（平成 17 年文部科学省告示第 140 号）〕

(5) 薬機法第 2 条第 4 項に規定する医療機器で，原子力規制委員会が厚生労働大臣又は農林水産大臣と協議して指定するものに装備されているもの〔薬機法施行令別表第 1 機械器具の項第 10 号に掲げる放射性物質診療用器具であって，人の疾病の治療に使用することを目的として，人体内に挿入されたもの（人体内から再び取り出す意図をもたずに挿入されたものであって，ヨウ素 125 又は金 198 を装備しているものに限る.）（平成 17 年文部科学省告示第 76 号）〕

2.2.2　放射性同位元素装備機器〔法 2-3〕

硫黄計その他の放射性同位元素を装備している機器. 装備されている放射性同位元素の数量は，自動表示装置を必要とするような大きなものから煙感知器のような小さなものまでさまざまである.

　放射性同位元素装備機器のうち，安全性の高い機器として認証を受けたもの（**表示付認証機器**）は，簡便な届出で使用することができる. さらに，より安全性の高い機器として認証を受けたもの（**表示付特定認証機器**）は，その使用に際して届出を必要としない. 表示付認証機器及び表示付特定認証機器については 4 章で詳述する.

2.2.3　放射線発生装置〔法 2-4, 令 2, 告 2, 昭和 39 年科学技術庁告示第 4 号〕

　サイクロトロン，シンクロトロンなどのように荷電粒子を加速することにより放射線を発生させる装置で，次の 10 種類をいう.

(1) サイクロトロン

法　　令

(2) シンクロトロン

(3) シンクロサイクロトロン

(4) 直線加速装置

(5) ベータトロン

(6) ファン・デ・グラーフ型加速装置

(7) コッククロフト・ワルトン型加速装置

(8) 変圧器型加速装置

(9) マイクロトロン

(10) プラズマ発生装置（重水素とトリチウムとの核反応における臨界プラズマ条件を達成する能力をもつ装置であって，専ら重水素と重水素との核反応を行うものに限る.)

　　ただし，その表面から10センチメートル離れた位置における最大線量当量率が1センチメートル線量当量率について600ナノシーベルト毎時以下であるものを除く.

2.2.4　放射化物〔則14の7-1(7)の2〕

放射線発生装置から発生した放射線により生じた放射線を放出する同位元素によって汚染された物.

2.2.5　放射性汚染物〔法1〕〔則1(2)〕

放射性同位元素又は放射線発生装置から発生した放射線（により生じた放射線を放出する同位元素）によって汚染された物.　要約すれば，放射性同位元素によって汚染された物又は放射化物.

2.3　放射性同位元素等，取扱等業務，放射線業務従事者及び埋設廃棄物

2.3.1　放射性同位元素等〔則1(3)〕

放射性同位元素又は放射性汚染物.

2.3.2　取扱等業務〔則1(8)〕

放射性同位元素等又は放射線発生装置の取扱い，管理又はこれに付随する業務.

666

2. 定　　義

2.3.3　放射線業務従事者〔則 1(8)〕

取扱等業務に従事する者であって，管理区域に立ち入るもの.

2.3.4　埋設廃棄物〔則 14 の 11－3(3)〕

放射性同位元素等であって埋設の方法により最終的な処分を行おうとするもの.

2.4　実効線量限度，等価線量限度，表面密度限度，空気中濃度限度等

2.4.1　実効線量限度＊〔則 1(10)，告 5〕

放射線業務従事者の実効線量について定められた，一定期間における線量限度のことで，次のとおりである.

(1) 平成 13 年 4 月 1 日以降 **5 年**ごとに区分した各期間につき，100 ミリシーベルト

(2) 4 月 1 日を始期とする **1 年間**につき，50 ミリシーベルト

(3) 女子については，(1) (2) に規定するほか，4 月 1 日，7 月 1 日，10 月 1 日及び 1 月 1 日を始期とする各 **3 月間**につき，5 ミリシーベルト

　ただし，妊娠不能と診断された者，妊娠の意思のない旨を許可届出使用者又は許可廃棄業者に書面で申し出た者及び (4) に規定する者を除く.

(4) 妊娠中の女子については，(1) (2) に規定するほか，本人の申出等により許可届出使用者又は許可廃棄業者が妊娠の事実を知ったときから出産までの間につき，人体内部に摂取した放射性同位元素から放射線に被ばくすること（以下**「内部被ばく」**という.）について，1 ミリシーベルト

2.4.2　等価線量限度＊〔則 1(11)，告 6〕

放射線業務従事者の各組織の等価線量について定められた，一定期間内における線量限度のことで，次のとおりである.

(1) 眼の水晶体：4 月 1 日を始期とする **1 年間**につき，150 ミリシーベルト

(2) 皮膚：4 月 1 日を始期とする **1 年間**につき，500 ミリシーベルト

(3) 妊娠中の女子の腹部表面については，本人の申出等により許可届出使用者又は許可廃棄業者が妊娠の事実を知ったときから出産までの間につき，2 ミリシー

法　　　令

ベルト

2.4.3　表面密度限度〔則1(13), 告8〕

放射線施設 (5.1 参照) 内の人が常時立ち入る場所において人が触れる物の表面の放射性同位元素の密度についての限度のことで, 次のように定められている.

(告別表第 4 p. 847 参照).

A　アルファ線を放出する放射性同位元素については 4 Bq/cm²

B　アルファ線を放出しない放射性同位元素については 40 Bq/cm²

2.4.4　空気中濃度限度〔則1(12), 告7〕

放射線施設 (5.1.2 参照) 内の人が常時立ち入る場所において人が呼吸する空気中の放射性同位元素の濃度について **1 週間**についての平均濃度が次の (1)～(4) に規定する濃度をいう.

(1) 放射性同位元素の種類が明らかで, かつ, 1 種類である場合には, 告別表第 2 (p. 846 参照) の第 1 欄に掲げる放射性同位元素の種類に応じて第 4 欄に掲げる濃度

(2) 放射性同位元素の種類が明らかで, かつ, 空気中に 2 種類以上の放射性同位元素がある場合には, それらの放射性同位元素の濃度のそれぞれの放射性同位元素についての (1) の濃度に対する割合の和が 1 となるようなそれらの放射性同位元素の濃度

(3) 放射性同位元素の種類が明らかでない場合には, 告別表第 2 の第 4 欄に掲げる濃度 (当該空気中に含まれていないことが明らかである種類に係るものを除く.) のうち最も低いもの

(4) 放射性同位元素の種類が明らかで, かつ, 当該放射性同位元素の種類が告別表第 2 に掲げられていない場合にあっては, 告別表第 3 (p. 847 参照) の 1 欄に掲げる放射性同位元素の区分に応じて第 2 欄に掲げる濃度

2.4.5　排気又は排水に係る放射性同位元素の濃度限度〔告14〕

排気中若しくは空気中又は廃液中若しくは排水中の放射性同位元素の濃度限度は, 3 月間についての平均濃度が, 次の (1)～(4) に規定する濃度とする.

668

2. 定　　義

(1) 放射性同位元素の種類が明らかで，かつ，1種類である場合には，告別表第2（p.846参照）の第1欄に掲げる放射性同位元素の種類に応じて，排気中又は空気中の濃度については第5欄，排液中又は排水中の濃度については第6欄に掲げる濃度

(2) 放射性同位元素の種類が明らかで，かつ，排気中若しくは空気中又は排液中若しくは排水中にそれぞれ2種類以上の放射性同位元素がある場合には，それらの放射性同位元素の濃度のそれぞれの放射性同位元素についての(1)の濃度に対する割合の和が1となるようなそれらの放射性同位元素の濃度

(3) 放射性同位元素の種類が明らかでない場合には，告別表第2の第5欄又は第6欄に掲げる濃度（それぞれ当該排気中等に含まれていないことが明らかである種類に係るものを除く.）のうち，それぞれ最も低いもの

(4) 放射性同位元素の種類が明らかで，かつ，当該放射性同位元素の種類が告別表第2に掲げられていない場合には，告別表第3（p.847参照）の第3欄又は第4欄に掲げる濃度

2.5　線量の計算，濃度との複合等

2.5.1　診療上の被ばくの除外等〔告24〕

① 管理区域に係る線量等（5.1.1）

② 実効線量限度（2.4.1）

③ 等価線量限度（2.4.2）

④ 空気中濃度限度（2.4.3）

⑤ 遮蔽物に係る線量限度（5.2の3）

⑥ 排気又は排水に係る放射性同位元素の濃度限度等（5.4の2ロ及び3イ並びに6.5.1.1の1及び2）

⑦ 廃棄に従事する者に係る線量限度（6.5.1.3）

⑧ 一時的立入者の測定に係る線量（6.6.1.2の1(5)ただし書及び2(1)ただし書）

⑨ 内部被ばくによる線量の測定（6.6.1.2の2(2)）

669

法　　令

⑩　実効線量及び等価線量の算定（6.6.1.2 の 4 (5)）

⑪　緊急作業に係る線量限度（6.10.2 の 2）

上記①～⑪については，線量並びに空気中及び水中の濃度を算定する場合には次のような取り扱いをする.

(1) 線量，実効線量又は等価線量を算定する場合には，

　　イ　1 メガ電子ボルト未満のエネルギーを有する電子線及びエックス線による被ばくを含める.

　　ロ　診療を受けるための被ばく，及び，自然放射線による被ばくを除く.

(2) 空気中又は水中の放射性同位元素の濃度を算定する場合には，空気中又は水中に自然に含まれている放射性同位元素を除いて算出するものとする.

2.5.2　実効線量への換算〔告 26〕

実効線量については，放射線（1 メガ電子ボルト未満のエネルギーを有する電子線及びエックス線を含む）の種類に応じて次の式により計算することができる.

(1) 放射線がエックス線又はガンマ線である場合

　　　$E = f_x D$

　　E：実効線量（単位：シーベルト）

　　f_x：告別表第 5（p. 848 参照）の第 1 欄に掲げる放射線のエネルギーの強さに応じて第 2 欄に掲げる値

　　　D：自由空気中の空気カーマ（単位：グレイ）

(2) 放射線が中性子線である場合

　　　$E = f_n \Phi$

　　E：実効線量（単位：シーベルト）

　　f_n：告別表第 6（p. 849 参照）の第 1 欄に掲げる放射線のエネルギーの強さに応じて第 2 欄に掲げる値

　　Φ：自由空気中の中性子フルエンス（単位：個毎平方センチメートル）

(3) 放射線の種類が 2 種類以上ある場合

放射線の種類ごとに計算した実効線量の和をもって，実効線量とする.

670

2. 定　　義

2.5.3　線量並びに空気中及び水中の濃度の複合〔告 25〕

外部放射線に被ばくするおそれがあり，かつ，空気中の放射性同位元素を吸入
摂取（若しくは水中の放射性同位元素を経口摂取）するおそれがあるときは，そ
れぞれの線量限度又は濃度限度に対する割合の和が 1 となるようなその線量又は
空気中若しくは水中の濃度をもって，その線量限度又は濃度限度とする.

〔演 習 問 題〕

次の文章中，放射線障害防止法及びその関係法令に照らして正しいものには○印を，
誤っているものには×印をつけ，誤っている場合にはその理由を簡単にしるせ．

2−1　この法律でいう放射線とは，電磁波又は粒子線のうち直接に空気を電離する能力
　　をもつもので，政令で定めるものをいう．　　　　　　　　　〔1種3回問2(1)〕

2−2　1メガ電子ボルト未満のエネルギーを有する中性子線は，この法律の規制を受け
　　ない．　　　　　　　　　　　　　　　　　　　　　　　　　　〔1種24回問4B〕

2−3　放射性同位元素は，放射線を放出する同位元素及びその化合物並びにその含有物
　　で，放射線を放出する同位元素の数量又は濃度がその種類ごとに原子力規制委員会が
　　定める数量又は濃度を超えるものとする．

2−4　中に密封された放射性同位元素が装備されている機器の使用はするが，中の放射
　　性同位元素をとり出して使用することは決してしない場合には，この事業所はこの法
　　律の規制を受けない．

2−5　薬機法に規定する医薬品は放射性同位元素ではないが，その原料又は材料として
　　用いるものは放射性同位元素である．

2−6　濃度が$1×10^5$ベクレル毎グラムで，数量が$1×10^{10}$ベクレルの密封されたトリチ
　　ウム（H−3）はこの法律で規制されない．ただし，H−3の下限濃度は$1×10^6$ベクレ
　　ル毎グラム，下限数量は$1×10^9$ベクレルである．

2−7　ある事業所に，下限数量が100キロベクレルの密封されていない放射性同位元素
　　Aが70キロベクレルと下限数量が10テラベクレルの密封されていない放射性同位元
　　素Bが8テラベクレル存在している場合，A，B両方とも下限数量以下なので，数量
　　に関しては放射性同位元素にはならない．

2−8　「放射線業務従事者」とは，放射性同位元素等又は放射線発生装置の取扱い，管理又
　　はこれに付随する業務に従事する者であって，管理区域に立ち入るものをいう．

　　　　　　　　　　　　　　　　　　　　　　　　　　　　　　〔1種43回問7D〕

2. 定　　義

2−9　実効線量限度は，男子の場合，4月1日を始期とする1年間につき50ミリシーベルト，平成15年4月1日以降5年ごとに区分した各期間につき100ミリシーベルト，と定められている．

2−10　等価線量限度は，男子の場合，眼の水晶体及び皮膚について，4月1日を始期とする1年間につきそれぞれ150ミリシーベルト及び300ミリシーベルトと定められている．

2−11　200キロ電子ボルトのエネルギーを有するエックス線に係る作業による被ばくを線量に含めた．　　　　　　　　　　　　　　　　　　　　〔1種23回問27 ロ〕

2−12　コバルト60　111テラベクレルの診療用放射線照射装置の取扱いをしている放射線業務従事者が診療用エックス線装置を取り扱い，その際かなりの被ばくがあったのでこれも線量に加算した．　　　　　　　　　　　　　　　〔1種24回問2B〕

2−13　放射線発生装置とは，サイクロトロン，シンクロトロン等電子を加速することにより放射線を発生させる装置で政令で定めるものをいう．

2−14　荷電粒子を加速することにより放射線を発生させる装置であっても，政令で定めてないものは，この法律で規制されない．

2−15　1メガ電子ボルト以上のエネルギーを有するエックス線の発生を伴う装置は，すべて放射線発生装置である．　　　　　　　　　　　　　　〔1種22回問26の3〕

2−16　中性子線を発生するコッククロフト・ワルトン型加速装置で，その表面から10センチメートル離れた位置における最大線量当量率が，1センチメートル線量当量率で600ナノシーベルト毎時のものはこの法律で規制される．

次の文章の（　　）内に適切な語句を埋めて文章を完成せよ．

2−17　放射性同位元素等による放射線障害の防止に関する法律第2条第2項の放射性同位元素は，放射線を放出する同位元素及びその化合物並びにこれらの（　A　）（機器に装備されているこれらのもの（　B　）．）で，放射線を放出する同位元素の数量及び濃度がその（　C　）ごとに原子力規制委員会が定める数量（以下「下限数量」という．）及び濃度（　D　）ものとする．　　　　　　　　　〔2種55回問1〕

673

法　　令

2−18　放射線業務従事者とは（　A　）又は放射線発生装置の取扱い，管理又はこれに付随する業務に従事するものであって，（　B　）に立ち入るものをいう．放射線業務従事者の実効線量限度は，4 月 1 日を始期とする 1 年間につき（　C　），平成 13 年 4 月 1 日以降 5 年ごとに区分した各期間につき（　D　）である．

〔2 種 43 回問 10 改〕

2−19　線量，実効線量又は等価線量を算定する場合には，（　A　）エネルギーを有する電子線及びエックス線による被ばくを含め，かつ，（　B　）を受けるための被ばく及び（　C　）による被ばくを除くものとし，空気中又は水中の放射性同位元素の濃度を算定する場合には，（　D　）に含まれている放射性同位元素を除いて算出するものとする．　　　　　　　　　　　　　　　　　〔1 種 50 回問 6 改〕

674

3. 使用の許可及び届出，販売及び賃貸の業の届出並びに廃棄の業の許可

3.1 使用の許可〔法3，令3，則2〕

3.1.1 許可使用者

放射性同位元素であってその種類若しくは密封の有無に応じて，①密封されたものは下限数量の 1000 倍，②密封されていないものは下限数量，を超えるもの又は放射線発生装置の使用をしようとする者は，工場又は事業所ごとに，委員会に，許可の申請書を提出してその許可を受けなければならない．この許可を受けた者を**「許可使用者＊」**という．ここでいう「使用」には，放射性同位元素の「製造」，「詰替え（廃棄のための詰替えを除く）」及び「機器への装備」を含む．

3.1.2 使用の許可の申請書記載事項

3.1.1 の許可の申請書には，次の事項を記載することになっている．

(1) 氏名又は名称及び住所並びに法人の場合その代表者の氏名

(2) 放射性同位元素の種類，密封の有無及び数量又は放射線発生装置の種類，台数及び性能

(3) 使用の目的及び方法

(4) 使用の場所

(5) 放射性同位元素又は放射線発生装置を使用する施設（**使用施設**）の位置，構造及び設備

(6) 放射性同位元素を貯蔵する施設（**貯蔵施設**）の位置，構造，設備及び**貯蔵能力**

(7) 放射性同位元素及び放射性汚染物を廃棄する施設（**廃棄施設**）の位置，構造及び設備

法　　令

3.1.3　申請書の添付書類

上記申請書には次のような書類を添えなければならない.

(1) 法人にあっては，登記事項証明書

(2) 予定使用開始時期及び予定使用期間を記載した書面

(3) **放射線施設**（使用施設，貯蔵施設及び廃棄施設）を中心とし，縮尺及び方位を付けた工場又は事業所内外の平面図

(4) 放射線施設の各室の間取り及び用途，出入口，管理区域並びに標識を付ける箇所を示し，かつ，縮尺及び方位を付けた平面図

(5) 放射線施設の主要部分の縮尺を付けた断面詳細図

(6) 遮蔽の基準に適合することを示す書面及び図面並びに工場又は事業所に隣接する区域の状況を記載した書面

(7) 自動表示装置又はインターロックについて記載した書面

(8) 排気設備について記載した書面

(9) 排水設備について記載した書面

(10) 分散移動使用又は随時移動使用の場合の使用の方法等を記載した書面

(11) 管理区域外で下限数量以下の非密封放射性同位元素を使用する場合の使用場所の図面

(12) 申請者の精神の機能に関する書類

3.2　使用の届出 *

3.2.1　**届出使用者**〔法3の2，令4，則3〕

3.1.1 の放射性同位元素以外の放射性同位元素（密封されたもので，下限数量を超え下限数量の 1000 倍以下のもの）を使用しようとする者は，工場又は事業所ごとに，あらかじめ，次の (1) ～ (5) にあげる事項を委員会に届け出なければならない.（この届出をした者を「**届出使用者***」という.）

ただし，表示付認証機器の使用をする者及び表示付特定認証機器の使用をする者についてはこの限りでない.

3. 使用の許可及び届出，販売及び賃貸の業の届出並びに廃棄の業の許可

(1) 氏名又は名称及び住所並びに法人の場合その代表者の氏名

(2) 放射性同位元素の種類，密封の有無及び数量

(3) 使用の目的及び方法

(4) **使用の場所**

(5) **貯蔵施設**の位置，構造，設備及び**貯蔵能力**

上記届出には次のような書類を添えなければならない．

① 予定使用開始時期及び予定使用期間を記載した書面

② 使用の場所及び**廃棄の場所**の状況，管理区域，標識を付ける箇所並びに貯蔵施設を示し，かつ，縮尺及び方位を付けた平面図

③ 貯蔵施設の遮蔽壁その他の遮蔽物が規定の能力を有することを示す書面及び図面

★ 密封されたもので下限数量の 1000 倍以下の物を個々独立に使用するのであれば何個使用しようとしても，許可を取る必要はなく，届出でよい．

★ 密封されたもので下限数量の 1000 倍以下の物 2 個以上を通常一組又は一式で使用し，その合計数量が下限数量の 1000 倍を超える場合は，許可を受けなければならない．

★ 許可使用者が，密封されたもので下限数量の 1000 倍以下の物を追加して使用しようとする場合は，許可使用に係る変更の許可が必要になる．

★ 表示付認証機器を使用する者については，この「使用の届出」とは別の届出が必要である（3.2.2 参照）．表示付特定認証機器を使用する者は，その使用について届出の義務は課せられていない．

3.2.2 表示付認証機器届出使用者〔法 3 の 3，令 5，則 5〕

表示付認証機器を使用する者（**表示付認証機器使用者**）は，工場又は事業所ごとに，かつ認証番号が同じ表示付認証機器ごとに，使用の開始の日から 30 日以内に，次の (1)〜(3) にあげる事項を委員会に届け出なければならない．（この届出をした者を「**表示付認証機器届出使用者**」という．）

(1) 氏名又は名称及び住所並びに法人の場合その代表者の氏名

677

法　　令

(2) 表示付認証機器の認証番号及び台数

(3) 使用の目的及び方法

★　この表示付認証機器の届出は，前述の「使用の許可」又は「使用の届出」とは独立になされる．したがって，「許可使用者」又は「届出使用者」であると同時に「表示付認証機器届出使用者」でもあるということがありうる．

3.3　販売，賃貸の業の届出及び廃棄の業の許可

3.3.1　届出販売業者及び届出賃貸業者〔法4，令6，則6〕

放射性同位元素を業として**販売**し，又は**賃貸**しようとする者は，あらかじめ，次の (1) 〜 (3) にあげる事項を委員会に届け出なければならない．（この届出をした者を「**届出販売業者**」又は「**届出賃貸業者**」という．）

ただし，表示付特定認証機器を業として販売し，又は賃貸しようとする者については，この限りでない．

(1) 氏名又は名称及び住所並びに法人の場合その代表者の氏名

(2) 放射性同位元素の種類

(3) 販売所又は賃貸事業所の所在地

上記届出には，予定事業開始時期，予定事業期間及び放射性同位元素の種類ごとの年間（予定事業期間が 1 年に満たない場合にあっては，その期間の）販売予定数量又は最大賃貸予定数量を記載した書面を添えなければならない．

★　一般に，放射性同位元素を業として販売又は賃貸しようとする者は，届出が必要である．ただし，表示付特定認証機器のみを業として販売又は賃貸しようとする者は，届出を必要としない．

★　販売及び賃貸の業の届出の場合，「販売所ごとに」とか「賃貸事業所ごとに」といった規定はない．したがって，1件の届出に複数の販売所又賃貸事業所が含まれていてもよい．

3.3.2　**許可廃棄業者**〔法4の2，令7，則7〕

放射性同位元素又は放射性汚染物を業として**廃棄**しようとする者は，廃棄事業

678

3. 使用の許可及び届出，販売及び賃貸の業の届出並びに廃棄の業の許可

所ごとに，委員会に許可の申請書を提出してその許可を受けなければならない．(この許可を受けた者を「**許可廃棄業者**」という．)

1　この許可の申請書には，次の事項を記載することになっている．

(1) 氏名又は名称及び住所並びに法人の場合その代表者の氏名

(2) 廃棄事業所の所在地

(3) 廃棄の方法

(4) 放射性同位元素又は放射性汚染物の詰替えをする施設（**廃棄物詰替施設**）の位置，構造及び設備

(5) 放射性同位元素又は放射性汚染物を貯蔵する施設（**廃棄物貯蔵施設**）の位置，構造，設備及び貯蔵能力

(6) **廃棄施設**の位置，構造，及び設備

(7) 放射性同位元素又は放射性汚染物の埋設の方法による最終的な処分（**廃棄物埋設**）を行う場合にあっては，次に揚げる事項

　　イ　埋設を行う放射性同位元素又は放射性汚染物の性状及び量

　　ロ　放射能の減衰に応じて放射線障害の防止のために講ずる措置

2　上記申請書には次のような書類を添えなければならない．

(1) 法人にあっては，登記事項証明書

(2) 予定事業開始時期，予定事業期間並びに放射性同位元素等の年間収集予定数量及び廃棄の方法ごとの年間廃棄予定数量を記載した書面

(3) **放射線施設**（廃棄物詰替施設，廃棄物貯蔵施設及び廃棄施設）を中心とし，縮尺及び方位を付けた廃棄事業所内外の平面図

(4) 放射線施設の各室の間取り及び用途，出入口，管理区域並びに標識を付ける箇所を示し，かつ，縮尺及び方位を付けた平面図

(5) 放射線施設の主要部分の縮尺を付けた詳細断面図

(6) 遮蔽の基準に適合することを示す書面及び図面並びに廃棄事業所に隣接する区域の状況を記載した書面

(7) 排気設備について記載した書面

法　令

(8) 排水設備について記載した書面

(9) 申請者の精神の機能に関する書類

　廃棄物埋設を行う場合は，さらに次の書類を添えなければならない.

① 設置予定場所における気象，地盤，水理，地震，社会環境その他の状況を記載した書面及び図面

② 廃棄物埋設地に係る遮蔽基準に適合することを示す書面及び図面

③ 廃棄の業を適確に遂行するに足る経理的基礎を示す書面

④ 現に事業を行っている場合は，その事業の概要を示す書面

　許可使用者，届出使用者及び許可廃棄業者が設置すべき**放射線施設**を表 3.1 に示す. ただし，届出使用者のところに示されている（使用の場所）及び（廃棄の場所）は「放射線施設」ではない.

表 3.1　許可使用者，届出使用者及び許可廃棄業者が設置すべき放射線施設

設置者	許可届出使用者		許可廃棄業者
	許可使用者	届出使用者	
放射線施設	使用施設 貯蔵施設 廃棄施設	（使用の場所） 貯蔵施設 （廃棄の場所）	廃棄物詰替施設 廃棄物貯蔵施設 廃棄施設

　3.1 から 3.3 までに述べてきた各種の申請又は届について，その目的，申請書又は届書の記載事項等を**表 3.2** に纏めた. 各種の申請又は届の内容を対比して理解してほしい.

★　**放射性同位元素の使用又は販売，賃貸若しくは廃棄の業を開始するまでの間に行うべき事項**としては次のようなものがある.

(1) 使用若しくは廃棄の業の許可を受けること又は使用若しくは販売，賃貸の業の届出を行うこと.（3.1，3.2，3.3）

(2) 放射線障害予防規程を作成し，届け出ること.（6.6.2 の 1）

(3) 放射線取扱主任者の選任を行うこと（選任の届出は，選任した日から 30 日以内に行うこととされている）.（7.1 の 8 及び 9）

680

3. 使用の許可及び届出，販売及び賃貸の業の届出並びに廃棄の業の許可

(4) 所定の場所について放射線の量及び放射性同位元素による汚染の状況の測定を行うこと．(6.6.1.1 の 4A)

(5) 管理区域に立ち入る者及び取扱等業務に従事する者に対して教育及び訓練を施すこと．(6.6.3 の 1)

(6) 放射線業務従事者（一時的に管理区域に立ち入る者を除く）に対して健康診断を行うこと．(6.6.4 の 1A (1))

(7) 施設検査を受けなければならない場合に該当するときは，これを受け，合格すること．(6.1.2)

3.4 欠格条項〔法 5，則 8〕

次の (1) から (4) のいずれかに該当する者には，使用又は廃棄の業の許可を与えない．

(1) この法律の規定に違反したような場合に，その違反の程度に応じて委員会は使用又は廃棄の業の許可を取り消すことができる (6.7.1) が，この許可を取り消され，取消の日から 2 年を経過していない者

(2) この法律又はこの法律に基づく命令の規定に違反し，罰金以上の刑に処せられ，その執行を終り，又は執行を受けることのなくなった（いわゆる執行猶予期間が終了した）後，2 年を経過していない者

(3) 成年被後見人

(4) 法人であって，その業務を行う役員のうちに上の (1) から (3) までの一に該当する者のあるもの

なお，心身の障害により放射線障害の防止のために必要な措置を適切に講ずることができない者として委員会規則で定めるもの（精神の機能の障害により，放射線障害の防止のために必要な措置を適切に講ずるに当たって必要な認知，判断及び意思疎通を適切に行うことができない者）並びにその者を役員とする法人には許可を与えないことができる．

681

法　　令

表 3.2　許可の申請又は届出の目的，申請書又は届書の記載事項及び申請書又は届書の添付書類

	A　使用の許可の申請	B　使用の届出
Ⅰ　申請又は届出の目的	(1)下限数量の1000倍を超える密封放射性同位元素の使用 (2)非密封放射性同位元素の使用 (3)放射線発生装置の使用	下限数量の1000倍以下の密封放射性同位元素の使用
Ⅱ　申請書又は届書の記載事項	(1)①氏名又は名称　②住所　③法人の場合その (2)放射性同位元素の①種類　②密封の有無　③数量 　　放射線発生装置の①種類　②台数　③性能 (3)使用の①目的　②方法 (4)使用の場所 (5)使用施設の①位置　②構造　③設備 (6)貯蔵施設の①位置　②構造　③設備　④貯蔵能力 (7)廃棄施設の①位置　②構造　③設備	(2)放射性同位元素の 　①種類 　②密封の有無 　③数量 (3)使用の①目的　②方法 (4)使用の場所 (5)貯蔵施設の 　①位置　②構造 　③設備　④貯蔵能力
Ⅲ　申請書又は届書の添付書類	(1)法人の場合，登記事項証明書 (2)予定使用開始時期及び予定使用期間を記載した書面 (3)放射線施設を中心とし，縮尺及び方位を付けた工場又は事業所内外の平面図 (4)放射線施設各室の間取り，用途等を示し，縮尺及び方位を付けた平面図 (5)放射線施設の主要部分の縮尺付詳細断面図 (6)遮蔽の基準に適合することを示す書面・図面及び隣接区域の状況を記載した書面 (7)自動表示装置又はインターロックについて記載した書面 (8)排気設備についての記載した書面 (9)排水設備についての記載した書面 (10)分散移動使用又は随時移動使用の場合の使用の方法等を記載した書面 (11)管理区域外で下限数量以下の非密封放射性同位元素を使用する場合の使用場所の図面 (12)申請者の精神の機能に関する書類	(1)予定使用開始時期及び予定使用期間を記載した書面 (2)使用の場所及び廃棄の場所の状況，管理区域，標識を付する箇所並びに貯蔵施設を示し，かつ，縮尺及び方位を付けた平面図 (3)貯蔵施設の遮蔽壁その他の遮蔽物が規定の能力を有することを示す書面及び図面

682

3. 使用の許可及び届出，販売及び賃貸の業の届出並びに廃棄の業の許可

C　表示付認証機器の使用の届出	D　販売又は賃貸の業の届出	E　廃棄の業の許可の申請
表示付認証機器の使用	販売又は賃貸の業	廃棄の業
代表者の氏名		
(2)表示付認証機器の 　①認証番号 　②台数 (3)使用の 　①目的 　②方法	(2)放射性同位元素の種類 (3)販売所又は賃貸事業所の所在地	(2)廃棄事業所の所在地 (3)廃棄の方法 (4)廃棄物詰替施設の①位置　②構造　③設備 (5)廃棄物貯蔵施設の①位置　②構造　③設備 　④貯蔵能力 (6)廃棄施設の①位置　②構造　③設備 (7)廃棄物埋設を行う場合， 　イ　埋設物の性状及び量 　ロ　減衰に応じて講ずる放射線障害防止措置
	予定事業開始時期，予定事業期間及び放射性同位元素の種類ごとの年間販売予定数量又は最大賃貸予定数量を記載した書面	(1)法人の場合，登記事項証明書 (2)予定事業開始時期，予定事業期間及び年間収集・廃棄予定数量を記載した書面 (3)放射線施設を中心として，縮尺及び方位を付けた廃棄事業所内外の平面図 (4)放射線施設各室の間取り，用途等を示し，縮尺及び方位を付けた平面図 (5)放射線施設の主要部分の縮尺付詳細断面図 (6)遮蔽の基準に適合することを示す書面・図面及び近隣地域の状況を記載した書面 (7)排気設備についての記載書面 (8)排水設備についての記載書面 (9)申請者の精神の機能に関する書類 (10)廃棄物埋設を行う場合， 　イ　設置予定場所の気象，地盤，水理，地震，社会環境等の状況を示す書面・図面 　ロ　廃棄物埋設地に係る遮蔽基準に適合することを示す書面・図面 　ハ　事業遂行上の経理的基礎を示す書面 　ニ　現行の事業の概要を示す書面

法　　令

3.5　許可の基準及び許可の条件〔法 6, 法 7, 法 8〕

委員会は，使用の許可（又は廃棄の業の許可）の申請があった場合には，その申請に係る使用施設（廃棄の業の許可の場合には廃棄物詰替施設），貯蔵施設（廃棄の業の許可の場合には，廃棄物貯蔵施設）及び廃棄施設の位置，構造及び設備が後（5.2〜5.4）に述べる技術上の基準に適合するものであり，その他放射性同位元素若しくは放射線発生装置又は放射性汚染物（廃棄の業の許可の場合には，放射性同位元素又は放射性汚染物）による放射線障害のおそれがないと認めるときでなければ，許可をしてはならないことになっている．またこれらの許可をするにあたって，条件を付することができる．ただし，この条件は，放射線障害を防止するため必要な最小限度のものに限り，かつ，許可を受ける者に不当な義務を課することとならないものでなければならない．

3.6　許　可　証〔法 9, 法 12, 則 14〕

1　委員会は，使用又は廃棄の業の許可をしたときは，許可証を交付する．許可証には，**表 3.3** に示される事項が記載される．

表 3.3　許可証の記載事項

A　使用の許可	B　廃棄の業の許可
(1)　許可の年月日及び許可の番号	(1)　許可の年月日及び許可の番号
(2)　氏名又は名称及び住所	(2)　氏名又は名称及び住所
(3)　使用の目的	(3)　廃棄の方法
(4)　放射性同位元素の種類，密封の有無及び数量又は放射線発生装置の種類，台数及び性能	(4)　廃棄物埋設にかかる許可証にあっては，埋設を行う放射性同位元素又は放射性汚染物の量
(5)　使用の場所	(5)　廃棄事業所の所在地
(6)　貯蔵施設の貯蔵能力	(6)　廃棄物貯蔵施設の貯蔵能力
(7)　許可の条件	(7)　許可の条件

ただし，許可の条件は，条件を付した場合だけ記載される．

684

3. 使用の許可及び届出，販売及び賃貸の業の届出並びに廃棄の業の許可

2　許可証は，他人に譲り渡したり，貸与したりしてはならない．

3　許可証を汚したり，損じたり，失ったりしたときには，許可証の再交付の申請書を委員会に提出して，再交付を受けることができる．（この場合汚したり，損じたりした場合には，申請時に許可証を添えることとなっており，また許可証を失った者で許可証の再交付を受けたものが，その後失った許可証を発見したときは，速やかに，この発見した許可証を委員会に返納しなければならない．）

3.7　事務的内容等の変更

3.7.1　許可使用者等の場合

許可使用者は，使用の許可を受けるにあたって申請書に記載した事項のうち，(1) の氏名若しくは名称，住所又は法人の場合その代表者の氏名を変更したときは，変更した日から**30 日以内**に，委員会に届け出なければならない．

この場合，氏名若しくは名称又は住所の変更をしたときは，許可証の記載事項が変更になるので，その届出の際に，許可証を提出し，訂正を受けなければならない．〔法 10－1〕

★　法人の代表者の氏名は，許可証の記載事項ではないので，その変更の場合は，届出の際に，許可証を提出する必要がない．

許可廃棄業者の場合も許可使用者の場合と同様である．〔法 11－1〕

3.7.2　届出使用者等の場合

届出使用者，届出販売業者及び届出賃貸業者は，使用又は販売若しくは賃貸の業の届出を行った際に届書に記載した事項のうち，(1) の氏名若しくは名称，住所又は法人の場合その代表者の氏名を変更したときは，変更した日から**30 日以内**に，その旨を委員会に届け出なければならない．〔法 3 の 2－3，法 4－3〕

★　事務的内容の変更とは，許可使用者等（許可使用者及び許可廃棄業者）並びに届出使用者等（届出使用者，届出販売業者及び届出賃貸業者）の場合，許可又は届出申請書記載事項のうち，(1)氏名又は名称及び住所並びに法人の場合その代表者の氏名，の変更がこれに該当する．事務的内容の変更のみが事後の届出でよ

685

いことに注意すること！

3.7.3 表示付認証機器届出使用者の場合

表示付認証機器の使用の届出を行った際に届書に記載した事項，すなわち

(1) 氏名又は名称及び住所並びに法人の場合その代表者の氏名

(2) 表示付認証機器の認証番号及び台数

(3) 使用の目的及び方法

を変更したときは，変更した日から**30日以内に**，その旨を委員会に届け出なければならない．〔法3の3-2〕

★ 許可使用者等及び届出使用者等の場合と違って，表示付認証機器届出使用者の場合は，技術的内容も含め，届け出た事項のすべてについて，変更した日から30日以内の届出でよいことに注意すること！

3.8 技術的内容の変更

3.8.1 許可使用者等の場合

1 許可使用者が3.1.2 (p.675) で述べた使用の許可の申請書に記載した事項のうち (1) 以外の (2) 〜 (7) の事項を変更しようとするとき（許可廃棄業者の場合も同様，3.3.2 (p.678) で述べた廃棄の業の許可の申請書に記載した事項のうち(1)以外の(2)〜(7)の事項を変更しようとするとき）は，変更の内容及びその理由等を記載した許可使用（又は廃棄の業）に係る変更の許可の申請書に許可証を添えて委員会に提出し，委員会の許可を受けなければならない．〔法10-2，法11-2，令8，令10，則9〕

許可使用者の場合，上記申請書に次の書類を添えなければならない．

① 変更の予定時期を記載した書面，

② 3.1.3 (p.676) に示す (3) から (11) までの書類のうち変更に係るもの，

③ 工事を伴うときは，予定工事期間及びその間の放射線障害防止上の措置を記載した書面．

2 委員会はこの変更の許可をする場合にも 3.5 (p.684) で述べたような許可の基

3. 使用の許可及び届出，販売及び賃貸の業の届出並びに廃棄の業の許可

準に適合していると認めるときでなければ許可をしてはならず，また条件を付することができることも使用又は廃棄の業の許可の場合と同様である．〔法10-3，法11-3〕

3　ただし，許可使用者の場合に限り，次の3.9に述べる2つの場合には，許可を受ける必要がなく，あらかじめ委員会に届け出るだけで変更することができる．

★　許可廃棄業者の場合には，このような例外がなく，許可の申請書に記載した事項のうち技術的事項を変更しようとするときは，すべて変更の許可を受けなければならない．

3.8.2　届出使用者の場合 *

届出使用者が，3.2.1（p.676）で述べた届出の際に届書に記載した事項のうち，

(2) 放射性同位元素の種類，密封の有無及び数量

(3) 使用の目的及び方法

(4) 使用の場所

(5) **貯蔵施設**の位置，構造，設備及び貯蔵能力

を変更しようとするときは，**あらかじめ**，その旨を委員会に届け出なければならない．この変更の届書には，次の書類を添えなければならない．

① 　変更の予定時期を記載した書面

② 　3.2.1の②及び③に示す書面及び図面のうち変更に係るもの

〔法3の2-2，則4〕

★　変更の結果，密封されたものであって一組又は一式として使用するものの総量が下限数量の1000倍を超えることとなる場合にはあらためて許可を受けることが必要

3.8.3　届出販売業者及び届出賃貸業者の場合

届出販売業者又は届出賃貸業者が，3.3.1（p.678）で述べた届出の際に届書に記載した事項のうち，

(2) 放射性同位元素の種類

(3) 販売所又は賃貸事業所の所在地

を変更しようとするときは，**あらかじめ**，その旨を委員会に届け出なければならない．この変更の届書には，次の書類を添えなければならない．

① 変更の予定時期を記載した書面

② 3.3.1 の届出の際に届書に添えた書面のうち変更に係るもの

〔法 4－2，則 6 の 2〕

3.9 許可使用者の変更の許可を要しない技術的内容の変更＊〔重要!〕

3.8 で述べたように許可使用者が技術的内容を変更しようとするときは，原則として委員会の許可を受けなければ変更することはできないが，次の 2 つの場合だけは**例外的**に，**あらかじめ**届け出るだけで変更することができる．

3.9.1 軽微な変更＊〔法 10－5，則 9 の 2，平成 17 年文部科学省告示第 81 号〕

許可使用者が技術的内容の変更を行う場合に，その変更が次の（1）～（3）に定める軽微なものであるときは，あらかじめ，許可証を添えてその旨を委員会に届け出るだけで変更することができる．

(1) 次の事項の**減少の変更**

① 貯蔵施設の貯蔵能力

② 放射性同位元素の数量

③ 放射線発生装置の台数，又は最大使用出力

④ 放射性同位元素又は放射線発生装置の使用時間数

(2) 使用施設，貯蔵施設又は廃棄施設の**廃止**

(3) 管理区域の拡大及び当該拡大に伴う管理区域の境界に設けるさくその他の人がみだりに立ち入らないようにするための施設の位置の変更（工事を伴わないものに限る.）

(1)～(3)は安全な方向への変更という意味で共通しているということができる．

3.9.2 使用の場所の一時的変更＊〔法 10－6，令 9，則 11，告 3〕

1 許可使用者は，使用の目的，密封の有無等に応じて政令で定める数量以下の放射性同位元素又は政令で定める放射線発生装置を一時的に使用する場合におい

3. 使用の許可及び届出，販売及び賃貸の業の届出並びに廃棄の業の許可

て，使用の場所を変更するときには，あらかじめ，その旨を委員会に届け出な
ければならない．すなわち，許可使用者は，次の各条件にあった場合には，あ
らかじめ届け出るだけで使用の場所を変更することができる．

A　放射性同位元素については

①　許可使用者が

②　放射性同位元素の種類に応じて委員会が定める数量（A_1値：6.4.3.1 (p.745)
　　参照）以下で，3テラベクレル以下の密封された放射性同位元素を

③　次の目的のために〔イは法10−6，ロ〜へは令9〕

　イ　非破壊検査

　ロ　地下検層

　ハ　河床洗掘調査

　ニ　展覧，展示又は講習のためにする実演

　ホ　機械，装置等の校正検査

　へ　物の密度，質量又は組成の調査で委員会が指定するもの

　この指定するものとしては，現在次のように定められている．

　　(1)　ガスクロマトグラフによる空気中の有害物質等の質量の調査

　　(2)　蛍光エックス線分析装置による物質の組成の調査

　　(3)　ガンマ線密度計による物質の密度の調査

　　(4)　中性子水分計による土壌中の水分の質量の調査

　　　　　（平成3年科学技術庁告示第9号）

④　一時的に使用する場合で

⑤　使用の場所のみを変更しようとするときは，

⑥　**あらかじめ**届け出るだけで変更することができる．

B　放射線発生装置については

①許可使用者が　②特定の放射線発生装置を　③特定の目的のために　④一
時的に使用する場合で　⑤使用の場所のみを変更しようとするときに　⑥**あ
らかじめ届け出る**　だけで変更することができる．②及び③について，次の

689

法　　令

(1) (2) (3)が定められている.

(1) ②　4メガ電子ボルト以下の放射線を発生する直線加速装置を

③　橋梁又は橋脚の非破壊検査のために

(2) ②　委員会が定めるエネルギー（※）以下の放射線を発生するベータトロンを

③　非破壊検査のうち委員会が定めるもの（※※）のために

（※及び※※については本書の発行日現在まだ指定されていない）

(3) ②　15メガ電子ボルト以下の放射線を発生するコッククロフト・ワルトン型加速装置を

③　地下検層のために

2　使用の場所の一時的変更の届書には次の書類を添えることとされている.

(1) 使用の場所及びその付近の状況を説明した書面

(2) 使用の場所を中心とし，管理区域及び標識を付ける箇所を示し，かつ，縮尺及び方位を付けた使用の場所及びその付近の平面図

(3) 放射線障害を防止するために講ずる措置を記載した書面

〔演 習 問 題〕

次の文章中，放射線障害防止法及びその関係法令に照らして正しいものには〇印を，誤っているものには×印をつけ，誤っている場合にはその理由を簡単にしるせ．

3−1 放射性同位元素を使用しようとする者は，必ず原子力規制委員会の許可を受けなければならない． 〔1種11回問1（1）〕

3−2 密封されていない放射性同位元素を使用している者は，常に許可使用者である．

3−3 放射線発生装置を使用している者は，常に許可使用者である．

3−4 放射性同位元素又は放射線発生装置を診療のために用いるときは，この法律による規制を受けない．

3−5 放射線発生装置を業として販売しようとする者は，販売所ごとに，あらかじめ，原子力規制委員会に届け出なければならない． 〔1種56回問3B〕

3−6 コバルト60の下限数量は100キロベクレルである．100キロベクレルの密封されたコバルト60を装備した校正用線源1個を使用しようとする者は，あらかじめ，原子力規制委員会に届け出なければならない．線源の濃度は，下限濃度を超えているものとする． 〔1種58回問3D改〕

3−7 セシウム137の下限数量は10キロベクレルである．下限濃度を超えていて，1個あたりの数量が3.7メガベクレルの密封されたセシウム137を3個で1組として装備し，通常その1組をもって照射する機構を有するレベル計のみ1台を使用しようとする者は，原子力規制委員会の許可を受けなければならない．

〔1種55回問3D改〕

3−8 陽電子放射断層撮影装置による画像診断に用いるための放射性同位元素を製造しようとする者は，工場又は事業所ごとに，原子力規制委員会の許可を受けなければならない． 〔1種59回問1D〕

3−9 下限数量を超える密封されていない放射性同位元素の詰替えをしようとする者は，工場又は事業所ごとに，原子力規制委員会の許可を受けなければならない．

691

法　　　令

〔1種53回問3A〕

3-10　使用の届出を行い，一組が下限数量の 500 倍の密封された放射性同位元素を 2 組使用していた工場で，同じものを一組追加して使用する必要が生じたので，新たに使用の許可の申請をすることにした.

3-11　一式が下限数量の 700 倍の密封された放射性同位元素を使用していた届出使用者が，新たに表示付認証機器を使用する必要を生じたので，届出使用に係る変更の届出をすることにした.

3-12　表示付認証機器の使用をする者は，工場又は事業所ごとに，かつ，認証番号が同じ表示付認証機器ごとに，使用の開始の日から 30 日以内に，氏名又は名称及び住所，法人の場合その代表者の氏名，表示付認証機器の認証番号及び台数，使用の目的及び方法並びに使用の場所を原子力規制委員会に届け出なければならない.

3-13　放射性同位元素の使用の許可の申請した者に対して許可したときに交付する許可証には，貯蔵施設の貯蔵能力が記載されている.

3-14　許可使用者が許可証に記載された事項を変更しようとするときは，すべて変更の許可を受けなければならない.　　　　　　　　　　　〔1種23回問 18 の 1〕

3-15　法人である許可使用者の代表者が交替した場合には，法人の代表者の氏名は許可証の記載事項ではないので，原子力規制委員会に届け出る必要はない.

3-16　届出販売業者が販売所の所在地を変更したので，変更した日から 30 日以内に原子力規制委員会に届け出た.

3-17　許可使用者は，使用の場所を変更しようとするときには，常に変更の許可を受けなければならない.

3-18　許可使用者は，使用の目的及び方法を変更するときは，あらかじめ，その旨を原子力規制委員会に届け出なければならない.　　　　　　　〔2種10回問 3(8)〕

3-19　下限数量の 1000 倍以下の密封された放射性同位元素を装備した機器 1 台のみを使用している者が，同じ場所で，使用の目的を変更して使用する場合には，あらかじめ，その旨を原子力規制委員会に届け出なければならない.

3-20　届出使用者が届け出て使用している放射性同位元素の数量を変更したときには，変更した日から 30 日以内に，その旨を原子力規制委員会に届け出なければなら

692

3. 使用の許可及び届出，販売及び賃貸の業の届出並びに廃棄の業の許可

ない.

3－21　密封された放射性同位元素を 2 個使用していた許可使用者が，そのうちの 1 個の使用だけに変更する場合に，あらかじめ，許可証を添えて，原子力規制委員会に届け出て変更した.

3－22　表示付認証機器届出使用者がその届出を行った表示付認証機器を 1 台追加して使用しようとするときは，あらかじめ，その旨を原子力規制委員会に届け出なければならない.

3－23　許可使用者が，その使用を許可されている 4 テラベクレルの密封された放射性同位元素を非破壊検査のため一時的に使用の場所を変更しようとするときには，あらかじめ，原子力規制委員会に届け出なければならない.

3－24　密封されたコバルト 60（下限数量 10 キロベクレル，A_1 値 0.4 テラベクレル）100 ギガベクレルを使用している許可使用者が，ある場所について地下検層するよう依頼されたので，このコバルト 60 を一時的に移動させて使用することとなり，原子力規制委員会に許可使用に係る変更の許可の申請をした.

3－25　表示付特定認証機器のみを業として賃貸しようとする者は，賃貸事業所ごとに，あらかじめ，原子力規制委員会に届け出なければならない.　　　〔1 種 59 回問 1B〕

3－26　許可使用者が A_1 値以下の放射性同位元素を非破壊検査その他政令で定める目的のために，一時的に使用する場合で，使用の場所のみを変更しようとするときは，あらかじめ，その旨を原子力規制委員会に届け出なければならない.

3－27　放射性同位元素又は放射性汚染物を業として廃棄しようとする者は，その許可の申請書に放射能の減衰に応じて放射線障害の防止のために講ずる措置を必ず記載しなければならない.

3－28　許可使用者が 4 メガ電子ボルトを超えるエネルギーを有する放射線を発生しない直線加速装置を，更正検査のために一時的に場所を変えて使用する場合は，あらかじめ原子力規制委員会に届け出なければならない.

3－29　法人であって，その業務を行う役員のうちに放射線取扱主任者の免状の返納を命じられた者のあるものについては，使用の許可を与えない.　　　〔1 種 49 回問 3A〕

3－30　法第 26 条（許可の取消し等）第 1 項の規定により許可を取り消され，取消しの日

法　令

　　から 5 年を経過していない者には，廃棄の業の許可を与えない．　〔1 種 49 回問 3B 改〕

3−31　この法律又はこの法律に基づく命令の規定に違反し，罰金以上の刑に処せられ，その執行を終わり，又は執行を受けることのなくなった後，2 年を経過していない者には，廃棄の業の許可を与えない．　　　　　　　　　　　　　　　〔1 種 49 回問 3C 改〕

3−32　法人であって，その業務を行う役員のうちに重度知的障害者又は精神病者のあるものには，使用の許可を与えない．　　　　　　　　　　　　　　〔1 種 49 回問 3D〕

　　次の文章の（　　）内に適切な語句を埋めて文章を完成せよ．

3−33　密封された放射性同位元素であって下限数量の（　A　）倍を超えるものを使用しようとする者は，申請書を提出して原子力規制委員会の（　B　）を受けなければならない．申請書には，（　C　）の位置，構造及び設備，貯蔵施設の位置，構造及び設備及び貯蔵能力，（　D　）の位置，構造及び設備，その他の事項を記載する．

3−34　届出使用者は，放射性同位元素の種類，密封の有無及び数量，使用の目的及び（　A　），使用の（　B　）並びに（　C　）の位置，構造，設備及び（　D　）を変更しようとするときは，あらかじめ，その旨を原子力規制委員会に届け出なければならない．　　　　　　　　　　　　　　　　　　　　　　　　〔1 種 47 回問 20 改〕

3−35　許可使用者は，使用の目的，密封の有無等に応じて政令で定める数量以下の放射性同位元素又は政令で定める（　A　）を（　B　）その他の目的のため，一時的に使用する場合において，（　C　）を変更しようとするときは，（　D　），その旨を原子力規制委員会に届け出なければならない．　　　　　〔2 種 44 回問 15 改〕

3−36　原子力規制委員会は，使用の許可又は（　A　）の業の許可を与える際に，条件を付することができる．この条件は（　B　）を防止するため必要最小限度のものに限り，（　C　）を受ける者に（　D　）を課することとならないものでなければならない．　　　　　　　　　　　　　　　　　　　　　　　　　　　〔1 種 55 回問 9 改〕

4. 表示付認証機器等

4.1 放射性同位元素装備機器の設計認証等〔法 12 の 2, 令 11, 令 12, 則 14 の 2〕

1 放射性同位元素装備機器を製造し，又は輸入しようとする者は，当該放射性同位素装備機器の放射線障害防止のための機能を有する部分の設計並びに当該放射性同位素装備機器の年間使用時間その他の使用，保管及び運搬に関する条件について，委員会又は委員会の登録を受けた者（**登録認証機関**）の認証（**設計認証**）を受けることができる．

2 また，特にその構造，装備される放射性同位元素の数量等からみて放射線障害のおそれが極めて少ない放射性同位元素装備機器を製造し，又は輸入しようとする者は，当該放射性同位元素装備機器の放射線障害防止のための機能を有する部分の設計並びに当該放射性同位元素装備機器の使用，保管及び運搬に関する条件について，委員会又は登録認証機関の認証（**特定設計認証**）を受けることができる．

上記の「放射線障害のおそれが極めて少ない放射性同位元素装備機器」とは以下のものである．

① 煙感知器

② レーダー受信部切替放電管

③ その他その表面から 10 センチメートル離れた位置における 1 センチメートル線量当量率が 1 マイクロシーベルト毎時以下の放射性同位元素装備機器であって委員会が指定するもの〔現在，「集電式電位測定器」と「熱粒子化式センサー」の 2 件が指定されている（平成 17 年文部科学省告示第 93 号）〕

3 設計認証又は特定設計認証を受けようとする者は，次の事項を記載した申請書を委員会又は登録認証機関に提出しなければならない．

（1）氏名又は名称及び住所並びに法人にあっては，その代表者の氏名

法　令

(2) 放射性同位元素装備機器の名称及び用途

(3) 放射性同位元素装備機器に装備する放射性同位元素の種類及び数量

　この申請書には，①放射線障害防止のための機能を有する部分の設計並びに使用，保管及び運搬に関する条件（特定設計認証の申請の場合は，年間使用時間に係るものを除く．）を記載した書面，②放射性同位元素装備機器の構造図，③製造の方法の説明書，④次の 4.2 に記載する認証の基準に適合することを示す書面，を添付しなければならない．

4　設計認証を受け，その表示がなされた機器を**表示付認証機器**，特定設計認証を受け，その表示がなされた機器を**表示付特定認証機器**という．表示付認証機器及び表示付特定認証機器の設計認証の申請から製造，販売，使用，そして廃棄に至る過程の規制の概要を**図** 4.1 及び**図** 4.2 に示す．

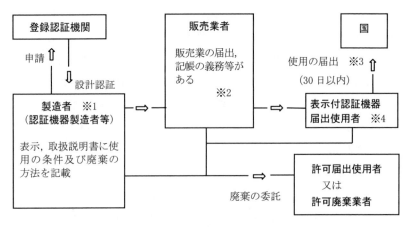

※1　輸入品の場合は輸入業者，機器製造者の場合は使用の許可を受け，又は，使用の届出をする
※2　実際に機器を取り扱う場合は使用の届出をする
※3　一般の密封線源の届出とは別の届出
※4　年間使用時間等取扱説明書に記載の使用の条件に従って使用し，廃棄の条件に従って廃棄する（販売業者又は製造者に引き渡す）

　図 4.1　表示付認証機器（ガスクロマトグラフ用エレクトロンキャプチャディテクタ，校正用線源等）についての法規制の概要

4. 表示付認証機器等

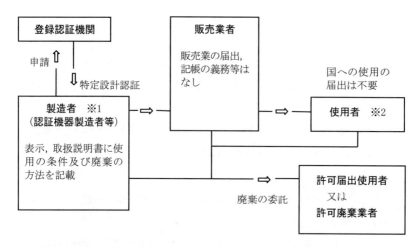

※1 輸入品の場合は輸入業者，機器製造者の場合は使用の許可を受け，又は，使用の届出をする
※2 取扱説明書に記載の使用の条件に従って使用し，廃棄の条件に従って廃棄する（販売業者又は製造者に引き渡す）

図 4.2 表示付特定認証機器（煙感知器等）についての法規制の概要

4.2 認証の基準〔法 12 の 3，則 14 の 3〕

委員会又は登録認証機関は，設計認証又は特定設計認証の申請があった場合において，申請に係る設計並びに使用，保管及び運搬に関する条件が，それぞれ放射線に係る安全性の確保のための次のような技術上の基準に適合していると認めるときは，設計認証又は特定設計認証をしなければならない．なお，設計認証又は特定設計認証のための審査に当たり，必要があると認めるときは，検査の実施に係る体制について実地の調査を行うものとする．

4.2.1 放射性同位元素装備機器の放射線障害防止のための機能を有する部分の設計に係る技術上の基準〔則 14 の 3-1〕

(1) 申請に係る放射性同位元素装備機器が次に掲げる基準に適合しているものであることが，試作品により確認されていること．

法　　令

イ　放射性同位元素装備機器を，申請に係る使用，保管及び運搬に関する条件に従って取り扱うとき，外部被ばくによる線量が，実効線量について年 1 ミリシーベルト以下であること．なお，この線量の算定に用いる年間使用時間は委員会が放射性同位元素装備機器の種類ごとに定める時間を下回ってはならない．

ロ　特定設計認証申請に係る放射性同位元素装備機器にあっては，その表面から 10 センチメートル離れた位置における 1 センチメートル線量当量率が 1 マイクロシーベルト毎時以下であること．

ハ　申請に係る使用，保管及び運搬の条件に従って取り扱うとき，内部被ばくのおそれがないこと．

ニ　放射性同位元素装備機器に装備される放射性同位元素は，機器の種類ごとに委員会が定める規格に適合すること．

ホ　放射性同位元素が，放射性同位元素装備機器に固定されている容器に収納され，又は支持具により機器に固定されていること．

ヘ　放射性同位元素を収納する容器又は放射性同位元素を固定する支持具は，取扱いの際の温度，圧力，衝撃及び振動に耐え，かつ，容易に破損しないこと．

(2)　当該設計に合致することの確認の方法が以下の基準に適合していること．

イ　設計認証等に係る放射性同位元素装備機器を製造する場合において設計認証等に係る設計に合致させる義務（**設計合致義務**）を履行するために必要な業務を管理し，実行し，検証するための組織及び管理責任者が置かれていること．

ロ　次の①から③までの事項を記載した検査に関する規定が定められ，それに基づき検査が適切に行われると認められること．

①　(1)のイ又はロに適合しているかどうかについての測定の方法

②　(1)のニの規格に適合することの確認の方法

③　その他，設計合致義務を履行するために必要な検査の手順及び方法

4. 表示付認証機器等

ハ　検査に必要な測定器等の管理に関する規定が定められ，それに基づき測定器等の管理が適切に行われると認められること．

(3) 放射性同位元素装備機器を申請書に記載された使用，保管及び運搬の条件に従って取り扱うとき，外部被ばくによる実効線量が1年間に1ミリシーベルト以下にするための時間数など，設計認証をする際の技術上の基準が機器の種類毎に定められている．（平成17年文部科学省告示第94号）

4.2.2　放射性同位元素装備機器の使用，保管及び運搬に関する条件に係る技術上の基準〔則14の3−2〕

(1) 設計認証の場合，同一の者が，年間使用時間を超えて当該放射性同位元素装備機器の表面から50センチメートル以内に近づかない措置を講ずること．

(2) 放射性同位元素装備機器の放射線障害防止のための機能を有する部分の分解又は組立てを行わないこと．

(3) 放射性同位元素装備機器は，貯蔵室若しくは貯蔵箱において又は「放射性」若しくは「RADIOACTIVE」の表示を有する専用の容器に入れて保管すること．

(4) 放射性同位元素装備機器を保管する場合には，これをみだりに持ち運ぶことができないような措置を講ずること．

(5) 放射性同位元素装備機器を運搬する場合には，当該機器又は当該機器を収納した容器が，次に掲げる要件に適合すること．

イ　L型輸送物に該当するものであること．

ロ　容易に，かつ，安全に取り扱うことができること．

ハ　温度及び内圧の変化，振動等により，き裂，破損等の生じるおそれのないこと．

ニ　表面に不要な突起物がなく，表面の汚染の除去が容易であること．

ホ　内容物相互間で，危険な物理的作用又は化学反応の生ずるおそれがないこと．

ヘ　弁が誤って操作されないような措置が講じられていること．

法　　令

ト　見やすい位置に「放射性」又は「RADIOACTIVE」の表示及び「L型輸送物相当」の表示を付すること. ただし, 委員会の定める場合は, この限りではない.

チ　表面における1センチメートル線量当量率が5マイクロシーベルト毎時を超えないこと.

リ　表面の放射性同位元素の密度が輸送物表面密度を超えないこと.

(6)　(5) までにあげるものの他, 使用, 保管及び運搬に関する条件が, 放射線障害防止のために適正かつ合理的なものであること

4.2.3　装備される放射性同位元素の数量が下限数量の 1000 倍を超える放射性同位元素装備機器に係る技術上の基準〔則 14 の 3-3〕

4.2.1, 4.2.2 のほか, 以下の基準に適合すること.

(1)　放射性同位元素装備機器の放射線障害防止のための機能が損なわれた場合において, 当該機能が損なわれたことを当該放射性同位元素装備機器を取扱う者が容易に認識できる設計であること.

(2)　放射性同位元素装備機器を製造した者又はこの者から委託を受けた者により, 1 年を超えない期間ごとに放射線障害防止のための機能が保持されていることについて点検を受けること.

(3)　放射性同位元素装備機器の種類ごとに委員会が定める基準に適合すること.

4.3　設計合致義務等〔法 12 の 4, 則 14 の 4〕

設計認証又は特定設計認証を受けた者 (**認証機器製造者等**) は, 当該設計認証又は特定設計認証に係る放射性同位元素装備機器を製造し, 又は輸入する場合においては, 設計認証又は特定設計認証に係る設計に合致するようにしなければならない.

また, 認証機器製造者等は, 当該設計認証又は特定設計認証に係る確認の方法に従い, その製造又は輸入に係る前項の放射性同位元素装備機器について検査を行い, 以下の検査記録を作成し, これを検査の日から **10 年間**保存しなければなら

700

4. 表示付認証機器等

ない.なお,この保存は電磁的記録に係る記録媒体により行うことができる.この場合においては,電磁的記録を必要に応じ電子計算機その他の機器を用いて直ちに表示することができなければならない.

(1) 検査に係る認証番号
(2) 検査を行った年月日及び場所
(3) 検査を行った責任者の氏名
(4) 検査の方法
(5) 検査の結果

4.4 認証機器の表示等〔法12の5,法12の6,則14の5,則14の6〕

1 認証機器製造者等は,設計認証に係る設計に合致していることが確認された放射性同位元素装備機器(**認証機器**)又は特定設計認証に係る設計に合致していることが確認された放射性同位元素装備機器(**特定認証機器**)に,それぞれ図 4.3 に示されるような認証機器又は特定認証機器である旨の表示を付することができる.

この表示には,①設計承認印又は特定設計承認印,②「原子力規制委員会」の文字(又は登録認証機関の名称,記号等),③認証番号(設計認証又は特定設計認証の番号)が記されている.

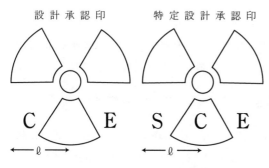

図 4.3 設計認証印及び特定設計認証印

これらの表示が付された認証機器（**表示付認証機器**）又は表示が付された特定認証機器（**表示付特定認証機器**）以外の放射性同位元素装備機器には，認証機器又は特定認証機器である旨の表示を付したり，紛らわしい表示を付したりしてはならない．

2　表示付認証機器又は表示付特定認証機器を販売し，又は賃貸しようとする者は，表示付認証機器又は表示付特定認証機器に，①認証番号，②設計認証又は特定設計認証に係る使用，保管及び運搬に関する条件（**認証条件**），③これを廃棄しようとする場合にあっては許可届出使用者又は許可廃棄業者にその廃棄を委託しなければならないこと，④その機器には法の適用があること，⑤認証機器製造者等の連絡先，⑥認証機器又は特定認証機器に関係する事項を掲載した原子力規制委員会のホームページアドレス，を記載した文書を，放射性同位元素装備機器ごとに添付しなければならない．

4.5　認証の取消し等〔法 12 の 7〕

委員会は，認証機器製造者等が次のいずれかに該当するときは，当該設計認証又は特定設計認証（**設計認証等**）を取り消すことができる．

(1) 不正の手段により設計認証等を受けたとき

(2) 4.3 の設計合致義務等の規定に違反したとき

(3) 4.4 の表示等の規定に違反したとき

また委員会は，これらの不正をした者又は規定に違反した者に対し，放射線障害を防止するため必要な限度において，その放射性同位元素装備機器の回収等の措置をとるべきことを命ずることができる．

4.6　みなし表示付認証機器〔平成 17 年文部科学省告示第 75 号〕

上記告示の公布・施行（平成 17 年 6 月 1 日）以前に，表示付放射性同位元素装備機器として承認及び確認がなされたガスクロマトグラフ用エレクトロン・キャプチャディテクタ（ディテクタ）は，新法令の設計認証を受けた表示付認証機器

4. 表示付認証機器等

とみなされ、「みなし表示付認証機器」という.

4.6.1 設計に関する技術上の基準

みなし表示付認証機器は、次のような設計に関する技術上の基準に基づいて製作されている.

① ディテクタ容器は、ディテクタ線源を容易に取りはずすことができず、かつ、ディテクタ線源が脱落するおそれがないものであること.

② ディテクタ線源は、740 メガベクレル以下の数量の ^{63}Ni をめっきした金属とすること.

③ ディテクタの表面の 1 センチメートル線量当量率を 600 ナノシーベルト毎時以下とすること.

④ 所定の漏えい試験条件の下で測定されたキャリヤガス中の放射性同位元素の濃度を排気に係る濃度限度（3 月間についての平均濃度が告示の別表第 2 の第 5 欄に掲げる濃度限度）以下とすること.

⑤ 所定の耐熱及び耐衝撃条件の下に置いたとき、ディテクタが③の遮蔽基準に適合すること.

4.6.2 使用の条件

みなし表示付認証機器は、下記条件下で使用することが定められている.

(1) 同一の者が、年間 2000 時間を超えてディテクタから 50 センチメートル以内に接近しないこと.

(2) ディテクタをガスクロマトグラフからみだりに取りはずさないこと（ディテクタを交換する場合を除く）.

(3) ディテクタから放射性同位元素を取り出さないこと.

(4) ディテクタ及びキャリアガス（試料成分を展開溶出するガスをいう）の温度が 350℃を超えないこと.

(5) キャリアガスとして腐食性のガスを用いないこと.

(6) ディテクタにキャリアガス又は試料以外の物を入れないこと.

法　　令

4.6.3　保管及び運搬の条件

みなし表示付認証機器は，下記条件下で保管及び運搬をしなければならない.

(1) ガスクロマトグラフを設置する部屋に施錠するなど，ディテクタをみだりに持ち運ぶことができないような措置を講じて保管すること.

(2) ディテクタを運搬する場合は，開封されたときに見やすい位置に「放射性」又は「RADIOACTIVE」の表示を有している容器を用いること.

★　表示付認証機器及び表示付特定認証機器を製造又は輸入しようとする者は，設計認証又は特定設計認証の基準に適合するように，注意深く機器の製造又は輸入をしなければならない訳であるが，それらを使用する側は，高い安全性が保証された機器であることから，それらの機器をかなり楽に使用することができる.

　表示付認証機器届出使用者の場合，3.2.2 及び 3.7.3 で述べたように，使用の届出，及びその変更の届出が簡略化されている.

　表示付特定認証機器使用者の場合，使用についての届出は不要である.

　一般に，放射性同位元素を使用する場合，放射線取扱主任者の選任，放射線障害予防規程の作成，測定，教育訓練及び健康診断が義務づけられているが，表示付認証機器届出使用者及び表示付特定認証機器使用者の場合，それらの義務は免除されている. (6.6.7 参照)

〔演 習 問 題〕

次の文章中，放射線障害防止法及びその関係法令に照らして正しいものには〇印を，
誤っているものには×印をつけ，誤っている場合にはその理由を簡単にしるせ．

4-1　許可届出使用者は，放射性同位元素装備機器の放射線障害防止機構のための機能
　　を有する部分の設計について，原子力規制委員会又は登録認証機関の認証を受けるこ
　　とができる．　　　　　　　　　　　　　　　　　　　　　〔2 種 36 回問 10 改〕

4-2　放射性同位元素装備機器を輸入しようとする者は，当該放射性同位元素装備機器
　　の放射線障害防止のための機能を有する部分の設計について，原子力規制委員会又は
　　登録認証機関の認証を受けなければならない．

4-3　水分計を製造し，又は輸入しようとする者は，特定設計認証を受けることができ
　　る．

4-4　原子力規制委員会は，設計認証の申請があったとき，申請に係る設計並びに使用，
　　保管及び廃棄に関する条件が技術上の基準に適合していると認めるときは設計認証
　　をしなければならない．　　　　　　　　　　　　　　　　〔1 種 56 回問 10 改〕

4-5　認証機器製造業者等は当該設計認証又は特定設計認証に係る放射性同位元素装
　　備機器について検査を行い，検査記録を作成し，これを検査の日から 5 年間保存しな
　　ければならない．　　　　　　　　　　　　　　　　　　〔1 種 54 回問 15-3 改〕

4-6　表示付認証機器には，その機器には法の適用があることを記載した文書を添付し
　　なければならないが，表示付特定認証機器には，その種の文書の添付の必要がない．

4-7　表示付認証機器を販売又は賃貸しようとする者は，設計認証に係る設計に合致し
　　ていることが確認された放射性同位元素装備機器に，認証機器である旨の表示を付す
　　ることができる．　　　　　　　　　　　　　　　　　　〔1 種 54 回問 15-4 改〕

4-8　表示付認証機器又は表示付特定認証機器を販売又は賃貸しようとする者は，当該
　　表示付認証機器又は表示付特定認証機器に，認証番号，認証条件等を記載した文書を
　　添付しなければならない．　　　　　　　　　　　　　　　〔1 種 55 回問 11 改〕

法　　令

4－9　表示付認証機器又は表示付特定認証機器を廃棄しようとする者は，許可届出使用者又は許可廃棄業者に委託しなければならない.　　　　　〔1種53回問17B改〕

4－10　みなし表示付認証機器であるガスクロマトグラフ用エレクトロン・キャプチャ・ディテクタ及びキャリヤガスの温度を200度以下で使用しなければならない.

〔1種37回問20〕

4－11　みなし表示付認証機器であるガスクロマトグラフ用エレクトロン・キャプチャ・ディテクタのキャリアガスとして可燃性のガスを用いないこと.

〔2種32回問23〕

次の文章の（　　）内に適切な語句を埋めて文章を完成せよ.

4－12　放射性同位元素装備機器を製造し，又は（　A　）しようとする者は，当該放射性同位元素装備機器の放射線障害防止のための機能を有する部分の（　B　）並びに当該放射性同位元素装備機器の年間使用時間その他の使用，保管及び（　C　）に関する（　D　）について，原子力規制委員会又は原子力規制委員会の登録を受けた者の認証を受けることができる.　　　　　　　　　〔2種49回問13改〕

4－13　表示付認証機器又は表示付特定認証機器を（　A　）し，又は（　B　）しようとする者は，当該表示付認証機器又は表示付特定認証機器に，（　C　），表示付認証機器又は表示付特定認証機器に係る使用，保管及び運搬に関する条件，これを廃棄する場合にあっては（　D　）又は許可廃棄業者にその廃棄を委託しなければならない旨その他の事項を記載した文書を添付しなければならない.

〔1種53回問12改〕

706

5. 放射線施設の基準

5.1 管理区域等の定義

5.1.1 管理区域＊〔則1(1)，告4〕

1 ①外部放射線に係る線量については，実効線量が **3月間**につき 1.3 ミリシーベルトを超え，②空気中の放射性同位元素（放射線発生装置から発生した放射線により生じた放射線を放出する同位元素を含む．）の濃度については，**3月間**についての平均濃度が空気中濃度限度（2.4.4）の 10 分の 1 を超え，又は③放射性同位元素によって汚染される物の表面の放射性同位元素の密度が表面密度限度（2.4.3）の 10 分の 1 を超えるおそれのある場所をいう．

この場合の放射線には，1 メガ電子ボルト未満のエネルギーを有する電子線及びエックス線を含めて考える．また外部放射線に被ばくするおそれがあり，かつ，空気中の放射性同位元素を吸入摂取するおそれがあるときは，これらの複合についても考える．

2 管理区域の境界には，さくその他の人がみだりに立ち入らないようにするための施設を設け，かつ，それに標識を付することとされている．〔則 14 の 7-1(8)(9)〕

5.1.2 放射線施設〔則1(9)〕

使用施設，廃棄物詰替施設，貯蔵施設，廃棄物貯蔵施設又は廃棄施設をいう．

5.1.3 作業室＊〔則1(2)〕

①密封されていない放射性同位元素の使用若しくは詰替えをし，又は②放射性汚染物で密封されていないものの詰替えをする室をいう．

5.1.4 廃棄作業室〔則1(3)〕

放射性同位元素等を①焼却した後その残渣を焼却炉から搬出する作業，又は②コンクリートその他の固型化材料により固型化（固型化するための処理を含む．）

707

する作業を行う室をいう.

5.1.5　汚染検査室＊〔則1(4)〕

人体又は作業衣，履物，保護具等人体に着用している物の表面の放射性同位元素による汚染の検査を行う室をいう.

5.1.6　排気設備〔則1(5)〕

排気浄化装置，排風機，排気管，排気口等気体状の放射性同位元素等を浄化し，又は排気する設備をいう.

5.1.7　排水設備〔則1(6)〕

排液処理装置（濃縮機，分離機，イオン交換装置等の機械又は装置をいう.），排水浄化槽（貯留槽，希釈槽，沈殿槽，ろ過槽等の構築物をいう.），排水管，排水口等液体状の放射性同位元素等を浄化し，又は排水する設備をいう.

5.1.8　固型化処理設備〔則1(7)〕

粉砕装置，圧縮装置，混合装置，詰込装置等放射性同位元素等をコンクリートその他の固型化材料により固型化（固型化するための処理を含む.）する設備をいう.

5.2　使用施設等の基準〔法6(1)，則14の7，14の8〕

使用施設とは，**許可使用者**が放射性同位元素又は放射線発生装置を使用する施設をいう.（届出使用者が放射性同位元素を使用する場所は，使用施設とはいわない.）

1　使用施設は，**地崩れ**及び**浸水**のおそれの少ない場所に設けること.
2　使用施設が建築物又は居室である場合には，その主要構造部等を**耐火構造**とするか，又は**不燃材料**で造ること＊.

ただし，下限数量の1000倍以下の密封された放射性同位元素の使用をする場合には，適用しない.〔告13〕

ここで用いた建築物，居室等のことばの定義は，次のとおりである.

イ　建築物：土地に定着する工作物のうち，屋根及び柱若しくは壁を有するもの，並びにこれに附属する一定の施設等をいい，建築設備を含む.〔建築基準法2(1)〕

5. 放射線施設の基準

ロ　居室:居住，執務，作業，集会，娯楽その他これらに類する目的のために継続的に使用する室をいう．〔建築基準法 2(4)〕

ハ　主要構造部＊:壁，柱，床，はり，屋根又は階段をいう．〔建築基準法 2(5)〕（建築物の構造上重要でない間仕切壁，間柱，付け柱，揚げ床，最下階の床，廻り舞台の床，小ばり，ひさし，局部的な小階段，屋外階段，その他これらに類する建築物の部分は除かれる．）

ニ　主要構造部等＊:図 5.1 に示されるように，主要構造部並びに主要構造部ではないが放射線施設を区画する間仕切壁及び付け柱をいう．

ホ　耐火構造:鉄筋コンクリート造，れんが造等の構造で，建築基準法施行令第 107 条で定める一定の耐火性能を有するものをいう．〔建築基準法 2(7)〕

ヘ　不燃材料:コンクリート，れんが，瓦，石綿スレート，鉄鋼，アルミニューム，ガラス，モルタル，しっくい，その他これらに類する建築材料で建築基準法施

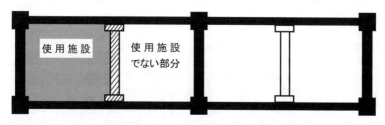

上図のように建物の一部を主要構造部でない付け柱及び間仕切壁で仕切ってその一方を使用施設としたような場合，使用施設を区画する付け柱及び間仕切壁は主要構造部でなくても耐火構造とするか不燃材料で造らなくてはならない．（上図の斜線を施した部分:主要構造部ではないが，主要構造部等になる．）

図 5.1　主要構造部等

709

法　　令

行令第108条の2で定める不燃性を有するものをいう．　〔建築基準法2(9)〕

★　主要構造部が耐火構造である建築物は，通常の火災において一定の時間燃えた後でも，主要構造部はそのままの形を残しているが，主要構造部を不燃材料で造った建築物では，一定の時間燃えた後は必ずしも形を保っていない．たとえば，鉄の柱やはりとガラスの壁でできた温室のような建築物は不燃材料で造ったものであるが，一定時間の火災にあった後は形を保たない．

3　使用施設には，次の**線量限度**以下とするために必要な遮蔽壁その他の**遮蔽物**を設けること＊．

イ　使用施設内の人が常時立ち入る場所において人が被ばくするおそれのある線量：実効線量が**1週間**につき1ミリシーベルト以下〔告10－1〕

ロ　工場又は事業所の境界（工場又は事業所の境界に隣接する区域に人がみだりに立ち入らないような措置を講じた場合には，その区域の境界）及び工場又は事業所内の人が居住する区域における線量：実効線量が**3月間**につき250マイクロシーベルト以下（ただし，介護老人保健施設を除く一般の病院又は診療所の病室の場合には，**3月間**につき1.3ミリシーベルト以下）〔告10－

表5.1　事業所の各区域・境界における線量限度，濃度限度及び密度限度
（外部放射線による被ばくと空気中の放射性同位元素の吸入摂取による被ばくのおそれのある場合は両者を複合して考える）

	使用施設内の人が常時立ち入る場所	管理区域の境界	工場又は事業所の境界及び工場又は事業所内の人が居住する区域
線量限度	1 mSv/週	1.3 mSv/3月	250 μSv/3月（一般病室では1.3 mSv/3月）
空気中又は水中の放射性同位元素の濃度限度	空気中濃度限度（1週間についての平均が別表第2の第4欄等に掲げる濃度）	3月間についての平均が別表第2の第4欄等に掲げる濃度の1/10	排気(排水)口等での3月間についての平均が別表第2の第5欄(第6欄)に掲げる濃度
密度限度	表面密度限度 ※	表面密度限度の1/10	

※　a) α 放射体：4 Bq/cm^2，b)それ以外：40 Bq/cm^2

5. 放射線施設の基準

　　2〕各区域・境界における線量限度等の値を**表5.1**にまとめた.

4　密封されていない放射性同位元素を使用する場合には，次の基準に合った**作業室**＊を設けること.

　イ　作業室の内部の壁，床その他放射性同位元素によって汚染されるおそれのある部分は，突起物，くぼみ及び仕上材の目地等のすきまの少ない構造とすること.

　ロ　作業室の内部の壁，床その他放射性同位元素によって汚染されるおそれのある部分の表面は，平滑であり，気体又は液体が浸透しにくく，かつ，腐食しにくい材料で仕上げること.

　ハ　作業室に設けるフード，グローブボックス等の気体状の放射性同位元素又は放射性同位元素によって汚染された物の広がりを防止する装置は，**排気設備**に連結すること.

5　密封されていない放射性同位元素を使用する場合には，次の基準に合った**汚染検査室**＊を設けること.

　　ただし，人体及び作業衣，履物等人体に着用している物の表面が放射性同位元素によって汚染されるおそれがないように密閉された装置内で密封されていない放射性同位元素の使用をする場合には，適用しない.

　イ　汚染検査室は，人が通常出入りする使用施設の出入口の付近等放射性同位元素による汚染の検査を行うのに最も適した場所に設けること.

　ロ　汚染検査室の内部の壁，床その他放射性同位元素によって汚染されるおそれのある部分は，突起物，くぼみ及び仕上材の目地等のすきまの少ない構造とし，かつ，その表面は，平滑であり，気体又は液体が浸透しにくく，腐食しにくい材料で仕上げること.

　ハ　汚染検査室には，①洗浄設備　及び　②更衣設備（着替え，履替えなど）を設け，③汚染の検査のための放射線測定器　及び　④汚染の除去に必要な器材を備えること＊.

　ニ　ハ①の洗浄設備の排水管は，**排水設備**に連結すること.

法　令

6　① **400 ギガベクレル以上**の密封された放射性同位元素〔告 11〕又は　②放射線発生装置を使用する室の出入口で人が通常出入りするものには，放射性同位元素又は放射線発生装置を使用する場合にその旨を**自動的に表示する装置**を設けること．

7　① **100 テラベクレル以上**の密封された放射性同位元素〔告 12〕又は　②放射線発生装置を使用する室の出入口で人が通常出入するものには，放射性同位元素又は放射線発生装置を使用する場合にその室に人がみだりに入ることを防止する**インターロック**を設けること．ただし，放射性同位元素又は放射線発生装置を使用する室内において人が被ばくするおそれのある線量が実効線量で 1 週間につき 1 ミリシーベルト以下（3 の(イ)と同じ値）となるように遮蔽壁その他の遮蔽物が設けられている場合には，適用しない．

★　6, 7 とも搬入口，非常口等人が通常出入りしない出入口には，設けることとはされていない．ただし，7 のインターロックを設けた室内で放射性同位元素又は放射線発生装置を使用する場合には，これらの人が通常出入りしない出入口の扉を外部から開閉できないようにするための措置及び室内に閉じ込められた者がすみやかに脱出できるようにするための措置を講ずることとされている〔則 15(3)の 2（6.3.1 の 4）〕

8　放射化物であって放射線発生装置を構成する機器又は遮蔽体として用いるものを保管する場合は，次に定める**放射化物保管設備**を設けること．

イ　放射化物保管設備は外部と区画された構造とすること．

ロ　放射化物保管設備の扉，ふた等外部に通ずる部分には，かぎその他の閉鎖のための設備又は器具を設けること．

ハ　放射化物保管設備には，耐火性の構造で，かつ 5.3 の 4 の基準に適合する容器を備えること．ただし，放射化物が大型機械等であってこれを容器に入れることが著しく困難な場合において，汚染の広がりを防止するための特別の措置を講ずるときはこの限りでない．

9　管理区域の境界には，**さくその他**の人がみだりに立ち入らないようにするた

5. 放射線施設の基準

めの施設を設けること.

10　放射性同位元素又は放射線発生装置を使用する室，汚染検査室，**放射化物保管設備**，放射化物保管設備に備える容器及び管理区域の境界に設けるさくその他の人がみだりに立ち入らないようにするための施設には，所定の**標識**を付すること.

> ★　届出使用者の場合には，放射性同位元素を使用する施設は，使用施設としての規制は受けないが，使用施設の基準の 3 に相当する規定として，一定の線量を超えないようにするための一つの手段として遮蔽物を用いることが規定されており，また 9 に相当する規定として管理区域に人がみだりに立ち入らないような措置を講ずることが規定されている．さらに 10 に相当する規定として管理区域に標識を付けることが規定されている.〔則 15〕

11　上の 1〜10 のすべての規定は，漏水の調査，昆虫の疫学的調査，原料物質の生産工程中における移動状況の調査等放射性同位元素を広範囲に**分散移動**させて使用をし，かつ，その使用が**一時的**である場合には，適用しない*.

> ★　放射性同位元素のこのような使用の場合には，使用施設（これらの場合は，通常密封されていない放射性同位元素の使用であるから，作業室というべきである.）で行うことを要しない.（6.3.1 の 1 参照）

12　密封された放射性同位元素又は放射線発生装置を**随時移動**させて使用をする場合には，上記のうち，1，2，6 及び 7 の規定は適用しない*.

> ★　11 及び 12 のような放射性同位元素又は放射線発生装置の使用の許可の申請をする場合には，その使用の方法の詳細及び放射線障害を防止するために講ずる措置を記載した書面を別に添えなければならない.〔則 2−2(9)〕(3.1.3)

13　上記の 1〜5，9 及び 10 の規定は，廃棄物詰替施設（**廃棄物詰替施設**とは，許可廃棄業者が放射性同位元素及び放射性同位元素によって汚染された物の詰替えをする施設をいう.）の技術上の基準についても準用する．この場合，3 の(ロ)の「工場又は事業所」は「廃棄事業所」と，4 及び 5 の「密封されていない放射性同位元素の使用をする」は「密封されていない放射性同位元素等の詰替えをする」と，4 のハの「放射性同位元素又は放射性同位元素によって汚染され

た物」は「放射性同位元素等」と，10 の「放射性同位元素又は放射線発生装置の使用をする室」は「放射性同位元素等の詰替えをする室」と読み替えるものとする.〔法 7(1)，則 14 の 8〕

5.3 貯蔵施設等の基準 ＊〔法 6(2)，則 14 の 9，14 の 10〕

貯蔵施設とは，許可使用者及び届出使用者が放射性同位元素を貯蔵する施設をいう.

1 貯蔵施設は，**地崩れ**及び**浸水**のおそれの少ない場所に設けること.

2 貯蔵施設には，次の①，②のいずれかを設けることが原則とされている＊.

① 主要構造部等を**耐火構造**とし（不燃材料で造っただけでは不可→使用施設と異なる.），かつ，その開口部に「特定防火設備に該当する防火戸」を設けた**貯蔵室**

★ 「**特定防火設備に該当する防火戸**」とは次に例示するような一定の防火性能を有する構造の防火戸をいう.〔平成 12 年建設省告示第 1369 号〕

  (1) 骨組を鉄製とし，両面にそれぞれ厚さが 0.5 ミリメートル以上の鉄板を張ったもの

  (2) 鉄製で鉄板の厚さが 1.5 ミリメートル以上のもの

  (3) 鉄骨コンクリート製又は鉄筋コンクリート製で厚さが 3.5 センチメートル以上のもの

  (4) 土蔵造の戸で厚さが 15 センチメートル以上のもの

② 耐火性の構造の**貯蔵箱**

  なお，①又は②において放射性同位元素を保管する場合には，容器に入れることとされている.

  ただし，次の③の場合には，必ずしも上の①又は②を設ける必要はない.

③ 密封された放射性同位元素を**耐火性の構造の容器**に入れて貯蔵施設において保管するとき＊

★ ①〜③のいずれの場合でも，一定時間火災にあっても，中の放射性同位元

5. 放射線施設の基準

素にまで火が及ばないことを主旨としている．貯蔵室を設けた場合には，貯蔵施設には，使用施設よりもかなり厳しい耐火性能を求められることになるが，多くの場合は耐火性の構造の貯蔵箱があればよく，さらに密封された放射性同位元素の場合には耐火性の構造の容器でよいことになる．

3 使用施設の場合と同じ基準の**遮蔽物**を設けること．

4 貯蔵施設には，次のような放射性同位元素を入れる**容器**を備えること．

 イ 容器の外における空気を汚染するおそれのある放射性同位元素を入れる容器は，気密な構造とすること．

 ロ 液体状の放射性同位元素を入れる容器は，液体がこぼれにくい構造とし，かつ，液体が浸透しにくい材料を用いること．

 ハ 液体状又は固体状の放射性同位元素を入れる容器で，きれつ，破損等の事故の生ずるおそれのあるものには，受皿，吸収材その他放射性同位元素による汚染の広がりを防止するための施設又は器具を設けること．

5 貯蔵施設のとびら，ふた等外部に通ずる部分には，**かぎその他**の閉鎖のための設備又は器具を設けること．

6 管理区域の境界には，**さくその他**の人がみだりに立ち入らないようにするための施設を設けること．

7 貯蔵室又は貯蔵箱，容器及び管理区域の境界に設けるさく等の施設には，所定の**標識**を付すること．

なお 2 の②の貯蔵箱及び③の容器は，放射性同位元素の保管中これをみだりに持ち運ぶことができないようにするための措置を講ずることとされている．〔則 17－1(3)の 2（6.3.2 の 3）〕

8 以上の規定は，廃棄物貯蔵施設（**廃棄物貯蔵施設**とは，許可廃棄業者が，放射性同位元素等を貯蔵する施設をいう．）の基準についても準用する．

　この場合 2 及び 4 の「放射性同位元素」は「放射性同位元素等」と読み替えるものとする．〔法 7(2)，則 14 の 10〕

法　　　令

5.4　廃棄施設の基準〔法6(3)，法7(3)，則14の11〕

廃棄施設とは，**許可使用者**及び**許可廃棄業者**が放射性同位元素又は放射性汚染物を廃棄する施設をいう．なお，放射性同位元素又は放射性汚染物の埋設方法による最終的な処分をする廃棄物埋設地も含まれる．

5.4.1　廃棄施設(廃棄物埋設地に係るものを除く)の基準

1　廃棄施設の場合にも，(1)位置(**地崩れ**及び**浸水**のおそれの少ない場所)，(2)主要構造部等の**耐火性**(耐火構造又は不燃材料)，(3)**遮蔽物**，(4)管理区域の境界に設ける**さくその他**の施設，及び，(5)標識については，使用施設の場合と同様である．

2　密封されていない放射性同位元素等の使用若しくは詰替えをする場合又は放射線発生装置を使用する場合（放射線発生装置を使用する室において，3月間の平均濃度が空気中濃度限度の10分の1を超える場合に限る）には，次に定めるような**排気設備**を設けること．

　　ただし，排気設備を設けることが，著しく使用の目的を妨げ，若しくは作業の性質上困難である場合において，気体状の放射性同位元素を発生し，又は放射性同位元素によって空気を汚染するおそれのないときは，排気設備を設けなくてもよい．

　イ　密封されていない放射性同位元素等の使用又は詰替えに係る排気設備は，作業室又は廃棄作業室内の人が常時立ち入る場所における空気中の放射性同位元素の濃度を「空気中濃度限度」以下とする能力を有すること＊．(2.4.4参照)〔告7〕

　ロ　放射線発生装置の使用にかかる排気設備は，当該放射線発生装置の運転停止期間（インターロックにより立ち入らせないこととしている期間を除く）における室内の空気中の放射性同位元素の濃度を「空気中濃度限度」以下とする能力を有すること．

　ハ　排気設備は，次のA又はBの濃度を，4月1日，7月1日，10月1日及

716

5. 放射線施設の基準

び1月1日を始期とする各**3月間**についての平均濃度が「排気又は排水に係る放射性同位元素の濃度限度」以下とする能力を有するものとすること＊.（2.4.5参照）〔告14〕

A 排気口における排気中の放射性同位元素の濃度

B 排気監視設備を設けて排気中の放射性同位元素の濃度を監視することにより，事業所等の境界（事業所等の境界に隣接する区域に人がみだりに立ち入らないような措置を講じた場合には，事業所等及び当該区域から成る区域の境界．次のニ並びに3のイB及び3のロにおいても同じ.）の外の空気中の放射性同位元素の濃度

ニ ハに規定する能力を有する排気設備を設けることが著しく困難である場合において，排気設備が事業所等の境界の外における実効線量を4月1日を始期とする**1年間**につき1ミリシーベルト以下とする能力を有することについて委員会の承認を受けた場合には，ハの規定は適用しない.

ホ ニに規定する委員会の承認を受けた排気設備がその能力を有すると認められなくなったときは，委員会はニの承認を取り消すことができる.

ヘ 排気設備は，排気口以外から気体が漏れにくい構造とし，かつ，腐食しにくい材料を用いること.

ト 排気設備には，その故障が生じた場合に，放射性同位元素によって汚染された空気の広がりを急速に防止することができる装置を設けること.

3 液体状の放射性同位元素等を浄化し，又は排水する場合には，次に定めるような**排水設備**を設けること.

イ 排水設備は，次のA又はBの濃度を，4月1日，7月1日，10月1日及び1月1日を始期とする各**3月間**についての平均濃度が「排気又は排水に係る放射性同位元素の濃度限度」以下とする能力を有するものとすること＊.（2.4.5参照）〔告14〕

A 排水口における排液中の放射性同位元素の濃度

B 排水監視設備を設けて排水中の放射性同位元素の濃度を監視することに

より，事業所等の境界における排水中の放射性同位元素の濃度

ロ　イに規定する能力を有する排水設備を設けることが著しく困難である場合において，排水設備が事業所等の境界の外における実効線量を4月1日を始期とする**1年間**につき**1ミリシーベルト**以下とする能力を有することについて委員会の承認を受けた場合には，イの規定は適用しない.

ハ　ロに規定する委員会の承認を受けた排水設備がその能力を有すると認められなくなったときは，委員会はロの承認を取り消すことができる.

ニ　排水設備は，排液が漏れにくい構造とし，排液が浸透しにくく，かつ，腐食しにくい材料を用いること.

ホ　排水浄化槽は

①　排液を採取することができる構造又は排液中における放射性同位元素の濃度を測定することができる構造とする.

②　その出口には，排液の流出を調節する装置を設ける.

③　その上部の開口部は，ふたのできる構造とし，又はその周囲にさくその他の人がみだりに立ち入らないようにするための施設を設ける.

4　放射性同位元素等を焼却する場合には，次のような**焼却炉**を設けること.

イ　気体が漏れにくく，かつ，灰が飛散しにくい構造とすること.

ロ　排気設備に連結された構造とすること.

ハ　焼却炉の焼却残渣の搬出口は，廃棄作業室に連結すること.

5　放射性同位元素等をコンクリートその他の固型化材料により固型化する場合には，次に定めるような**固型化処理設備**を設けること.

イ　放射性同位元素等が漏れ又はこぼれにくく，かつ，粉じんが飛散しにくい構造とすること.

ロ　液体が浸透しにくく，かつ，腐食しにくい材料を用いること.

上記，4の焼却炉を設ける場合，及び，5の固形化処理設備を設ける場合は，それぞれの設備のほか，次の①〜③を設けることとされている.

①　**排気設備**（2の基準に適合するもの）

5. 放射線施設の基準

② **廃棄作業室**（5.2 の 4 の基準に適合するもの）

③ **汚染検査室**（5.2 の 5 の基準に適合するもの）

6 放射性同位元素等を保管廃棄する場合には，次に定めるような**保管廃棄設備**＊を設けること．

イ 保管廃棄設備は，外部と区画された構造とすること＊．

ロ 保管廃棄設備の扉，ふた等外部に通ずる部分には，かぎその他の閉鎖のための設備又は器具を設けること．

ハ 保管廃棄設備には，耐火性の構造で，かつ 5.3 の 4 の基準に適合する容器を備えること．ただし，放射性汚染物が大型機械等であってこれを容器に封入することが著しく困難な場合に，汚染の広がりを防止するための特別の措置を講ずるときは，この限りでない．

★ 密封された放射性同位元素（密封が開封，破壊，漏えい，浸透等により密封状態でなくなった場合及びそれによって汚染された物を含む．）を廃棄する場合とは，事実上，保管廃棄設備において（届出使用者の場合を除く．）保管廃棄する場合に限られる．

7 排気設備，排水設備，廃棄作業室，汚染検査室，保管廃棄設備及びそこに備える容器並びに管理区域の境界に設ける**さくその他**の人がみだりに立ち入らないようにするための施設には，所定の標識を付すること．

8 届出使用者が放射性同位元素等を廃棄する場所は，廃棄施設としての規制は受けない．届出使用者が放射性同位元素等を廃棄する場合は，容器に封入し，一定の区画された場所内に放射線障害の発生を防止するための措置を講じて行う．この場合，その容器及び管理区域には所定の標識を付ける．また，一定の線量を超えないように遮蔽物を設けることが規定されている．〔則 19-4〕

使用施設，廃棄物詰替施設，貯蔵施設，廃棄物貯蔵施設，廃棄施設，それぞれの放射線施設が備えるべき条件又は設備を対比して**表 5.2-1** と**表 5.2-2** に纏めた．

法　　令

表 5.2-1　それぞれの放射線施設が備えるべき基準（条件・設備）
　　　　　……非密封若しくは密封放射性同位元素若しくは放射線発生
装置を使用し又は放射性同位元素等を業として廃棄する場合

A　使用施設 (廃棄物詰替施設)	B　貯蔵施設 (廃棄物貯蔵施設)	C　廃棄施設〔廃棄物埋設地に係る基準を除く〕
(1)施設は，地崩れ及び浸水のおそれの少ない場所に設ける．　（同）		
(2)施設内外の線量を限度以下とするために必要な遮蔽物を設ける．　（同）		
(3)管理区域の境界には，さくその他の人がみだりに立ち入らないようにするための施設を設ける．　（同）		
(4)人がみだりに立ち入らないようにするための施設には，標識を付ける．　（同）		
(5)耐火構造又は不燃材料　　　　　　　　　（同）	(5)①耐火構造で防火戸を設けた貯蔵室　（同）②耐火構造の貯蔵箱③耐火構造の容器	(5)耐火構造又は不燃材料(6)排気設備(7)排水設備
(6)作業室　　　　　　　（同）		(8)焼却炉
(7)汚染検査室　　　　　（同）	(6)容器　　　　　　　（同）	(9)固形化処理設備
(8)自動表示装置	(7)かぎ等の設備・器具	(10)廃棄作業室
(9)インターロック	（同）	(11)汚染検査室
(10)放射化物保管設備		(12)保管廃棄設備

表 5.2-2　それぞれの放射線施設が備えるべき基準（条件・設備）
　　　　　……密封放射性同位元素のみを使用する場合

A　使用施設	B　貯蔵施設	C　廃棄施設
(1)施設は，地崩れ及び浸水のおそれの少ない場所に設ける．		
(2)施設内外の線量を限度以下とするために必要な遮蔽物を設ける．		
(3)管理区域の境界には，さくその他の人がみだりに立ち入らないようにするための施設を設ける．		
(4)人がみだりに立ち入らないようにするための施設には，標識を付ける．		
(5)耐火構造又は不燃材料	(5)①耐火構造で防火戸を設けた貯蔵室②耐火構造の貯蔵箱③耐火構造の容器	(5)耐火構造又は不燃材料
(6)自動表示装置	(6)容器	(6)保管廃棄設備
(7)インターロック	(7)かぎ等の設備・器具	

5. 放射線施設の基準

5.4.2 廃棄物埋設地に係る廃棄施設の基準〔則 14 の 11−3〕

廃棄物埋設地に係る廃棄施設の位置，構造及び設備の技術上の基準は以下のとおりに定められている．

(1) 廃棄物埋設地は**地崩れ**及び**浸水**のおそれの少ない場所に設けること．

(2) 廃棄物埋設地には，次の線量をそのそれぞれについて委員会が定める線量以下とするために必要な遮蔽壁その他の**遮蔽物**を設けること．

 イ 廃棄物埋設地内の人が常時立ち入る場所において人が被ばくするおそれのある線量：実効線量が 1 週間につき 1 ミリシーベルト以下

 ロ 廃棄事業所の境界（廃棄事業所の境界に隣接する区域に人がみだりに立ち入らないような措置を講じた場合には，廃棄事業所及び当該区域から成る区域の境界）及び廃棄事業所内の人が居住する区域における線量：実効線量が 3 月間につき 250 マイクロシーベルト以下

(3) 廃棄物埋設を行う場合には，次の基準に適合する**外周仕切設備**を設けること．ただし，埋設廃棄物に含まれる放射性同位元素のうち，委員会が定めるものについての放射能濃度がその種類ごとに委員会が定める濃度を超えない場合はその限りでない．

 イ 自重，土圧，地震力等に対して構造耐力上安全であること．

 ロ 地表水，地下水及び土壌の性状に応じた有効な腐食防止のための措置が講じられていること．

(4) 管理区域の境界には，**さくその他**の人がみだりに立ち入らないようにするための施設を設けること．

(5) 管理区域の境界に設ける施設には**標識**を付すること．

5.4.3 廃棄物埋設に係る廃棄の業の許可の審査〔法 7(4)，則 14 の 12〕

次の(1)から(3)の基準に適合するかどうかを審査する．

(1) **埋設廃棄物**の健全性を損なうおそれのある物質を含まないことその他の委員会が定める基準（※）に適合する放射性同位元素等のみを埋没すること．（※　該当する規定なし）

721

法　　令

(2) 外周仕切設備その他の設備を設け，又は放射能の減衰に応じた措置を講ずることにより，廃棄物埋設跡地を利用する場合その他の委員会が定める場合に，人が被ばくするおそれのある線量が，委員会の定める線量限度（※）以下となるようにすること．（※　該当する規定なし）

(3) 廃棄の業を適格に遂行するに足る経理的基礎を有すること．

5.5　標識と表示〔則　別表〕

事業所等における施設，設備，各種容器につける標識及び表示を**表**5.3**及び図**5.2 に示す．

★　許可使用者が設置する放射線施設（使用施設，貯蔵施設及び廃棄施設）の管理区域の出入口又はその付近に付ける標識は，(8)－1，3 及び 5 である．(1)～(4)の「放射性同位元素使用室」等は使用施設又は廃棄施設の中にあって，それらの施設に立入りを許可された者であれば比較的自由に出入りする部屋なので，あらためて「許可なくして立入りを禁ず」の注意書きはない．それに対して，(7)の「放射化物保管設備」と(5)の「貯蔵室」と(6)の「保管廃棄設備」は，それぞれ，使用施設，貯蔵施設又は廃棄施設の中にあって，特に立入りを制限すべき場所なので「許可なくして立入りを禁ず」の注意書きがある．

　　届出使用者が設置する放射線施設（貯蔵施設）並びに使用の場所及び廃棄の場所の管理区域の出入口又はその付近に付ける標識は，(8)－3，(10)－1 及び(10)－2 である．

　　「排水設備」の注意書きに(11)の「許可なくして立入りを禁ず」と(12)の「許可なくして触れることを禁ず」の 2 種類があること．(13)の「排気設備」と(14)の「貯蔵箱」の注意書きが「許可なくして触れることを禁ず」であることも覚えておくこと．

5. 放射線施設の基準

表5.3　標識と表示

1. 放射能標識

区　　分	放射能標識の			標識を付ける箇所
	上部に書く文字	下部に書く文字	半径の大きさ	
(1) 放射性同位元素を使用する室	「放射性同位元素使用室」	——	10cm以上	室の出入口又はその付近
(2) 放射線発生装置を使用する室	「放射線発生装置使用室」	——	同上	同上
(3) 放射性同位元素等の詰替えをする室	「放射性廃棄物詰替室」	——	同上	同上
(4) 廃棄作業室	「廃棄作業室」	——	同上	同上
(5) 貯蔵室	「貯蔵室」	「許可なくして立入りを禁ず」	同上	同上
(6) 保管廃棄設備	「保管廃棄設備」	同上	同上	設備の外部に通ずる部分又はその付近
(7) 放射化物保管設備	「放射化物保管設備」	同上	同上	同上
(8) 管理区域（許可使用者が使用の場所の変更を届出て行う使用場所又は届出使用者が行う使用若しくは廃棄の場所に係るものを除く）	「管理区域」及びその真下に「（使用施設）」，「（廃棄物詰替施設）」，「（貯蔵施設）」，「（廃棄物貯蔵施設）」又は「（廃棄施設）」	同上	同上	管理区域の境界に設けるさくその他の人がみだりに立ち入らないようにするための施設の出入口又はその付近
(9) 管理区域（許可使用者が使用の場所の変更を届出て行う使用場所）	「管理区域」及びその真下に「（放射性同位元素使用場所）」又は「（放射線発生装置使用場所）」	同上	同上	同上
(10) 管理区域（届出使用者が行う使用若しくは廃棄の場所）	「管理区域」及びその真下に「（放射性同位元素使用場所）」又は「（放射性同位元素廃棄場所）」	同上	同上	同上

法　　令

(11) 排水設備	「排水設備」	「許可なくして立入りを禁ず」又は「許可なくして触れることを禁ず」	同上	排水浄化槽の表面又はその付近 (排水浄化槽が埋没している場合には, 当該埋没箇所の真上又はその付近の地上)
(12) 同上	同上	同上	5cm以上	排液処理装置
(13) 排気設備	「排気設備」	「許可なくして触れることを禁ず」	同上	排気口又はその付近及び排気浄化装置
(14) 貯蔵箱	「貯蔵箱」	同上	2.5cm以上	貯蔵箱の表面
(15) 貯蔵施設に備える容器	「放射性同位元素」並びに放射性同位元素の種類及び数量	——	同上	容器の表面
(16) 廃棄物貯蔵施設に備える容器	「放射性廃棄物」	——	同上	同上
(17) 保管廃棄設備に備える容器	同上	——	同上	同上
(18) 届出使用者が廃棄を行う場所に備える容器	同上	——	同上	同上
(19) 放射化物保管設備に備える容器	「放射化物」	——	同上	同上

2. 衛生指導標識

区　分	標識に記入する文字	大　き　さ	標識を付ける箇所
汚染検査室	標識の下部に「汚染検査室」の文字を記入すること	白十字の長さは 12cm 以上	汚染検査室の出入口又はその付近

3. 放射能表示

区　分	大　　き　　さ	標識を付ける箇所
(1) 排水管	赤紫部分の幅を 2cm 以上に, かつ, 黄部分の幅をその2分の1, 青部分の幅をその2倍とすること.	地上に露出する排水管の部分の表面
(2) 排気管	赤紫部分の幅を 2cm 以上に, かつ, 黄部分の幅をその2分の1, 白部分の幅をその2倍とすること.	排気管の表面

5. 放射線施設の基準

法　令

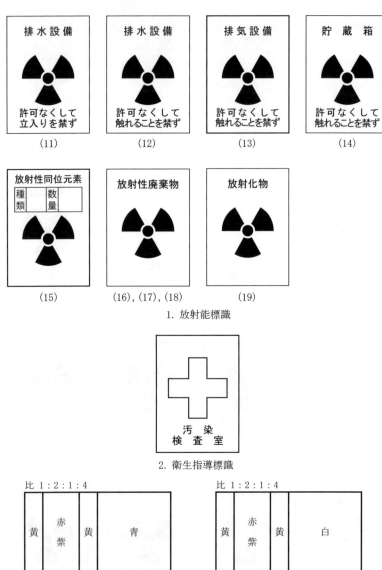

図 5.2　標識と表示

〔演 習 問 題〕

　次の文章中，放射線障害防止法及びその関係法令に照らして正しいものには○印を，誤っているものには×印をつけ，誤っている場合にはその理由を簡単にしるせ.

5－1　管理区域とは，密封された放射性同位元素のみを使用している場合，外部放射線の線量については，実効線量が1週間につき300マイクロシーベルトを超えるおそれのある場所をいう.　　　　　　　　　　　　　　　　　　　　　〔1種59回問29A改〕

5－2　放射線施設とは，「使用施設，廃棄物詰替施設，貯蔵施設，廃棄物貯蔵施設又は廃棄施設」をいう.　　　　　　　　　　　　　　　　　　　　　〔1種58回問2A〕

5－3　許可廃棄業者が，放射性汚染物で，密封されていないものの詰替えをする室も作業室という.　　　　　　　　　　　　　　　　　　　　　　　　〔1種58回問2B改〕

5－4　排液処理装置により排液処理を行う作業又は排気設備若しくは排水設備の付着物，沈殿物等の放射性同位元素によって汚染された物を廃棄のため除去する作業を行う場合には，廃棄作業室において行わなければならない.

5－5　主要構造部とは，柱，床，はり，屋根をいい，壁や階段のような建築物の構造上重要でない部分は，これに含まれない.

5－6　1工場又は1事業所当たりの総量が下限数量の10万倍以下の密封された放射性同位元素の使用をする場は，使用施設の主要構造部等を耐火構造とし，又は不燃材料で造ることを要しない.　　　　　　　　　　　　　　　　　　　〔2種55回問8B改〕

5－7　使用施設内で人が常時立ち入る場所において人が被ばくする恐れのある線量は，1週間につき1ミリシーベルト以下とすること.　　　　　　　　〔2種55回問8D改〕

5－8　工場又は事業所内の人が居住する区域における線量は，3月間につき1.3ミリシーベルト以下にすること.　　　　　　　　　　　　　　　　　〔2種54回問6C改〕

5－9　作業室の内部の壁，床その他放射性同位元素によって汚染されるおそれのある部分は，突起物，くぼみ及び仕上材の目地等のすきまの少ない構造とすること.

　　　　　　　　　　　　　　　　　　　　　　　　　　　　　〔1種56回問7D〕

法　　令

5-10　作業室の内部の壁，床その他放射性同位元素によって汚染される恐れのある部
　　　分の表面は，平滑であり，気体又は液体が浸透しにくく，かつ，汚染しにくい材料で
　　　仕上げること．　　　　　　　　　　　　　　　　　　　　〔1種56回問7A改〕

5-11　作業室に設けるフード，グローブボックス等の気体状の放射性同位元素又は放
　　　射性同位元素によって汚染された物の広がりを防止する装置は，排気設備に連結する
　　　こと．　　　　　　　　　　　　　　　　　　　　　　　　〔1種54回問5C〕

5-12　作業室には，洗浄設備及び更衣設備を設け，汚染の検査のための放射線測定器
　　　及び汚染の除去に必要な器材を備えること．　　　　　　　〔1種56回問7B〕

5-13　密封された放射性同位元素のみを使用する場合には，作業室，汚染検査室及び排
　　　気設備を設ける必要はない．

5-14　100テラベクレル以上の密封された放射性同位元素を使用する室の出入口で人
　　　が通常出入りするものには，放射性同位元素を使用する場合にその旨を自動的に表示
　　　する装置及びその室に人がみだりに入ることを防止するインターロックを設けなけれ
　　　ばならない．　　　　　　　　　　　　　　　　　　　　　〔1種59回問8改〕

5-15　129.5テラベクレルの密封された放射性位元素を使用する室内において，人が被
　　　ばくするおそれがある線量が実効線量で1週間につき1ミリシーベルト以下となるよ
　　　うに遮蔽物が設けられている場合には，インターロックを設けることを要しない．
　　　　　　　　　　　　　　　　　　　　　　　　　　　〔1種22回問7の5改〕

5-16　放射化物保管設備は，その主要構造部を耐火構造とし，その開口部には，建築
　　　基準法施行令第112条第1項に規定する特定防火設備に該当する防火戸を設けるこ
　　　と．

5-17　放射性同位元素を広範囲に分散移動させて使用し，かつ，その使用が一時的であ
　　　る場合には，使用施設に係る技術上の基準は適用されない．　　〔1種21回問9E〕

5-18　許可使用者が密封された放射性同位元素を随時移動させて使用する場合には，
　　　使用施設の基準は適用されない．　　　　　　　　　　　　〔1種13回問3(7)〕

5-19　許可使用者がA₁値以下の密封された放射性同位元素を非破壊検査のため随時移
　　　動させて使用する場合には，管理区域の境界にさくその他の人がみだりに立ち入らな
　　　いための施設を設ける必要はない．

728

5. 放射線施設の基準

5—20　貯蔵施設には，必ず貯蔵室か貯蔵箱のいずれかを設けなければならない.

5—21　貯蔵施設として貯蔵室を設けてある場合には，貯蔵室の主要構造部等は耐火構造とするか又は不燃材料で造らなければならない.

5—22　貯蔵施設として貯蔵室を設けてある場合であって，下限数量の 1000 倍以下の密封された放射性同位元素の届出使用者である場合には，貯蔵室の主要構造部等は木造でもよい.

5—23　密封されていない放射性同位元素を貯蔵する貯蔵室の主要構造部等は耐火構造とするか，又は不燃材料で造り，かつ，その開口部には特定防火設備に該当する防火戸を設けなければならない. 〔1 種 8 回問 2(2)〕

5—24　貯蔵施設に 100 テラベクレル以上の密封された放射性同位元素を貯蔵する場合には，出入口のとびらにインターロックを設けなければならない.

5—25　密封された放射性同位元素を耐火性の構造の容器に入れて保管する場合には，この容器を貯蔵室又は貯蔵箱に保管しなければならない. 〔2 種 6 回問 2(4)〕

5—26　貯蔵施設に備えるべき，放射性同位元素を入れる容器の表面における 1 センチメートル線量率は，2 ミリシーベルト毎時以下とすること. 〔1 種 55 回問 7D〕

5—27　貯蔵施設に備える液体状の放射性同位元素を入れる容器は，耐火性で，液体がこぼれにくい構造とし，気体及び液体が浸透しにくい材料を用いなければならない.
〔1 種 56 回問 6D 改〕

5—28　原子力規制委員会が定める限度以下の密封されていない放射性同位元素の使用又は詰替えをする場合には，排気設備を設けなくてよい. 〔1 種 8 回問 2(4) 改〕

5—29　排水設備は，排液が漏れにくい構造とし，排液が浸透しにくく，かつ，腐食しにくい材料を用いなければならない. 〔1 種 58 回問 11C〕

5—30　排水浄化槽は，排液を採取することができる構造とする. 〔1 種 53 回問 7A 改〕

5—31　固形化処理設備は，放射性同位元素等が漏れ又はこぼれにくく，かつ，粉塵が飛散しにくい構造としなければならない. 〔1 種 58 回問 11A〕

5—32　排水浄化槽の上部の開口部にはふたを設け，かつ，その周囲にはさくその他の人がみだりに立ち入らないようにするための施設を設けること.

5—33　液体状の放射性同位元素又は放射性同位元素によって汚染された液を，浄化し

法　　　令

若しくは排水する場合，又はコンクリートその他の固型化材料により固型化する場合には，廃棄作業室及び汚染検査室を設けなければならない．　　　〔1種10回問2(3)〕

5-34　廃棄物埋設施設地内の人が常時立ち入る場所において人が被ばくするおそれのある線量は実効線量で3月間に250マイクロシーベルト以下とするために必要な遮蔽壁その他の遮蔽物を設けなければならない．

5-35　許可使用者が放射性汚染物を保管廃棄する場合には，保管廃棄設備を設けなければならないが，放射性汚染物が大型機械等の場合には，保管廃棄設備において廃棄することを要しない．　　　　　　　　　　　　　　　　　〔1種22回問9の5改〕

次の文章の（　　）内に適切な語句を埋めて文章を完成せよ．

5-36　使用施設は（　A　）及び（　B　）のおそれの少ない場所に設けること．管理区域の境界には（　C　）人がみだりに立ち入らないようにするための（　D　）を設けること．

5-37　使用施設内の人が常時立ち入る場所において人が被ばくするおそれのある線量は，実効線量が1週間につき（　A　）以下とすること．工場又は事業所の境界及び工場又は事業所内の人が居住する区域における線量は，実効線量が3月間につき（　B　）以下とすること．ただし，介護老人保健施設を除く病院又は診療所の（　C　）における場合にあっては，実効線量が3月間につき（　D　）以下とすること．

5-38　放射性同位元素を使用する場合に，その旨を自動的に表示する装置を備えなければならないとされているのは，（　A　）放射性同位元素について（　B　）ベクレル以上の数量のものを使用する場合である．放射性同位元素を使用する場合に，その室の出入り口で通常人が出入りするものに，みだりに立ち入ることを防止する（　C　）を備えなければならならないとされているのは，密封された放射性同位元素について（　D　）ベクレル以上の数量のものを使用する場合である．

5-39　汚染検査室の内部の壁，床その他放射性同位元素によって汚染されるおそれのある部分は，突起物，くぼみ及び（　A　）のすきまの少ない構造とし，かつ，その表面は，平滑であり，気体又は液体が浸透しにくく，かつ，（　B　）材料で仕上げること．汚染検査室には洗浄設備及び（　C　）を設け，汚染の検査のための（　D　）

730

5. 放射線施設の基準

及び汚染の除去に必要な機材を備えること.

5-40 貯蔵施設には,貯蔵室又は貯蔵箱を設けること.ただし,(A)放射性同位元素を耐火性の構造の(B)に入れて保管する場合は,この限りでない.貯蔵室はその(C)を耐火構造とし,その開口部には,特定防火設備に該当する(D)を設けること.貯蔵箱は耐火性の構造とすること.　　　　〔1種49回　問8改〕

6. 許可届出使用者，届出販売業者，届出賃貸業者，許可廃棄業者等の義務等

6.1　施設検査，定期検査及び定期確認

6.1.1　特定許可使用者〔法 12 の 8，令 13〕

次の①②③のいずれかに該当する者を「**特定許可使用者**」という．

①1 個が 10 テラベクレル以上の密封された放射性同位元素，又は，1 台に装備されている放射性同位元素の総量が10テラベクレル以上の放射性同位元素装備機器を使用する許可使用者で，その貯蔵設備の貯蔵能力が 10 テラベクレル以上の者

②密封されていない放射性同位元素を使用する許可使用者で，その貯蔵施設の貯蔵能力がその種類ごとに下限数量の 10 万倍以上の者

③放射線発生装置を使用する許可使用者

6.1.2　施設検査〔法 12 の 8，令 13，則 14 の 13〜16，告 15〕

次の①から⑥に該当する場合は，委員会又は委員会の登録を受けた者（以下「**登録検査機関**」という．）の検査を受け，これに合格した後でなければ，当該施設等の使用をしてはならない．委員会又は登録検査機関は，検査を行い，許可又は変更の内容に適合しているときは合格とする．また，合格と認めたときは「**施設検査合格証**」を交付する．

①特定許可使用者が放射線施設（使用施設，貯蔵施設及び廃棄施設）（以下，「**使用施設等**」という．）を設置したとき

②許可廃棄業者が放射線施設（廃棄物詰替施設，廃棄物貯蔵施設及び廃棄施設）（以下，「**廃棄物詰替施設等**」という．）を設置したとき

732

6. 許可届出使用者，届出販売業者，届出賃貸業者，許可廃棄業者等の義務等

③密封された放射性同位元素に係る許可使用者が次の増設又は変更をする場合

　イ　10 テラベクレル以上の使用施設の増設

　ロ　貯蔵能力が 10 テラベクレル以上の貯蔵施設の増設

　ハ　貯蔵施設の貯蔵能力を 10 テラベクレル未満から 10 テラベクレル以上に変更

　ニ　廃棄施設の増設

④密封されていない放射性同位元素に係る許可使用者が次の増設又は変更をする場合

　イ　年間使用数量が下限数量の 10 万倍以上の使用施設の増設

　ロ　貯蔵能力が下限数量の 10 万倍以上の貯蔵施設の増設

　ハ　貯蔵施設の貯蔵能力を下限数量の 10 万倍未満から下限数量の 10 万倍以上に変更

　ニ　廃棄施設の増設

⑤放射線発生装置に係る特定許可使用者が次の増設又は変更をする場合

　イ　放射線発生装置を使用する使用施設の増設

　ロ　放射線発生装置を使用していない施設を放射線発生装置の使用施設に変更

⑥許可廃棄業者が廃棄物詰替施設等を増設する場合

上記施設検査のうち特に①と②を「**設置時施設検査**」という．

6.1.3　定期検査〔法 12 の 9，令 14，則 14 の 17〜19〕

次の①から④に該当する者は，設置時施設検査に合格した日又は定期検査を受けた日から，それぞれ定められた期間以内に，委員会又は登録検査機関の行う定期検査を受けなければならない．委員会又は登録検査機関は，使用施設等又は廃棄物詰替施設等が技術上の基準に適合しているかどうかについて検査を行い，合格と認めたときは「**定期検査合格証**」を交付する．

①密封された放射性同位元素に係る特定許可使用者：5 年

733

法　　令

②密封されていない放射性同位元素に係る特定許可使用者：3年

③放射線発生装置に係る特定許可使用者：5年

④許可廃棄業者：3年

6.1.4　施設検査及び定期検査の申請〔法 12 の 8, 12 の 9, 則 14 の 14, 14 の 15, 14 の 17, 14 の 18〕

①委員会又は登録検査機関が行う施設検査を受けようとする者は，所定の申請書に次の書類を添えて委員会又は登録検査機関に提出しなければならない．

　イ　使用施設等（廃棄物詰替施設等，以下同じ）の位置を明示した工場又は事業所（廃棄事業所）の平面図

　ロ　使用施設等の実測平面図

　ハ　使用施設等の実測断面詳細図

②委員会又は登録検査機関が行う定期検査を受けようとする者は，所定の申請書に①のイ，ロ，ハに示す書類を添えて委員会又は登録検査機関に提出しなければならない．

　　ただし，登録検査機関が行う定期検査を受けようとする者で，次のいずれにも該当する者は，その書類を添えることを要しない．

(1) 過去 10 年間に，同一の登録検査機関が行った施設検査若しくは定期検査に合格し，又は同一機関が行った定期確認を受けていること．

(2) 上記，施設検査，定期検査又は定期確認を受けたときに①のイ，ロ，ハに示す書類を提出していること．

(3) 上記，施設検査，定期検査に最後に合格し，又は定期確認を最後に受けた後，3.7.1 の事務的内容の変更（法人の代表者の氏名の変更を除く．），3.8.1 の技術的内容の変更，又は，3.9.1 の軽微な変更をしていないこと．

6.1.5　定期確認〔法 12 の 10, 令 15, 則 14 の 20, 14 の 21〕

次の①から④に該当する者は，それぞれ定められた期間ごとに，委員会又は委員会の登録を受けた者（以下「**登録定期確認機関**」という．）に所定の申請書を提

6. 許可届出使用者，届出販売業者，届出賃貸業者，許可廃棄業者等の義務等

出して，次のイ，ロに該当する事項について，確認（以下「**定期確認**」という.）を受けなければならない．委員会又は登録定期確認機関は，確認をしたときは「**定期確認証**」を交付する.

①密封された放射性同位元素に係る特定許可使用者：5年

②密封されていない放射性同位元素に係る特定許可使用者：3年

③放射線発生装置に係る特定許可使用者：5年

④許可廃棄業者：3年

　イ　場所について，及び，人についての放射線の量及び放射性同位元素又は放射線発生装置から発生した放射線による汚染（以下，「放射性同位元素等による汚染」という.）の状況が測定され，その結果についての記録が作成され，保存されていること

　ロ　記帳義務のある事項を記載した帳簿が保存されていること

6.2　使用施設等の基準適合義務及び基準適合命令〔法13，法14〕

1　許可を受けた（又は届け出た）ときには施設の位置，構造及び設備は技術上の基準に適合しているはずであるが，年月が経過すると適合しなくなることも考えられる．許可使用者，許可廃棄業者及び届出使用者は，その施設の位置，構造及び設備を技術上の基準に適合するように維持しなければならない.

　ここでいう施設とは，

(1)　許可使用者の場合には，使用施設，貯蔵施設及び廃棄施設

(2)　許可廃棄業者の場合には，廃棄物詰替施設，廃棄物貯蔵施設及び廃棄施設

(3)　届出使用者の場合には，貯蔵施設

すなわち，「放射線施設」を意味する．（届出使用者の場合の放射線施設とは，貯蔵施設だけを意味することに注意せよ！）

　ここでいう技術上の基準とは，① 5.2で述べた「使用施設等の基準」，② 5.3で述べた「貯蔵施設等の基準」及び③ 5.4で述べた「廃棄施設の基準」のこと

735

法　　令

である.

2　委員会がこれらの施設の位置，構造又は設備が技術上の基準に適合していな
いと認めるときは，技術上の基準に適合させるため，許可使用者，許可廃棄業
者又は届出使用者に対し，施設の移転，修理又は改造を命ずることができる.

6.3　使用及び保管の基準

6.3.1　使用の基準〔法 15, 則 15〕

許可使用者及び届出使用者（以下「**許可届出使用者**」という．）が放射性同位
元素又は放射線発生装置の使用をする場合には，次のような技術上の基準に従っ
て，放射線障害の防止のために必要な措置を講じなければならない.

委員会は，これらの使用に関する措置が技術上の基準に適合していないと認め
るときは，許可届出使用者に対し，使用の方法の変更その他放射線障害の防止の
ために必要な措置を命ずることができる.

1　許可使用者が放射性同位元素又は放射線発生装置を使用する場合には，使用
施設（密封されていない放射性同位元素を使用する場合には，特に作業室）に
おいて行う.

ただし，①3.9.2 の「使用の場所の一時的変更」の場合，及び，②漏水の調
査，昆虫の疫学的調査，原料物質の生産工程中における移動状況の調査等放射性
同位元素を広範囲に**分散移動**させて使用し，かつ，その使用が**一時的**である場合
には，この規定は適用されない．（5.2 の 11 参照）

届出使用者が密封された放射性同位元素を使用する場合には，届け出た使用
の場所で行うことになる.

2　密封された放射性同位元素を使用する場合には，その放射性同位元素を常に，

イ　正常な使用状態では，**開封又は破壊**されるおそれがない.

ロ　密封された放射性同位元素が**漏えい**，**浸透**等により**散逸**して**汚染**するおそ
れがない.

状態において使用することとされている．この法律では「密封」を特に定義し

736

6. 許可届出使用者，届出販売業者，届出賃貸業者，許可廃棄業者等の義務等

ていないが，これが**密封**を間接的に規定したものといえよう．

3 放射線業務従事者の線量は，実効線量限度（①5 年間につき 100 ミリシーベルト，②1 年間につき 50 ミリシーベルト，③一般女子： 3 月間に 5 ミリシーベルト，④妊娠中の女子の内部被ばく：1 ミリシーベルト 2.4.1）及び等価線量限度（①眼の水晶体：年 150 ミリシーベルト，②皮膚：年 500 ミリシーベルト，③妊娠中の女子の腹部表面：出産までの間に 2 ミリシーベルト 2.4.2）を超えないようにする．

　そのための措置としては，

イ　遮蔽壁その他の遮蔽物を用いることにより放射線の**遮蔽**を行うこと．

ロ　遠隔操作装置，かん子等を用いることにより放射性同位元素又は放射線発生装置と人体との間に適当な**距離**を設けること．

ハ　人体が放射線に被ばくする**時間**を短くすること．

の 3 つのいずれかを講ずる（又はこれらを併用する）ことがあげられる．この遮蔽，距離，時間の 3 つの要素を（外部）**放射線被ばく防止の 3 原則**＊という．

4 100 テラベクレル以上の密封された放射性同位元素又は放射線発生装置の使用をする室の出入口で人が通常出入りするものには，放射性同位元素又は放射線発生装置の使用をする場合に，その室に人がみだりに入ることを防止する**インターロック**を設けること（5.2 の 7）とされている．このインターロックを設けた室内で放射性同位元素又は放射線発生装置の使用をする場合には，①搬入口，非常口等人が通常出入りしない出入口の扉を外部から開閉できないようにするための措置及び②室内に閉じ込められた者が速やかに脱出できるようにするための措置を講ずる＊．

5 作業室内の人が常時立ち入る場所又は放射線発生装置の使用をする室における人が呼吸する空気中の放射性同位元素の濃度は，放射性同位元素によって汚染された空気を浄化し，又は排気することにより，**空気中濃度限度**（2.4.3）を超えないようにする．

6 作業室での飲食及び喫煙を禁止する．

法　　令

7　作業室又は汚染検査室内の人が触れる物の表面の放射性同位元素の密度は，その表面の放射性同位元素による汚染を除去し，又はその触れる物を廃棄することにより，**表面密度限度**（2.4, 4）を超えないようにする.

8　作業室においては，作業衣，保護具等を着用して作業し，これらを着用してみだりに作業室から退出しない.

9　作業室から退出するときは，人体及び作業衣，履物，保護具等人体に着用している物の表面の放射性同位元素による汚染を検査し，かつ，その汚染を除去する.

10　放射性同位元素によって汚染された物で，その表面の放射性同位元素の密度が表面密度限度を超えているものは，みだりに**作業室から**持ち出さない*.

11　放射性汚染物で，その表面の放射性同位元素の密度が表面密度限度の 10 分の 1〔告 16〕を超えているものは，みだりに**管理区域から**持ち出さない*.

12　陽電子断層撮影用放射性同位元素（1 日最大使用数量は，炭素 11，窒素 13 及び酸素 15 について 1 テラベクレル，ふっ素 18 について 5 テラベクレル以下に限られる．告 16 の 2）を人以外の生物に投与した場合，その生物及びその排泄物については，当該陽電子断層撮影用放射性同位元素の原子数が 1 を下回ることが確実な期間を超えて管理区域内で保管，その後でなければみだりに管理区域から持ち出さない.

13　使用の場所の一時的変更の届出をし，

　　イ　400 ギガベクレル以上の放射性同位元素を装備する放射性同位元素装備機器を使用する場合には，当該機器に放射性同位元素の脱落を防止するための装置を備える.

　　ロ　放射性同位元素又は放射線発生装置を使用する場合は，①放射性同位元素については第 1 種放射線取扱主任者又は第 2 種放射線取扱主任者免状を有する者の，②放射線発生装置を使用する場合は第 1 種放射線取扱主任者免状を有する者の，指示の下に行う.

14　使用施設又は管理区域の目につきやすい場所に，放射線障害の防止に必要な

6. 許可届出使用者，届出販売業者，届出賃貸業者，許可廃棄業者等の義務等

注意事項を掲示する．

15 管理区域には，人がみだりに立ち入らないような措置を講じ，放射線業務従事者以外の者が立ち入るときは，放射線業務従事者の指示に従わせる＊．

16 届出使用者が放射性同位元素を使用する場合及び許可使用者が使用の場所の一時的変更の届出をし，放射性同位元素又は放射線発生装置を使用する場合における管理区域には所定の標識を付ける．

17 密封された放射性同位元素を**移動**させて**使用**する場合には＊，

イ 使用後直ちに，その放射性同位元素について**紛失**，**漏えい**等**異常の有無**を**放射線測定器**により点検する．

ロ 異常が判明したときは，**探査**その他放射線障害を防止するために**必要な措置**を講ずる．

18 上記1及び3の規定は次の場合には適用しない．

①許可使用者が ②1日につき下限数量以下の密封されていない放射性同位元素を ③使用施設の外（管理区域の外）で使用する場合．この場合，管理区域の外にある密封されていない放射性同位元素の総量は下限数量を超えてはならない．

19 放射化物であって放射線発生装置を構成する機器又は遮蔽体として用いるものに含まれている放射線を放出する同位元素の飛散等により汚染が生じるおそれのある作業については，次に定めるところによるほか，上記1，3，6，8，9，11，14及び15の規定を準用する．

イ 敷物，受皿その他の器具を用いることにより，放射線を放出する同位元素による汚染の広がりを防止すること．

ロ 作業の終了後，当該作業により生じた汚染を除去すること．

6.3.2 **保管の基準** 〔法16, 則17〕

許可届出使用者及び許可廃棄業者（許可取消使用者等(6.7.4)を含む）が放射性同位元素又は放射性汚染物を保管する場合には，次のような技術上の基準に従って，放射線障害の防止のために必要な措置を講じなければならない．その措置が

法　　令

技術上の基準に適合していないと認めるときは，委員会は，許可届出使用者又は許可廃棄業者に対し，保管の方法の変更その他放射線障害の防止のために必要な措置を命ずることができる．（許可廃棄業者の場合，「貯蔵施設」は「廃棄物貯蔵施設」とし，「放射性同位元素」は「放射性同位元素等」とする．）なお，届出販売業者又は届出賃貸業者は，放射性同位元素又は放射性汚染物の保管については，許可届出使用者に委託しなければならない．

1　放射性同位元素の保管は，次のいずれかの方法によって行う．

(1)　容器に入れて貯蔵室に保管する．

(2)　容器に入れて貯蔵箱に保管する．

(3)　密封された放射性同位元素を**耐火性の構造**の容器に入れて貯蔵施設に保管する．

(4)　3.9.2 の「使用の場所の一時的変更」の場合，耐火性の構造の容器に入れて使用の場所に保管する．

2　貯蔵施設には，その**貯蔵能力**を超えて放射性同位元素を貯蔵しない．

3　上記 1 の(2)の貯蔵箱及び(3)，(4)の容器は，放射性同位元素を保管中にみだりに持ち運ぶことができないようにするための措置を講ずる＊．

4　空気を汚染するおそれのある放射性同位元素を保管する場合には，貯蔵施設内の人が呼吸する空気中の放射性同位元素の濃度は，**空気中濃度限度**（2.4.3）を超えないようにする．

5　貯蔵施設のうち放射性同位元素を経口摂取するおそれのある場所での飲食及び喫煙を禁止する．

6　貯蔵施設内の人が触れる物の表面の放射性同位元素の密度は，次のイ，ロの措置を講ずることにより，**表面密度限度**(2.4.4)を超えないようにする．

イ　液体状の放射性同位元素は，液体がこぼれにくい構造であり，かつ，液体が浸透しにくい材料を用いた容器に入れる．

ロ　液体状又は固体状の放射性同位元素を入れる容器で，き裂，破損等の事故の生ずるおそれのあるものには，受皿，吸収材その他の施設又は器具を用い

740

6. 許可届出使用者，届出販売業者，届出賃貸業者，許可廃棄業者等の義務等

ることにより，放射性同位元素による汚染の広がりを防止する.

7 放射化物であって放射線発生装置を構成する機器又は遮蔽体として用いるものの保管は，次のいずれかの方法により行う.

イ 容器に入れ，かつ，放射化物保管設備において保管する.

ロ 放射化物が大型機械等であってこれを容器に入れることが著しく困難な場合において，汚染の広がりを防止するための特別の措置を講ずるときは，放射化物保管設備において保管する.

8 その他 6.3.1 の使用の基準の場合と同じように次の(1)～(4)が規定されている.

(1) 被ばく防止の措置を講ずることにより，放射線業務従事者の線量が，実効線量限度及び等価線量限度を超えないようにする.

(2) 放射性汚染物で，表面密度限度の 10 分の 1 を超えて表面が放射性同位元素によって汚染された物をみだりに管理区域から持ち出さない.

(3) 放射線障害の防止に必要な注意事項を貯蔵施設に掲示する.

(4) 管理区域への人の立入防止措置を講じ，立入者に対し放射線業務従事者の指示に従わせる.

6.4 運搬の基準，運搬に関する確認等

6.4.1 運搬に関する規制体系

放射性同位元素又は放射性汚染物を運搬する場合の安全を確保するため，国際原子力機関の安全輸送規則に沿って，運搬の技術上の基準が工場又は事業所の内と外とに分けて定められている. また，工場又は事業所の外で運搬する場合で，放射線障害の防止のため特に必要がある場合には，委員会若しくはその登録を受けた者又は国土交通大臣若しくはその登録を受けた者の確認を受けなければならないとされている.

放射性同位元素等の運搬に関する規制体系を図 6.1 に示す.

741

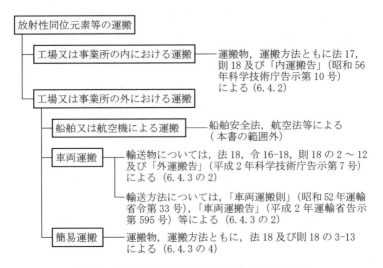

図 6.1　放射性同位元素等の運搬に関する規制体系

6.4.2　工場又は事業所の内における運搬〔法 17, 則 18,「内運搬告」〕

1　工場又は事業所の定義は,

　A　許可届出使用者の場合：使用施設, 貯蔵施設又は廃棄施設を設置した工場又は事業所

　B　許可廃棄業者の場合：廃棄物詰替施設, 廃棄物貯蔵施設又は廃棄施設を設置した廃棄事業所

2　許可届出使用者及び許可廃棄業者（許可取消使用者等を含む）は, 放射性同位元素又は放射性汚染物を工場又は事業所の内で運搬する場合には, 次の 3 に示す技術上の基準に従って放射線障害の防止のために必要な措置を講じなければならない.

　委員会は, 運搬に関する措置が技術上の基準に適合していないと認めるときは, 許可届出使用者又は許可廃棄業者に対し, 運搬の停止その他放射線障害の防止のために必要な措置を命ずることができる.

3　技術上の基準は, 次に定めるとおりとする. ただし, 放射性同位元素等を放

6. 許可届出使用者，届出販売業者，届出賃貸業者，許可廃棄業者等の義務等

射線施設内で運搬する場合その他これを運搬する時間が極めて短く，かつ，放射線障害のおそれのない場合には適用しない＊．

(1) 放射性同位元素等を運搬する場合には，これを容器に封入すること．ただし，①放射性汚染物で，飛散，漏洩の防止その他の委員会が定める放射線障害防止の措置を講じたものを運搬する場合，②放射性汚染物であって大型機械等容器に封入することが著しく困難なものを委員会が承認した措置を講じて運搬する場合，は容器への封入を必要としない．

(2) (1)の容器は，次に掲げる基準に適合するものであること．

　イ　外接する直方体の各辺が 10 センチメートル以上であること．

　ロ　容易に，かつ，安全に取り扱うことができること．

　ハ　運搬中に予想される温度及び内圧の変化，振動等により，き裂，破損等の生ずるおそれがないこと．

(3) 放射性同位元素等を封入した容器（放射性汚染物を容器に封入しないで運搬する場合にはその汚染物．以下「**運搬物**」という．）及びこれを積載し又は収納した車両その他の運搬する機械又は器具（以下「**車両等**」という．）の①表面における線量当量率は，1 センチメートル線量当量率について 2 ミリシーベルト毎時及び ②表面から 1 メートル離れた位置における線量当量率は，1 センチメートル線量当量率について 100 マイクロシーベルト毎時を超えないようにし，かつ，③運搬物の表面の放射性同位元素の密度が表面密度限度の 10 分の 1 を超えないようにすること＊．

(4) 運搬物の車両等への積付けは，運搬中において移動，転倒，転落等により運搬物の安全性が損なわれないように行うこと．

(5) 運搬物は，同一の車両等に委員会の定める危険物（火薬類，高圧ガス，引火性液体，強酸等）と混載しないこと．

(6) 運搬物の運搬経路においては，標識の設置，見張人の配置等の方法により，運搬に従事する者以外の者及び運搬に使用される車両以外の車両の立入りを制限すること．

法　　令

(7) 車両により運搬物を運搬する場合は，当該車両を徐行させること．
(8) 放射性同位元素等の取扱いに関し，相当の知識及び経験を有する者を同行させ，放射線障害の防止のため必要な監督を行わせること．
(9) 運搬物（コンテナに収容された運搬物にあっては，そのコンテナ）及びこれらを運搬する車両等の適当な箇所に所定の標識（事業所内運搬標識）を取り付けること．事業所内運搬標識を図 6.2 に示す．色は，三葉マーク，文字，線等は黒，地及びふちの部分は白とする．車両等に取り付ける標識については，その各辺は，15 センチメートル以上とする．

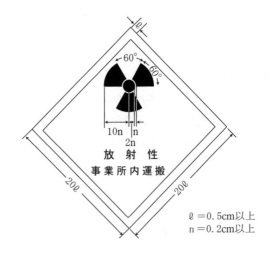

図 6.2　事業所内運搬標識

4 上記 3 の(2)又は(3)に掲げる措置の全部又は一部を講ずることが著しく困難なときは，委員会の承認を受けた措置を講ずることによって代えることができる．この場合において運搬物の表面における線量当量率は，1 センチメートル線量当量率について 10 ミリシーベルト毎時を超えてはならない．
5 上記 3 のうち(1)～(3)及び(6)～(9)は，管理区域内において行う運搬には適用しない．

6. 許可届出使用者，届出販売業者，届出賃貸業者，許可廃棄業者等の義務等

6　許可届出使用者又は許可廃棄業者は，運搬物の運搬に関し，後述の6.4.3工場又は事業所の外における運搬のうち6.4.3.1の1.車両運搬における運搬する物に係る技術上の基準及び6.4.3.2の1.簡易運搬における運搬する物に係る技術上の基準に記載した事項に従って放射線障害の防止のために必要な措置を講じた場合は，上記3の規定にかかわらず，運搬物を事業所等の区域内において運搬することができる．

6.4.3　工場又は事業所の外における運搬〔法18, 令16〜18, 則18の2〜20,「外運搬告」,「車両運搬則」,「車両運搬告」等〕

許可届出使用者，届出販売業者，届出賃貸業者及び許可廃棄業者(許可取消使用者等を含む)並びにこれらの者から運搬を委託された者(以下,「許可届出使用者等」という.)は，放射性同位元素又は放射性汚染物を工場又は事業所の外で運搬する場合（船舶又は航空機により運搬する場合を除く.）には，委員会規則及び国土交通省令で定める技術上の基準に従って放射線障害の防止のために必要な措置を講じなければならない．

この場合，委員会又は国土交通大臣は，運搬に関する措置が技術上の基準に適合していないと認めるときは，許可届出使用者等に対し，運搬の停止その他放射線障害の防止のために必要な措置を命ずることができる．

6.4.3.1　車両運搬

1.　車両運搬における運搬する物に係る技術上の基準〔則18の2〜12〕

許可届出使用者等は，放射性同位元素又は放射性汚染物（放射性同位元素等）を工場又は事業所の外において車両運搬により運搬する場合，運搬する物については，それぞれの危険性に応じて，次の7種類の放射性輸送物として運搬しなければならない．「放射性輸送物」とは，放射性同位元素等が容器に収納され，又は梱包されているものをいう．

これ以降，特別形（放射性同位元素等），非特別形（放射性同位元素等），A_1値，A_2値，といった用語が出てくる．特別形とは，容易に散逸しない固体状の放射性同位元素等又は放射性同位元素等を密封したカプセルであって，①外接する

745

直方体の少なくとも一辺が 0.5 cm 以上で，②衝撃試験，打撃試験及び曲げ試験で破損せず，③加熱試験で溶融又は分散せず，また，④浸漬試験で漏洩量が 2 kBq を超えないものをいう．非特別形とは，特別形以外の放射性同位元素等をいう．A_1 値及び A_2 値は，放射性同位元素等が散逸した場合の危険度を考慮して，個々の放射性同位元素の種類に応じて定められた数値である．A_1 値は特別形に対して定められた数値，A_2 値は非特別形に対して定められた数値である．

① 放射性輸送物の区分

危険性の少ないほうから順に，L 型，A 型，BM 型及び BU 型の 4 種類並びに IP 型の 3 種類（IP‐1 型 IP‐2 型及び IP‐3 型）の合計 7 種類に**分類**している．

L 型：危険性が極めて少ないとして定められた放射性同位元素等．たとえば固体の ^{60}Co の場合，特別形・非特別形双方に対して 400 MBq，固体の ^{192}Ir の場合，特別形に対して 1 GBq・非特別形に対して 600 MBq 等の数量を超えないものが該当する．一般的にいうと，その数量が，A_1 値又は A_2 値の 1000 分の 1，ただし**機器等**（時計等の機器又は装置）に含まれている固体の場合には 100 分の 1 を超えないものである．

A 型：特別形放射性同位元素等の場合は A_1 値，非特別形放射性同位元素等の場合は A_2 値を超えない量の放射能を有する放射性同位元素等．たとえば固体の ^{60}Co の場合，特別形・非特別形双方に対して 400 GBq，固体の ^{192}Ir の場合，特別形に対して 1 TBq・非特別形に対して 600 GBq 等の数量を超えないものが該当する．

BM 型及び BU 型：A 型で定められた量（A_1 又は A_2 値）を超える量の放射能を有する放射性同位元素等．BM 型とは，国際輸送の際に，設計国，使用国，通過国等すべての関係国による安全性についての許可を受けなければならない輸送物をいい，BU 型とは，設計国の許可を受けておけば，使用国，通過国は自動的にその使用，通過を承認することになる輸送物をいう．したがって，BU 型は，BM 型より厳しい技術上の基準を適用して設計され，BM 型より厳しい条件での試験に合格しなければならない．

6. 許可届出使用者，届出販売業者，届出賃貸業者，許可廃棄業者等の義務等

IP 型：放射性濃度が低い放射性同位元素等であって危険性の少ないもの（**低比放射性同位元素**）及び放射性同位元素によって表面が汚染された物であって危険性の少ないもの（**表面汚染物**）は，委員会の定める区分に応じ，IP-1 型輸送物，IP-2 型輸送物又は IP-3 型輸送物として運搬することができる．低比放射性同位元素としては鉱石，放射性廃棄物等が，表面汚染物としては内容物を除去した輸送容器等がある．

② 放射性輸送物の基準

(1) すべての放射性輸送物に共通した技術上の基準

イ 容易に，かつ，安全に取り扱うことができること．

ロ 運搬中に予想される温度及び内圧の変化，振動等により，き裂，破損等の生じるおそれがないこと．

ハ 表面に不要な突起物がなく，かつ，表面の汚染の除去が容易であること．

ニ 材料相互の間及び材料と収納され，又は包装される放射性同位元素等との間で危険な物理的作用又は化学反応の生じるおそれがないこと．

ホ 弁が誤って操作されないような措置が講じられていること．

ヘ 表面の放射性同位元素（通常の取扱いにおいて，はく離するおそれのないものを除く．）の密度が「輸送物表面密度」を超えないこと．

★**輸送物表面密度**とは表面密度限度の 10 分の 1 の値，すなわち α 放射体の場合は 0.4 Bq/cm^2，それ以外の場合は 4 Bq/cm^2．

ト 放射性同位元素の使用等に必要な書類その他の物品（放射性輸送物の安全性を損なうおそれのないものに限る．）以外のものが収納され，又は包装されていないこと．

(2) L型輸送物の技術上の基準

(1)のイ〜ト及び次のイ・ロの基準

イ 容器又は包装の表面における 1 センチメートル線量当量率が 5 マイクロシーベルト毎時を超えないこと＊．

ロ 開封されたときに見やすい位置（当該位置に表示を有することが困難であ

747

法　　令

る場合は，放射性輸送物の表面）に「放射性」又は「RADIOACTIVE」の表示を有していること．ただし，委員会の定める場合（①機器等に含まれる放射性同位元素等及び②放射性同位元素等が収納されたことのある空の容器の内表面に付着している放射性同位元素等が一定の要件に適合するもの）は，この限りではない．

(3)　A型輸送物の技術上の基準

(1)のイ～ト及び次のイ～チの基準

イ　外接する直方体の各辺が10センチメートル以上であること．

ロ　みだりに開封されないように，かつ，開封された場合に開封されたことが明らかになるように，容易に破れないシールのはり付け等の措置が講じられていること．

ハ　構成部品は，−40℃～70℃の温度の範囲において，き裂，破損等の生じるおそれのないこと．ただし，運搬中に予想される温度の範囲が特定できる場合は，この限りでない．

ニ　周囲の圧力を60キロパスカル（60kPa）とした場合に，放射性同位元素の漏えいがないこと．

ホ　液体状の放射性同位元素等が収納されている場合には①2倍以上の液体を吸収できる吸収材又は2重の密封装置を備え，②温度変化並びに運搬時及び注入時の挙動に対処し得る適切な空間を有していること．

ヘ　表面における1センチメートル線量当量率が2ミリシーベルト毎時を超えないこと＊．（ただし，一定の条件の下で，安全上支障がない旨の委員会の承認を受けたものは，10ミリシーベルト毎時）

ト　表面から1メートル離れた位置における1センチメートル線量当量率が100マイクロシーベルト毎時を超えないこと（ただし，①放射性輸送物を専用積載として運搬する場合であって，安全上支障がない旨の委員会の承認を受けた場合，及び，②コンテナ又はタンクを容器として使用する放射性輸送物を専用積載としないで運搬するものの場合に特例がある．）

748

6. 許可届出使用者，届出販売業者，届出賃貸業者，許可廃棄業者等の義務等

チ　その他，A型輸送物に係る試験条件に適合していること．

L型輸送物及びA型輸送物に係る技術上の基準のうち主なものを比較して**表6.1**に示す．

表6.1　放射性輸送物の技術上の基準のL型及びA型輸送物への適用（○）不適用（一）

基　準	L型	A型
1. 容易に，かつ，安全に取り扱うことができる	○	○
2. 運搬中にき裂，破損等の生じるおそれがない	○	○
3. 表面に不要な突起物がなく，除染が容易	○	○
4. 収納物間で危険な物理的作用又は化学的反応の生じるおそれがない	○	○
5. 弁が誤って操作されない措置	○	○
6. 表面汚染が輸送物表面密度 ※ 以下	○	○
7. 不必要な物品を収納・包装しない	○	○
8.「放射性」又は「RADIOACTIVE」の表示	○	―
9. 線量当量率が基準値[mSv/h]以下 　①表面 　②表面から1m	 0.005 ―	 2 0.1
10. 外装する直方体の各辺が10cm以上	―	○
11. シールの貼り付け等の措置	―	○
12. −40〜70℃で，き裂，破損等の生じるおそれがない	―	○
13. 周囲の圧力 60kPa で漏えいがない	―	○
14. 液体状の放射性同位元素等の収納の場合 　①2倍以上の液体を吸収できる吸収材等 　②温度変化等に対応しうる適切な空間	 ― ―	 ○ ○

　　※　「輸送物表面密度」は「表面密度限度」の10分の1の値．すなわち，
　　　　a）α放射体：0.4Bq/cm²，b）それ以外：4Bq/cm²．

(4)　BM型輸送物に係る技術上の基準

　(1)のイ〜ト及び(3)のイ〜トの基準（ただし，ホ①を除く．）に適合し，かつ，
　BM型輸送物に係る試験条件に適合していること．

法　　令

(5)　BU 型輸送物に係る技術上の基準

(1)のイ～ト及び(3)のイ～トの基準（ただし，ハのただし書き及びホ①を除く.）に適合し，かつ，BU 型輸送物に係る試験条件に適合していること.

（各放射性輸送物の試験条件については，放射線取扱主任者試験の範囲外と考えられるので本書では省略した.）

(6)　放射性輸送物としない運搬〔則 18 の 11〕

委員会が定める低比放射性同位元素又は表面汚染物であって，一定の要件を満足するものは，例外的に，放射性輸送物としないで運搬することができる.

(7)　特別措置による運搬〔則 18 の 12〕

上述の（1）から（6）の基準によって運搬することが著しく困難な場合であって，安全な運搬を確保するために必要な措置を採り，かつ，安全上支障がない旨の委員会の承認を受けたときは，（1）から（6）の基準に従わないで運搬することができる.　この場合，1 センチメートル線量当量率は，表面で 10 ミリシーベルト毎時を超えてはならない.

２．車両運搬における運搬方法に係る技術上の基準

車両により運搬する場合の運搬方法に係る技術上の基準は，「車両運搬則」，「車両運搬告」等に定められている.「車両運搬則」各条に定められた放射性輸送物の運搬方法に係る技術上の基準の主要な部分を**表 6.2** に纏めた.

6.4.3.2　簡易運搬〔則 18 の 13，外運搬告 22，23，24〕

簡易運搬とは，運搬される放射性同位元素等（以下，「**運搬物**」という.）の事業所等の外における車両運搬以外の運搬（船舶又は航空機によるものを除く.）をいう.

１．簡易運搬における運搬する物に係る技術上の基準

6.4.3.1 車両運搬の「１．車両運搬における運搬する物に係る技術上の基準」に定めるところによる.

２．簡易運搬における運搬方法に係る技術上の基準

イ　運搬物を積載し，又は収納した運搬機械又は器具（以下「**運搬機器**」とい

750

6. 許可届出使用者，届出販売業者，届出賃貸業者，許可廃棄業者等の義務等

表 6.2　車両運搬則各条に定める放射性輸送物の運搬方法に係る技術上の基準の L 型及び A 型輸送物への適用(○)不適用(—)

条	基　準	L 型	A 型
3	(取扱場所) 関係者以外の者が通常立ち入る場所で積み込み，取卸し等の取扱をしてはならない.	—	○
4	(積載方法) 安全が損なわれないように積載する. 関係者以外の者が通常立ち入る場所に積載してはならない.	○	○
5	(混載制限) 火薬，高圧ガス，引火性液体，強酸類等と混載してはならない.	○	○
8	(標識又は表示) 表面で 5μSv/h 以下の輸送物には第 1 類白標識，表面で 500μSv/h 以下の輸送物には第 2 類黄標識，それ以外の輸送物には第 3 類黄標識を付ける. 荷送人若しくは荷受人の氏名又は名称，住所等を表示.	—	○
9	(積載限度) 非専用積載の場合，輸送指数(6.4.3.2 の 2 参照)の合計を 50 以下にする.	○	○
10	(車両に係る線量当量率等) 車両表面で 2mSv/h 以下. 表面から 1m で 100μSv/h 以下. 運転席で 20μSv/h 以下. 車両表面で輸送物表面密度以下.	○	○
11	(車両に係る標識) 自動車の場合，その両側面及び後面に車両標識を付けなければならない. 夜間は，前後部に赤色灯を付け，点灯しなければならない.	—	○
13	(取扱方法等を記載した書類の携行) が必要.	—	○
14	(交替運転者等) 長距離又は夜間の運搬の場合，必要.	—	○
15	(見張人) 一般公衆が容易に近づける場所に駐車する場合，見張人を配置しなければならない.	—	○
15 の 2	(同乗制限) 第 2 類又は第 3 類黄標識を付けた輸送物を運搬する場合には，関係者以外の者を同乗させてはならない.	—	○
15 の 3	(放射線防護計画) 許可届出使用者等は，輸送実施体制，放射線量の測定方法，表面汚染，緊急時の対応等を記載した放射線防護計画を定めなければならない.	○	○
15 の 4	(教育及び訓練) 許可届出使用者等は，運搬従事者に，放射性輸送物の取扱方法，放射線障害を想定した安全訓練等，必要な教育及び訓練を行わなければならない.	○	○

う.）の表面における1センチメートル線量当量率が2ミリシーベルト毎時を超えず，かつ，表面から1メートル離れた位置における1センチメートル線量当量率が100マイクロシーベルト毎時を超えないようにすること.

ロ　L型輸送物以外の運搬物の運搬機器への積付けは，運搬中移動，転倒，転落等により運搬物の安全性が損なわれないように行うこと. また，同一の運搬機器に，委員会の定める危険物（火薬類，高圧ガス，引火性液体，強酸類等）と混載しないこと.

ハ　その表面における1センチメートル線量当量率が5マイクロシーベルト毎時を超える2つ以上の運搬物を同一の運搬機器に積載し，若しくは収納して運搬する場合には，放射線障害の防止のため，各運搬物の**輸送指数**（運搬物の表面から1メートル離れた位置における1センチメートル線量当量率をミリシーベルト毎時で表した値の最大値の100倍をいう.）を合計した値又は，2個以上の運搬物の集合を直接測定して求めた輸送指数が50以下となるように積載し，又は，運搬物の個数を制限すること.

ニ　L型輸送物以外の運搬物を運搬する場合には，次の措置を講ずること.

 i）運搬従事者は，運搬物の取扱方法，事故の際の措置その他の留意事項を記載した書面を携行し，運搬を終了した日から1年間これを保存すること.

 ii）運搬従事者は，消火器，放射線測定器，保護具その他の事故の際に必要な器具，装置等を携行すること.

 iii）人の通常立ち入る場所においては，運搬物又は運搬機器を置き，又は運搬物の積込み，取卸し等の取扱いを行わないこと.（ただし，縄張，標識の設置等の措置を講じたときは，この限りでない.）

ホ　BM型輸送物を運搬する場合は，次の措置を講ずること.

 i）第1種放射線取扱主任者免状若しくは第2種放射線取扱主任者免状を有する者又はこれと同等の知識及び経験を有する者を同行させ，及び積込み，取卸し等に立ち合わせることにより，放射線管理，被ばく管理，そ

6. 許可届出使用者，届出販売業者，届出賃貸業者，許可廃棄業者等の義務等

の他保安のため必要な監督を行わせること．

ii）交通が混雑する時間及び経路を避けること．

ヘ　運搬物には，所定の標識の取付け又は表示をすること．

ト　放射線業務従事者の線量が実効線量限度及び等価線量限度を超えないようにすること．

6.4.3.3　放射性輸送物の標識及び表示

放射性輸送物又は運搬物（以下「放射性輸送物」という．）には，標識の取付け又は表示をすることとされている（車両運搬の場合，「車両運搬則」第8条並びに「車両運搬告」第4条及び第14条．簡易運搬の場合，則第18条の13第7号及び「外運搬告」第24条）．

表面における1センチメートル線量当量率が

イ　5マイクロシーベルト毎時を超えないものには，第1類白標識を

ロ　5マイクロシーベルト毎時を超え 500 マイクロシーベルト毎時以下であり，かつ，その輸送指数が1を超えないものには，第2類黄標識を

ハ　イ，ロ以外のものには第3類黄標識を

それぞれ放射性輸送物の表面の2箇所に取り付けることとされている．（L型輸送物については，この規定は適用されない．）

また，放射性輸送物には，その表面の見やすい箇所に次の(1)～(3)の事項を表示しておくこと．(1)荷送人又は荷受人の氏名又は名称及び住所，(2)総重量が 50kg を超える放射性輸送物の場合は総重量，(3)放射性輸送物の型（A型若しくは TYPE A，BM型若しくは TYPE B(M)，BU型若しくは TYPE B(U)，IP-1型若しくは TYPE IP-1，IP-2型若しくは TYPE IP-2 又は IP-3型若しくは TYPE IP-3）．さらに，BM型及び BU型の輸送物には，その容器の耐火性及び耐水性を有する最も外側の表面に，耐火性及び耐水性を有する三葉マークを鮮明に表示することが定められている．

第1類白標識(1)，第2類黄標識(2)及び第3類黄標識(3)（**運搬標識**）並びに BM型及び BU型輸送物に表示する三葉マーク(4)（**運搬表示**）を**図6.3**に示す．色は，三

753

法　　令

葉マーク，文字，線等は黒，「放射性」の文字の右の縦線(Ⅰ～Ⅲ)の部分は赤，下半部の地及びふちの部分は白で，上半部の地は(1)にあっては白，(2)及び(3)にあっては黄とする．また本邦内のみを運搬されるものにあっては，(1)～(3)の標識中の英語の部分を削ることができる．

　放射性輸送物を積載した車両には「車両標識」を付することとされている（車両運搬則第 11 条）．図 6.4 に車両標識を示す．

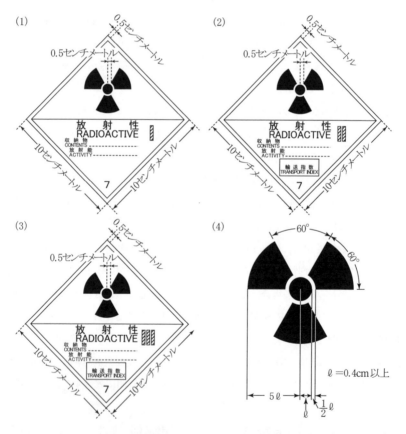

図 6.3　運搬標識(1)～(3)及び運搬表示(4)

6. 許可届出使用者，届出販売業者，届出賃貸業者，許可廃棄業者等の義務等

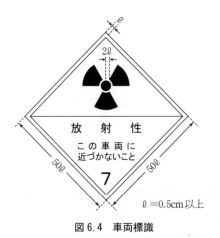

図6.4　車両標識

　以上のほかコンテナ標識の規定が「車両運搬則」に定められているが，本書では説明は省略する．

6.4.3.4　運搬に関する確認〔法18－2〕

　放射線障害の防止のため特に必要がある場合として政令で定める場合に該当するとき（BM型又はBU型輸送物を輸送しようとするとき）（委員会の承認を受けた特別措置により運搬されるものを除く．）は，許可届出使用者等は，その運搬に関する措置が技術上の基準に適合することについて，委員会若しくはその登録を受けた者（**登録運搬物確認機関**）又は国土交通大臣若しくはその登録を受けた者（**登録運搬方法確認機関**）の確認を受けなければならない．

★　運搬に関する確認は，①委員会が行う運搬物に関する確認（**運搬物確認**）と，②国土交通大臣が行う運搬方法に関する確認（**運搬方法確認**）とに分けられ，更に①は①－1運搬容器の確認と①－2内容物（放射性同位元素等）の確認とに分けられる．このうち　①－1運搬容器については，次の6.4.3.5で述べるように，あらかじめ，委員会の承認を受けることができる．委員会の承認を受けた容器（**承認容器**）を使用して運搬する場合には，運搬物に関する確認としては，内容物の確認だけを受ければよい．

法　　令

6.4.3.5　運搬容器の承認〔法 18－3，則 18 の 17〕

　許可届出使用者等は，運搬に使用する容器について，あらかじめ，委員会の承認を受けることができる．承認容器を使用する場合には，技術上の基準のうち容器に関する基準は満たされたものとする．

　上記の承認の申請は，所定の「容器承認申請書」に所要の書類を添えて提出することにより行う．

　容器の一部を分離して使用することができるものについては，当該容器の各部ごとに申請をすることができる．

6.4.3.6　都道府県公安委員会への届出等〔法 18－5～10，令 16～18〕

1　放射線障害の防止のため特に必要がある場合として政令で定める場合に該当するとき（BM 型又は BU 型輸送物を輸送しようとするとき）は，許可届出使用者等は，運搬する旨を発送地を管轄する都道府県公安委員会　（以下「**公安委員会**」という．）に，運搬開始の **1 週間前まで**（運搬が 2 以上の公安委員会の管轄する区域に及ぶときは 2 週間前までに）に届け出なければならない．「放射性同位元素等の運搬の届出等に関する内閣府令」（昭和 56 年総理府令第 30 号）

2　公安委員会は，前項の届出があった場合に，運搬中の放射線障害を防止して公共の安全を確保するため必要があると認めるときは，運搬の日時，経路その他所定の事項について，必要な指示をすることができる．

3　運搬する場合には，1 の届出に従って（2 の指示があったときは，その内容に従って）運搬しなければならない．

4　警察官は，自動車又は軽車両により運搬される場合に，放射線障害を防止して公共の安全を図るため，特に必要があると認めるときは，これを停止させて検査し，又は経路の変更その他適当な措置を命ずることができる．

6.5　廃棄の基準等

　放射性同位元素又は放射性汚染物を廃棄する場合の技術上の基準を工場又は事業所の内と外とに分けて定めるとともに，工場又は事業所の外で廃棄する場合に

6. 許可届出使用者，届出販売業者，届出賃貸業者，許可廃棄業者等の義務等

おいて放射線障害の防止のため特に必要がある場合には，委員会の，また，廃棄物を埋設しようとする場合は，委員会又は委員会の登録を受けた者の確認を受けなければならないとしている．

6.5.1 廃棄の基準〔法 19−1〜3〕

許可届出使用者及び許可廃棄業者(許可取消使用者等を含む)は，放射性同位元素又は放射性汚染物を工場又は事業所の内又は外において廃棄する場合には，廃棄に関する技術上の基準に従って放射線障害の防止のために必要な措置を講じなければならない．

委員会は，廃棄に関する措置が技術上の基準に適合していないと認めるときは，許可届出使用者又は許可廃棄業者に対し，廃棄の停止その他放射線障害の防止のために必要な措置を命ずることができる．

6.5.1.1 許可使用者及び許可廃棄業者の工場又は事業所内における廃棄の場合の技術上の基準〔規 19−1(1)〜(16)〕

1 **気体状**の放射性同位元素等は，排気設備において浄化し，又は排気することにより廃棄すること．この場合，次の A 又は B の濃度を，4 月 1 日，7 月 1 日，10 月 1 日及び 1 月 1 日を始期とする各 **3 月間**についての平均濃度が告示の別表第 2 の第 5 欄（2 種類以上の場合は複合する．）（種類不明の場合は，含まれていないことが明らかなものを除き，最も低いもの）又は別表第 3 の第 3 欄に掲げる濃度限度以下とすること＊．(2.5.3 参照)〔告 14〕

　A　排気設備の排気口における排気中の放射性同位元素の濃度

　B　排気監視設備を設けた場合に，排気中の放射性同位元素の濃度を監視することにより，事業所等の境界（事業所等の境界に隣接する区域に人がみだりに立ち入らないような措置を講じた場合には，事業所及び当該区域から成る区域の境界．次の 2 の(1)においても同じ．）の外の空気中の放射性同位元素の濃度

ただし，5.4.1 の 2 ハで述べた，上記の措置が著しく困難である場合であって，委員会の承認を受けた場合は，排気中の放射性同位元素の数量及び濃度を監視する

757

ことにより，事業所等の境界の外における線量を，実効線量が4月1日を始期とする1年間につき1ミリシーベルト以下とすること．

　排気設備に付着した放射性同位元素等を除去しようとするときは，敷物，受皿，吸収材その他放射性同位元素による汚染の広がりを防止するための施設又は器具及び保護具を用いること．

2　**液体状**の放射性同位元素等は，次のいずれかの方法により廃棄すること．

　イ　排水設備において①浄化する．又は②排水する．

　ロ　容器に封入し，又は固型化処理設備においてコンクリートその他の固型化材料により固型化して，保管廃棄設備において保管廃棄する．

　ハ　焼却炉において焼却する．

　ニ　固型化処理設備においてコンクリートその他の固型化材料により固型化する．

(1)　**イの方法**により廃棄する場合は，次のA又はBの濃度を，4月1日，7月1日，10月1日及び1月1日を始期とする各**3月間**についての平均濃度が告示の別表第2の第6欄（2種類以上の場合は複合する．）（種類不明の場合は，含まれていないことが明らかなものを除き，最も低いもの）又は別表第3の第4欄に掲げる濃度限度以下とすること＊．(2.5.3参照)〔告14〕

　　A　排水設備の排水口における排水中の放射性同位元素の濃度

　　B　排水監視設備を設けた場合に，排水中の放射性同位元素の濃度を監視することにより，事業所等の境界における排水中の放射性同位元素の濃度

　　ただし，5.4.1の3ロで述べた，上記の措置が著しく困難である場合であって，委員会の承認を受けた場合は，排水中の放射性同位元素の数量及び濃度を監視することにより，事業所等の境界の外における線量を，実効線量が4月1日を始期とする1年間につき1ミリシーベルト以下とすること．

　　排液処理を行おうとするとき又は排水設備の付着物，沈殿物等の放射性同位元素等を除去しようとするときは，敷物，受皿，吸収材その他放射性同位元素による汚染の広がりを防止するための施設又は器具及び保護具を用いる

758

6. 許可届出使用者，届出販売業者，届出賃貸業者，許可廃棄業者等の義務等

こと．

(2) **ロの方法**により廃棄する場合においては，次の①～④によること．

① 液体状の放射性同位元素等を容器に封入するときは，当該容器は，液体が
こぼれにくい構造であり，液体が浸透しにくい材料を用いたものであるとい
う基準に適合するものであること．

② 液体状の放射性同位元素等を容器に封入して保管廃棄設備に保管廃棄する
ときは，当該容器にき裂，破損等の事故の生じるおそれのあるときには，受
皿，吸収材その他放射性同位元素による汚染の広がりを防止するための施設
又は器具を用いることにより，放射性同位元素による汚染の広がりを防止す
ること．

③ 液体状の放射性同位元素等を容器に固型化するときは，固型化した液体状
の放射性同位元素等と一体化した容器が液体状の放射性同位元素等の飛散又
は漏れを防止できるものであること．

④ 液体状の放射性同位元素等を容器に固型化する作業は，**廃棄作業室**(5.1.3)
において行うこと．

(3) **ハの方法**により廃棄する場合の液体状の放射性同位元素等を焼却したのち
その残渣を焼却炉から搬出する作業及び**ニの方法**により廃棄する場合の液体状
の放射性同位元素等をコンクリートその他の固型化材料により固型化する作業
は，**廃棄作業室**において行うこと．

3 **固体状**の放射性同位元素等は，次のいずれかの方法により廃棄すること．

イ 焼却炉において焼却する．この場合，焼却残渣搬出作業は廃棄作業室で行
うことについては，液体状の場合と同様である．

ロ 容器に封入し，又は固型化処理設備においてコンクリートその他の固型化
材料により容器に固型化して**保管廃棄設備**において保管廃棄する．この場合，
①固型化作業は**廃棄作業室**で行うこと，及び，②固型化した物と一体化した
容器が放射性同位元素等の飛散又は漏れを防止できるものであることについ
ては，液体状の場合と同様である．

759

法　　令

ハ　放射性汚染物が大型機械等であってこれを容器に封入することが著しく困
難な場合は，汚染の広がりを防止するための特別の措置を講じて保管廃棄設
備において保管廃棄する．

ニ　陽電子断層撮影用放射性同位元素又は陽電子断層撮影用放射性同位元素に
よって汚染された物については，それ以外のものが混入し，又は付着しない
ように封及び表示をし，当該陽電子断層撮影用放射性同位元素の原子数が 1
を下回ることが確実な期間として委員会が定める期間（封をした日から 7 日
間．告 16 の 3）を超えて管理区域内で保管廃棄する．その期間を経過した後
は，放射性同位元素又は放射性同位元素によって汚染された物ではないものと
する．

ホ　廃棄物埋設を行うこと（廃棄物埋設に係る許可を受けた許可廃棄業者に限
る）

4　このほか，次の①〜⑩の事項が規程されている．

①　被ばく防止の措置を講ずることにより，放射線業務従事者の線量が，実効
線量限度及び等価線量限度を超えないようにする．

②　廃棄作業室内の人が常時立ち入る場所では，空気中濃度限度を超えないよ
うにする．

③　廃棄作業室内での飲食及び喫煙を禁止する．

④　廃棄作業室内の人が触れる物の表面は，表面密度限度を超えないようにす
る．

⑤　廃棄作業室内においては，作業着，保護具等を着用して作業し，これらを
着用してみだりに廃棄作業室内から退出しない．

⑥　廃棄作業室から退出するときは，汚染を検査し，汚染を除去する．

⑦　表面密度限度を超えているものを，みだりに廃棄作業室から持ち出さない．

⑧　表面密度限度の 10 分の 1 を超えて表面が放射性同位元素によって汚染され
た物を，みだりに管理区域から持ち出さない．

⑨　放射線障害の防止に必要な注意事項を管理区域に掲示する．

6. 許可届出使用者，届出販売業者，届出賃貸業者，許可廃棄業者等の義務等

⑩　管理区域への人の立入防止措置を講じ，立入者に対し放射線業務従事者の指示に従わせる．

6.5.1.2　届出使用者の工場又は事業所内における廃棄の場合の技術上の基準

〔則 19－4〕

届出使用者が密封された放射性同位元素（密封が開封，破壊，漏えい，浸透等により汚染を起こした場合には，密封されていない放射性同位元素又は放射性同位元素によって汚染された物であることもありうる．）を廃棄する場合には，容器に封入し，**一定の区画された場所**内に放射線障害の発生を防止するための措置を講じて廃棄する．この場合その容器及び管理区域には，所定の標識を付ける＊．

★届出使用者の場合には，廃棄施設に相当するような施設の規制がないので，「一定の区画された場所」という保管廃棄設備に相当したところに保管廃棄するように定められている．

なお，許可使用者及び許可廃棄業者の場合に準じて 6.5.1.1 の 4 に記述した①，⑧，⑨及び⑩の事項が規定されていて，保管廃棄したものは一定期間経過後，許可廃棄業者等に引き渡すことが多い．

6.5.1.3　許可届出使用者及び許可廃棄業者の工場又は事業所外における廃棄の場合の技術上の基準〔法 19－2，則 19－5〕

許可届出使用者及び許可廃棄業者は，放射性同位元素又は放射性汚染物を工場又は事業所の外において廃棄する場合は，次の措置を講じなければならない．

イ　放射性同位元素を廃棄する場合には，許可使用者に保管廃棄を委託し，又は許可廃棄業者に廃棄を委託すること．

ロ　放射性汚染物を廃棄する場合には，当該放射性汚染物に含まれる放射性同位元素の種類が許可証に記載されている許可使用者に保管廃棄を委託し，又は許可廃棄業者に廃棄を委託すること．

ハ　廃棄に従事する者の被ばくの防止については，放射線被ばく防止の措置（6.3.1 の 3）のいずれかを講ずることにより，放射線業務従事者及び放射線業務

761

従事者以外の廃棄に従事する者の線量が実効線量限度（2.4.1）及び等価線量限度（2.4.2）を超えないようにすること＊.〔告 17〕

6.5.1.4 届出販売業者又は届出賃貸業者からの廃棄の委託〔法 19−4〕

届出販売業者又は届出賃貸業者は，放射性同位元素又は放射性汚染物の廃棄については，許可届出使用者又は許可廃棄業者に委託しなければならない.

6.5.1.5 表示付認証機器又は表示付特定認証機器の廃棄の委託〔法 19−5〕

表示付認証機器又は表示付特定認証機器（以下，「**表示付認証機器等**」という.）を廃棄しようとする者は，許可届出使用者又は許可廃棄業者に委託しなければならない.

6.5.1.6 許可廃棄業者の詰替えの基準〔則 19−3〕

許可廃棄業者は，放射性同位元素等の詰替えをする場合においては，次に定めるところによる.

(1) 放射性同位元素等の詰替えは，廃棄物詰替施設において行うこと.

(2) 密封された放射性同位元素等の密封されたままでの詰替えをする場合には，その放射性同位元素等を次に適合する状態において詰替えをし，かつ，敷物，受皿，吸収材その他放射性同位元素等による汚染の広がりを防止するための施設又は器具を用いること.

　イ　正常な使用状態においては，開封又は破壊されるおそれのないこと.

　ロ　密封された放射性同位元素等が漏えい，浸透等により散逸して汚染するおそれのないこと.

(3) 廃棄物詰替施設の目につきやすい場所に，放射線障害の防止に必要な注意事項を掲示すること.

(4) 密封されていない放射性同位元素等の詰替えは，作業室において行うこと.

(5) その他 6.3.1 使用の基準の項の 3，5〜11 及び 15 で述べたことが準用される.

6. 許可届出使用者，届出販売業者，届出賃貸業者，許可廃棄業者等の義務等

6.5.1.7 廃棄物埋設に係る許可を受けた許可廃棄業者が廃棄物埋設による廃棄を行う場合の技術上の基準 〔則 19−(17)〕

廃棄物埋設に係る許可を受けた許可廃棄業者は，次に定めるところにより廃棄物埋設を行うこと．

イ 次の基準に適合する埋設廃棄物のみを埋設すること．

① 廃棄の業の許可の申請書記載の最大放射能濃度を超えない．

② 強度，密封性等の性状が許可の申請書の記載事項に適合．

③ 表面線量当量率が基準値を超える場合は標識を付ける．

④ 埋設廃棄物の表面に放射性廃棄物を示す標識を付ける．

⑤ 埋設確認申請書に記載された事項と照合することができる．

ロ 次に掲げるところにより埋設及び覆土を行うこと．

① 種類毎の放射能の総量が申請書記載の数量を超えない．

② 埋設開始前に排水し，埋設中は雨水等の侵入を防止する．

③ 固形化していない物については飛散防止の措置を講ずる．

④ 外周仕切設備を設けた場合，随時点検し，損壊・漏洩を防止．

⑤ 土砂等を充填，埋設終了後に空隙が残らないように措置．

⑥ 埋設終了後，周辺に比べ透水性の大きくない土砂等で覆う．

ハ 次に掲げるところにより廃棄物埋設地を管理すること．ただし，許可を受けて「放射能の減衰に応じて放射線障害防止の防止のために講ずる措置」を採らないことにした場合は，その必要はない．

① 埋設終了後，廃棄物埋設地であることを示す立札等を設置．

② 周囲に柵を設ける等の方法で立入りを制限する．

③ 外周仕切設備を設けた場合，漏洩を監視し，漏洩が認められたときは修復その他の措置を講じる．

④ 地下水中の放射性同位元素の濃度その他を測定する．

⑤ その結果，線量限度を超えるおそれがあり，また，水質の悪化が認められるときは必要な措置を講じる．

763

法　　令

6.5.1.8　廃棄に関する確認〔法 19 の 2，令 19〕

（放射線取扱主任者試験には，出題されていない．）

許可届出使用者及び許可廃棄業者（許可取消使用者等を含む）は，放射性同位元素又は放射性汚染物を工場又は事業所の外において廃棄する場合において，放射線障害の防止のため特に必要がある場合，すなわち(1)廃棄施設に廃棄する場合及び(2)人命又は船舶，航空機若しくは人工海洋構築物の安全を確保するためやむを得ない場合に該当して海洋投棄をする場合（後出 6.9 参照）以外に該当する場合は，その廃棄に関する措置が技術上の基準に適合することについて，委員会の**確認**を受けなければならない．また，廃棄物埋設をしようとする許可廃棄業者は，その都度，当該廃棄物埋設において講ずる措置が技術上の基準に適合することについて，委員会又は委員会の登録を受けた者（**登録埋設確認機関**）の確認（埋設確認）を受けなければならない．

6.5.2　措置命令〔法 15〜19〕

以上の 6.3.1 使用，6.3.2 保管，6.4.2 工場又は事業所内の運搬，6.4.3 工場又は事業所外の運搬及び 6.5 廃棄の各項において，委員会（工場又は事業所外の運搬の場合は，運搬する物については委員会，運搬方法については国土交通大臣）は，放射性同位元素の使用又は放射性同位元素等の保管，運搬若しくは廃棄に関する措置が技術上の基準に適合していないと認めるときは，許可届出使用者等に対し，放射線障害防止のために必要な措置を命ずることができる旨の規定が共通してある．

この場合，対象者としては 6.8.1 の(5)，(6)により放射性同位元素の所持を認められた者を含み，また工場又は事業所外の運搬の場合には，「これらの者から運搬を委託された者」も含まれる．

6.6　測定，放射線障害予防規程，教育訓練，健康診断，記帳等

6.6.1　測　　定

6.6.1.1　場所に関する測定＊〔法 20−1，則 20−1〕　〔重要！〕

1　許可届出使用者及び許可廃棄業者は，放射線障害のおそれのある場所につい

6. 許可届出使用者，届出販売業者，届出賃貸業者，許可廃棄業者等の義務等

て，放射線の量及び放射性同位元素等による汚染の状況を測定しなければならない．放射線の量の測定は，**1 センチメートル線量当量率**又は**1 センチメートル線量当量**について行うこと．

ただし，**70 マイクロメートル線量当量率**が 1 センチメートル線量当量率の 10 倍を超えるおそれのある場所又は**70 マイクロメートル線量当量**が 1 センチメートル線量当量の 10 倍を超えるおそれのある場所においては，それぞれ 70 マイクロメートル線量当量率又は 70 マイクロメートル線量当量について行うこと．

2　測定にあたっては，**放射線測定器**を用いて行う．ただし，放射線測定器を用いて測定することが著しく困難である場合には，計算によってこれらの値を算出することとする．

3　測定は，**表** 6.3 に示す各項目・各場所について，それを知るために最も適した箇所において行う．

表 6.3　測定の場所

項目	①　放射線の量の測定		②　放射性同位元素による汚染の状況の測定	
場所	イ	使用施設	イ	作業室
	ロ	廃棄物詰替施設	ロ	廃棄作業室
	ハ	貯蔵施設	ハ	汚染検査室
	ニ	廃棄物貯蔵施設	ニ	排気設備の排気口
	ホ	廃棄施設	ホ	排水設備の排水口
	ヘ	管理区域の境界	ヘ	排気監視設備のある場所
	ト	事業所等内において人が居住する区域	ト	排水監視設備のある場所
	チ	事業所等の境界	チ	管理区域の境界

4　測定の回数

A　作業を開始する前に 1 回

B　作業を開始した後は，次の(1)〜(5)により行うこと．

(1)　表 6.3 の①並びに②イ，ロ，ハ及びチの汚染の状況の測定は**1 月**を超えない期間ごとに 1 回．ただし，①については，次の(2)(3)及び(5)の場合を除く．

(2)　密封された放射性同位元素又は放射線発生装置を固定して取り扱う場合であって，取扱いの方法及び遮蔽壁その他の遮蔽物の位置が一定していると

きの放射線の量の測定は，**6月**を超えない期間ごとに1回

(3)　下限数量の 1000 倍以下の密封された放射性同位元素のみを取り扱うときの放射線の量の測定は，**6月**を超えない期間ごとに1回

(4)　表 6.3 の②のニ，ホ，ヘ，トにおける汚染の状況の測定は，排気又は排水する都度（連続して排気又は排水する場合には，連続して）

(5)　廃棄物埋設地を設けた廃棄事業所の境界における放射線の量の測定は，すべての廃棄物埋設地を土砂で覆うまでの間，**1週間**を超えない期間ごとに1回

5　測定結果の記録の作成と保存〔法 20−3，則 20−4(1)〕

測定の結果は，測定の都度，次の事項について記録し，**5年間**保存すること．

ただし，廃棄物埋設に係る測定の記録については，記帳し，廃棄の業の廃止までの期間保存すること．(6.6.6 の 2 参照)

イ　測定日時

ロ　測定箇所

ハ　測定をした者の氏名

ニ　放射線測定器の種類及び型式

ホ　測定方法

ヘ　測定結果

6.6.1.2　人に関する測定＊〔法 20−2，則 20−2〕〔重要！〕

許可届出使用者及び許可廃棄業者は，使用施設，廃棄物詰替施設，貯蔵施設，廃棄物貯蔵施設又は廃棄施設に立ち入った者について，その者の受けた放射線の量及び放射性同位元素等による汚染の状況を測定しなければならない．

放射線の量の測定は，**外部被ばく**による線量及び**内部被ばく**による線量について，次に定めるところにより行うこと．

1　外部被ばくによる線量の測定

(1)　胸部（女子（注）にあっては腹部）について 1 センチメートル線量当量及び 70 マイクロメートル線量当量（中性子については，1 センチメートル線量当量）を測定する．

6. 許可届出使用者，届出販売業者，届出賃貸業者，許可廃棄業者等の義務等

注　妊娠不能と診断された者及び妊娠の意思のない旨を許可届出使用者又は許可廃棄業者に書面で申し出た者を除く（ただし，合理的理由があるときは，この限りでない）．以下，本書において「一般女子」という．

(2)　①頭部及びけい部から成る部分，②胸部及び上腕部から成る部分並びに③腹部及び大たい部から成る部分のうち，外部被ばくによる線量が最大となるおそれがある部分が②の胸部及び上腕部から成る部分（一般女子にあっては③の腹部及び大たい部から成る部分）以外の部分である場合には，(1)のほかその部分についても，(1)に記載した各線量を測定すること．

(3)　人体部位のうち外部被ばくによる線量が最大となるおそれがある部位が，頭部，けい部，胸部，上腕部，腹部及び大たい部以外の部位であるときは，(1)，(2)のほかその部位について 70 マイクロメートル線量当量を測定すること．ただし，中性子線については測定を要しない．

(4)　**放射線測定器**を用いて測定すること．ただし，放射線測定器を用いて測定することが著しく困難である場合には，計算によってこれらの値を算出することとする．

(5)　管理区域に立ち入る者について，管理区域に立ち入っている間継続して行うこと（この間継続して個人線量計を装着しておくとの意味）．

　　　ただし，管理区域に一時的に立ち入る者であって放射線業務従事者でないものにあっては，その者の管理区域内における外部被ばくによる線量が実効線量について 100 マイクロシーベルトを超えるおそれのないときは，この限りでない．〔告 18-1〕

2　内部被ばくによる線量の測定

(1)　①　放射性同位元素を誤って吸入摂取又は経口摂取したとき　及び

　　　②　作業室その他放射性同位元素を吸入摂取又は経口摂取するおそれのある場所に立ち入る者に対して **3 月**を超えない期間ごとに 1 回（本人の申出等により許可届出使用者又は許可廃棄業者が妊娠の事実を知ることとなった女子にあっては出産までの間 **1 月**を超えない期間ごとに 1 回）

767

法　　令

行うこと．ただし，②の場所に一時的に立ち入る者であって放射線業務従事者でないものにあっては，その者の内部被ばくによる線量が実効線量について 100 マイクロシーベルトを超えるおそれのないときは，この限りでない．〔告 18－2〕

(2)　内部被ばくによる線量の測定は，吸入摂取又は経口摂取した放射性同位元素について告別表第 2 の第 1 欄に掲げる放射性同位元素の種類ごとに吸入摂取又は経口摂取した放射性同位元素の摂取量を計算し，次式により算出する．2 種類以上の放射性同位元素を吸入摂取又は経口摂取したときは，それぞれの種類につき算出した実効線量の和を内部被ばくによる実効線量とする．ただし，委員会が認めた方法により測定する場合は，この限りでない．

$$E_1 = e \times I$$

ここで，E_1 は，内部被ばくによる実効線量（単位：ミリシーベルト）で，**「預託実効線量」**と呼ばれる量である．（管理技術編 9. 4. 3 参照）

e は，告別表第 2 の 1 欄に掲げる放射性同位元素の区分に応じて，それぞれ吸入摂取した場合にあっては同表の第 2 欄，経口摂取した場合にあっては同表の第 3 欄に掲げる**実効線量係数**（単位：ミリシーベルト/ベクレル）

I は，吸入摂取又は経口摂取した放射性同位元素の摂取量（単位：ベクレル）〔告 19〕

3　放射性同位元素による汚染の状況の測定

(1)　放射線測定器を用い，次に定めるところにより行うこと．ただし，放射線測定器を用いて測定することが著しく困難である場合には，計算によってこの値を算出することができる．（「測定を行わなくてよい」ではないから，間違えないように）

(2)　(イ)手，足その他放射性同位元素によって汚染されるおそれのある人体部位の表面及び(ロ)作業衣，履物，保護具その他人体に着用している物の表面であって放射性同位元素によって汚染されるおそれのある部分について行うこと．

(3)　密封されていない放射性同位元素等の使用，詰替え，焼却又はコンクリートその他の固形化材料による固形化を行う放射線施設に立ち入る者につい

768

6. 許可届出使用者，届出販売業者，届出賃貸業者，許可廃棄業者等の義務等

て，当該施設から退出するときに行うこと．

4　測定結果の記録の作成と保存〔法 20-3，則 20-4(2)〜(8)〕

(1)　1 の外部被ばくによる線量の測定結果の記録

①　4 月 1 日，7 月 1 日，10 月 1 日及び 1 月 1 日を始期とする各 **3 月間**

②　4 月 1 日を始期とする **1 年間**

③　本人の申出等により許可届出使用者又は許可廃棄業者が妊娠の事実を知る

　　こととなった女子にあっては出産までの間毎月 1 日を始期とする **1 月間**

について，当該期間ごとに集計し，集計の都度次の事項について記録すること．

イ　測定対象者の氏名

ロ　測定をした者の氏名

ハ　放射線測定器の種類及び型式

ニ　測定方法

ホ　測定部位及び測定結果

(2)　2 の内部被ばくによる線量の測定結果の記録

　　測定の都度次の事項について記録すること．

イ　測定日時

ロ　測定対象者の氏名

ハ　測定をした者の氏名

ニ　放射線測定器の種類及び型式

ホ　測定方法

ヘ　測定結果

(3)　3 の放射性同位元素による汚染の状況の測定結果の記録

　　手，足等の人体部位の表面（人体に着用している物については，記録の対

象としていないことに注意）が，表面密度限度を超えて放射性同位元素によ

り汚染され，その汚染を容易に除去することができない場合に＊，次の事項

について記録すること．

イ　測定日時

法　　令

ロ　測定対象者の氏名

ハ　測定をした者の氏名

ニ　放射線測定器の種類及び型式

ホ　汚染の状況

ヘ　測定方法

ト　測定部位及び測定結果

★　放射性同位元素による汚染の状況の測定のうち，①人体部位以外の物の表面の汚染に関しては，記録する必要がない．②人体部位についても表面密度限度以下の汚染の場合，及び，③表面密度限度を超えた汚染でも，その汚染を容易に除去できる場合は，いずれも記録する必要がない．

(4)　実効線量及び等価線量の算定と記録

(1)〜(3)の測定結果から，委員会の定めるところにより実効線量及び等価線量を

①　4月1日，7月1日，10月1日及び1月1日を始期とする各 **3月間**

②　4月1日を始期とする **1年間**

③　本人の申出等により許可届出使用者又は許可廃棄業者が妊娠の事実を知ることとなった女子にあっては出産までの間，毎月1日を始期とする **1月間**

について，当該期間ごとに算定し，算定の都度次の項目について記録すること．

イ　算定年月日

ロ　対象者の氏名

ハ　算定した者の氏名

ニ　算定対象期間

ホ　実効線量

ヘ　等価線量及び組織名

(5)　実効線量及び等価線量の算定の方法〔告 20−1, 2〕

A　**実効線量**

1センチメートル線量当量を外部被ばくによる実効線量とし，これと内部被ばく

770

6. 許可届出使用者，届出販売業者，届出賃貸業者，許可廃棄業者等の義務等

による実効線量との和を実効線量とする．ただし，線量が最大になる部分が胸部又は腹部以外の場合には，適切な方法により算出したものを外部被ばくによる実効線量とする．内部被ばくによる実効線量は，前記の吸入摂取又は経口摂取した放射性同位元素の摂取量から算出するものとする．

B　等価線量

イ　皮膚の等価線量：70 マイクロメートル線量当量

ロ　眼の水晶体の等価線量：1 センチメートル線量当量又は 70 マイクロメートル線量当量のうち，適切な方

ハ　妊娠中である女子の腹部表面の等価線量：1 センチメートル線量当量

(6)　4 月 1 日を始期とする 1 年間についての実効線量が 20 ミリシーベルトを超えた場合は，累積実効線量を毎年度集計し，集計の都度次の項目について記録する．

イ　集計年月日

ロ　対象者の氏名

ハ　集計者の氏名

ニ　集計対象期間

ホ　累積実効線量（※）

（※　平成 13 年 4 月 1 日以降 5 年ごとに区分した各期間〔告 20−3〕）

(7)　記録の写しの交付

当該測定の対象者に対し，(1)〜(4)及び(6)の記録の写しを記録の都度交付すること．

(8)　記録の保存

(1)〜(4)及び(6)の記録を**永年保存**すること．（人に関する記録はすべて永年保存である．）ただし，①その記録の対象者が許可届出使用者若しくは許可廃棄業者の従業者でなくなった場合　又は　②当該記録を**5 年以上**保存した場合　において，これを委員会が指定する機関に引き渡すときは，永年保存の義務を免れる．この指定機関として公益財団法人放射線影響協会が指定されている．

「放射性同位元素等による放射線障害の防止に関する法律施行令の規定に基

771

法　　令

づき記録の引渡し機関を指示する告示」（平成 17 年文部科学省告示第 78 号）

6.6.2　放射線障害予防規程＊〔法 21, 則 21〕

1　許可届出使用者, 届出販売業者（表示付認証機器等のみを販売する者を除く）, 届出賃貸業者（表示付認証機器等のみを賃貸する者を除く）及び許可廃棄業者は, 放射線障害を防止するため, 放射性同位元素若しくは放射線発生装置の使用, 放射性同位元素の販売若しくは賃貸の業又は放射性同位元素若しくは放射性汚染物の廃棄の業を**開始する前に**, 放射線障害予防規程を作成し, 委員会に届け出なければならない.

★　表示付認証機器届出使用者の場合は（もちろん, 表示付特定認証機器使用者の場合も）, 放射線障害予防規程の作成・届出の必要はない.〔法 25 の 2-1〕

2　放射線障害予防規程は, 次の事項について定めるものとされている.

(1)　放射性同位元素等又は放射線発生装置の取扱いに従事する者に関する職務及び組織に関すること.

(2)　放射線取扱主任者その他の放射性同位元素等又は放射線発生装置の取扱いの安全管理に従事する者に関する職務及び組織に関すること.

(3)　放射線取扱主任者の代理者の選任に関すること.

(4)　放射線施設の維持及び管理に関すること.

(5)　放射線施設（届出使用者の使用, 廃棄の場合には, 管理区域）の点検に関すること.

(6)　放射性同位元素又は放射線発生装置の使用に関すること.（許可使用者が管理区域の外において密封されていない放射性同位元素を使用する場合は, その放射性同位元素の数量が下限数量以下であることの確認の方法を含む）

(7)　放射性同位元素等の受入れ, 払出し, 保管（届出賃貸業者にあっては放射性同位元素を賃貸した許可届出使用者により適切な保管が行われないときの措置を含む）, 運搬又は廃棄に関すること.

(8)　放射線の量及び放射性同位元素による汚染の状況の測定並びにその測定の結果についての記録, 記録の写しの交付及び保存に関する措置に関すること.

772

6. 許可届出使用者，届出販売業者，届出賃貸業者，許可廃棄業者等の義務等

(9) 放射線障害を防止するために必要な教育及び訓練に関すること．

(10) 健康診断に関すること．

(11) 放射線障害を受けた者又は受けたおそれのある者に対する保健上必要な措置に関すること．

(12) 記帳及びその保存に関すること．

(13) 地震，火災その他の災害が起こった時の措置に関すること．

(14) 危険時の措置に関すること．

(15) 放射線管理の状況の報告に関すること．

(16) 廃棄物埋設地に埋設した埋設廃棄物に含まれる放射能の減衰に応じて放射線障害の防止のために講ずる措置に関すること．（廃棄物埋設を行う場合に限る．）

(17) その他放射線障害の防止に関し必要な事項

3 委員会は，放射線障害を防止するために必要があると認めるときは，許可届出使用者，届出販売業者，届出賃貸業者又は許可廃棄業者に対し，放射線障害予防規程の変更を命ずることができる．

4 許可届出使用者，届出販売業者，届出賃貸業者及び許可廃棄業者は，放射線障害予防規程を変更したときは，変更の日から**30日以内**に，変更後の放射線障害予防規程を添えて，委員会に届け出なければならない．

6.6.3 教 育 訓 練〔法22，則21の2，平成3年科学技術庁告示第10号〕

許可届出使用者及び許可廃棄業者は，使用施設，廃棄物詰替施設，貯蔵施設，廃棄物貯蔵施設又は廃棄施設に立ち入る者に対し，放射線障害予防規程の周知その他を図るほか，放射線障害を防止するために必要な教育及び訓練を施さなければならない．

管理区域に立ち入る者及び取扱等業務に従事する者に次の時期及び項目について教育及び訓練を行うこと．

1 教育及び訓練を行うとき

A 放射線業務従事者：初めて管理区域に立ち入る前及び管理区域に立ち入った後にあっては**1年を超えない期間**ごと

B 取扱等業務に従事する者であって管理区域に立ち入らないもの：取扱等業務を開始する前及び取扱等業務を開始した後にあっては**1年を超えない期間**ごと

2 教育及び訓練の項目

(1) 1のA及びBに規定する者に対して行わなければならない教育及び訓練の項目並びに初めて管理区域に立ち入る前又は取扱等業務を開始する前に行わなければならない教育及び訓練の最少の時間数を**表 6.4**に示す.

表 6.4 教育及び訓練の項目と時間数

教育及び訓練の項目	最少の時間数	
	A	B
イ 放射線の人体に与える影響	30 分	30 分
ロ 放射性同位元素等又は放射線発生装置の安全取扱い	4 時間	1 時間 30 分
ハ 放射性同位元素及び放射線発生装置による放射線障害の防止に関する法令	1 時間	30 分
ニ 放射線障害予防規程	30 分	30 分

(2) (1)以外の者（実際には，①施設の見学者等，取扱等業務に従事しないが管理区域に立ち入る者，②放射線発生装置に係る管理区域で，工事，改造，修理，又は点検のため 7 日以上運転を停止する場合等，管理区域ではないとみなされている区域に立ち入る者，その他が該当する.（6.6.8 参照））に対しては，その立ち入る放射線施設において放射線障害が発生することを防止するために必要な事項についての教育を随時行う.

ただし，上記(1)及び(2)の項目又は事項の全部又は一部に関し十分な知識及び技能を有していると認められる者に対しては，当該項目又は事項についての教育及び訓練を省略することができる.

6.6.4 健 康 診 断 ＊〔法 23, 則 22〕

許可届出使用者及び許可廃棄業者は，使用施設，廃棄物詰替施設，貯蔵施設，廃棄物貯蔵施設又は廃棄施設に立ち入る者に対し，健康診断を行わなければなら

6. 許可届出使用者，届出販売業者，届出賃貸業者，許可廃棄業者等の義務等

ない．健康診断の対象者は放射線業務従事者（一時的に管理区域に立ち入る者を除く）．

1　健康診断を行うとき＊

A　通常の健康診断

(1)　初めて管理区域に立ち入る前

(2)　管理区域に立ち入った後：1年を超えない期間ごとに行うこと．

B　臨時の健康診断＊

　A(2)の規定にかかわらず，放射線業務従事者が次のような場合に該当するときは，遅滞なく行うこと．

　　イ　放射性同位元素を誤って吸入摂取し，又は経口摂取したとき

　　ロ　皮膚が表面密度限度を超えて汚染され，その汚染を容易に除去することができないとき

　　ハ　皮膚の創傷面が汚染され，又は汚染されたおそれのあるとき（この場合には，表面密度の数量的な規定はない．）

　　ニ　実効線量限度又は等価線量限度を超えて被ばくし，又は被ばくしたおそれのあるとき

2　健康診断の方法

(1)　問診及び検査又は検診とする．

(2)　問診は，次の事項について行う．

　　イ　放射線の**被ばく歴**の有無

　　ロ　被ばく歴を有する者については，作業の場所，内容，期間，被ばくした放射線の線量，放射線障害の有無その他放射線による被ばくの状況（ただし，このイ，ロの場合とも放射線としては，特に1メガ電子ボルト未満のエネルギーを有する電子線及びエックス線を含む．次の6.6.5の場合も同様）

　　★　健康診断の内，問診は省くことができない．

(3)　検査又は検診を行う部位及び項目

775

イ　末しょう血液中の血色素量又はヘマトクリット値，赤血球数，白血球数
及び白血球百分率

ロ　皮膚

ハ　眼

ニ　その他委員会が定める部位及び項目

イからハまでの部位又は項目については，医師が必要と認める場合に限って
行われる．ただし，初めて管理区域に立ち入る前に行う健康診断にあっては，
イ及びロの部位又は項目を除くことは出来ない＊．

3　健康診断の結果の記録と保存

(1)　健康診断の結果を，健康診断の都度，次の事項について記録すること．

イ　実施年月日

ロ　対象者の氏名

ハ　健康診断を行った医師名

ニ　健康診断の結果

ホ　健康診断の結果に基づいて講じた措置

(2)　受診者に健康診断の都度記録の写しを交付すること．

(3)　記録を**永年保存**すること（人に関する記録であるから永年保存）

ただし，①　健康診断を受けた者が許可届出使用者，若しくは許可廃棄業者
の従業者でなくなった場合　又は　②　当該記録を**5年以上**保存した場合　に
おいて，委員会が指定する機関に引き渡すときは，永年保存の義務を免れる．
この指定機関として公益財団法人放射線影響協会が指定されている．

「放射性同位元素等による放射線障害の防止に関する法律施行令の規定に基づ
き記録の引渡し機関を指示する告示」（平成17年文部科学省告示第78号）

6.6.5　放射線障害を受けた者等に対する措置〔法24，則23〕

許可届出使用者(表示付認証機器使用者を含む)，届出販売業者，届出賃貸業者
及び許可廃棄業者は，**放射線障害**を受けた者又は受けたおそれのある者に対し，
保健上必要な措置を講じなければならない．

6. 許可届出使用者，届出販売業者，届出賃貸業者，許可廃棄業者等の義務等

1 放射線業務従事者の場合：その程度に応じ

① 管理区域への立入時間の短縮

② 管理区域への立入りの禁止

③ 放射線に被ばくするおそれの少ない業務への配置転換

　　等の措置を講じ，必要な保健指導を行う.

2 放射線業務従事者以外の者の場合：遅滞なく，医師による診断，必要な保健指導等の適切な措置を講ずる.〔見学者等についても適用される.〕

6.6.6 記 帳 〔法25，則24〕

1 許可届出使用者，届出販売業者，届出賃貸業者及び許可廃棄業者は，帳簿を備え，**表6.5**に示される事項を記載しなければならない.

2 許可届出使用者，届出販売業者，届出賃貸業者及び許可廃棄業者は，毎年3月31日又は廃止日等にこの帳簿を閉鎖し，閉鎖後**5年間**これを保存しなければならない. ただし，廃棄物埋設に係る（表6.5のＤイからホまでについての）帳簿は廃棄の業の廃止まで保存しなければならない.

6.6.7 表示付認証機器等の使用等に係る特例 〔法25の2〕

1 6.3.1使用の基準，6.3.2保管の基準，6.4.2工場又は事業所の内における運搬，6.6.1測定，6.6.2放射線障害予防規程，6.6.3教育訓練及び6.6.4健康診断の規定は，表示付認証機器等の認証条件に従った使用，保管及び運搬については，適用しない.

2 許可届出使用者，届出販売業者，届出賃貸業者及び許可廃棄業者並びにこれらの者から運搬を委託された者（許可届出使用者等）が，表示付認証機器等の認証条件に従った運搬を行う場合で，工場又は事業所の外において運搬するとき（鉄道，軌道，索道，無軌条電車，自動車及び軽車両により運搬する場合に限る.）は，国土交通省令で定める技術上の基準に従って放射線障害の防止のために必要な措置（運搬する物についての措置を除く.）を講じなければならない. これは許可届出使用者等以外の者が表示付認証機器等の認証条件に従った運搬を行う場合についても準用される.

法　　令

表6.5　帳簿に記載する事項

A　許可届出使用者の場合	B　届出販売業者，届出賃貸業者の場合	C　許可廃棄業者の場合（廃棄物埋設を行うものを除く）
イ　受入れ又は払出しに係る放射性同位元素等の種類及び数量 ロ　放射性同位元素等の受入れ又は払出しの年月日及びその相手方の氏名又は名称 ハ　使用に係る放射性同位元素の種類及び数量 ニ　使用に係る放射線発生装置の種類 ホ　使用の年月日，目的，方法及び場所 ヘ　使用に従事する者の氏名	イ　譲受け又は販売その他譲渡し若しくは賃貸に係る放射性同位元素の種類及び数量 ロ　譲受け又は販売その他譲渡し若しくは賃貸の年月日 ハ　その相手方の氏名又は名称	イ　受入れ又は払出しに係る放射性同位元素等の種類及び数量 ロ　受入れ又は払出しの年月日及びその相手方の氏名又は名称
ト　貯蔵施設における保管に係る放射性同位元素の種類及び数量並びに放射化物保管施設における保管に係る放射化物の種類及び数量 チ　保管の期間，方法及び場所 リ　保管に従事する者の氏名	ニ　保管を委託した放射性同位元素の種類及び数量 ホ　保管の委託の年月日，期間 ヘ　保管委託先の氏名又は名称	ハ　A　許可届出使用者の場合のト，チ及びリと同じ （ただし，放射性同位元素は放射性同位元素等）
ヌ　工場又は事業所の外における放射性同位元素等の運搬の①年月日，②方法，③荷受人又は荷送人の氏名又は名称，④運搬に従事する者の氏名又は運搬の委託先の氏名若しくは名称	ト　放射性同位元素等の運搬の①年月日，②方法，③荷受人又は荷送人の氏名又は名称，④運搬に従事する者の氏名又は運搬の委託先の氏名若しくは名称	ニ　廃棄事業所の外における放射性同位元素等の運搬の①年月日，②方法，③荷受人又は荷送人の氏名又は名称，④運搬に従事する者の氏名又は運搬の委託先の氏名若しくは名称
ル　廃棄に係る放射性同位元素等の種類及び数量 ヲ　廃棄の年月日，方法及び場所 ワ　廃棄に従事する者の氏名	チ　廃棄を委託した放射性同位元素等の種類及び数量 リ　廃棄の委託の年月日及び委託先の氏名又は名称	ホ　A　許可届出使用者の場合のルからタと同じ

778

6. 許可届出使用者，届出販売業者，届出賃貸業者，許可廃棄業者等の義務等

カ　海洋投棄（記載省略）

- -

ヨ　放射線施設（届出使用者の使用，廃棄の場合には，管理区域）の①点検の実施年月日，②点検の結果及びこれに伴う措置の内容，③点検を行った者の氏名

タ　放射線施設に立ち入る者に対する教育及び訓練の①実施年月日，②項目，③当該教育及び訓練を受けた者の氏名

レ　放射線発生装置の特例により管理区域ではないものとみなされる区域に立ち入った者の氏名

D　廃棄物埋設を行う許可廃棄業者の場合

イ　埋設廃棄物の種類及び量並びに含まれる放射性同位元素の種類ごとの濃度及び数量
ロ　埋設廃棄物を廃棄物埋設地に埋設した年月日及び場所
ハ　廃棄物埋設に従事する者の氏名
ニ　外周仕切設備外への放射性同位元素の漏洩の監視又は測定の①実施年月日，②結果，③結果に伴う措置の内容，④実施者の氏名
ホ　放射線施設の点検の①実施年月日，②結果，③結果に伴う措置の内容，④点検者の氏名
ヘ　A　許可届出使用者の場合のルからカまで及びタに掲げる事項
ト　C　許可廃棄業者の場合のイからニまでに掲げる事項

E　6.11の濃度確認を受けようとする者の場合

イ　濃度確認対象物の種類，発生日時及び場所
ロ　評価単位ごとの重量及び当該評価単位に含まれる評価対象放射性同位元素の種類ごとの濃度
ハ　放射性同位元素の組成比の測定結果
ニ　放射能濃度の計算条件及び計算結果
ホ　汚染除去後の放射能濃度の測定結果
ヘ　放射能濃度の測定に用いた放射線測定装置及び測定条件
ト　放射線測定装置の点検及び校正結果
チ　濃度確認対象物の保管の方法及び場所

3　また，許可届出使用者が，表示付認証機器等の認証条件に従った使用及び保管をする場合は記帳の義務が緩和され，帳簿には

イ　放射性同位元素の廃棄に関する事項

ロ　放射性汚染物の廃棄に関する事項

のみを記載すればよい．

779

4　届出賃貸業者及び届出販売業者が表示付特定認証機器を賃貸又は販売する場合には帳簿を備える必要はない.

6.6.8　放射線発生装置の管理区域に立ち入る者に係る特例　〔則22-3〕

放射線発生装置の運転を工事,改造,修理又は点検等のために7日以上の期間停止する場合又は放射線発生装置を管理区域の外に移動した場合におけるその放射線発生装置に係る管理区域の全部又は一部(※)は管理区域でないものとみなす.(　※外部放射線による線量が3月間に1.3mSvを超え,空気中の放射性同位元素の濃度が3月間の平均濃度で空気中濃度限度の10分の1を超え,又は,放射性同位元素によって汚染される物の表面の密度が表面密度限度の10分の1を超えるおそれのない場所に限る.)

この区域を設定する場合,通常の管理区域の標識の近く及びこの区域の境界に設けるさくその他の施設の出入口又はその付近に,放射線発生装置の運転を停止している旨又は放射線発生装置を設置していない旨その他必要な事項を掲示しなければならない.

この区域に立ち入った者の測定及び健康診断については,免除される.ただし,この区域に立ち入る者に教育及び訓練を施すこと〔則21の2-1(1)〕,及び,立ち入りの管理について放射線障害予防規程に定めること〔則21-1(1の4)〕は必要である.

6.7　許可の取消し,合併,使用の廃止等

6.7.1　許可の取消し及び使用等の停止〔法26〕

委員会は,法令の規定に違反したような場合に,

① 許可使用者又は許可廃棄業者に対し,

　　イ　使用若しくは廃棄の業の許可の取消し　又は

　　ロ　1年以内の期間を定めて使用若しくは廃棄の停止

② 届出使用者,届出販売業者又は届出賃貸業者に対し,

　　1年以内の期間を定めて使用,販売又は賃貸の停止

を命ずることができる.その場合とは,

780

6. 許可届出使用者，届出販売業者，届出賃貸業者，許可廃棄業者等の義務等

①については，

(1)　3.4の欠格条項の(2)〜(4)の一に該当するに至った場合

(2)　3.5の許可の条件に違反した場合（3.8の変更の許可の場合も含む.）

(3)　3.8の許可を受けなければならない技術的事項を許可を受けないで変更した場合又は3.9の届け出なければならない事項を届け出ないで変更した場合

(4)　6.1の施設検査又は定期検査の規定に違反した場合

(5)　6.2の使用施設等の基準適合義務又は基準適合命令に違反した場合

(6)　6.3〜6.5の各項に示す使用，保管，運搬又は廃棄の技術上の基準又は委員会の命令に違反した場合

(7)　運搬又は廃棄に関する確認の規定に違反した場合

(8)　6.6.1の測定，6.6.4の健康診断，6.6.5の放射線障害者等に対する措置，6.6.6の記帳の規定に違反した場合

(9)　6.8の譲渡し，譲受け，所持等の制限の規定に違反した場合

(10)　7.1の放射線取扱主任者又は7.8の放射線取扱主任者の代理者の選任の規定に違反した場合

(11)　7.9の放射線取扱主任者又はその代理者の解任命令に違反した場合

があげられ，

②については，

(1)　3.8の届出使用に係る変更届を出さないで技術的内容等を変更した場合

(2)　6.2の使用施設等の基準適合義務又は基準適合命令に違反した場合

(3)　6.3〜6.5の各項に示す使用，保管，運搬又は廃棄の技術上の基準又は委員会の命令に違反した場合

(4)　運搬又は廃棄に関する確認の規定に違反した場合

(5)　6.6.1の測定，6.6.4の健康診断，6.6.5の放射線障害者に対する措置，6.6.6の記帳の規定に違反した場合

(6)　6.8の譲渡し，譲受け，所持等の制限の規定に違反した場合

(7)　7.1の放射線取扱主任者又は7.8の放射線取扱主任者の代理者の選任の規定

法　　　令

に違反した場合

(8)　7.9の放射線取扱主任者又はその代理者の解任命令に違反した場合
があげられる.

〔法令のどのような規定に違反した場合に許可の取消等の処分を受けることにな
るかを覚える必要はない.〕

6.7.2　合併等〔法 26 の 2〕

　許可使用者である法人の合併の場合（許可使用者である法人と許可使用者でな
い法人とが合併する場合において，許可使用者である法人が存続するときを除
く.）又は分割の場合（当該許可に係るすべての放射性同位元素又は放射線発生
装置及び放射性汚染物並びに使用施設等を一体として承継させる場合に限る.）
において，その合併又は分割について委員会の**認可**を受けたときは，合併後存続
する法人若しくは合併により設立された法人又は分割により当該放射性同位元素
若しくは放射線発生装置及び放射性汚染物並びに使用施設等を一体として承継し
た法人は，許可使用者の地位を承継する.

　この規定は許可廃棄業者，届出使用者，表示付認証機器届出使用者，届出販売
業者，届出賃貸業者の合併又は分割についてもほぼ同様である.　許可廃棄業者の
場合は，**認可**を受ける必要がある.　届出使用者，表示付認証機器届出使用者，届
出販売業者又は届出賃貸業者の地位を承継した法人は，承継の日から30日以内に，
その旨を委員会に**届け出**なければならない.

6.7.3　使用の廃止等の届出〔法27，則25，則26の2〕

1　使用等の廃止

(1)　許可届出使用者(表示付認証機器届出使用者を含む)がその許可若しくは届
　　出に係る放射性同位元素若しくは放射線発生装置の**すべて**の使用を廃止したと
　　き（一部の使用の廃止の場合には，3.8 技術的内容等の変更，又は，3.9.1 軽微
　　な変更に該当し，使用の廃止には該当しない.）　又は

(2)　届出販売業者，届出賃貸業者若しくは許可廃棄業者がその業を廃止したと
　　き

6. 許可届出使用者，届出販売業者，届出賃貸業者，許可廃棄業者等の義務等

は，その許可届出使用者，届出販売業者，届出賃貸業者又は許可廃棄業者は，その旨を**遅滞なく**，（許可使用者又は許可廃棄業者の場合は許可証を添えて）委員会に届け出なければならない．この届出をしたときは，使用又は廃棄の業の許可は，その効力を失う．

2 死亡，解散又は分割

(1) 許可届出使用者，届出販売業者，届出賃貸業者又は許可廃棄業者が死亡したときで承継がなかった場合は，その相続人（又は相続人に代って相続財産を管理する者）は，

(2) 法人である許可届出使用者，届出販売業者，届出賃貸業者又は許可廃棄業者が解散し，若しくは分割をしたときで承継がなかった場合は，その清算人，破産管財人，合併後存続し，若しくは合併により設立された法人若しくは分割により放射性同位元素，放射線発生装置，放射性汚染物，使用施設等若しくは廃棄物詰替施設等を承継した法人は，

その旨を**遅滞なく**，（許可使用者又は許可廃棄業者の場合は許可証を添えて）委員会に届け出なければならない．

6.7.4 許可の取消し，使用の廃止等に伴う措置等〔法28，則26，則26の2〕

(1) 6.7.1 で述べた許可を取り消された許可使用者若しくは許可廃棄業者，及び，6.7.3 で述べた使用の廃止等の届出をしなければならない者（以下，「**許可取消使用者等**」という．）は，**廃止措置**を講じなければならない．

(2) 許可取消使用者等が，廃止措置を講じようとするときは，あらかじめ**廃止措置計画**を定め，委員会に届け出なければならない．廃止措置計画は，次の事項を定めるものとする．

イ 放射性同位元素の輸出，譲渡し，返還又は廃棄の方法

ロ 放射性同位元素による汚染の除去の方法

ハ 放射性汚染物の譲渡し又は廃棄の方法

ニ 汚染の広がりの防止その他の放射線障害の防止に関し講ずる措置

ホ 計画期間

783

法　　令

(3)　廃止措置計画を変更しようとするときは，あらかじめ，委員会に届け出なければならない．ただし，軽微な変更をしようとするときは，この限りでない．

(4)　許可取消使用者等は，廃止措置を，届け出た廃止措置計画に従って講じ，計画期間内に終了しなければならない．

(5)　許可取消使用者等は，廃止措置計画に記載した措置が終了したときは，遅滞なく，その旨及びその講じた措置の内容を委員会に報告しなければならない．

(6)　委員会は，講じた措置が適切でないと認めるときは，許可取消使用者等に対し，放射線障害を防止するために必要な措置を講ずることを命ずることができる．

上記(1)，(2)及び(4)の廃止措置は，次の①〜⑩に示すとおりである．

①　その所有する放射性同位元素を輸出し，許可届出使用者，届出販売業者，届出賃貸業者若しくは許可廃棄業者に譲り渡し，又は廃棄すること．

②　その借り受けている放射性同位元素を輸出し，又は許可届出使用者，届出販売業者，届出賃貸業者若しくは許可廃棄業者に返還すること．

★　許可取消使用者等が，許可を取り消された日等において所持していた放射性同位元素等を所持し続けられる期間は，許可を取り消された日等から30日以内である．したがって，①の輸出，譲り渡し若しくは廃棄，又は，②の輸出若しくは返還は，廃止措置計画の計画期間にかかわらず，30日以内にしなければならない．〔6.8.1の(5)〕参照．

③　放射性同位元素による汚染を除去すること．ただし，廃止措置に係る事業所等を一体として許可使用者又は許可廃棄業者に譲り渡す場合は，この限りでない．

④　埋設廃棄物による放射線障害のおそれがないようにするために必要な措置を講ずること．

⑤　放射性汚染物を許可使用者若しくは許可廃棄業者に譲り渡し，又は廃棄す

6. 許可届出使用者，届出販売業者，届出賃貸業者，許可廃棄業者等の義務等

ること．

⑥ 場所に関する測定及び人に関する測定を行い，測定結果を記録すること．
場所に関する測定は③の汚染除去の前後に行うこと．

⑦ 帳簿を備え，次の事項を記載すること．

イ ①により輸出し，又は譲り渡した放射性同位元素の種類及び数量，その
年月日，相手方の氏名又は名称

ロ ①により廃棄した放射性同位元素の種類及び数量，その年月日，方法及
び場所

ハ ②により輸出し，又は返還した放射性同位元素の種類及び数量，その年
月日，相手方の氏名又は名称

ニ ③により発生した放射性汚染物の種類及び数量

ホ ⑤により譲り渡した放射性汚染物の種類及び数量，その年月日，相手方
の氏名又は名称

ヘ ⑤により廃棄した放射性汚染物の種類及び数量，その年月日，方法及び
場所

ト 濃度確認を受けようとする場合は濃度確認対象物の種類，発生日時及び
場所，その他表 6.4E に記述した事項

⑧ 廃止日等における放射線取扱主任者，又はそれと同等以上の知識及び経験
を有する者に廃止措置の監督をさせること．

⑨ 6.6.1.2の4で述べた人についての測定の結果及び6.6.4の3及び4で述べた健
康診断の結果の記録を委員会が指定する機関に**引き渡すこと**（この指定機関
としては，公益財団法人放射線影響協会が指定されている．）（平成17年文部
科学省告示第78号）ただし，使用廃止の届出者が引き続き許可届出使用者又
は許可廃棄業者として当該記録を保存する場合は，この限りでない．

⑩ その講じた措置を委員会に報告すること．

委員会はその講じた措置が適切でないと認めるときは，放射線障害を防止する
ために必要な措置を講ずることを命ずることができる．

法　　令

事業者の名称とその事業者に適用される廃止措置の関係を次の**表6.6**に示す.

表6.6　それぞれの事業者等に適用される廃止措置

事業者の名称	適用される廃止措置
許可届出使用者 許可廃棄業者	①②③④⑤⑥⑦⑧⑨⑩
届出販売業者 届出賃貸業者	①②③④⑤　　⑦⑧　　⑩
表示付認証機器届出使用者	①②③④⑤　　　　　　⑩

6.8　譲渡し, 譲受け, 所持, 海洋投棄等の制限＊〔法29, 法30, 則27, 則28〕

6.8.1　譲渡し, 譲受け, 所持等の制限

放射性同位元素（表示付認証機器等に装備されているものを除く）は, 次に掲げる一定の場合のほかは, 譲り渡し, 譲り受け, 貸し付け若しくは借り受け, 又は所持してはならない.

(1)　許可使用者が, その許可証に記載された種類の放射性同位元素を, 輸出し, 他の許可届出使用者, 届出販売業者, 届出賃貸業者若しくは許可廃棄業者に譲り渡し, 若しくは貸し付け, 又はその許可証に記載された貯蔵施設の**貯蔵能力の範囲内**で譲り受け, 借り受け, 若しくは所持する場合

(2)　届出使用者が, その届け出た種類の放射性同位元素を, 輸出し, 他の許可届出使用者, 届出販売業者, 届出賃貸業者若しくは許可廃棄業者に譲り渡し, 若しくは貸し付け, 又はその届け出た貯蔵施設の**貯蔵能力の範囲内**で譲り受け, 借り受け, 若しくは所持する場合

(3)　届出販売業者若しくは届出賃貸業者がその届け出た種類の放射性同位元素を, 輸出し, 許可届出使用者, 他の届出販売業者, 届出賃貸業者若しくは許可廃棄業者に譲り渡し, 若しくは貸し付け, 又は譲り受け, 若しくは借り受ける場合. また, その届け出た種類の放射性同位元素を運搬のため, 又は, 放射線障害を受けた者等に対する措置を講ずるため若しくは危険時の措置を講ずるために所持する場合

786

6. 許可届出使用者，届出販売業者，届出賃貸業者，許可廃棄業者等の義務等

(4)　許可廃棄業者が，許可届出使用者，届出販売業者，届出賃貸業者若しくは他の許可廃棄業者に譲り渡し，若しくは貸し付け，又はその許可証に記載された廃棄物貯蔵施設の**貯蔵能力の範囲内**で譲り受け，借り受け，若しくは所持する場合

★　以上の**要点**としては，「許可を受け又は届け出た種類の放射性同位元素は輸出したり譲り渡したり貸し付けたりしてよく，また，許可を受け又は届け出た種類の放射性同位元素をその貯蔵施設の**貯蔵能力の範囲内**で譲り受けること，借り受けること，所持することはよい．」ということになる＊．（ただし，許可廃棄業者の場合には種類は問わない．また，貯蔵施設は廃棄物貯蔵施設と読み替える．）

(5)　6.7.4の(1)で定義した「許可取消使用者等」が，①許可を取り消された日，②使用又は販売，賃貸若しくは廃棄の業を廃止した日，③死亡，解散又は分割の日において所持していた放射性同位元素を**30日以内の期間所持する場**合及び30日以内に輸出し，又は許可届出使用者，届出販売業者，届出賃貸業者若しくは許可廃棄業者に譲り渡す場合

　また所持についてはこのほか，

(6)　表示付認証機器等について認証条件に従った使用，保管又は運搬をする場合

(7)　以上の(1)〜(6)に述べた者から放射性同位元素の**運搬を委託された者**がその委託を受けた放射性同位元素を所持する場合

(8)　以上の(1)〜(7)に述べた者の**従業者**がその**職務上**放射性同位元素を所持する場合

が認められている．これらの場合のほかは，譲渡し，譲受け，貸し付け，借り受け及び所持は禁止されている．

〔放射線発生装置については，これらの制限はないことに注意せよ！〕

6.8.2　海洋投棄の制限〔法30の2〕

（放射線取扱主任者試験に出題されていない．）

法　　令

1　放射性同位元素又は放射性汚染物は，

(1)　許可届出使用者又は許可廃棄業者（許可取消使用者等を含む）が工場又は事業所等の外における廃棄に関する委員会の確認を受けた場合

又は

(2)　人命又は船舶，航空機若しくは人工海洋構築物の安全を確保するためやむを得ない場合

以外は，海洋投棄をしてはならない．

2　ここで「**海洋投棄**」とは，次のように定義されている．

①　船舶，航空機若しくは人工海洋構築物から海洋に物を廃棄すること

又は

②　船舶若しくは人工海洋構築物において廃棄する目的で物を燃焼させること

をいう．ただし，

(1)　船舶，航空機若しくは人工海洋構築物から海洋に当該船舶，航空機若しくは人工海洋構築物及びこれらの設備の運用に伴って生ずる物を廃棄すること

又は

(2)　船舶若しくは人工海洋構築物において廃棄する目的で当該船舶若しくは人工海洋構築物及びこれらの設備の運用に伴って生ずる物を燃焼させること

を除く．

6.9　取扱いの制限〔法31〕

何人も，18歳未満の者又は精神の機能の障害により，放射線障害防止のために必要な措置を適切に講ずるに当たって必要な認知，判断及び意思疎通を適切に行うことができない者に放射性同位元素若しくは放射性汚染物の取扱い又は放射線発生装置の使用をさせてはならない．ただし，この規定は，**准看護師**その他の委員会規則で定める者については，適用しない．

この委員会規則は現在のところ制定されていないので，上のただし書は実施されていない．

788

6. 許可届出使用者，届出販売業者，届出賃貸業者，許可廃棄業者等の義務等

★この法令の義務の多くは許可届出使用者等に対するものであるが，この規定は「何人も」とあるようにすべての人に対する義務であることに注意せよ！

6.10 事故及び危険時の措置

6.10.1 事 故 届〔法32〕

許可届出使用者等（表示付認証機器使用者及び表示付認証機器使用者から運搬を委託された者を含む，次の6.10.2において同じ）は，その所持する放射性同位元素について盗取，所在不明その他の**事故**が生じたときは，遅滞なく，その旨を**警察官**又は**海上保安官**に届け出なければならない．

6.10.2 危険時の措置＊〔法33，則29-1，-2，-3，告22〕

1　許可届出使用者等は，その所持する放射性同位元素若しくは放射線発生装置又は放射性汚染物に関し，地震，火災その他の災害が起こったことにより，放射線障害のおそれがある場合又は放射線障害が発生した場合には，直ちに次のような応急の措置を講じなければならない．

　　また，このような事態を発見した者は，直ちに，その旨を**警察官**又は**海上保安官**に通報しなければならない．

(1)　放射線施設又は放射性輸送物に火災が起こり，又はこれらに延焼するおそれのある場合には，消火又は延焼の防止に努めるとともに直ちにその旨を**消防署等（※）**に通報すること．

　　（※　消防署又は消防法（昭和23年法律第186号）第24条の規定により市町村長の指定した場所）

(2)　放射線障害を防止するため**必要がある場合には**，放射線施設の内部にいる者，放射性輸送物の運搬に従事する者又はこれらの付近にいる者に避難するよう警告すること．

(3)　放射線障害を受けた者又は受けたおそれのある者がいる場合には，速やかに救出し，避難させる等緊急の措置を講ずること．

(4)　放射性同位元素による汚染が生じた場合には，速やかに，その広がりの防

789

止及び除去を行うこと.

(5) 放射性同位元素等を他の場所に移す**余裕がある場合には，必要に応じてこ**れを安全な場所に移し，その場所の周囲には，縄を張り，又は標識等を設け，**かつ**，見張人をつけることにより，関係者以外の者が立ち入ることを禁止すること*.

(6) その他放射線障害を防止するために必要な措置を講ずること.

2 これらの緊急作業を行う場合には，

(1) 遮蔽具，かん子又は保護具を用いること，

(2) 放射線に被ばくする時間を短くすること，

等により，**緊急作業**に従事する者の線量を，できる限り少なくすることとされている．この場合において，放射線業務従事者（一般女子を除く．）に限り，実効線量限度及び等価線量限度の規定にかかわらず，

① 実効線量について100ミリシーベルト，

② 眼の水晶体の等価線量について300ミリシーベルト，

③ 皮膚の等価線量について1シーベルト

まで放射線に被ばくすることが認められている*.〔告22〕

（一般女子が緊急作業に従事することを禁止しているものではない.）

3 許可届出使用者等は上記の事態が発生した場合には，

(1) その事態が生じた日時及び場所並びに原因，

(2) 発生し，又は発生するおそれのある放射線障害の状況，

(3) 講じ，又は講じようとしている応急の措置の内容

を遅滞なく，**委員会**（放射性同位元素又は放射性汚染物の工場又は事業所の外における運搬（船舶又は航空機による運搬を含む．）の場合には，**委員会又は国土交通大臣**）に届け出なければならない.

4 委員会（又は国土交通大臣）は，その場合，放射線障害を防止するため緊急の必要があると認めるときは，許可届出使用者等に対し，放射性同位元素又は放射性汚染物の所在場所の変更，放射性同位元素等による汚染の除去その他放射

6. 許可届出使用者，届出販売業者，届出賃貸業者，許可廃棄業者等の義務等

線障害を防止するために必要な措置を講ずることを命ずることができる.

注）6.10は後述の9.1の1と関連が深いので，これを参照すること.

★　平成27年8月31日に公布された「電離放射線障害防止規則の一部を改正する省令」（平成27年厚生労働省令第134号）（平成28年4月1日施行）によれば，厚生労働大臣は，「緊急作業に従事する間に受ける実効線量の限度の値：100ミリシーベルト」の規定によることが困難であると認めるときは，250ミリシーベルトを超えない範囲で「**特例緊急被ばく限度**」を別に定めることができるとしている.

6.11　放射性汚染物でないことの濃度確認

6.11.1　濃度確認〔法33の2〕

許可届出使用者，届出販売業者，届出賃貸業者及び許可廃棄業者は，放射性汚染物に含まれる放射線を放出する同位元素についての放射能濃度が放射線による障害の防止のための措置を必要としないものと定められた基準を超えないことについて委員会又は委員会の登録を受けた者（以下，「**登録濃度確認機関**」という.）の確認（以下，「**濃度確認**」という.）を受けることができる.

濃度確認を受けようとする者は，あらかじめ委員会の認可を受けた放射能濃度の測定及び評価の方法に従い，その濃度確認を受けようとする物に含まれる放射線を放出する同位元素の放射能濃度の測定及び評価を行い，その結果を記載した申請書その他の書類を委員会又は登録濃度確認機関に提出しなければならない.

委員会又は登録濃度確認機関は，所定の確認をしたときは濃度確認証を交付する.濃度確認を受けた物は，放射性汚染物でないものとして取り扱うことができる.すなわち，これを一般の産業廃棄物として処分したり，新たな製品の原料として再利用したりすることができることになる.

6.11.2　測定及び評価の方法の認可の申請〔則29の6〕

放射能濃度の測定及び評価の方法の認可を受けようとする者は，所定の申請書に次に掲げる事項について説明した書類を添えて，委員会に提出しなければなら

791

法　　令

ない.

- (1) 放射能濃度の測定及び評価に係る施設に関すること
- (2) 濃度確認対象物の発生状況，材質，汚染の状況及び推定量に関すること
- (3) 評価単位に関すること
- (4) 評価対象放射性同位元素の選択に関すること
- (5) 放射能濃度を決定する方法に関すること
- (6) 放射線測定装置の選択及び測定条件の設定に関すること
- (7) 放射能濃度の測定及び評価の信頼性を確保するための措置に関すること
- (8) その他，委員会が必要と認める事項

6.11.3　濃度確認の申請〔則 29 の 3〕

濃度確認を受けようとする者は，所定の申請書に認可を受けた放射能濃度の測定及び評価の方法に従い測定及び評価が行われたことを示した書類を添えて，委員会又は登録濃度確認機関に提出しなければならない.

〔演 習 問 題〕

次の文章中，放射線障害防止法及びその関係法令に照らして正しいものには〇印を，誤っているものには×印をつけ，誤っている場合にはその理由を簡単にしるせ.

6-1 放射線発生装置を使用する者は必ず施設検査及び定期検査を受けなければならない.

6-2 トリチウムの下限数量は1ギガベクレルである. 密封されていないトリチウムのみを使用し，1テラベクレルの貯蔵能力の貯蔵施設を有する者が新たに許可使用者になった場合，施設検査を受ける必要がある. 〔1種56回問11A改〕

6-3 1個あたりの数量が10テラベクレルの密封されたコバルト60を装備した照射装置を1台使用する者が新たに許可使用者になった場合，施設検査を受ける必要がある.

〔1種56回問11D改〕

6-4 特定許可使用者が，数量が1テラベクレルの密封された放射性同位元素のみを使用する使用施設を増設する場合，施設検査が必要である. 〔1種57回問11の1改〕

6-5 密封されていない放射性同位元素のみを使用する特定許可使用者は，設置時施設検査に合格した日から5年以内に定期検査を受けなければならない.

〔1種55回問12D改〕

6-6 許可廃棄業者は，設置時施設検査に合格した日又は前回の定期確認を受けた日から3年以内に定期確認を受けなければならない. 〔1種59回問12D改〕

6-7 許可届出使用者は，その使用施設，貯蔵施設及び廃棄施設の位置，構造及び設備を法に定める技術上の基準に適合するように維持しなければならない.

〔1種55回問13A改〕

6-8 届出使用者は，放射性同位元素を使用するときは，必ず使用施設で行わなければならない. 〔1種23回問9の1〕

6-9 放射性同位元素によって汚染された物を管理区域から持ち出す場合には，その表面の放射性同位元素の密度を表面密度限度以下としなければならない.

793

法　　令

〔1種24回問13の4〕

6−10　セシウム137 3.7テラベクレルの照射室の人が通常出入りする出入口に使用につ
いての自動表示装置とインターロックが設けられているが，使用中，インターロックが故
障したけれども自動表示装置が正常に作動していたので，そのまま使用を継続した.

〔1種21回問17の1〕

6−11　密封された放射性同位元素を移動させて使用する場合には，移動後，使用開始
前に，その放射性同位元素について紛失，漏えい等異常の有無を放射線測定器により
点検しなければならない.　　　　　　　　　　　　　　〔1種23回問13B〕

6−12　密封されていない放射性同位元素は，容器に入れ，かつ，貯蔵室又は貯蔵箱で
保管しなければならない.　　　　　　　　　　　　　　〔1種56回問15B〕

6−13　空気を汚染するおそれのある放射性同位元素を保管する場合には，貯蔵施設内
の人が呼吸する空気中の放射性同位元素の濃度が，空気中濃度限度を超えないように
しなければならない.　　　　　　　　　　　　　　　　〔1種56回問15C〕

6−14　放射線発生装置を運搬する場合には，運搬の基準に従って行わなければならな
い.　　　　　　　　　　　　　　　　　　　　　　　　〔1種1回問4(10)〕

6−15　L型輸送物の表面の放射性同位元素の密度は，表面密度限度を超えてはならな
い.

6−16　A型輸送物の表面における1センチメートル線量当量率が20ミリシーベルト毎
時を超えないこと.　　　　　　　　　　　　　　　　　〔2種52回問15C〕

6−17　届出使用者がその使用する放射性同位元素を廃棄するときは，保管廃棄設備に
おいて行わなければならない.　　　　　　　　　　　　〔1種23回問9の5〕

6−18　放射線の量及び放射性同位元素による汚染の状況の測定は，放射線測定器を用
いて行う.ただし，放射線測定器を用いて測定することが著しく困難である場合には，
計算によって値を算出することができる.　　　　　　　〔1種49回問20A〕

6−19　作業室，廃棄作業室，汚染検査室及び管理区域の境界における汚染の状況の測
定は，作業を開始する前に1回及び作業を開始した後にあっては，3月を超えない期
間ごとに1回行うこと.　　　　　　　　　　　　　　　〔1種48回問24C〕

6−20　管理区域に一時的に立ち入る者に対して行う放射線の量の測定は，実効線量に

794

6. 許可届出使用者，届出販売業者，届出賃貸業者，許可廃棄業者等の義務等

ついて300マイクロシーベルトを超えて被ばくするおそれのあるときにだけ行えばよい．

6－21　許可届出使用者が放射線施設に立ち入った者に対して行うその者が受けた放射線の量の測定は，放射線に最も大量に被ばくするおそれのある人体部位について，常に1箇所行えばよい． 〔2種7回問2(6)〕

6－22　放射線業務従事者の受けた放射線の量及び放射性同位元素による汚染の状況を測定したときは，その結果を必ず記録しなければならない．

6－23　放射線業務従事者の線量の測定結果の記録は，5年間保存しなければならない． 〔1種7回問1(1)〕

6－24　放射線業務従事者の線量等の記録は保存しなければならないが，その者が事業所を退職した後は保存しなくともよい． 〔1種21回問20の5〕

6－25　許可届出使用者は放射性同位元素の使用を開始する前に，放射線障害予防規程を作成し，作成後30日以内に原子力規制委員会に届け出なければならない．

6－26　届出販売業者は，放射線障害予防規程を変更したときは，変更の日から3月以内に原子力規制委員会に届け出なければならない． 〔1種49回問22A改〕

6－27　放射線障害予防規程には，放射線障害を受けた者又は受けたおそれのある者に対する保健上必要な措置に関する事項が定められていなければならない．

〔1種58回問20C〕

6－28　放射線障害を防止するために必要な教育及び訓練は，管理区域に一時的に立ち入る者については，行わなくてもよい．

6－29　健康診断の方法としての問診は，管理区域に初めて立ち入る前に行うべきもので，それ以後の健康診断においては行わなくてよい． 〔1種22回問20の4〕

6－30　放射性同位元素により，皮膚の創傷面が汚染されても，表面密度限度以下であれば，健康診断を行わなくてもよい． 〔1種24回問20の1〕

6－31　健康診断の結果を記録した帳簿は，1年ごとに閉鎖し，閉鎖後5年間保存しなければならない．

6－32　放射性同位元素を使用する場合は，使用の年月日，目的，方法及び場所を記帳する．ただし，固定して使用する場合は省略することができる．〔1種49回問24D〕

法　　令

6-33　廃棄物埋設を行う許可廃棄業者は，廃棄物埋設に係る帳簿を1年ごとに閉鎖し，閉鎖後5年間これを保存しなければならない.

6-34　表示付認証機器を認証条件に従って使用する場合は，使用を開始する前に放射線障害予防規程を作成しなくてよいし，教育訓練を受ける必要もない.

6-35　原子力規制委員会は，許可届出使用者が使用の基準に違反した場合には，使用の許可を取り消すことができる.

6-36　放射性同位元素の使用の許可を受けていたある会社が，許可を受けていない他の会社に吸収合併された場合において，合併後の会社においてその放射性同位元素を継続して使用しようとするときは，改めて許可を受けることは必要ない.

6-37　届出使用者である会社が，届出使用者でない他の会社に吸収合併された場合において，合併後の会社においてその放射性同位元素を継続して使用しようとするときは，あらかじめ原子力規制委員会の認可を受けなければならない.

6-38　放射性同位元素と放射線発生装置とを使用している許可使用者が，放射線発生装置のすべての使用を廃止したときは，遅滞なく，使用の廃止を原子力規制委員会に届け出なければならない.

6-39　許可使用者が死亡し，承継がなかった場合，その相続人は死亡の日から30日以内にその旨を原子力規制委員会に届け出なければならない.

6-40　届出販売業者が放射性同位元素を外国に輸出する場合には，その外国の法律に適合する限り，いかなる種類の放射性同位元素でも輸出することができる.

〔1種22回問28の3〕

6-41　放射線発生装置の使用の許可を受けた者以外の者は，放射線発生装置を所持することはできない.

6-42　放射性同位元素の使用の許可を受けた者は，その許可証に記載された種類の放射性同位元素であっても，その許可証に記載された使用許可数量を超えて所持することはできない.

〔1種3回問2(5)〕

6-43　コバルト60 111ギガベクレルの使用が許可され，コバルト60 185ギガベクレルの貯蔵能力を認められた使用者は，コバルト60 111ギガベクレルを現に使用している場合，変更許可を受ける前に新たにコバルト60 74ギガベクレルを追加購入し所持

796

6. 許可届出使用者，届出販売業者，届出賃貸業者，許可廃棄業者等の義務等

しても，それを使用さえしなければさしつかえない．

6-44 放射性同位元素を使用しようとする者は，使用の許可の申請をした後であれば，
当該申請に係る放射性同位元素を購入しても使用をしなければさしつかえない．

〔1種6回問3(4)〕

6-45 密封された放射性同位元素を使用している届出使用者が放射性同位元素を所持で
きるのは，届け出た種類で，かつ，届け出た使用数量の範囲内に限られている．

〔2種10回問3(7)〕

6-46 許可届出使用者が死亡したとき，その所持していた放射性同位元素を，死亡の日
から30日以内の間その相続人が所持することはさしつかえない．

6-47 許可届出使用者の従業者が，その職務上放射性同位元素を所持することはさしつ
かえない． 〔1種1回問3(4)〕

6-48 放射性同位元素は，満18歳未満のいかなる者に対しても取り扱わせることができ
ない． 〔1種24回問24の1〕

6-49 許可届出使用者はその所持する放射性同位元素が盗取されたときは，遅滞なく，
その旨を原子力規制委員会に届け出なければならない． 〔1種4回問4(5)改〕

6-50 放射性同位元素に関し，地震，火災その他の災害が起こったことにより，放射線
障害のおそれがある場合又は放射線障害が発生した場合においては，この事態を発見し
た者は，直ちに，その旨を原子力規制委員会に通報しなければならない．

〔2種6回問2(6)改〕

6-51 放射線施設において火災が発生した．同施設内の放射性同位元素を他の安全な
場所に移す余裕があったが，放射線取扱主任者が火災その他の状況からみてその必要が
ないと判断したため，同放射性同位元素を移すことはしなかった．なお，順調な消火によ
り，同放射性同位元素に異常は生じなかった． 〔1種21回問23C〕

6-52 放射線施設で火災が起こった場合に放射性同位元素を他の安全な場所に移し
た．その場所の周囲には，関係者以外の者が立ち入ることを禁止するため縄を張り，又
は標識を設け，かつ，見張人を付けたが，その標識は，放射能標識のついたものではなか
った． 〔1種22回問22C〕

6-53 放射線施設で火災が起った場合に，特にその必要がないと判断されたので，放

法 令

射線施設の付近にいる者に避難するよう警告することはしなかった.

〔1 種 22 回問 22D〕

6−54 危険時に放射線業務従事者を緊急作業に従事させた. 実効線量限度を超えないよう努めたが, 男子の放射線業務従事者が 100 ミリシーベルトの放射線による被ばくを受けた. 〔1 種 21 回問 23D〕

6−55 許可届出使用者は, 放射線施設に火災が発生し, 緊急作業を行わなければならない場合において, 女子の放射線業務従事者を, 実効線量限度及び等価線量限度を超えない限り, 緊急作業に従事させることができる. 〔2 種 7 回問 2(1)〕

次の文章の（ ）内に適切な語句を埋めて文章を完成せよ.

6−56 密封されていない放射性同位元素に係る貯蔵能力が下限数量の（ A ）倍以上の貯蔵施設を使用する許可使用者又は（ B ）は, 施設検査に合格した日から（ C ）年以内に定期検査を受けなければならない. また, 密封された放射性同位元素又は放射線発生装置を使用する特定許可使用者は, 施設検査に合格した日から（ D ）年以内に定期検査を受けなければならない. 〔1 種 48 回問 12 改〕

6−57 原子力規制委員会は, 使用施設, 貯蔵施設又は廃棄施設の位置, 構造又は（ A ）が技術上の基準に適合していないと認めるときは, その技術上の基準に適合させるため,（ B ）に対し, 使用施設, 貯蔵施設又は廃棄施設の移転,（ C ）又は（ D ）を命ずることができる. 〔1 種 54 回問 13 改〕

6−58 密封された放射性同位元素を使用する場合には, その放射性同位元素を常に次に適合する状態において使用すること.
イ 正常な使用状態においては（ A ）又は（ B ）されるおそれのないこと.
ロ 密封された放射性同位元素が漏えい,（ C ）等により（ D ）して汚染するおそれのないこと. 〔2 種 46 回問 27 改〕

6−59 放射性同位元素によって汚染された物で, その表面の放射性同位元素の密度が表面密度限度を超えているものは, みだりに（ A ）から持ち出さないこと. また,（ B ）を超えているものは, みだりに管理区域から持ち出さないこと. 表面密度

798

6. 許可届出使用者，届出販売業者，届出賃貸業者，許可廃棄業者等の義務等

限度として，アルファ線を放出する放射性同位元素については（　C　）ベクレル毎平方センチメートル，アルファ線を放出しない放射性同位元素については（　D　）ベクレル毎平方センチメートル，が定められている． 〔1種49回問26改〕

6-60　許可使用者が，使用の場所の一時的変更の届出をして，（　A　）ベクレル以上の放射性同位元素を装備する放射性同位元素装備機器の（　B　）をする場合には，当該機器に放射性同位元素の（　C　）を防止するための（　D　）が備えられていること． 〔1種55回問14改〕

6-61　密封された放射性同位元素を移動させて使用する場合には，（　A　），その放射性同位元素について（　B　），（　C　）等の異常の有無を（　D　）により点検し，異常が判明したときは，探査その他放射線障害を防止するために必要な措置を講じること． 〔2種51回問10改〕

6-62　許可届出使用者，届出販売業者，届出賃貸業者及び許可廃棄業者並びにこれらの者から運搬を委託された者（以下「許可届出使用者等」という．）は，放射性同位元素又は放射性汚染物を工場又は（　A　）において運搬する場合（船舶又は航空機により運搬する場合を（　B　）．）においては，原子力規制委員会規則（鉄道，軌道，索道，無軌条電車，自動車及び軽車両による運搬については，運搬する（　C　）についての措置を除き，国土交通省令）で定める技術上の基準に従って放射線障害の防止のために必要な措置を講じなければならない． 〔2種56回問13〕

6-63　許可届出使用者，届出販売業者（（　A　）のみを販売する者を除く．），届出賃貸業者（（　A　）のみを賃貸する者を除く．）及び（　B　）は，放射線障害を防止するため，放射性同位元素若しくは放射線発生装置の使用，放射性同位元素の販売若しくは賃貸の業又は放射性同位元素若しくは（　C　）の廃棄の業を開始する前に，放射線障害予防規程を作成し，原子力規制委員会に届け出なければならない．これを変更したときは，変更の日から（　D　），原子力規制委員会に届け出なければならない． 〔1種51回問19改〕

6-64　放射線業務従事者が放射線障害を受け，又は受けたおそれのある場合には，放射線障害又は放射線障害を受けたおそれの程度に応じて，（　A　）への立入りの制限，（　B　）の禁止，放射線に被ばくする（　C　）業務への配置転換等の措置を

799

法　　令

講じ，必要な（　D　）を行うこと.　　　　　　　　　　　　〔1種53回問23〕

6−65　許可届出使用者等（表示付認証機器使用者及び（　A　）から運搬を委託された
者を含む.）は，その所持する放射性同位元素について盗取，（　B　）その他の事
故が生じたときは，遅滞なく，（　C　）又は（　D　）に届け出なければならない.
〔2種52回問26改〕

6−66　許可届出使用者等は，放射性汚染物に含まれる（　A　）が放射線による障害の
防止のための（　B　）を必要としないものと定められた（　C　）を超えないこと
について原子力規制委員会又は原子力規制委員会の登録を受けた者の（　D　）を受
けることができる.（　D　）を受けた物は，放射性汚染物でないものとして取り扱
うものとする.

7. 放射線取扱主任者

7.1 放射線取扱主任者の選任＊ 〔法34, 則30〕 〔重要！〕

1 許可届出使用者，届出販売業者，届出賃貸業者及び許可廃棄業者は，放射線
障害の防止について監督を行わせるため，**放射線取扱主任者免状**（以下「**免状**」
と略称する．）を有する者のうちから，**放射線取扱主任者**（以下「**主任者**」と略
称する．）を選任しなければならない．

★ 表示付認証機器届出使用者の場合は，（もちろん，表示付特定認証機器使
用者の場合も），放射線取扱主任者を選任する必要がない．

2 免状は，次の3種類に区分される．

イ 第1種放射線取扱主任者免状

ロ 第2種放射線取扱主任者免状

ハ 第3種放射線取扱主任者免状

（以下本書では，それぞれ「第1種免状」，「第2種免状」及び「第3種免状」と
略称する．）

3 第1種免状所有者は，特定許可使用者を含むあらゆる許可届出使用者，届出
販売業者，届出賃貸業者又は許可廃棄業者が主任者として選任できる．

4 第2種免状所有者を主任者として選任することができるのは，

(1) 1個（通常一組又は一式で使用するものではその一組又は一式）が下限数
量の1000倍を超え，10テラベクレル未満の密封された放射性同位元素を使用
する許可使用者，

(2) 届出使用者，届出販売業者又は届出賃貸業者

5 第3種免状所有者を主任者として選任することができるのは，上記4(2)に記

801

載の者に限られる.

★ 非密封放射性同位元素，10 テラベクレル以上の密封放射性同位元素又は放射線発生装置を使用する許可使用者及び許可廃棄業者は，第 2 種又は第 3 種の免状所有者を主任者として選任することができない．

6 (1) 放射性同位元素又は放射線発生装置を**診療のために**用いるときは医師又は歯科医師を，

(2) 放射性同位元素又は放射線発生装置を医薬品，医薬部外品，化粧品，医療機器又は再生医療等製品（これらの定義については薬機法第 2 条に規定されている）の製造所において使用をするときは薬剤師を，

それぞれ主任者として選任することができる＊．

7 選任しなければならない主任者の数は，

(1) 許可届出使用者又は許可廃棄業者は，1 工場若しくは 1 事業所，又は 1 廃棄事業所につき，少なくとも 1 人，

(2) 届出販売業者又は届出賃貸業者は，少なくとも 1 人とする．

（届出販売業者又は届出賃貸業者の場合は，事業所が何ヶ所かあったとしても 1 人でよいことになる．）

8 選任は，①放射性同位元素を使用施設若しくは貯蔵施設に**運び入れ**，②放射線発生装置を使用施設に**設置**し，③放射性同位元素の販売若しくは賃貸の業又は放射性同位元素等の廃棄の業を**開始する**までにしなければならない．

9 選任したときは，選任した日から **30 日以内**にその旨を委員会に届け出なければならない．（これは，解任したときも同様である．）

（理論的には，届け出るときには，すでに使用等を開始していることもありうることになる．）

★ 主任者を変更した場合は，変更した日から 30 日以内に，解任届（変更前の人の）と選任届（新しく選任した人の）を同時に「放射線取扱主任者選任・解任届」として提出することになる．

802

7. 放射線取扱主任者

7.2 放射線取扱主任者試験 〔法 35, 則 34, 35〕

1 第 1 種免状及び第 2 種免状は，委員会又は**登録試験機関**の行う放射線取扱主任者試験（以下「**試験**」と略称する，）に合格し，かつ，委員会又は**登録資格講習機関**の行う**講習**を修了した者に対し，交付される．第 3 種免状は，委員会又は登録資格講習機関の行う講習を修了した者に対し，交付される．

2 免状は，既述のように区分されるが，試験も第 1 種試験と第 2 種試験とに区別される．それぞれの**試験科目**は次の A, B に示されるとおりである．

Λ 第 1 種

(1) 放射線障害防止法に関する課目

(2) 放射性同位元素及び放射線発生装置並びに放射性汚染物の取り扱いに関する課目

(3) 使用施設等及び廃棄物詰替施設等の安全管理に関する課目

(4) 放射線の量及び放射性同位元素による汚染状況の測定に関する課目

(5) 物理学のうち放射線に関する課目

(6) 化学のうち放射線に関する課目

(7) 生物学のうち放射線に関する課目

B 第 2 種

(1) 放射線障害防止法に関する課目

(2) 放射性同位元素（密封されたものに限る．）の取り扱いに関する課目

(3) 使用施設等（密封された放射性同位元素を取り扱うものに限る．）の安全管理に関する課目

(4) 放射線の量の測定に関する課目

(5) 物理学のうち放射線に関する課目

(6) 化学のうち放射線に関する課目

(7) 生物学のうち放射線に関する課目

3 試験の範囲及び程度

803

試験は上の課目について，放射性同位元素又は放射線発生装置の取扱いに必要な専門的知識及び能力を有するかどうかを判定することを目的として行うこととされている．

★第1種試験と第2種試験との相違

第2種試験は密封された放射性同位元素に関することに限られ，密封されていない放射性同位元素や放射線発生装置に関することは含まれない．廃棄の業に関する事項も含まれないと考えてよい．また当然のことであるが，汚染に関する事項（水や空気の汚染，表面汚染，空気中又は水中の濃度限度，内部被ばく）なども除かれる．ただし，密封された放射性同位元素の開封，破壊，漏えい，浸透等の事故による汚染及びその応急措置等は含まれるものと考えられる．

4 試験の回数，公告及び受験手続等

試験の回数は，毎年少なくとも1回とし，試験を施行する日時，場所その他試験の施行に関し必要な事項は，委員会があらかじめ官報で公告する．

試験を受けようとする者は，所定の受験申込書に写真（受験申込み前1年以内に帽子を付けないで撮影した正面上半身像のもので，裏面に撮影年月日及び氏名を記載したもの）を添えて委員会（登録試験機関が試験を行う場合には，登録試験機関）に提出する．受験資格は特に定められていない．

7.3 合格証，資格講習，免状の交付等

1 合格証の交付等〔則35の2〕

委員会は，試験に合格した者に対し，放射線取扱主任者試験合格証（以下「**合格証**」という．）を交付するとともに，試験に合格した者の氏名を官報で公告する．

2 合格証の再交付〔則35の3〕

合格証を汚し，損じ，又は失った者でその再交付を受けようとするものは，所定の合格証再交付申請書を委員会に提出しなければならない．

（合格証を汚し，又は損じた者の場合には，その合格証を添えて申請する．

7. 放射線取扱主任者

また，合格証の再交付を受けた者が失った合格証を発見したときは，その発見した合格証を速やかに委員会に返納しなければならない.)

3　講習の内容等〔法 35−8，則 35 の 4〜8，講習の時間数を定める告示（平成 17 年文部科学省告示第 95 号)〕

(1)　第 1 種試験に合格した者は，**第 1 種放射線取扱主任者講習**を受けることができる.

第 1 種放射線取扱主任者講習の課目は，次のとおりとする.

イ　放射線の基本的な安全管理に関する課目

ロ　放射性同位元素及び放射線発生装置並びに放射性汚染物の取り扱いの実務に関する課目

ハ　使用施設等及び廃棄物詰替施設等の安全管理の実務に関する課目

ニ　放射線の量及び放射性同位元素による汚染の状況の測定の実務に関する課目

(2)　第 2 種試験に合格した者は，**第 2 種放射線取扱主任者講習**を受けることができる.

第 2 種放射線取扱主任者講習の課目は，次のとおりとする.

イ　放射線の基本的な安全管理に関する課目

ロ　放射性同位元素（密封されたものに限る.）の取り扱いの実務に関する課目

ハ　使用施設等（密封された放射性同位元素を取り扱うものに限る.）の安全管理の実務に関する課目

ニ　放射線の量の測定の実務に関する課目

(3)　**第 3 種放射線取扱主任者講習**の課目は，次のとおりとする.

イ　放射線障害防止法に関する課目

ロ　放射線及び放射性同位元素の概論

ハ　放射線の人体に与える影響に関する課目

ニ　放射線の基本的な安全管理に関する課目

ホ　放射線の量の測定及びその実務に関する課目

4　受講手続〔則 35 の 5〕

　第 1 種放射線取扱主任者講習，第 2 種放射線取扱主任者講習及び第 3 種放射線取扱主任者講習を総称して**資格講習**という．資格講習を受けようとする者は，所定の放射線取扱主任者講習受講申込書に合格証の写しを添えて委員会又は登録資格講習機関に提出しなければならない．ただし第 3 種放射線取扱主任者講習を受けようとする場合は，合格証の写しは不要とする．

5　講習修了証の交付〔則 35 の 6〕

　委員会又は登録資格講習機関は，資格講習を修了した者に対し，放射線取扱主任者講習修了証（以下「**講習修了証**」という．）を交付する．

6　講習修了証の再交付〔則 35 の 7〕

　前記 2 合格証の再交付の場合と同様の規定がある．（登録資格機関が行う資格講習の場合は，申請書の提出又は発見した講習修了証の返納は，当該登録資格講習機関に対して行う．）

7　免状の交付〔則 36 の 2〕

　免状の交付を受けようとする者は，所定の放射線取扱主任者免状交付申請書に，合格証及び講習修了証（第 3 種免状の場合には，講習修了証）を添えて，これを委員会に提出しなければならない．この場合，住民基本台帳法に規定する本人確認情報を利用することができないときは，免状を受けようとするものに対し，住民票の写しを提出させることができる．

7.4　放射線取扱主任者免状〔法 35－5，－6，則 37，38〕

1　委員会は，次のいずれかに該当する者に対しては，免状の交付を行わないことができる．

(1)　免状の返納を命ぜられ，その命ぜられた日から起算して 1 年を経過しない者

(2)　この法律又はこの法律に基づく命令（政令や委員会規則など）の規定に違反して，罰金以上の刑に処せられ，その執行を終わり，又は執行を受けるこ

7. 放射線取扱主任者

とがなくなった日（すなわちいわゆる執行猶予の期間が終了した日）から起
算して 2 年を経過しない者

2　委員会は，免状の交付を受けた者がこの法律又はこの法律に基づく命令の規
定に違反したときは，その免状の返納を命ずることができる．

3　免状の交付を受けた者は，免状の記載事項に変更を生じたとき（免状の記載
事項の変更とは氏名の変更を生じた場合である.）は，遅滞なく，所定の免状訂
正申請書に免状を添え，これを委員会に提出しなければならない．この場合，
住民基本台帳の規定により本人確認情報を利用することができないときは，免
状を受けた申請者に住民票の写しを提出させることができる．

4　免状を汚し，損じ，又は失った者でその再交付を受けようとするものは，所
定の免状再交付申請書を委員会に提出しなければならない．

　（免状を汚し，又は損じた者の場合には，その免状を添えて申請する．また免
状の再交付を受けた者が失った免状を発見したときは，その発見した免状を速
やかに委員会に返納しなければならない.）

7.5　放射線取扱主任者の義務等〔法 36〕

1　放射線取扱主任者は，**誠実に**その職務を遂行しなければならない．

★　放射線障害防止法では，放射線障害防止についての責任は，基本的に許可
届出使用者，届出販売業者，届出賃貸業者又は許可廃棄業者（ほとんどが法人）
に課せられている．したがって，その責任は，その法人の代表者及びその権限
を行使する組織上の各部門の長が負うことになる.主任者には，放射線障害防止
の監督者の立場で，誠実にその職務を遂行することが求められる．

2　使用施設，廃棄物詰替施設，貯蔵施設，廃棄物貯蔵施設又は廃棄施設に立ち
入る者は，主任者がこの法律若しくはこの法律に基づく命令又は放射線障害予
防規程の実施を確保するためにする指示に従わなければならない．

3　許可届出使用者，届出販売業者，届出賃貸業者及び許可廃棄業者は，放射線
障害の防止に関し，主任者の**意見を尊重**しなければならない．

法　　令

7.6　定期講習（法36の2, 則32, 講習告）

1　許可届出使用者，届出販売業者，届出賃貸業者（表示付認証機器のみを販売
又は賃貸する者並びに放射性同位元素等の事業所の外における運搬及び運搬の
委託を行わない者を除く．）及び許可廃棄業者は，主任者に対し，次の期間ごと
に，**登録定期講習機関**が行う主任者の資質の向上を図るための講習（定期講習）
を受けさせなければならない．

①　選任された後定期講習を受けていない主任者（選任前 1 年以内に定期講習
　を受けた者を除く）・・・選任された日から 1 年以内

②　①及び③を除く主任者・・・前回の定期講習を受けた日から 3 年以内

③　届出販売業者及び届出賃貸業者の選任する主任者・・・前回の定期講習を
　受けた日から 5 年以内

★　許可使用者，届出使用者及び許可廃棄業者は，主任者に対し，講習を受け
　させる義務がある．届出販売業者及び届出賃貸業者も，原則として，主任者
　に対し，講習を受けさせる義務がある．ただし，届出販売業者及び届出賃貸
　業者であって，表示付認証機器のみを販売又は賃貸する場合，並びに放射性
　同位元素等の事業所外における運搬及び運搬委託を行わない場合は，主任者
　に対し，講習を受けさせる義務がない．表示付認証機器届出使用者の場合は，
　（もちろん，表示付特定認証機器使用者の場合も），そもそも主任者を選任
　する義務がない．

2　定期講習の課目は次の通りとする．

イ　密封されていない放射性同位元素の使用をする許可届出使用者又は放射線
　発生装置の使用をする許可使用者が選任した主任者が受講する定期講習

　(1)　放射線障害防止法に関する課目

　(2)　①密封されていない放射性同位元素の使用をする許可届出使用者が選任
　　した主任者が受講する定期講習の場合は，放射性同位元素及び放射性同位元
　　素によって汚染された物の取扱いに関する課目，②放射線発生装置の使用を

7. 放射線取扱主任者

する許可使用者が選任した主任者が受講する定期講習の場合は，放射線発生
装置及び放射化物の取扱いに関する課目

(3)　使用施設等の安全管理に関する課目

(4)　放射性同位元素若しくは放射線発生装置又は放射性汚染物の取扱いの事
故の事例に関する課目

ロ　放射性同位元素の使用をする許可届出使用者が選任した主任者（イの主任
者を除く）が受講する定期講習

(1)　放射線障害防止法に関する課目

(2)　放射性同位元素（密封されたものに限る．）の取扱いに関する課目

(3)　使用施設等（密封された放射性同位元素を取り扱うものに限る．）の安
全管理に関する課目

(4)　放射性同位元素若しくは放射線発生装置又は放射性汚染物の取扱いの事
故の事例に関する課目

ハ　届出販売業者又は届出賃貸業者が選任した主任者が受講する定期講習

(1)　放射線障害防止法に関する課目

(2)　放射性同位元素若しくは放射線発生装置又は放射性汚染物の取扱いの事
故の事例に関する課目

ニ　許可廃棄業者が選任した主任者が受講する定期講習

(1)　放射線障害防止法に関する課目

(2)　放射性同位元素及び放射性汚染物の取扱いに関する課目

(3)　廃棄物詰替施設等の安全管理に関する課目

(4)　放射性同位元素若しくは放射線発生装置又は放射性汚染物の取扱いの事
故の事例に関する課目

3　登録定期講習機関は，毎年少なくとも2回，定期講習を実施しなければならない．

7.7　研修の指示〔法36の3，則38の2,3〕

1　委員会は，放射線障害の防止のために必要があると認めるときは，許可届出

法　　令

使用者，届出販売業者，届出賃貸業者又は許可廃棄業者に対し，期間を定めて，主任者に委員会の行う**研修**を受けさせるよう指示することができる.

2　1の指示を受けた許可届出使用者，届出販売業者，届出賃貸業者又は許可廃棄業者は，指示を受けた期間内に，その選任した主任者に研修を受けさせなければならない.

3　委員会は，上記の研修を修了した者に対し，**研修修了証**を交付する.

4　その他研修の課目，研修の時間数その他研修に関し必要な事項は，委員会が1に規定する指示の都度定める.

7.8　放射線取扱主任者の代理者＊〔法37，則33－1，－4〕

1　許可届出使用者，届出販売業者，届出賃貸業者及び許可廃棄業者は，

(1)　放射線取扱主任者が旅行，疾病その他の事故によりその職務を行うことができない場合において，

(2)　その職務を行うことができない期間中に①放射性同位元素若しくは放射線発生装置を使用し，又は②放射性同位元素若しくは放射性汚染物を廃棄しようとするときは＊，

その職務を代行させるため放射線取扱主任者の代理者（以下単に「**代理者**」と略称する.）を選任しなければならない.

2　この場合，代理者も主任者の場合と同じような

(1)　選任事業所の区分，

(2)　医師若しくは歯科医師又は薬剤師の選任の特例，

(3)　選任しなければならない主任者の数，

(4)　選任又は解任したときの届出期限（30日以内）

等の規定が適用される.

3　ただし，主任者が職務を行うことができない期間が**30日未満**の場合には，代理者の選任を行ったときでも，**代理者の選任届**を提出する必要はない＊.

★注意：主任者が職務を行うことができない期間が30日未満の場合でも，その

810

期間中に放射性同位元素若しくは放射線発生装置を使用し，又は放射性同位元素若しくは放射性汚染物を廃棄しようとするときは，必ず代理者を選任しなければならない．ただその選任の届が必要ないだけである．またその期間中に，放射性同位元素を使用せず，廃棄も行わないで，放射性同位元素の貯蔵をしておくだけの場合には，もちろん代理者を選任する必要がない．

4 代理者が主任者の職務を代行する場合は，この法律及びこの法律に基づく命令の規定の適用については，これを主任者とみなすこととされている．

7.9 解任命令〔法 38〕

委員会は，主任者又は代理者が，この法律又はこの法律に基づく命令の規定に違反したときは，許可届出使用者，届出販売業者，届出賃貸業者又は許可廃棄業者に対し，主任者又は代理者の解任を命ずることができる．

〔演 習 問 題〕

次の文章中，放射線障害防止法及びその関係法令に照らして正しいものには○印を，誤っているものには×印をつけ，誤っている場合にはその理由を簡単にしるせ.

7−1　届出使用者である事業所では，第2種放射線取扱主任者免状を有する者を放射線取扱主任者として選任することができる.

7−2　放射性同位元素の販売所のうち，第3種放射線取扱主任者免状を持つ者を放射線取扱主任者に選任することができるのは，密封された放射性同位元素を販売する販売所のみである.

7−3　表示付認証機器のみを業として販売するときは，放射線取扱主任者の選任を要しない.　　　　　　　　　　　　　　　　　　　　　　　〔1種58回問28A〕

7−4　新たに届出をして表示付認証機器のみを認証条件に従って使用しようとする者は，表示付認証機器の使用を開始するまでに放射線取扱主任者を選任しなければならない.　　　　　　　　　　　　　　　　　　　　　　　　〔1種54回問7A〕

7−5　密封された放射性同位元素のみを使用する事業所の放射線取扱主任者は，第2種放射線取扱主任者免状を有する者でよい.

7−6　許可廃棄業者は，常に第1種放射線取扱主任者免状を有する者を放射線取扱主任者として選任しなければならない.

7−7　放射性同位元素の種類ごとに下限数量の 1000 倍以下の密封された放射性同位元素のみを使用する工場又は事業所に限り，第2種放射線取扱主任者免状を有する者を，放射線取扱主任者として選任することができる.　　　　　　〔1種22回問30の2〕

7−8　放射性同位元素等を診療のために用いる場合には，放射線取扱主任者免状を有していない医師，歯科医師又は薬剤師を放射線取扱主任者として選任することができる.　　　　　　　　　　　　　　　　　　　　　　　　〔1種22回問30の2〕

7−9　P病院は，研究のために使用している放射性同位元素による放射線障害の防止についても併せて監督させるため，医師（放射線取扱主任者免状は有していない．）を放射線

812

7. 放射線取扱主任者

取扱主任者に選任して届け出た. 〔1種21回問5の3〕

7−10 放射性同位元素の使用の許可を受けたので,第1種放射線取扱主任者免状を有する者を放射線取扱主任者に選任し,その後放射性同位元素を使用施設に運び入れ,使用を開始し,選任の日から30日以内に選任の届出をした. 〔1種23回問29の3〕

7−11 許可届出使用者は,放射線取扱主任者に対し,その者が選任前1年以内に定期講習を受けたことがなかった場合,選任されたときから1年以内及び定期講習を受けた日から5年以内の期間ごとに定期講習を受けさせなければならない.

7−12 表示付認証機器のみの販売を行う届出販売業者は,放射線取扱主任者に定期講習を受講させる必要がない. 〔2種52回問27C改〕

7−13 放射性同位元素の使用の許可を受けた事業所において,放射線取扱主任者が20日間出張することになった場合で引き続き使用するときには,放射線取扱主任者の代理者を選任し,遅滞なく原子力規制委員会に届け出なければならない.

〔1種24回問26の4改〕

7−14 S工場は,放射線取扱主任者が出張で不在となったが,その期間が30日未満であったので,別にその代理者は選任せず,労働安全衛生法上の衛生管理者(放射線取扱主任者免状は有していない.)に監督を行わせて使用を行った. 〔1種21回問5の2〕

7−15 放射線取扱主任者が1ヵ月以上海外に出張する場合には,必ず代理者を選任しなければならない. 〔2種2回問3(5)〕

7−16 主任者がその職務を行うことができない場合において,その期間中放射性同位元素を使用するときは,その期間が数日であっても,主任者の代理者を選任しなければならない. 〔1種20回問6B〕

7−17 放射線障害防止法又は同法に基づく命令の規定に違反したときに限り,原子力規制委員会は,放射線取扱主任者又はその代理者を直接解任することができる.

〔1種24回問26の2〕

次の文章の( )内に適切な語句を埋めて文章を完成せよ.

7−18 放射線取扱主任者の選任は,放射性同位元素を使用施設若しくは(A)に運

法　　令

び入れ，放射線発生装置を（　B　）に設置し，又は放射性同位元素の（　C　）若しくは放射性同位元素の廃棄の業を開始するまでにしなければならない．また，選任した日から（　D　）日以内に，その旨を原子力規制委員会に届け出なければならない．　　　　　　　　　　　　　　　　　　　　　　　　　〔1 種 51 回問 28 改〕

7−19　放射線取扱主任者は，（　A　）に職務を遂行しなければならない．使用施設，廃棄物詰替施設，貯蔵施設，廃棄物貯蔵施設又は廃棄施設に立ち入る者は，放射線取扱主任者がこの法律若しくはこの法律に基づく（　B　）又は放射線障害予防規程の実施を確保するためにする（　C　）に従わなければならない．許可届出使用者，届出販売業者，届出賃貸業者及び許可廃棄業者は，放射線障害の防止に関し，放射線取扱主任者の（　D　）を尊重しなければならない．　　　　　　　〔1 種 47 回問 21 改〕

7−20　許可届出使用者，届出販売業者，届出賃貸業者及び許可廃棄業者のうち原子力規制委員会規則で定めるものは，放射線取扱主任者に，原子力規制委員会規則で定める（　A　）ごとに，原子力規制委員会の登録を受けた者が行う放射線取扱主任者の（　B　）の（　C　）を図るための（　D　）を受けさせなければならない．

〔1 種 55 回問 29 改〕

8. 登録認証機関等

　放射線取扱主任者免状取得のための第 1 種及び第 2 種の放射線取扱主任者試験，第 1 種，第 2 種及び第 3 種の放射線取扱主任者講習，放射線取扱主任者の資質の向上を図るための定期講習，その他の業務を円滑に進めるために，国は，一定の要件を満たして登録をした機関に，国の監督の下に，これらの業務を実施させることにしている．

　現在，法令で定められている登録機関及びそれぞれの機関の実施する業務は**表 8.1** に示されるとおりである．登録運搬方法確認機関は，国土交通大臣の登録を受け，その他の機関は委員会の登録を受ける．

　法令には，それぞれの認証機関の登録の要件等が定められているが，放射線取扱主任者試験に出題されることはないと考えられるのでそれらの詳細を学習する必要はない．

表 8.1　登録機関とその機関が実施する業務

登録機関の名称	登録機関が実施する業務〔関係する法律条名〕
(1) 登録認証機関	放射性同位元素装備機器の設計認証及び特定設計認証〔法 12 の 2，39〕
(2) 登録検査機関	特定許可使用者及び許可廃棄業者の放射線施設の施設検査及び定期検査〔法 12 の 8，9，41 の 15〕
(3) 登録定期確認機関	特定許可使用者及び許可廃棄業者が受ける定期確認〔法 12 の 10，41 の 17〕
(4) 登録運搬方法確認機関	運搬に関する措置が技術上の基準に適合していることの確認〔法 18，41 の 19〕

815

法　　令

(5) 登録運搬物確認機関	承認容器を用いて運搬する物についての措置の確認〔法18，41の21〕
(6) 登録埋設確認機関	許可廃棄業者が埋設時に講ずる措置が技術上の基準に適合していることの確認〔法19の2-2，41の23〕
(7) 登録濃度確認機関	放射性汚染物中の放射能濃度が放射線障害防止のための措置を必要としないものであることの確認〔法33の2，41の25〕
(8) 登録試験機関	第1種放射線取扱主任者試験及び第2種放射線取扱主任者試験の実施〔法35-2，3，41の27〕
(9) 登録資格講習機関	第1種放射線取扱主任者講習，第2種放射線取扱主任者講習及び第3種放射線取扱主任者講習の実施〔法35-2，3，4，41の31〕
(10) 登録定期講習機関	放射線取扱主任者の資質の向上を図るための定期講習の実施〔法36の2-1，41の35〕

816

9. 報告の徴収, その他

9.1 報告の徴収 〔法 42, 則 39〕

委員会（場合によっては**国土交通大臣**又は**都道府県公安委員会**）は，この法律の施行に必要な限度で，許可届出使用者，表示付認証機器届出使用者，届出販売業者，届出賃貸業者若しくは許可廃棄業者又はこれらの者から運搬を委託された者に対し，報告をさせることができる.

1 許可届出使用者，表示付認証機器届出使用者，届出販売業者，届出賃貸業者若しくは許可廃棄業者又はこれらの者から運搬を委託された者は，次のいずれかに該当するときは，その旨を**直ちに**，その状況及びそれに対する処置を**10 日以内**に委員会に報告しなければならない＊.

(1) 放射性同位元素の盗取又は所在不明が生じたとき

(2) 排気の濃度限度又は排気による線量限度を超えたとき.

(3) 排水の濃度限度又は排水による線量限度を超えたとき.

(4) 放射性同位元素等が管理区域の外で漏洩したとき. ただし，許可使用者が使用施設及び管理区域の外で密封されていない放射性同位元素を使用した場合を除く.

(5) 放射性同位元素等が管理区域内で漏洩したとき. ただし，次のいずれかに該当するときを除く.

① 漏洩液体が，漏洩の拡大防止のための堰の外に拡大しなかったとき

② 気体漏洩の場合において，空気中濃度限度を超えるおそれのないとき

(6) 次の線量が，それぞれの線量限度を超え，又は超えるおそれのあるとき.

①施設内の人が常時立ち入る場所の線量

法　　令

②工場若しくは事業所の境界又は事業所内の人の居住区域

（5.2 の 3，表 5.1）参照

(7) 計画外の被ばくがあり，次の線量を超え，又は超えるおそれのあるとき．

①放射線業務従事者にあっては 5 ミリシーベルト

②放射線業務従事者以外の者にあっては 0.5 ミリシーベルト

(8) 放射線業務従事者について実効線量限度若しくは等価線量限度を超え，又は超えるおそれのある被ばくがあったとき．（2.4.1，2.4.2）参照

(9) 廃棄物埋設跡地を利用する場合等に，人が被ばくするおそれのある線量が委員会の定めた線量限度を超えるおそれのあるとき．（5.4.3(2)）参照

2 許可届出使用者又は許可廃棄業者は，放射線施設を廃止したときは，放射性同位元素による汚染の除去その他の講じた措置を **30 日以内**に委員会に報告しなければならない．

★　この報告は，これまで利用してきた放射線施設の一部を廃止するような場合になされるものであって，6.7.3 で述べた「使用の廃止等の届出」とは異なるものである．「使用の廃止等の届出」の場合はその届出を遅滞なく行い，引き続いて 6.7.4 で述べた「使用の廃止等に伴う措置」を実施しなければならない．

3 許可届出使用者，届出販売業者，届出賃貸業者又は許可廃棄業者は，放射線の管理状況の報告書（**放射線管理状況報告書**）を毎年 4 月 1 日からその翌年の 3 月 31 日までの期間について作成し，当該期間の経過後 **3 月以内**に委員会に提出しなければならない．

この報告書には，

(1) 許可届出使用者の場合，①施設等の点検の実施状況，②放射性同位元素の保管の状況，③放射性同位元素等の保管・廃棄の状況，④放射線業務従事者の数，⑤放射線業務従事者の個人実効線量の分布，等を記載する．

(2) 許可廃棄業者の場合，①施設等の点検の実施状況，②放射性同位元素等の廃棄の状況，③放射線業務従事者の数，④放射線業務従事者の個人実効線

9. 報告の徴収，その他

量の分布，等を記載する．

(3) 届出販売業者の場合，放射性同位元素の販売等の状況を記載する．

(4) 届出賃貸業者の場合，放射性同位元素の賃貸等の状況を記載する．

★ 表示付認証機器届出使用者の場合は（もちろん，表示付特定認証機器使用者の場合も），放射線管理状況報告書の作成・届出の必要はない．〔法 42-1 →則 39-3〕

4 密封された放射性同位元素であって人の健康に重大な影響を及ぼすおそれのあるものとして委員会が定めるものを「**特定放射性同位元素**」という．

特定放射性同位元素について，**表 9.1** の左欄に示す事業者が右欄に示す行為を行ったときは，その旨及び当該特定放射性同位元素の内容を **15 日以内**に委員会に報告しなければならない．

表 9.1　**特定放射性同位元素についての報告に関する事業者の名称と行為**

事業者の名称	行　為
許可届出使用者	製造，輸入，受け入れ，輸出又は払い出し
表示付認証機器届出使用者	受け入れ又は払い出し
届出販売業者 届出賃貸業者	輸入，譲受け（回収，賃貸及び保管の委託の終了を含む），輸出又は譲渡し（返還，賃貸及び保管の委託を含む）

許可届出使用者は，報告を行った特定放射性同位元素の内容を変更したとき，また，その変更により特定放射性同位元素が特定放射性同位元素でなくなったときは，その旨及び当該特定放射性同位元素の内容を **15 日以内**に委員会に報告しなければならない．

許可届出使用者又は表示付認証機器届出使用者は，毎年 3 月 31 日に所持している特定放射性同位元素について **3 月以内**に委員会に報告しなければならない．

特定放射性同位元素の核種と数量は，平成 21 年文部科学省告示 168 号（密封された放射性同位元素であって人の健康に重大な影響を及ぼすおそれのあるも

のを定める告示）別表（p. 850）の第1欄の種類（核種）に応じて，①　第2欄に掲げられている数量の10倍以上のもの，又は　②　第2欄に掲げられている数量以上のものであって次の放射性同位元素装備機器に装備できるもの，をいう.

　　イ　透過写真撮影用ガンマ線照射装置

　　ロ　近接照射治療装置

　「密封された放射性同位元素であって人の健康に重大な影響を及ぼすおそれがあるものを定める告示」（平成21年文部科学省告示第168号）

5　以上のほか，許可届出使用者，表示付認証機器届出使用者，届出販売業者，届出賃貸業者若しくは許可廃棄業者又はこれらの者から運搬を委託された者は，委員会が次の事項について期日を定めて報告を求めたときは，当該事項を当該期間内に委員会に報告しなければならない.

　(1)　放射線管理の状況

　(2)　放射性同位元素の在庫及びその増減の状況

　(3)　工場又は事業所の外において行われる放射性同位元素等の廃棄又は運搬の状況

6　都道府県公安委員会が，運搬の届出をした許可届出使用者等に対し報告をさせることができる事項は，工場又は事業所の外における運搬の状況及び当該運搬に関し人の障害が発生し，又は発生するおそれがある事故の状況とする.

　「放射性同位元素等の運搬の届出に関する内閣府令」（昭和56年総理府令第30号）第5条

7　この法律の施行に必要な限度で

　(1)　委員会は登録認証機関，登録検査機関，登録定期確認機関，登録運搬物確認機関，登録埋設確認機関，登録濃度確認機関，登録試験機関，登録資格講習機関又は登録定期講習機関に対し，

　(2)　国土交通大臣は登録運搬方法確認機関に対し，

報告をさせることができる.

9. 報告の徴収，その他

9.2 その他

立入検査，聴聞の特例，不服申立て等，公示，協議，連絡，手数料の納付，罰則等については，放射線取扱主任者試験の受験者には必要ないと思われるので，説明は省略した．

〔演 習 問 題〕

次の文章中，放射線障害防止法及びその関係法令に照らして正しいものには〇印を，
誤っているものには×印をつけ，誤っている場合にはその理由を簡単にしるせ.

9−1　許可届出使用者は，放射性同位元素等が管理区域の外で異常に漏えいしたとき
　　は，その旨を直ちに，その状況及びそれに対する処置を 30 日以内に原子力規制委員
　　会に報告しなければならない.　　　　　　　　　　　　　　　　〔1 種 49 回問 4B 改〕

9−2　許可届出使用者は，放射線施設を廃止したときは，放射性同位元素による汚染の
　　除去その他の講じた措置を，別記様式第 54（放射線施設の廃止に伴う措置の報告書）
　　により 30 日以内に原子力規制委員会に報告しなければならない.

　　　　　　　　　　　　　　　　　　　　　　　　　　　　　　　　〔1 種 49 回問 4A 改〕

9−3　許可届出使用者から運搬を委託された者は，放射性同位元素の盗取又は所在不明
　　が生じたときは，その旨を直ちに，その状況及びそれに対する処置を 10 日以内に原
　　子力規制委員会に報告しなければならない.　　　　　　　　　〔1 種 49 回問 4D 改〕

9−4　許可届出使用者は，毎年 4 月 1 日からその翌年の 3 月 31 日までの期間において，
　　放射性同位元素を購入，譲受していなくても，当該期間の経過後 3 月以内に，事業所
　　ごとに放射線管理状況報告書を，原子力規制委員会に提出しなければならない.

　　　　　　　　　　　　　　　　　　　　　　　　　　　　　　　〔1 種 47 回問 23D 改〕

9−5　使用又は販売，賃貸若しくは廃棄の業の廃止を届け出たならば，その年度の放射
　　線管理状況報告書を提出する必要はない.　　　　　　　　　〔1 種 45 回問 3C〕

9−6　許可届出使用者が特定放射性同位元素を受け入れたときは，その旨及び当該特定
　　放射性同位元素の内容を受け入れた日から 30 日以内に原子力規制委員会に報告しな
　　ければならない.

9−7　特定放射性同位元素を使用している許可使用者は，毎年 3 月 31 日に所持してい
　　る特定放射性同位元素について，同日の翌日から起算して 6 月以内に原子力規制委員
　　会に報告しなければならない.　　　　　　　　　　　　　　〔1 種 59 回問 28D〕

822

9. 報告の徴収, その他

次の文章の（　）内に適切な語句を埋めて文章を完成せよ.

9−8　許可届出使用者, 表示付認証機器届出使用者, 届出販売業者, 届出賃貸業者若しくは許可廃棄業者又はこれらの者から（　A　）を委託された者は, 放射性同位元素の盗取, 所在不明が生じたときは, その旨を（　B　）, その（　C　）及びそれに対する処置を（　D　）日以内に原子力規制委員会に報告しなければならない.

10. 定義，略語及び主要な数値

10.1 おもな定義及び略語

10.1.1 法令に示されているおもな定義及び略語

法（令 1，則 2−1）放射性同位元素等による放射線障害の防止に関する法律（昭和 32 年法律第 167 号）．（はじめに 2.(1)）

令（則 2−2，告 1）放射性同位元素等による放射線障害の防止に関する法律施行令（昭和 35 年政令第 259 号）．（はじめに 2.(1)）

規則（告 4）放射性同位元素等による放射線障害の防止に関する法律施行規則（昭和 35 年総理府令第 56 号）．（はじめに 2.(1)）

放射線 ＊（法 2−1，原子力基本法 3(5)，定義に関する政令 4）電磁波又は粒子線のうち，直接又は間接に空気を電離する能力をもつもので，(1) アルファ線，重陽子線，陽子線その他の重荷電粒子線及びベータ線，(2) 中性子線，(3) ガンマ線及び特性エックス線（軌道電子捕獲に伴って発生する特性エックス線に限る．），(4) 1 メガ電子ボルト以上のエネルギーを有する電子線及びエックス線．(2.1)

放射性同位元素 ＊（法 2−2，令 1，告 1）りん 32 やコバルト 60 などのように，A ①放射線を放出する同位元素及び②その化合物並びに③これらの含有物（機器に装備されているこれらのものを含む．）で，B 放射線を放出する同位元素の数量及び濃度のいずれもがその種類ごとに原子力規制委員会が定める数量（下限数量）及び濃度を超えるもの．ただし，(1) 核燃料物質及び核原料物質，(2) 医薬品及びその原料又は材料，(3) 治験対象薬物，(4) 陽電子放射断層撮影用

824

10. 定義，略語及び主要な数値

薬物，(5) 指定医療用具，を除く．(2.2.1)

放射性同位元素装備機器（法2−3）放射性同位元素を装備している機器．(2.2.2)

認証機器（法12の5）原子力規制委員会又は登録認証機関によって，設計認証に係る設計に合致していること（放射線障害のおそれが少ないこと）が確認された放射性同位元素装備機器．その表示が付された認証機器を「**表示付認証機器**」という．(4.1, 4.4)

特定認証機器（法12の5）原子力規制委員会又は登録認証機関によって，特定設計認証に係る設計に合致していること（放射線障害のおそれが極めて少ないこと）が確認された放射性同位元素装備機器．その表示が付された特定認証機器を「**表示付特定認証機器**」という．(4.1, 4.4)

認証条件（法12の6）表示付認証機器又は表示付特定認証機器に係る使用，保管及び運搬に関する条件．(4.4)

放射線発生装置（法2−4，令2）サイクロトロン，シンクロトロンなどのように荷電粒子を加速することにより放射線を発生させる装置(その表面から10センチメートル離れた位置における最大線量当量率が1センチメートル線量当量率について600ナノシーベルト毎時以下であるものを除く．)で，(1) サイクロトロン，(2) シンクロトロン，(3) シンクロサイクロトロン，(4) 直線加速装置，(5) ベータトロン，(6) ファン・デ・グラーフ型加速装置，(7) コッククロフト・ワルトン型加速装置，(8) 変圧器型加速装置，(9) マイクロトロン，(10) プラズマ発生装置．(2.2.3)

放射化物（則14の7−1(7)の2）放射線発生装置から発生した放射線により生じた放射線を放出する同位元素によって汚染された物．(2.2.4)

放射性汚染物（法1）（則1(2)）放射性同位元素又は放射線発生装置から発生した放射線（により生じた放射線を放出する同位元素）によって汚染された物．要約すれば，放射性同位元素によって汚染された物又は放射化物．(2.2.5)

放射性同位元素等（則1(3)）放射性同位元素又は放射性汚染物．(2.3.1)

取扱等業務（則1(8)）放射性同位元素等又は放射線発生装置の取扱い，管理又はこれに付随する業務．(2.3.2)

825

法　　令

放射線業務従事者 *（則 1(8)）取扱等業務に従事する者であって，管理区域に立ち入るもの．（2.3.3）

許可使用者 *（法 10−1）法第 3 条第 1 項の許可を受けた者．すなわち，放射性同位元素（使用の届出に該当する物を除く．）又は放射線発生装置を使用しようとして原子力規制委員会の許可を受けた者．（3.1.1）

特定許可使用者（法 12 の 8−1）非密封放射性同位元素で下限数量の 10 万倍以上の数量の貯蔵施設を設置する許可使用者又は 10TBq 以上の密封放射性同位元素若しくは放射線発生装置を使用する許可使用者．施設検査，定期検査及び定期確認を受ける義務がある．（6.1.1）

届出使用者 *（法 3 の 2−2）法第 3 条の 2 第 1 項の届出をした者．すなわち，下限数量の 1000 以下の密封された放射性同位元素を使用しようとして，原子力規制委員会にあらかじめ届け出た者．（3.2.1）

許可届出使用者 *（法 15）許可使用者及び届出使用者．（6.3.1）

許可届出使用者等（法 18−1）許可届出使用者，届出販売業者，届出賃貸業者及び許可廃棄業者並びにこれらの者から運搬を委託された者．（6.4.3）

表示付認証機器使用者（法 3 の 3）表示付認証機器を使用する者．（3.2.2）

表示付認証機器届出使用者（法 3 の 3）表示付認証機器の使用の届出をした者．（3.2.2）

届出販売業者（法 4−2）法第 4 条第 1 項の規定により販売の業の届出をした者．（3.3.1）

届出賃貸業者（法 4−2）法第 4 条第 1 項の規定により賃貸の業の届出をした者．（3.3.1）

許可廃棄業者（法 11）法第 4 条の 2 第 1 項の許可を受けた者．すなわち，放射性同位元素又は放射性汚染物を業として廃棄しようとして原子力規制委員会の許可を受けた者．施設検査，定期検査及び定期確認を受ける義務がある．（3.3.2）

許可取消使用者等（法 28−1）①許可を取り消された許可使用者又は許可廃棄業者，②使用を廃止した許可届出使用者（表示付認証機器届出使用者を含む），又は，

826

10. 定義，略語及び主要な数値

廃棄，販売若しくは賃貸の業を廃止した許可廃棄業者，届出販売業者若しくは届出賃貸業者，③許可届出使用者，許可廃棄業者，届出販売業者若しくは届出賃貸業者が死亡し，又は，法人である許可届出使用者，許可廃棄業者，届出販売業者若しくは届出賃貸業者が解散若しくは分割した場合にそれを届け出なければならない者．①②③に該当する者は，許可を取り消された日，使用を廃止し若しくは事業を廃止した日又は死亡，解散若しくは分割の日に所持していた放射性同位元素等をその後 30 日間所持することができる. (6.7.4)

実効線量限度＊（則 1(10)，告 5，24）放射線業務従事者の実効線量について，原子力規制委員会が定める一定期間内における線量限度として定義され，次のとおり定められている.

(1) 平成 13 年 4 月 1 日以降 5 年ごとに区分した各期間につき 100 ミリシーベルト

(2) 4 月 1 日を始期とする 1 年間につき 50 ミリシーベルト

(3) 女子については，(1)(2)に規定するほか，4 月 1 日，7 月 1 日，10 月 1 日及び 1 月 1 日を始期とする各 3 月間につき 5 ミリシーベルト

　　ただし，妊娠不能と診断された者，妊娠の意思のない旨を許可届出使用者又は許可廃棄業者に書面で申し出た者及び (4) に規定する者を除く.

(4) 妊娠中の女子については，(1)(2)に規定するほか，本人の申出等により許可届出使用者又は許可廃棄業者が妊娠の事実を知ったときから出産までの間につき，内部被ばくについて 1 ミリシーベルト

　　ただし，これらを算出する場合に 1 メガ電子ボルト未満のエネルギーを有する電子線及びエックス線による被ばくを含め，かつ，診療を受けるための被ばく及び自然放射線による被ばくを除くものとする. (2.4.1)

等価線量限度＊（則 1(11)，告 6，24）放射線業務従事者の各組織の等価線量について，原子力規制委員会が定める一定期間内における線量限度として定義され，次のとおり定められている. (2.4.2)

(1) 眼の水晶体については，4 月 1 日を始期とする 1 年間につき 150 ミリシーベルト

(2) 皮膚については，4 月 1 日を始期とする 1 年間につき 500 ミリシーベルト

(3) 妊娠中の女子の腹部表面については，本人の申出等により許可届出使用者
又は許可廃棄業者が妊娠の事実を知ったときから出産までの間につき 2 ミリ
シーベルト

表面密度限度（則 1(13)，告 8）放射線施設内の人が常時立ち入る場所において人
が触れる物の表面の放射性同位元素の密度の限度．表面密度限度を超えている
ものは，みだりに作業室から持ち出さない．アルファ線を放出する放射性同位
元素については 4 Bq/cm^2，アルファ線を放出しない放射性同位元素については
40 Bq/cm^2．（2.4.3）

空気中濃度限度（則 1(12)，告 6，24，25）放射線施設内の人が常時立ち入る場所
において人が呼吸する空気中の放射性同位元素の濃度について 1 週間について
の平均濃度が告示の別表第 2 の第 4 欄（別表第 2 に当該放射性同位元素の種類
がない場合には，別表第 3 の第 2 欄）に掲げる濃度．（2.4.4）

使用施設（法 3−2(5)）（許可使用者が）放射性同位元素又は放射線発生装置の使
用をする施設．（3.1，5.2）

廃棄物詰替施設（法 4 の 2−2(4)）（許可廃棄業者が）放射性同位元素及び放射性
汚染物の詰替えをする施設．（3.3.2，5.2 の 12）

貯蔵施設（法 3−2(6)）（許可使用者及び届出使用者が）放射性同位元素を貯蔵す
る施設．（3.1，5.3）

廃棄物貯蔵施設（法 4 の 2−2(5)）（許可廃棄業者が）放射性同位元素及び放射性
汚染物を貯蔵する施設．（3.3.2，5.3 の 8）

廃棄施設（法 3−2(7)）（許可使用者及び許可廃棄業者が）放射性同位元素及び放
射性汚染物を廃棄する施設．（3.1，3.3.2，5.4）

放射線施設 ＊（則 1(9)）使用施設，廃棄物詰替施設，貯蔵施設，廃棄物貯蔵施設
又は廃棄施設．（5.1.2）

使用施設等（法 12 の 8−1）使用施設，貯蔵施設又は廃棄施設．すなわち，許可使
用者が備えるべき放射線施設．（6.1.2）

廃棄物詰替施設等（法 12 の 8−2）廃棄物詰替施設，廃棄物貯蔵施設又は廃棄施

10. 定義，略語及び主要な数値

設．すなわち，許可廃棄業者が備えるべき放射線施設．(6.1.2)．

使用の場所（法 3 の 2−1(4)，則 3−2(2)）届出使用者が放射性同位元素を使用する場所．(3.2.1)

廃棄の場所（則 3−2(2)）届出使用者が放射性同位元素を廃棄する場所．(3.2.1)

管理区域＊（則 1(1)，告 4，25）①外部放射線に係る線量が，実効線量で 3 月間につき 1.3 ミリシーベルトを超え，②空気中の放射性同位元素の濃度が 3 月間についての平均濃度で告示の別表第 2 の第 4 欄に掲げる濃度の 10 分の 1 の値を超え，又は③放射性同位元素によって汚染される物の表面の放射性同位元素の密度が表面密度限度の 10 分の 1 の値を超えるおそれのある場所．

　この場合の放射線には，1 メガ電子ボルト未満のエネルギーを有する電子線及びエックス線を含める．また，外部放射線による被ばくがあり，かつ空気中の放射性同位元素を吸入摂取するおそれのあるときは，これらの複合についても考える．（水中の放射性同位元素については，複合しない．）(5.1.1)

工場又は事業所（法 17）許可届出使用者にあっては使用施設，貯蔵施設又は廃棄施設を設置した工場又は事業所．許可廃棄業者にあっては廃棄物詰替施設，廃棄物貯蔵施設又は廃棄施設を設置した廃棄事業所．(6.4.2 の 1)

事業所等＊（則 10−3）工場若しくは事業所又は廃棄事業所．(5.4.1)

施設検査（法 12 の 8）　特定許可使用者又は許可廃棄業者が放射線施設を設置，増設又は変更したとき，原子力規制委員会又は登録検査機関の検査を受け，これに合格した後でなければ，当該施設等の使用をしてはならない．この検査を「施設検査」という．(6.1.2)

定期検査（法 12 の 9）特定許可使用者又は許可廃棄業者は，3 年ごと又は 5 年ごとに，放射線施設が技術上の基準に適合しているかどうかについて，原子力規制委員会又は登録検査機関の行う検査を受けなければならない．この検査を「定期検査」という．(6.1.3)

定期確認（法 12−10）特定許可使用者又は許可廃棄業者は，放射線の量及び放射性同位元素等による汚染の状況が測定され，その結果についての記録が作成さ

れ，保存されていることについて，3年又は5年ごとに委員会又は登録定期確認機関の行う確認を受けなければならない．この検査を定期確認という．(6.1.5)

作業室* （則 1(2)）①密封されていない放射性同位元素の使用若しくは詰替えをし，又は②放射性汚染物で密封されていないものの詰替えをする室．(5.1.3, 5.2の4)

廃棄作業室 （則 1(3)）放射性同位元素等を①焼却した後その残渣を焼却炉から搬出する作業，又は②コンクリートその他の固型化材料により固型化（固型化するための処理を含む．）する作業を行う室．(5.1.4)

汚染検査室* （則 1(4)）人体又は作業衣，履物，保護具等人体に着用している物の表面の放射性同位元素による汚染の検査を行う室．(5.1.5)

排気設備 （則 1 (5)）排気浄化装置，排風機，排気管，排気口等気体状の放射性同位元素等を浄化し，又は排気する設備．(5.1.6, 5.4.1の2)

排水設備 （則 1 (6)）排液処理装置（濃縮機，分離機，イオン交換装置等の機械又は装置をいう．），排水浄化槽（貯留槽，希釈槽，沈殿槽，ろ過槽等の構築物をいう．），排水管，排水口等液体状の放射性同位元素等を浄化し，又は排水する設備．(5.1.7, 5.4.1の3)

固型化処理設備 （則 1(7)）粉砕装置，圧縮装置，混合装置，詰込装置等放射性同位元素等をコンクリートその他の固型化材料により固型化（固型化するための処理を含む．）する設備．(5.1.8, 5.4.1の5)

放射化物保管設備 （則 14の7-1(7)の2）放射化物であって放射線発生装置を構成する機器又は遮蔽体として用いるものを保管する設備．(5.2の8)

廃棄物埋設 （法4の2-2(7)）放射性同位元素又は放射性汚染物の埋設の方法による最終的な処分．(3.3.2)

外周仕切設備 （則 14の11-3(3)）廃棄物埋設を行う場合に，埋設地の外周を仕切るための設備．(5.4.2)

廃止措置 （法28-1）許可取消使用者等が使用又は事業の廃止に伴い放射線障害を防止するために講じなければならない措置．(6.7.4)

10. 定義，略語及び主要な数値

廃止措置計画（法 28-2）許可取消使用者等が廃止措置を講じようとするとき，あらかじめ作成し，原子力規制委員会に届け出なければならないとされている計画．(6.7.4)

濃度確認（法 33 の 2）放射性汚染物に含まれる放射能濃度が一定の基準値を超えていないことについての原子力規制委員会又は登録濃度確認機関による確認.(6.11)

建築物（建築基準法 2(1)）土地に定着する工作物のうち，屋根及び柱若しくは壁を有するもの並びにこれに附属する一定の施設等(建築設備を含む.).(5.2 の 2 イ)

居室（建築基準法 2(4)）居住，執務，作業，集会，娯楽その他これらに類する目的のために継続的に使用する室.(5.2 の 2 ロ)

主要構造部＊（建築基準法 2(5)）壁，柱，床，はり，屋根又は階段.（建築物の構造上重要でない間仕切壁，間柱，付け柱，揚げ床，最下階の床，廻り舞台の床，小ばり，ひさし，局部的な小階段，屋外階段，その他これらに類する建築物の部分は除かれる.）(5.2 の 2 ハ)

主要構造部等＊（則 14 の 7-1(2)）主要構造部並びに当該施設を区画する壁及び柱.(5.2 の 2 ニ)

耐火構造（建築基準法 2(7)，建築基準法施行令 107）鉄筋コンクリート造，れんが造等の構造で，建築基準法施行令第 107 条で定める一定の耐火性能を有するもの.(5.2 の 2 ホ)

不燃材料（建築基準法 2(9)，建築基準法施行令 108 の 2）コンクリート，れんが，瓦，石綿スレート，鉄鋼，アルミニューム，ガラス，モルタル，しっくい，その他これらに類する建築材料で建築基準法施行令第 108 条の 2 で定める不燃性を有するもの.(5.2 の 2 ヘ)

特定防火設備に該当する防火戸　建築基準法施行令 110 条 1 項に規定する，一定の防火性能を有する構造の防火戸.(5.3 の 2①)

車両運搬（則 18 の 2）事業所等の外における鉄道，軌道，索道，無軌条電車，自動車又は軽車両による運搬.(6.4.3.1)

放射性輸送物（則 18 の 3-1）放射性同位元素等が容器に収納され，又は包装され

ているもので車両運搬するもの. (6.4.3.1)

特別形放射性同位元素等（外運搬告 2）容易に散逸しない固体状の放射性同位元素又は放射性同位元素等を密封したカプセルであって，外運搬告第 2 条第 1 号の表に掲げるイ及びロの基準に適合するもの. (6.4.3.1)

A_1 値（外運搬告 2）外運搬告別表第 1 から別表第 3 まで及び別表第 6 の第 1 欄に掲げる放射性同位元素の種類又は区分に応じ，それぞれ当該各表の第 2 欄に掲げる数量. (6.4.3.1)

A_2 値（外運搬告 2）外運搬告別表第 1 から別表第 3 まで及び別表第 6 の第 1 欄に掲げる放射性同位元素の種類又は区分に応じ，それぞれ当該各表の第 3 欄に掲げる数量. (6.4.3.1)

機器等（外運搬告 2）時計その他の機器又は装置. (6.4.3.1)

L 型輸送物（則 18 の 3−1(1)）危険性が極めて少ない放射性同位元素等として原子力規制委員会が定める放射性輸送物. (6.4.3.1)

A 型輸送物（則 18 の 3−1(2)）原子力規制委員会が定める量を超えない量の放射能を有する放射性同位元素等を収納した放射性輸送物（L 型輸送物を除く）. (6.4.3.1)

BM 型輸送物又は BU 型輸送物（則 18 の 3−1(3)）原子力規制委員会が定める量を超える量の放射能を有する放射性同位元素等を収納した放射性輸送物. (6.4.3.1)

輸送物表面密度（則 18 の 4(8)）放射性輸送物の表面の放射性同位元素の密度の限度で，表面密度限度の 10 の 1 の値とされている. (6.4.3.1)

低比放射性同位元素（則 18 の 3−2）放射能濃度が低い放射性同位元素等であって，危険性が少ないものとして原子力規制委員会が定めるもの. (6.4.3.1)

表面汚染物（則 18 の 3−2）放射性同位元素等によって表面が汚染されたものであって，危険性が少ないものとして原子力規制委員会が定めるもの. (6.4.3.1)

運搬物（則 18 の 13(1)）事業所内運搬又は事業所外運搬（簡易運搬）の規定により運搬される放射性同位元素等. (6.4.2, 6.4.3.2)

10. 定義，略語及び主要な数値

運搬物確認（法18−2）BM 型輸送物又は BU 型輸送物に対して，原子力規制委員会が行う運搬する物についての確認．運搬容器の確認と内容物（放射性同位元素）の確認がある．(6.4.3.4)

運搬方法確認（法18−2，車両運搬則19〜21）BM 型輸送物又は BU 型輸送物に対して，国土交通大臣が行う運搬方法についての確認．(6.4.3.4)

簡易運搬（則18の13）事業所等の外における車両運搬以外の運搬（船舶又は航空機によるものを除く．）．(6.4.3.2)

運搬機器（則18の13(1)）運搬物を載積し，又は収納した運搬機械又は器具（簡易運搬に係るものに限る．）．(6.4.3.2)

輸送指数（運搬告23）運搬物の表面から 1 メートル離れた位置における 1 センチメートル線量当量率をミリシーベルト毎時単位で表した値の最大値の 100 倍.(6.4.3.2)

海洋投棄（法30の2−2）船舶，航空機若しくは人工海洋構築物から海洋に物を廃棄すること又は船舶若しくは人工海洋構築物において廃棄する目的で物を燃焼させることをいう．ただし，船舶，航空機若しくは人工海洋構築物から海洋に当該船舶，航空機若しくは人工海洋構築物及びこれらの設備の運用に伴って生ずる物を廃棄すること又は船舶若しくは人工海洋構築物において廃棄する目的で当該船舶若しくは人工海洋構築物及びこれらの設備の運用に伴って生ずる物を燃焼させることを除く．(6.8.2)

試験（法35−7）第 1 種放射線取扱主任者試験及び第 2 種放射線取扱主任者試験．(7.2の1)

合格証（則35の2）放射線取扱主任者試験合格証．(7.3の1)

資格講習（法35−8）第 1 種放射線取扱主任者講習及び第 2 種放射線取扱主任者講習.(7.3の4)

講習修了証（則35の6）放射線取扱主任者免状の取得のために受ける講習（放射線取扱主任者講習）を修了した者に交付される修了証．(7.3の5)

研修修了証（則38の2）原子力規制委員会の指示により放射線取扱主任者が受け

法　　令

た研修の修了証．（7.7）

10.1.2　本書に限り用いられている略語

則：放射性同位元素等による放射線障害の防止に関する法律施行規則（昭和 35 年総理府令第 56 号）．（はじめに　2.(1)）

告：放射線を放出する同位元素の数量等を定める件（平成 12 年科学技術庁告示第 5 号）．（はじめに　2.(1)）

内運搬告：放射性同位元素又は放射性同位元素によって汚染された物の工場又は事業所における運搬に関する技術上の基準に係る細目等を定める告示（昭和 56 年科学技術庁告示第 10 号）．（はじめに　2.(1)）

外運搬告：放射性同位元素又は放射性同位元素によって汚染された物の工場又は事業所の外における運搬に関する技術上の基準に係る細目等を定める告示（平成 2 年科学技術庁告示第 7 号）．（はじめに　2.(1)）

車両運搬則：放射性同位元素等車両運搬規則（昭和 52 年運輸省令第 33 号）．（はじめに　2.(1)）

車両運搬告：放射性同位元素等車両運搬規則の細目を定める告示（平成 2 年運輸省告示第 595 号）．（はじめに　2.(1)）

薬機法：医薬品，医療機器等の品質，有効性及び安全性の確保等に関する法律（昭和 35 年法律第 145 号）．（はじめに　2.(1)）

薬機法施行令：医薬品，医療機器等の品質，有効性及び安全性の確保等に関する法律施行令（昭和 36 年政令第 11 号）．（はじめに　2.(1)）

委員会：原子力規制委員会．（はじめに　3.(4)）

委員会規則：原子力規制委員会規則．（はじめに　3.(4)）

一般女子：妊娠可能な女子．（6.6.1.2）

免　状：放射線取扱主任者免状．（7.1 の 1）

主任者：放射線取扱主任者．（7.1 の 1）

第 1 種免状：第 1 種放射線取扱主任者免状．（7.1 の 2）

第 2 種免状：第 2 種放射線取扱主任者免状．（7.1 の 2）

834

10. 定義，略語及び主要な数値

第 3 種免状：第 3 種放射線取扱主任者免状．（7.1 の 2）

第 1 種試験：第 1 種放射線取扱主任者免状に係る試験．（7.2 の 2）

第 2 種試験：第 2 種放射線取扱主任者免状に係る試験．（7.2 の 2）

代理者：放射線取扱主任者の代理者．（7.8 の 1）

10.2 記憶すべきおもな数値

（注：以上≦，以下≧，を超える＜，未満＞）

10.2.1 定義に関するもの

放射線　電子線及びエックス線については，エネルギーが 1 メガ電子ボルト以上
　　　　（≦）のもの

放射線発生装置　表面から 10 cm 離れた位置での最大線量当量率が 600 ナノシー
　　　　ベルト毎時≧であるものを除く．

10.2.2 許可申請，届出等に関するもの

使用の届出　1 個，1 組又は 1 式が下限数量の 1000 倍≧　　（密封のみ）

使用の場所の一時的変更（1 個が）A₁ 値≧（密封のみ）（ただし，3 TBq≧）

10.2.3 管理等に関するもの（期間に関するものは次の 10.2.4 に記載）

管理区域　外部放射線の線量　実効線量で 1.3 mSv/3 月＜
　　　　　空気中の濃度　3 月間についての平均濃度が告示の別表第 2 の第 4 欄
　　　　　等の値の 1/10＜
　　　　　表面密度　表面密度限度の 1/10＜

遮　　蔽　人の常時立ち入る場所　1 mSv/週≧
　　　　　工場又は事業所の境界及び居住区域　250 μSv/3 月≧
　　　　　（一般病室　1.3 mSv/3 月≧）

自動表示装置　400 GBq≦　（密封）

使用の場所の一時的変更の場合の脱落防止装置の設置　400 GBq≦

インターロック　100 TBq≦　（密封）

空気中濃度限度（限度：その数値以下に保つことが必要）
　3 月間についての平均濃度が告示の別表第 2 の第 4 欄等の濃度

法　　　令

排気又は排水の濃度限度

　3 月間についての平均濃度が告示の別表第 2 の第 5 欄又は第 6 欄等の値

表面密度限度

　告示の別表第 4 の値

　　　α 線を放出する放射性同位元素については　　　4 Bq/cm²

　　　α 線を放出しない放射性同位元素については，　40 Bq/cm²

　　　　　（この数値は常識としておぼえておいた方がよい）

管理区域から持ち出す物の表面の密度の限度，運搬物，車両等の表面の密度の限
度，輸送物表面密度

　告示の別表第 4 の値（表面密度限度）の 1/10

実効線量限度

　(1)　　100 mSv/5 年（平成 13 年 4 月 1 日以降）

　(2)　　50 mSv/1 年

　(3)　　5 mSv/3 月（一般女子）

　(4)　　1 mSv/妊娠中（内部被ばくについて）

等価線量限度

　(1)　150 mSv/1 年（眼の水晶体）

　(2)　500 mSv/1 年（皮膚）

　(3)　2 mSv/1 年（妊娠中の女子の腹部表面）

一時的立入者の測定免除　外部又は内部被ばくによる線量（実効線量線量につい
　　て）　100 μ Sv≧

みなし表示付認証機器としてのガスクロマトグラフ用エレクトロン・キャプチャ・
　ディテクタのディテクタ及びキャリヤガスの制限温度：350 ℃

10.2.4　期間に関するもの

場所に関する測定の実施

　A　放射線の量の測定　①原則として1月以内に1回，②密封された放射性同位元
　　　素又は放射線発生装置を固定，取扱い方法及び遮蔽物の位置が一定している

とき，及び，③下限数量の1000倍以下の密封された放射性同位元素のみを取り扱うとき，は6月以内に1回

B　排気，排水口における測定　①廃棄，排水の都度，②連続して排気，排水する場合は連続して

教育訓練の実施（管理区域に立ち入った後又は取扱等業務を開始した後について）：1年を超えない期間ごと

健康診断の実施（管理区域に立ち入ったものについて）

　　放射線業務従事者に対する問診及び検査又は検診：原則として1年に1回

保存期間

① 　人に関するもの：永年（健康診断の結果，人に関する測定結果（実効線量，等価線量，人体部位に関する汚染の状況等））

② 　10年間　認証機器製造者等が作成する検査記録

③ 　その他のもの：5年間（場所に関する測定結果，記帳事項等）　ただし，廃棄物埋設を行う許可廃棄業者については廃棄の業の廃止の日まで.

届出の期限（事後の届出に限る）

　原則として30日以内（「直ちに」，「遅滞なく」を除く.）

　許可届出使用者，表示付認証機器届出使用者，届出販売業者，届出賃貸業者及び許可廃棄業者の事務的内容等の変更の届出（許可使用者及び許可廃棄業者の許可証の訂正を含む），放射線障害予防規程の変更の届出，主任者及びその代理者の選任及び解任の届出

その他の期間等

① 　10日以内　所在不明が生じたときなどの異常時の報告

② 　15日以内　特定放射性同位元素の受け入れ，払い出し等があったときの原子力規制委員会への報告

③ 　30日以内　許可の取消し，使用の廃止等に伴う譲渡及び所持の期限，主任者の代理者の届出を要しない期間，放射線施設を廃止したときの講じた措置の報告の期限（この報告(9.1の2)は，これまで利用してきた放射線施設の一

法　　令

部を廃止するような場合になされるものであって，使用の廃止等の届出(6.7.3)とは異なるものである）.

④　3月以内　放射線管理報告書の提出期限

⑤　4半期ごと　人に関する測定結果の記録とその記録の写しを対象者に対し交付すること．その他1年ごと及び一般女子の場合1月ごと

10.2.5　施設検査及び定期検査

	施 設 検 査	定 期 検 査
密封	10 TBq≦	10 TBq≦
非密封	下限数量の10万倍≦	下限数量の10万倍≦

定期検査の期間

非密封の特定許可使用者及び許可廃棄業者	3年
密封及び放射線発生装置の特定許可使用者	5年

10.2.6　運搬関係

輸送物の大きさ：外接直方体の各辺10cm≦（L型を除く）

表面（輸送物，コンテナ，車両等，運搬機器）2mSv/時≧（L型は5μSv/時≧），

　1メートルの位置：100μSv/時≧，密度：表面密度限度の10分の1 ≧

特例（原子力規制委員会の承認）表面：10 mSv/時≧

輸送指数（簡易運搬）50≧

運搬の公安委員会への届出：1週間前まで（運搬が2以上の公安委員会の管轄する区域に及ぶときは2週間前まで）

L型：A_1又はA_2値×10^{-3}　（又は×10^{-2}（機器等））

10.2.7　そ の 他

取扱の制限年齢：18歳＞

10.2.8　放射性同位元素の数量，実効線量限度等についてのまとめ

10.2.6までと重複することがあるが，放射性同位元素の数量に関する規制値を**図10.1**に，人についての実効線量限度及び等価線量限度と場所についての線量率に関する規制値の関係を**図10.2**に，物の表面又はその近傍における線量率に関す

838

10. 定義，略語及び主要な数値

る規制値を**図**10.3 にまとめた．また，放射能（数量）及び放射能濃度に対する BSS
免除レベルを付録に収録した．

法　　令

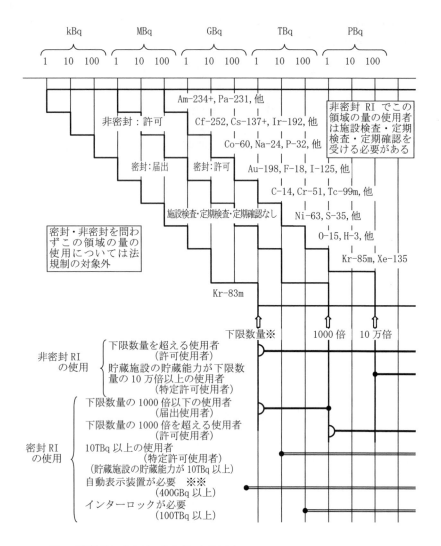

※　下限数量には密封・非密封の区別はない．
※※　使用の場所の一時的変更届で使用の場合，脱落防止装置が必要 (則 15−1(10) の 3)

図 10.1　放射性同位元素の数量に関する規制値

10. 定義，略語及び主要な数値

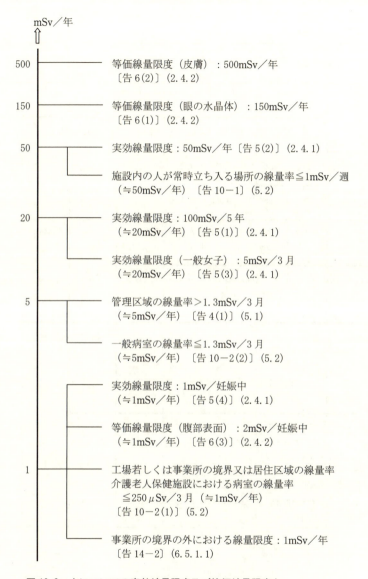

図10.2　人についての実効線量限度及び等価線量限度と
　　　　場所についての線量率に関する規制値の関係

法　令

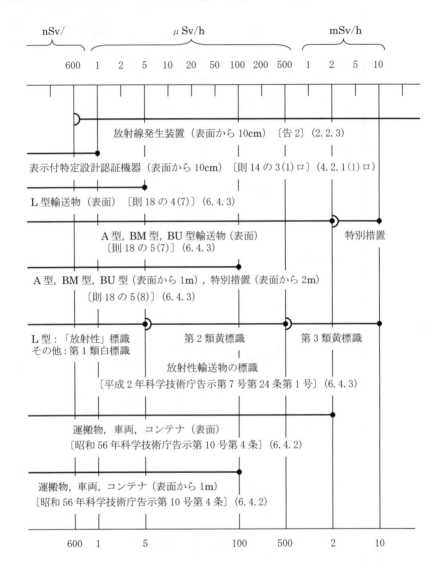

図 10.3　物の表面又はその近傍における線量率に関する規制値
（線量率は 1 cm 線量当量率）

11. 試験における法令の重要ポイント

1. 放射性同位元素の定義を明らかにしておくこと．特に数量及び濃度の両方とも が告示の数値を超えるものが定義に該当すること並びに密封されていないもの の数量は事業所等毎に，密封されたものの数量は1個，1組又は1式毎に考えるこ とを銘記しておくこと．(2.2.1)

2. 単に「放射性同位元素」と書いてある場合には，一般には密封されたものと密封 されていないものとの総称を意味するものであることに注意すること．

3. 線量限度等の数字を記憶する場合には，期間を正確に記憶すること．期間のな いこれらの数字は意味がない．1週間についてか，3月間についてか，1年間につ いてか等を明らかにしておくこと．

4. 許可使用 (3.1) と届出使用 (3.2) との区別を明らかにしておくこと．特に届 出使用の要件は重要であるから，よくマークしておくこと．

5. 単に「許可届出使用者」と書いてある場合には，「許可使用者」と「届出使用者」と の総称であることに注意すること．(6.3.1)

6. 「許可使用者」，「届出使用者」及び「許可廃棄業者」の施設を対照しておぼえてお くこと (表3.1)，特に届出使用者の場合，「放射線施設」として法の規制の対 象となる施設は貯蔵施設だけなので注意．

7. 放射線施設の耐火性能に注意すること．特に「使用施設」と「貯蔵施設」（特に「貯 蔵室」の場合）とを対比させて理解すること．(5.2の2，5.3の2①)

8. 許可使用者に対してのみ認められている「許可使用者の変更の許可を要しない 技術的内容の変更 (3.9)」は，特によく出題されているので，マークしておく こと．

9. 譲渡し，譲受け，所持等の制限 (6.8.1) の原則を明らかにしておくこと．

843

法　　令

10. 第 2 種及び第 3 種免状の所有者を主任者として選任できる事業所の範囲（7.1 の 4，5）を明らかにしておくこと．

11. 代理者の選任及びその届出に関する事項（7.8）は，従来よく出題されているので，マークしておくこと．

12. （イ）常時立ち入る場所，（ロ）管理区域の境界，及び（ハ）事業所の境界又は居住区域，における外部放射線の線量を対比して記憶しておくこと．（表 5.1）

13. 記録の保存期間は，人に関するもの（健康診断の結果（6.6.4 の 3(3)，人に関する測定結果（6.6.1.2 の 4(8)）は，永年保存（法令の条文では，期間を特に書いてないが，これは永年保存を意味する．）．その他のものは原則として 5 年間である．ただし，廃棄物埋設を行う許可廃棄業者については廃棄の業の廃止の日まで．（6.6.7 の 2）

14. 届出等の期限の「あらかじめ」，「直ちに」，「遅滞なく」，「30 日以内に」等に注意すること，事後の届出又は報告は，原則として「30 日以内」である（事務的内容の変更の届出(3.4)，放射線取扱主任者の選任・解任の届出(7.1)）．例外は「10 日以内」（所在不明が生じたときなどの報告（9.1 の 1 イ）），15 日以内（特定放射性同位元素に係る報告（9.1 の 1 ニ）），ほかに「3 月以内」（放射線管理状況報告（9.1 の 1 ハ））がある．

15. 「以上」，「以下」，「‥‥‥を超える」，「未満」を正確に記憶すること．（「はじめに」の 2.(5)）

16. 「ただし」，「‥‥‥する場合はこの限りでない．」等の例外的規定の項に特に注意すること．これらは，正誤の問題としてよく出題される．

　　なお，「管理技術」の問題の解答に「法令」の知識が要求されるものがかなり多く出題されている．この「法令」の篇で得られた知識は，「管理技術」の解答にも応用することが求められていることを忘れてはならない．

告　示　別　表

参考　告示別表

1　放射線を放出する同位元素の数量等を定める告示
　　（平成 12 年科学技術庁告示第 5 号）〔告〕

別表第 1　放射線を放出する同位元素の数量及び濃度
　　　　　（下限数量及び下限濃度）（抜粋）

第 1 欄		第 2 欄	第 3 欄
放射線を放出する同位元素の種類		数量 （Bq）	濃度 （Bq／g）
核種	化学形等		
^{3}H		1×10^{9}	1×10^{6}
^{7}Be		1×10^{7}	1×10^{3}
^{10}Be		1×10^{6}	1×10^{4}
^{11}C	一酸化物及び二酸化物	1×10^{9}	1×10^{1}
^{11}C	一酸化物及び二酸化物以外のもの	1×10^{6}	1×10^{1}
^{14}C	一酸化物	1×10^{11}	1×10^{8}
^{14}C	二酸化物	1×10^{11}	1×10^{7}
^{14}C	一酸化物及び二酸化物以外のもの	1×10^{7}	1×10^{4}
^{13}N		1×10^{9}	1×10^{2}
^{15}O		1×10^{9}	1×10^{2}
^{18}F		1×10^{6}	1×10^{1}
^{19}Ne		1×10^{9}	1×10^{2}
^{22}Na		1×10^{6}	1×10^{1}
^{24}Na		1×10^{5}	1×10^{1}
^{28}Mg	放射平衡中の子孫核種を含む	1×10^{5}	1×10^{1}
^{26}Al		1×10^{5}	1×10^{1}
^{31}Si		1×10^{6}	1×10^{3}
^{32}Si		1×10^{6}	1×10^{3}
^{32}P		1×10^{5}	1×10^{3}
^{33}P		1×10^{8}	1×10^{5}
^{35}S	蒸気	1×10^{9}	1×10^{6}
^{35}S	蒸気以外のもの	1×10^{8}	1×10^{5}

845

法　　令

別表第2　放射性同位元素の種類が明らかで，かつ，1種類である場合の空気中濃度
限度等（抜粋）

第一欄		第二欄	第三欄	第四欄	第五欄	第六欄
放射性同位元素の種類		吸入摂取した場合の実効線量係数 (mSv/Bq)	経口摂取した場合の実効線量係数 (mSv/Bq)	空気中濃度限度 (Bq/cm³)	排気中又は空気中の濃度限度 (Bq/cm³)	排液中又は排水中の濃度限度 (Bq/cm³)
核種	化学形等					
³H	元素状水素	1.8×10^{-12}		1×10^4	7×10^1	
³H	メタン	1.8×10^{-10}		1×10^2	7×10^{-1}	
³H	水	1.8×10^{-8}	1.8×10^{-8}	8×10^{-1}	5×10^{-3}	6×10^1
³H	有機物(メタンを除く)	4.1×10^{-8}	4.2×10^{-8}	5×10^{-1}	3×10^{-3}	2×10^1
³H	上記を除く化合物	2.8×10^{-8}	1.9×10^{-8}	7×10^{-1}	3×10^{-3}	4×10^1
⁷Be	酸化物，ハロゲン化物及び硝酸塩以外の化合物	4.3×10^{-8}	2.8×10^{-8}	5×10^{-1}	2×10^{-3}	3×10^1
⁷Be	酸化物，ハロゲン化物及び硝酸塩	4.6×10^{-8}	2.8×10^{-8}	5×10^{-1}	2×10^{-3}	3×10^1
¹⁰Be	酸化物，ハロゲン化物及び硝酸塩以外の化合物	6.7×10^{-6}	1.1×10^{-6}	3×10^{-3}	1×10^{-5}	7×10^{-1}
¹⁰Be	酸化物，ハロゲン化物及び硝酸塩	1.9×10^{-5}	1.1×10^{-6}	1×10^{-3}	4×10^{-6}	7×10^{-1}

別表第2の説明

　第4欄は，作業室等内の人が常時立ち入る場所における空気中の放射性同位元素の濃度限度（5.4の2イ）を示す．

　第5欄は排気，第6欄は排水に係る放射性同位元素の濃度限度（3月間についての平均濃度，5.4の2ロ及び3イ）を示し，この濃度の空気又は水を1年間連続して摂取した場合に，一年間につき1ミリシーベルト（5.4の2ハ及び3ロ）に相当する．

告　示　別　表

別表第3　放射性同位元素の種類が明らかで，かつ当該放射性同位元素の種類が別表
第2に揚げられていない場合の空気中濃度限度等

第一欄		第二欄	第三欄	第四欄
放射性同位元素の区分		空気中濃度限度 (Bq/cm³)	排気中又は空気中の濃度限度 (Bq/cm³)	排液中又は排水中の濃度限度 (Bq/cm³)
アルファ線放出の区分	物理的半減期の区分			
アルファ線を放出する放射性同位元素	物理的半減期が10分未満のもの	4×10^{-4}	3×10^{-6}	4×10^{0}
	物理的半減期が10分以上，1日未満のもの	3×10^{-6}	3×10^{-8}	4×10^{-2}
	物理的半減期が1日以上，30日未満のもの	2×10^{-6}	8×10^{-9}	5×10^{-3}
	物理的半減期が30日以上のもの	3×10^{-8}	2×10^{-10}	2×10^{-4}
アルファ線を放出しない放射性同位元素	物理的半減期が10分未満のもの	3×10^{-2}	1×10^{-4}	5×10^{0}
	物理的半減期が10分以上，1日未満のもの	6×10^{-5}	6×10^{-7}	1×10^{-1}
	物理的半減期が1日以上，30日未満のもの	4×10^{-6}	2×10^{-8}	5×10^{-3}
	物理的半減期が30日以上のもの	1×10^{-5}	4×10^{-8}	7×10^{-4}

別表第4　表面密度限度

区　　分	密度（Bq/cm²）
アルファ線を放出する　放射性同位元素	4
アルファ線を放出しない放射性同位元素	40

847

法　　令

別表第5　自由空気中の空気カーマが1グレイである場合の実効線量

第一欄	第二欄		第一欄	第二欄
エックス線又はガンマ線のエネルギー（MeV）	実効線量（Sv）		エックス線又はガンマ線のエネルギー（MeV）	実効線量（Sv）
0.010	0.00653		0.300	1.093
0.015	0.0402		0.400	1.056
0.020	0.122		0.500	1.036
0.030	0.416		0.600	1.024
0.040	0.788		0.800	1.010
0.050	1.106		1.000	1.003
0.060	1.308		2.000	0.992
0.070	1.407		4.000	0.993
0.080	1.433		6.000	0.993
0.100	1.394		8.000	0.991
0.150	1.256		10.000	0.990
0.200	1.173			

参考　該当値がないときは，補間法によって計算する．

告 示 別 表

別表第6　自由空気中の中性子フルエンスが1平方センチメートル当
　　　　たり 10^{12} 個である場合の実効線量

第一欄	第二欄
中性子のエネルギー（MeV）	実効線量（Sv）
1.0×10^{-9}	5.24
1.0×10^{-8}	6.55
2.5×10^{-8}	7.60
1.0×10^{-7}	9.95
2.0×10^{-7}	11.2
5.0×10^{-7}	12.8
1.0×10^{-6}	13.8
2.0×10^{-6}	14.5
5.0×10^{-6}	15.0
1.0×10^{-5}	15.1
2.0×10^{-5}	15.1
5.0×10^{-5}	14.8
1.0×10^{-4}	14.6
2.0×10^{-4}	14.4
5.0×10^{-4}	14.2
1.0×10^{-3}	14.2
2.0×10^{-3}	14.4
5.0×10^{-3}	15.7
1.0×10^{-2}	18.3
2.0×10^{-2}	23.8
3.0×10^{-2}	29.0
5.0×10^{-2}	38.5
7.0×10^{-2}	47.2
1.0×10^{-1}	59.8

第一欄	第二欄
中性子のエネルギー（MeV）	実効線量（Sv）
1.5×10^{-1}	80.2
2.0×10^{-1}	99.0
3.0×10^{-1}	133
5.0×10^{-1}	188
7.0×10^{-1}	231
9.0×10^{-1}	267
1.0×10^{0}	282
1.2×10^{0}	310
2.0×10^{0}	383
3.0×10^{0}	432
4.0×10^{0}	458
5.0×10^{0}	474
6.0×10^{0}	483
7.0×10^{0}	490
8.0×10^{0}	494
9.0×10^{0}	497
1.0×10^{1}	499
1.2×10^{1}	499
1.4×10^{1}	496
1.5×10^{1}	494
1.6×10^{1}	491
1.8×10^{1}	486
2.0×10^{1}	480

参考　該当値がないときは，
補間法によって計算する．

法　　令

2　密封された放射性同位元素であって人の健康に重大な影響を及ぼすおそれがあるものを定める告示（平成 21 年文部科学省告示第 168 号）別表（抜粋）

第1欄		第2欄	第1欄		第2欄
放射性同位元素の種類		数量	放射性同位元素の種類		数量
核種	物理的半減期等	(TBq)	核種	物理的半減期等	(TBq)
^{3}H		2000	^{51}Cr		2
^{7}Be		1	^{52}Mn		0.02
^{10}Be		30	^{54}Mn		0.08
^{11}C		0.06	^{56}Mn		0.04
^{14}C		50	^{52}Fe	放射平衡中の子孫核種を含む.	0.02
^{13}N		0.06	^{55}Fe		800
^{18}F		0.06	^{59}Fe		0.06
^{22}Na		0.03	^{60}Fe	放射平衡中の子孫核種を含む.	0.06
^{24}Na		0.02	^{55}Co	放射平衡中の子孫核種を含む.	0.03
^{28}Mg		0.02	^{56}Co		0.02
^{26}Al		0.03	^{57}Co		0.7
^{31}Si		10	^{58}Co		0.07
^{32}Si	放射平衡中の子孫核種を含む.	7	^{58m}Co	放射平衡中の子孫核種を含む.	0.07
^{32}P		10	^{60}Co		0.03
^{33}P		200	^{59}Ni		1000
^{35}S		60	^{63}Ni		60
^{36}Cl		20	^{65}Ni		0.1
^{38}Cl		0.05	^{64}Cu		0.3
^{39}Ar		300	^{67}Cu		0.7
^{41}Ar		0.05	^{65}Zn		0.1
^{42}K		0.2	^{69}Zn		30
^{43}K		0.07	^{69m}Zn	放射平衡中の子孫核種を含む.	0.2
^{45}Ca		100	^{67}Ga		0.5
^{47}Ca	放射平衡中の子孫核種を含む.	0.06	^{68}Ga		0.07
^{44}Sc		0.03	^{72}Ga		0.03
^{46}Sc		0.03	^{68}Ge	放射平衡中の子孫核種を含む.	0.07
^{47}Sc		0.7	^{71}Ge		1000
^{48}Sc		0.02	^{77}Ge	放射平衡中の子孫核種を含む.	0.06
^{44}Ti	放射平衡中の子孫核種を含む.	0.03	^{72}As		0.04
^{48}V		0.02	^{73}As		40
^{49}V		2000	^{74}As		0.09

演習問題の解答

第1章

1- 1　×　原子力基本法第2条の一部を取り上げて作成したもの．（1.1）.

1- 2　×　「労働者」の安全ではなく「公共」の安全．（1.2）法1.

1- 3　×　「研究の推進」は特に取り上げられてはいない．（1.2）法1.

1- 4　×　原子力基本法第1条の一部を取り上げて作成したもの．（1.1）.

1- 5　○　（1.2）法1.

1- 6　　A：放射性同位元素　B：放射線発生装置　C：規制　D：放射線障害　（1.2）
　　　法1.

1- 7　　A：原子力基本法　B：販売, 賃貸　C：放射性汚染物　D：公共の安全　（1.2）
　　　法1.

法　　　令

第 2 章

2－1　×　「直接に」ではなく，「直接又は間接に」(2.1 の 1) 法 2－1→原子力基本法 3 (5).

2－2　×　中性子線はエネルギーの大小にかかわりなく放射線になる．電子線及びエック
ス線は 1 メガ電子ボルト以上のエネルギーを有するものが放射線になる．(2.1
の 1) 定義に関する政令 4 (2) 及び (4).

2－3　×　「数量又は濃度」ではなく「数量及び濃度」が正しい (2.2.1) 令 1.

2－4　×　放射性同位元素は機器に装備されていても規制され，とり出して使用するかど
うかは関係ない．(2.2.1) 法 2－2 かっこ書.

2－5　×　その原料又は材料として用いるものは，薬機法第 13 条第 1 項の規定により許
可を受けた製造所に存在するもののみが放射性同位元素から除かれる．(2.2.1
の 2) 令 1 (2).

2－6　○　数量及び濃度の両方が下限数量及び下限濃度を超えるものだけが放射性同位
元素となる．H－3 (トリチウム) の下限濃度は $1×10^6$Bq/g, 下限数量は $1×10^9$Bq.
したがって，この場合，濃度が下限濃度を超えていないからこの法律の規制を受
けない．(2.2.1) 令 1 → 告 1.

2－7　×　70/100＋8/10＝0.7 ＋ 0.8＝1.5 ＞ 1，それぞれの放射性同位元素の数量の下
限数量に対する割合の和が 1 を超えるから，この場合，A, B 両方とも数量に関
しては放射性同位元素になる．もし，A, B が両方とも密封された放射性同位元
素であれば A, B ともに放射性同位元素にはならない．(2.2.1 の 1. A (2)) 告 1
(1) ロ.

2－8　○　(2.3.3) 則 1 (8).

2－9　×　平成 15 年 4 月 1 日ではなく平成 13 年 4 月 1 日が正しい．(2.4.1) 則 1 (10)
→ 告 5.

2－10　×　「300」でなく「500」が正しい．(2.4.2 (2)) 則 1 (11)→ 告 6.

2－11　○　(2.1の2, 2.5.1) 告 24.

2－12　○　(2.1の2, 2.5.1) 告 24.

2－13　×　「電子を加速する」でなく「荷電粒子を加速する」．(2.2.3) 法 2－4 → 令 2.

2－14　○　(2.2.3) 法 2－4 → 令 2.

演 習 問 題 の 解 答

2−15　×　（2.2.3）放射線発生装置の種類と表面から10センチメートル離れた位置にお
　　　　　ける最大線量当量率の両面から政令で定めている放射線発生装置の定義に該当
　　　　　しないものの可能性があるから．　（2.2.3）法2−4 → 令2 → 告2.

2−16　×　600ナノシーベルト毎時を超えるものが規制の対象．（2.2.3）告2.

2−17　　A：含有物　B：を含む　C：種類　D：を超える(2.2.1)，法2−2 → 令1

2−18　　A：放射性同位元素等　B：管理区域　C：50ミリシーベルト　D：100ミリシ
　　　　　ーベルト（2.3, 2.4.1）則1 → 告5.

2−19　　A：1メガ電子ボルト未満の　B：診療　C：自然放射線　D：空気中又は水中
　　　　　に自然（2.5.1）告24.

法　　　令

第3章

3－1　×　密封された放射性同位元素であって下限数量の1000倍以下のものを使用する
　　　　場合はあらかじめ届け出ることによって使用することができ，表示付認証機器を
　　　　使用する場合は使用の開始の日から30日以内に届け出ることによって使用する
　　　　ことができる．(3.2) 法3の2, 3の3.

3－2　○　(3.1.1) 法3－1 → 令3.

3－3　○　(3.1.1) 法3－1.

3－4　×　薬機法に規定する医薬品は，放射性同位元素の定義から除かれるが，放射性同
　　　　位元素，放射線発生装置の定義に該当するものは，診療目的であってもこの法律
　　　　の規制を受ける．ただし，診療目的の場合は，医師又は歯科医師を放射線取扱主
　　　　任者として選任することができる．(3.1, 3.2, 7.1の6(1)) 法3－1 → 令1 (2),
　　　　法34－1.

3－5　×　放射線発生装置は使用のみが規制される．その販売は法規制を受けない．届出
　　　　販売業者は放射性同位元素を業として販売することを届け出た者をいう．(1.3,
　　　　3.3.1) 法1, 4.

3－6　×　下限数量以下のものは放射性同位元素ではないので，その使用にあたって，許
　　　　可も届出も必要ない．(3.1.1) (3.2.1) 法3－1 → 令3－1, 法3の2－1

3－7　○　1個，1組又は1式あたりの数量が下限数量の1000倍を超える密封された放
　　　　射性同位元素を使用しようとする者は，あらかじめ，使用の許可を受けなければ
　　　　ならない．(3.1.1) 法3－1 → 令3－1

3－8　○　「製造」は「使用」に含まれる．下限数量を超える非密封放射性同位元素の使
　　　　用にあたるので「許可」．(3.1.1) 法3－1 → 令3－1, 2

3－9　○　「詰替え」は「使用」に含まれる．下限数量を超える非密封放射性同位元素の
　　　　使用にあたるので「許可」．(3.1.1) 法3－1 → 令3－1, 2

3－10　×　密封されたものであって下限数量の1000倍以下のものであれば何個使用しよ
　　　　うとしても，許可を受ける必要はなく，届出でよい．また，密封されたものであ
　　　　って一組又は一式として使用するものの場合は一組又は一式の総量が下限数量
　　　　の1000倍以下のものであれば，何組又は何式使用しようとしても，許可を受ける

854

演 習 問 題 の 解 答

必要はなく，届出でよい．（3.2.1）法 3 の 2.

3－11　×　表示付認証機器を使用する者は，一般的な「使用の届出」とは別の届出が必要である．（3.2.1）（3.2.2）法 3 の 2, 3 の 3.

3－12　×　使用の場所は届出の対象外．（3.2.2）法 3 の 3.

3－13　○　（3.6 の 1 表 3.3 の左欄（6））法 9－2（6）.

3－14　×　使用の許可を受けるに当たって申請書に記載した事項のうち事務的内容を変更したときは，変更した日から 30 日以内に原子力規制委員会に届け出る（3.7）．また，技術的内容であっても，軽微な変更及び使用の場所の一時的変更に該当するときは，あらかじめ届け出る．（3.9）法 10－1, 5, 6.

3－15　×　原子力規制委員会への届出が必要．（許可証の訂正は不要）（3.7.1）法 10－1.

3－16　×　あらかじめ届け出なければならない．（3.8.3）法4－2.

3－17　×　使用の場所の一時的変更に該当する場合には，あらかじめ届け出ればよい（3.9.2）法10－6.

3－18　×　原子力規制委員会の変更の許可を受けなければならない．（3.8.1）法10－2.

3－19　○　（3.8.2）法3の2－2.

3－20　×　変更しようとするときは，あらかじめ．（3.8.2）法3の2－2

3－21　○　軽微な変更に該当（3.9.1）法10－2ただし書，法10－5.

3－22　×　変更した日から30日以内に原子力規制委員会に届け出る（3.7.3）法3の3－2.

3－23　×　使用の場所の一時的変更は3テラベクレルを超えない範囲でA_1値以下の密封された放射性同位元素に限る．（3.9.2）法10－6 → 令9－1.

3－24　×　「許可使用に係る変更の許可の申請」ではなく，「使用の場所の一時的変更」に該当する．原子力規制委員会には，あらかじめ届け出ればよい．（3.9.2）法10－6 → 令9－1.

3－25　×　表示付特定認証機器のみの賃貸であれば届け出る必要はない．（3.3.1）法4－1.

3－26　×　A_1値以下で，3テラベクレル以下の密封された放射性同位元素でなければならない．（3.9.2）法 10－6 → 令 9－1→ 告 3.

3－27　×　廃棄物埋設を行わない場合は必要ない．（3.3.2）法4の2－2

3－28　×　エネルギーが4メガ電子ボルト以下の放射線を発生する直線加速装置を，あら

法　　令

かじめ届け出るだけで使用できるのは橋梁又は橋脚の非破壊検査のためだけである．(3.9.2) 法10－6 → 令9－2.

3－29　×　「放射線取扱主任者免状の返納」と「使用等の許可に関する欠格条項」は無関係．(3.4) (7.4) 法5, 法35－6.

3－30　×　5年ではなく2年．(3.4) 法5－1 (1).

3－31　○　(3.4) 法5－1 (2).

3－32　×　「重度知的障害者又は精神病者」でなく，「心身の障害により放射線障害の防止のために必要な措置を適切に講ずることができない者として原子力規制委員会規則で定めるものに該当する者」である．(3.4) 法5－2.

3－33　A：1000　B：許可　C：使用施設　D：廃棄施設 (3.1) 法3－1 → 令3－1.

3－34　A：方法　B：場所　C：貯蔵施設　D：貯蔵能力 (3.8.2) 法3の2－2.

3－35　A：放射線発生装置　B：非破壊検査　C：使用の場所　D：あらかじめ (3.9.2) 法10－6.

3－36　A：廃棄　B：放射線障害　C：許可　D：不当な義務 (3.5) 法8.

856

演 習 問 題 の 解 答

第4章

4-1　×　「許可届出使用者」でなく「放射性同位元素装備機器を製造し，又は輸入しよう
　　　　とする者」が正しい．(4.1) 法 12 の 2-1.

4-2　×　「受けることができる」が正しい．(4.1) 法 12 の 2-1.

4-3　×　特定設計認証を受けることができるのは煙感知器，レーダー受信部切替放電管
　　　　及び表面から 10 センチメートル離れた位置の最大線量当量率が 1 マイクロシー
　　　　ベルト毎時以下のもので原子力規制委員会が指定するもの．(4.1) 令 12.

4-4　×　「使用，保管及び廃棄」でなく，「使用，保管及び運搬」が正しい．(4.2) 法
　　　　12 の 3-1.

4-5　×　10 年間保存しなければならない．(4.3) 法 12 の 4-2 → 則 14 の 4-2.

4-6　×　表示付特定認証機器にも，その種の文書の添付が必要．(4.4) 法 12 の 6 → 則
　　　　14 の 6.

4-7　×　それを行うことができるのは認証機器製造者等．(4.4-1) 法 12 の 5-1

4-8　○　(4.4-2) 法 12 の 6

4-9　○　(4.4-2) 法 12 の 6, (6.5.1.5) 法 19-5

4-10　×　350℃を超えないこと．(4.6.2) 平成 17 年文部科学省告示第 75 号 1 (4)

4-11　×　腐食性のガスを用いないこと．(4.6.2) 平成 17 年文部科学省告示第 75 号 1 (5)

4-12　　A：輸入　B：設計　C：運搬　D：条件　　(4.1) 法 12 の 2-1.

4-13　　A：販売　B：賃貸　C：認証番号　D：許可届出使用者　(4.4) 法 12 の 6, 19
　　　　-5.

857

法　　令

第5章

5- 1　×　「1週間につき300マイクロシーベルト」でなく「3月間につき1.3ミリシーベルト」．(5.1.1の1①) 則1 (1) → 告4 (1).

5- 2　○　(5.1.2) 則1 (9).

5- 3　○　(5.1.3) 則1 (2).

5- 4　×　廃棄作業室は，焼却残渣搬出作業又は固型化作業を行う室．この間の作業を行う場合は，汚染の広がりを防止するための施設又は器具及び保護具を用いなければならない．(5.1.4, 6.5.1.1) 則1 (3), 則19-1 (3) , (6).

5- 5　×　壁，柱，床，はり，屋根又は階段をいう．(最下階の床は除く．) (5.2の2ハ) 法6 → 則14の7-1 (2) ，建築基準法2 (5).

5- 6　×　耐火構造とし，又は不燃材料で造ることを要しないのは，密封された放射性同位元素の場合で，その数量が下限数量の1000倍以下の場合である．(5.2の2) 則14の7-4 → 告13.

5- 7　○　(5.2の3) 則14の7-1(3)イ → 告10-1.

5- 8　×　「1.3ミリシーベルト」でなく「250マイクロシーベルト」が正しい．(5.2の3) 則14の7-1(3)ロ → 告10-2.

5- 9　○　(5.2)の4イ，法6(1)→ 則14の7-1(4)イ

5-10　×　「汚染しにくい材料」の部分は「腐食しにくい材料」が正しい．(5.2)の4ロ，法6(1)→ 則14の7-1(4)ロ

5-11　○　(5.2) の4ハ，法6(1)→ 則14の7-1(4)ハ

5-12　×　「作業室には」の部分は「汚染検査室には」が正しい．(5.2)の5ハ，法6(1) → 則14の7-1(4)ハ

5-13　○　(5.2の4及び5, 5.4.1の2) 則14の7-1 (4) , (5), 則14の11 (4).

5-14　○　(5.2の6及び7) 則14の7-1 (6), (7).

5-15　○　(5.2の7ただし書) 則14の7-6 → 告10-1.

5-16　×　放射化物保管設備は使用施設の中に設けられる．したがって，必要とされる主要構造部の耐火性は，耐火構造又は不燃材料．貯蔵庫に要求されるような防火戸も必要ない．ただし，放射化物保管設備には，耐火性の容器を備えることとされ

演習問題の解答

ている. (5.2の2), (5.2)の8, 法6(1)→ 則14の7(7)の2

5−17　○　(5.2の10)　則14の7−2.

5−18　×　使用施設内の人が常時立ち入る場所及び工場又は事業所等の境界等における
放射線の線量を法定量以下とするために必要な遮蔽壁等を設けることと管理区
域の境界にさく等の施設を設け, それに標識を付けることについての基準は適用
される. (5.2の11)　則14の7−3.

5−19　×　必要あり. (5.2の11及び8)　則14の7−3, 則14の7−1 (8).

5−20　×　密封された放射性同位元素を耐火性の構造の容器に入れて, 貯蔵施設において
保管する場合は例外. (5.3の2②ただし書)　則14の9 (2).

5−21　×　主要構造部等を耐火構造とし, その開口部には, 特定防火設備に該当する防火
戸を設ける.〔不燃材料は不可. 使用施設と間違えないように.〕 (5.3の 2①)
則14の9 (2) イ.

5−22　×　則14の9 (2) イ. 届出使用者であっても, 木造では不可, 耐火構造にする.
貯蔵室の主要構造部等の耐火性能に関する例外規定はない. (5.3の2①)

5−23　×　「又は不燃材料で造り」を削る. (5.3の2①)　則14の9 (2) イ.

5−24　×　該当する規定なし. 使用施設の場合 (則14の7−1 (7), 告12) と間違えな
いように. (5.2の7参照)

5−25　×　耐火性の構造の容器に入れた場合には, 貯蔵室又は貯蔵箱において行わなくて
もよい. 貯蔵施設において保管すればよい. (5.3の2③)　則14の9 (2).

5−26　×　該当する規定なし. (参考：事業所内運搬における運搬物 (6.4.2の3(3)①),
又は, 事業所外運搬におけるA型輸送物 (6.4.3.1の1②(3)へ) の表面の1セン
チメートル線量当量率は2ミリシーベルト毎時を超えないこと, という規定はあ
る.)

5−27　×　容器の耐火性は要求されていない (5.3の4)　則14の9 (4).

5−28　×　排気設備を設けることが, 著しく使用の目的を妨げ, 若しくは作業の性質上困
難である場合において, 気体状の放射性同位元素を発生し, 又は放射性同位元素
によって空気を汚染するおそれのないときに限る. (5.4.1の2)　則14の11−1
(4) ただし書.

859

法　　令

5－29　○　(5.4.1) の 3 ニ．法 6(3)→ 則 14 の 11－1(5) ロ

5－30　×　排液を採取することができる構造又は排液中における放射性同位元素の濃度を測定することができる構造とする．(5.4.1) の 3 ホ①．法 6(3)→ 則 14 の 11－1(5) ハ

5－31　○　(5.4.1) の 5 イ．法 6(3)→ 則 14 の 11－1(7) イ

5－32　×　「開口部は，ふたのできる構造とし，又はその周囲にさくその他の‥‥‥」．(5.4.1 の 3 ホ③) 則 14 の 11－1 (5) ハ．

5－33　×　液体状の放射性同位元素又は放射性同位元素によって汚染された液を浄化し，又は排水する場合には排水設備を設ければよく，廃棄作業室及び汚染検査室を設ける必要はない．固形化する場合には固形化処理設備のほか，廃棄作業室及び汚染検査室が必要．(5.4.1 の 3 及び 5) 則 14 の 11－1 (5)，(7)．

5－34　×　1 週間につき 1 ミリシーベルト以下．(5.4.1 の 1) 則 14 の 11－3(2)．

5－35　×　容器に入れる必要はないが，保管廃棄設備に保管廃棄する．(5.4.1 の 6 ハ (参考 6.5.1.1 の 3 ハ)) 則 14 の 11－1 (8) ハただし書，則 19－1 (13) ハ．

5－36　　A：地崩れ　B：浸水　C：さくその他の　D：施設 (5.2 の 1 及び 8) 則 14 の 7－1(1)，(8)．

5－37　　A：1 ミリシーベルト　B：250 マイクロシーベルト　C：病室　D：1.3 ミリシーベルト (5.2 の 3) 則 14 の 7－1(3) → 告 10．

5－38　　A：密封された　B：400 ギガ　C：インターロック　D：100 テラ (5.2 の 6 及び 7) 則 14 の 7－1(6)，(7)．

5－39　　A：仕上材の目地等　B：腐食しにくい　C：更衣設備　D：放射線測定器　(5.2 の 5) 則 14 の 7－1 (5)．

5－40　　A：密封された　B：容器　C：主要構造部等　D：防火戸　(5.3) 則 14 の 9 (2)．

860

演 習 問 題 の 解 答

第 6 章

6— 1　○　（6.1.1，6.1.2 及び 6.1.3）法 12 の 8−1，法 12 の 9−1.

6— 2　×　密封されていない放射性同位元素を使用する許可使用者の場合，新たに設置する貯蔵施設の貯蔵能力が下限数量の 10 万倍の場合に施設検査を受ける必要がある．（6.1.1，6.1.2），法 12 の 8−1 → 令 13−2

6— 3　○　密封された放射性同位元素を使用する許可使用者の場合，新たに設置する貯蔵施設の貯蔵能力が 10 テラベクレル以上の場合に施設検査を受ける必要がある．（6.1.1，6.1.2），法 12 の 8−1 → 令 13−2

6— 4　×　密封された放射性同位元素の使用施設の増設の場合，10 テラベクレル以上を使用する使用施設の増設の場合に施設検査が必要となる．（6.1.2③イ）法 12 の 8−1→則 14 の 13−1(1)イ.

6— 5　×　密封されていない放射性同位元素のみを使用する特定許可使用者の場合は 3 年以内．（6.1.3），法 12 の 9−1 → 令 14−1

6— 6　○　（6.1.5），法 12 の 10−1 → 令 15−1

6— 7　×　「許可届出使用者」でなく「許可使用者」，（届出使用者の所有している放射線施設は，貯蔵施設だけ.）（6.2）法 13−1，−2.

6— 8　×　届出使用者に使用施設はない．（6.3.1 の 1）則 15（1）ただし書.

6— 9　×　管理区域から持ち出してよいのは，管理区域から持ち出す物に係る表面の放射性同位元素の密度限度，すなわち表面密度限度の 10 の 1 以下のものである．（6.3.1 の 11 及び 6.3.2 の 8）則 15（10），17−1（7）→ 告 16.

6—10　○　インターロックは 100 テラベクレルを超えるものの場合に設けなければならないが，3.7 テラベクレルならなくてもよいから．（5.2 の 6 及び 7）則 14 の 7−1（6），（7）→ 告 11，告 12.

6—11　×　「移動後，使用開始前に」でなく「使用後直ちに」（6.3.1 の 17）則 15（14）.

6—12　○　（6.3.2）の 1(1)及び(2)，法 16−1 → 則 17−1(1)

6—13　○　（6.3.2）の 4，法 16−1 → 則 17−1(4)

6—14　×　放射線発生装置は使用だけが規制される．運搬の基準は放射性同位元素又は放射性汚染物（放射性同位元素等）が対象となっている．（1.3 及び 6.4）法 1，法

861

法　　　令

17−1，法 18−1.

6−15　×　輸送物表面密度を超えてはならない．輸送物表面密度は，表面密度限度の 10
分の 1 の値．(6.4.3.1 の 1.②) 則 18 の 4 → 外運搬告 7.

6−16　×　2 ミリシーベルト毎時を超えないこと．(6.4.3.1 の 1.②) 則 18 の 5.

6−17　×　届出使用者には廃棄施設の規制はない．容器に封入し，一定の区画された場所
内に放射線障害の発生を防止するための措置を講じて行う．(6.5.1.2) 則 19−4
(1).

6−18　○　(6.6.1.1 の 2) 則 20−1 (2).

6−19　×　作業を開始した後にあっては，1 月を超えない期間ごとに 1 回行うこと．
(6.6.1.1 の 4) 則 20−1 (4) イ.

6−20　×　「300 マイクロシーベルト」でなく「100 マイクロシーベルト」(6.6.1.2 の 1 (5)
ただし書) 則 20−2 (1) ホただし書 → 告 18.

6−21　×　胸部又は腹部について測定することを原則とし，最も大量に被ばくするおそれ
のある部位が胸部又は腹部以外である場合には，その部位についても測定しなけ
ればならない．(6.6.1.2 の 1 (1)，(2) 及び (3)) 則 20−2 (1) ロ，ハ.

6−22　×　汚染の状況の測定については，手，足等の人体部位の表面が表面密度限度を超
えて汚染され，その汚染を容易に除去することができない場合に限り記録する．
(6.6.1.2 の 4 (3)) 法 20−3 → 則 20−4 (4).

6−23　×　永年保存．(6.6.1.2 の 4 (8)) 〔則 20−4 (1) の場所についての測定結果の記
録の保存期間 5 年間(6.6.1.1 の 5) と間違えないように〕則 20−4 (7).

6−24　×　「永年保存」が正しい．(6.6.1.2 の 4 (8))．ただし，指定機関への引渡しによ
り永年保存の義務を免れる．則 20−4 (7).

6−25　×　使用開始前に届け出る．(6.6.2 の 1) 法 21−1.

6−26　×　変更の日から 30 日以内に．(6.6.2 の 4) 法 21−3.

6−27　○　(6.6.2 の 2) 則 21−1(7).

6−28　×　一時的に立ち入る者も含めて，管理区域に立ち入るものはすべて教育・訓練の
対象としなければならない．(6.6.3) 法 22.

6−29　×　問診は管理区域に初めて立ち入る者に対してだけでなく，それ以後の健康診断

862

演習問題の解答

においても行わなければならない.（6.6.4 の 1A(1)(2)及び 2 (1)）則 22－1 (4).

6－30　×　皮膚の創傷面が汚染されたときは，その程度によらず臨時の健康診断を行わなくてはならない.（6.6.4 の 1B ハ）則 22－1 (3) ハ.

6－31　×　永年保存.（6.6.4 の 3 (3)）〔則 24－3（記帳, 6.6.6 の 2）の場合と間違えないように.〕則 22－2 (3).

6－32　×　「固定して使用する場合は省略することができる」との例外規定はない.加えて，種類及び数量並びに使用従事者の氏名の記帳も必要.（6.6.6）則 24－1(1) ホ.

6－33　×　廃棄の業の廃止まで保存しなければならない（6.6.6）則24－3.

6－34　○　(6.6.7) 法25の2－1.

6－35　×　「許可届出使用者」でなく「許可使用者」.（届出使用者に「許可の取消し」はありえない.）(6.7.1 の①) 法 26－1.

6－36　○　合併について原子力規制委員会の認可を受ければ許可使用者の地位を承継する.（6.7.2）法 26 の 2.

6－37　×　届出使用者の地位を承継した日から30日以内に届け出て，認可を受ければよい.（6.7.2）法26の2－8.

6－38　×　6.7.3 の 1 の使用の廃止の届出は，使用者が許可単位の工場又は事業所について，そのすべての使用を廃止したときで，本問の場合該当しない.本問の場合は 3.9.1 の軽微な変更に該当するから，あらかじめ，許可証を添えて原子力規制委員会に届け出なければならない.（3.9.1 の (1) ③) 法 10－2 ただし書 → 則 9 の 2 (3)，法 10－5，法 27－1.

6－39　×　「死亡の日から 30 日以内に」ではなく「遅滞なく」(6.7.3 の 2) 法 27－3 → 則 25－2

6－40　×　届け出た種類の放射性同位元素でなければならない.（6.8.1 (3)）法 29 (3).

6－41　×　放射線発生装置の所持については別段の制限はない.所持の制限は，放射性同位元素だけ.（1 及び 6.8) 法 1，法 30.

6－42　×　貯蔵施設の貯蔵能力の範囲内であれば，許可証に記載された使用許可数量を超えて所持することはできる.ただし，使用はできない.（6.8.1 (1)）法 30 (1).

863

法　　　令

6−43　○　(6.8.1 (1)) 法 **30** (1).

6−44　×　許可証の交付を受けた後でなければ，譲受け及び所持はできない．購入の手続を許可前にとることは違法ではないが，許可証の交付前に所持することは（現実に所持することはもちろん所有権を有することも）できない．(6.8.1 (1)) 法 **29** (1)，法 **30** (1).

6−45　×　所持できるのは，届出使用数量の範囲内でなく，届け出た貯蔵施設の貯蔵能力の範囲内である．(6.8.1 (2)) 法 **30** (2).

6−46　○　(6.8.1 (5)) 法 **30** (7) → 則 **28**.

6−47　○　(6.8.1 (8)) 法 **30** (10).

6−48　○　准看護師その他の原子力規制委員会規則に定める者については，適用しないという原子力規制委員会規則は未制定．(6.9) 法 **31**−1，−3.

6−49　×　届出は「原子力規制委員会に」でなく「警察官又は海上保安官に」．(6.10.1) 法 **32**．（原子力規制委員会へは直ちに報告し，その状況・処置を 10 日以内に報告する．(9.1 の 1 イ(1))　(則 39−1 (1)))

6−50　×　通報は「原子力規制委員会に」でなく「警察官又は海上保安官に」である．(6.10.2 の 1) 法 **33**−2．（原子力規制委員会には，遅滞なく届け出なければならない）(6.10.2 の 3) 法 33−3)

6−51　○　「必要に応じて」行う (6.10.2 の 1 (5)) 則 **29**−1 (5).

6−52　○　この場合の標識には様式の規定はない．(6.10.2 の 1 (5)) 則 **29**−1 (5).

6−53　○　「必要がある場合」に行う．(6.10.2 の 1 (2)) 則 **29**−1 (2).

6−54　○　「100 ミリシーベルトまで受けることができる」(6.10.2 の 2(2)①) 則 **29**−2 → 告 **22**.

6−55　○　(6.10.2 の 2) 則 **29**−2.

6−56　A：10 万　B：許可廃棄業者　C：3　D：5　(6.1.3) 令 **14**.

6−57　A：設備　B：許可使用者　C：修理　D：改造　(6.2 の 2) 法 **14**.

6−58　A：開封　B：破壊　C：浸透　D：散逸　(6.3.1 の 2) 則 **15**−1 (2).

6−59　A：作業室　B：表面密度限度の 10 分の 1 を超えているもの　C：4　D：40　(6.3.1 の 10 及び 11) 則 **1**(13) → 告 **8**，則 **15**−1 (9)，(10) → 告 **16**.

864

演 習 問 題 の 解 答

6－60　　　A：400 ギガ　B：使用　C：脱落　D：装置 （6.3.1 の 13 イ）則 15－1(10)の
3.

6－61　　　A：使用後直ちに　B：紛失　C：漏えい　D：放射線測定器　（6.3.1 の 17）
則 15－1 （14）.

6－62　　　A：事業所の外　B：除く　C：物　（6.4.3）法 18－1

6－63　　　A：表示付認証機器等　B：許可廃棄業者　C：放射性汚染物　D：30 日以内に
（6.6.2）法 21－1, 3.

6－64　　　A：管理区域　B：立入り　C：おそれの少ない　D：保健指導　（6.6.5）則
23 （1）.

6－65　　　A：表示付認証機器使用者　B：所在不明　C：警察官　D：海上保安官　（6.
10.1）法 32.

6－66　　　A：放射能濃度　B：措置　C：基準　D：濃度確認　（6.11）法 33 の 2.

865

法　　　令

第7章

7- 1　○　第2種のほか，第1種，第3種の免状所有者を選任することができる．(7.1 の3，4及び5) 法34−1 (3)．

7- 2　×　非密封の放射性同位元素を販売する販売所も第3種の免状所有者を選任することができる．(7.1の5) 法34−1 (3)．

7- 3　×　表示付認証機器のみを販売又は賃貸する届出販売業者又は届出賃貸業者であっても，放射線取扱主任者の選任は必要である．(7.1) の1, 法34−1．「表示付認証機器のみを販売又は賃貸する届出販売業者又は届出賃貸業者の場合は，その放射線取扱主任者に定期講習を受けさせる義務がない」という規定があるが，それと混同しないように．(7.6) の1, 法36 の2−1 → 則32−1(2)．

7- 4　×　表示付認証機器届出使用者の場合は放射線取扱主任者の選任の必要がない．(7.1) の1, 法34−1．

7- 5　×　密封された放射性同位元素のみの使用であっても，1個又は1台当たりの線量が10テラベクレル以上（特定許可使用者）の場合は第1種免状を有する者でなければならない．(7.1の3及び4) 法34−1 (1)．

7- 6　○　(7.1の3) 法34−1 (1)．

7- 7　×　密封で下限数量の1000倍以下であれば届出使用者である．届出使用者の場合は，第2種免状を有する者でも第3種免状を有する者でも（勿論，第1種免状を有する者でも）選任することができる．密封で下限数量の1000倍を超えると許可使用者となるが，10テラベクレル未満の場合は，第2種免状を有する者か第1種免状を有する者を選任することになる．(7.1の3，4及び5) 法34−1 (3)．

7- 8　×　使用の目的が診療の場合，薬剤師は不可 (7.1の6 (1)) 法34−1．

7- 9　×　放射線取扱主任者免状を有していない医師を主任者に選任できるのは診療のために用いる場合だけで研究のための場合は不可 (7.1の6 (1)) 法34−1．

7-10　○　(7.1の8及び9) 法34−2 → 則30−2．

7-11　×　選任されたときから1年以内並びに許可届出使用者及び許可廃棄業者の場合は定期講習を受けた日から3年以内に受けさせなければならない (7.6 の1) 法36 の2 → 則32−2．

演 習 問 題 の 解 答

7-12 ○ 一般的に，届出販売業者及び届出賃貸業者は，（許可届出使用者及び許可廃棄業者と同様に）選任した放射線取扱主任者に定期講習を受けさせる義務がある．ただし，表示付認証機器のみを販売する届出販売業者，又は，表示付認証機器のみを賃貸する届出賃貸業者は，選任した放射線取扱主任者に定期講習を受けさせる義務がない．また，放射性同位元素の事業所の外における運搬又は運搬の委託を行わない届出販売業者又は届出賃貸業者も，選任した放射線取扱主任者に定期講習を受けさせる義務がない．(7.6 の 1) 法 32-1(2)．

7-13 × 放射線取扱主任者が職務を行えない期間が 30 日以内であるから届け出る必要はない．(7.8 の 3) 則 33-4．

7-14 × 放射線取扱主任者が職務を行うことができない期間内に使用又は廃棄をする場合には，必ず代理者を選任しなければならない．ただし，その期間が 30 日に満たない場合には届出の必要がないだけである．(7.8 の 1 及び 3) 法 37-1, -3 → 則 32-4．

7-15 × 放射線取扱主任者が旅行，疾病その他の事故により職務を行うことができない期間中に，使用，廃棄を行う場合には，その期間にかかわらず代理者を選任しなければならない（貯蔵だけならば不要）．ただし，その不在期間が 30 日未満のときは代理者の選任届は不要．(7.8 の 1 及び 3) 法 37-1 → 則 33-4．

7-16 ○ (7.8 の 1) 法 37-1．

7-17 × 直接解任することはできず，許可届出使用者，届出販売業者，届出賃貸業者又は許可廃棄業者に解任を命ずることができる．(7.9) 法 38

7-18 A：貯蔵施設 B：使用施設 C：販売若しくは賃貸の業 D：30 (7.1) 法 34-2 → 則 30-2

7-19 A：誠実 B：命令 C：指示 D：意見 (7.5) 法 36

7-20 A：期間 B：資質 C：向上 D：講習 (7.6) 法 36 の 2-1．

867

法　　令

第 9 章

9－ 1　×　その旨を直ちに，その状況及びそれに対する処置を 10 日以内に原子力規制委
　　　　　員会に報告しなければならない．(9.1 の 1（4）) 法 42－1 → 則 39－1（4）.

9－ 2　○　(9.1 の 2) 則 39－2.

9－ 3　○　(9.1 の 1（1）) 則 39－1（1）.

9－ 4　○　(9.1 の 3) 則 39－3.

9－ 5　○　廃止措置計画期間内に，必要な処置を講じ，報告及び記録の引き渡しを完了し
　　　　　ているので，その年度の「放射線管理報告書」を提出する必要はない．(6.7.4) 法
　　　　　28－2 → 則 26－2.

9－ 6　×　30 日ではなく 15 日　　(9.1 の 4) 則 39－4

9－ 7　×　3 月以内に報告しなければならない．(9.1) の 4, 法 42－1→則 39－6.

9－ 8　　　A：運搬　B：直ちに　C：状況　D：10　　(9.1 の 1（1）) 則 39－1

868

付　　録

付　　録

1. 基本定数

名　　称	記　号	数　　値	単　位
真空中の光速度	c	2.99792458×10^8	$\mathrm{m\ s^{-1}}$
真空中の透磁率	μ_0	$4\pi \times 10^{-7}$ $=1.2566370614 \times 10^{-6}$	$\mathrm{N\ A^{-2}}$
真空中の誘電率	ε_0	$(4\pi)^{-1}c^{-2} \times 10^7$ $=8.854187817 \times 10^{-12}$	$\mathrm{F\ m^{-1}}$
万有引力定数	G	6.673×10^{-11}	$\mathrm{N\ m^2\ kg^{-2}}$
プランク定数	h	$6.62606872 \times 10^{-34}$	$\mathrm{J\ s}$
素　電　荷	e	$1.602176462 \times 10^{-19}$	C
電子の質量	m_e	$9.10938188 \times 10^{-31}$	kg
陽子の質量	m_p	$1.67262158 \times 10^{-27}$	kg
中性子の質量	m_n	$1.67492716 \times 10^{-27}$	kg
原子質量単位	m_u	$1.66053873 \times 10^{-27}$	kg
アボガドロ定数	N_A	$6.02214199 \times 10^{23}$	$\mathrm{mol^{-1}}$
ボルツマン定数	k	$1.3806503 \times 10^{-23}$	$\mathrm{J\ K^{-1}}$
ファラデー定数	$F = N_A\,e$	9.64853415×10^4	$\mathrm{C\ mol^{-1}}$
1 モルの気体定数	$R = N_A\,k$	8.314472	$\mathrm{J\ mol^{-1}\ K^{-1}}$
完全気体の体積	V_0	2.2413996×10^{-2}	$\mathrm{m^3\ mol^{-1}}$

2. 粒子の質量

	kg	u	MeV
電　　　子	$9.1093819 \times 10^{-31}$	5.4857991×10^{-4}	5.1099890×10^{-1}
陽　　　子	$1.6726216 \times 10^{-27}$	1.0072765	9.3827200×10^2
中　性　子	$1.6749272 \times 10^{-27}$	1.0086649	9.3956533×10^2
水素原子 H-1	$1.6735325 \times 10^{-27}$	1.0078250	9.3878298×10^2
α　粒　子	$6.6446558 \times 10^{-27}$	4.0015061	3.7273790×10^3

871

付　　録

3. 時　間

年	日	時	分	秒
1	365. 26	8.766×10^3	5.260×10^5	3.156×10^7
2.738×10^{-3}	1	24	1.440×10^3	8.640×10^4
1.141×10^{-4}	0. 04167	1	60	3.600×10^3
1.901×10^{-6}	6.944×10^{-4}	0. 01667	1	60
3.169×10^{-8}	1.157×10^{-5}	2.778×10^{-4}	0. 01667	1

4. 質量とエネルギー各々の単位の関係

kg	u	J	MeV
1	6.0221420×10^{26}	8.9875518×10^{16}	5.6095892×10^{29}
$1.6605387 \times 10^{-27}$	1	$1.4924178 \times 10^{-10}$	9.3149401×10^{2}
$1.1126501 \times 10^{-17}$	6.7005366×10^{9}	1	6.2415097×10^{12}
$1.7826617 \times 10^{-30}$	1.0735442×10^{-3}	$1.6021765 \times 10^{-13}$	1

5. 接頭語とその記号

倍数	接頭語	記号	倍数	接頭語	記号
10^{18}	エクサ	E	10^{-1}	デシ	d
10^{15}	ペタ	P	10^{-2}	センチ	c
10^{12}	テラ	T	10^{-3}	ミリ	m
10^{9}	ギガ	G	10^{-6}	マイクロ	μ
10^{6}	メガ	M	10^{-9}	ナノ	n
10^{3}	キロ	k	10^{-12}	ピコ	p
10^{2}	ヘクト	h	10^{-15}	フェムト	f
10^{1}	デカ	da	10^{-18}	アト	a

付　　　録

6. 放射能（数量）に対する BSS 免除レベル

放射能 (Bq)	核　種
1×10^3	Am-243+ Cf-249 Cf-251 Cf-254 Cm-245 Cm-246 Cm-248 Np-237+ Pa-231 Pu-240 Th-229+ Th-nat U-232+ U-nat
1×10^4	Am-241 Am-242m+ Cf-248 Cf-250 Cf-252 Cm-243 Cm-244 Cm-247 Cs-134 Cs-137+ Cs-138 Es-254 Ir-192 Kr-85 Pb-210+ Po-210 Pu-236 Pu-238 Pu-239 Pu-242 Pu-244 Ra-226+ Sb-122 Sr-90+ Ta-182 Th-227 Th-228+ Th-230 Tl-204 U-233 U-234 U-235+ U-236 U-238+ Xe-131m Xe-133
1×10^5	As-76 Ba-140+ Bi-206 Bi-212+ Ce-144+ Cf-253 Cl-38 Cm-242 Co-56 Co-60 Co-62m Cs-129 Cs-132 Cs-134m Cs-136 Es-253 Ga-72 Hg-203 Ho-166 I-129 I-132 I-134 Ir-194 Kr-79 La-140 Mn-51 Mn-52 Mn-52m Mn-56 Na-24 Nb-98 P-32 Pb-212+ Pr-142 Pu-241 Ra-223+ Ra-224+ Ra-225 Ra-228+ Rb-86 Re-188 Ru-106+ Sc-48 Sn-125 Sr-91 Te-131 Te-133 Te-133m Th-234+ U-230+ V-48 Y-90 Y-92 Y-93 Zr-97+
1×10^6	Ac-228 Ag-105 Ag-110m Ag-111 Am-242 As-74 As-77 Au-198 Au-199 Ba-131 Bi-207 Bi-210 Bk-249 Br-82 Ca-47 Cd-109 Cd-115 Cd-115m Ce-139 Ce-143 Cf-246 Cl-36 Co-55 Co-57 Co-58 Co-60m Co-61 Cs-131 Cu-64 Dy-165 Dy-166 Er-171 Es-254m Eu-152 Eu-152m Eu-154 F-18 Fe-52 Fe-55 Fe-59 Fm-255 Gd-159 Hf-181 Hg-197m I-125 I-126 I-130 I-131 I-133 I-135 In-111 In-113m In-114m In-115m Ir-190 K-40 K-42 K-43 Mn-54 Mo-90 Mo-99 Mo-101 Na-22 Nb-94 Nb-95 Nb-97 Nd-147 Nd-149 Ni-65 Np-240 Os-185 Os-193 Pa-230 Pb-203 Pd-109 Pm-149 Po-203 Po-205 Po-207 Pr-143 Pt-191 Pt-197 Pt-197m Ra-227 Re-186 Ru-103 Ru-105 Sb-124 Sb-125 Sc-46 Sc-47 Se-75 Si-31 Sm-153 Sr-85 Sr-87m Sr-89 Sr-92 Tb-160 Tc-96 Te-127 Te-129 Te-129m Te-131m Te-134 Tl-200 Tl-201 Tl-202 Tm-170 U-237 U-239 U-240+ W-187 Y-91 Y-91m Zn-65 Zn-69 Zn-69m Zr-95
1×10^7	As-73 At-211 Be-7 C-14 Ca-45 Ce-141 Co-58m Cr-51 Cs-135 Er-169 Eu-155 Fm-254 Gd-153 Hg-197 I-123 Kr-81 Lu-177 Nb-93m Np-239 Os-191 Os-191m Pa-233 Pm-147 Pt-193m Pu-234 Pu-235 Pu-237 Pu-243 Rh-105 Rn-220+ Ru-97 Sn-113 Sr-85m Tc-96m Tc-97m Tc-99 Tc-99m Te-123m Te-125m Te-127m Te-132 Th-226+ Th-231 U-231 U-240 W-181 W-185 Yb-175 Zr-93+
1×10^8	Ar-37 Ge-71 Mo-93 Ni-59 Ni-63 P-33 Pd-103 Rh-103m Rn-222+ S-35 Sm-151 Tc-97 Tm-171
1×10^9	Ar-41 Kr-74 Kr-76 Kr-77 Kr-87 Kr-88 Mn-53 O-15 H-3
1×10^{10}	Kr-85m Xe-135
1×10^{12}	Kr-83m

上記以外は文部科学省放射線審議会基本部会報告書「規制免除について」修正版参照

表に示される核種の右側にある「＋」は，永続平衡中の短寿命娘核種を持つものでその娘核種を含めて評価した核種である．また「nat」は永続平衡になっている全ての核種について評価したもの．

付　　　録

7. 放射能濃度に対する BSS 免除レベル

放射能 (Bq/g)	核　種
1×10^0	Am-241 Am-242m+ Am-243+ Cf-249 Cf-251 Cf-254 Cm-243 Cm-245 Cm-246 Cm-247 Cm-248 Np-237+ Pa-231 Pu-238 Pu-239 Pu-240 Pu-242 Pu-244 Th-228+ Th-229+ Th-230 Th-nat U-232+ U-nat
1×10^1	Ac-228 Ag-110m As-74 Ba-140+ Bi-206 Bi-207 Bi-212+ Br-82 Ca-47 Cf-248 Cf-250 Cf-252 Cl-38 Cm-244 Co-55 Co-56 Co-58 Co-60 Co-62m Cs-132 Cs-134 Cs-136 Cs-137+ Cs-138 Es-254 Eu-152 Eu-154 F-18 Fe-52 Fe-59 Ga-72 Hf-181 I-130 I-132 I-133 I-134 I-135 Ir-190 Ir-192 K-43 La-140 Mn-51 Mn-52 Mn-52m Mn-54 Mn-56 Mo-90 Mo-101 Na-22 Na-24 Nb-94 Nb-95 Nb-97 Nb-98 Ni-65 Np-240 Os-185 Pa-230 Pb-210+ Pb-212+ Po-203 Po-205 Po-207 Po-210 Pu-236 Ra-224+ Ra-226+ Ra-228+ Rn-222+ Ru-105 Sb-124 Sc-46 Sc-48 Sr-91 Sr-92 Ta-182 Tb-160 Tc-96 Te-131m Te-133 Te-133m Te-134 Th-227 Tl-200 U-230+ U-233 U-234 U-235+ U-236 U-238+ U-240+ V-48 Zn-65 Zr-95 Zr-97
1×10^2	Ag-105 Ar-41 As-76 Au-198 Au-199 Ba-131 Cd-115 Ce-139 Ce-141 Ce-143 Ce-144+ Cf-253 Cm-242 Co-57 Co-61 Cs-129 Cu-64 Er-171 Es-253 Es-254m Eu-152m Eu-155 Gd-153 Hg-197 Hg-197m Hg-203 I-123 I-126 I-129 I-131 In-111 In-113m In-114m In-115m Ir-194 K-40 K-42 Kr-74 Kr-76 Kr-77 Kr-87 Kr-88 Mo-99 Nd-147 Nd-149 Np-239 O-15 Os-191 Os-193 Pa-233 Pb-203 Pr-142 Pt-191 Pt-197m Pu-234 Pu-235 Pu-241 Ra-223+ Ra-225 Ra-227 Rb-86 Re-188 Rh-105 Ru-97 Ru-103 Ru-106+ Sb-122 Sb-125 Sc-47 Se-75 Sm-153 Sn-125 Sr-85 Sr-85m Sr-87m Sr-90+ Tc-99m Te-123m Te-129 Te-131 Te-132 Tl-201 Tl-202 U-231 U-237 U-239 W-187 Y-91m Y-92 Y-93 Zn-69m
1×10^3	Ag-111 Am-242 As-73 As-77 At-211 Be-7 Bi-210 Bk-249 Cd-115m Cf-246 Co-60m Cr-51 Cs-131 Cs-134m Dy-165 Dy-166 Fm-255 Gd-159 Ho-166 I-125 Kr-79 Kr-85m Lu-177 Mo-93 Os-191m P-32 Pd-103 Pd-109 Pm-149 Pt-193m Pt-197 Pu-237 Pu-243 Re-186 Si-31 Sn-113 Sr-89 Tc-96m Tc-97 Tc-97m Te-125m Te-127 Te-127m Te-129m Th-226+ Th-231 Th-234+ Tm-170 U-240 W-181 Xe-133 Xe-135 Y-90 Y-91 Yb-175 Zr-93+
1×10^4	C-14 Ca-45 Cd-109 Cl-36 Co-58m Cs-135 Er-169 Fe-55 Fm-254 Ge-71 Kr-81 Mn-53 Nb-93m Ni-59 Pm-147 Pr-143 Rh-103m Rn-220+ Sm-151 Tc-99 Tl-204 Tm-171 W-185 Xe-131m Zn-69
1×10^5	Kr-83m Kr-85 Ni-63 P-33 S-35
1×10^6	Ar-37 H-3

上記以外は文部科学省放射線審議会基本部会報告書「規制免除について」修正版参照

表に示される核種の右側にある「＋」は，永続平衡中の短寿命娘核種を持つものでその娘核種を含めて評価した核種である．また「nat」は永続平衡になっている全ての核種について評価したもの．

874

索　　引

〔索　引〕

ア

アイソトープ誘導体法 …………… 240
亜鉛 65 …………………………… 594
アクチニウム系列 ………………… 162
アクチノイド ……………………… 134
アクチバブルトレーサー ………… 222
亜致死損傷 ………………………… 304
アデニン …………………………… 292
アニール ……………………… 439, 441
アノード …………………………… 391
アボガドロ数 ……………………… 39
アポトーシス ………………… 300, 301
アメリシウム 241 ………………… 595
アメリシウムーベリリウム（Am-Be）
　　中性子線源 …………………… 591
アラニン線量計 …………………… 268
アラームメータ ……………… 443, 472
アルカリ金属元素 ………………… 134
アルカリ土類金属元素 …………… 134
アルベド線量計 …………………… 441
アルミニウム吸収体 ……………… 377
安全試験 …………………………… 598
アンチモン 124 …………………… 594
安定型異常 ………………………… 307
安定ヨウ素剤 ……………………… 354
アンプ ……………………………… 371

イ

委員会 ……………………………… 654
委員会規則 ………………………… 654
硫黄 35 …………………………… 592
イオン化傾向 ……………………… 205
イオン源 …………………………… 81
イオン交換クロマトグラフィー …… 199
イオン交換樹脂 …………………… 197
イオン交換法 ……………………… 626
イオン注入型検出器 ……………… 409
移植片 ……………………………… 344
一次過程 …………………………… 262
一時使用 …………………………… 736
一時立ち入り者 …………………… 521
1 次電離 …………………………… 90
一次放射性核種 …………………… 159
1 標的 1 ヒットモデル …………… 302
1cm 線量当量 …………………… 361
1 センチメートル線量当量 ……… 765
1cm 線量当量の測定 …………… 367
1 本鎖切断 ………………………… 293
遺伝子 ……………………………… 305
遺伝子突然変異 …………………… 306
遺伝性影響 …………………… 284, 328
遺伝有意線量 ……………………… 329
移動使用 …………………………… 739
イメージングプレート …………… 415
イリジウム 192 …………………… 595

877

索　引

医療被ばく……………………… 327
色（カラー）クエンチング……… 412
陰イオン…………………………… 29
陰イオン交換樹脂………………… 198
インターロック…………… 712, 737

ウ

ウイルツバッハ法………………… 250
宇宙線……………………………… 163
ウラン 235………………………… 590
ウラン 238………………………… 590
ウラン系列………………………… 159
運搬……………………… 620, 741
運搬機器…………………………… 750
運搬表示………………… 753, 754
運搬標識………………… 753, 754
運搬物…………………… 743, 750
運搬物確認………………………… 755
運搬方法確認……………………… 755

エ

衛生指導標識……………………… 724
永続平衡…………………………… 146
永年保存………………… 771, 776
液体……………………………… 397
液体シンチレーション・カウンタ… 410
液体窒素温度……………………… 401
液体廃棄物………………………… 625
液滴模型…………………………… 182
エッチピット……………………… 442
エネルギー依存性……… 377, 442, 466
エネルギー吸収係数……………… 114
エネルギー準位…………………… 51

エネルギー転移係数……………… 113
エネルギー分解能……… 400, 403
エリアモニタ……………………… 468
塩化ヨウ素法……………………… 251
煙霧体……………………………… 625

オ

オージェ効果……………………… 33
汚染検査室……………… 567, 708, 711
汚染除去室………………………… 568
汚染除去の方法…………………… 608
オートラジオグラフィ…………… 343
親燃料物質………………………… 183
温度効果………………… 291, 345
温熱処理…………………………… 345

カ

ガイガー・ミュラー（GM）計数管… 374
ガイガー・ミュラー（GM）領域… 373
開始電圧………………… 371, 374
外周仕切設備……………………… 721
外挿値……………………………… 303
解像度……………………………… 343
介入………………………………… 504
外部被ばく……………… 351, 539, 766
外部被ばく線量の管理…………… 529
外部標準法………………………… 413
壊変……………………………… 136
壊変系列…………………………… 143
壊変図式…………………………… 55
壊変定数…………………………… 53
界面活性剤………………………… 410
海洋投棄…………………………… 788

索　　引

ガウス分布	463	ガラスリング	438
化学線量計	267, 453	カリウム 40	162, 587
化学的クエンチング	412	カリウム－アルゴン法	247
核異性体	52	カリホルニウム 252	591
核異性体転移	52	顆粒球	313, 314
核原料物質	562, 664	がん	325, 344
核種	27	簡易運搬	750
核種同定	403	間期死	300
確定的影響	280, 283, 503	換気量	569
核燃料物質	562, 664	間質細胞	315
核反応断面積	64, 174	環状染色体	306
核分裂収率	184	間接作用	279, 287, 290
核分裂生成物	184, 185, 581	間接法	329
核分裂性物質	183	管理区域	572, 707
核分裂反応	70	管理室	566
核分裂片	184		
核融合反応	70		

キ

確率的影響	280, 283, 503		
下限数量	662	機械室	568
下限濃度	662	幾何学的効率	378
ガス増幅	369	希ガス	134
ガスフロー型	371	器官形成期	333
ガスフロー型サーベイメータ	373	機器中性子放射化分析	217
数え落とし	376	機器等	746
加速器質量分析法	248	奇形	333
肩	301	危険時の措置	789
活性化物質	391	危険度	562
活性酸素	289	希釈効果	290
活性炭フィルタ	570	希釈法	627
合併等	782	基準適合義務	735
価電子帯	399	基準適合命令	735
荷電粒子励起 X 線分析法	222	輝尽発光	415, 438
過渡平衡	143	気体廃棄物	625
カーマ	113, 361	記帳	777
ガラークエンチング	412	拮抗的作用	345

879

索　　引

基底細胞層・・・・・・・・・・・・・・・・・・・・・・・・ 316
基底状態・・・・・・・・・・・・・・・・・・・・・・・・・・・ 29
軌道電子・・・・・・・・・・・・・・・・・・・・・・・・・・・ 28
希土類元素・・・・・・・・・・・・・・・・・・・・・・・・ 193
基本安全基準・・・・・・・・・・・・・・・・ 511,562
キメラ・・・・・・・・・・・・・・・・・・・・・・・・・・・・ 344
逆位・・・・・・・・・・・・・・・・・・・・・・・・・・・・・・ 306
逆希釈法・・・・・・・・・・・・・・・・・・・・・・・・・ 238
キャップ・・・・・・・・・・・・・・・・・・・・ 376,468
キャリア・・・・・・・・・・・・・・・・・・・・・・・・・ 342
キャリアフリー・・・・・・・・・・・・・・・・・・・ 342
吸収線量・・・・・・・・・・・・・・・・・・・ 114,359
急性影響・・・・・・・・・・・・・・・・・・・・・・・・・ 284
急性放射線症・・・・・・・・・・・・・・・・・・・・ 322
吸入・・・・・・・・・・・・・・・・・・・・・・・・・・・・・ 351
吸入摂取・・・・・・・・・・・・・・・・・・・・・・・・・ 549
吸熱反応・・・・・・・・・・・・・・・・・・・・・・・・・ 63
給排気設備・・・・・・・・・・・・・・・・・・・・・・・ 569
教育訓練・・・・・・・・・・・・・・・・・・・・・・・・・ 773
凝集沈殿法・・・・・・・・・・・・・・・・・・・・・・・ 627
共沈・・・・・・・・・・・・・・・・・・・・・・・・・・・・・ 191
共鳴吸収・・・・・・・・・・・・・・・・・・・・・・・・・ 175
許可証・・・・・・・・・・・・・・・・・・・・・・・・・・・ 684
許可使用者・・・・・・・・・・・・・・・・・・・・・・・ 675
許可届出使用者・・・・・・・・・・・・・・・・・・ 736
許可届出使用者等・・・・・・・・・・・・・ 745,789
許可取消使用者等・・・・・・・・・・・・・・・・ 783
許可廃棄業者・・・・・・・・・・・・・・・・・・・・ 679
巨細胞・・・・・・・・・・・・・・・・・・・・・・・・・・・ 300
巨大共鳴・・・・・・・・・・・・・・・・・・・・・・・・・ 70
キレート化剤・・・・・・・・・・・・・・・・・・・・ 194
キレート剤・・・・・・・・・・・・・・・・・・・・・・・ 354
記録レベル・・・・・・・・・・・・・・・・・・・・・・・ 530
銀活性リン酸塩ガラス・・・・・・・・・・・・ 437
緊急作業・・・・・・・・・・・・・・・・・・・・・・・・・ 790

緊急措置・・・・・・・・・・・・・・・・・・・・ 633,634
禁止帯・・・・・・・・・・・・・・・・・・・・・・・・・・・ 399

ク

グアニン・・・・・・・・・・・・・・・・・・・・・・・・・ 292
空間線量・・・・・・・・・・・・・・・・・・・・・・・・・ 466
空気カーマの測定・・・・・・・・・・・・・・・・ 364
空気浄化装置・・・・・・・・・・・・・・・・・・・・ 570
空気中濃度限度・・・・・・・・・・・・・ 668,737
空気等価電離箱・・・・・・・・・・・・・・・・・・ 365
空気等価（物質）・・・・・・・・・・・・・・・・ 365
空乏層・・・・・・・・・・・・・・・・・・・・・・・・・・・ 400
空乏領域・・・・・・・・・・・・・・・・・・・・・・・・・ 400
クエンチング・・・・・・・・・・・・・・・・・・・・ 412
クエンチングガス・・・・・・・・・・・・・・・・ 374
組換え修復・・・・・・・・・・・・・・・・・・・・・・・ 295
クライオスタット・・・・・・・・・・・・・・・・ 401
グラフト共重合・・・・・・・・・・・・・・・・・・ 269
クリプト・・・・・・・・・・・・・・・・・・・・・・・・ 316
クリプトン85・・・・・・・・・・・・・・・・・・・・ 581
グルタチオン・・・・・・・・・・・・・・・・・・・・ 345
グローカーブ・・・・・・・・・・・・・・・・・・・・ 440
グローブボックス・・・・・・・・・・・・・・・・ 571
クロム51・・・・・・・・・・・・・・・・・・・・・・・・ 592
クロラミンT法・・・・・・・・・・・・・・・・・・ 251

ケ

蛍光収率・・・・・・・・・・・・・・・・・・・・・・・・・ 33
経口摂取・・・・・・・・・・・・・・・・・・・・・・・・・ 351
蛍光中心・・・・・・・・・・・・・・・・・・・・・・・・・ 437
計数ガス・・・・・・・・・・・・・・・・・・・・ 369,373
計数器・・・・・・・・・・・・・・・・・・・・・・・・・・・ 371
系統分離・・・・・・・・・・・・・・・・・・・・・・・・・ 207

880

索　　引

経皮侵入 ····························· 351
軽微な変更 ·························· 688
欠員元素 ···························· 185
欠格条項 ···························· 681
結合エネルギー ···················· 29
欠失 ································· 306
血小板 ······························ 315
決定グループ ······················ 497
決定経路 ···························· 497
健康診断 ························ 531, 774
原子核 ······························· 27
原子核の半径 ······················· 40
原子質量単位 ······················· 38
原子断面積 ························ 176
原子番号 ··························· 27
研修 ································· 810
研修修了証 ·························· 810
検出限界 ························ 403, 442
検出効率 ························ 395, 412
原子力規制委員会 ·················· 654
原子力規制委員会規則 ············· 654
原子力基本法 ····················· 644, 655
原子力三原則 ······················ 655
減速型検出器 ······················ 451
減速型線量当量計 ·············· 451, 468
減速材 ······························· 451
元素変換効果 ······················ 343

コ

コインシデンス・サム効果 ·········· 395
行為 ································· 504
高 LET 放射線 ·················· 336, 338
好塩基球 ···························· 313
合格証 ······························ 804

睾丸 ································· 315
高感受性間期死 ···················· 301
光輝尽性発光 ······················ 438
光輝尽発光 ························· 415
向骨性核種 ························· 353
好酸球 ······························ 313
講習 ································· 803
講習修了証 ························· 806
公衆被ばく ························· 508
高純度 Ge 検出器 ·················· 401
校正 ································· 367
校正曲線 ···························· 412
校正定数 ························ 367, 368
高性能エアフィルタ ················ 570
高速中性子(速中性子) ····· 441, 442, 450
好中球 ······························ 313
光電陰極 ···························· 391
光電吸収ピーク ···················· 395
光電効果 ···························· 106
光電子 ······························ 106
光電子増倍管 ·············· 391, 410, 440
後方散乱 ···························· 93
後方散乱（係数） ·············· 373, 378
広領域型 ···························· 408
高レベル実験室 ···················· 565
子期待数 ···························· 329
国際原子力機関 ················ 511, 562
国際放射線防護委員会 ·············· 503
固型化処理設備 ················ 708, 718
誤差 ································· 463
誤差の伝幡 ························· 464
誤修復 ······························ 280
個人線量当量 ······················ 520
個人被ばく管理 ···················· 528
個人被ばく線量 ···················· 472

881

索　引

個人被ばく線量計 ·············· 409, 441
固体廃棄物················· 628
固体飛跡検出器················· 442
黒化度··················· 441
コッククロフト・ウォルトン加速装置·· 82
骨親和性 ················· 353
骨親和性核種 ·············· 353
骨髄移植 ················· 344
骨髄死··················· 323
コバルト 57 ··············· 593
コバルト 60 ··············· 593
5－ブロモデオキシウリジン········· 346
コロニー形成 ·············· 300
混合キシレン ·············· 410
コンバータ················· 442
コンプトンエッジ ··········· 395, 404
コンプトン効果··············· 108
コンプトン散乱··············· 542

サ

サイクロトロン················· 84
再結合··················· 364
再酸素化 ················· 345
最小潜伏期間 ·············· 325
最大振動数················· 31
最大飛程················· 377
最短波長 ················· 31
細胞再生系················· 311
細胞死··················· 280, 300
細胞周期 ················· 298
細胞周期チェックポイント··········· 299
作業室················· 567, 707, 711
雑音 ··················· 371
サブマージョン················· 355

サーベイメータ················· 466
サム効果··················· 395
サムピーク ··············· 405
さや（イオンの）··············· 374
酸化アルミニウム··············· 438
酸素効果··················· 291, 344
酸素増感比················· 291
3mm 線量当量··············· 361

シ

ジオキサン················· 410
資格講習················· 804, 806
しきい線量················· 283, 505
しきい値················· 169, 183
色素性乾皮症··············· 294
時期特異性··············· 333
事業所外運搬··············· 620, 745
事業所内運搬··············· 620, 742
試験科目················· 803
自己吸収（係数）··············· 378
自己遮蔽··················· 219
事故対策··················· 633
事故届··················· 789
自己分解··················· 616
自殺効果··················· 343
システアミン··············· 345
システイン ··············· 345
施設検査··················· 732
自然放射線源··············· 497
実効壊変定数··············· 552
実効線量··· 327, 507, 517, 537, 770
実効線量係数··············· 548, 768
実効線量限度··············· 667
実効中心··················· 368

索　　引

実効半減期	353, 552	焼却炉	718
実用量	519	消光	412
質量欠損	39	使用施設	675, 708
質量減弱係数	110	使用施設等	732
質量数	27	照射線量	114, 361
質量超過	39	小線源	616
時定数	466	小線源治療	347
自動効率トレーサ法	414	小腸	316
事業所内運搬標識	744	使用電圧	375
自動表示装置	712	衝突カーマ	114
シトシン	292	衝突阻止能	91, 360
自発核分裂	53, 183	承認容器	755
シーベルト（Sv）	360	使用の場所	677, 680
姉妹染色分体	308	使用の場所の一時的変更	688
煮沸法	605	蒸発法	626
遮蔽	540	消滅光子	406
遮蔽物	710	消滅放射線	95
車両運搬	745	除去修復	294
車両等	743	職業被ばく	327, 507
車両標識	755	食物連鎖	497
重イオン線	347	所持	786
周期表	133	除染係数	197, 628
自由電子	400	除染法	609
1/10 価層	111, 542	試料チャンネル比法	412
周辺線量当量	519	ジルコニウム 95	582
絨毛	316	真空容器	409
主勧告	503	シングル・エスケープ・ピーク	395, 405
宿主	344	シンクロトロン	86
主増幅器	403	人工放射線源	496
主任者	801	真性 Ge 検出器	401
主要構造部	565, 709	浸せき法	605
主要構造部等	568, 709, 714, 716	身体的影響	284
准看護師	788	シンチカクテル	410
消化管吸収率	351	シンチレーション	391
消化管死	323	シンチレータ	391

883

索　　引

真の値･･････････････････････ 463, 464

ス

随時移動使用 ･･････････････････ 713
水晶体混濁････････････････････ 318
水和電子 ････････････････････ 288
スカベンジャー ･････････････ 192, 268
スケーラ ･･････････････････ 371
ストロンチウム 89････････････ 581
ストロンチウム 90････････････ 581
スプール ･････････････････ 261
スミア法 ･･････････ 469, 575, 576, 605

セ

正イオン ･･････････････････ 29
正規分布 ･･････････････ 463
精原細胞 ･･････････････ 315
制限比例領域 ･･････････ 373
正孔 ･･････････････ 400
精細胞･･･････････････ 315
精子 ･････････････ 315
生殖腺 ･････････ 315
生殖腺線量 ･･･････ 329
精神発達遅滞 ･････ 334
生成核･････････ 169
精巣 ･････････ 315
生存率曲線 ･････ 301
制動 X 線 ･･･････ 31, 541
生物学的効果比 ･･････ 336, 507
生物学的線量算定 ･････ 308
生物学的半減期･･･ 353
精母細胞 ････ 315
赤色骨髄 ･･･ 312

セシウム 137 ･･･････････ 584
設計合致義務･･････････ 698
設計認証･･･････････ 695
設計認証等 ･･････ 702
赤血球 ･･･････ 315
絶対リスク ･･･ 326
設置時施設検査 ･･･ 733
セリウム 144 ････ 586
セリウム線量計 ･･･ 268, 453
線エネルギー付与･･ 92, 336, 360
腺窩 ･････ 316
全吸収ピーク ･･ 395, 404
全吸収ピーク検出効率 ･ 408
1990 年勧告 ･･ 503
線減弱係数 ･ 110
潜在的回収能補正係数 ･ 330
潜在的致死損傷 ･ 305
線質 ･ 336
線質係数 ･ 360
染色糸 ･ 305
染色体 ･ 305
染色体異常 ･ 306
染色体型異常 ･ 308
染色体突然変異 ･ 306
染色分体型異常 ･ 308
全身カウンタ ･ 354, 549
全致死線量 ･ 323
前置増幅器 ･ 403
前平衡核反応 ･ 68
線量減少率 ･ 345
線量限度 ･ 507, 522, 710
線量・線量率効果係数 ･ 326
線量当量 ･ 360
線量反応関係 ･ 326
線量率効果 ･ 305, 337

884

索　　引

ソ

増感剤······················· 346
早期影響····················· 284
臓器親和性··················· 352
造血死······················· 323
造血臓器····················· 312
増殖死······················· 300
相対リスク··················· 326
相同組換え修復··············· 295
増幅器······················· 371
速中性子(高速中性子)· 123, 441, 442, 450
測定室······················· 567
束縛エネルギー··············· 29
束縛電子····················· 29
即発中性子··················· 184
組織加重係数················· 327, 517
組織等価物質················· 366
阻止能······················· 91
措置命令····················· 764
素電荷······················· 23

タ

第1溶質····················· 410
体外被ばく··················· 351
耐火構造········· 565, 568, 708, 709, 714
退行························· 437
胎児期······················· 334
胎生期······················· 333
体内取り込みの経路··········· 550
体内被ばく··················· 351
第2溶質····················· 410
ダイノード··················· 391

代理者······················· 810
ターゲット··················· 169
多重波高分析器··············· 392, 403
多標的1ヒットモデル·········· 302
ダブル・エスケープ・ピーク···· 395, 405
タリウム204················· 595
単核種元素··················· 140
単球························· 313
弾性散乱····················· 124, 543
炭素14····················· 587
担体······················· 191, 342

チ

知恵遅れ····················· 334
チェレンコフ光··············· 96
蓄積リング··················· 86
窒素ガスレーザ··············· 437
窒息現象····················· 376
遅発中性子··················· 184
チミン······················· 292
着床前期····················· 333
チャンネル··················· 393
抽出率······················· 194
中枢神経死··················· 324
中性子検出器················· 449
中性子線源··················· 604
中性子線の遮蔽··············· 543
中性子捕獲··················· 543
中性子捕獲反応··············· 123, 450
中レベル実験室··············· 565
潮解性······················· 396
調査レベル··················· 530
腸死························· 323
貯留法······················· 627

885

索　　引

直接希釈法······························ 237
直接作用 ···························· 279, 287
直接法······························ 329, 469
直線加速装置 ··························· 83
貯蔵施設 ·························· 675, 714
貯蔵施設の貯蔵能力 ········· 675, 740, 786
貯蔵室····························· 567, 714
貯蔵箱······························· 714
貯留希釈法····························· 627
貯留槽······························· 568

テ

低 LET 放射線 ··················· 336, 338
低感受性間期死 ······················ 301
定期確認 ····························· 735
定期検査 ····························· 733
定期講習 ····························· 808
ディスクリミネーション・レベル ··· 371
ディスクリミネータ ·················· 371
低比放射性同位元素 ·················· 747
テイラー級数展開 ···················· 216
低レベル実験室 ······················ 565
デオキシリボ核酸 ···················· 279
テクネチウム 99m ···················· 583
鉄線量計 ························· 267, 453
デュエヌ・フントの法則 ·············· 31
デュワー ····························· 401
転座 ·································· 306
電子－イオン対 ······················ 369
電子式個人線量計 ···················· 443
電子－正孔対 ························· 400
電子線の遮蔽 ························· 540
電子対生成 ··························· 110
電子とイオンの対 ···················· 363

電子なだれ ··························· 369
電子捕獲·························· 48
天然放射性核種 ······················ 159
天然誘導放射性核種 ·················· 163
電離 ······························ 29, 90
電離エネルギー ······················· 29
電離箱 ······························· 363
電離箱領域 ··························· 369
電離放射線障害防止規則 ············· 646

ト

同位体································· 28
同位体希釈分析法····················· 236
同位体効果··························· 245
同位体交換反応 ······················ 245
同位体存在度························· 38
同位体担体··························· 191
同位体断面積························· 176
等価線量·············· 507, 516, 538, 771
等価線量限度························· 667
統計 ································· 463
同時計数····························· 411
同重体······························· 28
同中性子体··························· 28
登録運搬物確認機関 ············· 755, 816
登録運搬方法確認機関··········· 755, 815
登録検査機関···················· 732, 815
登録資格講習機関 ··············· 803, 816
登録試験機関···················· 803, 816
登録定期確認機関 ··············· 734, 815
登録定期講習機関···················· 808, 816
登録認証機関···················· 695, 815
登録濃度確認機関···················· 791, 816
登録埋設確認機関···················· 764, 816

886

索　引

特性 X 線 …………………… 32
特定許可使用者 ………………… 732
特定設計認証 …………………… 695
特定認証機器 …………………… 701
特定防火設備に該当する防火戸 …… 714
特定放射性同位元素 …………… 819
特別形 …………………………… 745
特例緊急被ばく限度 …………… 791
突然変異 ……………… 280, 305
届出使用者 ……………………… 676
届出賃貸業者 …………………… 678
届出販売業者 …………………… 678
ドブロイ波 ……………………… 22
取扱等業務 ……………………… 666
トリウム 232 …………………… 589
トリウム系列 …………………… 161
トリチウム …………… 573, 587
トレーサ実験 …………………… 341
トレーサビリティー …………… 367
トロトラスト …………………… 353
トロン ………………… 161, 573
トンネル効果 …………………… 183

ナ

内部消滅ガス …………………… 374
内部線源液体計数法 …………… 410
内部線源チャンネル比法 ……… 413
内部転換 ………………………… 52
内部転換電子 …………………… 52
内部被ばく ……… 351, 548, 552, 667, 766
内部被ばく線量の管理 ………… 530
70 μm 線量当量 ………………… 361
70 マイクロメートル線量当量 …… 765
鉛 210 …………………………… 588

ニ

二次過程 ………………………… 264
2 次電子平衡 …………………… 365
2 次電離 ………………………… 90
二次放射性核種 ………………… 159
二重希釈法 ……………………… 239
2 重らせん構造 ………………… 292
2007 年勧告 …………………… 508
2 動原体染色体 ………………… 306
2 π ガスフロー型比例計数管 …… 370
2 本鎖切断 ……………………… 293
乳化シンチレータ ……………… 410
認証機器 ………………………… 701
認証機器製造者等 ……… 696, 700
認証条件 ………………………… 702

ネ

ネクローシス …………… 300, 301
熱外中性子 ……………………… 123
熱蛍光線量計 …………………… 440
熱中性子 ……… 123, 175, 442, 450
ネプツニウム系列 ……………… 162
年代決定 ………………………… 247

ノ

濃度確認 ………………………… 791
濃度限度 ………………………… 624

ハ

廃液 ……………………………… 471

索　引

バイオアッセイ …………………… 549
バイオアッセイ法 ………………… 354
バイオドシメトリ ………………… 308
倍加線量法 ………………………… 329
廃棄作業室 ……………………… 707, 759
廃棄施設 ……………… 675, 679, 716
排気設備 ………………………… 708, 716
廃棄の場所 ……………………… 677, 680
廃棄物貯蔵施設 ………………… 679, 715
廃棄物詰替施設 ………………… 679, 713
廃棄物詰替施設等 ………………… 732
廃棄物保管室 ……………………… 568
廃棄物埋設 ………………………… 679
廃棄物埋設地 ……………………… 721
廃止措置 …………………………… 783
廃止措置計画 ……………………… 783
胚死亡 ……………………………… 334
排水設備 ………………………… 708, 717
肺線維症 …………………………… 319
ハイパーサーミア ………………… 345
白内障 ……………………………… 318
波高分析器 ………………………… 371
端窓型 ……………………………… 376
波長シフター ……………………… 410
波長変換体 ………………………… 410
発育遅延 …………………………… 334
バックグラウンド ……………… 407, 464
白血球 …………………………… 312, 314
発達段階 …………………………… 333
発熱反応 …………………………… 63
バリウム 140 ……………………… 585
パルス ……………………………… 369
ハロゲン …………………………… 134
バーン ……………………………… 174
半価層 …………………………… 111, 542

半減期 ……………………………… 138
半致死線量 ………………………… 323
半値幅 …………………………… 395, 403
反跳エネルギー …………………… 227
反跳合成法 ………………………… 249
反跳陽子 ………………………… 399, 450
半導体 ……………………………… 399
半導体結合 ………………………… 400
半導体検出器 ……………………… 399
バンド・ギャップ ………………… 399
晩発影響 …………………………… 284
半保存的複製 ……………………… 293

ヒ

光回復 ……………………………… 294
非相同末端結合 …………………… 295
非弾性散乱 ………………………… 543
ヒット ……………………………… 302
飛程 ………………………………… 91
比電離 ……………………………… 95
非同位体担体 ……………………… 191
非特別形 …………………………… 745
被ばく歴 …………………………… 775
皮膚 ………………………………… 316
微分断面積 ………………………… 66
比放射能 ………………………… 135, 342
非密封放射性同位元素 ………… 548, 605
非密封放射性同位元素の取扱い施設 · 565
表示 ………………………………… 772
標識 …………………………… 713, 722
標識化合物 ……………………… 341, 616
表示付特定認証機器 ……… 665, 696, 702
表示付認証機器 …………… 665, 696, 702
表示付認証機器使用者 …………… 677

索　　引

表示付認証機器等 ……………… 762, 777
表示付認証機器届出使用者 ……… 677
標準人 …………………………… 552
標準偏差 ………………………… 464
標的 ……………………………… 302
標的説 …………………………… 301
表面汚染 ………………… 469, 575
表面汚染物 ……………………… 747
表面密度限度 ……… 571, 668, 710, 738
ピリミジンダイマー ……………… 294
ピリミジン 2 量体 ………………… 294
ビルドアップ係数 ………… 112, 542
比例計数管 ………………… 370, 450
比例領域 ………………………… 370

フ

ファノ因子 ……………………… 401
不安定型異常 …………………… 307
ファン・デ・グラーフ加速装置 …… 82
負イオン ………………………… 29
$1/v$ 法則 ………………………… 175
フィルタ ………………………… 438
フィルム線量計 ………………… 441
フィルムバッジ ………………… 442
フェーディング ………… 416, 437, 439
フォトダイオード ……………… 397
不感時間 ………………………… 375
不感層 …………………………… 402
ふき取り法 ……………………… 469
複合核 …………………………… 182
複合核反応 ……………………… 67
プソイドクメン ………………… 410
ブチル・PBD …………………… 410
フード …………………………… 570

不燃材料 ………………… 565, 708, 709
部分半減期 ……………………… 139
プラスチック …………………… 397
プラスチックシンチレータ ……… 450
ブラッグ曲線 …………………… 95
ブラッグ・グレイの空洞原理 …… 365
ブラッグピーク ………………… 347
プラトー ………………… 371, 374
プランク定数 …………………… 22
フリッケ線量計 ………… 267, 453
フリーラジカル ………… 264, 279
フリーラジカルの生成 ………… 288
プロメチウム 147 ……………… 586
分解時間 ………………………… 375
分解能 …………………………… 395
分岐壊変 ………………………… 139
分岐比 …………………………… 139
分散移動一時使用 ……… 713, 736
分配比 …………………… 194, 197
分裂死 …………………………… 300
分裂遅延 ………………………… 299

ヘ

平均結合エネルギー …………… 40
平均自由行程 …………………… 111
平均致死線量 …………………… 302
ベクレル（Bq） ………… 55, 135
ベータトロン …………………… 85
ベルゴニー・トリボンドーの法則 … 311

ホ

ボーアの原子模型 ……………… 28
崩壊 ……………………………… 136

889

方向依存性	441, 468	放射線効果	246
方向性線量当量	520	放射線施設	676, 679, 680, 707
防護基準	521	放射線重合	269
報告の徴収	817	放射線宿酔	323
防護剤	291, 345	放射線障害	776
防護マスク	550	放射線障害防止法	644, 656
防護量	516	放射線障害予防規程	772
放射化	72	放射線増感剤	346
放射化学的収率	190	放射線測定器	739, 765, 767
放射化学的純度	254	放射線治療	344
放射化学分析	235	放射線取扱主任者	801
放射化反応	450	放射線取扱主任者試験	803
放射化物	472, 666	放射線取扱主任者の代理者	810
放射化物保管設備	712, 713	放射線取扱主任者免状	801, 806
放射化分析	215	放射線肺炎	319
放射光	86	放射線発生装置	665, 780
放射性エアロゾル	625	放射線被ばく防止の 3 原則	737
放射性汚染物	666	放射線防護剤	291, 345
放射性核種純度	254	放射線防護体系	504
放射性同位元素	662, 663	放射線防護の目標	505
放射性同位元素装備機器	665, 695	放射阻止能	91
放射性同位元素等	666	放射能	135
放射性同位元素等車両運搬規則	646	放射能濃度	136
放射性廃棄物の処理	624	放射能表示	724
放射性プルーム	355	放射能標識	723
放射性輸送物	745, 746	放射分析	235
放射性ヨウ素	573	放射平衡	55, 143
放射線	661	ホウ素中性子捕捉療法	170
放射線化学	261	飽和後方散乱係数	379
放射線加重係数	507, 516	飽和放射能	66, 216
放射線感受性	311	捕獲中心	440
放射線管理	495	保管廃棄設備	719, 759
放射線管理状況報告書	818	ポケット線量計	444
放射線キメラ	344	保護効果	291
放射線業務従事者	521, 667	保持担体	192

索　引

補修的作用······························ 345
捕捉剤································· 268
ホットアトム····················· 227
ポリカーボネート················· 442
ホールボディカウンタ·········· 354, 549

マ

マイクロトロン····················· 85
埋設廃棄物······················ 667, 721
マクロファージ····················· 314
マスキング剤························· 194
マリネリ容器························· 471
マルチチャンネル・アナライザ······ 392
マンガン 54·························· 593
マンガン 56·························· 593

ミ

見かけのしきい線量················· 303
密封······················· 563, 663, 737
密封線源······················ 598, 600
密封放射性同位元素················· 598
密封放射性同位元素の取扱い施設··· 563
みなし表示付認証機器··············· 702
ミルキング························· 149

ム

無限厚の試料························· 379
無担体························· 136, 176
無担体状態························· 342

メ

名目確率係数························· 507
名目リスク係数····················· 325
免状································· 801

モ

毛細血管拡張性運動失調症·········· 300
毛のう······························ 317

ユ

有機液体シンチレータ······ 399, 410, 450
有機シンチレータ··················· 397
有機標識化合物····················· 249
有効半減期······················ 353, 552
誘導核分裂························· 183
遊離基······················· 264, 279
遊離性汚染························· 469
譲受け······························ 786
譲渡し······························ 786
輸送指数························· 752
輸送物表面密度····················· 747

ヨ

陽イオン····························· 29
陽イオン交換樹脂··················· 198
陽極································· 391
陽子線······························ 346
溶質······························ 410
溶出液······························ 199
ヨウ素 125·························· 594
ヨウ素 131·························· 584

891

索　　引

陽電子線の遮蔽 · 541
溶媒 · 410
溶媒抽出 · 194
溶離液 · 199
預託実効線量 · · · · · · · · 518, 531, 548, 768
預託等価線量 · · · · · · · · · · · · · · 518, 531
　(4n) 系列 · 161
　(4n+1) 系列 · 162
　(4n+2) 系列 · 159
　(4n+3) 系列 · 162

ラ

ラジウム 226 · 589
ラジウム－ベリリウム (Ra-Be)
　　中性子線源 · · · · · · · · · · · · · · · · · · · 591
ラジオコロイド · · · · · · · · · · · 190, 204, 246
ラジオフォトルミネセンス · · · · · · · · · 437
ラジカル · 264
ラジカルスカベンジャー · · · · · · · · · · · · 291
ラドン · 573
ラドン 222 · 588
卵 · 315
卵原細胞 · 315
卵子 · 315
卵巣 · 315
ランタノイド · 134
卵母細胞 · 315

リ

リスク係数 · 325
リスク予測モデル · · · · · · · · · · · · · · · · · · 327
粒子フルエンス · 65
粒子フルエンス率 · · · · · · · · · · · · · · · · · · 65
リン 32 · 592
リング · 306
リングバッジ · 441
臨時の健康診断 · · · · · · · · · · · · · · · · · · · 775
リンパ球 · 313, 314

ル

ルーズ汚染 · 469
ルテニウム 106 · 583

レ

励起 · 29, 90
励起関数 · 68, 174
励起状態 · 29
レムカウンタ · · · · · · · · · · · · · · · · · · 451, 468
連続放電 · 371, 374

892

〔欧　文　索　引〕

A 型 ······· 746
A 型輸送物 ······· 621
A_1 値 ······· 745
A_2 値 ······· 745
ADC ······· 442
ALARA の原則 ······· 505
Am–Be 中性子線源 ······· 591
AMS ······· 248
AT ······· 300
$^{10}BF_3$ ······· 450
BGO ······· 397
BM 型 ······· 746
BM 型輸送物 ······· 621
BNCT ······· 170
Bq ······· 55
BSS ······· 511, 562
BUdR ······· 346
BU 型 ······· 746
BU 型輸送物 ······· 621
B 細胞 ······· 314
$[^{14}C]$チミジン ······· 342
^{14}C 標識化合物 ······· 251
CR39 ······· 442
CsI(Tl) ······· 397
DDREF ······· 326
DIS(Direct Ion Storage) ······· 444
DNA ······· 279, 292
DNA 損傷 ······· 293
dps ······· 135
DRF ······· 345

DTPA ······· 354
EC 壊変 ······· 48
Elkind 回復 ······· 304
FWHM ······· 395, 403
G 値 ······· 267, 453
Ge 検出器 ······· 401
GM 計数管 ······· 374
Gy (グレイ) ······· 359
$[^3H]$チミジン ······· 342
^3He ······· 450
HEPA フィルタ ······· 570
IAEA ······· 511, 562
ICl 法 ······· 251
ICRP ······· 503
ICRU 球 ······· 519
INAA ······· 217
IP ······· 415
IP 型 ······· 746
IP 型輸送物 ······· 621
$LD_{100(30)}$ ······· 323
$LD_{100(60)}$ ······· 323
$LD_{50(30)}$ ······· 323
$LD_{50(60)}$ ······· 323
LET ······· 92, 262, 336, 339, 360
LET 効果 ······· 263
LiI(Eu) ······· 397
LiI(Eu) シンチレータ ······· 450
L 型 ······· 746
L 型輸送物 ······· 621
MOSFET ······· 444

893

欧 文 索 引

NaI(Tl) シンチレーション・カウンタ · 391
NK 細胞 · 314
n 型半導体 · 400
OER · 291
Oppenheimer–Phillips の過程 · 174
OSL 線量計 · 438
P-10 ガス · 370
PET · 348
PIXE 法 · 222
PLD 回復 · 305
PPO · 410
PR ガス · 370
p 型半導体 · 400
Q ガス · 374
Q 値 · 169
Ra-Be 中性子線源 · 591
Ra-DEF 線源 · 372
RBE · 336, 507
Si 表面障壁型検出器 · 409
Si(Li) 検出器 · 408
SLD 回復 · 304
SPECT · 347

SSB · 409
Sv · 360
TLD · 440
T 細胞 · 314
W 値 · 90, 365
X 線 · 30
X 線管 · 30
ZnS(Ag) · 397
α 壊変 · 46
α 線源 · 600
α 線の遮蔽 · 540
α 線のスペクトル測定 · 409
α プラトー · 373
β 壊変 · 48
$\beta-\gamma$ 同時計数法 · 453
β 線源 · 600
β 線の遮蔽 · 540
β プラトー · 372
γ 線源 · 601
γ (X) 線の遮蔽 · 541
δ 線 · 90
ε 値 · 400

〔執筆者紹介〕

柴田徳思　　（物理学・管理技術）

昭和45年大阪大学理学部理学研究科博士課程修了，東京大学名誉教授，高エネ
ルギー加速器研究機構名誉教授，総合研究大学院大学名誉教授，（公社）日本ア
イソトープ協会専務理事等を歴任（理学博士）

河村正一　　（化　　学）

昭和28年京都大学医学部薬学科卒，神奈川大学理学部化学科教授，現在放射線
医学総合研究所名誉研究員（薬学博士）

桧垣正吾　　（化　　学）

平成18年東京大学大学院理学系研究科化学専攻博士課程修了，現在東京大学
アイソトープ総合センター助教（理学博士）

杉浦紳之　　（生物学）

平成3年東京大学大学院医学系研究科社会医学専攻博士課程修了，現在（公財）
原子力安全研究協会理事長（医学博士）

鈴木崇彦　　（生物学）

昭和57年東北薬科大学大学院薬学研究科博士課程前期修了，現在帝京大学医
療技術学部診療放射線学科教授（薬学博士）

上蓑義朋　　（測定技術）

昭和54年京都大学工学部原子核工学科大学院修士課程修了，現在理化学研究
所仁科加速器研究センター安全業務室長（工学博士）

飯本武志　　（測定技術）

平成8年早稲田大学大学院理工学研究科物理及び応用物理学専攻博士課程修了，
現在東京大学環境安全本部准教授（工学博士）

保田浩志　　（管理技術）

平成2年京都大学大学院工学研究科衛生工学専攻修士課程修了，現在広島大学
原爆放射線医科学研究所教授（工学博士）

鶴田隆雄　　（法　　令）

昭和45年東京工業大学大学院理工学研究科原子核工学専攻博士課程修了，元
近畿大学原子力研究所・大学院総合理工学研究科教授（工学博士）

飯塚裕幸　　（法　　令）

平成7年埼玉医科大学短期大学臨床検査学科卒，現在埼玉医科大学中央研究施
設RI部門助教（医学博士）

放 射 線 概 論　　－第 1 種放射線試験受験用テキスト－

1989	年	4	月 25	日	第 1 版第 1 刷発行	
2015	年	12	月 15	日	第 9 版第 1 刷発行	
2016	年	7	月 15	日	第 9 版第 2 刷発行	©2016

定 価　　本体4500円＋税

編著者	柴　　田　　徳　　思
発行所	（株）通 商 産 業 研 究 社

東京都港区北青山 2 丁目 12 番 4 号（坂本ビル）
〒107-0061　TEL03（3401）6370　FAX03（3401）6320
URL　http://www.tsken.com

（落丁・乱丁はおとりかえいたします）

ＩＳＢＮ978-4-86045-099-1 C3040 ¥4500E